數位邏輯設計－使用 Verilog HDL

林銘波　編著

全華圖書股份有限公司

數位邏輯設計－使用 Verilog HDL

林銘波　編著

全華圖書股份有限公司

序言

本書為數位系統設計：原理、實務與應用一書的精簡本，其目的在於提在於提供初學者一個快速而完整的入門知識，以適應目前多元化的社化的社會變遷及跨領域的學習環境。本書可以當作電子、電機、資訊、機械、……等工程學系中的數位邏輯設計課程的教科書，或是自我自修參考書。

本書以淺顯的方式完整的介紹數位邏輯設計中的重要理論與原理，以建立讀者一個健全的數位邏輯設計基礎。為讓讀者能深入的吸收書中所論述的原理，舉凡書中有重要之觀念與原理之處，即輔以適當的實例加以說明。此外，為了幫助讀者自我評量對該小節內容了解的程度，並且提供教師當作隨堂測驗的參考題目，本書中，在每一小節後皆提供了豐富的複習問題。由於有豐富之例題、複習問題與習題，本書除了適合學校教學之外也極為適合個人自修、從業人員參考，或者準備考試參考之用。

本書除了第 0 章的數位邏輯與系統的簡介之外，一共分成十二章，前面四章主要探討一些基礎上的題材，以當作全書的理論基礎與學習上的基本知識。第 5 章與第 6 章討論組合邏輯電路的設計、分析與執行。雖然目前邏輯電路的設計已經由 MSI/SSI 的設計風格轉變為以 LSI 或是 VLSI 為主的

ASIC/FPGA 設計策略，一個建構於 ASIC 或是 CPLD/FPGA 的數位系統，依然是基於 MSI/SSI 的等效電路模組觀念，藉著重複應用這些等效電路模組，完成需要的標的系統。因此，對於一些基本的邏輯電路之設計及其相關問題的了解仍然是必要的。其次三章著墨於循序邏輯電路的設計、分析與執行。第 7 章討論同步循序邏輯電路的設計與分析原理，第 8 章則第 7 章的應用例；第 9 章討論非同步循序邏輯電路的一般設計原理、分析與執行方式。第 10 章與第 11 章為前述各章的綜合應用。這兩章分別介紹使用 ASM 圖為主的數位系統設計方法，及其各種實現方法。第 12 章提供了 20 個數位邏輯電路的基本與應用實驗。

第 0 章簡介定義一些重要的名詞，並將初學者引入數位邏輯與數位系統設計之領域。在這一章中，我們首先區分類比與數位信號，數位邏輯與數位系統，如何轉換類比信號為數位序列、介紹數位邏輯設計與實現。接著引入數位系統的設計階層觀念與由上而下及由下而上的設計方法。最後，簡介數位邏輯電路的實現技術與電腦輔助設計概論。

第 1 章主要討論數位系統中各種常用的數目系統與數碼系統、不同數目系統彼此之間的轉換、補數的觀念與取法、數目的表示方法與算術運算等，以作為全書的基礎。最後則介紹在數位系統中最基本的錯誤偵測與更正碼。

第 2 章介紹交換代數的基本定義、性質與一些常用的定理。交換代數為數位邏輯電路的理論基礎。

第 3 章討論一些常用的數位積體電路。欲設計一個性能良好的數位邏輯電路或是數位系統，除了必須熟悉交換代數之外，也必須對所用以執行邏輯函數的邏輯元件之特性、性能與限制有深入的了解，因此本章中將一些常用的數位邏輯族系：TTL、CMOS、ECL，做一個簡要的歸納與介紹。

第 4 章介紹交換函數的幾種常見的化簡方法：卡諾圖、列表法、變數引入圖法，交換函數的餘式及其應用於交換函數的化簡，及最簡式的求取方法：Petrick 方法與探索法。

在第 5 章中除了介紹基本的邏輯電路之設計外，多層 NAND/NOR 邏輯閘電路的執行，組合邏輯電路中可能發生的邏輯突波之偵測、效應與避免之方法也都有詳細的討論。

第 6 章討論一些最常用的組合邏輯電路模組之設計原理。這些組合邏輯電路模組包括：解碼器、編碼器、多工器、解多工器、大小比較器、加法器、減法器、乘法器等。這些組合邏輯電路模組在目前的數邏輯設計中扮演一個非常重要的角色。

第 7 章主要討論同步循序邏輯電路的一般設計原理、分析與執行方式，及狀態表的化簡方法。

第 8 章主要討論一些常用的同步循序邏輯電路：暫存器與計數器。對於各種類型的計數器之設計及分析方式，在本章之中都有詳細的討論；暫存器部分主要以移位暫存器為主，除了介紹基本原理之外也詳細的討論移位暫存器在資料格式的轉換及序列產生器上的應用與設計原理。最後，則以時序產生器電路的設計做為結束。

第 9 章討論非同步循序邏輯電路的一般設計原理、分析與執行方式。本章中主要分成兩部分，前半部以非同步循序邏輯電路的兩種基本電路模式的設計原理、分析與執行為主；後半部則討論非同步循序邏輯電路中的元件延遲效應與狀態指定等問題。元件延遲效應在非同步循序邏輯電路中可能造成邏輯突波及競賽等問題，因而影響電路的正常工作。對於這種效應的各種解決方法，在本章中均有詳細的討論。

第 10 章介紹使用 ASM 圖為主的數位系統設計方法。在本章中，詳細介紹一種常用來設計數位系統的 ASM 圖與 RTL 語言及它們與邏輯電路之關係，並且探討資料處理單元及控制單元電路的各種設計方法與相關的邏輯電路。在本章中，亦使用一個實例，詳細介紹如何使用 ASM 圖的方式設計實際的數位系統。

第 11 章介紹數位系統的各種實現方法。在本章中，首先簡要的討論各種數位系統實現技術與相關的 CAD 設計流程，然後介紹常用的 PLD 元件：ROM、PAL 與 PLA 等，與其在組合邏輯電路及同步循序邏輯電路上的應用。最後一節則介紹 CPLD 與 FPGA 的結構與特性，並且使用 Verilog HDL 的程式為例，說明使用這種現場可規劃元件設計一個數位系統的整個流程。

第 12 章提供了 20 個數位邏輯電路的基本與應用實驗予讀者練習及驗證理論與實務的一致性。這一些實驗分成三類：基本組合邏輯電路、基本循序邏輯電路、基本應用電路。它們可以使用 74x 系列元件在麵包板上完成，或是使用電子系統模擬軟體(例如 Xilinx ISE/Vivado、Quartus CAD system、OrCAD)在電腦上模擬與執行。此外，幾乎每一個實驗也提供對應的 Verilog HDL 版本，因此也可以使用 HDL 為基礎的設計流而使用 CPLD/FPGA 元件完成。

本書在編寫期間承蒙國立台灣科技大學電子工程系與研究所提供一個良好的教學與研究環境，使本書之編寫得以順利完成；另外也承蒙 Xilinx 台灣分公司慨允引用相關的資料，本人在此致上衷心的感激。最後，則感謝全華科技圖書公司編輯部小姐的全力協助，使本書能夠順利出版。

林銘波(M. B. Lin)於

國立台灣科技大學
電子工程研究所研究室

學歷：

　　國立台灣工業技術學院電子工程技術系學士

　　國立台灣大學電機工程學研究所碩士

　　美國馬里蘭大學電機工程研究所博士

　　主修微電子學、電腦科學、電腦工程

研究興趣與專長：

　　VLSI (ASIC/SoC)系統設計、數位系統設計、計算機演算法

　　嵌入式系統設計、平行計算機結構與演算法

現職：

　　國立台灣科技大學

　　電子工程技術系暨研究所教授

著作：

英文教科書(全球發行)：

1. **Ming-Bo Lin**, *Digital System Designs and Practices: Using Verilog HDL and FPGAs*, John Wiley & Sons, 2008 (ISBN: 9780470823231).

2. **Ming-Bo Lin**, *Introduction to VLSI Systems: A Logic, Circuit, and System Perspective*, CRC Press, 2012 (ISBN: 9781439868591).

3. **Ming-Bo Lin**, *Digital System Designs and Practices: Using Verilog HDL and FPGAs*, 2nd ed., CreateSpace Independent Publishing Platform, 2015 (ISBN: 978-1514313305).

4. **Ming-Bo Lin**, *An Introduction to Verilog HDL*, CreateSpace Independent Publishing Platform, 2016 (ISBN: 978-1523320974).

5. **Ming-Bo Lin**, *FPGA Systems Design and Practice: Design, Synthesis, Verification, and Prototyping in Verilog HDL*, CreateSpace Independent Publishing Platform, 2016 (ISBN: 978-1530110124).

6. **Ming-Bo Lin**, *Principles and Applications of Microcomputers:* 8051 *Microcontroller Software, Hardware, and Interfacing*, CreateSpace Independent Publishing Platform, 2016 (ISBN: 978-1537158372).

7. **Ming-Bo Lin**, *Principles and Applications of Microcomputers*: 8051 *Microcontroller Software, Hardware, and Interfacing*, Vol. I: 8051 *Assembly-Language Programming*, CreateSpace Independent Publishing Platform, 2016 (ISBN: 978-1537158402).

8. **Ming-Bo Lin**, *Principles and Applications of Microcomputers*: 8051 *Microcontroller Software, Hardware, and Interfacing*, Vol. II: 8051 *Microcontroller Hardware and Interfacing*, CreateSpace Independent Publishing Platform, 2016 (ISBN: 978-1537158426).

9. **Ming-Bo Lin**, *Digital Logic Design: With An Introduction to Verilog HDL*, CreateSpace Independent Publishing Platform, 2016 (ISBN: 978-1537158365).

中文教科書：

1. 微算機原理與應用：x86/x64 微處理器軟體、硬體、界面、系統，第五版，全華圖書股份有限公司，2012。

2. 微算機基本原理與應用：MCS-51 嵌入式微算機系統軟體與硬體，第三版，全華圖書股份有限公司，2013。

3. 數位系統設計：原理、實務與應用，第五版，全華圖書股份有限公司，2017。

4. 數位邏輯設計，第六版，全華圖書股份有限公司，2017。

5. 8051 微算機原理與應用，全華圖書股份有限公司，2012。

編輯部序

　　「系統編輯」是我們的編輯方針，我們所提供給您的，絕不只是一本書，而是關於這門學問的所有知識，它們由淺入深，循序漸進。

　　數位邏輯設計一書的主要目的在於提供初學者一個快速的入門知識，以適應目前多元化的社會變遷及跨領域的學習環境。本書可以當作電子、電機、資訊、機械、…等工程系中的數位邏輯設計課程的教科書，或是自我自修參考書。本書的主要特性如下：

1. 由淺入深完整的介紹數位邏輯的原理，並且以豐富的說明例，闡述每一個基本原理與觀念。
2. 詳細介紹各種組合邏輯電路模組的設計原理，這些模組包括：解碼器、編碼器、多工器、解多工器、…、算術運算電路等。
3. 詳細介紹各種循序邏輯電路模組的設計原理，這些模組包括：計數器、暫存器、移位暫存器、序列產生器、…等。
4. 詳細介紹 PLD 元件(ROM、PLA、PAL)的結構、特性、應用電路設計。
5. 使用 Verilog HDL 程式實例介紹 CPLD/FPGA 元件的應用系統設計。
6. 專章提供了 20 個數位邏輯電路的基本與應用實驗予讀者練習及驗證理論與實務的一致性。
7. 每一小節皆提供豐富的複習問題，幫助讀者自我評量對該小節內容了解的程度，並且提供教師當作隨堂測驗的參考題目。

　　數位邏輯設計一書可以當作電子、電機、資訊工程系或是其它工程科系數位邏輯設計課程的教科書，或是當作自我進修的參考用書。

　　同時，為了使您能有系統且循序漸進研習相關方面的叢書，我們以流程圖方式，列出各有關圖書的閱讀順序，以減少您研習此門學問的摸索時間，並能對這門學問有完整的知識。若您在這方面有任何問題，歡迎來函連繫，我們將竭誠為您服務。

相關叢書介紹

書號：0544802
書名：數位邏輯電路實習(第三版)
編著：周靜娟.鄭光欽.黃孝祖
　　　吳明瑞
16K/376 頁/380 元

書號：06231017
書名：FPGA/CPLD 可程式化邏輯
　　　設計實習：使用 VHDL 與
　　　Terasic DE2(第二版)(附範例
　　　光碟)
編著：宋啓嘉
16K/336 頁/380 元

書號：06149017
書名：數位邏輯設計－使用 VHDL
　　　(第二版)(附範例程式光碟)
編著：劉紹漢
16K/408 頁/420 元

書號：03504017
書名：Verilog 硬體描述語言
　　　(附範例光碟片)(第二版)
編譯：黃英叡.黃稚存
20K/528 頁/480 元

書號：0527405
書名：介面技術與週邊設備
　　　(第六版)
編著：黃煌翔
20K/648 頁/540 元

書號：06226007
書名：數位邏輯設計與晶片實
　　　務(VHDL)(附範例程式光
　　　碟)
編著：劉紹漢
16K/560 頁/580 元

◎上列書價若有變動，請
　以最新定價為準。

流程圖

書號：06217
書名：電子學
編著：范盛祺

書號：0529202
書名：最新數位邏輯電路
　　　設計(第三版)
編著：劉紹漢

書號：0546872
書名：微算機基本原理與應用－
　　　MCS-51 嵌入式微算機系
　　　統軟體與硬體(第三版)(精
　　　裝本)
編著：林銘波.林姝廷

書號：06300007/06301007
書名：電子學(基礎篇)/(進階
　　　篇)(附線上題解
　　　光碟)
編譯：楊棧雲.蔡振凱.
　　　劉堂仁

書號：0528875
書名：數位邏輯設計(第六版)
　　　(精裝本)
編著：林銘波

書號：0545872
書名：微算機原理與應用－x86/
　　　x64 微處理器軟體、硬
　　　體、界面與系統(第五版)
　　　(精裝本)
編著：林銘波

書號：04757206
書名：數位邏輯(附鍛練
　　　本)
編著：黃慶璋

書號：0526302
書名：數位邏輯設計
　　　(第三版)
編著：黃慶璋

書號：05579027
書名：Verilog 晶片設計(附範例
　　　程式光碟)(第三版)
編著：林灶生

目錄

第 2 章 交換代數   81

第 6 章　組合邏輯電路模組設計　　299

第 7 章 同步循序邏輯電路   371

第 8 章 計數器與暫存器 445

第 9 章 非同步循序邏輯電路　503

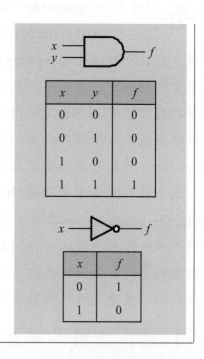

0

簡介

本章目標

學完本章之後，你將能夠了解：

· 類比與數位信號的區別與表示方式

· 數位系統與類比系統的區別

· 數位邏輯設計與實現

· 脈波信號與邏輯位準

· 組合邏輯與循序邏輯的區別

· 數位系統的設計階層概念

· 積體電路與計算機輔助設計簡介

所謂的系統(system)為一個有組織的物件(object)之集合，這些物件稱為系統的元件(component)，它們使用連路(link)交互連接與作用形成一個整體。數位系統(digital system)則是一個處理數字或是離散資訊的系統。在電子電路領域中，數位系統則可以視為一個用來處理數字(或數目)的計算與運算的數位電路(digital circuit)所組成的電子電路(或稱電子網路)。據此，數位系統與數位電路通常代表相同意義。最簡單的數位系統為二進制系統(binary system)，其輸入與輸出僅具有兩個不同的數字值：0 與 1。以二進制數字 0 與 1 代表數位電路中的信號(即邏輯值)與序列數目的表示方式，稱為數位邏輯(digital logic)。在本章中，我們首先區分類比與數位信號及如何轉換類比信號為數位序列。其次，介紹數位邏輯設計與實現。接著引入數位系統的設計階層觀念與由上而下及由下而上的設計方法。最後，簡介數位邏輯電路的實現技術---積體電路---與電腦輔助設計概論。

0.1 類比與數位系統

在本節中，我們先介紹信號以及區分信號為類比信號與數位信號，然後說明使用數位信號的優點，最後則介紹如何轉換類比信號為數位信號。

0.1.1 類比與數位信號

一般而言，信號(signal)是代表資料(data)或是訊息(message)的物理量(physical quantity)。在大自然或是我們日常生活中遇到的信號，通常在一個範圍內隨著時間連續的變化，例如聲音(voice)或是影像(video)。物理量經由監視、量測、紀錄、觀察、算數運算或是在某些物理系統中加以應用。在處理各種物理量時，必須能有效地與精確地表示這些物理量的大小(或稱為數值)。表示物理量大小的兩種基本方式為類比(analog)與數位(digital)。在類比表示(analog representation)方式中，物理量使用電壓值、電流值、指針移動方式表示，它們的大小直接正比於該物理量。在數位表示(digital representation)方式中，物理量的大小表示並不直接正比於該物理量，而是以數字

(digit)的符號表示。

　　當一個物理量欲傳送到電子電路(electronic circuit)中處理與應用之前，它必須先經由某些類型的換能器(transducer)轉換為電氣信號(electrical signal)。這裡的換能器即是一個系統，它能轉換一個有興趣的物理量為電氣信號。在電子電路中，表示資料或是訊息的電氣信號(常簡稱為信號)，一般是使用電壓(voltage)或是電流(current)的變化量為之。當其變化量在時間上為連續的，因而在某一個變化值範圍內，具有無限的解析度(resolution)時，稱為類比信號(analog signal)。若其變化量在時間上為不連續的，因而在某一個變化值範圍內，僅具有數個不同的離散數值(discrete value)時，稱為數位信號(digital signal)。

　　圖 0.1-1 所示為信號的示意圖。圖 0.1-1(a)為類比信號，其值隨著時間連續地、以無限的解析度改變；圖 0.1-1(b)為數位信號，其值隨著時間連續地、在兩個值之間改變，若較小的值以符號 0 表示，而較大的值以符號 1 表示，則該信號代表的資料依序為 1011...。這種只使用兩個值的系統稱為二進制數目系統(binary number system)簡稱二進制(binary)，它為最簡單的數目系統，因而廣泛使用於數位系統中。

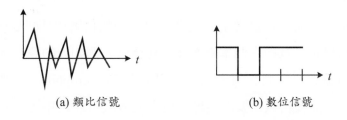

(a) 類比信號　　　　　　　(b) 數位信號

圖 0.1-1 類比與數位信號

　　處理類比信號的電子電路(或稱系統)，稱為類比系統(analog system)或稱為類比電路(analog circuit)。圖 0.1-2(a) 所示為一個類比系統，它接收類比信號，經過處理之後，輸出處理過的類比信號。圖 0.1-2(b) 所示為一個數位系統，它接收數位信號，經過處理之後，輸出處理過的數位信號。

　　與類比系統比較下，使用數位系統處理信號具有下列優點：

(a) 類比系統

(b) 數位系統

圖 0.1-2 類比與數位系統

1. 在重新規劃執行其它需要的功能時，數位電路具有較類比電路為大的彈性。

2. 數位表示方式的數值資訊具有較使用類比信號表示方式為大的解析度與範圍。

3. 資訊使用數位信號表示時較使用類比信號表示方式容易存取與運算。

4. 數位系統較類比系統容易微小化(miniaturization)。

5. 數位技術允許使用內建的錯誤偵測與更正(error detection and correction)電路，以增加系統的可靠度。

0.1.2 類比與數位信號轉換

如前所述，在日常生活或是大自然中的信號(即物理量)通常是隨著時間連續的變化，意即它們本質上為類比信號，例如人的聲音信號。欲處理此種聲音信號時，我們必須先使用一個麥克風(microphone)，轉換聲音信號為電氣信號，然後再做需要的處理。處理的方式可以是類比式或是數位式。

類比系統的處理方式如圖 0.1-3(a)所示。轉換後的聲音信號，經由前置放大器(pre-amplifier)放大後，送入類比信號處理系統，例如圖中的低通濾波器(low-pass filer，LPF)，濾除高頻雜訊後，再送往功率放大器(power ampli-fier)放大後，由揚聲器(speaker，或稱喇叭)轉換為聲音信號輸出。

數位系統的處理方式如圖 0.1-3(b)所示。轉換後的聲音信號，經由類比對數位轉換器(analog-to-digital converter，ADC)轉換為數位信號後，送入數位系統中，做需要的處理，例如濾除高頻雜訊後，經由數位對類比轉換器 (digital-to-analog converter，DAC)轉換為類比信號後，再送往功率放大器放大後，由揚聲器轉換為聲音信號輸出。

(a) 類比系統

(b) 數位系統

圖 0.1-3　使用類比與數位系統處理聲音信號

　　數位對類比轉換器的操作原理如圖 0.1-4 所示。類比信號每隔一個固定時距(time interval) ($\Delta\tau$)，經由一個取樣保持(sample-and hold)電路，取樣後維持其值一個時距的時間。此取樣值再經由一個量化(quantization)程序，編碼為二進制數值。例如，在圖 0.1-4 中，若設 $V_4 = 11$、$V_3 = 10$、$V_2 = 01$、$V_0 = 00$，則量化後的類比輸入信號輸出值為 00 01 10 11 10 01 01 10 11 …。

　　值得注意的是在量化過程中，輸出信號值的解析度將顯著地降低，如圖 0.1-4所示。例如，介於 V_2 與 V_3 之間的輸入信號將量化為 01 的輸出值，因此將造成相當大的誤差。一般而言，若欲減少量化誤差(quantization error)，可以增加量化程序中的量化電壓層次，例如由 4 個層次提升為 16 或是 32 個層次。當然量化電壓層次增加之後，每一個時距的輸出值位元數也隨著增加，其後數位系統處理此輸出序列需要的時間與硬體成本也將增加。

圖 0.1-4 類比與數位信號轉換

0.2 數位邏輯設計與實現

本節介紹數位邏輯設計、數位系統實現、脈波信號與邏輯位準。數位邏輯(digital logic)為使用二進制數字(0 與 1)表示數位電路中的信號與序列(即邏輯值)的一種表示方式。數位邏輯設計(digital logic design)則是應用布林代數於數位邏輯,設計需要的數位系統(或稱數位電路),以執行需要的功能。設計完成的數位系統使用實體的元件實現(implementation 或 realization)後的結果,稱為數位邏輯電路(digital logic circuit),或簡稱邏輯電路(logic circuit)。

0.2.1 數位邏輯設計

邏輯設計(logic design)為使用正規邏輯敘述表示一個系統時的一種抽象描述方式。邏輯設計可以使用數理邏輯或是布林代數為之。

數理邏輯

數理邏輯(mathematical logic)為一門學問或是一個數學系統,它允許我們對一組具有真(truth)或是假(false)但是不能同時為真與假的邏輯敘述(logical statement)或是簡稱為命題(statement,proposition)做出真假值(truth value)的推論。一個邏輯表(示)式(logic expression)由一個命題與一組邏輯(條件)敘述組成。例如下列兩個邏輯表式:

若(**if**)　　　開關 S_A 打開　且(**and**)　開關 S_B 打開

　　則**(then)**　電燈亮(打開)

　　否則**(else)**　電燈熄滅(關閉)　　　　　　　　　　　　　　　　(0-1)

上述邏輯表式中的每一個邏輯敘述都具有兩個值，打開(on)與關閉(off)，稱為邏輯值(logic value)。依據不同的實際情況，這兩個邏輯值也有其它名稱，例如成立(valid)與不成立(invalid)、1 與 0、yes 與 no、閉合(closed)與開路(open)。

　　不具有真或假的敘述，不能稱為邏輯敘述，例如：

　　您吃飽了沒？

　　邏輯表式的邏輯真假值可以使用真值表(truth table)表示。這裡所謂的真值表為一個列出所有邏輯(條件)敘述真假值的組合與其對應結果(即邏輯表式)的邏輯真假值之表格。例如圖 0.3-2(a)的真值表即是描述(0-1)的複合命題。

布林代數

　　布林代數(Boolean algebra)為一個以代數運算方式來處理邏輯敘述真假值(即邏輯推論)的代數系統，它定義如何使用 AND (·)、OR (+)、NOT (′)三個邏輯運算子(logic operator)，稱為布林運算子(Boolean operator)，組合相同或是不同的邏輯值(第二章)。運算子其實是一個函數(function)，它定義了輸入與輸出的關係。AND、OR、NOT 運算子的真值表如圖 0.2.1 所示。

x	y	AND
F	F	F
F	T	F
T	F	F
T	T	T

x	y	OR
F	F	F
F	T	T
T	F	T
T	T	T

x	NOT
F	T
T	F

(a) AND　　　　　　　(b) OR　　　　　　　(c) NOT

圖 0.2-1 布林代數運算子

　　若假設 S_A 與 S_B 的值為 T 時，表示開關打開(on)，值為 F 時，表示開關關閉(off)，而 L 值為 T 時，表示電燈(lamp)打開(on)，值為 F 表示電燈關閉(off)，則使用布林代數時，前述的複合命題可以重述如下

$(S_A = \text{T}) \text{ AND } (S_B = \text{T}) \rightarrow L \ (= \text{T})$

$(S_A = \text{F}) \text{ OR } (S_B = \text{F}) \rightarrow L \ (= \text{F})$ (0-2)

0.2.2 數位系統實現

　　數位邏輯設計的兩個主要實現(或稱執行)方式為使用開關(switch)元件與邏輯閘(logic gate)元件。兩者均可以實現任何布林運算子及其組合的功能。使用開關元件實現的數位邏輯設計，有時也稱為開關邏輯電路(switch logic circuit)或簡稱開關邏輯(switch logic)。熟悉數位邏輯設計與實現方式，將有助於瞭解微計算機系統的設計原理，以及更得心應手的使用微計算機系統。

開關與開關電路

　　在日常生活中的開關具有兩種狀態(state)：閉合(closed 或 on)與開路(open 或 off)。開關又可以分成正常閉合(normally closed，NC)與正常開路(normally open，NO)兩種，如圖 0.2-2 所示。圖 0.2-2(a)所示的 NC 開關在未啟動(即控制信號為 F)時，為閉合狀態，在啟動(即控制信號為 T)時，為開路狀態。圖 0.2-2(b)所示的 NO 開關在未啟動(即控制信號為 F)時，為開路狀態，在啟動(即控制信號為 T)時，為閉合狀態。結合上述兩種開關的特性之後，可以形成一種新類型的開關，稱為單刀雙擲(single-pole double-throw，SPDT)開關，如圖 0.2-4(a)所示。

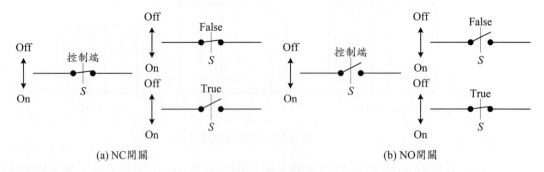

(a) NC開關　　　　　　　　　　　　　(b) NO開關

圖 0.2-2 開關類型

　　簡單的開關可以組合使用，例如圖 0.2-3(a)所示為將兩個 NO 開關串聯

(即執行 AND 邏輯運算)使用。在此情況下,只有當兩個開關 S_1 與 S_2 均閉合 (即 on)時,等效開關 S 方為 on。當任何一個開關在開路(off)的狀態下,等效開關 S 將為 off。開關 S_1 與 S_2 的四種不同組合以及等效開關 S 組成的真值表,如圖 0.2-3(a)所示。

　　圖 0.2-3(b)所示為將兩個 NO 開關並聯(即執行 OR 邏輯運算)後的結果。在此情況下,只有當兩個開關 S_1 與 S_2 均開路(即 off)時,等效開關 S 方為 off。當任何一個開關在閉合(on)的狀態下,等效開關 S 將為 on。開關 S_1 與 S_2 的四種不同組合以及等效開關 S 組成的真值表,亦列於圖 0.2-3(b)中。

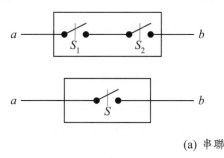

S_1	S_2	S
Off	Off	Off
Off	On	Off
On	Off	Off
On	On	On

(a) 串聯

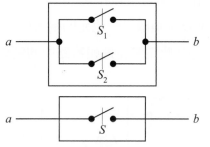

S_1	S_2	S
Off	Off	Off
Off	On	On
On	Off	On
On	On	On

(b) 並聯

圖 0.2-3　開關的串聯(AND)與並聯(OR)動作

　　圖 0.2-4(a)所示為組合兩個單刀雙擲(SPDT)開關的簡單應用,即在公寓樓梯間的二樓(2F)與三樓(3F)之間的同一盞電燈,欲由二樓與三樓的開關共同控制時的情況。當小明在二樓時經由 S_1 打開該電燈,然後到三樓再經由 S_2 關閉該電燈。分析圖 0.2-4(a)的電路之後,可以得到圖 0.2-4(b)的真值表。即電燈僅在兩個 SPDT 開關中的一個為閉合(on)時,才點亮,其它兩種情況則

關閉(off)。這種僅在一個開關為閉合的情況下，電燈才點亮的動作，稱為互斥或(exclusive OR，XOR)運算子，其真值表如圖 0.2-4(b)所示。

S_1	S_2	燈泡
Off	Off	Off
Off	On	On
On	Off	On
On	On	Off

(a) 開關電路　　　　　　　　　　　(b) 電路狀態

圖 0.2-4 單刀雙擲開關的應用

　　組合開關元件除了可以實現布林運算子的動作，控制燈泡的開或關之外，亦可以執行兩個數目的加法(addition)運算。例如圖 0.2-5(a)為結合圖 0.2-4(a)的互斥或(XOR)運算子與圖 0.2-3(a)的開關串聯運(AND)算子的開關電路，建構成一個簡單的加法器(adder)電路，它能將兩個單一位元的輸入值相加，產生一個兩位元的輸出。讀者可以由圖 0.2-5(a)的開關電路驗證圖 0.2-5(b)的真值表，其中 x 與 y 表示兩個單一位元的輸入值，而 C 與 S 組合成一個兩位元的輸出。圖 0.2-5(c)為此電路在邏輯電路中的邏輯符號。

x	y	C	S
0	0	0	0
0	1	0	1
1	0	0	1
1	1	1	0

(b) 真值表

(a) 開關電路　　　　　　　　　　(c) 邏輯符號

圖 0.2-5 組合邏輯應用例：簡單的加法器

數位邏輯閘

　　每一個布林運算子除了可以使用開關元件組成的開關電路實現之外，在當代的數位系統中，最常用者為使用半導體電子元件，例如雙極性接面電晶體(bipolar junction transistor，BJT)與金屬氧化物半導體場效應電晶體(metal-oxide- semiconductor field-effect transistor，MOSFET)，建構而成的邏輯閘元件(第三章)。實現三個基本布林運算子的邏輯閘與其相關的真值表如圖 0.2-6 所示(第二章)。圖 0.2-6 中的真值表，其實是將圖 0.2-1 中的布林運算子 AND、OR、NOT 的真值表中之 F 與 T 分別以 0 與 1 取代後的結果。

(a) AND　　　　　　(b) OR　　　　　　(c) NOT

圖 0.2-6 基本邏輯閘

(a) 使用基本邏輯閘實現的電路　　　　(b) 等效電路

圖 0.2-7 簡單的加法器：使用基本邏輯閘實現

　　圖 0.2-5(b)的真值表也可以使用基本邏輯閘實現，如圖 0.2-7(a)所示，其等效電路如圖 0.2-7(b)所示。圖中使用三個基本邏輯閘 AND、OR、NOT 實現圖 0.2-4(b)定義的 XOR 運算子。因此可知：若適當地組合上述加法器邏輯

電路，則可以獲得一個可以執行任何二進制數目加法運算的加法器(第六章)。由圖 0.2-7 可以得到下列結論：適當地組合布林代數中的三個基本邏輯運算子，即可以定義一個新的邏輯運算子或是執行二進制數目的加法運算。一旦有了加法器電路，任何算數運算(例如算數的減法、乘法、除法運算)電路都可以植基於加法器電路而設計完成(第六章)。

0.2.3 脈波信號與邏輯位準

在實際的(數位)邏輯電路中，邏輯信號 0 與 1 通常不是二進制數字 0 與 1 而是以脈波(pulse)信號表示的電壓(voltage)或是電流位準(current level)。因此，下列將詳細定義脈波信號相關的一些名詞與說明邏輯位準(logic level)。

脈波信號

在(數位)邏輯電路中，輸入信號與輸出信通常為脈波信號，如圖 0.2-8(a) 所示。其信號位準只有兩個值，0 與 V_{CC} (V_{DD}) 或是 V_{OL} 與 V_{OH}。兩個相關的名詞為正緣(positive edge)與負緣(negative edge)。如圖所示，當脈波信號由低位準上升為高位準時稱為正緣；當脈波信號由高位準下降為低位準時稱為負緣。圖 0.2-8(b)則定義三個與脈波信號相關的參數：上升時間(rise time，t_{rise})、下降時間(fall time，t_{fall})、脈波寬度(pulse width，t_{pw})。上升時間定義為脈波由最大擺幅(maximum excursion) 的 10% 上升到 90% 時，所需的時間。下降時間定義為脈波由最大擺幅的 90% 下降到 10% 時，所需的時間。另外，脈波寬度則定義為脈波上升到最大擺幅的 50% 至其下降至最大擺幅的 50% 時，所需的時間。工作週期(duty cycle)定義為 $(D/T) \times 100\%$。

(a) 脈波   (b) 上升與下降時間

圖 0.2-8 理想與實際脈波

邏輯位準

在(數位)邏輯電路中，通常使用電壓位準(voltage level)代表邏輯值 0 與 1。依據電壓位準與邏輯值 0 與 1 的對應方式，邏輯系統可以分成正邏輯(positive logic)與負邏輯(negative logic)兩種，其定義如下：

正邏輯系統(positive logic system)：使用較高電壓位準的信號，代表邏輯 1；較低電壓位準的信號，代表邏輯 0。

負邏輯系統(negative logic system)：使用較低電壓位準的信號，代表邏輯 1；較高電壓位準的信號，代表邏輯 0。

除非特別聲明，否則**本書中將使用正邏輯系統**。

在實際的邏輯電路中，邏輯值 0 與 1 均為一個範圍的電壓值，而非單一的電壓值，如圖 0.2-9 所示。此外，在電路輸出端與輸入端的邏輯值 0 與 1 之電壓值亦不同。在輸出端，電壓位準 0 到 V_{OL} (輸出端為邏輯 0 時的最大輸出電壓)表示邏輯 0，而電壓位準 V_{OH} (輸出端為邏輯 1 時的最小輸出電壓)到 $V_{CC}(V_{DD})$ 表示邏輯 1；在輸入端，電壓位準 0 到 V_{IL} (輸入端為邏輯 0 時的最大輸入電壓)表示邏輯 0，而電壓位準 V_{IH} (輸入端為邏輯 1 時的最小輸入電壓)到 $V_{CC}(V_{DD})$ 表示邏輯 1。

圖 0.2-9　邏輯閘的輸入與輸出邏輯位準

圖 0.2-9 中也定義了兩個雜音邊界(noise margin)，稱為高電位雜音邊界(high-voltage noise margin，NM_H)與低電位雜音邊界(low-voltage noise margin，NM_L)。NM_H 為 V_{OH} 與 V_{IH} 的電壓差($= V_{OH} - V_{IH}$)；NM_L 為 V_{IL} 與 V_{OL} 的電壓差($= V_{IL} - V_{OL}$)。它們表示可以允許的最大雜音電壓值，因為若超過此值，則輸入端的信號將進入不確定區(第三章)。

0.3 數位系統設計

如前所述，系統一詞為一組有組織的物件之集合，這些物件稱為系統的元件(component)，它們交互連接與作用形成一個整體。數位系統則是一個處理數字或是離散資訊的系統。在電子電路領域中，數位系統則可以視為一個由處理數字(或數目)之運算的數位電路組成之電子電路(或稱電子網路)。據此，數位系統、數位電路、邏輯電路通常代表相同意義。最簡單的數位系統為二進制系統，其輸入與輸出僅具有兩個不同的數字值：0 與 1。

0.3.1 行為與結構

任意系統都可以使用兩個觀點為互補的不同表式方法描述：結構(structure)與行為(behavior)。每一個系統均含有一個結構，它由兩個成分定義：元件集合(set of components)與元件的連路集合(set of links)。換言之，結構意指該系統如何組合、連接在一起，而非它能執行甚麼功能。元件執行需要的功能，通常使用方塊圖(block diagram)描述；連路代表信號的傳遞或是連接。每一個方塊圖至少應該具有一個輸入與一個輸出，適當地使用連路組合方塊圖，整個系統結構即可以完成。系統的行為則是定義該系統執行的功能。在一個系統中，行為通常意為該系統的輸入與輸出的完整關係。

使用結構描述的方式描述(0-2)的複合命題之數位系統如圖 0.3-1 所示。圖 0.3-1(a)為使用開關元件組成的開關電路。兩個開關 S_A 與 S_B 串聯之後，再與燈泡串聯，形成一個迴路。因此，僅在兩個開關 S_A 與 S_B 同時打開(on)時，燈泡才點亮(on)。開關 S_A 與 S_B 的其它狀態組合，燈泡均不亮(off)。

圖 0.3-1(b)為使用邏輯閘元件組成的邏輯電路。當輸入信號 A 與 B 均為邏輯 1 時，燈泡點亮(on)，輸入信號 A 與 B 的其它組合，燈泡均不亮(off)。

(a) 開關電路　　　　　　　　　　　　(b) 邏輯閘電路

圖 0.3-1 結構描述

　　除了邏輯表式之外，其它常用的數位系統的行為描述方式有下列三種：真值表、時序圖(timing diagram)、函數(function)。圖 0.3-2(a)與(b)為使用真值表方式描述(0-2)的複合命題之數位系統。圖 0.3-2(a)與(b)所示的真值表係將開關 S_A 與 S_B 的每一個組合與燈泡對應的狀態，列成一個真假值之表格。圖 0.3-2(c)為使用時序圖方式，描述(0-2)的複合命題之數位系統。

　　使用函數的方式描述(0-2)的複合命題之數位系統時，函數的輸出即為燈泡狀態，函數的輸入為開關 S_A 與 S_B 的狀態組合，即

$$F(S_A, S_B) = 燈泡狀態$$

因此，

$$F(0,0) = 燈泡不亮(0)$$

$$F(0,1) = 燈泡不亮(0)$$

$$F(1,0) = 燈泡不亮(0)$$

$$F(1,1) = 燈泡點亮(1)$$

S_A	S_B	燈泡
Off	Off	Off
Off	On	Off
On	Off	Off
On	On	On

S_A	S_B	燈泡
0	0	0
0	1	0
1	0	0
1	1	1

S_A Off	Off	On	On
S_B Off	On	Off	On
燈泡 Off	Off	Off	On

(a) 真值表一　　　　(b) 真值表二　　　　(c) 時序圖

圖 0.3-2 行為描述

與圖 0.3-2(b)比較之下，可知函數其實是真值表的另一種呈現方式。

一般而言，由一個系統的結構描述，推導出該系統的行為之程序，稱為分析(analysis)，意即系統的分析目的為由其實現決定其規格(specification)。與分析相反的程序為設計(design)或是稱合成(synthesis)。設計為由系統的行為(即規格)求取一個滿足該行為的結構描述，即設計是由規格決定一種實現的方式。設計程序通常較分析程序困難。雖然對一個特定的系統而言，僅有一個類型的行為，但是卻可能有許多不同的系統具有相同的行為，意即一個設計可能存在許多不同的實現方式。因此，系統設計者在設計一個系統的結構時，除了必須符合需要的行為之外，也必須審慎考慮其它相關的準則，包括成本(cost)、性能(performance)、功率消耗(power dissipation)等。

0.3.2 組合邏輯與循序邏輯

數位邏輯可以分成組合邏輯(combinational logic)與循序邏輯(sequential logic)。在組合邏輯中，在時間 t_1 的輸出僅由目前的輸入與電路的函數(f)決定，即

$$z(t_1) = f(x(t_1))$$

圖 0.3-3 組合邏輯與循序邏輯

因此，它不具有記憶之功能，因其輸出與先前之輸入無關，如圖 0.3-3(a)所示(第五章與第六章)。循序邏輯的輸出則由目前的輸入、先前的輸出與電路的函數(f)決定，即

$$z(t_1) = f(x(0, t_1))$$

因此，它具有記憶之功能，因其輸出與先前之輸入有關，如圖 0.3-3(b)所示 (第七章與第八章)。

0.3.3 設計階層

每一個系統的重要特性之一是其中每一個元件也可以視為一個系統，稱為子系統(subsystem)。當一個元件沒有可以辨認的內部結構時，稱為一個基本元件(primitive)。基本元件通常使用方塊圖表示，以彰顯其內部結構無法得知的特性。一個系統通常可以由各種不同的抽象層次(level of abstraction)來檢視。每一個抽象層次稱為一個設計層次(design level)，其特性為在此層次中的每一個元件均可以視為一個基本元件。較高的設計層次使用較少的元件，但是每一個元件可以執行較複雜的功能；較低的設計層次使用較多的基本元件，其每一個基本元件僅能執行較簡單的功能。

在任何設計層次中的非基本元件(non-primitive)在其下一個較低設計層次中可以細分為一個具有多個元件的子系統。相反地，此子系統在其較高的設計層次中，可以抽象化而成為一個非基本元件。這一種在一個系統中的設計層與設計層之間的關係，稱為設計階層(design hierarchy)或簡稱階層(hierarchy)。在一個設計階層中的每一個設計層次都由其較低的設計層次實現(realization)或稱執行(implementation)。

在數位系統中，常用的設計階層(第十章)可以分成：系統層次(system level)、RTL 層次(register-transfer level)、邏輯閘層次(gate level)、電路層次(circuit level)。如圖 0.3-4 所示，在系統層次中，其所用的元件為微處理器(microprocessor，μp)、記憶器(RAM 與 ROM)、並列 I/O 埠、時脈產生器。RTL 層次則應用邏輯閘層次的元件，設計系統層次的元件，例如在 μp 中的 RF (register file，暫存器組)與 ALU (arithmetic and logic unit)，如圖 0.3-4(b) 所示。RF 與 ALU 由邏輯閘層次電路實現，如圖 0.3-4(c)所示。邏輯閘層次中的邏輯閘則更進一步地由電路層次中的電晶體實現，如圖 0.3-4(d)所示。

圖 0.3-4 數位系統的階層式架構說明例

0.3.4 結構分析與設計

基本上，系統的設計方法可以分成兩大類：由上而下(top-down)與由下而上(bottom-up)。現在依序簡述這兩類的設計方法如下。

由上而下設計方法如圖 0.3-5(a)所示，它分割一個大系統為一組較小的子系統，然後這些子系統再細分為更小、更簡單的子系統，這一個程序持續進行，直到子系統可以由現有的或是簡單的模組實現為止。此種設計方式的缺點為沒有一個系統性的方法(systematic method)，可以確保在分割到某一個層次後，可以得到最後實現該系統的最佳結果。因此，這一種方法是否成功，完全依賴設計者之經驗與智慧。

由下而上設計方法如圖 0.3-5(b)所示，它組合現有的或是簡單的模組為一個較大子系統，這一些子系統再進一步組合成較高層次的子系統，這一個程序持續進行，直到需要的系統功能可以實現為止。如同由上而下設計方法一樣，此種設計方式的缺點為沒有一個系統性的方法，可以確保在重複地組合子系統之後，可以得到正確的系統功能。因此，這一種方法是否成功，必須依賴設計者之經驗與智慧。

圖 0.3-5 由上而下與由下而上的系統設計方法

0.4 積體電路

數位系統設計完成之後必須使用實體元件(physical component)實現或稱執行。從古至今，實現數位系統的每一個電路元件均內含多個實體元件於同一個包裝之中，因此它們都稱為積體電路(integrated circuit) (第五章)。下列簡介積體電路與相關的設計流程(第十一章)。

0.4.1 積體電路簡介

目前的積體電路大致上可以分成下列數種：

傳統式積體電路(conventional integrated circuit)：可以分成 TTL (transistor-transistor logic)、CMOS (complementary metal-oxide-semiconductor) 邏

輯、ECL (emitter-coupled logic)。這一些積體電路(integrated circuit)亦稱為標準積體電路(standard IC，標準 IC)，因為其功能(function)與實體組態(physical configuration)均符合一組標準(第三章)。圖 0.4-1(a)所示為世界上第一個電晶體，而圖 0.4-1(b)所示為世界上第一個積體電路。

(a) 第一個電晶體   (b) 第一個積體電路

圖 0.4-1 第一個電晶體與積體電路

雖然標準 IC 普及於 1980 年代，然而隨著積體電路製造技術[1]的高度發展，它們在印刷電路板(printed circuit board，PCB)的空間使用效率上較差。此外，標準 IC 的功能均已固定，無法改變。因此，它們已失去往日之風采，而由現場可規劃邏輯元件[2-5]或是其它方式取代[1]。

微算機系統平台(microcomputer system platform)：實現數位系統的另一個選擇為使用微算機平台。典型的微算機平台如圖 0.3-4(a)所示，為一個可規劃數位系統(programmable digital system)，因為經由改變儲存於記憶器中的程式(program)，即可以重新規劃該微算機系統執行的功能與工作。

圖 0.4-2 所示為世界上第一個積體電路中央處理器(central processing unit，CPU)，它於 1971 年由 Intel 公司製造而問世，一共包含 2300 個電晶體，使用 10-μm 製程製造，操作於 400 至 800 kHz 的頻率。圖 0.4-2(a)為晶片照片，而圖 0.4-2(b)為其 16 腳的 DIP (dual in-line package)包裝。

經過四十年的技術沿革，多核心 CPU 終於問世而大量應運用於各式的個人電腦(personal computer，PC)中。圖 0.4-3 所示為一個多核心 CPU (即 Intel Core i7 四核心 CPU)，它於 2011 年由 Intel 公司製造而問世，一共包含

11.6 億(1.16B)個電晶體，使用 32-nm 製程製造，操作於 3.4 GHz 的頻率。圖
0.4-3(a)為晶片照片，而圖 0.4-3(b)為其 LGA 1356 (Land Grid Arrays)包裝。

(a) 照片　　　　　　　　　　　　　(b) 包裝

圖 0.4-2 世界上第一個積體電路 CPU (Intel 4004)

(a) 照片　　　　　　　　　　　　　(b) 包裝

圖 0.4-3 Intel Core i7 四核心 CPU

　　現場可規劃邏輯元件(field programmable logic device)：它們具有可規劃
的(programmable)內部電路結構，經由可規劃開關(programmable switch)與連
接線，這一些元件可以依據設計者之需要，被規劃而工作於所需的功能上。
目前較普及的現場可規劃邏輯元件為現場可規劃邏輯閘陣列(field program-
mable gate array，FPGA)。

　　圖 0.4-4 所示為 FPGA 元件的內部結構，以及其階層式架構。FGPA 元件
一般由三種基本元件組成：可規劃邏輯方塊(programmable logic block，
PLB)、連接結構(interconnection)、I/O 方塊(Input/Output block)。經由適當的
設定可規劃邏輯方塊的功能與使用連接結構組合可規劃邏輯方塊及 I/O 方
塊，一個 FPGA 元件即可以操作於需要的功能(第十章與第十一章)。圖 0.4-5

為典型的 FPGA 元件發展板(development board)或是稱為模擬板(simulation board)，用以提供使用該 FPGA 元件設計系統時的模擬與測試。

圖 0.4-4 FPGA 元件的階層式架構

圖 0.4-5　DE2-115 FPGA 發展板或稱模擬板(謝謝友晶(terasIC)公司照片)

ASIC (application-specific integrated circuit)：雖然 FPGA 元件可以實現在數位系統中的大部分邏輯電路，其缺點為可規劃連接結構佔用太多有用的晶片面積，及限制執行的邏輯電路之速度。因此，在某些應用中 FPGA 元件並不能滿足需要的性能或是成本。在這一些應用中，半客制化(semi-custom)或全客制化(full-custom) IC，稱為應用規格 IC (application-specific IC，ASIC)可以使用，以滿足所需[1]。ASIC 的主要特性為其專門針對某一個功能而設計，因此可以最佳化電路之設計，以達到較佳之性能。

0.4.2 CAD

在完成一個數位系統的設計之後，通常希望使用現場可規劃元件實現[1]或是送到 IC 製程工廠(IC foundry) (例如台積電，TSMC)製造成 ASIC [2-5]，因此必須使用 CAD 工具(computer-aided design tool)，將該數位系統的硬體設計轉換為現場可規劃元件的規劃檔，以使用適當的工具(或是軟體)載入該標的元中，或是使用標準元件庫(standard cell library)合成為 ASIC 的實體佈局(physical layout)，再產生相關的光罩(photo mask)檔案，送到 IC 製程工廠，完成 ASIC 的製造。使用 CAD 工具的設計流程如下：

- 描述(description)：使用文字的方式，描述設計完成的數位系統的設計。常用的文字描述語言稱為硬體描述語言(hardware description language，HDL)，包含 Verilog HDL 與 VHDL (very high-speed integrated circuits HDL)。目前較普遍使用者為 Verilog HDL。

- 模擬(simulation)：使用模擬軟體驗證系統的功能與時序(timing)，以確認一個邏輯設計是否正確無誤地操作於所設定的規格上。這些軟體使用系統的描述，產生給定輸入的內部與外部信號值。

- 合成與最佳化(synthesis and optimization)：轉換 HDL 描述的邏輯設計為標的元件的邏輯元件，並且移除重複的邏輯元件。

- 實現(implementation)：轉換合成與最佳化後的邏輯閘層次描述檔為對應的硬體元件，然後產生規劃資訊，以設定標的元件，實現期望的功能。

使用 CAD 軟體的邏輯電路模擬的典型例如圖 0.4-6 所示。首先，完成邏輯電路設計，並使用 HDL (例如 Verilog HDL)，描述該邏輯電路，如圖 0.4-6(a)所示。然後使用 CAD 軟體的模擬程式進行功能(即行為)模擬，以驗證設計完成的邏輯電路之功能是否正確，如圖 0.4-6(b)所示。若正確，則再進一步使用 CAD 軟體的合成與最佳化程式，合成該邏輯電路，並且使用模擬程式進行合成後之功能與時序模擬，以驗證設計完成的邏輯電路之功能與時序是否正確，如圖 0.4-6(c)所示。在這兩個驗證程序完成之後，表示該邏輯電路的功能與時序均已正確，而可以載入選定的 FPGA 元件中實現了。

(b) 功能模擬結果

```
module half_adder (
    input x, y,
    output S, C);
// instantiate primitive gates
    xor (S,x,y);
    and (C,x,y);
endmodule
```

(a) Verilog HDL程式

(c) 合成後模擬結果

圖 0.4-6 使用 CAD 軟體的邏輯電路模擬

0.5 參考資料

1. M. B. Lin, *Digital System Designs and Practices: Using Verilog HDL and FPGAs*, John Wiley & Sons, 2008.

2. M. B. Lin, *Introduction to VLSI Systems: A Logic, Circuit, and System Perspective*, CRC Press, 2012.

3. M. B. Lin, *Digital System Designs and Practices: Using Verilog HDL and FPGAs*, 2nd ed., CreateSpace Independent Publishing platform, 2015. (http://www.amazon.com)

4. M. B. Lin, *Digital System Designs and Practices: Design, Synthesis, Verification, and Prototyping in Verilog HDL*, CreateSpace Independent Publishing platform, 2016. (http://www.amazon.com)

5. M. B. Lin, *An Introduction to Verilog HDL*, CreateSpace Independent Publishing platform, 2016. (http://www.amazon.com)

1

數目系統與數碼

00 ▲	0000 ▲
01	0001
11	0011
10 ▼	0010
	0110
	0111
	0101
	0100
000 ▲	
001	1100
011	1101
010	1111
110	1110
111	1010
101	1011
100 ▼	1001
	1000 ▼

本章目標

學完本章之後，你將能夠了解：

- 數目基底與補數：數目的基底、補數的取法、使用補數的減法
- 未帶號數目系統：不同基底的數目系統與二進制算術運算
- 帶號數表示法：正數表示法與負數的表示法
- 帶號數算術運算：帶號大小、1補數、2補數表示法
- 文數字碼與數碼：文數字碼、權位式數碼、非權位式數碼
- 錯誤偵測與更正碼：錯誤偵測碼與錯誤更正碼

所 謂數位系統(digital system)即是處理一個有限的數字(或數值)資料集合的系統。在數位系統中,常用的數目系統(number system)有十進制(decimal)、二進制(binary)、八進制(octal)、十六進制(hexadecimal)等。其中二進制數目當其使用在數位系統中,用以代表數字性資料或非數字性資料時,則稱為二進制碼(binary code)。在二進制碼中一般可以分成兩類:一類是用來表示數目性資料的數碼(numeric code),例如 BCD 碼(binary-coded-decimal code);另一類則是用來表示非數目性資料的文數字碼(alphanumeric code),例如 ASCII 碼(American Standard Code for Information Interchange)。文數字碼的數字本身不具有任何意義,它必須組合成一個集合的關係才具有意義。

本章中,也將詳細介紹在數位系統中常常用來增加系統可靠度(reliability)的錯誤偵測碼(error-detecting code)與錯誤更正碼(error-correcting code)。

1.1 數目基底與補數

在任何數目系統中,當表示一個數目時,都必須明示或是隱含的指示出該數目系統的基底 b (base)。這裡所謂的基底即是該數目中每一個數字對應的權重或是稱為加權(weight,也稱為比重),即一個數目的值可以表示為基底 b 的冪次方之加權和。因此,本節中將依序討論數目的基本表示方法、補數的觀念與取法。最後則以補數的簡單應用:執行減法運算,作為結束。

1.1.1 數目的基底

假設在一個數系統中的基底為 b (稱為 b 進制)時,則該數目系統中的任何一個正數均可以表示為下列多項式(稱為多項式表示法):

$$N = a_{n-1}b^{n-1} + a_{n-2}b^{n-2} + \cdots + a_1b^1 + a_0b^0 + a_{-1}b^{-1} + a_{-2}b^{-2} + \cdots + a_{-m}b^{-m}$$
$$= \sum_{i=-m}^{n-1} a_i b^i$$

其中 $b \geq 2$ 為一個正整數,a 也為整數而且它的值介於 0 與 $b-1$ 之間。數列

$(a_{n-1}a_{n-2}\cdots a_0)$ 組成 N 的整數部分；數列 $(a_{-1}a_{-2}\cdots a_{-m})$ 組成 N 的小數部分。整數與小數部分一般以小數點分開。在實際應用中，通常不用上述多項式來代表一個數目，而以 $a_i(-m \le i \le n-1)$ 組成的數字串表示(稱為係數表示法)：

$$N = (a_{n-1}a_{n-2}\cdots a_1 a_0 . a_{-1}a_{-2}\cdots a_{-m})_b$$

其中 a_{-m} 稱為最小有效數字(least significant digit，LSD)；數字 a_{n-1} 稱為最大有效數字(most significant digit，MSD)。在二進制中的每一個數字稱為一個位元(bit)，其英文字 bit 實際上即為二進制數字(binary digit)的縮寫。

當基底 b 為 2 時，該數目系統稱為二進制；b 為 8 時，稱為八進制；b 為 10 時，稱為十進制；b 為 16 時，稱為十六進制。一個 b 進制中的數目 N 通常以 N_b 表示，任何時候未明顯地表示出該數目的基底時，則視為通用的十進制。

表1.1-1　數目 0 到 16 的各種不同數目基底表示方法

十進制	二進制	八進制	十六進制
0	0	0	0
1	1	1	1
2	10	2	2
3	11	3	3
4	100	4	4
5	101	5	5
6	110	6	6
7	111	7	7
8	1000	10	8
9	1001	11	9
10	1010	12	A (或 a)
11	1011	13	B (或 b)
12	1100	14	C (或 c)
13	1101	15	D (或 d)
14	1110	16	E (或 e)
15	1111	17	F (或 f)
16	10000	20	10

表 1.1-1 中列出數目 0 到 16 在上述各種不同的基底下的數目表示法。由表中所列數字可以得知：在二進制中，只有 0 與 1 兩個數字；在八進制中，有 0、1、2、3、4、5、6、7 等數字；在十六進制中，則有 0、1、2、3、4、

5、6、7、8、9、A、B、C、D、E、F 等十六個數字。在十六進制中的數字 A、B、C、D、E、F 等也可以使用小寫的字母 a、b、c、d、e、f 等表示。

上述各種數目系統也稱為權位式數目系統(positional number system)，因為數目中的每一個數字均依其所在的位置賦予一個固定的加權。例如數目 4107_8 中的數字 4，其加權為 8^3；數字 1 的加權為 8^2；數字 0 的加權為 8^1；數字 7 的加權為 8^0。一般而言，任何一個 b 進制中的數目，其數字 a_i 的加權為 b^i。

例題 1.1-1　(數目表示法)

(a)　$1101_2 = 1 \times 2^3 + 1 \times 2^2 + 0 \times 2^1 + 1 \times 2^0$

(b)　$4347_8 = 4 \times 8^3 + 3 \times 8^2 + 4 \times 8^1 + 7 \times 8^0$

(c)　$1742_{10} = 1 \times 10^3 + 7 \times 10^2 + 4 \times 10^1 + 2 \times 10^0$

(d)　$18AB_{16} = 1 \times 16^3 + 8 \times 16^2 + A \times 16^1 + B \times 16^0$

📖 複習問題

1.1. 試定義 LSD 與 MSD。

1.2. 何謂位元與數字？

1.3. 何謂權位式數目系統？

1.4. 何謂加權、權重，或是比重？

1.1.2 數目基底的轉換

雖然在數位系統(計算機系統亦為數位系統的一種)中，最常用的數目系統為二進制。但是，有時為了方便也常常引用其它進制的數目系統，例如人們最熟悉的十進制數目系統。在這種情形下，必須將以十進制表示的數目轉換為二進制數目，以配合數位系統中慣用的二進制數目系統。

在數位系統中，除了十進制外，最常用的數目系統為二進制、八進制、十六進制。由於這些數目系統的基底 $b = 2^i$，它們彼此之間的轉換較為容易。因此基底的轉換可以分成兩類：一類為十進制與 b ($b = 2^i$)進制之間的互換；另一類則是兩個不同的 b $(b = 2^i)$ 進制之間的互換。前者於本節中討論；後者則請參考第 1.2 節。

b 進制轉換為十進制

將 N_b 的冪次多項式，以十進制算術做運算即可。下列例題說明如何轉換各種不同基底的數目為其等值的十進制數目。

例題 1.1-2　(基底轉換)

(a)　$1101.11_2 = 1 \times 2^3 + 1 \times 2^2 + 0 \times 2^1 + 1 \times 2^0 + 1 \times 2^{-1} + 1 \times 2^{-2}$
　　　　　　$= 13.75_{10}$

(b)　$432.2_8 = 4 \times 8^2 + 3 \times 8^1 + 2 \times 8^0 + 2 \times 8^{-1} = 282.25_{10}$

(c)　$1E2C.E_{16} = 1 \times 16^3 + 14 \times 16^2 + 2 \times 16^1 + 12 \times 16^0 + 14 \times 16^{-1}$
　　　　　　$= 7724.875_{10}$

十進制轉換為 b 進制

在這情況下，以十進制做運算較為方便，其轉換程序可以分成兩部分：整數部分和小數部分。

設 N_{10} 為整數，它在基底 b 上的值為：

$$N_{10} = a_{n-1}b^{n-1} + a_{n-2}b^{n-2} + \cdots + a_1 b^1 + a_0 b^0$$

為求 $a_i (i = 0, \ldots, n-1)$，將上式除以 b 得

$$\frac{N_{10}}{b} = \underbrace{a_{n-1}b^{n-2} + a_{n-2}b^{n-3} + \cdots + a_1}_{Q_0} + \frac{a_0}{b}$$

因此，N_{10} 的最小有效數字 a_0 等於首次的餘數，其次的數字 a_1 則等於 Q_0 除以 b 的餘數，即

$$\frac{Q_0}{b} = \underbrace{a_{n-1}b^{n-3} + a_{n-2}b^{n-4} + \cdots + a_2}_{Q_1} + \frac{a_1}{b}$$

重複的使用上述之除法運算，直到 Q_{n-1} 等於 0 為止，即可以依序求出 a_i。注

意：若 N_{10} 為一個有限的數目，則此程序必然會終止。

如果 N_{10} 是個小數，則由對偶程序即可以產生結果。 N_{10} 在基底 b 中的值為：

$$N_{10} = a_{-1}b^{-1} + a_{-2}b^{-2} + \cdots + a_{-m}b^{-m}$$

最大有效數字 a_{-1} 可以由上述多項式乘以 b 求得，即

$$b \times N_{10} = a_{-1} + a_{-2}b^{-1} + \cdots + a_{-m}b^{-m+1}$$

假如上式的乘積小於 1，則 a_{-1} 為 0；否則 a_{-1} 就等於乘積的整數部分，其次的數字 a_{-2} 繼續由該乘積的小數部分乘以 b 後，取其整數部分。重覆上述步驟，即可以依序求出 a_{-3}、a_{-4}、$\cdots$、a_{-m}。注意：這個程序並不一定會終止，因為 N_{10} 在基底 b 中，可能無法以有限的數字表示。

📖 複習問題

1.5. 如何轉換一個十進制的整數為 b 進制的數目？

1.6. 如何轉換一個十進制的小數為 b 進制的數目？

1.1.3 補數的取法

補數(complement)常用於數位系統中，以簡化減法運算。對於任何一個 b 進制中的每一個數目而言，都有兩種基本的補數型式：基底補數(b's complement)與基底減一補數((b-1)'s complement)。

基底補數

對於在 b 進制中的一個 n 位整數的正數 N_b 而言，其基底補數定義為：

$$\begin{cases} b^n - N_b & \text{當 } N_b \neq 0 \\ 0 & \text{當 } N_b = 0 \end{cases}$$

例題 1.1-3　(基底補數)

(a) 25250_{10} 的 10 補數為 $10^5 - 25250 = 74750$　($n = 5$)

(b) 0.2376_{10} 的 10 補數為 $10^1 - 0.2376 = 9.7624$　($n = 1$)

(c)　25.369_{10} 的 10 補數為 $10^2 - 25.369 = 74.631$　　($n = 2$)

(d)　101100_2 的 2 補數為 $2^6 - 101100_2 = 010100_2$　　($n = 6$)

(e)　0.0110_2 的 2 補數為 $2^1 - 0.0110_2 = 1.1010_2$　　($n = 1$)

基底減一補數

對於在 b 進制中的一個 n 位整數與 m 位小數的正數 N_b 而言，其基底減一補數定義為：

$$b^n - b^{-m} - N_b$$

例題 1.1-4　(基底減一補數)

(a)　25250_{10} 的 9 補數為 $10^5 - 10^{-0} - 25250 = 74749$　　($n = 5$，$m = 0$)

(b)　0.2376_{10} 的 9 補數為 $10^1 - 10^{-4} - 0.2376 = 9.7623$　　($n = 1$，$m = 4$)

(c)　25.369_{10} 的 9 補數為 $10^2 - 10^{-3} - 25.369 = 74.630$　　($n = 2$，$m = 3$)

(d)　101100_2 的 1 補數為

$$2^6 - 2^{-0} - 101100_2 = 010011_2 \quad (n = 6，m = 0)$$

(e)　0.0110_2 的 1 補數為

$$2^1 - 2^{-4} - 0.0110_2 = 1.1001_2 \quad (n = 1，m = 4)$$

由上述例題可以得知：十進制數目的 9 補數，可以用 9 減去數目中的每一個數字；二進制的 1 補數更是簡單，只要將數目中的所有 1 位元變為 0，而 0 位元變為 1 即可。

由於基底減一補數的求得較為容易，在需要基底補數的場合，也常常先求取基底減一補數後，將 b^{-m} 加到最小有效數字上而得到基底補數，因為 $(b^n - b^{-m} - N_b) + b^{-m} = b^n - N_b$。在二進制數目系統中，這種做法實際上是將數目中的每一個位元取其補數，即將 0 位元變為 1 位元而 1 位元變為 0 位元後，再將 1 加到最小有效位元(LSB)上。下面例題說明此一方法。

例題 1.1-5　(由基底減一補數求基底補數)

(a)　101100_2 的 2 補數為 $010011_2 + 000001_2 = 010100_2$

其中 010011 為 101100 的 1 補數而 000001 為 2^{-0}。

(b) 0.0110_2 的 2 補數為 $1.1001_2 + 0.0001_2 = 1.1010_2$

其中 1.1001 為 0.0110 的 1 補數而 0.0001 為 2^{-4}。

若將一數取補數(基底補數或基底減一補數)之後,再取一次相同的補數,則將恢復原來的數目,即結果和原數相同。因為 N_b 的 b 補數為 $b^n - N_b$,而 $b^n - N_b$ 的 b 補數為 $b^n - (b^n - N_b) = N_b$,所以恢復原數。對於 $(b-1)$ 補數而言,其理由仍然相同(習題 1.4)。

例題 1.1-6 (補數的補數 = 原數)

(a) 101100_2 的 2 補數為 $010011_2 + 000001_2 = 010100_2$,而 010100_2 的 2 補數為 $101011_2 + 000001_2 = 101100_2$,和原來的數目相同。

(b) 0.0110_2 的 1 補數為 1.1001_2 而 1.1001_2 的 1 補數為 0.0110_2,和原來的數目相同。

📖 複習問題

1.7. 對於一個 b 進制中的每一個數目而言,都有那兩種基本的補數型式?

1.8. 試定義基底補數。

1.9. 試定義基底減一補數。

1.10. 試定義二進制數目系統的 1 補數。

1.11. 試定義二進制數目系統的 2 補數。

1.1.4 補數的簡單應用—減法

在數位系統中,當使用硬體電路執行減法運算時,一個較方便而且較有效率的方法為使用補數的方式,即先將減數取基底補數後再與被減數相加。若設 M 與 N 分別表示被減數與減數,則使用補數方式的減法運算規則如下:

使用補數的減法運算規則:

1. 將減數(N)取基底補數後與被減數(M)相加;

2. 若結果有進位產生時,表示結果大於或是等於 0,忽略此進位,該結果即為

$M - N$ 的結果；否則，沒有進位產生時，表示結果小於 0，將結果取基底補數後，即為 $M - N$ 的大小。

下列分別列舉數例說明上述動作。

例題 1.1-7　(使用補數的減法運算)

使用補數的方法，計算下列各題：

(a) $918_{10} - 713_{10}$　　　　(b) $713_{10} - 713_{10}$　　　　(c) $218_{10} - 713_{10}$

解：將 713_{10} 取 10 補數後得 287_{10}，將此數分別與三個被減數相加：

(a)	918	(b)	713	(c)	218
	+ 287		+ 287		+ 287
	1205		**1000**		505

有進位發生　　　　　　有進位發生　　　　　　沒有進位發生
結果＝ 205　　　　　　結果＝ 0　　　　　　　結果＝ -495

結果(a)與(b)有進位發生，因此其結果分別為 205 與 0；(c)沒有進位產生，因此其結果小於 0，將結果 505 取 10 補數後得 495，所以其值為-495。

例題 1.1-8　(使用補數的減法運算)

使用補數的方法，計算下列各題：

(a) $1011_2 - 0110_2$　　　　(b) $0110_2 - 0110_2$　　　　(c) $0011_2 - 0110_2$

解：將 0110_2 取 2 補數後得 1010_2，將此數分別與三個被減數相加：

(a)	1011	(b)	0110	(c)	0011
	+ 1010		+ 1010		+ 1010
	10101		**10000**		1101

有進位發生　　　　　　有進位發生　　　　　　沒有進位發生
結果＝0101 (5)　　　　結果＝0000 (0)　　　　結果＝0011 (-3)

結果(a)與(b)有進位發生，因此其結果分別為 5 與 0；(c)沒有進位產生，因此其結果小於 0，將結果 1101_2 取 2 補數後得 0011_2，所以其值為-3。

📖 **複習問題**

1.12. 試簡述使用補數方式的減法運算規則。

1.13. 試使用補數方式的減法運算，計算 $2346_8 - 1723_8$。

1.14. 試使用補數方式的減法運算，計算 $234A_{16} - 17FA_{16}$。

1.2 未帶號數目系統

在數位系統中，數目的表示方法可以分成未帶號數(unsigned number)與帶號數(signed number)兩種。未帶號數沒有正數與負數的區別，全部視為正數；帶號數則有正數與負數的區別。但是不論是未帶號數或是帶號數都可以表示為二進制、八進制、十進制，或是十六進制。在本節中，將以未帶號數為例，詳細討論這四種數目系統及其彼此之間的相互轉換。然後使用二進制數目系統，介紹算術運算中的四種基本運算動作：加、減、乘、除。

1.2.1 二進制數目系統

在數目系統中，當基底為 2 時，稱為二進制數目系統。在此數目系統中，每一個正數均可以表示為下列多項式：

$$N_2 = a_{n-1}2^{n-1} + \cdots\cdots + a_0 2^0 + a_{-1}2^{-1} + \cdots\cdots + a_{-m}2^{-m}$$

$$= \sum_{i=-m}^{n-1} a_i 2^i$$

或用數字串表示：

$$(a_{n-1}a_{n-2}\cdots\cdots a_0 . a_{-1}a_{-2}\cdots\cdots a_{-m})_2$$

其中 a_{n-1} 稱為最大有效位元(most significant bit，MSB)；a_{-m} 稱為最小有效位元(least significant bit，LSB)。這裡所謂的位元(bit)實際上是指二進制的數字(0 和 1)。位元的英文字(bit)其實即為二進制數字(binary digit)的縮寫。注意上述多項式或是數字串中的係數 a_i $(-m \leq i \leq n-1)$ 之值只有 0 和 1 兩種。

例題 1.2-1　(二進制數目表示法)

(a) $1101_2 = 1 \times 2^3 + 1 \times 2^2 + 1 \times 2^0$

(b) $1011.101_2 = 1 \times 2^3 + 1 \times 2^1 + 1 \times 2^0 + 1 \times 2^{-1} + 1 \times 2^{-3}$

二進制轉換為十進制

　　轉換一個二進制數目為十進制的程序相當簡單，只需要將係數(只有 0 和 1)為 1 的位元所對應的權重(2^i)以十進制的算數運算相加即可。

例題 1.2-2　(二進制對十進制的轉換)

　　轉換 110101.01101_2 為十進制。

解：如前所述，將係數為 1 的位元所對應的權重(2^i)以十進制的算術運算一一相加，結果如下：

$$110101.01101_2 = 1 \times 2^5 + 1 \times 2^4 + 1 \times 2^2 + 1 \times 2^0 + 1 \times 2^{-2} + 1 \times 2^{-3} + 1 \times 2^{-5}$$
$$= 32 + 16 + 4 + 1 + 0.25 + 0.125 + 0.03125$$
$$= 53.40625_{10}$$

十進制轉換為二進制

　　當數目較小時，可以依照上述例題的相反次序為之。例如下列例題。

例題 1.2-3　(十進制對二進制的轉換)

　　轉換 13 為二進制。

解：$13_{10} = 8 + 4 + 1 = 2^3 + 2^2 + 0 + 2^0 = 1101_2$

例題 1.2-4　(十進制對二進制的轉換)

　　轉換 25.375 為二進制。

解：結果如下：

$$
\begin{array}{rccccccccc}
25.375_{10} = & 16 & + & 8 & + & 1 & + & 0.25 & + & 0.125 \\
= & 2^4 & + & 2^3 & +\,0\,+\,0\,+ & 2^0 & +\,0\,+ & 2^{-2} & + & 2^{-3} \\
& \downarrow & & \downarrow & \downarrow\quad\downarrow & \downarrow & \downarrow & \downarrow & & \downarrow \\
= & 1 & & 1 & 0\quad\ 0 & 1 & .\ \ 0 & 1 & & 1
\end{array}
$$

　　但是當數目較大時，上述方法將顯得笨拙而且不實用，因而需要一個較有系統的方法。一般在轉換一個十進制數目為二進制時，通常將整數部分與小數部分分開處理：整數部分以 2 連除後取其餘數；小數部分則以 2 連乘後

取其整數。整數部分的轉換規則如下：

1. 以 2 連除該整數，取其餘數。

2. 以最後得到的餘數為最大有效位元(MSB)，並且依照餘數取得的相反次序寫下餘數即為所求。

下列例題將說明此種轉換程序。

例題 1.2-5　(十進制對二進制的轉換)

轉換 109_{10} 為二進制。

解： 利用上述轉換規則計算如下所示：

$$
\begin{aligned}
109 \div 2 &= 54 \cdots\cdots 1 \quad \leftarrow \text{LSB}\\
54 \div 2 &= 27 \cdots\cdots 0\\
27 \div 2 &= 13 \cdots\cdots 1\\
13 \div 2 &= 6 \cdots\cdots 1\\
6 \div 2 &= 3 \cdots\cdots 0\\
3 \div 2 &= 1 \cdots\cdots 1\\
1 \div 2 &= 0 \cdots\cdots 1 \quad \leftarrow \text{MSB}
\end{aligned}
$$

所以　$109_{10} = 1101101_2$。

在上述的轉換過程中，首次得到的餘數為 LSB，而最後得到的餘數為 MSB。

小數部分的轉換規則如下：

1. 以 2 連乘該數的小數部分，取其乘積的整數部分。

2. 以第一次得到的整數為第一位小數，並且依照整數取得的次序寫下整數即為所求。

下列例題將說明此種轉換程序。

例題 1.2-6　(十進制對二進制的轉換)

轉換 0.78125 為二進制。

解： 利用上述轉換規則計算如下所示：

整數

$$0.78125 \times 2 = 1.56250 = 1 + 0.56250$$
$$0.56250 \times 2 = 1.1250\ \ = 1 + 0.1250$$
$$0.1250 \times 2 = 0.250\ \ \ = 0 + 0.250$$
$$0.250 \times 2 = 0.500\ \ \ = 0 + 0.500$$
$$0.500 \times 2 = 1.000\ \ \ = 1 + 0.000$$

所以 $0.78125_{10} = 0.11001_2$。

小數部分的轉換有時候是個無窮盡的程序，這時候可以依照需要的精確值在適當的位元處終止即可。

例題 1.2-7　(十進制對二進制的轉換)

轉換 0.43 為二進制。

解：利用上述轉換規則計算如下所示：

整數 　　　　　　　　　　　　　　　　　整數

$$0.43 \times 2 = 0.86 = 0 + 0.86 \qquad 0.88 \times 2 = 1.76\ = 1 + 0.76$$
$$0.86 \times 2 = 1.72\ = 1 + 0.72 \qquad 0.76 \times 2 = 1.52\ = 1 + 0.52$$
$$0.72 \times 2 = 1.44\ = 1 + 0.44 \qquad 0.52 \times 2 = 1.04\ = 1 + 0.04$$
$$0.44 \times 2 = 0.88\ = 0 + 0.88$$

由於轉換的程序是個無窮盡的過程，所以將之終止而得

$$0.43_{10} = 0.0110111_2 \text{。}$$

例題 1.2-8　(十進制對二進制的轉換)

轉換 121.34375_{10} 為二進制。

解：詳細運算過程如下：

整數部分　　　　　餘數　　　　　　　　　　　　小數部分　　　　　　整數

$121 \div 2 = 60 \cdots\cdots 1 \leftarrow$ LSB　　　　　　$0.34375 \times 2 = 0.6875 = 0 + 0.6875$

$60 \div 2 = 30 \cdots\cdots 0$　　　　　　　　　　$0.6875 \times 2 = 1.375 = 1 + 0.375$

$30 \div 2 = 15 \cdots\cdots 0$　　　　　　　　　　$0.375 \times 2 = 0.75 = 0 + 0.75$

$15 \div 2 = 7 \cdots\cdots 1$　　　　　　　　　　$0.75 \times 2 = 1.50 = 1 + 0.50$

$7 \div 2 = 3 \cdots\cdots 1$　　　　　　　　　　$0.5 \times 2 = 1.0 = 1 + 0.0$

$3 \div 2 = 1 \cdots\cdots 1$

$1 \div 2 = 0 \cdots\cdots 1 \leftarrow$ MSB

所以 $121.34375_{10} = 1111001.01011_2$。

📖 **複習問題**

1.15. 試定義 LSB 與 MSB。

1.16. 簡述在轉換一個十進制數目為二進制時，整數部分的轉換規則。

1.17. 簡述在轉換一個十進制數目為二進制時，小數部分的轉換規則。

1.2.2 八進制數目系統

在數目系統中，當基底 b 為 8 時，稱為八進制數目系統。在此數目系統中，每一個正數均可以表示為下列多項式：

$$N_8 = a_{n-1}8^{n-1} + \cdots\cdots + a_0 8^0 + a_{-1}8^{-1} + \cdots\cdots + a_{-m}8^{-m}$$

$$= \sum_{i=-m}^{n-1} a_i 8^i$$

或用數字串表示：

$$(a_{n-1}a_{n-2}\cdots\cdots a_0.a_{-1}a_{-2}\cdots\cdots a_{-m})_8$$

其中 a_{n-1} 稱為最大有效數字(most significant digit，MSD)；a_{-m} 稱為最小有效數字(least significant digit，LSD)。a_i $(-m \leq i \leq n-1)$ 之值可以為 $\{0, 1, 2, 3, 4, 5, 6, 7\}$ 中之任何一個。

例題 1.2-9　(八進制數目表示法)

(a) $347_8 = 3 \times 8^2 + 4 \times 8^1 + 7 \times 8^0 = 231_{10}$

(b) $157.43_8 = 1 \times 8^2 + 5 \times 8^1 + 7 \times 8^0 + 4 \times 8^{-1} + 3 \times 8^{-2} = 111.546875_{10}$

在八進制中，代表數目的符號一共有 8 個，即只使用十進制中的前 8 個符號：0 到 7。表 1.2-1 列出了十進制、二進制、八進制之間的關係。

表1.2-1　十進制、二進制、八進制之間的關係

十進制	二進制	八進制
0	000	0
1	001	1
2	010	2
3	011	3
4	100	4
5	101	5
6	110	6
7	111	7

在八進制數目系統中，數目的表示容量遠較二進制為大，即以同樣數目的數字而言，八進制能代表的數目遠較二進制為大。例如數目 47_{10} 在八進制中為 57_8 (2 位數)，在二進制中則為 101111_2 (6 位數)。若以同樣的 2 位數而言，八進制能表示的數目範圍為 0 到 63 (即 00_8，到 77_8)，而二進制只能表示 0 到 3 的數目(即 00_2 到 11_2)。

二進制轉換為八進制

二進制和八進制之間的轉換相當容易，將一個二進制的數目轉換為八進制時，只需要以小數點為中心，分割成整數與小數兩個部分，其中整數部分以小數點為基準，依序向左每取三個位元為一組，小數部分則以小數點為基準，依序向右每取三個位元為一組，然後參照表 1.2-1 中的關係，即可以求得對應的八進制數目。例如下列例題。

例題 1.2-10　(二進制轉換為八進制)

轉換 110101_2 為八進制。

解： 因為 110101 = 110 101. = 6 5
所以 $110101_2 = 65_8$。

　　在整數部分的左邊或是小數部分的右邊均可以依據實際上的需要加上任意個 0 而不會影響該數的大小。例如下列例題。

例題 1.2-11　(二進制轉換為八進制)

　　轉換 $11110010101.01111100110_2$ 為八進制。

解：因為 $11110010101.01111100110 = \mathbf{0}11\ 110\ 010\ 101.011\ 111\ 001\ 100$

因此由表 1.2-1 查得對應的八進制數目為 3 6 2 5 . 3 7 1 4

所以 $11110010101.01111100110_2 = 3625.3714_8$。

八進制轉換為二進制

　　轉換一個八進制數目為二進制時，由於八進制和二進制之間數字對應的特殊關係，其轉換程序可以使用一個簡單的方式達成，即只需要將每一個八進制數字以相當的二進制位元(參照表 1.2-1)取代即可。例如下列例題。

例題 1.2-12　(八進制轉換為二進制)

　　轉換 472_8 為二進制。

解：$4\ 7\ 2_8 = 100\ 111\ 010_2$

所以相當的二進制數目為 100111010。

例題 1.2-13　(八進制轉換為二進制)

　　轉換 54.31_8 為二進制。

解：$5\ 4.3\ 1_8 = 101\ 100.011\ 001_2$

所以相當的二進制數目為 101100.011001。

八進制轉換為十進制

　　轉換一個八進制的數目為十進制時，只需要將每一個數字乘以該數字所在位置的加權(8^i)後，以十進制的算術運算相加即可。

例題 1.2-14　(八進制轉換為十進制)

轉換 372_8 為十進制。

解：
$$372_8 = 3 \times 8^2 + 7 \times 8^1 + 2 \times 8^0$$
$$= 3 \times 64 + 7 \times 8 + 2 \times 1$$
$$= 250_{10}$$

所以相當的十進制數目為 250。

例題 1.2-15　(八進制轉換為十進制)

轉換 24.68_8 為十進制。

解：
$$24.68_8 = 2 \times 8^1 + 4 \times 8^0 + 6 \times 8^{-1} + 8 \times 8^{-2}$$
$$= 2 \times 8 + 4 \times 1 + 6 \div 8 + 8 \div 64$$
$$= 20.875_{10}$$

所以相當的十進制數目為 20.875。

十進制轉換為八進制

十進制對八進制的轉換方法和十進制對二進制的轉換方法相同，只是現在的除數(或乘數)是 8 而不是 2。

例題 1.2-16　(十進制轉換為八進制)

轉換 266_{10} 為八進制。

解：詳細的計算過程如下所示：

$$
\begin{array}{ll}
266 \div 8 = 33 & \cdots\cdots 2 \\
33 \div 8 = 4 & \cdots\cdots 1 \\
4 \div 8 = 0 & \cdots\cdots 4
\end{array}
\quad\uparrow\text{餘數}
$$

所以相當的八進制數目為 412。

例題 1.2-17　(十進制轉換為八進制)

轉換 0.38_{10} 為八進制。

解：詳細的計算過程如下所示：

$$0.38 \times 8 = 3.04 \quad = 3 + 0.04$$
$$0.04 \times 8 = 0.32 \quad = 0 + 0.32$$
$$0.32 \times 8 = 2.56 \quad = 2 + 0.56$$
$$0.56 \times 8 = 4.48 \quad = 4 + 0.48$$

由於該轉換的程序是一個無窮盡的動作，所以將它終止而得到：

$$0.38_{10} = 0.3024_8 \text{ 。}$$

有時為了方便，在轉換一個十進制數目為八進制時，常先轉換為二進制後，再轉換為八進制。下列例題說明此一轉換程序。

例題 1.2-18 (十進制轉換為八進制)

轉換 139.43_{10} 為八進制。

解： 首先轉換 139.43_{10} 為二進制：

整數部分相當的二進制數目為 10001011；小數部分是個無窮盡的程序，將之終止而得到 0.0110111。所以 $139.43 = 10001011.0110111_2$。

其次，將 10001011.0110111_2 轉換為八進制數目：

$$10001011.0110111_2 = \underline{010}\ \underline{001}\ \underline{011}.\underline{011}\ \underline{011}\ \underline{100}$$
$$= 2 \quad 1 \quad 3.\ 3 \quad 3 \quad 4_8$$

因此 $139.43_{10} = 213.334_8$。

📖 **複習問題**

1.18. 在八進制數目系統中，代表數目的符號有那些？

1.19. 簡述在轉換一個十進制數目為八進制時，整數部分的轉換規則。

1.20. 簡述在轉換一個十進制數目為八進制時，小數部分的轉換規則。

1.2.3 十六進制數目系統

　　在數目系統中，當基底 b 為 16 時，稱為十六進制數目系統。在此數目系統中，每一個正數均可以表示為下列多項式：

$$N_{16} = a_{n-1}16^{n-1} + \cdots\cdots + a_0 16^0 + a_{-1}16^{-1} + \cdots\cdots + a_{-m}16^{-m}$$

$$= \sum_{i=-m}^{n-1} a_i 16^i$$

或用數字串表示：

$$(a_{n-1}a_{n-2}\cdots\cdots a_0.a_{-1}a_{-2}\cdots\cdots a_{-m})_{16}$$

其中 a_{q-1} 稱為最大有效數字(most significant digit，MSD)；a_{-p} 稱為最小有效數字(least significant digit，LSD)。a_i $(-m \le i \le n-1)$ 之值可以為 {0, 1, 2, 3, 4, 5, 6, 7, 8, 9, A, B, C, D, E, F} 中之任何一個，其中 A~F 也可以使用小寫的英文字母 a~f 取代。

例題 1.2-19　(十六進制數目表示法)

(a)　$\text{ABCD}_{16} = \text{A} \times 16^3 + \text{B} \times 16^2 + \text{C} \times 16^1 + \text{D} \times 16^0$

(b)　$123\text{F.E3}_{16} = 1 \times 16^3 + 2 \times 16^2 + 3 \times 16^1 + \text{F} \times 16^0 + \text{E} \times 16^{-1} + 3 \times 16^{-2}$

　　在十六進制中，代表數目的符號一共有十六個，除了十進制中的十個符號之外，又添加了六個：A (a)、B (b)、C (c)、D (d)、E (e)、F (f)。表 1.2-2 列出了十進制、二進制、十六進制之間的關係。

表1.2-2　十進制、二進制、十六進制之間的關係

十進制	二進制	十六進制	十進制	二進制	十六進制
0	0000	0	8	1000	8
1	0001	1	9	1001	9
2	0010	2	10	1010	A(a)
3	0011	3	11	1011	B(b)
4	0100	4	12	1100	C(c)
5	0101	5	13	1101	D(d)
6	0110	6	14	1110	E(e)
7	0111	7	15	1111	F(f)

十六進制為電腦中常用的數目系統之一，其數目的表示容量最大。例如同樣使用二位數而言，十六進制所能表示的數目範圍為 0 到 255(即 00_{16} 到 FF_{16})；十進制為 0 到 99；二進制則只有 0 到 3 (即 00_2 到 11_2)。

二進制轉換為十六進制

轉換一個二進制數目為十六進制的程序相當簡單，只需要將該二進制數目以小數點分開後，分別向左(整數部分)及向右(小數部分)每四個位元集合成為一組後，再參照表 1.2-2 求取對應的十六進制數字，即可以求得十六進制數目的結果。

例題 1.2-20　(轉換二進制數目為十六進制)

轉換二進制數目 10111011001.10110100111 為十六進制。

解：將該二進制數目以小數點分開後，分別向左(整數部分)及向右(小數部分)每四個位元集合成為一組後，參照表 1.2-2 求取對應的十六進制數字，其結果如下：

$$0101\ 1101\ 1001.1011\ 0100\ 1110$$
$$\quad5\quad\ D\quad\ 9\ .\ B\quad\ 4\quad\ E$$

所以 $10111011001.10110100111_2 = 5D9.B4E_{16}$ 。

十六進制轉換為二進制

轉換一個十六進制數目為二進制的過程相當簡單，只需要將該十六進制

數目中的每一個數字，以表 1.2-2 中對應的 4 個二進制位元取代即可，例如下列例題。

例題 1.2-21　(轉換十六進制數目為二進制)

轉換十六進制數目 9BD 為二進制。

解：將十六進制數目中的每一個數字分別使用對應的二進制數目取代即可，詳細的動作如下：

$$9 \quad B \quad D$$
$$\downarrow \quad \downarrow \quad \downarrow$$
$$\overline{1001} \ \overline{1011} \ \overline{1101}$$

所以 $9BD_{16} = 100110111101_2$。

例題 1.2-22　(轉換十六進制數目為二進制)

轉換十六進制數目 37C.B86 為二進制。

解：將十六進制數目中的每一個數字分別使用對應的二進制數目取代即可，詳細的動作如下：

$$3 \quad 7 \quad C \ . \ B \quad 8 \quad 6$$
$$\downarrow \quad \downarrow \quad \downarrow \quad \ \downarrow \quad \downarrow \quad \downarrow$$
$$\overline{0011} \ \overline{0111} \ \overline{1100}. \ \overline{1011} \ \overline{1000} \ \overline{0110}$$

所以 $37C.B86_{16} = 1101111100.10111000011_2$。

十六進制轉換為十進制

與轉換一個二進制數目為十進制的程序類似，只需要將十六進制數目中的每一個數字乘上其所對應的權重(16^i)後，以十進制的算數運算相加即可，例如下面例題。

例題 1.2-23　(十六進制數目對十進制的轉換)

轉換 $AED.BF_{16}$ 為十進制。

解：如前所述，將係數乘上其所對應的權重(16^i)，並且以十進制的算數運算求其總合即可，其結果如下：

$$AED.BF_{16} = A \times 16^2 + E \times 16^1 + D \times 16^0 + B \times 16^{-1} + F \times 16^{-2}$$
$$= 10 \times 256 + 14 \times 16 + 13 \times 1 + 11 \times 0.0625 + 15 \times 0.00390625$$
$$= 2797.74609375_{10}$$

十進制轉換為十六進制

與轉換一個十進制數目為二進制的程序類似，只是現在的除數(或乘數)為 16 而不是 2，例如下列例題。

例題 1.2-24 (十進制數目對十六進制的轉換)

轉換 167.45_{10} 為十六進制。

解：詳細的計算過程如下：

整數部分 ────── 餘數

$$167 \div 16 = 10 \cdots\cdots 7 \leftarrow \text{LSD}$$
$$10 \div 16 = 0 \cdots\cdots 10 \leftarrow \text{MSD}$$

$$167_{10} = A7_{16}$$

小數部分 ────── 整數

$$0.45 \times 16 = 7.2 = 7 + 0.2$$
$$0.2 \times 16 = 3.2 = 3 + 0.2$$
$$0.2 \times 16 = 3.2 = 3 + 0.2$$

$$0.45_{10} = 0.7\overline{3}_{16}$$

所以 $167.45_{10} = A7.7\overline{3}_{16}$

有時為了方便，在轉換一個十進制數目為十六進制時，常先轉換為二進制數目後，再轉換為十六進制。這種方式雖然較為複雜，但是使用較熟悉的以 2 為除數或是乘數的簡單運算，取代了在上述過程中的以 16 為除數或乘數的繁雜運算。

例題 1.2-25 (十進制轉換為十六進制)

轉換 138.35_{10} 為十六進制。

解：首先轉換 138.35_{10} 為二進制：

整數部分相當的二進制數目為 10001010；小數部分是個循環的程序，將之終止而得到 $0.0\overline{10110}$。所以 $138.35_{10} = 10001010.0\overline{10110}_2$。

其次，將 $10001010.0\overline{10110}_2$ 轉換為十六進制數目：

$$10001010.0101100110_2 = \underline{1000}\ \underline{1010}.\ \underline{0101}\ \underline{1001}\ \underline{1001}$$
$$= \quad 8 \qquad A\ .\quad 5 \qquad 9 \qquad 9_{16}$$

因此 $138.35_{10} = 8A.5\overline{9}_{16}$。

十六進制轉換為八進制

　　轉換一個十六進制的數目為八進制時，最簡單的方法是先轉換為二進制後，再轉換為八進制。下面兩個例題說明此種轉換程序。

例題 1.2-26　(十六進制轉換為八進制)

　　轉換 AC_{16} 為八進制。

解：先將 AC_{16} 轉換為二進制數目，再由二進制數目轉換為八進制，其詳細的轉換動作如下：

$$AC_{16} = 1010\ 1100_2 = 010\ 101\ 100_2 = 254_8$$

所以 $AC_{16} = 254_8$。

例題 1.2-27 (十六進制轉換為八進制)

轉換 $1E43.75_{16}$ 為八進制。

解： 先將 $1E43.75_{16}$ 轉換為二進制數目，再由二進制數目轉換為八進制，其詳細的轉換動作如下：

$$1E43.75_{16} = \underline{0001}\ \underline{1110}\ \underline{0100}\ \underline{0011}.\underline{0111}\ \underline{0101}_2$$
$$= \underline{001}\ \underline{111}\ \underline{001}\ \underline{000}\ \underline{011}.\underline{011}\ \underline{101}\ \underline{010}$$
$$= \quad 1 \quad 7 \quad 1 \quad 0 \quad 3.\ 3 \quad 5 \quad 2_8$$

所以 $1E43.75_{16} = 17103.352_8$。

八進制轉換為十六進制

轉換一個八進制的數目為十六進制時，可以依據上述類似的程序，先轉換為二進制後，再轉換為十六進制。

例題 1.2-28 (八進制轉換為十六進制)

轉換 744_8 為十六進制。

解： 先將 744_8 轉換為二進制數目，再由二進制數目轉換為十六進制，其詳細的轉換動作如下：

$$744_8 = 111\ 100\ 100_2$$
$$= \underline{0001}\ \underline{1110}\ \underline{0100}$$
$$= \quad 1 \quad E \quad 4_{16}$$

所以 $744_8 = 1E4_{16}$。

例題 1.2-29 (八進制轉換為十六進制)

轉換 7536.152_8 為十六進制。

解： 先將 7536.152_8 轉換為二進制數目，再由二進制數目轉換為十六進制，其詳細的轉換動作如下：

$$7536.152_8 = 111\ 101\ 011\ 110.\ 001\ 101\ 010_2$$

$$= \underbrace{1111}\ \underbrace{0101}\ \underbrace{1110}.\ \underbrace{0011}\ \underbrace{0101}\ \underbrace{0000}$$

$$=\quad F\quad\ \ 5\quad\ \ E\ .\quad 3\quad\ \ 5\quad\ \ 0_{16}$$

所以 $7536.152_8 = \text{F5E.35}_{16}$。

📖 **複習問題**

1.21. 在十六進制數目系統中，代表數目的符號有那些？

1.22. 簡述在轉換一個十進制數目為十六進制時，整數部分的轉換規則。

1.23. 簡述在轉換一個十進制數目為十六進制時，小數部分的轉換規則。

1.2.4　二進制算術運算

　　所謂的四則運算是指算術中的四個基本運算：加、減、乘、除。基本上，二進制的算術運算和十進制是相同的，唯一的差別是在二進制中，若為加法運算，則逢 2 即需要進位；若為減法運算，則由左邊相鄰的數字借位時，所借的值為 2 而不是 10。下面例題分別說明二進制的加法與減法運算過程。

例題 1.2-30　(二進制加法運算)

　　將 1010_2 與 1110_2 相加。

解：詳細的計算過程如下：

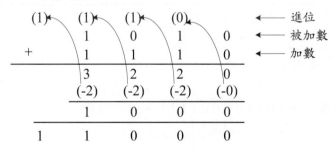

例題 1.2-31　(二進制減法運算)

　　將 1010_2 減去 1110_2。

解：詳細的計算過程如下：

```
        →(2)    →(2)    →(0)    →(0)    ←── 借位
          1      0      1      0       ←── 被減數
  (-1)   (-1)   (-0)   (-0)    0
  ─────────────────────────────
          2      2      1      0
  -       1      1      1      0       ←── 減數
  ─────────────────────────────
  (1)     1      1      0      0
```

　　如同十進制一樣，二進制的乘法運算可以視為加法的連續運算。

例題 1.2-32 (二進制乘法運算)

　　試求 1101_2 與 1001_2 的乘積。

解：詳細的計算過程如下：

```
              1   1   0   1     ←── 被乘數
          ×   1   0   0   1     ←── 乘數
          ─────────────────
              1   1   0   1
          0   0   0   0
      0   0   0   0
  +   1   1   0   1
  ─────────────────────────
  1   1   1   0   1   0   1     ←── 乘積
```

所以乘積為 1110101。

　　如同十進制一樣，二進制的除法運算可以視為減法的連續運算。

例題 1.2-33 (二進制除法運算)

　　試求 10001111_2 除以 1011_2 後的商數。

解：詳細的計算過程如下：

```
                      1 1 0 1    ←── 商數
  除數 ──→ 1 0 1 1 )1 0 0 0 1 1 1 1   ←── 被除數
                  - 1 0 1 1
                  ─────────
                    1 1 0 1
                  - 1 0 1 1
                  ─────────
                      1 0 1 1
                    - 1 0 1 1
                    ─────────
                          0    ←── 餘數
```

所以商數為 1101 而餘數為 0。

📖 複習問題

1.24. 試簡述二進制算術運算與十進制算術運算之異同。

1.25. 計算 $11011101_2 + 01110011_2$ 的結果。

1.26. 計算 $11011101_2 - 10110100_2$ 的結果。

1.27. 計算 11011011_2 與 10010001_2 的乘積。

1.28. 計算 $11011011_2 \div 1001_2$ 的結果。

1.3 帶號數表示法

在數位系統中，帶號數也是一種常用的數目表示方法。因此，在這一節中，將詳細討論三種在數位系統中常用的帶號數表示方法：帶號大小表示法 (sign-magnitude representation)、基底減一補數表示法 ((b-1)'s-complement representation)、基底補數表示法(b's-complement representation)。這三種表示法在正數時都相同，在負數時則有些微的差異。

1.3.1 正數表示法

在數位系統中，一般用來表示帶號數的方法是保留最左端的數字做為正數或是負數的指示之用，稱為符號數字(sign digit)，在二進制中則常稱為符號位元(sign bit)。在本書中，將使用 $\underline{x}$ 表示符號數字或是符號位元。

對於正的定點數(fixed-point number)而言，符號數字設定為 0，而其它數字則表示該數的真正大小。若設 N_b 表示在 b 進制中的一個具有 n 位整數(包括符號數字)與 m 位小數的數目，則此正數(即 $N_b \geq 0$)可以表示為下列數字串：

$$N_b = (\underline{0}\,a_{n-2}\cdots a_1 a_0 . a_{-1} a_{-2} \cdots a_{-m})_b$$

而 N_b 的大小等於

$$|N_b| = \sum_{i=-m}^{n-2} a_i b^i$$

例題 1.3-1　(正數表示法)

　　計算下列各數的值：

(a)　$\underline{0}319_{10}$

(b)　$\underline{0}10110.11_2$

(c)　$\underline{0}317_8$

(d)　$\underline{0}7EA_{16}$

解：(a)　$\underline{0}319_{10} = +319$。

(b)　$\underline{0}10110.11_2 = +22.75$。

(c)　$\underline{0}317_8 = +207$

(d)　$\underline{0}7EA_{16} = +2026$。

📖 **複習問題**

1.29. 試定義符號位元與符號數字。

1.30. 在帶號數表示方法中，如何表示一個數目是正數或是負數？

1.3.2 負數的表示法

　　負數的表示方法，通常有三種：帶號大小表示法、基底減一補數表示法、基底補數表示法。設 $\overline{N_b}$ 表示 N_b 的負數。

帶號大小表示法

　　在帶號大小表示法中，負數的大小部分和正數相同，唯一不同的是符號數字，即：

$$\overline{N_b} = (\underline{b-1}\, a_{n-2}\cdots a_1 a_0 . a_{-1} a_{-2}\cdots a_{-m})_b$$

而 N_b 的大小等於

$$|N_b| = \sum_{i=-m}^{n-2} a_i b^i$$

例題 1.3-2　(帶號大小表示法)

(a)　$+713_{10}$ 以帶號大小表示時為 $\underline{0}713_{10}$，而 -713_{10} 則為 $\underline{9}713_{10}$，因為 $b = 10$，$b-1 = 9$。

(b) $+1011.011_2$ 以帶號大小表示時為 $\underline{0}1011.011_2$，而 -1011.011_2 則為 $\underline{1}1011.011_2$，因為 $b=2$，$b-1=1$。

(c) $+754_8$ 以帶號大小表示時為 $\underline{0}754_8$，而 -754_8 則為 $\underline{7}754_8$，因為 $b=8$，$b-1=7$。

(d) $+7E5_{16}$ 以帶號大小表示時為 $\underline{0}7E5_{16}$，而 $-7E5_{16}$ 則為 $\underline{F}7E5_{16}$，因為 $b=16$，$b-1=15$。

基底減一補數表示法

在基底減一補數表示法中，$-N_b$ 則直接表示為 N_b 的基底減一補數：

$$\overline{N}_b = b^n - b^{-m} - N_b$$

若表示為數字串則為：

$$\overline{N}_b = (\underline{b-1}\,\overline{a}_{n-2}\,\overline{a}_{n-3}\cdots\cdots\overline{a}_1\overline{a}_0.\overline{a}_{-1}\overline{a}_{-2}\cdots\cdots\overline{a}_{-m})_b$$

其中每一個數字 $\overline{a}_i$ 定義為

$$\overline{a}_i = b - 1 - a_i$$

當基底 b 為 2 時，則為 1 補數表示法。

例題 1.3-3　(基底減一補數表示法)

(a) $+713_{10}$ 以 9 補數表示時為 $\underline{0}713_{10}$，而 -713_{10} 則為 $\underline{9}286_{10}$，因為 0713_{10} 的 9 補數為 9286_{10}。

(b) $+1011.011_2$ 以 1 補數表示時為 $\underline{0}1011.011_2$，而 -1011.011_2 則為 $\underline{1}0100.100_2$，因為 01011.011_2 的 1 補數為 10100.100_2。

(c) $+754_8$ 以 7 補數表示時為 $\underline{0}754_8$，而 -754_8 則為 $\underline{7}023_8$，因為 0754_8 的 7 補數為 7023_8。

(d) $+7E5_{16}$ 以 15 補數表示時為 $\underline{0}7E5_{16}$，而 $-7E5_{16}$ 則為 $\underline{F}81A_{16}$，因為 $07E5_{16}$ 的 15 補數為 $F81A_{16}$。

基底補數表示法

在基底補數表示法中，$-N_b$ 則直接表示為 N_b 的基底補數，即

$$\overline{N}_b = b^n - N_b$$

當基底 b 為 2 時，則為 2 補數表示法。

例題 1.3-4 (基底補數表示法)

(a) $+713_{10}$ 以 10 補數表示時為 $\underline{0}713_{10}$，而 -713_{10} 則為 $\underline{9}287_{10}$，因為 0713_{10} 的 10 補數為 9287_{10}。

(b) $+1011.011_2$ 以 2 補數表示時為 $\underline{0}1011.011_2$，而 -1011.011_2 則為 $\underline{1}0100.101_2$，因為 01011.011_2 的 2 補數為 10100.101_2。

(c) $+754_8$ 以 8 補數表示時為 $\underline{0}754_8$，而 -754_8 則為 $\underline{7}024_8$，因為 0754_8 的 7 補數為 7024_8。

(d) $+7E5_{16}$ 以 16 補數表示時為 $\underline{0}7E5_{16}$，而 $-7E5_{16}$ 則為 $\underline{F}81B_{16}$，因為 $07E5_{16}$ 的 16 補數為 $F81B_{16}$。

📖 複習問題

1.31. 試簡述在帶號大小表示法中，如何表示一個負數？

1.32. 試簡述在 1 補數表示法中，如何表示一個負數？

1.33. 試簡述在 2 補數表示法中，如何表示一個負數？

1.34. 試簡述在 9 補數表示法中，如何表示一個負數？

1.3.3 帶號數表示範圍

表 1.3-1 列出 4 位元二進制帶號數表示法在 0000 與 1111 之間的 16 種不同的組合所代表的十進制數目。對於表中所列的所有定點數而言，除了在帶號大小表示法與 1 補數表示法中的 0 (有+0 和-0 的分別)之外，其餘的每一個數目的表示方法均是唯一的，即每一個定點數只對應一個 4 位元的二進制組合。在 4 位元的二進制帶號數中，最大的正整數為+7，而最小的負整數為 -7 (在帶號大小表示法與 1 補數表示法中)或是-8 (2 補數表示法)。

一般而言，對於一個 n 位元的二進制數目系統的帶號數而言，其所能代表的數目範圍為：

帶號大小表示法：$-(2^{n-1} - 1)$ 到 $(2^{n-1} - 1)$

表1.3-1　4 位元二進制帶號數表示法

十進制	帶號大小	1 補數	2 補數	十進制	帶號大小	1 補數	2 補數
+7	0111	0111	0111	-0	1000	1111	0000
+6	0110	0110	0110	-1	1001	1110	1111
+5	0101	0101	0101	-2	1010	1101	1110
+4	0100	0100	0100	-3	1011	1100	1101
+3	0011	0011	0011	-4	1100	1011	1100
+2	0010	0010	0010	-5	1101	1010	1011
+1	0001	0001	0001	-6	1110	1001	1010
+0	0000	0000	0000	-7	1111	1000	1001
				-8	(不可能)	(不可能)	1000

1 補數表示法：$-(2^{n-1}-1)$ 到 $(2^{n-1}-1)$

2 補數表示法：-2^{n-1} 到 $2^{n-1}-1$

三種二進制帶號數表示法的特性歸納如表 1.3-2 所示。

表1.3-2　三種二進制帶號數表示法的特性

	帶號大小	1 補數	2 補數
正數	$0xyz$	$0xyz$	$0xyz$
負數	$1xyz$	$1x'y'z'$	$1x'y'z'+1$
表示範圍	$-(2^{n-1}-1)$ 到 $2^{n-1}-1$	$-(2^{n-1}-1)$ 到 $2^{n-1}-1$	-2^{n-1} 到 $2^{n-1}-1$
零(以 4 位元為例)	0000 (+0) 1000 (-0)	0000 (+0) 1111 (-0)	0000

　　由於在數位系統中最常用的帶號數表示法為 2 補數，因此將 2 補數表示法的重要特性歸納如下：

1. 只有一個 0 (即 000......0)。

2. MSB 為符號位元，若數目為正，則 MSB 為 0，否則 MSB 為 1。

3. n 位元的 2 補數表示法之表示範圍為 -2^{n-1} 到 $2^{n-1}-1$。

4. 一數取 2 補數後再取 2 補數，將恢復為原來的數。

📖 複習問題

1.35. 在帶號大小表示法中，一個 n 位元的數目所能代表的數目範圍為何？

1.36. 在 1 補數表示法中，一個 n 位元的數目所能代表的數目範圍為何？

1.37. 在 2 補數表示法中，一個 n 位元的數目所能代表的數目範圍為何？

1.4 帶號數算術運算

由於在數位系統中，最常用的數目系統為二進制，因此這小節的討論，將以二進制算術運算為主 (事實上，本節中所述規則亦可以直接使用於其它 b 進制數目系統中，即分別將 1 補數與 2 補數視為 $(b-1)$ 補數與 b 補數)。

1.4.1 帶號大小表示法

設 A 和 B 分別表示兩個帶號大小的數目，$|A|$ 和 $|B|$ 分別表示 A 和 B 的大小(去除符號位元後)，而 $\overline{|A|}$ 和 $\overline{|B|}$ 則分別為 $|A|$ 和 $|B|$ 的 1 補數。例如：

$$A = 1011 \ (-3) \qquad |A| = 011 \qquad \overline{|A|} = 100$$
$$B = 0101 \ (+5) \qquad |B| = 101 \qquad \overline{|B|} = 010$$

帶號大小數的加法規則為：

1. A 和 B 同號

規則：當 A 和 B 的符號位元相同時，將 $|A|$ 與 $|B|$ 相加後，結果的符號位元和 A (B) 相同。

例題 1.4-1 (試求下列兩個 4 位元帶號大小數之和)

(a) $A = 0100 \ (+4)$ (b) $A = 1010 \ (-2)$
       $B = 0010 \ (+2)$ $B = 1101 \ (-5)$

解：詳細的計算過程如下：

(a) $|A| = 100$ (b) $|A| = 010$
       $|B| = 010$ $|B| = 101$

$$
\begin{array}{ll}
100 & = |A| \\
+\,010 & = |B| \\
\hline
110 & = |A| + |B|
\end{array}
\qquad
\begin{array}{ll}
010 & = |A| \\
+\,101 & = |B| \\
\hline
111 & = |A| + |B|
\end{array}
$$

$$A + B = 0110 \ (+6) \qquad\qquad A + B = 1111 \ (-7)$$

當 $|A|$ 和 $|B|$ 兩數相加後，若結果的值超出其所能表示的範圍時，稱為溢位(overflow)。

例題 1.4-2　(試求下列兩個 4 位元帶號大小數之和)

(a)　　$A = 0100$ (+4)　　　　　　(b)　　$A = 1100$ (-4)

　　　　$B = 0111$ (+7)　　　　　　　　　$B = 1110$ (-6)

解：詳細的運算過程如下：

(a)　$|A| = 100$　　　　　　　(b)　$|A| = 100$

　　　$|B| = 111$　　　　　　　　　$|B| = 110$

$$
\begin{array}{rl}
100 & = |A| \\
+\,111 & = |B| \\
\hline
1011 & = |A| + |B|
\end{array}
\qquad\qquad
\begin{array}{rl}
100 & = |A| \\
+\,110 & = |B| \\
\hline
1010 & = |A| + |B|
\end{array}
$$

溢位 ⤴　　　　　　　　　　溢位 ⤴

　　$A + B = 1011$ (-3)　　　　　　　$A + B = 1010$ (-2)

(a)和(b)的結果因為有溢位發生，因此不正確。

---

2. A 和 B 異號

規則：當 A 和 B 兩數的符號位元不相同時，先將其中一數的大小($|A|$或$|B|$)取 1 補數後，再行相加，這時的結果有兩種清況：

(1) 有進位時(稱為端迴進位，end-around carry，EAC)，將 EAC 加到結果(總和)的最小有效位元上，結果的符號位元和未取補數者相同。

(2) 沒有進位發生時，結果需取 1 補數，而其符號位元和取補數者相同。

例題 1.4-3　(兩個異號的帶號大小數之和)

　　　試求下列兩個 4 位元帶號大小數之和：

　　　　　$A = 0111$ (+7)　　　　　　$B = 1110$　(-6)

解：$|A| = 111$　　　　　　$|B| = 110$

(a) 將$|B|$取1補數，即$|\overline{B}| = 001$　　(b) 將$|A|$取1補數，即$|\overline{A}| = 000$

$$
\begin{array}{rl}
111 & = |A| \\
+\,001 & = |\overline{B}| \\
\hline
\text{有EAC } 1000 & = |A| + |\overline{B}| \\
+\quad 1 & \\
\hline
0001 & \text{(+1) 結果}
\end{array}
\qquad
\begin{array}{rl}
000 & = |\overline{A}| \\
+\,110 & = |B| \\
\hline
\text{沒有EAC } 110 & = |\overline{A}| + |B| \\
0001 & \text{(+1) 結果}
\end{array}
$$

符號位元和A相同　　　　　　沒有EAC發生，結果必須取1補數，而且符號位元和A相同

例題 1.4-4 (兩個異號的帶號大小數之和)

試求下列兩個 4 位元帶號大小數之和：

$$A = 0111 \qquad\qquad B = 1111$$

解： $|A| = 111 \qquad |B| = 111$

(a) 將 $|B|$ 取 1 補數，即 $|\overline{B}| = 000$ (b) 將 $|A|$ 取 1 補數，即 $|\overline{A}| = 000$

$$
\begin{array}{r}
111 \quad = |A| \\
+ \ 000 \quad = |\overline{B}| \\
\hline
\end{array}
$$

沒有 EAC ▊111 $= |A| + |\overline{B}|$

$\downarrow\downarrow\downarrow$

1000   (-0) 結果

符號位元和 B 相同

$$
\begin{array}{r}
000 \quad = |\overline{A}| \\
+ \ 111 \quad = |B| \\
\hline
\end{array}
$$

沒有 EAC ▊111 $= |\overline{A}| + |B|$

$\downarrow\downarrow\downarrow$

0000   (+0) 結果

符號位元和 A 相同

📖 **複習問題**

1.38. 在帶號大小表示法的加法運算中，當加數與被加數符號位元相同時的加法規則為何？

1.39. 何謂端迴進位？何時會產生端迴進位？當產生端迴進位時，應該如何處理？

1.40. 在帶號大小表示法的加法運算中，當加數與被加數符號位元不相同時的加法規則為何？

1.4.2 1 補數表示法

1 補數的取法相當簡單，但是加法運算卻是相當煩人。1 補數和帶號大小數加法運算的最大差別是在帶號大小數中，加法運算的執行只是針對數的大小而已，符號位元則另外處理；在 1 補數中，符號位元則視為數目的一部分也同樣地參與運算。1 補數的加法規則為：

1. A 和 B 皆為正數

規則：當 A 和 B 皆為正數時，將兩數相加(包括符號位元和大小)，若結果的符號位元為 1，表示溢位發生，結果錯誤；否則沒有溢位發生，結果正確。

例題 1.4-5 (1 補數的加法運算)

試求下列兩個 4 位元 1 補數帶號數之和：

(a) 0011 + 0010　　　　　　　　(b) 0110 + 0100

解：詳細的運算步驟如下：

```
(a)    0011      +3              (b)    0110      +6
     + 0010     + +2                  + 0100     + +4
     ───────    ─────                 ───────    ─────
       0101      +5                    1010      +10
        ↑                               ↑
```
　　　沒有溢位，結果正確　　　　　　溢位發生，結果錯誤

2. *A* 和 *B* 皆為負數

規則：兩負數相加，端迴進位(EAC)總是會發生，它是由兩個都為 1 的符號位元相加所產生的，EAC 必須加到結果的最小有效位元上：

(1)若結果的符號位元是 1，該結果正確；

(2)若結果的符號位元是 0，則有溢位發生，結果錯誤。

例題 1.4-6 (產生溢位的加法運算)

試求下列兩個 4 位元 1 補數帶號數之和：

(a) 1101+ 1011　　　　　　　　(b) 1000 + 1010

解：詳細的運算步驟如下：

```
(a)      1101      -2            (b)      1000      -7
       + 1011     + -4                  + 1010     + -5
       ───────    ─────                 ───────    ─────
EAC  1 1000       -6          EAC    1 0010        -12
   +    �‾→1                      +      �‾→1
       ───────                         ───────
         1001    結果正確                0011
                                          ↑
```
　　　　　　　　　　　　　　　　　溢位發生，結果錯誤

3. *A* 和 *B* 異號

規則：在兩個異號數(即一個正數和一個負數)的加法運算中，當正數的絕對值較大時，有 EAC 發生；負數的絕對值較大時，沒有 EAC 發生。產生的 EAC 必須加到結果的最小有效位元上。在這種情況下，不會產生溢位。

例題 1.4-7 (兩個異號數的加法運算)

試求下列各組 4 位元 1 補數帶號數之和：

(a) 0100 + 1000　　　　(b) 0111 + 1100　　　　(c) 0101 + 1010

解：詳細的運算步驟如下：

(a)　　 0100　　+4　　(b)　　 0111　　　+7　　(c)　　 0101　　+5
　　 + 1000　　+ -7　　　　 + 1100　　 + -3　　　　 + 1010　　 + -5
　　 ▊1100　　-3　　EAC ▏10011　　+4　　　　 ▊1111　　　0

沒有EAC，結果　　　　　+ ───▶1　　沒有溢位發　　　　沒有EAC，結果
正確　　　　　　　　 0100　　　生，結果正確　　　 正確(-0)
　　　　　　　　　　　 ↑

📖 複習問題

1.41. 試簡述兩數均為正數時的 1 補數加法運算規則。

1.42. 試簡述兩數均為負數時的 1 補數加法運算規則。

1.43. 試簡述兩數中一個為正數另一個為負數時的 1 補數加法運算規則。

1.4.3 2 補數表示法

雖然 2 補數的取法較 1 補數麻煩，但是 2 補數的加法規則卻較 1 補數或是帶號大小表示法簡單，同時它的+0 和-0 相同，都為 0，所以廣泛地使用於數位系統中。

2 補數的加法規則為：

1. A 和 B 皆為正數

當 A 和 B 皆為正數時，其規則和 1 補數完全相同，所以從略。

2. A 和 B 皆為負數

規則：兩負數相加時，產生的進位必須摒除(該進位是由符號位元相加而得)。檢查結果的符號位元，若為 1 表示結果正確；若為 0 則表示有溢位發生，結果不正確。

例題 1.4-8　(兩個負數的加法運算)

試求下列各組 4 位元 2 補數帶號數之和：

(a) 1101 + 1100　　　　　　　　(b) 1100 + 1001

解：詳細的運算步驟如下：

(a)　　1101　　　-3
　　　+ 1100　　+ -4
　　　‾‾‾‾‾‾‾‾‾‾‾‾‾‾‾‾‾
　　　11001　　　-7
　　　↑↑
　　摒除　符號位元為1，
　　　　　結果正確

(b)　　1100　　　-4
　　　+ 1001　　+ -7
　　　‾‾‾‾‾‾‾‾‾‾‾‾‾‾‾‾‾
　　　10101　　-11
　　　↑↑
　　摒除　符號位元為0，表
　　　　　示溢位，結果錯誤

3. A 和 B 異號

規則：兩異號數(即一個正數和一個負數)相加時，當正數的絕對值較大時，有進位產生；負數的絕對值較大時，沒有進位產生。產生的進位必須摒除而且在這種情形下不會有溢位產生。

例題 1.4-9　(兩個異號數的加法運算)

試求下列各組 4 位元 2 補數帶號數之和：

(a) 0111 + 1100　　　　　　　　(b) 0110 + 1001

解：詳細的運算步驟如下：

(a)　　0111　　　+7
　　　+ 1100　　+ -4
　　　‾‾‾‾‾‾‾‾‾‾‾‾‾‾‾‾‾
　　　10011　　　+3
　　　↑↑
　　摒除　符號位元為0，
　　　　　結果正確

(b)　　0110　　　+6
　　　+ 1001　　+ -7
　　　‾‾‾‾‾‾‾‾‾‾‾‾‾‾‾‾‾
　　　1111　　　-1
　　　↑↑
　沒有進位　符號位元為1，結
　　　　　　果正確

若將上列的規則歸納整理後，可以得到下列兩項較簡捷的規則：

1. 將兩數相加；
2. 觀察符號位元的進位輸入和進位輸出狀況，若符號位元同時有(或是沒有)進位輸入與輸出，則結果正確，否則有溢位發生，結果錯誤。

例題 1.4-10 (2 補數加法運算綜合例)

試求下列各組 4 位元 2 補數帶號數之和：

(a) 兩正數：0011＋0100 與 0101＋0100

(b) 兩負數：1100＋1111 與 1001＋1010

(c) 兩異號數：1001＋0101 與 1100＋0100

解：(a) 兩正數相加

0011	+3		0101	+5
＋0100	＋ +4		＋0100	＋ +4
0111	+7		1001	+9

符號位元沒有進位
發生，結果正確

符號位元只有進位輸入而沒有進
位輸出，溢位發生，結果錯誤

(b) 兩負數相加

1100	-4		1001	-7
＋1111	＋ -1		＋1010	＋ -6
11011	-5		10011	-13

符號位元同時有進位輸入與輸
出，沒有溢位發生，結果正確

符號位元只有進位輸出而沒有進
位輸入，溢位發生，結果錯誤

(c) 兩異號數相加

1001	-7		1100	-4
＋0101	＋ +6		＋0100	＋ +4
1110	-2		10000	0

符號位元沒有進位
發生，結果正確

符號位元同時有進位輸入與輸
出，沒有溢位發生，結果正確

---

2 補數表示法的主要優點是它的加法規則簡單：當兩數相加時，若總和
未超出範圍，得到的即是所需要的結果並不需要其它的額外調整步驟。由於
這種特性，它在數位系統中頗受歡迎。

📖 複習問題

1.44. 試簡述兩數均為正數時的 2 補數加法運算規則。

1.45. 試簡述兩數均為負數時的 2 補數加法運算規則。

1.46. 試簡述兩數中一個為正數另一個為負數時的 2 補數加法運算規則。

1.5 文數字碼與數碼

在電腦中常用的碼(code)可以分成兩大類：一種為用來表示非數字性資料的碼稱為文數字碼，例如 ASCII 碼；另一種則為用來表示數字性資料的碼稱為數碼(numeric code)，例如十進制碼(decimal code)與格雷碼(Gray code)。本節中將依序討論這幾種在電腦中常用的文數字碼與數碼。

1.5.1 文數字碼

在電腦中最常用的文數字碼為一種由美國國家標準協會(American National Standards Institute)所訂定的，稱為 ASCII 碼，如表 1.5-1 所示。這種 ASCII 碼使用 7 個位元代表 128 個字元(character，或稱符號，symbol)。例如：1001001B(49_{16})代表英文字母 "I"；而 0111100B($3C_{16}$)則代表符號 "<"。

表1.5-1　ASCII 碼

LSD	MSD	0 000	1 001	2 010	3 011	4 100	5 101	6 110	7 111
0	0000	NUL	DLE	SP	0	@	P	`	p
1	0001	SOH	DC1	!	1	A	Q	a	q
2	0010	STX	DC2	"	2	B	R	b	r
3	0011	ETX	DC3	#	3	C	S	c	s
4	0100	EOT	DC4	$	4	D	T	d	t
5	0101	ENQ	NAK	%	5	E	U	e	u
6	0110	ACK	SYN	&	6	F	V	f	v
7	0111	BEL	ETB	`	7	G	W	g	w
8	1000	BS	CAN	(	8	H	X	h	x
9	1001	HT	EM	)	9	I	Y	i	y
A	1010	LF	SUB	*	:	J	Z	j	z
B	1011	VT	ESC	+	;	K	[	k	{
C	1100	FF	FS	,	<	L	\	l	|
D	1101	CR	GS	-	=	M	]	m	}
E	1110	SO	RS	.	>	N	^	n	~
F	1111	SI	US	/	?	O	_	o	DEL

ASCII 碼與 CCITT(International Telegraph and Telephone Consultative Committee)所訂立的 IA5(International Alphabet Number 5)相同，並且也由

ISO (International Standards Organization)採用而稱為 ISO 645。

大致上 ASCII 碼可以分成可列印字元(printable character)與不可列印字元(non-printable character)兩種。可列印字元為那些可以直接顯示在螢幕上或是直接由列表機列印出來的字元;不可列印字元又稱為控制字元(control character),其中每一個字元均有各自的特殊定義。

常用的幾種控制字元類型為:

格式控制字元(format control character):BS、LF、CR、SP、DEL、ESC 與 FF。

資訊分離字元(information separator):FS、GS、RS 與 US。

傳輸控制字元(transmission control character):SOH、STX、ETX、ACK、NAK 與 SYN。

例題 1.5-1　(ASCII 碼)

試列出代表字元串″Digital Design″的 ASCII 碼。

解: 由表 1.5-1 查得:

D	i	g	i	t	a	l		D	e	s	i	g	n
44	69	67	69	74	61	6C	20	44	65	73	69	67	6E

📖 複習問題

1.47. ASCII 碼為那些英文字的縮寫?

1.48. 在 ASCII 碼中,使用多少個位元定義字元與符號?

1.49. 大致上 ASCII 碼可以分成那兩種?

1.50. 何謂可列印字元與不可列印字元?

1.51. 何謂控制字元?

1.5.2　十進制碼

在數位系統中,最常用來代表數目的方式為使用二進制碼,即二進制數目系統。一個 n 位元的二進制碼可以表示 0 到 $2^n - 1$ 個不同的數目。另外一種常用的數目系統為十進制數目系統，在此數目系統中，一共有十個數字，其中每一個十進制數字通常使用一群二進制數字(即位元)表示，這一群位元合稱為一個碼語(code word)。將表示十進制中的不同數字而且具有共同性質的碼語集合之後，稱為一個十進制碼。由於每一個碼語均由二進制的數字組成，這種十進制碼也常稱為 BCD 碼(binary-coded-decimal code)。

　　為了區別十進制數目系統中的每一個數字，至少必須使用 4 個(注意也可以多於 4 個位元)二進制的數字(即位元)。由於四個二進制數字一共有 16 種不同的組合，任取其中的 10 個組合均可以唯一的表示十進制數目系統中的每一個數字，因此總共有 C(16,10) = 8,008 種組合。然而，所選取的十種組合通常必須符合某些特定的性質，例如容易記憶、使用、運算與二進制之間的轉換電路簡單，因此只有少數幾種出現在實際的數位系統應用中。

　　在實際的數位系統中，依據碼語中每一個位元所在的位置是否賦有固定的權重(或稱比重)，即該位置的比重值，十進制碼又可以分成權位式數碼(weighted code)與非權位式數碼(non-weighted code)兩種。在權位式數碼中的每一個位元的位置均賦有一個固定的權重；在非權位式數碼中則無。

　　在權位式數碼中，若設 w_{n-1}、w_{n-2}、...、w_1 與 w_0 分別為碼語中每一個位元的權重，而假設 x_{n-1}、x_{n-2}、...、x_1 與 x_0 分別為碼語中的每一個位元，則其相當的十進制數字值 $= x_{n-1}w_{n-1}+\cdots+x_1w_1 + x_0w_0$。

　　常用的數種表示十進制數字的權位式數碼如表 1.5-2 所示，其中(8 4 2 1)碼為最常用的一種，它為數位系統中的 4 位元二進制碼中的最前面 10 種組合，也是一般所慣用的(8 4 2 1)BCD 碼或是簡稱為 BCD 碼。(8 4 2 1)碼也是所有 C(16,10) = 8,008 種 4 位元的 BCD 碼中的一種，它是一種與 4 位元的二進制碼具有相同權重值的權位式數碼。

　　在表 1.5-2 中的每一種數碼，其每一個碼語所代表的十進制數字恰等於該碼語中位元為 1 的加權之和。例如：十進制數字 5

　　在(8, 4, -2, -1)碼中，代表的碼語為 1011，所以其值為：

$$1 \times 8 + 0 \times 4 + 1 \times (-2) + 1 \times (-1)= 5$$

表1.5-2　數種權位式十進制碼

十進制數字	$w_3w_2w_1w_0$															
	8	4	2	1	8	4	-2	-1	2	4	2	1	6	4	2	-3
0	0	0	0	0	0	0	0	0	0	0	0	0	0	0	0	0
1	0	0	0	1	0	1	1	1	0	0	0	1	0	1	0	1
2	0	0	1	0	0	1	1	0	0	0	1	0	0	0	1	0
3	0	0	1	1	0	1	0	1	0	0	1	1	1	0	0	1
4	0	1	0	0	0	1	0	0	0	1	0	0	0	1	0	0
5	0	1	0	1	1	0	1	1	1	0	1	1	1	0	1	1
6	0	1	1	0	1	0	1	0	1	1	0	0	0	1	1	0
7	0	1	1	1	1	0	0	1	1	1	0	1	1	1	0	1
8	1	0	0	0	1	0	0	0	1	1	1	0	1	0	1	0
9	1	0	0	1	1	1	1	1	1	1	1	1	1	1	1	1

在(2, 4, 2, 1)碼中，代表的碼語為 1011，所以其值為：

$$1 \times 2 + 0 \times 4 + 1 \times (2) + 1 \times (1) = 5$$

在(6, 4, 2, -3)碼中，代表的碼語為 1011，所以其值為：

$$1 \times 6 + 0 \times 4 + 1 \times (2) + 1 \times (-3) = 5$$

另外，在(2, 4, 2, 1)與(6, 4, 2, -3)等數碼中，代表某些十進制數字的碼語並不是唯一的。例如：

在(2, 4, 2, 1)碼中，十進制數字 7 可由 1101 與 0111 代表；

在(6, 4, 2, -3)碼中，十進制數字 3 可由 1001 與 0111 代表；

但是在(8, 4, -2, -1)數碼中，每一個十進制數字均有一個唯一的碼語。至於表中所採用的碼語，主要在使該數碼能成為自成補數(self-complementing)的形式。一般而言，若一個十進制碼，其中每一個碼語 N 的 9 補數，即 $9 - N$，可以直接由該碼語 N 的所有位元取補數(即 0 變為 1 而 1 變為 0)而獲得時，該數碼稱為自成補數數碼。例如：

在(8, 4, -2, -1)碼中，十進制數字 3 的碼語為 0101，而數字 6 為 1010；

在(2, 4, 2, 1)碼中，十進制數字 3 的碼語為 0011，而數字 6 為 1100；

在(6, 4, 2, -3)碼中，十進制數字 3 的碼語為 1001，而數字 6 為 0110。

注意：BCD 碼並不是一種自成補數數碼。一般而言，權位式數碼為自成補數數碼的必要條件是其加權的和必須等於 9。可以由表 1.5-2 中得到證實。

例題 1.5-2　(9 補數)

試由表 1.5-2 求 $(57)_{10}$ 的 9 補數。為簡單起見，不考慮符號數字。

解： 結果如下所示：

BCD 碼：$99_{10} - 57_{10} = 42_{10}$，其中 $57_{10} = 0101 0111_{BCD}$，$42_{10} = 0100 0010_{BCD}$。

$(8, 4, -2, -1)$ 碼：$57_{10} = 1011 1001$，將每一個位元取補數 $0100 0110 = 42_{10}$。

$(2, 4, 2, 1)$ 碼：$57_{10} = 1011 1101$，將每一個位元取補數後得 $0100 0010 = 42_{10}$。

$(6, 4, 2, -3)$ 碼：$57_{10} = 1011 1101$，將每一個位元取補數後得 $0100 0010 = 42_{10}$。

與權位式數碼相對應的另一種數碼稱為非權位式數碼，在這種數碼中，每一個十進制數字並不能直接由代表它的碼語中的位元計算出來，因為碼語中的每一個位元並沒有賦予任何固定的加權。

常用的非權位式十進制碼例如加三碼與 5 取 2 碼，如表 1.5-3 所示。由於加三碼的形成是將 BCD 碼中的每一個碼語加上 3 (0011) 而得名。加三碼使用 4 個位元代表數字 0 到 9，當表示兩個數字以上的數目時，必須如同 BCD 碼一樣，每一個數字均分別使用代表該數字的 4 個位元表示，例如 14 必須以 0100 0111 表示。

表1.5-3　常用的非權位式十進制碼

十進制數字	加三碼	5 取 2 碼	十進制數字	加三碼	5 取 2 碼
0	0011	11000	5	1000	01010
1	0100	00011	6	1001	01100
2	0101	00101	7	1010	10001
3	0110	00110	8	1011	10010
4	0111	01001	9	1100	10100

加三碼也是一種自成補數數碼，因為其所代表的十進制數字的 9 補數可以由該數字的碼語取補數後直接獲得。例如：十進制數字 4 (0111)，其 9 補數為 5 (1000)。一個權位式或是非權位式數碼為自成補數數碼的必要條件為其代表十進制數字的碼語及其 9 補數的碼語的二進制和必須等於 1111_2。

另外一種常用的非權位式十進制碼為 5 取 2 碼(2-out-of-5 code)，如表 1.5-3 所示。在 5 取 2 碼中，每一個碼語由 5 個位元組成，其中 3 個位元的值為 0，而 2 個位元的值為 1，因而得名。這種數碼通常使用在需要做錯誤偵測 (error detecting) 的場合，有關錯誤偵測的討論請參考第 1.6.1 節。

📖 複習問題

1.52. 試定義權位式數碼與非權位式數碼。

1.53. 試定義 BCD 碼與 (8 4 2 1)BCD 碼。

1.54. 試定義自成補數數碼。

1.55. 一個數碼是否為自成補數數碼的必要條件是什麼？

1.56. 為何加三碼也是一種自成補數數碼？

1.5.3 格雷碼

格雷碼 (Gray code) 使用 n 個位元，代表數字 0 到 $2^n - 1$。它具有循環碼 (cyclic code) 的主要特性，即其任何兩個相鄰的碼語之間，均只有一個位元不同，例如：1000 (15) 與 1001 (14)、0000 (0) 與 0001 (1)、及 1000 (15) 與 0000 (0)。4 位元的格雷碼與二進制碼的關係如表 1.5-4 所示。

表1.5-4　4 位元的格雷碼與二進制碼的關係

十進制數目	格雷碼 $g_3g_2g_1g_0$	二進制碼 $b_3b_2b_1b_0$	十進制數目	格雷碼 $g_3g_2g_1g_0$	二進制碼 $b_3b_2b_1b_0$
0	0000	0000	8	1100	1000
1	0001	0001	9	1101	1001
2	0011	0010	10	1111	1010
3	0010	0011	11	1110	1011
4	0110	0100	12	1010	1100
5	0111	0101	13	1011	1101
6	0101	0110	14	1001	1110
7	0100	0111	15	1000	1111

由於格雷碼具有循環碼的特性，同時它與二進制碼之間的轉換程序又相當簡單，因此它在數位系統中，頗受歡迎。下面將討論它與二進制碼之間的轉換。

二進制碼轉換為格雷碼

若設 $b_{n-1}b_{n-2}\ldots\ldots b_2b_1b_0$ 與 $g_{n-1}g_{n-2}\ldots\ldots g_2g_1g_0$ 分別表示一個 n 位元的二

進制數目(亦稱為二進制碼語)與其相對應的格雷碼語,其中註腳 $n-1$ 與 0 分別表示最大有效位元(MSB)與最小有效位元(LSB)的位置,則轉換一個二進制碼語為格雷碼語時,格雷碼語中的每一個位元 g_i 可以直接由二進制碼語的相鄰位元執行一個簡單的運算獲得:

$$g_i = b_i \oplus b_{i+1} \qquad 0 \le i \le n-2$$

$$g_{n-1} = b_{n-1}$$

其中 ⊕ 表示"互斥或"(exc1usive OR,XOR)運算,即:

$$0 \oplus 0 = 0 \qquad 1 \oplus 1 = 0 \qquad 0 \oplus 1 = 1 \qquad 1 \oplus 0 = 1$$

詳細的轉換程序可以描述如下:

二進制碼對格雷碼的轉換程序

1. 設定輸出的格雷碼語的最大有效位元為輸入的二進制碼語的最大有效位元;
2. 由最大有效位元的次一位元開始,依序計算輸出的格雷碼語中的位元 $g_i = b_i \oplus b_{i+1}$,即輸出的格雷碼語位元值(g_i)等於目前的二進制碼語位元(b_i)與其次高位元(b_{i+1})值 XOR 的結果;
3. 重複執行上述步驟直到完成最小有效位元的計算為止。

例題 1.5-3 （二進制碼轉換為格雷碼）

轉換下列二進制碼語為格雷碼語:

(a) 101101 　　　　　　　　　　　　(b) 101011

解: 詳細的運算過程如下所示:

(a)

所以對應的格雷碼語為111011。

(b)

所以對應的格雷碼語為111110。

格雷碼轉換為二進制碼

轉換格雷碼語為二進制碼語時，可以依據上述相反的程序為之，即：

$$b_{n-1} = g_{n-1}$$

$$b_i = b_{i+1} \oplus g_i \qquad\qquad 0 \le i \le n-2$$

詳細的轉換程序可以描述如下：

格雷碼對二進制碼的轉換程序

1. 設定輸出的二進制碼語的最大有效位元為輸入的格雷語碼的最大有效位元；
2. 由最大有效位元的次一位元開始，依序計算輸出的二進制碼語中的位元 $b_i = b_{i+1} \oplus g_i$，即輸出的二進制碼語位元值(b_i)等於其次高位元(b_{i+1})的值與目前的格雷碼語位元(g_i) XOR 的結果；
3. 重複執行上述步驟直到完成最小有效位元的計算為止。

例題 1.5-4　(格雷碼轉換為二進制碼)

轉換下列格雷碼語為二進制碼語：

(a) 111011　　　　　　　　　　　　　　(b) 111110

解：詳細的運算過程如下所示：

所以對應的二進制碼語為101101。　所以對應的二進制碼語為101011。

上述的轉換程序也可以敘述為：由最大有效位元(MSB)開始，依序向較小有效位元的方向進行轉換，若在 g_i 之前的 1 之個數為偶數時，則 $b_i = g_i$；否則，$b_i = g'_i$(注意：0 個 1 當作為偶數個 1 處理)。

例題 1.5-5　(格雷碼轉換為二進制碼)

轉換格雷碼語 1001011 為二進制碼語。

解：詳細的運算過程如下所示：

$$g_6 \ g_5 \ g_4 \ g_3 \ g_2 \ g_1 \ g_0 \quad \longleftarrow \ 格雷碼語$$

$$1 \quad 0 \quad 0 \quad 1 \quad 0 \quad 1 \quad 1$$

$$\downarrow \quad \downarrow \quad \downarrow \quad \downarrow \quad \downarrow \quad \downarrow \quad \downarrow$$

$$1 \rightarrow 1 \rightarrow 1 \rightarrow 0 \rightarrow 0 \rightarrow 1 \rightarrow 0$$

$$b_6 \ b_5 \ b_4 \ b_3 \ b_2 \ b_1 \ b_0 \quad \longleftarrow \ 二進制碼語$$

$$g_6 \ g'_5 \ g'_4 \ g'_3 \ g_2 \ g_1 \ g'_0$$

所以相當的二進制碼語為 1110010。

圖1.5-1　格雷碼的反射特性

實際上，n 個位元的格雷碼也是反射數碼(reflected code)的一種。"反射"的特性，說明 n 個位元的數碼可以藉著第 n -1 個位元的反射特性取得。圖 1.5-1(a)為單一位元的格雷碼。兩個位元的格雷碼可以藉著以單一位元的格雷碼的末端為軸，將該位元依此軸反射後，並假設在軸的上方之最大有效位元(MSB)為 0，在軸下方為 1，如圖 1.5-1(b)所示，圖中橫線代表反射軸。3

位元的格雷碼可以依照 2 位元的格雷碼的產生方式取得，以 2 位元格雷碼的末端為反射軸，將該格雷碼反射後，在反射軸的上方之最大有效位元位置填上 0，而軸下方填上 1，如圖 1.5-1(c)所示。以相同的程序即可以取得 4 位元的格雷碼，如圖 1.5-1(d)所示。

📖 複習問題

1.57. 試簡述格雷碼對二進制碼的轉換規則。

1.58. 試簡述二進制碼對格雷碼的轉換規則。

1.59. 試簡述格雷碼的重要特性。

1.6 錯誤偵測與更正碼

當在傳送或是儲存資訊時，這些資訊的內容可能由於傳送的距離太長，並且受到雜訊的干擾，而造成錯誤。當然，一旦發生資訊傳輸錯誤時，我們通常迫切地希望它能被偵測出來，甚至可以加以更正。一般而言，若一個數碼只具有偵測錯誤發生與否的能力時，稱為錯誤偵測碼(error-detecting code)，若一個數碼不但具有偵測錯誤的能力，而且也可以指示出錯誤的位元位置時，則稱為錯誤更正碼(error-correcting code)。

由於發生單一位元錯誤的概率遠較多個位元同時發生錯誤的概率為多，同時欲偵測或是更正多個位元所需要的硬體成本也較單一位元時為高，因此本節中的討論，將只限於單一位元的錯誤偵測與更正碼。

1.6.1 錯誤偵測碼

前面所討論的二進制碼系統，只用了四個位元，雖然它足以代表十進制的所有數字，但是若在其中的一個碼語之中，有一個位元發生錯誤(即應為 1 者變為 0，應為 0 者變為 1)時，該碼語可能轉變為一個不正確但是成立的碼語。例如在 BCD 碼中，若碼語 0111 的最小有效位元發生錯誤，則該碼語變為 0110(即 6)，仍然為一個成立的碼語，因此無法得知有錯誤發生。但若錯誤是發生在最大有效位元上,則該碼語變為 1111,為一個不成立的碼語,因此可以得知已經發生錯誤。

一般而言,一個錯誤偵測碼的特性是它能夠將任何錯誤的成立碼語轉變為不成立的碼語。為達到此項特性,對於一個 n 位元的數碼而言,至多只能使用其所有 2^n 個可能的碼語的一半,即 2^{n-1} 個碼語,如此才能夠將一個成立的碼語轉變為另一個成立的碼語時,至少需要將兩個位元取補數。基於這項限制,在 4 位元的二進制碼中,所有的十六個組合中,只能使用其中八個,不足以代表十進制的十個數字。因此,欲獲得十進制的錯誤偵測碼時,至少需要使用 5 個位元。

目前,較常用的單一位元的錯誤偵測碼為在原有的數碼中加入另外一個位元,這個位元稱為同位位元(parity bit)。同位位元加入的方式可以依據下列兩種方式之一進行:

1. 偶同位(even parity):在一個數碼系統中,若每一個碼語與同位位元中的 1 位元總數為偶數時,稱為偶同位。因此,若一個碼語中 1 的總數為奇數時,則同位位元設定為 1;否則清除為 0。

2. 奇同位(odd parity):在一個數碼系統中,若每一個碼語與同位位元中的 1 位元總數為奇數時,稱為奇同位。因此,若一個碼語中 1 的總數為偶數時,則同位位元設定為 1;否則清除為 0。

加入同位位元後的 BCD 碼如表 1.6-1 所示。

藉著同位位元的加入,使得每一個碼語中的 1 位元數目一致為奇數或是偶數,因而便於偵錯。例如:在開始傳送一個碼語之前,先以奇同位(或是偶同位)的方式加入一個同位位元,然後該同位位元連同碼語傳送至接收端。在接收端中,只要檢查該碼語與同位位元中的 1 位元總數是否仍為奇數(或是偶數),若是則沒有錯誤發生,否則表示已經發生錯誤。使用同位位元的錯誤偵測系統方塊圖如圖 1.6-1 所示。當然,在傳送期間若有偶數個位元發生錯誤,則同位檢查的結果依然正確。此外,一旦發生錯誤時,也無法知道錯誤的位元所在。

表1.6-1 加入同位位元後的 BCD 碼

十進制數字	8421	奇同位 P8421	偶同位 P8421
0	0000	10000	00000
1	0001	00001	10001
2	0010	00010	10010
3	0011	10011	00011
4	0100	00100	10100
5	0101	10101	00101
6	0110	10110	00110
7	0111	00111	10111
8	1000	01000	11000
9	1001	11001	01001

圖1.6-1 同位位元傳送系統方塊圖

　　一般而言，同位檢查只能偵測碼語中奇數個位元的錯誤，但是無法指示出錯誤的位元位置，不過由於它只需要一個額外的同位位元，硬體成本相當低廉，所以廣泛地使用在數位系統(計算機)中。

📖 複習問題

1.60. 試簡述一個數碼欲具有錯誤偵測能力時必須具備的重要特性？

1.61. 試定義偶同位與奇同位。

1.62. 試簡述同位檢查如何應用於實際的數位系統中。

1.6.2 錯誤更正碼

　　最基本的單一位元錯誤更正碼為海明碼(Hamming code)，其基本原理為在一個 m 個位元的碼語中，插入 k 個同位檢查位元 $p_{k-1},\ldots,p_1,p_0$ 而形成$(m+k)$

個位元的碼語。k 個同位檢查位元依序插入第 2^{k-1}、……、4 ($=2^2$)、2 ($=2^1$)、1 ($=2^0$)個位置中。例如當 $m = 4$ 而 $k = 3$ 時，同位檢查位元分別置於第 4、2、1 個位置內，而其它位置則依序包含原來的碼語位元。在 BCD 碼中加入偶同位的海明碼如表 1.6-2 所示，其中 p_2、p_1、p_0 為同位位元，而 m_3 到 m_0 為 BCD 碼中的位元。

表1.6-2　BCD 碼的海明碼(偶同位)

十進制數字	位置 7	6	5	4	3	2	1
	m_3	m_2	m_1	p_2	m_0	p_1	p_0
0	0	0	0	0	0	0	0
1	0	0	0	0	1	1	1
2	0	0	1	1	0	0	1
3	0	0	1	1	1	1	0
4	0	1	0	1	0	1	0
5	0	1	0	1	1	0	1
6	0	1	1	0	0	1	1
7	0	1	1	0	1	0	0
8	1	0	0	1	0	1	1
9	1	0	0	1	1	0	0

　　一般而言，一個 m 位元的碼語，若欲具有偵測與更正單一位元錯誤的能力時，必須加入 k 個額外的同位檢查位元。由於欲更正一個錯誤的位元時，必須先知道該位元的位置，而每一個碼語中一共有 $m + k$ 個位元，此外也必須包括一種都沒有任何位元錯誤發生的情形，因此 k 個同位檢查位元的所有不同的組合方式必須多於 $m + k + 1$，即 m 與 k 必須滿足下列不等式：

$$2^k \geq m + k + 1$$

　　在偶同位的 BCD 海明碼中，p_0、p_1、p_2 分別依據下列規則建立其同位值：

1. p_0 選擇在位置 1、3、5、7 建立偶同位；
2. p_1 選擇在位置 2、3、6、7 建立偶同位；
3. p_2 選擇在位置 4、5、6、7 建立偶同位。

例如碼語 0110(6)，其海明碼的產生程序如下：

	位置：7	6	5	4	3	2	1
	m_3	m_2	m_1	p_2	m_0	p_1	p_0
原來的碼語：	0	1	1		0		
位置1、3、5、7偶同位 所以$p_0 = 1$	0	1	1		0		1
位置2、3、6、7偶同位 所以$p_1 = 1$	0	1	1		0	1	1
位置4、5、6、7偶同位 所以$p_2 = 0$	0	1	1	0	0	1	1

結果的海明碼為 0110011。BCD 碼的其它碼語的海明碼可以依據相同的程序產生，如表 1.6-2 所示。

錯誤位元的位置決定與更正方式如下：假設當傳送的碼語為 0110011 而在傳輸過程中，第 4 個位元因為受到雜音的干擾而發生錯誤，致使接收端接收到的碼語為 0111011。在接收端，該錯誤的位元可以藉著三個同位檢查位元 c_0、c_1、c_2 產生的結果得知，其中 c_i 檢查的位元位置與 p_i 相同，即

	位置：7	6	5	4	3	2	1
	m_3	m_2	m_1	p_2	m_0	p_1	p_0
接收的碼語：	0	1	1	1	0	1	1
位置1、3、5、7偶同位 所以$c_0 = 0$	0		1		0		1
位置2、3、6、7偶同位 所以$c_1 = 0$	0	1			0	1	
位置4、5、6、7偶同位 所以$c_2 = 1$	0	1	1	1			

結果($c_2 c_1 c_0$) = 100 為十進制數目的 4，所以得知第 4 個位元發生錯誤，將其取補數後，即獲得正確的碼語 0110011。

一般而言，同位檢查位元所產生的結果 $c_2 c_1 c_0$ 若不為 0 (為 0 時表示沒有錯誤)時，其值即代表錯誤的位元位置，因此也常稱為位置數(position number)，因它直接指示出錯誤的位元位置。事實上，在海明碼中同位位元 $p_{k-1},...,p_1,p_0$ 的同位產生組合即是使其當發生單一位元錯誤時，輸出端的同位檢查位元 $(c_{k-1} \cdots c_1 c_0)$ 的組合恰好可以表示該位元的位置。例如在二進制碼的碼語 0 到 7 中，MSB 為 1 的有碼語 4 到 7，所以 p_2 的同位產生位元為位元位置 4 到 7；第二個位元為 1 的有碼語 2、3、6、7，所以 p_1 的同位產生位元為位元位置 2、3、6、7；LSB 為 1 的有碼語 1、3、5、7，所以 p_0 的同位產

生位元為位元位置 1、3、5、7。

📖 複習問題

1.63. 試簡述海明碼的基本原理。

1.64. 若使用海明碼時，當資訊為 8 個位元時，需要幾個同位檢查位元？

1.65. 在使用海明碼時，在 8 個位元的資訊語句中，k 個同位檢查位元依序插入那些位置中？

1.7　參考資料

1. Z. Kohavi, *Switching and Finite Automata Theory*, 2nd ed., New York: McGraw-Hill, 1978.

2. G. Langhole, A. Kandel, and J. L. Mott, *Digital Logic Design*, Dubuque, Iowa: Wm. C. Brown, 1988.

3. M. B. Lin, *Digital System Designs and Practices: Using Verilog HDL and FPGAs*, Singapore: John Wiley & Sons, 2008.

4. V. P. Nelson, H. T. Nagle, B. D. Carroll, and J. D. Irwin, *Digital Logic Circuit Analysis & Design*, Englewood Cliffs, New Jersey: Prentice-Hall Inc., 1995.

5. C. H. Roth, *Fundamentals of Logic Design*, 4th ed., St. Paul, Minn.: West Publishing, 1992.

1.8　習題

1.1 轉換下列各數為十進制：

(1)　1101.11011_2

(2)　111011.101101_2

(3)　4765_8

(4)　365.734_8

(5)　0.7105_8

(6)　$F23AB_{16}$

(7)　$74A1.C8_{16}$

(8)　$0.FD34_{16}$

1.2 試分別求出下列各二進制數目的 2 補數與 1 補數：

(1) 01101101

(2) 101011.0101

(3) 101101101   (4) 0.10101

1.3 試分別求出下列各十進制數目的 10 補數與 9 補數：

(1) 375   (2) 3162.23

(3) 0.1234   (4) 475.897

1.4 試證明將一數取(b-1)補數後再取(b-1)補數，結果所得的數目和原數相同，即恢復原數。

1.5 轉換下列各十進制數目為二進制：

(1) 17   (2) 231

(3) 780.75   (4) 1103.31

1.6 以二進制算術運算計算下列各式：

(1) 1110101+101101   (2) 11010-1101

(3) 110101×1011   (4) 010111101/1001

1.7 轉換下列各二進制數目為八進制：

(1) 110110110   (2) 101101.01101

(3) 10111.0111   (4) 11011001.101101

1.8 轉換下列各八進制數目為二進制：

(1) 703   (2) 7071

(3) 74.75   (4) 231.45

1.9 轉換下列各十進制數目為八進制：

(1) 4951   (2) 4785.23

(3) 0.789   (4) 31.245

1.10 轉換習題 **1.8** 的各八進制數目為十進制。

1.11 轉換下列各二進制數目為十六進制：

(1) 11011101111   (2) 110101011000

(3) 1101101101.11101   (4) 110100101.00101

1.12 轉換下列各十六進制數目為二進制：

(1) ABCD   (2) AFED

(3) BCD.03　　　　　　　　　　(4) AEDF.BC

1.13 轉換習題 **1.8** 的各八進制數目為十六進制。

1.14 轉換習題 **1.9** 的各十進制數目為十六進制。

1.15 轉換習題 **1.12** 的各十六進制數目為十進制。

1.16 轉換習題 **1.12** 的各十六進制數目為八進制。

1.17 分別以帶號大小、1 補數、2 補數等三種表示法表示下列各數：

(1)　-497_{10}　　　　　　　　(2)　-10111.011_2

(3)　-6754_8　　　　　　　　(4)　$-89AB_{16}$

1.18 分別使用 1 補數與 2 補數表示法執行下列各正的二進制數目的減法運算：

(1) 11010-1101　　　　　　　(2) 11010-10000

(3) 1010.011-101.0111　　　　(4) 11101.01101-1011.01

1.19 使用 2 補數表示法計算下列各小題(假設 8 位元)：

(1) 37 - 45　　　　　　　　　(2) 75 - 75

(3) 49 - 35　　　　　　　　　(4) 105 - 96

1.20 使用 2 補數表示法計算下列各小題(假設 8 位元)：

(1) 37 + 45　　　　　　　　　(2) 75 + 98

(3) 47 + 78　　　　　　　　　(4) 75 + 23

1.21 使用 2 補數表示法計算下列各小題(假設 8 位元)：

(1) 37 - (-45)　　　　　　　　(2) 35 + (-36)

(3) (-37) - (-45)　　　　　　　(4) (+75) - (-45)

1.22 轉換下列各數為 BCD 碼：

(1)　10110111011_2　　　　　　(2)　$72AF1_{16}$

(3)　1989_{10}　　　　　　　　(4)　3627_8

1.23 試使用下列各加權數碼，列出代表十進制數字的碼語(所建構的數碼必須為自成補數數碼)。

(1) (6,4,2,-3)　　　　　　　　(2) (5,2,1,1)

(3) (7,3,1,-2)   (4) (4,2,2,1)

1.24 試分別以(8,4,-2,-1)、(2,4,2,1)、(6,4,2,-3)等數碼表示下列各十進制數目。

(1) 729   (2) 931

(3) 635   (4) 1989

1.25 將習題 **1.24** 的各十進制數目分別以加三碼與循環碼表示。

1.26 轉換下列各二進制數目為格雷碼語：

(1) 1011010   (2) 011011

(3) 10110   (4) 1110111

1.27 轉換下列各格雷碼語為二進制數目：

(1) 1101   (2) 11010101

(3) 10110   (4) 010101

1.28 將下列各字元串以 ASCII 文數字碼表示：

(1) character   (2) base-16

(3) 08/20/1989   (4) switching theory

1.29 將表 1.5-3 中的加三碼與表 1.5-4 中的格雷碼分別加上同位位元，使其分別成為奇同位數碼與偶同位數碼。

1.30 為何使用偶同位或是奇同位數碼時，無法偵測偶數個位元的錯誤？

1.31 使用加三碼與偶同位，設計一個代表十進制數字的 7 位元錯誤更正碼(即海明碼)。

1.32 下列各訊息係經過表 1.6-2 的海明碼編碼，它們在傳送過程中可能引入某些雜音，因而在每一個碼語中(最多)可能有一個位元錯誤，試解譯這些訊息。

(1) 100100101110011110010101011001

(2) 100000100010010011000100010

(3) 010001000010111000100001100

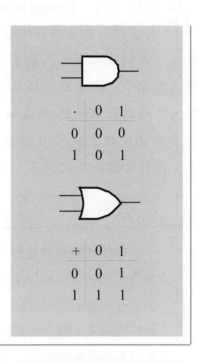

2 交換代數

本章目標

學完本章之後，你將能夠了解：

- 布林代數：布林代數的公理與基本定理
- 交換代數：基本定義、交換函數、邏輯運算子
- 交換函數標準式：最小項與最大項、標準(表示)式、標準式的互換、交換函數性質
- 交換函數與邏輯電路：基本邏輯閘、邏輯閘的基本應用、交換函數的執行
- Verilog HDL介紹：HDL基本概念、程式模組基本結構、基本邏輯閘電路、模擬與測試

在 1854 年時，George Boole 提出了一套解決邏輯問題的系統性方法，這套方法目前稱為布林代數(Boolean algebra)。到了 1938 年，C. E. Shannon 引進了兩個值的布林代數系統，稱為交換代數(switching algebra)，並且說明雙穩態電子交換電路的特性可以由此代數系統表示。從此之後，交換代數(習慣上也稱為布林代數)即成為所有數位邏輯電路的數學基礎。因此，本章將先定義布林代數系統並且討論一些常用的性質與定理。然後，以交換代數為主，探討交換函數的性質、各種表示形式，與其和數位邏輯電路的關係。

2.1 布林代數

布林代數和其它數學系統一樣，是由一組基本的元素集合，一組運算子集合，與一些公理(axiom)或是公設組成。所謂的公理或是公設是指不用證明的定理或是假設。目前，布林代數有許多種基本定義方式，其中以 1904 年 E. V. Huntington 提出的假設(稱為 Huntington 假設)較為普遍，因此本書將以此假設為布林代數的基本定義。

2.1.1 布林代數的公理

布林代數是由一群元素的集合 B、兩個二元運算子(+)與($\cdot$)、一個補數運算子($'$)所組成的一個代數結構，同時它滿足下列公理(Huntington 假設)：

Huntington 假設(布林代數公理)

1. 集合 B 至少包含兩個不相等的元素 x、y，即 $x \neq y$。

2. 封閉性(closure properties)。

   對於任意兩個元素 x、$y \in B$ 而言

   (a) $x + y \in B$

   (b) $x \cdot y \in B$

3. 交換律(commutative laws)

   對於任意兩個元素 x、$y \in B$ 而言

(a) $x + y = y + x$

(b) $x \cdot y = y \cdot x$

4. 單位元素(identity elements)

(a) 對於每一個元素 $x \in B$ 而言，存在一個二元運算子(+)的單位元素 0，使得 $x + 0 = x$。

(b) 對於每一個元素 $x \in B$ 而言，存在一個二元運算子(·)的單位元素 1，使得 $x \cdot 1 = x$。

5. 分配律(distributive laws)

對於任意三個元素 x、y、$z \in B$ 而言

(a) $x + (y \cdot z) = (x + y) \cdot (x + z)$

(b) $x \cdot (y + z) = x \cdot y + x \cdot z$

6. 補數元素(complementation)

對於每一個元素 $x \in B$ 而言，存在一個元素 x' (稱為 x 的補數) $\in B$，使得

(a) $x + x' = 1$

(b) $x \cdot x' = 0$

上述公理彼此之間都是一致的(consistent)而且獨立的(independent)。換句話說，它們相互之間並沒有矛盾的定義，同時其中的任何一個公理也不能由其它的公理導出或是證明。

在布林代數中，計算任何式子時，括弧內部的式子必須先計算，在同一個沒有括弧的式子中，單元運算子(′)較(·)優先，最後則為(+)。即運算子的優先順序如下：( ) (最高)、′、·、+ (最低)。

例題 2.1-1　(運算元優先順序)

(a) $(x + y)'$ 先計算 $x + y$ 然後將結果取補數。

(b) $x' \cdot y'$ 先將 x 與 y 取補數後，利用二元運算子(·)，計算其結果。

注意：在布林代數的公理中，每一個敘述均可以由交換另一個敘述中的(+)與(·)和 0 與 1 獲得。讀者不難由上述公理中，獲得証實。因此，得到下列

對偶原理(principle of duality)。

對偶原理(principle of duality)

在布林代數中,將一個成立的敘述當中的二元運算子(+)與(·)交換,同時 0 與 1 也交換後,得到的敘述也必然是個成立的敘述。即若

$$f(x_{n-1}, \cdots, x_1, x_0, +, \cdot, ', 1, 0)$$

為一個成立的敘述,則

$$f^d(x_{n-1}, \cdots, x_1, x_0, \cdot, +, ', 0, 1)$$

也為一個成立的敘述。

例題 2.1-2 (對偶原理說明例)

(a) 公理 5(b)可以由公理 5(a)得到,反之亦然:

$$x + (y \cdot z) = (x + y) \cdot (x + z)$$
$$\updownarrow \quad \updownarrow \qquad \updownarrow \quad \updownarrow \quad \updownarrow$$
$$x \cdot (y + z) = (x \cdot y) + (x \cdot z)$$

(b) 公理 6(a)可以由公理 6(b)得到,反之亦然:

$$x + x' = 1$$
$$\updownarrow \quad \updownarrow$$
$$x \cdot x' = 0$$

📖 複習問題

2.1. 試定義封閉性。

2.2. 試定義單位元素。

2.3. 試定義分配律。

2.4. 何謂對偶原理?

2.1.2 布林代數基本定理

在本節中,我們將由上述的布林代數公理導出與證明一些常用的定理(theorem)。

定理 2.1-1：等冪性(idempotent laws)

對於每一個元素 $x \in B$ 而言：

(a)　$x + x = x$ 而且

(b)　$x \cdot x = x$

証明：(a)　$x + x = x$ 的證明如下：

$$
\begin{aligned}
x + x &= (x + x) \cdot 1 && \text{公理 4(b)}\\
&= (x + x) \cdot (x + x') && \text{公理 6(a)}\\
&= x + x \cdot x' && \text{公理 5(a)}\\
&= x + 0 && \text{公理 6(b)}\\
&= x && \text{公理 4(a)}
\end{aligned}
$$

(b)　$x \cdot x = x$ 可以由對偶原理得証。

定理 2.1-2：邊界定理(boundedness theorems)

對於每一個元素 $x \in B$ 而言：

(a)　$x + 1 = 1$ 而且

(b)　$x \cdot 0 = 0$

証明：(a)　$x + 1 = 1$ 的證明如下：

$$
\begin{aligned}
x + 1 &= (x + 1) \cdot 1 && \text{公理 4(b)}\\
&= (x + 1) \cdot (x + x') && \text{公理 6(a)}\\
&= x + 1 \cdot x' && \text{公理 5(a)}\\
&= x + x' && \text{公理 4(b)與 3(b)}\\
&= 1 && \text{公理 6(a)}
\end{aligned}
$$

(b) $x \cdot 0 = 0$ 可以由對偶原理得証。

定理 2.1-3：補數的唯一性(uniqueness of complement)

在布林代數中，每一個元素 x 的補數 x' 是唯一的。

証明：假設 x 有兩個補數 y 與 z，由公理 6(a)與 6(b)得

$$x + y = 1 \qquad\qquad x \cdot y = 0$$

$$x + z = 1 \qquad\qquad x \cdot z = 0$$

$$
\begin{aligned}
y &= y + 0 & z &= z + 0 & &\text{公理 4(a)} \\
&= y + x \cdot z & &= z + x \cdot y & &\text{公理 6(b)} \\
&= (y + x) \cdot (y + z) & &= (z + x) \cdot (z + y) & &\text{公理 5(a)} \\
&= (x + y) \cdot (y + z) & &= (x + z) \cdot (y + z) & &\text{公理 3(a)} \\
&= 1 \cdot (y + z) & &= 1 \cdot (y + z) & &\text{公理 6(a)} \\
&= y + z & &= y + z & &\text{公理 3(b) 與 4(b)}
\end{aligned}
$$

所以 $y = y + z = z$，所以 x 的補數是唯一的。

定理 2.1-4：補數(complementation)

在布林代數中， (a) $0' = 1$；而且 (b) $1' = 0$。

証明：(a) $0' = 1$

$$
\begin{aligned}
0' &= 0' + 0 & &\text{公理 4(a)} \\
&= 0 + 0' & &\text{公理 3(a)} \\
&= 1 & &\text{公理 6(a)}
\end{aligned}
$$

(b) $1' = 0$，由對偶原理得証。

接著，利用補數的唯一性，証明雙重否定(double negation)或是稱為累乘性(involution)，即 $(x')' = x$。

定理 2.1-5：累乘性(involution)

對於每一個元素 $x \in B$ 而言， $(x')' = x$。

證明：由公理 6(a)與 6(b)可以得知

$$
\begin{aligned}
x' + (x')' &= 1 & x' + x &= 1 \\
x' \cdot (x')' &= 0 & x' \cdot x &= 0
\end{aligned}
$$

所以 x' 的補數有 $(x')'$ 與 x 兩個，但是由定理 2.1-3 可以得知：x' 的補數是唯一的，因此 $x = (x')'$。

定理 2.1-6：吸收律(absorption laws)

對於任意兩個元素 x、$y \in B$ 而言，則

(a)　$x + x \cdot y = x$ 而且

(b)　$x \cdot (x + y) = x$

證明：(a)　$x + x \cdot y = x$

$$
\begin{aligned}
x + x \cdot y &= x \cdot 1 + x \cdot y && \text{公理 4(b)} \\
&= x \cdot (1 + y) && \text{公理 5(b)} \\
&= x \cdot 1 && \text{定理 2.1-2(a)} \\
&= x && \text{公理 4(b)}
\end{aligned}
$$

(b)　$x \cdot (x + y) = x$，由對偶原理得證。

定理 2.1-7：結合律(associative laws)

對於任意三個元素 x、y、$z \in B$ 而言，則

(a)　$x + (y + z) = (x + y) + z$ 而且

(b)　$x \cdot (y \cdot z) = (x \cdot y) \cdot z$

證明：(a)　$x + (y + z) = (x + y) + z$（即結果和運算次序無關）

設 $f = [(x + y) + z] \cdot [x + (y + z)]$

$$
\begin{aligned}
&= [(x + y) + z] \cdot x + [(x + y) + z](y + z) \\
&= [(x + y) \cdot x + z \cdot x] + [(x + y) + z](y + z) \\
&= x + [(x + y) + z](y + z) \\
&= x + [(x + y) + z] \cdot y + [(x + y) + z] \cdot z \\
&= x + (y + z)
\end{aligned}
$$

但是 $f = [(x + y) + z] \cdot [x + (y + z)]$

$$
\begin{aligned}
&= (x + y) \cdot [x + (y + z)] + z \cdot [x + (y + z)] \\
&= x \cdot [x + (y + z)] + y \cdot [x + (y + z)] + z \\
&= (x + y) + z
\end{aligned}
$$

所以 $x + (y + z) = (x + y) + z$

(b)　$x \cdot (y \cdot z) = (x \cdot y) \cdot z$，由對偶原理得証。

定理 2.1-8：笛摩根定理(DeMorgan's theorems)

對於任意兩個元素 $x \cdot y \in B$ 而言

(a) $(x + y)' = x' \cdot y'$ 而且

(b) $(x \cdot y)' = x' + y'$

證明：(a) $(x + y)' = x' \cdot y'$

$$(x + y) + (x' \cdot y') = [(x + y) + x'] \cdot [(x + y) + y']$$
$$= [(x + x') + y] \cdot [x + (y + y')]$$
$$= [1 + y] \cdot [x + 1]$$
$$= 1 \cdot 1$$
$$= 1$$

而 $(x + y) \cdot (x' \cdot y') = [x \cdot (x' \cdot y')] + [y \cdot (x' \cdot y')]$
$$= [(x \cdot x') \cdot y'] + [x' \cdot (y \cdot y')]$$
$$= [0 \cdot y'] + [x' \cdot 0]$$
$$= 0 + 0$$
$$= 0$$

所以 $x' \cdot y'$ 為 $(x + y)$ 的補數，但是 $(x + y)'$ 亦為 $(x + y)$ 的補數，然而由定理 2.1-3 可以得知，補數是唯一的，所以

$$(x + y)' = x' \cdot y' \text{ 或 } x' \cdot y' = (x + y)' \text{ 。}$$

(b) $(x \cdot y)' = x' + y'$，由對偶原理得證。

有了這些定理與布林代數的公理後，可以輕易地將一個布林表示式轉換成另一種形式，或是證明兩個布林表示式是相等的。下列將舉一些例子，說明上述定理的簡單應用。

例題 2.1-3 (一致等式(consensus equalities))

試證明下列兩個等式：

(a) $x \cdot y + x' \cdot z + y \cdot z = x \cdot y + x' \cdot z$

(b) $(x + y) \cdot (x' + z) \cdot (y + z) = (x + y) \cdot (x' + z)$

證明：(a) $x \cdot y + x' \cdot z + y \cdot z = x \cdot y + x' \cdot z$

$$x \cdot y + x' \cdot z + y \cdot z = x \cdot y + x' \cdot z + y \cdot z \cdot 1$$

$$= x \cdot y + x' \cdot z + y \cdot z \, (x' + x)$$

$$= x \cdot y + x' \cdot z + x' \cdot y \cdot z + x \cdot y \cdot z$$

$$= x \cdot y \, (1 + z) + x' \cdot z \, (1 + y)$$

$$= x \cdot y + x' \cdot z$$

(b)　$(x + y) \cdot (x' + z) \cdot (y + z) = (x + y) \cdot (x' + z)$，由對偶原理得證。

上述定理中被消去的 yz (或 $(y + z)$)項稱為一致項(consensus term)，其求得法如下：在一對給定的兩個項中，若一個變數以真值形式出現在其中一項而以補數形式出現在另外一項，則一致項為這一對給定的兩個項中去除該變數與其補數之後的·(或+)的結果。

例題 2.1-4　(布林等式証明)

証明下列各等式：

(a)　$x + x' \cdot y = x + y$

(b)　$x' \cdot y' \cdot z + y \cdot z + x \cdot y' \cdot z = z$

(c)　$y + x \cdot y' + x' \cdot y' + y' \cdot z = 1$

證明：(a) $x + x' \cdot y = (x + x') \cdot (x + y)$

$$= 1 \cdot (x + y)$$

$$= x + y$$

(b) $x' \cdot y' \cdot z + y \cdot z + x \cdot y' \cdot z = (x' \cdot y' + y + x \cdot y') \cdot z$

$$= [(x' + y)(y' + y) + x \cdot y'] \cdot z$$

$$= [(x' + y) \cdot 1 + x \cdot y'] \cdot z$$

$$= (x' + y + x \cdot y') \cdot z$$

$$= [x' + (y + x) \cdot (y + y')] \cdot z$$

$$= (x' + y + x) \cdot z$$

$$= [(x' + x) + y] \cdot z$$

$$= (1 + y) \cdot z$$

$$= z$$

(c) $y + x \cdot y' + x' \cdot y' + y' \cdot z = (x + y) \cdot (y + y') + x' \cdot y' + y' \cdot z$

$$= (x + y) \cdot 1 + x' \cdot y' + y' \cdot z$$

$$= x + y + x' \cdot y' + y' \cdot z$$

$$= (x + x')(x + y') + (y + y') \cdot (y + z)$$

$$= 1 \cdot (x + y') + 1 \cdot (y + z)$$

$$= x + y' + y + z$$

$$= x + (y' + y) + z$$

$$= x + 1 + z$$

$$= 1$$

現在將布林代數的公理與定理歸納成表 2.1-1，其中 DeMorgan 定理由兩個元素擴充為 n 個元素。讀者不難由擴充上述兩個元素的 DeMorgan 定理的證明方法，証明這個 n 元素的 DeMorgan 定理是成立的。DeMorgan 定理可以使用文字重新敘述為：任何表式的補數可以由將表式中的每一個變數與元素使用其補數取代，同時將+與·運算子交換獲得。

表2.1-1　常用的布林代數等式

1. (a)	$x + 0 = x$	公理 4	5. (a)	$x + 1 = 1$	定理 2.1-2
(b)	$x \cdot 1 = x$		(b)	$x \cdot 0 = 0$	
2. (a)	$x + y \cdot z = (x + y) \cdot (x + z)$	公理 5	6. (a)	$x + x \cdot y = x$	吸收律
(b)	$x \cdot (y + z) = x \cdot y + x \cdot z$		(b)	$x \cdot (x + y) = x$	
3. (a)	$x + x' = 1$	公理 6	7. (a)	$x \cdot (x' + y) = x \cdot y$	
(b)	$x \cdot x' = 0$		(b)	$x + x' \cdot y = x + y$	
4. (a)	$x + x = x$	定理 2.1-1	8. (a)	$(x + y) \cdot (x + y') = x$	相鄰定理
(b)	$x \cdot x = x$		(b)	$x \cdot y + x \cdot y' = x$	
9. (a)	$(x + y) \cdot (x' + z) \cdot (y + z) = (x + y) \cdot (x' + z)$				一致性
(b)	$x \cdot y + x' \cdot z + y \cdot z = x \cdot y + x' \cdot z$				
10. (a)	$(x_n + x_{n-1} + \cdots + x_1)' = x'_n x'_{n-1} \cdots x'_1$				DeMorgan 定理
(b)	$(x_n \cdot x_{n-1} \cdots x_1)' = x'_n + x'_{n-1} + \cdots + x'_1$				

📖 複習問題

2.5. 何謂等冪性？

2.6. 在布林代數中，每一個元素 x 的補數 x' 是否唯一？

2.7. 何謂累乘性？

2.8. 試簡述吸收律的意義。

2.9. 試簡述結合律的意義。

2.10. 試簡述 DeMorgan 定理的意義。

2.2 交換代數

交換代數為一個定義在集合 $B = \{0, 1\}$ 上的一個布林代數系統，因此交換代數本身為一個布林代數，所有布林代數的公理與由此公理導出的定理在交換代數中依然成立。本節中，將先定義交換代數，然後定義交換函數並討論交換函數的一些性質與交換函數內的一些邏輯運算子與其相關的性質。

2.2.1 基本定義

交換代數的基本假設為每一個交換變數(switching variable) x 均存在兩個值 0 與 1，使得當 $x \neq 0$ 時，x 必為 1，而且當 $x \neq 1$ 時，x 必為 0，這兩個值，稱為變數 x 的真值(truth value)。在實際的邏輯電路中，這兩個值分別表示開關的兩個狀態："閉合"(on)與"開路"(off)或是兩個不同的電路狀態，每一個電路狀態代表一個特定範圍的電壓值。

有了這個基本假設後，交換代數定義為：

定義：交換代數

交換代數是一個由集合 $B = \{0, 1\}$、兩個二元運算子 AND 與 OR (分別由符號"·"與"+"表示)、及一個單元運算子 NOT (以符號"′"或是 ‾ 表示)所組成的代數系統，其中 AND、OR 與 NOT 等運算子的定義如下：

AND 運算子				OR 運算子				NOT 運算子
·	0	1		+	0	1		$0' = 1$
0	0	0		0	0	1		$1' = 0$
1	0	1		1	1	1		

由前述討論可以得知：交換代數為一個兩個值的布林代數，因此前節所

討論的所有布林代數的公理與定理在交換代數中，依然適用。

在證明一個交換代數中的等式時，可以和在布林代數中一樣，使用相關的定理，以代數運算的方式求得證明。但是由於在交換代數中，每一個變數只有 0 與 1 兩個值，因此可以將所有變數值的所有可能的二進制組合列舉成為一個真值表(truth table)後，分別計算等式左邊和右邊的值，觀察其結果是否相等，若是則該等式成立，否則該等式不成立。這種方式稱為完全歸納法(perfect induction)。下列例題說明此種方法的應用。

例題 2.2-1 (交換等式證明)

證明下列等式：

$$xy' + y = x + y$$

證明：(a) 使用代數運算的方式

$$
\begin{aligned}
xy' + y &= xy' + y(x + x') \\
&= xy' + xy + x'y \\
&= (xy' + xy) + (xy + x'y) \\
&= x(y' + y) + (x + x')y \\
&= x \cdot 1 + 1 \cdot y = x + y
\end{aligned}
$$

(b) 使用完全歸納法

如表 2.2-1 所示。由於有 x 與 y 兩個變數，並且每一個變數均有 0 與 1 兩個可能的值，因此一共有四種組合：00、01、10、11。其次分別就此四種組合，計算出 y'、xy'、$xy' + y$、$x + y$。最後比較 $xy' + y$ 與 $x + y$ 的值，由於它們在所有四種可能的組合下，都得到相同的值，所以得證。

表2.2-1 例題 2.2-1 的真值表

x	y	y'	xy'	$xy' + y$	$x + y$
0	0	1	0	0	0
0	1	0	0	1	1
1	0	1	1	1	1
1	1	0	0	1	1

雖然布林代數(與交換代數)在某些定義上和一般代數相似，但是仍然有相當多的不同。例如公理 5(a)與 6 (+對 · 的分配律與補數定義)在一般代數上

並不成立。反之，在一般代數中，也有些定理在布林代數中是不適用的。例如：加法運算中的消去律(cancellation law)。在一般代數中，若 $x + y = x + z$，則 $y = z$。但是在布林代數中，則此消去律並不成立。因為若設 $x = 1$、$y = 0$、$z = 1$，則 $x + y = 1 + 0 = 1$ 而 $x + z = 1 + 1 = 1$，但是 $y \neq z$。

例題 2.2-2　(修飾消去律)

對於任意三個元素 x、y、$z \in B$ 而言，

(a) 若 $x + y = x + z$ 而 $x' + y = x' + z$，則 $y = z$；

(b) 若 $xy = xz$ 而且 $x'y = x'z$，則 $y = z$。

證明：(a) 的證明如下：

$$
\begin{aligned}
y &= y + 0 \\
&= y + x\,x' \\
&= (y + x) + (y + x') \qquad \text{(因為 } xy = xz \text{ 而且 } x'y = x'z) \\
&= (x + z) + (x' + z) \\
&= z + xx') \\
&= z + 0 \\
&= z
\end{aligned}
$$

所以得証。(b) 由對偶原理可以得證。

📖 複習問題

2.11. 何謂交換變數？

2.12. 何謂完全歸納法？

2.13. 完全歸納法是否可以應用在任何布林代數系統中？

2.14. 為何一般代數中的消去律在布林代數中不成立？試舉例說明。

2.2.2　交換函數

在定義交換函數(switching function)之前，先定義交換表(示)式(switching expression)。所謂的交換表式是由一組交換變數、常數 0 與 1、二元運算子 AND 與 OR、及補數運算子 NOT 等所組成的表示式。換言之，一個交換表式

即是任意地使用下列幾個規則所定義的表示式：

交換表式的定義

1. 任何交換變數或常數 0、1 為一個交換表式；
2. 若 E_1 與 E_2 為交換表式，則 E'_1、E'_2、$E_1 + E_2$、$E_1 \cdot E_2$ 也為交換表式；
3. 除了上述規則外，其它方式的變數與常數的組合，都不是交換表式。

例題 2.2-3　(交換表式例)

依據定義，下列皆為交換表式：

(a) $f_1 = [(xy)' + (x + z)]'$

(b) $f_2 = xy' + xz + yz$

(c) $f_3 = x'y(x + y'z) + x'z$

若設 $E(x_{n-1}, \cdots, x_1, x_0)$ 為一個交換表式，則因為每一個變數 x_{n-1}、$\cdots$、x_1、x_0，均可以獨立設定為 0 或是 1 的值，因此一共有 2^n 種可能的二進制組合可以決定 E 的值。在決定一個交換表式的值時，只需要將該交換表式中變數值一一代入該表式中，然後計算其值即可。

例題 2.2-4　(交換表式之值)

試計算下列交換表式在所有輸入變數值的二進制組合下的值：

(a) $E(x, y, z) = xy' + xz + y'z$

(b) $F(x, y, z) = xy' + xz + x'y'z$

解： 由於交換表式 E 一共含有 3 個變數：x、y、z，而每一個變數均可以獨立設定為 0 或是 1 的值，因此一共有 8 種不同的組合。在每一種組合中，E 的值直接由該組合中的 x、y、z 的值，代入上述表式中求得。例如：當 $x = 0$、$y = 1$、$z = 0$ 時，$E(x, y, z) = 0 \cdot 1' + 0 \cdot 0 + 1' \cdot 0 = 0$；當 $x = 1$、$y = 0$、$z = 1$ 時，$E(x, y, z) = 1 \cdot 0' + 1 \cdot 1 + 0' \cdot 1 = 1$。在其它組合下，$E$ 表式的值可以使用相同的方式計算求得，如表 2.2-2 所示。F 表式的計算和 E 相同。

由表 2.2-2 可以得知：在三個變數 x、y、z 的所有可能的二進制組合下，

表式 E 和 F 擁有相同的值。因此，不同的交換表式，其真值表可能是相同的。事實上，當兩個交換表式相等時，其真值表即相同。

表2.2-2　例題 2.2-4 的真值表

x	y	z	E	F
0	0	0	0	0
0	0	1	1	1
0	1	0	0	0
0	1	1	0	0
1	0	0	1	1
1	0	1	1	1
1	1	0	0	0
1	1	1	1	1

現在定義交換函數。所謂的交換函數即是一個交換表式在其變數值的所有可能的二進制組合下，所擁有的值，即 $f: B^n \to B$。換句話說，一個交換函數 $f(x_{n-1}, \cdots, x_1, x_0)$ 即為由其 2^n 個變數值的二進制組合對應到$\{0, 1\}$的一個關係。這個對應關係，通常使用真值表描述。注意：雖然一個交換函數有許多表示方式，但是一個真值表只能定義一個交換函數。因此，若有許多個交換函數都擁有相同的真值表時，這些交換函數皆相等。

例題 2.2-5　(交換函數與真值表)

下列三個交換函數都定義相同的真值表，即它們的函數值除了在(0, 1, 0)、(1, 0, 1)、(1, 1, 0)、(1, 1, 1)等組合為 1 外，其餘組合均為 0：

$$f(x, y, z) = x'yz' + xy'z + xyz' + xyz$$
$$g(x, y, z) = yz' + xz + xy$$
$$h(x, y, z) = yz' + xz$$

設 $f(x_{n-1}, \cdots, x_1, x_0)$ 為一個 n 個變數的交換函數，則其補數函數 $f'(x_{n-1}, \cdots, x_1, x_0)$ 定義為當 f 值為 0 時，f' 為 1，當 f 為 1 時，f' 為 0。兩個交換函數 $f(x_{n-1}, \cdots, x_1, x_0)$ 與 $g(x_{n-1}, \cdots, x_1, x_0)$ 的和(sum，即 OR)定義為當函數 f 或是 g 的值為 1 時，值為 1，否則為 0；f 與 g 的積(product，即 AND)定義為當兩個函數 f 與 g 的值皆為 1 時才為 1，否則為 0。在真值表中，f' 由將 f 的值取補數

(NOT)後獲得；$f+g$ 由 f 與 g 的值經由 OR 運算後取得；$f \cdot g$ 由 f 與 g 的值經 AND 運算後取得。

例題 2.2-6 (交換函數的補數、積、和函數)

兩個交換函數 $f(x, y, z)$ 與 $g(x, y, z)$ 的真值表如表 2.2-3 所示。依據上述定義，可以分別求得 f'、$f+g$、$f \cdot g$ 等函數。結果的函數值亦列於該真值表中。

表2.2-3　交換函數的補數、積與和函數

x	y	z	f	g	補數函數 f'	和函數 $f+g$	積函數 $f \cdot g$
0	0	0	0	1	1	1	0
0	0	1	1	0	0	1	0
0	1	0	0	0	1	0	0
0	1	1	0	0	1	0	0
1	0	0	1	1	0	1	1
1	0	1	1	1	0	1	1
1	1	0	0	0	1	0	0
1	1	1	0	1	1	1	0

一個交換函數 f 的補數函數 f' 除了可以由真值表直接獲得外，也可以由 DeMorgan 定理使用代數運算的方式獲得。兩個交換函數的積與和函數，可以直接將其表式執行積與和的運算求得。

例題 2.2-7 (補數函數)

求下列交換函數的補數函數：

(a) $f(x, y, z) = x'y'z + x'yz'$

(b) $f(x, y, z) = (x' + y')(x'z + yz')$

解：(a) 利用 DeMorgan 定理

$$f'(x, y, z) = (x'y'z + x'yz')'$$
$$= (x'y'z)'(x'yz')'$$
$$= (x + y + z')(x + y' + z)$$

(b) 和(a)一樣，利用 DeMorgan 定理

$$f'(x, y, z) = [(x' + y')(x'z + yz')]'$$
$$= (x' + y')' + (x'z + yz')'$$

$$= xy + (x'z)'(yz')'$$
$$= xy + (x+z')(y'+z)$$

另外一種求取補數函數的方式為：先求 f 函數的對偶函數 f^d，然後將 f^d 中的每一個變數取補數。注意：依據對偶原理，交換函數 f 的對偶函數 f^d 是將 f 中的 AND 與 OR 運算子交換，並且將常數 0 與 1 交換而獲得的。

例題 2.2-8　(補數函數)

求下列各交換函數的補數函數：

(a) $f(x, y, z) = x'y'z + x'yz'$

(b) $f(x, y, z) = (x'+y')(x'z+yz')$

解：先求交換函數 f 的對偶函數 f^d，然後將 f 中的每一個變數取補數而得。

(a) $f^d(x, y, z) = (x'+y'+z)(x'+y+z')$

　　所以 $f'(x, y, z) = f^d(x', y', z') = (x+y+z')(x+y'+z)$

(b) $f^d(x, y, z) = x'y' + (x'+z)(y+z')$

　　所以 $f'(x, y, z) = f^d(x', y', z') = xy + (x+z')(y'+z)$

結果與例題 2.2-7 相同。

📖 複習問題

2.15. 試定義交換表式。

2.16. 試定義交換函數。

2.17. 試定義兩個交換函數的積函數與和函數。

2.18. 如何求取一個交換函數的補數函數？

2.2.3 邏輯運算子

依據交換代數的定義，AND 與 OR 為兩個基本的二元運算子，即它們均為具有兩個輸入變數的運算子。但是由於 AND 與 OR 兩個運算子具有交換律：

$$x + y = y + x \quad 而且$$

$$x \cdot y = y \cdot x$$

與結合律

$$x + (y + z) = (x + y) + z = x + y + z \text{ 而且}$$

$$x \cdot (y \cdot z) = (x \cdot y) \cdot z = x \cdot y \cdot z$$

的性質,因此這兩個運算子可以擴展為任意數目的變數。表 2.2-4 列出在三個變數之下,AND 與 OR 運算子的真值表。注意在表 2.2-4 中,實際上是將兩個真值表合併成為一個。

表2.2-4　三個變數的 AND 與 OR 運算子真值表

x	y	z	三變數 AND $x \cdot y \cdot z$	三變數 OR $x + y + z$
0	0	0	0	0
0	0	1	0	1
0	1	0	0	1
0	1	1	0	1
1	0	0	0	1
1	0	1	0	1
1	1	0	0	1
1	1	1	1	1

在交換代數中,另外一些常用的二元運算子為:NAND (not AND)、NOR (not OR)、XOR (exclusive OR)、XNOR (exclusive NOR 或 equivalence) 等。這些運算子的真值表如表 2.2-5 所示。

表2.2-5　交換代數中其它運算子的真值表

x	y	NAND $(x \cdot y)'$	NOR $(x + y)'$	XOR $x \oplus y$	XNOR $x \odot y$
0	0	1	1	0	1
0	1	1	0	1	0
1	0	1	0	1	0
1	1	0	0	0	1

注意在表 2.2-5 中,將四個運算子的真值表合併成為一個。基本上,這些運算子並不是最基本的,因為它們可以由 AND、OR、NOT 組成。即:

NAND:$x \uparrow y = (x \cdot y)'$

NOR:$x \downarrow y = (x + y)'$

XOR：$x \oplus y = x'y + xy'$

XNOR：$x \odot y = xy + x'y'$

NAND 與 NOR 兩個運算子雖然具有交換律，但是並不具有結合律，即對 NAND 而言：

$[(x \uparrow y) \uparrow z] \neq [x \uparrow (y \uparrow z)]$

對 NOR 而言：

$[(x \downarrow y) \downarrow z] \neq [x \downarrow (y \downarrow z)]$

讀者可以使用完全歸納法或是 DeMorgan 定理證明。因此嚴格的說，它們並不能擴展至較多數目的變數。但是若將 NAND 視為先執行 AND 運算再執行 NOT 運算，即當作 not-AND 運算，而將 NOR 視為先執行 OR 運算再執行 NOT 運算，即當作 not-OR 運算，則它們也可以擴展至任何數目的變數：

$(x_1 \cdot x_2 \cdot \cdots \cdot x_n)$　　　(NAND)

而　　　$(x_1 + x_2 + \cdots + x_n)$　　　(NOR)

三個變數的 NAND 與 NOR 運算子的真值表如表 2.2-6 所示。

表2.2-6　三個變數的 NAND 與 NOR 運算子真值表

x	y	z	三變數 NAND $(x \cdot y \cdot z)'$	三變數 NOR $(x + y + z)'$
0	0	0	1	1
0	0	1	1	0
0	1	0	1	0
0	1	1	1	0
1	0	0	1	0
1	0	1	1	0
1	1	0	1	0
1	1	1	0	0

XOR(以⊕表示)與 XNOR(以⊙表示)等為二元運算子而且皆具有交換律與結合律(可以由完全歸納法證明)，即

交換律：$x \oplus y = y \oplus x$；$x \odot y = y \odot x$

結合律：$(x \oplus y) \oplus z = x \oplus (y \oplus z) = x \oplus y \oplus z$

$(x \odot y) \odot z = x \odot (y \odot z) = x \odot y \odot z$

因此可以擴展至任何數目的變數。下列兩個例題分別以完全歸納法的方式導出 XOR 與 XNOR 兩個運算子擴展至三個變數與四個變數的情形。

例題 2.2-9　(三個變數的 XOR 與 XNOR 運算子)

　　試以完全歸納法導出 XOR 與 XNOR 兩個運算子在三個變數下的真值表。

解：如表 2.2-7 所示。注意：在三個變數下，$x \oplus y \oplus z$ 與 $x \odot y \odot z$ 兩個運算子具有相同的值。

表2.2-7　三個變數的 XOR 與 XNOR 真值表

x	y	z	XOR $x \oplus y$	$x \oplus y \oplus z$	XNOR $x \odot y$	$x \odot y \odot z$
0	0	0	0	0	1	0
0	0	1	0	1	1	1
0	1	0	1	1	0	1
0	1	1	1	0	0	0
1	0	0	1	1	0	1
1	0	1	1	0	0	0
1	1	0	0	0	1	0
1	1	1	0	1	1	1

例題 2.2-10　(四個變數的 XOR 與 XNOR 真值表)

　　試以完全歸納法導出 XOR 與 XNOR 兩個運算子在四個變數下的真值表。

解：如表 2.2-8 所示。注意：在四個變數下，$w \oplus x \oplus y \oplus z$ 與 $w \odot x \odot y \odot z$ 兩個運算子具有互為補數的值。

　　基本上，$x \oplus y$ 表示當 x 與 y 不相等時，其值為 1，即 $\oplus$(XOR)運算子為奇數函數。對奇數函數而言，當有奇數個變數的值為 1 時，其值才為 1，否則值為 0。$x \odot y$ 表示當 x 與 y 相等時，其值為 1，即 $\odot$(XNOR)運算子為偶數函數。對偶數函數而言，當有偶數個變數值為 0 時，其值才為 1，否則為 0。因此，在三個變數的真值表中，XOR 與 XNOR 的函數值相同；在四個變數的真值表中，XOR 與 XNOR 的函數值則互為補數。一般而言，當變數的個數為奇數時，XOR 與 XNOR 的函數值相等；當變數的個數為偶數時，XOR 與 XNOR 的函數值則互為補數。

表2.2-8 四個變數的 XOR 與 XNOR 運算子的真值表

				XOR			XNOR		
w	x	y	z	$w \oplus x$	$(w \oplus x) \oplus y$	$(w \oplus x \oplus y) \oplus z$	$w \odot x$	$(w \odot x) \odot y$	$(w \odot x \odot y) \odot z$
0	0	0	0	0	0	0	1	0	1
0	0	0	1	0	0	1	1	0	0
0	0	1	0	0	1	1	1	1	0
0	0	1	1	0	1	0	1	1	1
0	1	0	0	1	1	1	0	1	0
0	1	0	1	1	1	0	0	1	1
0	1	1	0	1	0	0	0	0	1
0	1	1	1	1	0	1	0	0	0
1	0	0	0	1	1	1	0	1	0
1	0	0	1	1	1	0	0	1	1
1	0	1	0	1	0	0	0	0	1
1	0	1	1	1	0	1	0	0	0
1	1	0	0	0	0	0	1	0	1
1	1	0	1	0	0	1	1	0	0
1	1	1	0	0	1	1	1	1	0
1	1	1	1	0	1	0	1	1	1

📖複習問題

2.19. XOR 與 XNOR 兩個運算子是否具有交換律與結合律？

2.20. 在下列四個運算子：AND、OR、NAND、NOR 中，那些具有交換律與結合律？

2.21. 在奇數個變數下，XOR 與 XNOR 的函數值是相等或是互為補數？

2.22. 在偶數個變數下，XOR 與 XNOR 的函數值是相等或是互為補數？

2.2.4 函數完全運算集合

若任意一個交換函數都可以由一個集合內的運算子表示時，該集合稱為函數完全(運算)(functionally complete 或 universal)集合。由於交換函數是由 AND、OR、NOT 等運算子形成的，因此 {AND, OR, NOT}為一個函數完全(運算)集合。但是依據 DeMorgan 定理，$x + y = (x' \cdot y')'$，即 AND 與 NOT 等運算子組合後可以取代 OR 運算子，因此 {AND, NOT}也為函數完全(運算)集合。同樣地，$x \cdot y = (x' + y')'$，即 OR 與 NOT 等運算子組合後也可以取代 AND 運算子，因此 {OR, NOT}也為函數完全(運算)集合。

　　一般用來證明一個運算子的集合是一個函數完全(運算)集合的方法為証明只使用該集合內的運算子即可以產生一個已知為函數完全(運算)集合內的每一個運算子，例如集合{AND, NOT}或是{OR, NOT}。函數完全(運算)集合有很多，並且有可能只包含一個運算子，例如{NOR}與{NAND}兩個集合。

例題 2.2-11　(函數完全(運算)集合)

　　證明{NOR}與{NAND}為函數完全運算集合。

證明：(a) 因為{NOR}集合可以產生函數完全運算集合{OR, NOT}內的每一個運算子，即

$$(x+x)' = x' \qquad\qquad \text{(NOT)}$$

$$[(x+y)']' = x+y \qquad\qquad \text{(OR)}$$

所以{NOR}為一個函數完全運算集合。

(b) 因為{NAND}集合可以產生函數完全運算集合{AND, NOT}內的每一個運算子，即

$$(x \cdot x)' = x' \qquad\qquad \text{(NOT)}$$

$$[(x \cdot y)']' = x \cdot y \qquad\qquad \text{(AND)}$$

所以{NAND}為一個函數完全運算集合。

　　決定一個給定的運算子集合是否為函數完全運算集合的一般程序如下：

1. 考慮 NOT 運算子是否可以由該集合實現。若可以，則進行下一步驟；否則，該集合不是函數完全運算集合。

2. 使用 NOT 運算子與該集合，決定是否 AND 或 OR 可以被實現。若可以，則該集合為函數完全運算集合；否則，不是。

當然若一個運算子集合可以執行 NOR 或 NAND 運算，則它為一個函數完全運算集合。下列例題說明若適當的定義一個交換函數，則該交換函數也可以形成一個函數完全運算集合。

例題 2.2-12　(函數完全運算集合)

　　證明下列集合為函數完全運算集合：

(a) 集合 $\{f\}$ 而 $f(x, y, z) = xy'z + x'z'$

(b) 集合 $\{f, 0\}$ 而 $f(x, y) = x' + y$

(c) 集合 $\{f, 1, 0\}$ 而 $f(x, y, z) = x'y + xz$

証明：(a) $f(x, y, y) = xy'y + x'y'$

$$= x'y' = (x + y)' \qquad \text{(NOR)}$$

所以得證。

(b) $f(x, 0) = x'$ (NOT)

    $f(x', y) = x + y$ (OR)

所以得証。

(c) $f(x, 1, 0) = x' + 0$

$$= x' \qquad \text{(NOT)}$$

    $f(x, 0, z) = xz$ (AND)

所以得證。

　　最後值得一提的是 {XOR} 與 {XNOR} 兩個集合並不是函數完全運算集合，但是 {XOR, OR, 1} 與 {XNOR, OR, 0} 等集合則是。

📖 **複習問題**

2.23. 試定義函數完全運算集合。

2.24. 為何 {AND, OR, NOT} 為一個函數完全運算集合？

2.25. 如何證明一個運算子的集合為一個函數完全運算集合？

2.3 交換函數標準式

　　前面已經討論過如何使用真值表表示一個交換函數，同時也討論到可能有多個交換函數對應到同一個真值表上。在這一節中，將探討如何由真值表獲得對應的交換函數，並且也討論以何種形式表示時，可以從真值表中獲得唯一的交換函數表示式。

2.3.1 最小項與最大項

　　在交換代數中，當多個變數以 AND 運算子組合而成的項(term)，稱為乘積項(product term)，例如：xy、xy'、$x'y$、$x'y'$、……等。同樣地，以 OR 運算子組合而成的項，則稱為和項(sum term)，例如：$(x + y)$、$(x' + y)$、……等。在一個乘積項或是和項中，每一個變數都有可能以補數或是非補數的形式出現。因此，為了討論方便，現在定義字母變數(literal)為一個補數或是非補數形式的變數。例如：x 與 x' 為相同的一個變數，但是不同的兩個字母變數。

一個交換函數可以有許多不同的表(示)式。在這一些不同的表式中，若一個交換表式只是由乘積項 OR 所組成時，稱為 SOP (sum of products)形式；若只是由和項 AND 所組成時，稱為 POS (product of sums)形式。例如：

$$f(x, y, z) = xy + yz + xz \qquad \text{(SOP 形式)}$$

與

$$f(x, y, z) = (x + y')(x + z)(y + z') \qquad \text{(POS 形式)}$$

當然，SOP 形式與 POS 形式可以互換。將一個 POS 形式的交換表式，使用布林代數中的分配律運算後，即可以得到對應的 SOP 形式；同樣地，重覆地使用分配律運算後，一個 SOP 形式的交換表式也可以表示為 POS 的形式。一般而言，一個交換函數可能有多個不同 SOP 與 POS 形式的交換表式。

例題 2.3-1　(SOP 與 POS 形式互換)

(a)　將 $f(x, y, z) = xy + y'z + xz$ 表示為 POS 形式。

(b)　將 $f(x, y, z) = (x + y')(x + z)(y + z')$ 表示為 SOP 形式。

解：(a)　使用分配律：$x + y \cdot z = (x + y)(x + z)$

$$\begin{aligned}
f(x, y, z) &= xy + y'z + xz \\
&= (xy + y'z + x)(xy + y'z + z) \\
&= (y'z + x)(xy + z) \\
&= (y' + x)(z + x)(x + z)(y + z) \\
&= (x + y')(x + z)(y + z)
\end{aligned}$$

(b)　使用分配律：$x \cdot (y + z) = xy + xz$

$$f(x, y, z) = (x + y')(x + z)y + (x + y')(x + z)z'$$

$$= xy(x + y') + yz(x + y') + x z'(x + y') + zz'(x + y')$$

$$= xy + xy\,y' + xyz + y'\,yz + x z' + x y'\, z'$$

$$= xy + x z'$$

一般而言，當一個乘積項包含 n 個不同變數，而每一個變數僅以補數或是非補數形式出現時，稱為 n 個變數的最小項(minterm)；當一個和項包含 n 個不同變數，而每一個變數僅以補數或是非補數形式出現時，稱為 n 個變數的最大項(maxterm)。最大項與最小項實際上是由真值表中獲得交換函數的主要線索。三個變數(x, y, z)的所有最小項與最大項如表 2.3-1 所示。

表2.3-1　三個變數(x, y, z)的所有最小項與最大項

十進制	x	y	z	最小項		最大項	
0	0	0	0	$x'y'z'$	(m_0)	$x + y + z$	(M_0)
1	0	0	1	$x'y'z$	(m_1)	$x + y + z'$	(M_1)
2	0	1	0	$x'yz'$	(m_2)	$x + y' + z$	(M_2)
3	0	1	1	$x'yz$	(m_3)	$x + y' + z'$	(M_3)
4	1	0	0	$xy'z'$	(m_4)	$x' + y + z$	(M_4)
5	1	0	1	$xy'z$	(m_5)	$x' + y + z'$	(M_5)
6	1	1	0	xyz'	(m_6)	$x' + y' + z$	(M_6)
7	1	1	1	xyz	(m_7)	$x' + y' + z'$	(M_7)

注意在三個變數中的每一個可能的二進制組合，唯一的定義了一個最小項與最大項，反之亦然，即每一個最小項或是最大項只對應於一個二進制組合。再者，由於二進制組合與其等效的十進制表示方法也是 1 對 1 的對應關係，因此每一個十進制表示與最小項或是最大項的對應關係也是 1 對 1 的，例如：3 唯一對應到二進制 011，即最小項 $x'yz$，與最大項 $x + y' + z'$。

一般而言，若有 n 個變數，則一共有2^n個不同的二進制組合，因此有2^n個最小項與2^n個最大項。在由一個二進制組合獲取其對應的最小項時，可以依照下列簡單的規則：將該二進制組合中，所有對應於位元值為 0 的變數取其補數形式，所有對應於位元值為 1 的變數取其非補數形式所形成的乘積項，即為所求的最小項。在求最大項時，可以由最小項取得方式的對偶程序

求得：將二進制組合中所有對應於位元值為 0 的變數取其非補數形式，所有對應於位元值為 1 的變數取其補數形式所形成的和項，即為所求的最大項。若以數學方式描述，可以設 $(i)_{10}$ 表示 n 個變數中的第 i 個二進制組合 $(b_{n-1}b_{n-2}\cdots b_1 b_0)_2$，因此，$i = 0, 1, \cdots, 2^{n-1}$。現在若設 $m_i = x_{n-1}^* \cdots x_1^* x_0^*$ 表示第 i 個最小項，則

$$x_j^* = x'_j \qquad 若\ b_j = 0$$
$$ = x_j \qquad 若\ b_j = 1$$

同樣地，設 $M_i = x_{n-1}^* + \cdots + x_1^* + x_0^*$ 表示第 i 個最大項，則

$$x_j^* = x_j \qquad 若\ b_j = 0$$
$$ = x'_j \qquad 若\ b_j = 1$$

例題 2.3-2　(最大項與最小項的形成)

假設在四個變數中，有一個二進制組合 $(x_3 x_2 x_1 x_0)_2 = 1011_2$，試求該組合的最小項和最大項。

解： 由於二進制組合為 1011，即 $(b_3 b_2 b_1 b_0)_2 = (1\ 0\ 1\ 1)_2$，因此最小項為

$$m_{11} = x_3^* x_2^* x_1^* x_0^*$$
$$\phantom{m_{11}} = x_3 x'_2 x_1 x_0$$

因為除了 $b_2 = 0$ 外，其餘的均為 1，所以 $x_2^* = x'_2$，其餘的變數均取非補數形式。

最大項為

$$M_{11} = x_3^* + x_2^* + x_1^* + x_0^*$$
$$\phantom{M_{11}} = x'_3 + x_2 + x'_1 + x'_0$$

因為除了 $b_2 = 0$ 外，其餘的均為 1，所以除了 $x_2^* = x_2$ 外，其餘的變數均取補數形式。

注意任何最小項只在它所對應的二進制組合之下，它的值才為 1，在其它的組合下，它的值均為 0；任何最大項只在它所對應的二進制組合下，它的值才為 0，在其它的組合下，它的值均為 1。因此，對於同一個二進制組合

而言，最大項與最小項恰好互成補數，即 $m'_i = M_i$ 或是 $m_i = M'_i$。

例題 2.3-3　(最小項與最大項的關係)

試以三個變數(x, y, z)的最小項 m_3 與最大項 M_3 為例，證明在同一個二進制組合下的最小項與最大項恰好互成補數，即 $m_3 = M'_3$ 而且 $M_3 = m'_3$。

證明： $m_3 = x'yz$ 而 $M_3 = x + y' + z'$

$$m'_3 = (x'yz)'$$
$$\quad = x + y' + z' = M_3 \qquad \text{(DeMorgan 定理)}$$
$$M'_3 = (x + y' + z')'$$
$$\quad = x'yz = m_3 \qquad \text{(DeMorgan 定理)}$$

所以得證。

在 n 個變數下，最小項與最大項的性質，可以歸納如下：

1.　$m_i m_j = 0$ 　　　　　　　若 $i \neq j$

　　　　$= m_i$ 　　　　　　　若 $i = j$

2.　$M_i + M_j = 1$ 　　　　　若 $i \neq j$

　　　　$= M_i$ 　　　　　　　若 $i = j$

3.　$m_i = M'_i$ 而且 $M_i = m'_i$，對每一個 i 而言。

📖 複習問題

2.26. 試定義在交換代數下的和項與乘積項。

2.27. 試定義 SOP 交換表式與 POS 交換表式。

2.28. 試定義在 n 個變數下的最小項與最大項。

2.29. 在 n 個變數下的最小項與最大項之間有何關係？

2.30. 試問最小項與乘積項、及最大項與和項之間有何關係？

2.3.2　標準(表示)式

利用上述最小項與最大項的基本觀念即可以輕易地求出一個真值表所對應的交換函數的代數表式。一般而言，有下列兩種方法：

1. 為真值表中所有函數值為 1 的最小項的和；

2. 為真值表中所有函數值為 0 的最大項的乘積。

例題 2.3-4 (交換函數)

試求下列真值表所定義的交換函數的代數表式：

十進制值	x	y	z	f
0	0	0	0	1
1	0	0	1	0
2	0	1	0	0
3	0	1	1	1

十進制值	x	y	z	f
4	1	0	0	0
5	1	0	1	1
6	1	1	0	1
7	1	1	1	0

解： (a) 在十進制值為 0、3、5、6 的二進制組合下，f 值為 1，所以

$$f(x, y, z) = m_0 + m_3 + m_5 + m_6$$
$$= x'y'z' + x'yz + xy'z + xyz'$$

(b) 在十進制值為 1、2、4、7 的二進制組合下，f 值為 0，所以

$$f(x, y, z) = M_1 M_2 M_4 M_7$$
$$= (x + y + z')(x + y' + z)(x' + y + z)(x' + y' + z')$$

(c) 事實上(a)與(b)所獲得的函數是相等的。因為若將(b)展開：

$$f(x, y, z) = (x + y + z')(x + y' + z)(x' + y + z)(x' + y' + z')$$
$$= (x + yz + y'z')(x' + yz' + y'z)$$
$$= xyz' + xy'z + x'yz + x'y'z'$$
$$= x'y'z' + x'yz + xy'z + xyz'$$

所以和(a)得到的結果相同。

　　由於二進制組合、最小項(或是最大項)、該二進制組合等效的十進制數目等三者之間的對應是 1 對 1 的關係，因此在表示一個交換函數時，通常使用另外一種較簡潔的方式(或稱為速記法)為之。例如：在例題 2.3-4 中的函數 f 可以表示為：

$$f(x, y, z) = \Sigma(0, 3, 5, 6)$$

其中 Σ 表示邏輯和(OR)運算，而括弧中的十進制數目則表示最小項。同樣地，函數 f 也可以表示為：

$$f(x, y, z) = \Pi(1, 2, 4, 7)$$

其中Π表示邏輯乘積(AND)運算，而括弧中的十進制數目則表示最大項。

　　一個交換函數，若是由其真值表中的函數值為 1 的最小項之和(即 OR 運算子)組成時，該函數的表示式稱為標準積之和(canonical sum of product)型式，簡稱為標準 SOP 型式；一個交換函數，若是由其真值表中的函數值為 0 的最大項之乘積(即 AND 運算子)組成時，該函數的表示式稱為標準和之積(canonical product of sum)型式，簡稱標準 POS 型式。

　　任何交換函數均可以唯一地表示為標準 SOP 或是標準 POS 的型式。在證明這一敘述之前，先看看下列 Shannon 展開(分解)定理(Shannon's expansion (decomposition) theorem)。

定理 2.3-1：Shannon 展開(分解)定理

　　對任何 n 個變數的交換函數 $f(x_{n-1}, x_{n-2}, \cdots, x_1, x_0)$ 而言，均可以表示為下列兩種形式：

(a) $f(x_{n-1}, x_{n-2}, \cdots, x_i, \cdots, x_1, x_0)$
$$= x_i \cdot f(x_{n-1}, x_{n-2}, \cdots, 1, \cdots, x_1, x_0) + x'_i \cdot f(x_{n-1}, x_{n-2}, \cdots, 0, \cdots, x_1, x_0)$$

(b) $f(x_{n-1}, x_{n-2}, \cdots, x_i, \cdots, x_1, x_0)$
$$= [x_i + f(x_{n-1}, x_{n-2}, \cdots, 0, \cdots, x_1, x_0)] \cdot [x'_i + f(x_{n-1}, x_{n-2}, \cdots, 1, \cdots, x_1, x_0)]$$

證明：利用完全歸納法。

(a) 設 $x_i = 1$，則 $x'_i = 0$，得到左邊＝右邊。

　　同樣地，設 $x_i = 0$ 則 $x'_i = 1$，得到左邊＝右邊。

　　所以(a)成立。

(b) 由對偶原理得證。

例題 2.3-5　(Shannon 展開定理驗證)

試使用下列交換函數驗證 Shannon 展開定理的正確性：
$$f(x, y, z) = xy + y'z + xz$$

驗證：假設對變數 x 展開
$$f(x, y, z) = x'f(0, y, z) + xf(1, y, z)$$

$$= x'(y'z) + x(y + z + y'z)$$
$$= x'y'z + xy + xz$$

上述表式可以證明與原來的交換表式 $xy + y'z + xz$ 相等。

現在若對(a)中的 x_{n-2} 與 x_{n-1} 應用上述定理展開，則可以得到

$$f(x_{n-1}, x_{n-2}, \cdots, x_1, x_0) = x_{n-1}x_{n-2} \cdot f(1,1,\cdots,x_1,x_0)$$
$$+ x_{n-1}x'_{n-2} \cdot f(1,0,\cdots,x_1,x_0)$$
$$+ x'_{n-1}x_{n-2} \cdot f(0,1,\cdots,x_1,x_0)$$
$$+ x'_{n-1}x'_{n-2} \cdot f(0,0,\cdots,x_1,x_0)$$

將該展開定理應用到每一個變數後

$$f(x_{n-1}, x_{n-2}, \cdots, x_1, x_0) = x_{n-1}x_{n-2}\cdots x_1 x_0 f(1,1,\cdots,1,1)$$
$$+ x_{n-1}x_{n-2}\cdots x_1 x'_0 f(1,1,\cdots,1,0)$$
$$+ \cdots$$
$$+ x'_{n-1}x'_{n-2}\cdots x'_1 x'_0 f(0,0,\cdots,0,0)$$
$$= \sum_{i=0}^{2^n-1} \alpha_i m_i$$

其中 $\alpha_i = f(b_{n-1}, \cdots, b_1, b_0)$ 為交換函數 f 在第 i 個二進制組合下的函數值，而 $m_i = x_{n-1}^* \cdots x_1^* x_0^*$ 定義為第 i 個最小項(minterm)，因為僅需最少數目的此種乘積項即可令交換函數 f 的值為 1。同樣地，對 Shannon 展開定理中的(b)展開後，可以得到

$$f(x_{n-1}, x_{n-2}, \cdots, x_1, x_0) = \prod_{i=0}^{2^n-1} (\beta_i + M_i)$$

其中 $\beta_i = f(b_{n-1}, \cdots, b_1, b_0)$ 為交換函數 f 在第 i 個二進制組合下的函數值(一般而言，$\alpha_i = \beta_i$，其中 $0 \le i \le 2^n - 1$)，而 $M_i = x_{n-1}^* + \cdots + x_1^* + x_0^*$ 定義為第 i 個最大項(maxterm)，因為必須最多數目的此種和項方可令交換函數 f 的值為 1。綜合上述結果，得到下列定理：

定理 2.3-2：交換函數標準型式

每一個 n 個變數的交換函數 $f(x_{n-1}, x_{n-2}, \cdots, x_1, x_0)$ 均可以表示為下列兩種

標準型式：

(a) 標準 SOP 型式：

$$f(x_{n-1}, x_{n-2}, \cdots, x_1, x_0) = \sum_{i=0}^{2^n-1} \alpha_i m_i$$

(b) 標準 POS 型式：

$$f(x_{n-1}, x_{n-2}, \cdots, x_1, x_0) = \prod_{i=0}^{2^n-1} (\beta_i + M_i)$$

其中 $\alpha_i = \beta_i = f(b_{n-1}, \cdots, b_1, b_0)$。

由上述定理得知：雖然一個交換函數可能有多個不同 SOP 與 POS 形式的交換表式，但是其標準 SOP 型式與標準 POS 型式是唯一的。定理 2.3-2 的直接應用，即是用來求取一個交換函數的標準 SOP 或是 POS 型式。

例題 2.3-6 (交換函數的標準式)

試利用展開定理(定理 2.3-2)，求下列交換函數的標準型式：

$$f(x, y, z) = x'(y' + z)$$

解：(a) 標準 SOP 型式

$$f(x, y, z) = \sum_{i=0}^{7} \alpha_i m_i$$

$\alpha_0 = f(0, 0, 0) = 1(1 + 0) = 1$ $\alpha_4 = f(1, 0, 0) = 0(1 + 0) = 0$

$\alpha_1 = f(0, 0, 1) = 1(1 + 1) = 1$ $\alpha_5 = f(1, 0, 1) = 0(1 + 1) = 0$

$\alpha_2 = f(0, 1, 0) = 1(0 + 0) = 0$ $\alpha_6 = f(1, 1, 0) = 0(0 + 0) = 0$

$\alpha_3 = f(0, 1, 1) = 1(0 + 1) = 1$ $\alpha_7 = f(1, 1, 1) = 0(0 + 1) = 0$

所以

$$f(x, y, z) = m_0 + m_1 + m_3 = x'y'z' + x'y'z + x'yz$$

(b) 標準 POS 型式(因為 $\alpha_i = \beta_i$)

$$f(x, y, z) = \prod_{i=0}^{7} (\beta_i + M_i)$$

$$= (\beta_0 + M_0)(\beta_1 + M_1)(\beta_2 + M_2)(\beta_3 + M_3)(\beta_4 + M_4)(\beta_5 + M_5)$$

$$+(\beta_6 + M_6)(\beta_7 + M_7)$$

$$= (1 + M_0)(1 + M_1)(0 + M_2)(1 + M_3)(0 + M_4)(0 + M_5)$$

$$+(0 + M_6)(0 + M_7)$$

$$= M_2 M_4 M_5 M_6 M_7$$

$$= (x + y' + z)(x' + y + z)(x' + y + z')(x' + y' + z)(x' + y' + z')$$

求取一個交換函數的標準 SOP 型式的一個常用的方法為先將該交換函數表示為積之和(即 SOP)的形式，然後進行下列程序：

由 SOP 形式求取標準 SOP 型式的程序

1. 依序檢查每一個乘積項，若為最小項，則保留它，並繼續檢查下一個乘積項。

2. 對於每一個不是最小項的乘積項，檢查未出現的變數，對於每一個未出現的變數 x_i，則乘上 $(x_i + x'_i)$。

3. 將所有乘積項展開並消去重覆項，即為所求。

例題 2.3-7 (標準 SOP 型式)

將 $f(x, y, z) = x + y'z' + yz$ 表示為標準 SOP 型式。

解： $f(x, y, z) = x(y + y')(z + z') + (x + x')y'z' + (x + x')yz$

$$= xyz + xyz' + xy'z + xy'z' + xy'z' + x'y'z' + xyz + x'yz$$

$$= xyz + xyz' + xy'z + xy'z' + x'yz + x'y'z'$$

在此例子中，乘積項 xyz 與 $xy'z'$ 各出現兩次，因此各消去一項而得到最後的結果。

轉換一個交換函數表式為標準 POS 型式時，可以使用上述程序的對偶程序完成，即先將該交換函數表示為和之積(POS)的形式後，進行下列程序：

由 POS 形式求取標準 POS 型式的程序

1. 依序檢查每一個和項，若為最大項，則保留它，並繼續檢查下一個和項。

2. 對於每一個不是最大項的和項，檢查未出現的變數，對於每一個未出現的變數 x_i，則加上 $x_i x'_i$。

3. 利用分配律將所有和項展開，並消去重覆項即為所求。

例題 2.3-8　(標準 POS 型式)

將 $f(x, y, z) = x(y' + z')$ 表示為標準 POS 型式。

解：
$$
\begin{aligned}
f(x, y, z) &= x(y' + z') \\
&= (x + yy' + zz')(xx' + y' + z') \\
&= (x + y + z)(x + y + z')(x + y' + z)(x + y' + z')(x + y' + z')(x' + y' + z') \\
&= (x + y + z)(x + y + z')(x + y' + z)(x + y' + z')(x' + y' + z')
\end{aligned}
$$

其中最大項 $(x + y' + z')$ 出現兩次，消去其中一項而得到最後的結果。

例題 2.3-9　(標準 SOP 與 POS 型式)

將 $f(x, y, z) = xz' + (x'y' + x'z)'$ 表示為標準 SOP 與 POS 型式。

解：(a) 標準 SOP 型式：

首先將 $f(x, y, z)$ 表示為積之和的形式，即
$$
\begin{aligned}
f(x, y, z) &= xz' + (x'y')'(x'z)' \\
&= xz' + (x + y)(x + z') \\
&= x + xz' + xy + yz' \\
&= x + yz'
\end{aligned}
$$

所以
$$
\begin{aligned}
f(x, y, z) &= x(y + y')(z + z') + (x + x')yz' \\
&= xyz + xyz' + xy'z + xy'z' + x'yz'
\end{aligned}
$$

(b) 標準 POS 型式：

首先將 $f(x, y, z)$ 表示為和之積的形式，即
$$
\begin{aligned}
f(x, y, z) &= x + yz' \\
&= (x + y)(x + z')
\end{aligned}
$$

所以
$$
\begin{aligned}
f(x, y, z) &= (x + y + zz')(x + yy' + z') \\
&= (x + y + z)(x + y + z')(x + y + z')(x + y' + z') \\
&= (x + y + z)(x + y + z')(x + y' + z')
\end{aligned}
$$

其中最大項$(x+y+z')$出現兩次,消去其中一項而得到最後的結果。

📖 **複習問題**

2.31. 試說明 Shannon 展開定理的意義。

2.32. 每一個 n 個變數的交換函數都可以表示為那兩種標準型式?

2.33. 試簡述由 SOP 形式求取標準 SOP 型式的程序。

2.34. 試簡述由 POS 形式求取標準 POS 型式的程序。

2.3.3 標準式的互換

任何一個交換函數都可以表示為標準 SOP 與標準 POS 等兩種型式,而且這兩種標準型式可以互相轉換。例如:在例題 2.3-4 中:

$$f(x, y, z) = \Sigma(0, 3, 5, 6)$$

其補數函數 $f'(x, y, z)$為

$$f'(x, y, z) = \Sigma(1, 2, 4, 7)$$

若將此補數函數取補數後,並使用 DeMorgan 定理,則得到

$$f(x, y, z) = [\Sigma(1, 2, 4, 7)]' = (m_1 + m_2 + m_4 + m_7)'$$
$$= m'_1 \, m'_2 \, m'_4 \, m'_7 = M_1 M_2 M_4 M_7$$

因此

$$f(x, y, z) = \Sigma(0, 3, 5, 6) = \Pi(1, 2, 4, 7)$$

上述轉換程序可以定義為:設 U 表示一個交換函數中所有變數的所有組合的等效十進制數目之集合,若 A 表示標準 SOP 型式中的所有十進制數目之集合,則 $U - A$ 為標準 POS 型式中的所有十進制數目之集合,反之亦然。

例題 2.3-10 (標準式互換)

在例題 2.3-4 中,因為該交換函數一共有三個變數,所以 $U = \{0, 1, 2, 3, 4, 5, 6, 7\}$,而標準 SOP 型式為:

$$f(x, y, z) = \Sigma(0, 3, 5, 6)$$

所以 $A = \{0, 3, 5, 6\}$,$U - A = \{1, 2, 4, 7\}$,因此標準的 POS 型式為:

$$f(x, y, z) = \Pi(1, 2, 4, 7)$$

若一個 n 變數的交換函數 f 以標準 SOP 型式表示時，則其補數函數 f' 可以表示為：

$$f' = [\sum_{i=0}^{2^n-1} \alpha_i m_i]' = \prod_{i=0}^{2^n-1} (\alpha'_i + m'_i) = \prod_{i=0}^{2^n-1} (\alpha'_i + M_i)$$

若該交換函數 f 表示為標準的 POS 型式時，則其補數函數 f' 可以表示為：

$$f' = [\prod_{i=0}^{2^n-1} (\beta_i + M_i)]' = \sum_{i=0}^{2^n-1} \beta'_i M'_i = \sum_{i=0}^{2^n-1} \beta'_i m_i$$

例題 2.3-11 (標準表式下的補數函數)

設一個三個變數的交換函數

$$f(x, y, z) = \Sigma(0, 2, 3, 4) = \Pi(1, 5, 6, 7)$$

則 f' 在兩種標準表式下各為何？

解： (a) 在標準 SOP 型式中

$\alpha_1 = \alpha_5 = \alpha_6 = \alpha_7 = 0$，而 $\alpha_0 = \alpha_2 = \alpha_3 = \alpha_4 = 1$

$$f' = \prod_{i=0}^{7} (\alpha'_i + M_i)$$
$$= (0 + M_0)(1 + M_1)(0 + M_2)(0 + M_3)(0 + M_4)(1 + M_5)(1 + M_6)(1 + M_7)$$
$$= M_0 M_2 M_3 M_4$$

(b) 在標準 POS 型式中

$\beta_1 = \beta_5 = \beta_6 = \beta_7 = 0$，而 $\beta_0 = \beta_2 = \beta_3 = \beta_4 = 1$

$$f' = \sum_{i=0}^{7} \beta'_i m_i$$
$$= 0 \cdot m_0 + 1 \cdot m_1 + 0 \cdot m_2 + 0 \cdot m_3 + 0 \cdot m_4 + 1 \cdot m_5 + 1 \cdot m_6 + 1 \cdot m_7$$
$$= m_1 + m_5 + m_6 + m_7$$

欲求取一個交換函數 f 的對偶函數 f^d 時，仍然可以分成兩種情況：即當 f 表示為標準 SOP 型式時，對偶函數 f^d 可以使用下式求取：

$$f^d = [\sum_{i=0}^{2^n-1} \alpha_i m_i]^d = \prod_{i=0}^{2^n-1} (\alpha_i^d + m_i^d) = \prod_{i=0}^{2^n-1} (\alpha'_i + m_i^d)$$

當 f 表示為標準 POS 型式時，對偶函數 f^d 可以使用下式求取：

$$f^d = [\prod_{i=0}^{2^n-1} (\beta_i + M_i)]^d = \sum_{i=0}^{2^n-1} \beta_i^d M_i^d = \sum_{i=0}^{2^n-1} \beta'_i M_i^d$$

例題 2.3-12 (標準表式下的對偶函數)

設一個三個變數的交換函數

$$f(x, y, z) = \Sigma(0, 2, 3, 4) = \Pi(1, 5, 6, 7)$$

則 f^d 在兩種標準表式下各為何？

解：(a) 在標準 SOP 型式中

$$\alpha_1 = \alpha_5 = \alpha_6 = \alpha_7 = 0 ，而 \alpha_0 = \alpha_2 = \alpha_3 = \alpha_4 = 1$$

$$f^d = \prod_{i=0}^{7} (\alpha'_i + m_i^d)$$

$$= m_0^d m_2^d m_3^d m_4^d = M_7 M_5 M_4 M_3$$

(b) 在標準 POS 型式中

$$\beta_1 = \beta_5 = \beta_6 = \beta_7 = 0 ，而 \beta_0 = \beta_2 = \beta_3 = \beta_4 = 1$$

$$f^d = \sum_{i=0}^{7} \beta'_i M_i^d$$

$$= M_1^d + M_5^d + M_6^d + M_7^d$$

$$= m_6 + m_2 + m_1 + m_0$$

由第 2.1.1 節的對偶原理得知：f^d 為將交換函數 f 中的 "+" (OR)與 "·"
(AND)以及常數 1 與 0 互換，因此 $\alpha_i^d = \alpha'_i$ 而 $\beta_i^d = \beta'_i$。若將所有變數取補數，
則 $m_i^d \Rightarrow m'_i = M_i$ 而 $M_i^d \Rightarrow M'_i = m_i$。所以，一個交換函數 f 的補數函數 f 可以先
求得該函數的對偶函數 f^d 後，將對偶函數 f^d 中的所有變數取補數求得。

例題 2.3-13 ($f'(x_{n-1}, \cdots, x_1, x_0) = f^d(x'_{n-1}, \cdots, x'_1, x'_0)$)

在例題 2.3-12 中，試驗証將 f^d 中所有變數取補數後，可以得到補數函數

f' 。

解：(a) 在標準 SOP 型式中

$$f^d = M_7 M_5 M_4 M_3$$

$$= (x'+y'+z')(x'+y+z')(x'+y+z)(x+y'+z')$$

將所有變數取補數後

$$f^d(x',y',z') = (x+y+z)(x+y'+z)(x+y'+z')(x'+y+z)$$

$$= M_0 M_2 M_3 M_4 = f'$$

所以得證。

(b) 在標準 POS 型式中

$$f^d = m_6 + m_2 + m_1 + m_0$$

$$= xyz' + x'yz' + x'y'z + x'y'z'$$

將所有變數取補數後

$$f^d(x',y',z') = x'y'z + xy'z + xyz' + xyz$$

$$= m_1 + m_5 + m_6 + m_7 = f'$$

所以得證。

📖 複習問題

2.35. 試說明標準 POS 型式與標準 SOP 型式的互換程序。

2.36. 若一個交換函數 f 表示為標準 SOP 型式時，則其補數函數 f' 如何表示？

2.37. 若一個交換函數 f 表示為標準 POS 型式時，則其補數函數 f' 如何表

2.38. 試簡述求取一個交換函數的補數函數的方法。

2.3.4 交換函數性質

　　由前面的討論可以得知：當不考慮最小項與最大項的排列關係時，一個交換函數的標準 SOP 與 POS 型式是唯一的。因為若交換函數 f 有兩種不同的標準 SOP (POS)型式時，則它們至少有一個最小項(最大項)不同，因而至少有一組二進制組合 $(x_{n-1}, \cdots, x_1, x_0)$ 的值使其中一種型式 $f(x_{n-1}, \cdots, x_1, x_0) = 0$，而另一種型式 $f(x_{n-1}, \cdots, x_1, x_0) = 1$。結果與假設"兩個不同的標準 SOP (POS)型

式表示相同的交換函數"互相矛盾。所以對於任意一個交換函數 f 而言，其標準 SOP(或是 POS)型式是唯一的。據此，兩個相等的交換函數可以定義如下：

若兩個交換函數的標準 SOP(或是 POS)型式相等時，則這兩個交換函數為邏輯相等(logically equivalent)或簡稱為相等，反之亦然。

對於 n 個變數而言，一共可以組合出 2^{2^n} 個交換函數。因為任何一個交換函數皆可以表示為下列標準 SOP 的型式：

$$f(x_{n-1},\cdots\cdots,x_1,x_0) = \sum_{i=0}^{2^n-1} \alpha_i m_i$$

$$= \alpha_{2^n-1}m_{2^n-1}+\ldots+\alpha_1 m_1+\alpha_0 m_0$$

$$= \underbrace{\alpha_{2^n-1}x_{n-1}\ldots x_1 x_0 + \cdots + \alpha_1 x'_{n-1}\ldots x'_1 x_0 + \alpha_0 x'_{n-1}\ldots x'_1 x'_0}_{\text{共有}2^n\text{項}}$$

共有 2^n 項，而每一個最小項的係數 α_k 可以為 0 或是 1，所以一共有 2^{2^n} 個組合。例如：對於二個變數而言，一共可以組合出 16 $(=2^{2^2})$ 個不同的交換函數；對於四個變數而言，則可以組合出 $2^{2^4}=2^{16}$ 個交換函數。

例題 2.3-14 (兩個變數的所有交換函數)

列出兩個變數的所有交換函數。

解： 對於兩個變數的交換函數而言，其一般標準 SOP 型式為：

$$f(x,y) = \alpha_3 xy + \alpha_2 x y'+\alpha_1 x'y + \alpha_0 x'y'$$

由於係數 $\alpha_3\alpha_2\alpha_1\alpha_0$ 一共有 16 種不同的組合，因此共有 16 種不同的交換函數，如表 2.3-2 所示。

📖 **複習問題**

2.39. 為何一個交換函數的標準 POS 型式與標準 SOP 型式是唯一的？

2.40. 試定義兩個邏輯相等(或簡稱相等)的交換函數。

表 2.3-2 兩個變數的所有交換函數

α_3	α_2	α_1	α_0	$f(x, y)$	函數名稱	符號
0	0	0	0	0	常數 0	
0	0	0	1	$x'y'$	NOR	$x \downarrow y$
0	0	1	0	$x'y$		
0	0	1	1	x'	NOT	x'
0	1	0	0	xy'		
0	1	0	1	y'	NOT	y'
0	1	1	0	$x'y+xy'$	XOR	$x \oplus y$
0	1	1	1	$x'+y'$	NAND	$x \uparrow y$
1	0	0	0	xy	AND	xy
1	0	0	1	$xy+x'y'$	XNOR	$x \odot y$
1	0	1	0	y		
1	0	1	1	$x'+y$	涵示(implication)	$x \rightarrow y$
1	1	0	0	x		
1	1	0	1	$x+y'$	涵示	$y \rightarrow x$
1	1	1	0	$x+y$	OR	$x+y$
1	1	1	1	1	常數 1	

2.4 交換函數與邏輯電路

交換代數的主要應用是它可以作為所有數位系統設計的理論基礎。一個數位系統的各個不同的功能單元(或是稱模組)都是由交換電路所組成的,而最基本的交換電路為 AND、OR、NOT 等邏輯閘,複雜的交換電路模組則是由重複的應用這些基本邏輯閘建構而成的,至於如何建構則是本書其後各章的主題。本節中,將介紹一些基本的邏輯閘與簡單的應用。

2.4.1 基本邏輯閘

在介紹基本邏輯閘之前,先定義正邏輯系統(positive logic system)與負邏輯系統(negative logic system)。所謂的正邏輯系統是以高電位代表邏輯 1,而低電位代表邏輯 0;負邏輯系統則以低電位代表邏輯 1,而以高電位代表邏輯 0。本書中,為避免讀者混淆不清,只考慮正邏輯系統。

所謂的邏輯閘(logic gate)為一個可以執行交換代數中的基本運算子函數(例如 AND 或是 OR)或是導出運算子函數(例如 NAND 或是 NOR)的電子電

路。表 2.4-1 所示為基本的邏輯閘，這些邏輯閘直接執行第 2.2.3 節所述的 AND、OR、NOT、NAND、NOR、XOR、XNOR 等邏輯運算子函數。雖然表中只列出兩個邏輯輸入變數的基本閘，但是由第 2.2.3 節的討論可以得知：除了 NOT 閘與 BUF 閘之外，其餘邏輯閘都可以擴充為多個輸入變數。例如：

1. 三個輸入(變數)端的 OR 閘：由兩個 2 個輸入端的 OR 閘組成，因為

   $$x + y + z = (x + y) + z$$

2. 三個輸入(變數)端的 AND 閘：由兩個 2 個輸入端的 AND 閘組成，因為

   $$x \cdot y \cdot z = (x \cdot y) \cdot z$$

3. 三個輸入(變數)端的 XOR 閘：由兩個 2 個輸入端的 XOR 閘組成，因為

   $$x \oplus y \oplus z = (x \oplus y) \oplus z$$

4. 三個輸入(變數)端的 XNOR 閘：由兩個 2 個輸入端的 XNOR 閘組成，因為

   $$x \odot y \odot z = (x \odot y) \odot z$$

5. 三個輸入(變數)端的 NOR 閘：由一個 2 個輸入端的 OR 閘與一個 2 個輸入端的 NOR 閘組成。注意若使用與組成 3 個輸入端的 OR 閘方式，將兩個 2 個輸入端 NOR 閘組合後，其結果並不等於一個 3 個輸入端的 NOR 閘，因

為 NOR 運算子沒有結合律。

表2.4-1　基本邏輯閘

運算子	符號	交換表式	眞值表
AND	x y —[ ]— f	$f = xy$	$\begin{array}{cc\|c} x & y & f \\ \hline 0 & 0 & 0 \\ 0 & 1 & 0 \\ 1 & 0 & 0 \\ 1 & 1 & 1 \end{array}$
OR	x y —[ ]— f	$f = x + y$	$\begin{array}{cc\|c} x & y & f \\ \hline 0 & 0 & 0 \\ 0 & 1 & 1 \\ 1 & 0 & 1 \\ 1 & 1 & 1 \end{array}$
NOT	x —[>o]— f	$f = x'$	$\begin{array}{c\|c} x & f \\ \hline 0 & 1 \\ 1 & 0 \end{array}$
BUF	x —[>]— f	$f = x$	$\begin{array}{c\|c} x & f \\ \hline 0 & 0 \\ 1 & 1 \end{array}$
NAND	x y —[ ]o— f	$f = (xy)'$	$\begin{array}{cc\|c} x & y & f \\ \hline 0 & 0 & 1 \\ 0 & 1 & 1 \\ 1 & 0 & 1 \\ 1 & 1 & 0 \end{array}$
NOR	x y —[ ]o— f	$f = (x + y)'$	$\begin{array}{cc\|c} x & y & f \\ \hline 0 & 0 & 1 \\ 0 & 1 & 0 \\ 1 & 0 & 0 \\ 1 & 1 & 0 \end{array}$
XOR	x y —[ ]— f	$f = x \oplus y$	$\begin{array}{cc\|c} x & y & f \\ \hline 0 & 0 & 0 \\ 0 & 1 & 1 \\ 1 & 0 & 1 \\ 1 & 1 & 0 \end{array}$
XNOR	x y —[ ]o— f	$f = \overline{x \oplus y}$ $= x \odot y$	$\begin{array}{cc\|c} x & y & f \\ \hline 0 & 0 & 1 \\ 0 & 1 & 0 \\ 1 & 0 & 0 \\ 1 & 1 & 1 \end{array}$

6. 三個輸入(變數)端的 NAND 閘：由一個 2 個輸入端的 AND 閘與一個 2 個輸
　入端的 NAND 閘組成。和 NOR 閘理由相同，將一個 2 個輸入端的 NAND
　閘的輸出串接至另外一個 2 個輸入端的 NAND 閘後，其結果並不等於一個
　3 個輸入端的 NAND 閘。

📖複習問題

2.41. 試定義邏輯閘。

2.42. 為何兩個 2 個輸入端的 NOR 閘不能直接串接成為一個 3 個輸入端的 NOR
　　　閘？

2.43. 為何兩個 2 個輸入端的 NAND 閘不能直接串接成為一個 3 個輸入端的
　　　NAND 閘？

2.4.2　邏輯閘的基本應用

　　邏輯閘的基本應用為控制數位信號的流向或是改變數位信號的性質(例如
取補數)，如圖 2.4-1 所示。將一個或是多個邏輯閘置於兩個數位系統之間，
即可以依據控制端的信號，選擇由數位系統 1 送到數位系統 2 的信號的性
質，例如：取補數、常數 0、常數 1，或是取真值。

圖2.4-1　邏輯閘的基本應用

依據上述觀念，我們可以重新解釋表 2.4-1 中的 2 個輸入端的基本邏輯閘的行為為控制閘，下列四種為最常用的方式。其中前面三種為直接將表 2.4-1 中的六個 2 個輸入端的邏輯閘依其性質分成三組，然後分別使用一個輸入端當作控制信號端，另外一個輸入端當作資料輸入端，並且將輸出函數表示為控制端與資料端的函數；最後一種為綜合應用例。

1. 控制閘(controlled gate)

2. 反相控制閘(inverted controlled gate)

3. 控制補數閘(controlled inverter gate)

4. 真值/補數－0/1 元件(truth/complement zero/one element)

📖複習問題

2.44. 有那兩個基本閘可以當作非反相控制閘使用？

2.45. 有那兩個基本閘可以當作反相控制閘使用？

2.46. 有那兩個基本閘可以當作控制補數閘使用？

2.4.3 交換函數的執行

交換代數最重要的應用是用來設計數位系統。當一個交換函數使用邏輯閘取代其運算子後，其結果為一個邏輯閘電路，若該邏輯閘電路使用實際的邏輯元件取代則稱為執行(implementation 或是 realization)。一般而言，任何一個交換函數皆可以使用下列兩種方式之一的基本邏輯元件執行：

1. 使用開關(switch)：早期的開關為繼電器(relay)，目前則為 CMOS 傳輸閘 (transmission gate)或是相當的電晶體元件(例如 MOS 電晶體)。

2. 使用基本邏輯閘：使用 AND、OR、NOT 等基本邏輯閘的組合。

依第 2.2.4 節的討論可以得知：NAND 與 NOR 等運算子為函數完全運算，因此其對應的邏輯閘也可以執行任意的交換函數。進而言之，由於 NAND 閘的邏輯函數為 $f(x, y) = (xy)'$，若適當的控制輸入端的變數值，則它可以當作：NOT 閘，即 $f(x, x) = (xx)' = x'$；OR 閘，即 $f(x', y') = (x'y')' = x + y$ (DeMorgan 定理)；AND 閘，即 $f'(x, y) = [(xy)']' = x \cdot y$。因此，AND、OR、NOT 等基本邏輯閘可以只使用 NAND 閘執行。相同的原理可以應用到 NOR 閘。基於上述理由，NAND 閘與 NOR 閘稱為通用邏輯閘(universal logic gate)。詳細的 NAND 閘與 NOR 閘與基本邏輯閘 AND 閘、OR 閘、NOT 閘的等效邏輯電路如表 2.4-2 所示。

一般而言，若一個邏輯模組在適當地組合之下，可以實現任何交換函數，該邏輯模組稱為通用邏輯模組(universal logic module，ULM)；換言之，使用一個或是多個該邏輯模組，即可以實現任何函數完全運算集合中的任何運算子。注意一個邏輯閘也是一個邏輯模組。

由表 2.4-2 可知，AND 閘可以由 NAND 閘或是 NOR 閘實現；OR 閘可以由 NOR 閘或是 NAND 閘實現。在實務上，為了方便，AND 閘與 OR 閘通常表示為各種不同的邏輯符號，如圖 2.4-2 所示。

表2.4-2　NAND 與 NOR 閘執行 NOT、AND、OR 閘

執行方式　　基本閘	NAND閘	NOR閘
NOT	x —●— f　　$f = (xx)' = x'$	x —●— f　　$f = (x+x)' = x'$
AND	x, y —— f　　$f = [(xy)']' = xy$	x, y —— f　　$f = [(x+x)'+(y+y)']' = xy$
OR	x, y —— f　　$f = [(xx)'(yy)']' = x+y$	x, y —— f　　$f = [(x+y)']' = x+y$

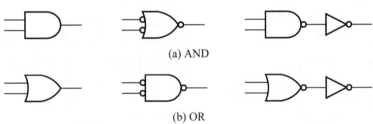

(a) AND

(b) OR

圖2.4-2　AND 與 OR 閘的等效邏輯符號

　　將一個交換函數以基本邏輯閘執行時，只需要將該交換函數中的運算子換以對應的基本邏輯閘即可。

例題 2.4-1　(交換函數的執行)

　　試以基本邏輯閘執行下列交換函數：

(a) $f_1(x,y,z) = xy + xz + y'z$

(b) $f_2(x,y,z) = (x+y)(x'+z)(y+z)$

解：將交換函數中的運算子換以對應的邏輯閘後，得到圖 2.4-3 的數位邏輯電路。

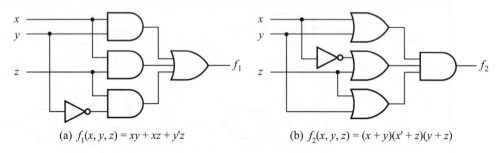

(a) $f_1(x, y, z) = xy + xz + y'z$ (b) $f_2(x, y, z) = (x + y)(x' + z)(y + z)$

圖2.4-3　例題 2.4-1 的電路

例題 2.4-2　(交換函數的執行)

試以基本邏輯閘執行下列交換函數：

(a) $f_1(x, y, z) = [(x + y)' + x'z]'$

(b) $f_2(w, x, y, z) = [(wx + y'z)' xy]'$

解：將交換函數中的運算子換以對應的邏輯閘後，得到圖 2.4-4 的電路。

(a) $f_1(x, y, z) = [(x + y)' + x'z]'$ (b) $f_2(w, x, y, z) = [(wx + y'z)' \cdot xy]'$

圖2.4-4 例題 2.4-2 的電路

有關交換函數的其它各種執行方法，請參閱第 5 章與第 6 章。

2.5 Verilog HDL 介紹

隨著數位系統複雜度的增加，CAD(computer-aided design)已經成為一種取代傳統式邏輯電路圖的一種新型數位系統設計方法。在 CAD 設計方法中，使用硬體描述語言(hardware description language，HDL)描述一個數位系統硬體的結構(structure)與行為(behavior)。使用硬體描述語言的優點至少有二：其一為文字敘述的方式可以表示的系統設計的複雜度遠較使用邏輯電路圖為高；其二為設計的重複使用性較高。目前使用 HDL 的數位系統設計方法已經成為任何數位系統設計者的必備學養。

2.5.1 HDL 基本概念

目前最常用的兩種硬體描述語言為 Verilog HDL 與 VHDL(very high-speed integrated circuit HDL)，它們均為 IEEE 標準的 HDL， 其中 Verilog HDL 為 IEEE 標準 1364 而 VHDL 為 IEEE 標準 1076。Verilog HDL 語法簡單而且類似於 C 語言，學習容易，並且廣為工業界使用；VHDL 語法較為嚴謹，而且功能較為強大，但是學習較困難，只為少數設計者使用。由於學習 VHDL 遠較 Verilog HDL 為困難，因此也常戲稱 VHDL 為 very hard description language 的縮寫。本書中，將使用 Verilog HDL 為例，介紹數位系統的新型設計表示方法。

硬體描述語言為一種類似於高階的程式設計語言，例如 C 語言，但是它著重於描述硬體的結構與行為。硬體描述語言可以表示邏輯方塊圖、交換表式、真值表，與複雜的邏輯電路模組。此外，硬體描述語言也可以表示一個數位系統的設計方法與原理的說明(documentation)。實際上，硬體描述語言可以完全地描述一個數位系統由設計到實現為止的過程中各個階段的資訊，即它可以表示：設計的表示(design representation)、邏輯模擬與測試(simulation and testing)、邏輯合成(logic synthesis)、執行(implementation)及說明(documentation)。

隨著數位系統設計的複雜度增加，使用邏輯電路圖的方式已經無法表示一個數位系統的設計，而且在此種數位系統中通常希望能夠重複使用已經設計完成的模組，以節省設計的時間，同時可以增加產量。使用硬體描述語言則可以將已經設計完成的模組儲存為程式庫，稱為 IP(intellectual property)，而後於需要的地方再將之連結到新的設計中。

完成一個數位系統的設計之後，藉著模擬程式(simulator)對 HDL 程式的解讀，與產生相關的時序圖輸出，設計者可以預先偵測該設計可能發生的功能錯誤，並據以修改 HDL 程式。在模擬的過程中，必須提供另外一個 HDL 程式稱為測試標竿(test bench)，以產生被測試模組的輸入信號，以及監視被測試模組的輸出信號。

在完成數位系統的設計與功能驗證之後，其次的動作為進行邏輯合成的程序，以將完成的設計藉著邏輯合成程式的幫助，由 HDL 描述的數位系統模式中導出對應的邏輯閘元件與相關的連接，稱為 netlist。此 netlist 可以再進一步對應到實際的標的技術之中，例如FPGA/CPLD、邏輯閘陣列，或是標準元件庫，合成最後的硬體電路。

綜合上述討論可以得知：使用 HDL 設計一個數位系統的流程為將設計概念使用 HDL 描述後，使用模擬程式與測試標竿進行功能驗證與除錯，然後使用邏輯合成程式將之合成為邏輯閘層次的電路，最後再實際對應到欲執行的硬體元件之中。

📖 複習問題

2.47. 目前工業界中最常用的兩種硬體描述語言是那兩種？

2.48. 模擬程式的主要功能為何？

2.49. 使用硬體描述語言設計一個數位系統時的主要流程為何？

2.5.2 程式模組基本結構

Verilog HDL 為一種程式語言，它如同其它高階電腦語言一樣使用一些事先定義的保留字(keyword)與語法(syntax)，而以文字方式描述一個數位系統。在 Verilog HDL 中，一個完整的基本建構方塊稱為模組(module)，如圖 2.5-1 所示。兩種模組宣告方式的差異僅在於界面埠的宣告方式。每一個模組均為一個獨立的單元，一個模組之中不能包含另外一個模組的宣告，但是可以經由引用(instantiation)的方式，容納其它模組以形成階層式的電路結構。

```
module  模組名稱(x, y, z, f);  界面埠
// Declaration of interfacing-port signals
input  x, y, z;  ⎫
ouput  f;        ⎬  界面埠信號定義
// Local declaration
wire  a, b, c;  ← 模組內的信號定義
reg  x, y, z;  ← 模組內的信號定義
/* Module function description */
   模組功能描述的指述

endmodule      表示模組結束的保留字
```

(a) 方式一

```
module  模組名稱(
     input  x, y, z,  ⎫
     ouput  f         ⎬  界面埠信號定義
);
// Local declaration
wire  a, b, c;  ← 模組內的信號定義
reg  x, y, z;  ← 模組內的信號定義
/* Module function description */
   模組功能描述的指述

endmodule      表示模組結束的保留字
```

(b) 方式二

圖2.5-1　Verilog HDL 程式模組的基本結構

基本上任何一個模組均以保留字 **module** 開始而以保留字 **endmodule** 結束。在保留字 **module** 之後緊接著該模組的名稱與界面埠的信號名稱。一般而言，在 Verilog HDL 中的模組之界面埠的信號有三種類型：輸入、輸出、雙向，它們分別使用 **input**、**output**、**inout** 等保留字宣告。兩個模組之間的信號傳遞完全由界面埠的信號完成。

例題 2.5-1　Verilog HDL 程式例

程式 2.5-1 為圖 2.5-2 邏輯電路的 Verilog HDL 程式。其中 prog251 為模組的名稱，x、y、z 等信號為模組的輸入信號，使用保留字 **input** 宣告，而 f 信號為模組的輸出信號，使用保留字 **output** 宣告。圖 2.5-2 中的三個內部連接點 a、b、c 使用保留字 **wire** 宣告。注意：在 **input** 與 **output** 之後的 **wire** 保留字通常省略。

程式2.5-1　Verilog HDL 程式例

```
module prog251 (input x, y, z, output f);
// declarations
wire a, b, c;
// a description of figure 2.5-2.
   nor g1 (b,x,y);
   not g2 (a,x);
   and g3 (c,a,z);
   nor g4 (f,b,c);
endmodule
```

圖2.5-2　程式 2.5-1 對應的邏輯電路

在 Verilog HDL 中的識別語(identifier)用以表示一個物件的名稱，因此這些物件可以在程式中被參考引用。識別語由英文字母、數字、底線符號"_"、錢號"$"等符號組成。任何一個識別語必須以英文字母或是底線符號"_"開始，而且大、小寫英文字母視為不同的字母。注意：使用"$"開始的識別語保留予系統工作(system task)使用；所有保留字均以小寫字母組成。在程式中的/*與*/符號之間的文字為說明；若使用雙斜線("//")則表示其後到該行結束前的文字為說明。

2.5.3 基本邏輯閘電路

在 Verilog HDL 中，有許多方法可以描述一個由基本邏輯閘組成的邏輯電路。在本小節中，先介紹三種最基本的方式：使用基本邏輯閘；使用 **assign** 指述；與使用真值表。

Verilog HDL 提供兩種類型的基本邏輯閘：第一種稱為 and/or 閘，包括 **and**、**or**、**nand**、**nor**、**xor**、**xnor** 等六個。這些邏輯閘的引用方式如下：

gate_type [instance_name] (out, in{, in});

其中 instance_name 為引用名稱，它可以不使用，參數中的第一個為輸出端而其它端點則為輸入端。在大括號{y}內的物件 y 表示可以重複零次、一次或更多次。例如在程式 2.5-1 中的 **nor** g1 (b, x, y)表示 g1 為 **nor** 閘，其中 b 為輸出端而 x 與 y 為輸入端，如圖 2.5-2 所示。

第二種類型的基本邏輯閘稱為 buf/not 閘，包括 **buf** (緩衝器或稱為非反相閘)與 **not** 閘兩個及由此衍生出來的四個三態 buf/not 閘。其中三態閘將於第 3.5.2 節中再予介紹。**buf** 與 **not** 閘的引用方式如下：

buf_not [instance_name] (out{, out}, in);

其中 instance_name 為引用名稱，它可以不使用，參數中的最後一個端點為輸入端，而其它端點則為輸出端。例如在程式 2.5-1 中的 **not** g2 (*a, x*)表示 g2 為 **not** 閘，其中 *a* 為輸出端而 *x* 為輸入端，如圖 2.5-2 所示。

在 Verilog HDL 中，交換表式也可以直接使用以保留字 **assign** 開始的連續指定指述描述：

assign net_lvalue = expression;

在 Verilog HDL 中，分別使用符號&、|、~表示邏輯運算子 AND、OR、NOT。利用此種描述方式，程式 2.5-1 可以改寫為程式 2.5-2，如例題 2.5-2 所示。

例題 2.5-2　assign 連續指定指述使用例

若使用 **assign** 連續指定指述的描述方式，則程式 2.5-1 可以重寫為程式 2.5-2。**assign** 連續指定指述其實是交換表式的一種寫法。

程式2.5-2　程式 2.5-1 的布林表式

```
module prog252 (input x, y, z, output f);
// a description of figure 2.5-2
   assign f = ~(~(x | y) | ~x & z);
endmodule
```

除了上述的基本邏輯閘電路描述方式之外，Verilog HDL 也提供真值表的描述方法。在這種方式中，使用者可以自行定義需要的基本函數(primitive)稱為 UDP(user-defined primitive)。每一個 UDP 只能定義一個交換函數，而且只能為單一位元的輸出信號。如程式 2.5-3 所示，每一個 UDP 必須使用保留字 **primitive** 與 **endprimitive** 定義為一個模組，並且遵循下列一般規則(詳細的規則請參考參考資料 8)：

UDP 模組定義規則

1. UDP 模組必須使用 **primitive** 與 **endprimitive** 保留字宣告，然後緊接著模組名稱與界面埠信號宣告。

2. 輸入信號的數目沒有限制，它們必須使用 **input** 保留字宣告，並且必須依據在 table 中的順序列出。

3. 只能有一個輸出信號，此信號必須使用 **output** 保留字宣告，並且必須列為第一個界面埠中的信號。

4. 真值表必須使用 **table** 與 **endtable** 保留字定義。在真值表的每一個列中，輸入信號依據在界面埠中的順序列出，並以"："結束，然後緊接著列出輸出信號的值。每一個列使用"；"結束。

UDP 通常用以定義一些較特殊的數位邏輯電路。下列例題說明如何使用 UDP 重寫程式 2.5-1 的程式。

例題 2.5-3　UDP 使用例

程式 2.5-3 為使用 UDP 的方式重新改寫程式 2.5-1 與程式 2.5-2 的交換函數。在 UDP 中，直接將真值表定義於保留字 **table** 與 **endtable** 之間。

程式2.5-3　UDP(真值表)程式例

```
// a user defined primitive (UDP)
primitive prog253 (output f, input x, y, z);
// truth table for f(x, y, z,) = ~(~(x | y) | ~x & z);
table
// x y z : f
   0 0 0 : 0;
   0 0 1 : 0;
   0 1 0 : 1;
   0 1 1 : 0;
   1 0 0 : 1;
   1 0 1 : 1;
   1 1 0 : 1;
   1 1 1 : 1;
endtable
endprimitive
```

📖複習問題

2.50. Verilog HDL 總共定義了多少個基本邏輯閘？

2.51. 在 Verilog HDL 中，如何表示一個邏輯閘電路？

2.52. 在 Verilog HDL 中，如何直接表示一個交換表式？

2.53. 在 Verilog HDL 中，如何直接表示一個交換函數的真值表？

2.5.4 模擬與測試

在完成一個數位系統模組的設計並且表示為 Verilog HDL 程式之後，接著即是進行該模組的功能驗證，以確定是否符合需要的規格。在測試一個 Verilog HDL 程式模組時，必須使用另外一個程式模組產生待測模組的測試輸入信號，並且觀察待測模組的輸出信號，如圖 2.5-3 所示。產生待測模組的輸入信號與觀察其輸出信號的模組稱為測試標竿，它通常也是一個 Verilog HDL 程式。

圖2.5-3 使用測試標竿測試程式 2.5-1

在測試標竿的模組宣告中，沒有界面埠的信號宣告，因為它為最高層次的模組，不會被其它模組引用。在程式中，產生待測模組的輸入信號 x、y、z 時必須使用保留字 **reg** 宣告，而輸出信號則使用保留字 **wire** 宣告。在引用一個模組時，信號傳遞的對應方式有兩種：順序對應(positional association)與名稱對應(named association)。

1. 在順序對應中，引用模組中的界面埠信號順序，即在界面埠信號宣告中的位置，必須與該模組定義時的界面埠信號順序一致。

2. 在名稱對應中，引用模組中的界面埠信號不必與該模組定義時的界面埠信號順序一致，同時也只需要列出欲使用的界面埠信號名稱即可，未使用的面埠信號則不必列出，其一般格式為.$x(y)$，即 y 對應於界面埠信號 x。它為最常用的一種方式。

在測試標竿中，通常使用 **initial** 指述設定待測模組的輸入信號。**initial** 指述可以是單一指述或是複合指述，當其由 **begin** 與 **end** 區段組成時為複合指述，否則為單一指述。在複合 **initial** 指述中的各個指述依據所列述的順序執行；兩個 **initial** 指述則為同時(或稱為並行)執行。**initial** 指述只執行一次，並且由模擬時間 0 開始執行。

一般在完成需要的執行時間之後，通常使用系統工作 **$finish** 結束整個測試動作。**initial** 指述在測試標竿中的另外一個用途為分別啟動系統工作 **$monitor** 與系統函式 **$time** 以監視、輸出待測模組的輸入與輸出信號值及記錄各個事件發生的時間。詳細的測試標竿的程式撰寫將於第 5.4 節中再予介紹。

例題 2.5-4　測試標竿程式例

程式 2.5-4 為前述三個程式的一個測試標竿程式例。編譯器假指令 **timescale** 指定模擬時間的單位為 1 ns 而解析度為 100 ps。程式中的第一個 **initial** 指述為一個複合指數，由 **begin** 與 **end** 區段組成，其中 #10 表示 10 個時間單位，1′b0 與 1′b1 分別表示一個位元寬度的值為 0 與 1，因此在 **initial** 指述中，每個 10 個時間單位產生一組 x、y、z 的信號，而其值依序由 000 變化到 111。在 80 個時間單位之後，使用系統工作 **$finish** 結束整個測試動作。另一個 **initial** 指述使用系統工作 **$monitor** 監視與輸出待測模組的輸入與輸出信號值，同時使用系統函式 **$time** 記錄各個事件發生的時間。

程式 2.5-4　測試標竿程式例

```
`timescale 1ns / 100ps
module prog251_tb;
// internal signals declarations
reg x, y, z;
wire f;
// Unit Under Test port map
   prog251 UUT (.x(x),.y(y),.z(z),.f(f));

initial
   begin
        x = 1'b0; y = 1'b0; z = 1'b0;
     #10
        x = 1'b0; y = 1'b0; z = 1'b1;
     #10
```

```
            x = 1'b0;  y = 1'b1;  z = 1'b0;
        #10
            x = 1'b0;  y = 1'b1;  z = 1'b1;
        #10
            x = 1'b1;  y = 1'b0;  z = 1'b0;
        #10
            x = 1'b1;  y = 1'b0;  z = 1'b1;
        #10
            x = 1'b1;  y = 1'b1;  z = 1'b0;
        #10
            x = 1'b1;  y = 1'b1;  z = 1'b1;
        #10  $finish;    // terminate the simulation
    end
// monitor the outputs
initial
    $monitor($time, "(x, y, z)= %b %b %b => f = %b ",x ,y, z, f);
endmodule
```

程式 2.5-4 執行之後的輸出如下：

```
   0   (x, y, z)= 0 0 0 => f = 0
  10   (x, y, z)= 0 0 1 => f = 0
  20   (x, y, z)= 0 1 0 => f = 1
  30   (x, y, z)= 0 1 1 => f = 0
  40   (x, y, z)= 1 0 0 => f = 1
  50   (x, y, z)= 1 0 1 => f = 1
  60   (x, y, z)= 1 1 0 => f = 1
  70   (x, y, z)= 1 1 1 => f = 1
```

stopped at time: 80 ns

上述例題中，使用 1'b0 與 1'b1 分別表示 1 位元的常數 0 與 1。一般而言，欲表示一個 n 位元的常數時，可以使用下列語法：

[n]′ [base]constant_value

其中 base 為常數的數目基底，使用 b (B) 表示二進制，o (O) 表示八進制，d (D) 表示十進制，與 h (H) 表示十六進制。當 n 省略時，該常數預設為 32 位元。

📖 複習問題

2.54. 在 Verilog HDL 的模組之間，信號傳遞的對應方式有那兩種？

2.55. 試定義順序對應與名稱對應兩個名詞。

2.56. 試簡述 **initial** 指述的功能與應用。

2.57. 試簡述系統工作**$monitor** 的功能與應用。

2.58. 在測試標竿中，通常使用什麼指述設定待測模組的輸入信號？

2.6 參考資料

1. G. Boole, *An Investigation of the Laws of Thought*, New York: Dover, 1854.

2. E. V. Huntington, "Sets of independent postulates for the algebra of logic," *Trans. American Math. Soc.*, No. 5, pp. 288-309, 1904.

3. Z. Kohavi, *Switching and Finite Automata Theory*, 2nd ed., New York: McGraw-Hill, 1978.

4. G. Langhole, A. Kandel, and J. L. Mott, *Digital Logic Design*, Dubuque, Iowa: Wm. C. Brown, 1988.

5. M. B. Lin, *Digital System Designs and Practices: Using Verilog HDL and FPGAs*, John Wiley & Sons, 2008.

6. M. M. Mano, *Digital Design*, 3rd ed., Upper Saddle River, New Jersey: Prentice-Hall, 2002.

7. C. H. Roth, *Fundamentals of Logic Design*, 4th ed., St. Paul, Minn: West Publishing, 1992.

8. C. E. Shannon, "A symbolic analysis of relay and switching circuits," *Trans. AIEE*, No. 57, pp. 713-723, 1938.

2.7 習題

2.1 化簡下列各布林表示式：

(1) $x' + y' + xyz'$

(2) $(x' + xyz') + (x' + xy)(x + x'z)$

(3) $xy + y'z' + wxz'$

2.2 證明下列布林等式：

(1) $xy + x'y' + x'yz = xyz' + x'y' + yz$

(2) $xy + x'y' + xy'z = xz + x'y' + xyz'$

2.3 證明下列布林等式：

(1) $(x + y)(x + z)(x'y)' = x$

(2) 若 $xy' = 0$，則 $xy = x$

2.4 在布林代數中，證明下列敘述：

$x + y = y$ 若且唯若 $xy = x$

2.5 使用例題 2.2-2 的修飾消去律，證明定理 2.1-7 的結合律。

2.6 若 XOR 運算子定義為 $x \oplus y = xy' + x'y$，證明 $x \oplus (x + y) = x'y$。

2.7 寫出下列敘述的對偶敘述：

(1) $(x' + y')' = xy$

(2) $xy + x'y' + yz = xy + x'y' + x'z$

2.8 試求下列交換函數的真值表：

(1) $f(x, y, z) = xy + xy' + y'z$

(2) $f(w, x, y, z) = (xy + z)(w + xz)$

2.9 證明下列各等式：

(1) $(x \oplus y \oplus z)' = x \oplus y \odot z$

(2) $(x \odot y \odot z)' = x \odot y \oplus z$

2.10 試求下列各交換函數的補數函數：

(1) $f(w, x, y, z) = (xy' + w'z)(wx' + yz')$

(2) $f(w, x, y, z) = wx' + y'z'$

(3) $f(w, x, y, z) = x'z + w'xy' + wyz + w'xy$

2.11 證明下列各敘述在布林代數中均成立：

(1) $x + x'y = x + y$

(2) 若 $x + y = x + z$ 而且 $x' + y = x' + z$，則 $y = z$

(3) 若 $x + y = x + z$ 而且 $xy = xz$，則 $y = z$

2.12 下列運算子集合，是否為函數完全運算集合：

(1) $\{f, 0\}$ 而 $f(x, y) = x + y'$

(2) $\{f, 1\}$ 而 $f(x, y, z) = x'y' + x'z' + y'z'$

2.13 證明下列兩個運算子集合為函數完全運算集合：

(1) $\{XOR, OR, 1\}$ (2) $\{XNOR, OR, 0\}$

2.14 證明下列兩個運算子集合為函數完全運算集合：

(1) $\{f, 0, 1\}$ 而 $f(x, y, z) = xy + z'$

(2) $\{f, 0\}$ 而 $f(w, x, y, z) = (wx + yz')'$

2.15 證明下列兩個運算子集合為函數完全運算集合：

(1) $\{f, 0\}$ 而 $f(x, y, z) = \Sigma(0, 2, 4)$

(2) $\{f, 0\}$ 而 $f(w, x, y, z) = \Sigma(0, 1, 2, 4, 5, 6, 8, 9, 10)$

2.16 試使用下列各交換函數，驗證 Shannon 展開定理的正確性(假設每一個交換函數對 x 變數展開)：

(1) $f(x, y, z) = xy + xz + yz$

(2) $f(x, y, z) = xz + xy' + y'z$

(3) $f(w, x, y, z) = xy + x'(y'z + yz')$

(4) $f(w, x, y, z) = xyz + (w + x)(z + y')$

2.17 試求下列各交換表式的 SOP 形式：

(1) $(x + y)(x + z')(x + w)(yz'w + x)$

(2) $(w + x' + y)(x' + y + z)(w' + y)$

(3) $(w + x'y + z')(y'z + z' + v)(w + v')(wz + v')$

(4) $(w' + xv')(xv' + z + y)(v + y)$

2.18 試求下列各交換表式的 POS 形式：

(1) $wx + y'z'$ (2) $wx' + wy'z' + wyz$

(3) $w'yz + uv' + xyz$ (4) $wx'z + y'z' + w'z'$

2.19 試求下列各交換表式的 SOP 形式：

(1) $(x' + y)(x' + z)(w + y)(w + z)$

(2) $(x + y' + z)(w + x + z)(y' + z)$

2.20　試求下列各交換表式的 POS 形式：

(1) $wx'y + z$　　　　　　　　　　　　(2) $w + x'y + vz$

(3) $xy'z + vw'x + tvx$

2.21　試求下列各交換函數的標準 SOP 型式與標準 POS 型式：

(1) $f(w, x, y, z) = z(w' + x) + xz'$

(2) $f(w, x, y, z) = w'x'z + y'z + wxz' + wx'y$

(3) $f(x, y, z) = (y + xz)(x + yz)$

(4) $f(x, y, z) = x + y'z$

2.22　轉換下列各標準 SOP 型式為標準 POS 型式：

(1) $f(w, x, y, z) = \Sigma(1, 2, 4, 6, 11)$

(2) $f(w, x, y, z) = \Sigma(1, 3, 7)$

(3) $f(w, x, y, z) = \Sigma(0, 2, 6, 11, 13, 14)$

(4) $f(w, x, y, z) = \Sigma(0, 3, 6, 7)$

2.23　轉換下列各標準 POS 型式為標準 SOP 型式：

(1) $f(x, y, z) = \Pi(1, 4, 5)$

(2) $f(w, x, y, z) = \Pi(0, 3, 5, 7)$

(3) $f(w, x, y, z) = \Pi(1, 2, 5, 7, 11, 13)$

(4) $f(w, x, y, z) = \Pi(1, 3, 6, 9, 14, 15)$

2.24　利用 f^d 求下列各交換函數的補數函數：

(1) $f(x, y, z) = (xy + z)(y + xz)$

(2) $f(w, x, y, z) = y'z + wxy' + wxz' + x'z$

(3) $f(w, x, y, z) = (w' + x)z + x'z$

(4) $f(w, x, y, z) = (x' + z)(y' + z)$

2.25　證明 XOR 函數的對偶函數等於其補數函數。

2.26　試以基本的 AND、OR、NOT 等邏輯閘執行下列各交換函數：

(1) $f(v, w, x, y, z) = (w + x + z)(v + x + y)(v + z)$

(2) $f(x, y, z) = xz + xy' + y'z$

(3) $f(w, x, y, z) = xy + y(wz' + wz)$

(4) $f(w, x, y, z) = xyz + (x + y)(x + y')$

2.27 試分別以下列各指定的方式，執行下列交換函數：

$$f(x, y, z) = xy' + xy + y'z$$

(1) 使用 AND、OR、NOT 等邏輯閘

(2) 只使用 OR 與 NOT 等邏輯閘

(3) 只使用 AND 與 NOT 等邏輯閘。

2.28 試只使用 XOR 閘執行下列交換函數：

$$f(x, y, z) = xyz' + x'y'z' + xy'z + x'yz$$

2.29 試只使用 NAND 閘執行下列交換函數：

(1) $f(x, y, z) = (x + z)(y' + z)$

(2) $f(w, x, y, z) = xy' + wx + wyz$

2.30 試只使用 NOR 閘執行下列交換函數：

(1) $f(x, y, z) = (x' + z)(y + z)$

(2) $f(w, x, y, z) = (wx + w'y')(xz' + x'z)$

2.31 寫出圖 P2.1 的邏輯電路中的 $f(w, x, y, z)$ 交換表式，並且做化簡。

圖 P2.1

2.32 求出圖 P2.2 的邏輯電路中的交換函數 f 與 g 並且做化簡。

(a)

圖 P2.2

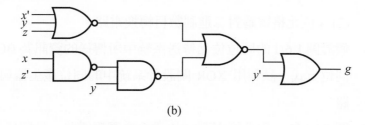

(b)

圖 P2.2 (續)

2.33 對於圖 P2.3 中的每一個邏輯電路，先求出輸出函數後，設計一個具有
相同的輸出函數的較簡單之電路。

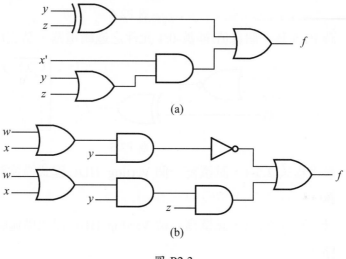

(a)

(b)

圖 P2.3

2.34 試以下列各指定的方式，執行下列交換函數：

$$f(x, y, z) = x'y + x'z + xy'z'$$

(1) 使用 AND、OR、NOT 閘執行，但是每一個 AND 閘與 OR 閘均只有
兩個輸入端

(2) 只使用兩個輸入的 NOR 閘執行

(3) 只使用兩個輸入的 NAND 閘執行。

2.35 利用 XOR 閘設計下列邏輯電路：

(1) 4 位元二進制數目對格雷碼轉換電路；

(2) 4 位元格雷碼對二進制數目轉換電路。

2.36 假設圖 1.6-1 的同位位元傳送系統中所傳送的資訊為 BCD 碼並且使用奇同位方式，試利用 XOR 閘設計系統中的同位產生器與同位偵測器等電路。

2.37 圖 P2.4 為一個真值/補數-0/1 元件之邏輯電路，請完成其真值表。

C_1	C_0	f
0	0	
0	1	
1	0	
1	1	

圖 P2.4

2.38 圖 P2.5 為一個真值/補數-0/1 元件之邏輯電路，請完成其真值表。

C_1	C_0	f
0	0	
0	1	
1	0	
1	1	

圖 P2.5

2.39 參考程式 2.5-1，試撰寫一個 Verilog HDL 程式描述圖 2.4-2(a)的邏輯電路。

2.40 參考程式 2.5-1，試撰寫一個 Verilog HDL 程式描述圖 2.4-2(b)的邏輯電路。

2.41 參考程式 2.5-1，試撰寫一個 Verilog HDL 程式描述圖 2.4-3(b)的邏輯電路。

2.42 參考程式 2.5-4，試撰寫習題 **2.39** 的測試標竿程式。

2.43 參考程式 2.5-4，試撰寫習題 **2.40** 的測試標竿程式。

2.44 參考程式 2.5-4，試撰寫習題 **2.41** 的測試標竿程式。

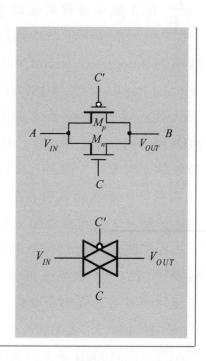

數位積體電路*

3

---

* 本章可以省略。

在 建立數位邏輯的理論基礎與定義執行交換代數的基本邏輯閘函數之後，本章中將介紹執行這些基本邏輯閘的實際電路。以目前的數位積體電路(integrated circuit，IC)的製造技術區分，可以分成雙極性電晶體 (bipolar transistor)與 MOSFET (metal-oxide semiconductor field-effect transistor) 兩大類。其中雙極性電晶體的電路又有飽和型與非飽和型兩大類別；MOSFET 包含 n 型與 p 型，兩種類型組合後成為 CMOS (complementary MOS) 的數位邏輯電路。然而，無論是雙極性電晶體或是 CMOS 的數位邏輯電路，均又有許多不同的邏輯系列(logic series)。這裡所謂的邏輯系列為一群具有相同的輸入、輸出與內部電路特性，但是執行不同邏輯函數的積體電路。

目前較常用的飽和型邏輯族稱為電晶體-電晶體邏輯(transistor-transistor logic，TTL)，一共有五個系列：74S、74LS、74F、74AS、74ALS；非飽和型邏輯族稱為射極耦合邏輯(emitter-coupled logic，ECL)，一共有兩個系列：10 K 與 100 K；CMOS 邏輯族中，則以 CMOS 的 74HC/74HCT、74AC/74ACT、CD4000B 等系列最為常用。這些邏輯族的基本電路結構與輸入及輸出特性將於其後各節中介紹。

3.1 邏輯閘相關參數

在任何一個邏輯族中，反相器(inverter)電路(即 NOT 閘)是一個最基本的邏輯閘。因此，這一節將以此為出發點，定義一些數位邏輯電路的基本參數並討論一些重要的基本觀念。

3.1.1 電壓轉換特性

最簡單的反相器電路如圖 3.1-l(a)所示。當輸入電壓為高電位(邏輯 1) 時，輸出為低電位(邏輯 0)；當輸入電壓為低電位(邏輯 0)時，輸出為高電位 (邏輯 1)。因此在電路上，該電路為一個反相器，在邏輯上則為一個 NOT 閘。圖 3.1-l(b)為該電路的輸入與輸出電壓轉換特性曲線圖。

為了允許在一個邏輯族中的任何邏輯閘電路與其它相同或是不同的邏輯

族中的邏輯閘電路界接使用，任何邏輯族中的每一個邏輯閘電路均有一些定義明確的輸入與輸出的電壓及電流特性參數值。圖 3.1-1(b)所示為一個典型的反相器電壓轉換特性曲線，其中定義了四個與輸入及輸出端相關的電壓參數：

V_{IH} (high-level input voltage)：可被邏輯閘認定為高電位的最小輸入電壓；

V_{IL} (low-level input voltage)：可被邏輯閘認定為低電位的最大輸入電壓；

V_{OH} (high-level output voltage)：邏輯閘輸出為高電位時，輸出端的最小輸出電壓；

圖3.1-1　基本反相器

V_{OL} (low-level output voltage)：邏輯閘輸出為低電位時，輸出端的最大輸出
電壓，

其中 V_{IH} 與 V_{IL} 為輸入端的電壓參數；V_{OH} 與 V_{OL} 則為輸出端的電壓參數。

通常一個 NOT 閘電路必須確保在最壞的情況下，當輸入電壓 V_{IN} 小於或是等於 V_{IL} 時，其輸出為高電位而且電壓值必須大於或是等於 V_{OH}；當輸入電壓 V_{IN} 大於或是等 V_{IH} 時，其輸出為低電位而且電壓值必須小於或是等於 V_{OL}。即保證該邏輯閘不會工作在電壓轉換特性曲線的陰影(禁止)區內，如圖 3.1-1(b)所示。

除了四個電壓參數之外，輸入及輸出端的四個電流參數為：

I_{IL} (low-level input current)：當輸入端為低電位(即 $V_{IN} \leq V_{IL}$)時，該輸入端流出的最大電流值；

I_{IH} (high-level input current)：當輸入端為高電位(即 $V_{IN} \geq V_{IH}$)時，流入該輸入端的最大電流值；

I_{OL} (low-level output current)：當輸出端為低電位(即 $V_{OUT} \leq V_{OL}$)時，該輸出端可以吸取的最大電流值；

I_{OH} (high-level output current)：當輸出端為高電位(即 $V_{OUT} \geq V_{OH}$)時，該輸出端可以提供的最大電流值。

在上述定義中，所有電流均假設為流入一個邏輯閘，因此，當某一個電流實際上是流出該邏輯閘時，則以負值表示，例如 I_{OH} 與 I_{IL}。

在廠商的資料手冊上所定義的 V_{IL}、V_{IH}、V_{OL}、V_{OH} 等電壓值是指對應的輸入與輸出電流值不超過 I_{IL}、I_{IH}、I_{OL}、I_{OH} 等值時的值。例如在圖 3.1-l(a)的反相器中，當輸出端為高電位時，其輸出電流 I_{OUT} 小於或是等於 I_{OH} 時，輸出電壓 V_{OUT} 大於 V_{OH}，但是當 I_{OUT} 大於 I_{OH} 時，由於跨於 R_{OUT} (輸出電阻)上的壓降增加，V_{OUT} 將小於 V_{OH}。一般而言，任何一個邏輯閘當考慮輸出電壓與輸出電流的關係時，可以將該邏輯閘表示成圖 3.1-2(a)的等效電路，因此其輸出電流 I_{OUT} 與輸出電壓 V_{OUT} 的關係將如圖 3.1-2(b)所

示。

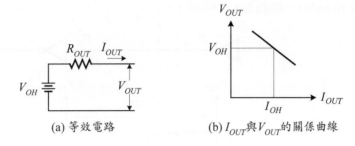

(a) 等效電路　　　　　　　(b) I_{OUT}與V_{OUT}的關係曲線

圖3.1-2　I_{OUT}與V_{OUT}關係

　　由於電晶體的頻寬是有限的與電路中不可避免的雜散電容與電阻之影響，輸入信號與輸出信號之間有一段時間延遲。當輸出信號由高電位下降為低電位的傳播延遲稱為t_{pHL}，而由低電位上升為高電位時則稱為t_{pLH}，如圖3.1-l(d)所示。注意t_{pHL}與t_{pLH}是以輸入信號與輸出信號的電壓轉態值的 50%為參考點所定義的。將t_{pHL}與t_{pLH}取算術平均值後，則定義為該邏輯閘的傳播延遲(propagation delay)t_{pd}，即

$$t_{pd} = \frac{1}{2}(t_{pHL} + t_{pLH})$$

📖 複習問題

3.1.　在一個邏輯閘的四個電壓參數中，那兩個屬於輸入端的電壓參數？

3.2.　在一個邏輯閘的四個電壓參數中，那兩個屬於輸出端的電壓參數？

3.3.　試定義傳播延遲t_{pLH}與t_{pHL}。

3.4.　試定義一個邏輯閘的傳播延遲。

3.1.2　雜音邊界

　　在實際的數位系統中，雜音(即不想要的信號)總是不可避免的。它可能是由電路內部自己產生的，也可能是由電路外部所產生的(例如電源線)，或其它高頻電路的輻射等等。若一個雜音脈波的振幅足夠大時，它可能促使邏輯閘電路發生轉態，因而產生不正常的邏輯值輸出。一般為方便描述一個邏

輯閘在低電位與高電位狀態時，所能忍受的雜音量，定義了兩個雜音邊界 (noise margin)，如圖 3.1-3 所示。

圖3.1-3　雜音邊界定義

低電位雜音邊界(low-voltage noise margin，NM_L)定義為：

$$NM_L = V_{IL} - V_{OL}$$

而高電位雜音邊界(high-voltage noise margin，NM_H)定義為：

$$NM_H = V_{OH} - V_{IH}$$

為能獲得有用的雜音邊界，上述的 NM_L 與 NM_H 都必須大於或是等於 0，即 $V_{IL} \geq V_{OL}$ 而 $V_{OH} \geq V_{IH}$。

　　低電位雜音邊界(NM_L)定義了最大的正雜音脈波量。因為當有一個超過此量的正雜音脈波加到 V_{OUT} 後，將使下一級的輸入電壓 V_{IN} 大於 V_{IL}，而產生觸發(若大於 V_{IH})或是進入不確定區(若小於 V_{IH})，如圖 3.1-3 所示。高電位雜音邊界(NM_H)定義了最大的負雜音脈波量。因為當有一個超過此量的負雜音脈波加到 V_{OUT} 後，將使下一級的輸入電壓 V_{IN} 小於 V_{IH}，而產生觸發(若小於 V_{IL})或是進入不確定區(若大於 V_{IL})，如圖 3.1-3 所示。

例題 3.1-1　(雜音邊界)

　　試計算在下列各邏輯族中，當兩個相同的反相器(NOT 閘)串接時，雜音邊

界 NM_L 與 NM_H 之值。

(a) 在 TTL 邏輯族(74LS 系列)中，V_{IL} = 0.8 V；V_{IH} = 2.0 V；V_{OL} = 0.5 V；V_{OH} = 2.7 V

(b) 在 CMOS 邏輯族(74HCT 系列)中，V_{IL} = 0.8 V；V_{IH} = 2.0 V；V_{OL} = 0.1 V；V_{OH} = 4.4 V

解：(a) 在 TTL 邏輯族中：

$$NM_L = V_{IL} - V_{OL} = 0.8 - 0.5 = 0.3 \text{ V}$$

$$NM_H = V_{OH} - V_{IH} = 2.7 - 2.0 = 0.7 \text{ V}$$

(b) 在 CMOS 邏輯族中：

$$NM_L = V_{IL} - V_{OL} = 0.8 - 0.1 = 0.7 \text{ V}$$

$$NM_H = V_{OH} - V_{IH} = 4.4 - 2.0 = 2.4 \text{ V}$$

因此 CMOS 74HCT 系列的雜音邊界較 TTL 74LS 系列為佳。

📖 **複習問題**

3.5. 試定義雜音邊界：NM_L 與 NM_H。

3.6. 試解釋雜音邊界：NM_L 與 NM_H 的物理意義。

3.1.3 扇入與扇出

　　在使用任何一個實際的邏輯閘電路時，有兩個基本的參數必須考慮：扇入(fanin)與扇出(fanout)。扇入為一個邏輯閘電路具有的輸入端數目，此值為固定值，它由該邏輯閘的電路結構決定；扇出則為一個邏輯閘的輸出端在最壞的操作情形之下仍未超出其負載規格時，所能推動(即外接)的其它邏輯閘輸入端的個數。扇出的多寡通常由 V_{IL}、I_{IL}、V_{IH}、I_{IH}、V_{OL}、I_{OL}、V_{OH}、I_{OH} 等八個參數所能容忍的量決定。

　　一般為方便討論，定義 N_L 為低電位輸出的扇出數目；N_H 為高電位輸出的扇出數目。低電位輸出的扇出數目(N_L)由推動邏輯閘的輸出端在低電位時，能夠吸取的最大電流值(I_{OL})，與負載邏輯閘的輸入端在低電位時，流出該輸入端的最大電流值(I_{IL})決定。所有負載邏輯閘的I_{IL}總合不能超過推動邏輯閘的I_{OL}。低電位輸出的扇出數目(N_L)可以表示為：

$$N_L = -\frac{I_{OL}}{I_{IL}}$$

高電位輸出的扇出數目(N_H)由推動邏輯閘的輸出端在高電位時，能夠提供的最大電流值(I_{OH})，與負載邏輯閘的輸入端在高電位時，流入該輸入端的最大電流值(I_{IH})決定。所有負載邏輯閘的I_{IH}總合不能超過推動邏輯閘的I_{OH}。高電位輸出的扇出數目(N_H)可以表示為：

$$N_H = -\frac{I_{OH}}{I_{IH}}$$

當N_L與N_H不相等時，以較小者為電路實際的扇出數，如圖 3.1-4 所示。

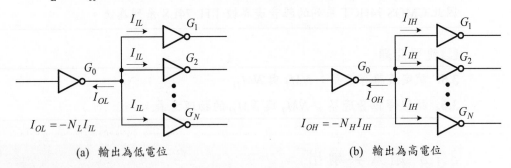

(a) 輸出為低電位　　　　　　　(b) 輸出為高電位

圖3.1-4　扇出定義

例題 3.1-2　(相同系列的扇出)

試計算在 TTL 邏輯族中，74LS 系列對 74LS 系列的扇出數。其電流特性值分別為：I_{OL} = 8 mA；I_{OH} = -0.4 mA；I_{IL} = -0.4 mA；I_{IH} = 20 μA。

解： 依據定義

$$N_L = -\frac{I_{OL}}{I_{IL}} = -\frac{8 \text{ mA}}{-0.4 \text{ mA}} = 20$$

$$N_H = -\frac{I_{OH}}{I_{IH}} = -\frac{-0.4 \text{ mA}}{20 \text{ }\mu A} = 20$$

由於N_L與N_H相等，均為 20，所以扇出數目為 20。

例題 3.1-3　(不同系列的扇出計算)

試求在 TTL 邏輯族中，一個 74LS 系列的邏輯閘可以推動幾個 74F 系列的邏輯閘。74LS 與 74F 兩個系列的電流特性如下：

74LS 系列：I_{OL} = 8 mA；I_{OH} = -0.4 mA；I_{IL} = -0.4 mA；I_{IH} = 20 μA

74F 系列：I_{OL} = 20 mA；I_{OH} = -1 mA；I_{IL} = -0.6 mA；I_{IH} = 20 μA

解：請參考圖 3.1-4：

$$N_L = -\frac{I_{OL}}{I_{IL}} = -\frac{8 \text{ mA}}{-0.6 \text{ mA}} = 13.3$$

$$N_H = -\frac{I_{OH}}{I_{IH}} = -\frac{-0.4 \text{ mA}}{20 \text{ μA}} = 20$$

所以扇出數為 $\min(N_L, N_H)$ = 13 個(取整數)。

📖 複習問題

3.7. 試定義扇入與扇出。

3.8. 一個邏輯閘的實際扇出數目如何決定？

3.2 TTL 邏輯族

雖然 TTL(電晶體-電晶體邏輯)邏輯族已經逐漸失去風采，然而由於過去幾十年在數位電路中的歷史地位，TTL 邏輯族的邏輯特性依然是大多數數位電路所遵循或是必須考慮匹配的要件之一。因此，在本節中我們首先介紹 TTL 邏輯族的電路結構與相關的重要特性。

目前在 TTL 邏輯族中，依然廣為採用的有下列幾種系列：以一般用途的低功率蕭特基箝位電路(54/74LS 與 54/74ALS)與高速需求的蕭特基電路(54/74S、54/74AS、74F)等較為普遍。在所有 TTL 邏輯族中，以 54 開頭的系列為軍用規格的產品，其工作溫度範圍較廣，由-55°C 到+125°C；以 74 開頭的系列為商用規格的產品，其工作溫度範圍只由 0°C 到 70°C。此外，其它電氣特性，大致相同。

3.2.1 二極體與電晶體

在早期的雙極性邏輯電路(bipolar logic circuit)中,只使用二極體與電阻器組成,稱為二極體邏輯電路(diode logic circuit)。但是由於此種邏輯電路串接之後,其邏輯值將偏移未串接前的標準值,因此在目前的雙極性邏輯電路中通常在二極體邏輯電路之後,使用電晶體電路放大與恢復信號的邏輯值。這種邏輯電路即為電晶體-電晶體邏輯(TTL)電路。在介紹 TTL 邏輯閘電路之前,先介紹二極體的特性與二極體邏輯電路。

二極體與二極體邏輯電路

一個二極體的物理結構主要由 *p*-型與 *n*-型的半導體材質熔接成一個 *pn* 接面而成,如圖 3.2-1(a)所示。其中在 *p*-型半導體的外部端點稱為陽極(anode,*A*),在 *n*-型半導體的外部端點稱為陰極(cathode,*K*)。

在理想的情況下,只要在二極體的兩端:陽極(*A*)端為正而陰極(*K*)端為負,加上一個大於 0 V 的電壓,則二極體的陽極(*A*)與陰極(*K*)之間將導通而成為一個電阻值為 0 Ω的短路路徑,因此產生一個無限大的電流值,即產生如圖 3.2-1(b)所示的電壓電流轉換特性。令二極體導通而在陽極(*A*)與陰極(*K*)之間產生低電阻值路徑的外加電壓稱為二極體的切入電壓(cut-in voltage,V_λ)。在理想二極體中,切入電壓的值為 0 V。

(a) 符號　　　(b) 理想二極體轉換特性　　　(c) 實際二極體的轉換特性

圖3.2-1　二極體的符號與轉換特性

實際上的二極體元件,其電壓電流轉換特性如圖 3.2-1(c)所示,與圖 3.2-1(b)的理想二極體的電壓電流轉換特性比較之下,有兩項主要的差異:

一為實際二極體元件的切入電壓(V_λ)值不為 0 V；另一則是當二極體導通時，其陽極(A)與陰極(K)之間的電阻值不為 0 Ω。在實際的二極體元件中，切入電壓(V_λ)值一般約為 0.6 V。

實際二極體元件的電路模式如圖 3.2-2 所示。當在二極體的兩端加上電壓，若陽極(A)端為負而陰極(K)端為正時，稱為反向偏壓(reverse bias)；若陽極(A)端為正而陰極(K)端為負時，稱為順向偏壓(forward bias)。在反向偏壓或是電壓值小於切入電壓值(0.6 V)的順向偏壓下，二極體的陽極(A)與陰極(K)兩端呈現一個高電阻值的路徑，此時在電路的應用上形同開路，因此使用如圖 3.2-2(a)所示的開路開關表示。在順向偏壓下，當電壓值大於切入電壓值(0.6 V)時，二極體的陽極(A)與陰極(K)兩端為一個低電阻值的路徑，此時在電路的應用上形同短路，因此使用如圖 3.2-2(b)所示的閉合開關表示。

(a) $V_{AK} < 0.6$ V   (b) 順向偏壓   (c) 順向偏壓的轉換特性

圖3.2-2　實際二極體的電路模式

由於二極體導通時，其陽極(A)與陰極(K)兩端的電阻值並不為 0 Ω，實際上的大小為電壓電流轉換特性曲線在順向偏壓時的斜率之倒數，如圖 3.2-2(c)所示，因此在圖 3.2-2(b)中使用一個電阻值為 R_f 的電阻器表示此電阻。R_f 的值一般在 20 Ω到 50 Ω之間。因為流經電阻器 R_f 的電流將在該元件上產生一個電壓降，因此在其後各節中，我們將使用下列數值：二極體的切入電壓為 0.6 V；導通電壓為 0.7 V；深度導通電壓為 0.8 V。

在實際應用上，當使用二極體元件時，通常必須使用一個適當電阻值的外加電阻器，限制流經該二極體的電流在其所能承受的電流值極限內，以避免該二極體因為過熱而燒燬。

二極體在數位電路中的一個典型應用為如圖 3.2-3 所示，與一個電阻器連接成一個 AND 邏輯閘電路。在此電路中，若假設 V_{LOW} 為 0 V 到 2 V 而 V_{HIGH} 為 3 V 到 5 V，則當輸入端 x 與 y 均為 V_{HIGH} 時，輸出端 V_{OUT} 為 max$\{V_{HIGH} + 0.7$ V，5 V$\}$；當輸入端 x 或是 y 為 V_{LOW} 時，輸出端 V_{OUT} 為 min$\{V_{LOW} + 0.7$ V，5 V$\}$，即為 V_{LOW}，因此為一個 AND 閘。

| 輸入 | | 輸出 |
x	y	V_{OUT}
V_{LOW}	V_{LOW}	V_{LOW}
V_{LOW}	V_{HIGH}	V_{LOW}
V_{HIGH}	V_{LOW}	V_{LOW}
V_{HIGH}	V_{HIGH}	V_{HIGH}

(a) 電路　　　　　　(b) 真值表

圖3.2-3　二極體 AND 閘電路

使用二極體與電阻器構成的簡單邏輯閘電路的一個主要缺點為二極體的順向電壓降(一般約為 0.7 V)，它為切入電壓加上順向電阻(R_f)上的電壓降，如圖 3.2-2(b)所示。此電壓值將令邏輯值產生偏移，尤其將此等邏輯閘串接時更是如此。例如在圖 3.2-3(a)的電路中，雖然定義 V_{LOW} 為 0 V 到 2 V，但是若將一個 1.8 V 的輸入電壓加到輸入端 x 時，其輸出電壓 V_{OUT} 為 1.8 + 0.7 = 2.5 V，為一個不屬於 V_{LOW} 或是 V_{HIGH} 的電壓值。

一種解決上述問題的方法為在輸出端加上電晶體緩衝器，以嚴格限制輸出端 V_{OUT} 的電壓落於正確的 V_{LOW} 或是 V_{HIGH} 的電壓值範圍內，這種電路即是其後廣受歡迎的飽和型邏輯電路：電晶體-電晶體邏輯電路。

電晶體

電晶體為一個具有三個端點的元件，其基本物理結構如圖 3.2-4 所示，為兩個二極體以背對背方式串接在一起。圖 3.2-4(a)為 *npn* 電晶體；而圖 3.2-4(b)為 *pnp* 電晶體。電晶體的三個端點分別稱為集極(collector，C)、射極

(emitter，*E*)與基極(base，*B*)。由於在其後的電路中均使用操作速度較快的 *npn* 電晶體，因此其後的討論將以此種電晶體為主。

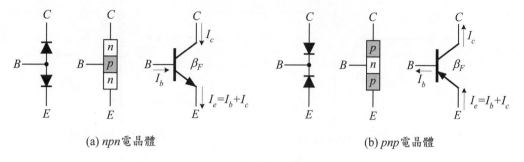

(a) *npn*電晶體　　　　　　　　　　　　　(b) *pnp*電晶體

圖3.2-4　電晶體的結構與符號

　　依據電晶體中的兩個二極體的接面電壓為順向偏壓或是反向偏壓的組合關係，電晶體的基本工作模式可以分成三種：截止模式(cut-off mode)、活動模式(active mode)與飽和模式(saturation mode)。在截止模式中，電晶體的基-集接面電壓(V_{BC})與基-射極接面電壓(V_{BE})均為反向偏壓；在活動模式中，電晶體的基-集接面電壓(V_{BC})為反向偏壓而基-射極接面電壓(V_{BE})為順向偏壓；在飽和模式中，電晶體的基-集接面電壓(V_{BC})與基-射極接面電壓(V_{BE})均為順向偏壓。

　　在截止模式中，由於電晶體的基-集接面電壓(V_{BC})與基-射極接面電壓(V_{BE})均為反向偏壓，因此基極與射極端的二極體及基極與集極端的二極體均截止，所以基極電流(I_b)、集極電流(I_c)與射極電流(I_e)均為 0 mA，如圖3.2-5(a)所示。

　　在活動模式中，由於電晶體的基-射極接面電壓(V_{BE})為順向偏壓，而基-集極接面電壓(V_{BC})為反向偏壓，因此在基-射極的二極體內有一個大電流流動，此電流流經基-射極接面時，一大部分被集極與射極端的高電場吸引而流到集極端成為集極電流(I_c)，一小部分流經基極端成為基極電流(I_b)。一般而言，集極電流等於基極電流(I_b)乘上一個倍數稱為電流增益(current gain，β)，即 $I_c = \beta I_b$；射極電流(I_e)等於基極電流(I_b)與集極電流(I_c)的和，即 $I_e = I_b + I_c = (\beta+1)I_b$。

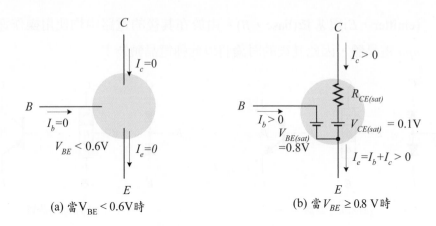

(a) 當 $V_{BE} < 0.6V$ 時   (b) 當 $V_{BE} \geq 0.8$ V 時

圖3.2-5　電晶體的開關模式

　　在飽和模式中，由於電晶體的基-射極接面電壓(V_{BE})與基-集極接面電壓(V_{BC})均為順向偏壓，因此在基-射極的二極體與基-集極的二極體內均有一個大電流流動，此電流促使集極與射極兩個端點間形成一個類似短路的低電阻值路徑，如圖 3.2-5(b)所示。在飽和模式時，V_{BE} 的值稱為基-射極的飽和電壓($V_{BE(sat)}$)，而 V_{CE} 的值稱為集-射極的飽和電壓($V_{CE(sat)}$)。此時電晶體的集極與射極端的電壓值最小，約為 0.1 V 到 0.3 V 之間，由流經該電晶體的集極電流與集極與射極端的飽和電阻($R_{CE(sat)}$)的值與集極與射極端的飽和電壓($V_{CE(sat)}$)值決定，詳細的電路模式如圖 3.2-5(b)所示。

　　在數位電路的應用上，電晶體通常工作於截止模式與飽和模式，然而當電晶體由截止模式欲進入飽和模式時，必須經過活動模式，反之亦然。

　　綜合上述討論得知：當使用電晶體為開關元件時，當 V_{BE} 小於基極與射極端的二極體之切入電壓時，該開關元件不導通；當 V_{BE} 等於飽和電壓($V_{BE(sat)}$)時，該開關元件的兩端(即集極與射極端)呈現一個約為 0.1 V 到 0.3 V 之間的電壓值。

　　由於電晶體在進入飽和之後，若欲其離開飽和模式回到不導通的狀態，必須花費相當長的時間，移除在飽和狀態時儲存於基極與射極端的二極體接合面內的大量電荷，因此在改良型的電晶體-電晶體邏輯電路中，使用如圖

3.2-6(b)所示的方式，防止電晶體進入飽和模式。其原理說明如下。

(a) 未加入簫特基二極體時　　(b) 加入簫特基二極體後　　(c) 簫特基電晶體的符號

圖3.2-6　簫特基電晶體

　　當電晶體的基-射極電壓由切入電壓逐漸增加到為飽和電壓$V_{BE(sat)}$時，其集-射極端的電壓由於基-集極端的順向偏壓逐漸增加而下降，因而促使基-集極端的順向偏壓更加增加，最後超過切入電壓而令基-集極端的二極體導通，電晶體因而進入飽和模式。

　　由上述理由可以得知：若希望電晶體在當基-射極電壓增加時，其基-集極端電壓(V_{BC})不會隨之增加而超過切入電壓的方法，可以如圖 3.2-6(b)所示方式在基-集極端並接一個切入電壓小於一般 pn-接面的二極體，稱為簫特基二極體(Schottky diode)。由於簫特基二極體的切入電壓約為 0.3 V 到 0.5 V，小於一般 pn-接面二極體的 0.6 V，當基-射極電壓增加時，其基-集極端電壓(V_{BC})不會隨之增加而被箝位在簫特基二極體的切入電壓 0.3 V 到 0.5 V 上，因此該基-集極端的二極體不會進入導通狀態，而保持電晶體工作在活動模式。圖 3.2-6(c)為圖 3.2-6(b)的電路符號。

📖 複習問題

3.9.　試定義二極體的切入電壓。

3.10.　圖 3.2-3 所示的二極體 AND 閘電路有何重大缺點？

3.11.　電晶體的基本工作模式可以分為那三種？

3.12.　何謂簫特基電晶體？

3.13.　與一般的電晶體比較之下，簫特基電晶體有何重要特性？

3.2.2 標準 TTL NOT 閘

標準的 TTL NOT 閘電路與電壓轉換特性曲線如圖 3.2-7(a)所示。它與其它的基本 TTL 邏輯閘電路一樣可以分成三級：輸入級、分相器(phase splitter)與輸出級。圖中輸入端的二極體為箝位二極體，在正常工作時對電路並無影響，其主要作用為防止負雜音脈波(箝位在-0.7 V)。電晶體 Q_1 為輸入級，提供必要的邏輯函數；電晶體 Q_2 稱為分相器，因其分別由射極與集極提供兩個相位相反的信號輸出予輸出級；電晶體 Q_3 與 Q_4 組成圖騰柱輸出級電路(totem-pole output stage)，以提供低阻抗的輸出推動器電路。

(a) 電路   (b) 電壓轉換特性

圖3.2-7　標準 TTL NOT 閘(74 系列)

電路的工作原理如下：當輸入端 x 為低電位(即 $V_{IN} = 0.1$ V)時，電晶體 Q_1 工作在飽和模式，因為此時電晶體 Q_1 的集極電流只為反向(或是稱為漏電流)電流，其值相當小，$\beta_F I_{B1} \gg I_{C1}$，因此電晶體 Q_1 在飽和狀態。電晶體 Q_2 的基極電壓 $V_{B2} = V_{CE1(sat)} + V_{IN} = 0.1 + 0.1 = 0.2$ V < 1.4 V，因而電晶體 Q_2 與 Q_3 均截止。所以當輸入端 x 為低電位時，輸出端 f 為高電位。輸出端 f 的

電壓 V_{OUT} 為：$V_{OUT} = V_{CC} - 2V_{BE(on)} = 3.6 \text{ V} = V_{OH}$。

當輸入端 x 的電位增加時，電晶體 Q_1 的集級電壓亦隨之增加，即當 $V_{C1} = V_{B2} = 0.7$ V 時，電晶體 Q_2 開始導通，產生特性曲線上的第一個轉折點(BP1)，如圖 3.2-7(b)所示。

當輸入端 x 的電位繼續增加時，電晶體 Q_3 開始導通，而發生第二個轉折點(BP2)。此時電晶體 Q_2 依然工作於活動模式，因此輸出電壓為 $V_{OUT} = V_{C2} - 2V_{BE(on)} = 3.9 - 1.4 = 2.5$ V，因為 $I_{C2} = 0.7$ mA，$V_{C2} = 5 - 0.7 \times 1.6 = 3.9$ V。由於此時電晶體 Q_2 與 Q_3 均導通，而電晶體 Q_1 工作在飽和模式，所以輸入端電壓 V_{IN} 為：$V_{IN} = V_{C1} - V_{CE1(sat)} = 2V_{BE(on)} - V_{CE1(sat)} = 1.4 - 0.1 = 1.3$ V，如圖 3.2-7(b)所示。

當輸入端 x 的電位繼續增加時，電晶體 Q_3 進入飽和模式，而發生第三個轉折點(BP3)。此時 $V_{OUT} = V_{CE3(sat)} = 0.1$ V；由於電晶體 Q_2 也進入飽和模式，所以 $V_{C1} = V_{BE2(sat)} + V_{BE3(sat)} = 1.6$ V，$V_{IN} = V_{C1} - V_{CE1(sat)} = 1.6 - 0.1 = 1.5$ V。這時的 V_{IN} 與 V_{OUT} 的值也即是 V_{IH} 與 V_{OL} 的值，如圖 3.2-7(b)所示。

當 1.5 V < V_{IN} < 2.3V 時，電晶體 Q_1 的基極被箝位在：$V_{BC1(on)} + V_{BE2(sat)} + V_{BE3(sat)} = 0.7 + 0.8 + 0.8 = 2.3$ V。注意電晶體 Q_1 工作在反向飽和模式(reverse saturation mode)。因為電晶體 Q_1 的基-射極與基-集極兩個接面皆為順向偏壓，但是邏輯閘的輸入電流是流向射極。在此模式下，射極與集極的角色互換。

當 $V_{IN} \geq 2.3$ V 時，電晶體 Q_1 將離開反向飽和模式而進入工作在反向活動模式(reverse active mode)，因為此時基-集極接面為順向偏壓，而基-射極接面為反向偏壓。在此模式下，射極與集極的角色互換。

📖 **複習問題**

3.14. 基本的 TTL 邏輯閘電路可以分成那三級？

3.15. 試解釋什麼是電晶體的反向飽和模式？

3.16. 試解釋什麼是電晶體的反向活動模式？

3.2.3 TTL 基本邏輯閘

雖然 TTL 邏輯族有各式各樣的邏輯閘電路，包括反相與非反相兩種類型，在本節中我們僅考慮 NAND 與 NOR 兩種通用邏輯閘電路。

標準 NAND 邏輯閘

標準 TTL 的 NAND 邏輯閘電路如圖 3.2-8 所示。基本上，NAND 閘電路和圖 3.2-7(a)的 NOT 閘相同，只是現在多了一個輸入端 y 而已。其工作原理如下：當輸入端 x 與 y 皆為高電位($\geq V_{IH}$)時，電晶體 Q_1 工作在反向活動模式，而電晶體 Q_2 與 Q_3 皆進入飽和模式，此時 $V_{OUT} = V_{CE3(sat)} = V_{OL}$ ，即為低電位。

當輸入端 x 或是 y 為低電位(即$\leq V_{IL}$)時，電晶體 Q_1 工作在(順向)飽和模式，$V_{C1} = V_{CE1(sat)} + V_{IN} < 2V_{BE(on)}$ ，所以電晶體 Q_2 與 Q_3 均截止，電晶體 Q_4 與二極體 D_1 導通，$V_{OUT} = V_{CC} - 2V_{BE(on)} = 3.6$ V，即為高電位(V_{OH})。所以為一個 NAND 邏輯閘電路。

真值表

輸入		輸出
x	y	V_{OUT}
$\leq V_{IL}$	$\leq V_{IL}$	$\geq V_{OH}$
$\leq V_{IL}$	$\geq V_{IH}$	$\geq V_{OH}$
$\geq V_{IH}$	$\leq V_{IL}$	$\geq V_{OH}$
$\geq V_{IH}$	$\geq V_{IH}$	$\leq V_{OL}$

(a) 電路　　　　　　　　　(b) 真值表

圖3.2-8　標準 TTL NAND 邏輯閘

標準 NOR 邏輯閘

標準 TTL 的 NOR 邏輯閘電路如圖 3.2-9 所示。其動作原理如下：當輸入端 x 與 y 皆為低電位(即≤ V_{IL})時，電晶體 Q_1 與 Q_5 工作在(順向)飽和模式，此時 $V_{C1} = V_{CE1(sat)} + V_{IN} < 2V_{BE(on)}$ ，而 $V_{C5} = V_{CE5(sat)} + V_{IN} < 2V_{BE(on)}$ ，因此電晶體 Q_2 、 Q_6 、 Q_3 均截止，電晶體 Q_4 與二極體 D_1 導通， $V_{OUT} = V_{CC} - 2V_{BE(on)} = 3.6$ V，即為高電位(V_{OH})。

(a) 電路　　　　　　　　(b) 真值表

圖 3.2-9　標準 TTL NOR 邏輯閘

當輸入端 x (或是 y)為高電位(即≥ V_{IH})時，電晶體 Q_1 (或是 Q_5)工作在反向活動模式，因而電晶體 Q_2 (或是 Q_6)與電晶體 Q_3 均進入飽和模式，此時 $V_{OUT} = V_{CE3(sat)} = V_{OL}$ ，即為低電位。因此，該電路為 NOR 邏輯閘。

📖 複習問題

3.17. 試解釋為何圖 3.2-8 的電路是一個 NAND 閘？

3.18. 試解釋為何圖 3.2-9 的電路是一個 NOR 閘？

3.2.4　TTL 邏輯族輸出級電路

當使用一個邏輯閘電路時，其輸出級電路的結構決定了所能提供的負載電流之能力,因而一般又稱為功率推動器。在實際的 TTL 邏輯族中,除了基本邏輯閘中的圖騰柱輸出級(totem-pole output stage)電路之外,尚有兩種不同的輸出級電路:開路集極輸出(open-collector output,簡稱 OC)與三態輸出(tristate output),以提供不同應用之需要。下列將分別說明這三種輸出級電路的主要特性與基本應用。

圖騰柱輸出級

如前所述,無論是標準型或是簫特基電晶體的邏輯閘電路,其輸出端基本上是由兩個電晶體 Q_4 與 Q_3 組成,稱為圖騰柱輸出級,如圖 3.2-7(a)所示。當電晶體 Q_4 導通時,提供負載電容器 C_L 一個大的充電電流,以迅速將輸出端電壓 V_{OUT} 充電至高電位 V_{OH};當電晶體 Q_3 導通時,提供負載電容器 C_L 一個大的放電電流,以迅速將輸出端電壓 V_{OUT} 放電至低電位 V_{OL}。

開路集極輸出級

典型的 TTL 開路集極(OC)輸出級電路如圖 3.2-10(a)所示。圖 3.2-10(a)為低功率簫特基系列(74LS09)的電路;圖 3.2-10(b)為其邏輯符號。在圖 3.2-10(a)的開路集極(OC)輸出級的電路中,輸出級只有一個電晶體 Q_3,當其導通時,可以將輸出端 f 的電壓拉到接地電位,但是當電晶體 Q_3 截止時,輸出端 f 將處於一個不確定的電壓值,因此在使用此種邏輯閘電路時,輸出端 f 必須經由一個提升電阻器(或稱為負載電阻器) R_L 接至電源(V_C)。當然,此電源(V_C)並不需要限制在 V_{CC},它通常可以高達 30 V 左右,由實際上的電路需要及輸出電晶體的額定電壓決定。

圖 3.2-10(a)的電路工作原理如下:當輸入端 x 與 y 皆為高電位(即 $\geq V_{IH}$)時,電晶體 Q_2 導通,而電晶體 Q_6 與 Q_3 皆截止,此時輸出端的電壓 $V_{OUT} = V_C$,即為高電位。當輸入端 x 與 y 中至少有一個為低電位(即 $\leq V_{IL}$)時,簫特基二極體 D_1 與 D_2 中至少有一個導通,因此電晶體 Q_2 截止,而電晶體 Q_6 與 Q_3 皆導通。此時,輸出端的電壓 $V_{OUT} = V_{CE3(on)} \approx 0.3$ V,即為低電位(V_{OL}),所以為一個 AND 邏輯閘電路。

(a) 電路　　　　　　　　　　　(b) 邏輯符號

圖3.2-10　開路集極輸出級電路(74LS09)

　　開路集極輸出級電路的邏輯閘，有兩項基本應用：其一為用來推動較高電壓的外部負載，例如：繼電器、指示燈泡，或其它類型的邏輯電路；其二為可以直接將多個開路集極輸出級電路的邏輯閘之輸出端連接而具有 AND 閘的功能，稱為線接-AND(wired-AND)閘，如圖 3.2-11(a)所示。由於開路集極輸出級電路的邏輯閘電路的功能為一個 AND 閘，因此將兩個相同的邏輯閘線接-AND 後，其輸出交換函數依然為 AND，即 $f = (wx)(yz) = wxyz$，如圖 3.2-11(b)所示。

　　在使用 OC 閘時，不管是單獨使用或是線接-AND 使用，其邏輯閘的輸出端均必須經由一個負載電阻器(R_L)連接至電源。電阻器 R_L 的最大值由輸出端需要的傳播延遲決定，其值越大傳播延遲亦越大；電阻器 R_L 的最小值則由邏輯閘的輸出端在低電位時能吸取的最大電流 $I_{OL\,max}$ 決定，例如在 74LS09 中，$I_{OL\,max}$ 為 8 mA，因此在 $V_C = 5$ V 下，負載電阻器(R_L)的值不能小於 562 Ω，因為 $(V_C - V_{OL\,max}) / I_{OL\,max} = (5 - 0.5) / 8$ mA = 562 Ω。

(a)電路

(b)邏輯符號

$$f \quad f = (wx)(yz)$$

圖3.2-11 線接 AND 閘

三態輸出級

　　三態輸出級依然使用圖騰柱輸出級的圖騰柱輸出電路但是輸出級電路中的兩個電晶體可以同時由一個精心設計的控制電路關閉。如圖 3.2-19 所示，這一種具有三態輸出級的邏輯閘稱為三態輸出邏輯閘(tristate-output logic gate)。這種邏輯閘它除了具有正常的高電位(邏輯 1)與低電位(邏輯 0)輸出外，也具有一個當兩個輸出電晶體(Q_{3D} 與 Q_{4D})皆截止時的高阻抗狀態(high-impedence state)輸出。

　　基本的三態輸出邏輯閘(74LS125)電路如圖 3.2-12 所示，其中陰影部分電路為控制電路，而其餘的電路則組成一個非反相緩衝器電路。在正常工作下，致能輸入端(E)為低電位($\leq V_{IL}$)，控制電路中的反相器的輸出端為高電位，因而電晶體 Q_{7D} 、簫特基二極體 D_{2D} 與 D_{5D} 均截止。

圖3.2-12 基本三態輸出邏輯閘(74LS125)

若資料輸入端 x 為低電位($\leq V_{IL}$)，則簫特基二極體 D_{1D} 導通，電晶體 Q_{1D} 截止，電晶體 Q_{2D} 與 Q_{6D} 經由電晶體 Q_{7D} 的基-集極接面二極體而導通，電晶體 Q_{3D} 也導通，輸出端 f 為低電位(V_{OL})。若資料輸入端 x 為高電位($\geq V_{IH}$)，則簫特基二極體 D_{1D} 截止，電晶體 Q_{1D} 導通，電晶體 Q_{2D} 與 Q_{6D} 均截止，電晶體 Q_{4D} 與 Q_{5D} 導通，輸出端 f 為高電位(V_{OH})。所以電路為一個非反相緩衝器，即 $f = x$。

當致能輸入端(E)為高電位($\geq V_{IH}$)時，控制電路中的反相器的輸出端為低電位，因而電晶體 Q_{7D}、二極體 D_{2D} 與 D_{5D} 均導通，結果促使緩衝器中的所有電晶體均截止。因此輸出端 f 為高阻抗狀態。

📖複習問題

3.19. 在實際的 TTL 邏輯族中，有那三種輸出級電路結構？

3.20. 為何兩個圖騰柱輸出級電路的邏輯閘輸出端不能直接連接使其具有 AND 功能？

3.21. 為何在使用開路集極輸出級的邏輯閘電路時，輸出端 f 必須經由一個提升
電阻器 R_L 連接至電源(V_C)？

3.22. 開路集極輸出級電路的邏輯閘，有那兩項基本應用？

3.23. 三態輸出級電路的邏輯閘，有何重要特性？

3.3 CMOS 邏輯族

CMOS 邏輯閘的主要優點是當不考慮漏電流造成的功率消耗時，它無論
在邏輯 0 或是邏輯 1 時，都不消耗靜態功率，只在轉態期間才消耗功率，因
此目前已經成為 VLSI 電路的主流技術，然而它也有商用的邏輯電路。目前
最廣泛使用的 CMOS 系列有 74HC/74HCT 與 74AC/74ACT 等。CD4000 系列
工作電源電壓範圍(3 V 至 18 V)較大，但是平均傳播延遲較長，不適合高速
度需求的系統；74HC/74HCT 與 74AC/74ACT 系列除了功能可以直接與 74LS
系列匹配外，其中 74HCT 與 74ACT 等系列的電氣特性亦可以直接與 74LS
系列相匹配。CD4000B 系列又稱為標準型的 CMOS 邏輯閘。

3.3.1 基本原理

基本上一個 CMOS 邏輯閘主要由兩種不同的 MOSFET 組成，其中一個
為 n 通道(n-channel)MOSFET，稱為 nMOS 電晶體；另外一個為 p 通道
(p-channel) MOSFET，稱為 pMOS 電晶體。在數位邏輯電路的設計上，這兩
個電晶體(nMOS 與 pMOS)均可以各自視為一個開關，而每一個邏輯電路則
由這些開關適當的串聯、並聯，或是串並聯等組合而成，因此這種邏輯電路
也稱為開關邏輯(switch logic)。

MOSFET 的物理結構與電路符號如圖 3.3-1 所示。圖 3.3-1(a)為 nMOS 電
晶體的物理結構與電路符號；圖 3.3-1(b)為 pMOS 電晶體的物理結構與電路
符號。

基本上，一個 MOSFET 主要由一個導體，早期為鋁(aluminum)金屬而目
前為多晶矽(polysilicon)，置於矽半導體之上，而在兩者中間使用一層二氧

化矽(silicon dioxide)當作絕緣體，如圖 3.3-1 所示。導體部分稱為閘極 (gate)，而矽半導體的兩端分別使用鋁或是銅金屬導體引出，分別稱為源極 (source)與吸極(drain)，其中源極提供載子(在 nMOS 電晶體中為電子；在 pMOS 電晶體中為電洞)，而吸極則吸收載子。半導體部分亦稱為基質 (substrate 或 bulk)。

(a) nMOS電晶體

(b) pMOS電晶體

圖3.3-1　MOSFET 物理結構與電路符號

　　在圖 3.3-1(a)中，當在閘極與源極之間加上一個大於 0 V 的電壓 V_{GS} 時，p-型基質中的電子將因為閘極於基質表面建立的正電場之吸引，逐漸往基質表面集中。然而由於閘極與基質表面之間有一層絕緣體(二氧化矽)，這些電子無法越過該絕緣體抵達閘極，而累積於基質表面上。若 V_{GS} 的值足夠大時，聚集於基質表面上的電子濃度約略與 p-型基值中的電洞濃度相等，而形成一層 n-型電子層，稱為 n-通道(channel)，因此連接兩端的源極與吸極，形成一個低電阻值路徑。

在圖 3.3-1(b)中，由於基質為 n-型，因此欲在基質表面上形成一個通道時，必須在閘極與源極之間加上一個小於 0 V 的電壓 V_{GS}，以建立一個負電場於基質的表面上，因而吸引 n-型基質中的電洞往基質表面集中。若 $|V_{GS}|$ 的值足夠大時，聚集於基質表面上的電洞濃度約略與 n-型基值中的電子濃度相等，而形成一層 p-型電洞層，稱為 p-通道，因此連接兩端的源極與吸極，形成一個低電阻值路徑。

由上述討論可以得知：在 nMOS 電晶體中，欲使其在基質表面上形成一個通道時，加於閘極與源極端的電壓 V_{GS} 的值必須大於一個特定的電壓值，稱為臨界電壓(threshold voltage) V_{Tn}。在目前的次微米製程中，V_{Tn} 約為 0.3 V 到 0.8 V。在 pMOS 電晶體中，欲使其在基質表面上形成一個通道時，加於閘極與源極端的電壓 V_{GS} 的值必須小於臨界電壓 V_{Tp}。在目前的次微米製程中，V_{Tp} 約為-0.3 V 到-0.8 V。

nMOS 與 pMOS 電晶體的電路符號亦列於圖 3.3-1 中，由於 MOSFET 電晶體的物理結構為對稱性的結構，電晶體的源極與吸極的角色必須由它們在實際電路中的電壓值的相對大小決定。在 nMOS 電晶體中，電壓值較大者為吸極，較小者為源極，因為電子是由低電位端流向高電位端；在 pMOS 電晶體中，電壓值較小者為吸極，較大者為源極，因為電洞是由高電位端流向低電位端。注意：若將電子與電洞均視為載子(carrier)，則源極為提供載子的一端，而吸極則為吸收載子的一端。

nMOS 電晶體當作開關元件

MOSFET 在數位邏輯電路的應用上，與電晶體元件相同，可以視為一個簡單的開關元件。當其閘極電壓超過臨界電壓時，該開關導通；當其閘極電壓小於臨界電壓時，該開關截止。下列將進一步討論 MOS 電晶體當作開關元件時，一些重要的電路特性。

圖 3.3-2 所示為 nMOS 電晶體當作開關元件時的詳細動作。在圖 3.3-2(a) 中，當 V_{IN} 為 V_{DD} 而 V_G (在實際應用上，p-型基質端通常接於地電位)也為

V_{DD} 時，位於源極(S)端的電容器 C (由線路的雜散電容與後級的 nMOS 電晶體之閘極輸入電容組成)開始充電，即 V_{OUT} 持續上昇直到 $V_{OUT} = V_{DD} - V_{Tn}$ 時，因為此時 $V_{GS} = V_G - V_S = V_{DD} - (V_{DD} - V_{Tn}) = V_{Tn}$，nMOS 電晶體截止，$V_{OUT}$ 不再增加而維持於 $V_{DD} - V_{Tn}$ 的電位，如圖 3.3-2(a)所示。

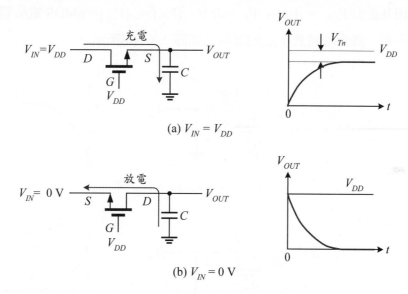

(a) $V_{IN} = V_{DD}$

(b) $V_{IN} = 0$ V

圖3.3-2　nMOS 電晶體的開關動作

圖 3.3-2(b)所示則為 $V_{IN} = 0$ V 而 $V_G = V_{DD}$ 的情形，此時 V_{OUT} 將由 V_{DD} (假設電容器 C 的初始電壓為 V_{DD})經由 nMOS 電晶體放電至 0 V 為止，因為 V_{GS} 始終維持在 V_{DD} 因而永遠大於 V_{Tn}，nMOS 電晶體在整個放電過程中均保持在導通狀態。注意：因為 nMOS 電晶體的對稱性物理結構，其 D 與 S 端必須在加入電壓之後才能確定何者為 D 何者為 S。為幫助讀者了解其動作，在圖 3.3-2 中標示了在上述兩種操作情形下的 D 與 S 極。

pMOS 電晶體當作開關元件

圖 3.3-3 所示為 pMOS 電晶體當作開關元件時的詳細動作。在圖 3.3-3(a) 中，當 V_{IN} 為 V_{DD} 而 V_G (在實際應用上，n-型基質端通常接於 V_{DD})為接地(即 0 V)時，位於吸極(D)端的電容器 C 開始充電，即 V_{OUT} 持續上昇直到 $V_{OUT} =$

V_{DD} 為止，因為 V_{GS} 始終維持在 $-V_{DD}$ 因而永遠小於 V_{Tp}，pMOS 電晶體在整個充電過程中均保持在導通狀態。

圖 3.3-3(b)所示則為 V_{IN} = 0 V 而 V_G = 0 V 的情形，此時 V_{OUT} 將由 V_{DD}(假設電容器 C 的初始電壓為 V_{DD})經由 pMOS 電晶體放電至 $|V_{Tp}|$ 為止，因為此時 V_{GS} = V_G - V_S = 0 V - $|V_{Tp}|$ = $-|V_{Tp}|$，pMOS 電晶體截止，V_{OUT} 不再下降而維持於 $|V_{Tp}|$ 的電位，如圖 3.3-3(b)所示。

圖3.3-3　pMOS 電晶體的開關動作

由以上的討論可以得知：nMOS 電晶體對於 "0" 信號不產生衰減，而對於 "1" 信號則產生一個 V_{Tn} 的衰減；pMOS 電晶體則相反，對 "0" 信號產生一個 $|V_{Tp}|$ 的衰減，而對於 "1" 信號則不產生任何衰減。若將 pMOS 與 nMOS 兩個電晶體並聯在一起則成為 CMOS 傳輸閘(第 3.3.2 節)，此時對於 "0" 或是 "1" 信號均不產生衰減。

複合開關電路

在許多應用中，通常需要將兩個或是多個開關以串聯、並聯，或是串並聯方式連接，形成一個複合開關。例如，圖 3.3-4 所示為將兩個開關以串聯方式連接的複合開關。此複合開關使用 $S1$ 與 $S2$ 為控制信號。當兩條控制信號 $S1$ 與 $S2$ 均啟動時，開關打開(閉合)，否則開關關閉(開路)。

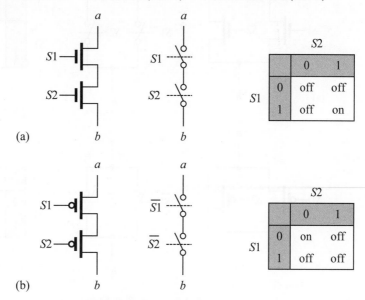

圖3.3-4　串聯開關動作

如前所述，欲啟動 nMOS 開關時，必須在其閘極加上高電位；欲啟動 pMOS 開關時，必須在其閘極加上低電位。因此，圖 3.3-4(a)的 nMOS 複合開關僅在兩條控制信號 $S1$ 與 $S2$ 均為高電位時才打開(閉合)，其它控制信號的組合均關閉(開路)。圖 3.3-4(b)的 pMOS 複合開關僅在兩條控制信號 $S1$ 與 $S2$ 均為低電位(通常為地電位)時才打開(閉合)，其它控制信號的組合均關閉(開路)。

圖 3.3-5 所示為將兩個開關以並聯方式連接的複合開關。此複合開關使用 $S1$ 與 $S2$ 為控制信號。當兩條控制信號 $S1$ 與 $S2$ 均不啟動時，開關關閉(開路)，否則開關打開(閉合)。

圖 3.3-4(a)的 nMOS 複合開關在控制信號 $S1$ 或是 $S2$ 為高電位時打開(閉合)，當兩條控制信號均為低電位時為關閉(開路)。圖 3.3-4(b)的 pMOS 複合開關在控制信號 $S1$ 或是 $S2$ 為低電位(通常為地電位)時打開(閉合)，當兩條控制信號均為高電位時為關閉(開路)。

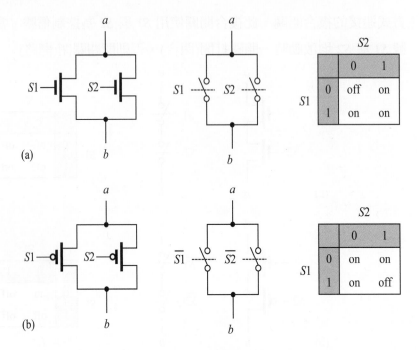

(a)

(b)

圖3.3-5　並聯開關動作

開關邏輯電路設計

在了解 nMOS 與 pMOS 電晶體的開關動作原理之後，接著介紹如何利用這兩種開關元件設計開關邏輯電路。如前所述，一個開關邏輯電路是將開關元件做適當的串聯(相當於 AND 運算)、並聯(相當於 OR 運算)，或是串並聯組合而成，但是為了確保結果的開關邏輯電路能正常的操作，它必須符合下列兩項規則：

　　規則 1：輸出端 f(或是信號匯流點)必須始終連接在 1 或是 0。

　　規則 2：輸出端 f(或是信號匯流點)不能同時連接到 1 與 0。

符合上述規則中，最常用的方法為採用 CMOS 電晶體執行的 f/f' 設計，稱為 FCMOS (fully CMOS)或是簡稱為 CMOS 邏輯，如圖 3.3-6 所示。輸出端的電容 C 表示電路的寄生電容或是負載電容。在此方法中，使用 pMOS 電晶體組成 f 函數的電路，以在當 f 的邏輯值為 1 時，將輸出端 f 提升至 V_{DD}(即邏輯"1")，因為 pMOS 電晶體對於"1"信號不會衰減；使用 nMOS 電晶體組成

f' 函數的電路，以在當 f 的邏輯值為 1 時，將輸出端 f 拉至 0 V(即邏輯"0")，因為 nMOS 電晶體對於"0"信號不會衰減。

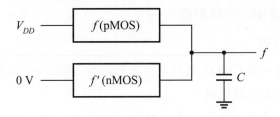

圖3.3-6　f/f'樣式設計

下列例題說明開關邏輯電路的設計方法，及其對應的 CMOS 邏輯電路。

例題 3.3-1　(NAND 電路)

設計一個開關邏輯電路執行下列交換函數：

$$f(x, y) = (xy)'$$

解：因為 $f(x, y) = (xy)' = x' + y'$ (DeMorgan 定理) 而 $f'(x, y) = xy$，因此 $f(x, y)$ 由兩個 pMOS 電晶體並聯(因它為 OR 運算)而 $f'(x, y)$ 由兩個 nMOS 電晶體串聯 (因它為 AND 運算)，因此完整的開關邏輯電路如圖 3.3-7 所示。

(a) 開關邏輯電路　　　　　(b) CMOS邏輯電路

圖3.3-7　例題 3.3-1 的開關邏輯電路

在上述例題的開關邏輯電路中，因為 pMOS 電晶體為低電位啟動，因此在函數 f 部分中的補數型字母變數，可以直接接往 pMOS 電晶體的閘極輸入端，而無需額外的反相器。

📖複習問題

3.24. 任何一個 CMOS 邏輯閘均由那兩種 MOSFET 組成？

3.25. 試定義開關邏輯。

3.26. 試定義臨界電壓。它在 MOSFET 中有何重要性？

3.27. 使用 nMOS 與 pMOS 電晶體當作開關元件時，其重要特性為何？

3.3.2 CMOS 基本邏輯閘

CMOS 邏輯族與 TTL 邏輯族一樣，具有一些基本的邏輯閘元件。本節中，將依序介紹 CMOS 邏輯族中，最常見的幾種基本邏輯閘電路：NOT 閘、NAND 閘、NOR 閘與傳輸閘(transmission gate)。

NOT 閘

基本的 CMOS NOT 閘電路如圖 3.3-8(a)所示。它由兩個 MOSFET 組成，其中一個為 pMOS 電晶體，當作負載用，另一個為 nMOS 電晶體，當作驅動器。在圖 3.3-8(a)的電路中，當輸入端 x 的電壓(V_{IN})為高電位(V_{DD})時，$V_{GS(Mn)} = V_{DD} = 5 \text{ V} > V_{Tn}$，nMOS 電晶體 M_n 導通；而 $V_{GS(Mp)} = V_{DD} - V_{DD} = 0 \text{ V} > -|V_{Tp}|$，pMOS 電晶體 M_p 截止，輸出端 f 為低電位。

當輸入端 x 的電壓(V_{IN})為低電位(0 V)時，$V_{GS(Mn)} = 0 \text{ V} < V_{Tn}$，nMOS 電晶體 M_n 截止；而 $V_{GS(Mp)} = 0 \text{ V} - V_{DD} = -V_{DD} < -|V_{Tp}|$，pMOS 電晶體 M_p 導通，輸出端 f 為高電位。因此為一個 NOT 閘。

使用前述的開關邏輯電路的設計方法時，因為 NOT 閘的交換函數為 $f(x) = x'$，而 $f'(x) = x$，所以依據例題 3.3-1 所述的方式，得到圖 3.3-8(a)的電路，即一個 pMOS 電晶體與一個 nMOS 電晶體直接串接而成。

CMOS 邏輯族的 NOT 閘之輸入輸出電壓轉換特性曲線如圖 3.3-8(b)所

示，其四個電壓位準參數值通常為電源電壓V_{DD}的函數，即

(a) NOT 閘

(b) 電壓轉換特性

圖 3.3-8　NOT 閘與電壓轉換特性

$V_{OH,\text{min}}$：V_{DD} - 0.1 V；

$V_{IH,\text{min}}$：$0.7 V_{DD}$；

$V_{IL,\text{max}}$：$0.3 V_{DD}$；

$V_{OL,\text{max}}$：地電位 + 0.1 V。

NAND 閘

由於兩個輸入端的 NAND 閘的交換函數為 $f(x,y) = (xy)' = x' + y'$ 而 $f'(x,y) = xy$，所以 $f(x,y)$ 為 OR 運算，使用兩個 pMOS 電晶體並聯，而 $f'(x,y)$ 為 AND 運算，使用兩個 nMOS 電晶體串聯，完整的開關邏輯電路如圖 3.3-9(a)所示。圖 3.3-9(b)為真值表；圖 3.3-9(c)為邏輯符號。

以電路的觀點而言，圖 3.3-9(a)的電路的工作原理如下：當輸入端 x 與 y 均為高電位($\geq V_{IH}$)時，兩個 nMOS 電晶體 M_{n1} 與 M_{n2} 均導通，而兩個 pMOS 電晶體 M_{p1} 與 M_{p2} 均截止，輸出端 f 為低電位($\leq V_{OL}$)；當輸入端 x 與 y 中至少有一個為低電位($\leq V_{IL}$)時，兩個 nMOS 電晶體 M_{n1} 與 M_{n2} 中至少有一個截

止，而兩個 pMOS 電晶體 M_{p1} 與 M_{p2} 中至少有一個導通，因此輸出端 f 為高電位($\geq V_{OH}$)，所以為一個 NAND 閘。

輸入		輸出
x	y	f
$\leq V_{IL}$	$\leq V_{IL}$	$\geq V_{OH}$
$\leq V_{IL}$	$\geq V_{IH}$	$\geq V_{OH}$
$\geq V_{IH}$	$\leq V_{IL}$	$\geq V_{OH}$
$\geq V_{IH}$	$\geq V_{IH}$	$\leq V_{OL}$

(b) 真值表

(a) 電路　　　　　　(c) 邏輯符號

圖3.3-9　基本 CMOS 兩個輸入端的 NAND 閘

NOR 閘

由於兩個輸入端的 NOR 閘的交換函數為 $f(x,y) = (x + y)' = x'y'$ 而 $f'(x,y) = x + y$，所以 $f(x,y)$ 為 AND 運算，使用兩個 pMOS 電晶體串聯，而 $f'(x,y)$ 為 OR 運算，使用兩個 nMOS 電晶體並聯，完整的開關邏輯電路如圖 3.3-10(a)所示。圖 3.3-10(b)為真值表；圖 3.3-10(c)為邏輯符號。

以電路的觀點而言，圖 3.3-10(a)的電路的工作原理如下：在圖 3.3-10(a) 的電路中，當輸入端 x 與 y 均為低電位($\leq V_{IL}$)時，兩個 nMOS 電晶體 M_{n1} 與 M_{n2} 均截止，而兩個 pMOS 電晶體 M_{p1} 與 M_{p2} 均導通，輸出端 f 為高電位 ($\geq V_{OH}$)；當輸入端 x 與 y 中至少有一個為高電位($\geq V_{IH}$)時，兩個 nMOS 電晶體 M_{n1} 與 M_{n2} 中至少有一個導通，而兩個 pMOS 電晶體 M_{p1} 與 M_{p2} 中至少有一個截止，因此輸出端 f 為低電位($\leq V_{OL}$)，所以為一個 NOR 閘。

<table>
<tr><th colspan="2">輸入</th><th>輸出</th></tr>
<tr><th>x</th><th>y</th><th>f</th></tr>
<tr><td>$\leq V_{IL}$</td><td>$\leq V_{IL}$</td><td>$\geq V_{OH}$</td></tr>
<tr><td>$\leq V_{IL}$</td><td>$\geq V_{IH}$</td><td>$\leq V_{OL}$</td></tr>
<tr><td>$\geq V_{IH}$</td><td>$\leq V_{IL}$</td><td>$\leq V_{OL}$</td></tr>
<tr><td>$\geq V_{IH}$</td><td>$\geq V_{IH}$</td><td>$\leq V_{OL}$</td></tr>
</table>

(b) 真值表

$f = (x + y)'$

(a)電路　　　　　　　(c) 邏輯符號

圖3.3-10　NOR 閘

傳輸閘

　　由前面的討論得知：nMOS 電晶體與 pMOS 電晶體單獨使用為開關元件以傳遞邏輯信號時，都不是一個完美的元件，因為 nMOS 電晶體對於"0"信號不產生衰減，但是對於"1"信號則產生一個 V_{Tn} 的衰減；pMOS 電晶體則相反，對於"0"信號產生一個 $|V_{Tp}|$ 的衰減，而對於"1"信號則不產生任何衰減。若將這兩種不同類型的電晶體並聯在一起，截長補短，則成為一個理想的開關元件，稱為 CMOS 傳輸閘(TG)。

　　CMOS 傳輸閘(TG)的電路與邏輯符號如圖 3.3-11 所示。由圖 3.3-11(a)的電路可以得知：一個 CMOS 傳輸閘是由一個 nMOS 電晶體與一個 pMOS 電晶體並聯而成，而以閘極為控制端(C)。

　　圖 3.3-11(a)的電路工作原理如下：當閘極輸入端 C 的電壓為 V_{DD} 時，$V_{Gn} = V_{DD}$ 而 $V_{Gp} = 0$ V，此時若輸入端 A 的電壓值 V_A 為 V_{DD}，則 nMOS 電晶體 M_n 導通，輸出端 B 的電壓開始上升，其情形如同圖 3.3-2(a)；pMOS 電晶體 M_p 也導通，其情形如同圖 3.3-3(a)。雖然 nMOS 電晶體 M_n 在輸出端 B 的電壓上升到 $V_{DD} - V_{Tn}$ 時截止，但是 pMOS 電晶體 M_p 依然繼續導通，直到

輸出端 B 的電壓上升到 V_{DD} 為止，因此 $B = A = V_{DD}$。

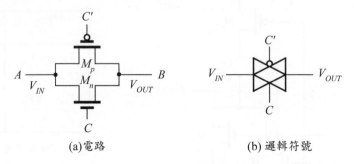

(a)電路   (b) 邏輯符號

圖3.3-11　CMOS 傳輸閘

當閘極輸入端 C 的電壓為 V_{DD} 時，$V_{Gn}=V_{DD}$ 而 $V_{Gp} = 0$ V，此時若輸入端 A 的電壓值 V_A 為 0 V，則 nMOS 電晶體 M_n 導通，若輸出端 B 的電壓值不為 0 V，則其電壓開始下降，其情形如同圖 3.3-2(b)；pMOS 電晶體 M_p 也導通，其情形如同圖 3.3-3(b)。雖然 pMOS 電晶體 M_p 在輸出端 B 的電壓下降到 $|V_{Tp}|$ 時截止，但是 nMOS 電晶體 M_n 依然繼續導通，直到輸出端 B 的電壓下降到 0 V 為止，因此 $B = A = 0$ V。

當閘極輸入端 C 的電壓為 0 V 時，$V_{Gn} = 0$ V 而 $V_{Gp}=V_{DD}$，此時若輸入端 A 的電壓值 V_A 為 V_{DD}，則 $V_{GSn}= 0$ V $-V_B = 0$ V $- 0$ V $= 0$ V $< V_{Tn}$，所以 nMOS 電晶體 M_n 截止，而 $V_{GSp}=V_{Gp}-V_A =V_{DD}-V_{DD} = 0$ V $> -|V_{Tp}|$，pMOS 電晶體 M_p 也截止。當輸入端 A 的電壓值 V_A 為 0 V 時，$V_{GSn}=0$ V $- 0$ V $= 0$ V $< V_{Tn}$，所以 nMOS 電晶體 M_n 截止，而 $V_{GSp}=V_{Gp}-V_A=V_{DD}- 0$ V $=V_{DD} > -|V_{Tp}|$，pMOS 電晶體 M_p 也截止。因此，在 $C = 0$ V 時，nMOS 電晶體 M_n 與 pMOS 電晶體 M_p 均截止，因而沒有信號傳輸存在。

由於 CMOS 傳輸閘在 $C =V_{DD}$ 時，相當於一個低電阻的類比開關，因此它常做為數位或是類比開關使用。此外，它也常與其它數位電路結合，以形成其它各式各樣的功能，例如 D 型正反器、多工器與解多工器等。

📖 複習問題

3.28. 為何 nMOS 電晶體與 pMOS 電晶體都不是一個完美的開關元件？

3.29. nMOS 與 pMOS 電晶體的吸極與源極如何區分？

3.30. CMOS 傳輸閘由那兩種電路元件組成？

3.31. 為何 CMOS 傳輸閘是一個理想的開關元件？

3.3.3 CMOS 邏輯族輸出級電路

當使用一個邏輯閘電路時，其輸出級電路的結構決定了所能提供的負載電流之能力，因而一般又稱為功率推動器。在 CMOS 邏輯族中，除了前面基本邏輯閘中的圖騰柱輸出級(totem-pole output stage)外，尚有兩種不同的輸出級電路：開路吸極輸出(open-drain output，簡稱 OD)與三態輸出(tri-state output)，以提供不同應用之需要。下列將分別說明這三種輸出級電路的主要特性與基本應用。

圖騰柱輸出級

在 CMOS 邏輯族中的基本邏輯閘的輸出端基本上是由兩個 MOS 電晶體 M_p 與 M_n 組成，稱為圖騰柱輸出級，如圖 3.3-8 所示。當 pMOS 電晶體 M_p 導通時，提供負載電容器 C_L 一個大的充電電流，以迅速將輸出端電壓 V_{OUT} 充電至高電位 V_{OH}；當 nMOS 電晶體 M_n 導通時，提供負載電容器 C_L 一個大的放電電流，以迅速將輸出端電壓 V_{OUT} 放電至低電位 V_{OL}。

兩個圖騰柱輸出級的邏輯閘並不能直接連接使其具有 AND 閘的功能，因為若如此連接，則如圖 3.3-12 所示，當其中一個輸出為高電位(例如 X)，而另外一個為低電位(例如 Y)時，將有一個穩定的電流(I) 經過兩個邏輯閘的輸出級由電源抵達接地端，此電流大小為：

$$I = \frac{V_{DD}}{R_{p(on)} + R_{n(on)}} \approx 20 \text{ mA} \quad \text{(HC 或是 HCT 系列)}$$

為一個相當大的電流。

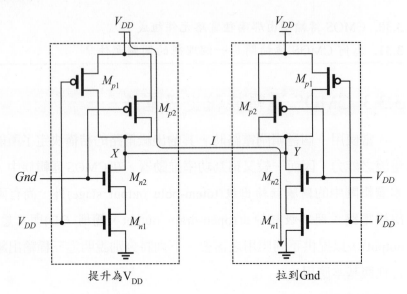

圖3.3-12　兩個圖騰柱輸出級的 NAND 閘直接連接的情形

開路吸極輸出級

典型的 CMOS 開路吸極(OD)輸出級電路如圖 3.3-13(a)所示；圖 3.3-13(b) 為電路的功能表；圖 3.3-13(c)為其邏輯符號。在圖 3.3-13 的開路吸極(OD)輸 出級的電路中，輸出級為兩個 nMOS 電晶體 M_{n1} 與 M_{n2}，當其均導通時，可 以將輸出端 f 的電壓拉到接地電位，但是當其中有一個或是兩個均截止時， 輸出端 f 將處於一個不確定的電壓值(即處於高阻抗狀態)，因此在使用此種 邏輯閘電路時，輸出端 f 必須經由一個提升電阻器(或稱為負載電阻器) R_L 接 至電源(V_D)。雖然電源 V_D 通常為 V_{DD}，但是它並不需要限制為 V_{DD} 的大 小，其實際上的值由電路的需要及輸出電晶體的額定電壓決定。

圖 3.3-13(a)的電路工作原理如下：當輸入端 x 與 y 皆為高電位(即 $\geq V_{IH}$) 時，nMOS 電晶體 M_{n1} 與 M_{n2} 均導通，輸出端的電壓 V_{OUT} 為低電位(V_{OL})。 當有一個或是兩個輸入端為低電位(即 $\leq V_{IL}$)時，nMOS 電晶體 M_{n1} 與 M_{n2} 中至少有一個為截止，所以輸出端在未接提升電阻器時為開路，但是若接有 提升電阻器時為 V_{DD}，則為高電位，所以為一個 NAND 邏輯閘電路。

輸入		電晶體		輸出
x	y	M_{n1}	M_{n2}	f
$\leq V_{IL}$	$\leq V_{IL}$	截止	截止	開路
$\leq V_{IL}$	$\geq V_{IH}$	截止	導通	開路
$\geq V_{IH}$	$\leq V_{IL}$	導通	截止	開路
$\geq V_{IH}$	$\geq V_{IH}$	導通	導通	$\leq V_{OL}$

(b) 功能表

(a) 電路   (c) 邏輯符號

圖3.3-13 開路吸極(輸出級電路)

　　由於使用外加的提升電阻器，開路吸極輸出級電路的邏輯閘，其傳播延遲 t_{pLH} 較長，但是在數位系統設計中，至少有下列兩項基本應用：其一為用來推動較高電壓的外部負載，例如：繼電器、指示燈泡，或其它類型的邏輯電路；其二為可以直接將多個開路吸極輸出級電路的邏輯閘之輸出端連接而具有 AND 閘的功能，稱為線接-AND(wired-AND)閘，如圖 3.3-14(a)所示。由於開路吸極輸出級電路的邏輯閘電路的功能為一個 NAND 閘，因此將兩個相同的邏輯閘線接-AND 後，其輸出交換函數為 AOI 函數，即 $f = (wx)'\,(yz)' = [(wx) + (yz)]'$，如圖 3.3-14(b)所示。

　　在使用 OD 閘時，不管是單獨使用或是線接-AND 使用，其邏輯閘的輸出端均必須經由一個負載電阻器(R_L)連接至電源。電阻器 R_L 的最大值由輸出端需要的傳播延遲決定，其值越大傳播延遲亦越大；電阻器 R_L 的最小值則由邏輯閘的輸出端在低電位時能吸取的最大電流 $I_{OL\,max}$ 決定，例如在 74HCT 中，$I_{OL\,max}$ 為 4 mA，因此在 V_C = 5 V 下，負載電阻器(R_L)的值不能小於 1.125 kΩ。

(a) 電路   (b) 邏輯符號

圖3.3-14 線接 AND 邏輯電路

三態輸出級

在 CMOS 邏輯閘電路中,除了基本邏輯閘電路的圖騰柱輸出級與開路吸極輸出級兩種輸出級電路之外,尚有一種具有三種輸出狀態的輸出級電路,稱為三態輸出級,如圖 3.3-15 所示。這種邏輯閘的輸出端電壓除了高電位與低電位兩種電壓值外,也具有一種兩個輸出電晶體皆截止時的高阻抗狀態 (high-impedance state)。

基本的 CMOS 三態輸出邏輯閘電路結構如圖 3.3-15 所示。在正常工作下,致能輸入端(E)為高電位($\geq V_{IH}$),pMOS 電晶體 M_p 與 nMOS 電晶體 M_n 的閘極輸入端的電壓值由資料輸入端 x 的值決定。當資料輸入端 x 的值為高電位($\geq V_{IH}$)時,NOR 閘的輸出端為低電位($\leq V_{OL}$),所以 nMOS 電晶體 M_n 截止;NAND 閘的輸出端亦為低電位($\leq V_{OL}$),所以 pMOS 電晶體 M_p 導通,因而輸出端電壓為高電位($\geq V_{OH}$),即 $f = x$。當資料輸入端 x 的值為低電位($\leq V_{IL}$)時,NOR 閘的輸出端為高電位($\geq V_{OH}$),所以 nMOS 電晶體 M_n 導通;NAND 閘的輸出端亦為高電位($\geq V_{OH}$),所以 pMOS 電晶體 M_p 截止,因而輸出端電壓為低電位($\leq V_{OL}$),即 $f = x$。

(a) 電路　　　　　　　　　　　　(b) 符號

圖3.3-15　基本三態輸出邏輯閘電路

當致能輸入端(E)為低電位($\leq V_{IL}$)時，NOR 閘的輸出端永遠為低電位($\leq V_{OL}$)，而 NAND 閘的輸出端永遠為高電位($\geq V_{OH}$)，所以 nMOS 電晶體 M_n 與 pMOS 電晶體 M_p 永遠截止，與資料輸入端 x 的值無關，因此輸出端 f 為高阻抗狀態。

📖 複習問題

3.32. 為何不能直接將兩個基本的 CMOS 邏輯閘的輸出端連接使用？

3.33. 在使用 OD 閘時，提升電阻器的最小電阻值如何決定？

3.34. 在三態邏輯閘中，輸出端的狀態有那三種？

3.35. 在邏輯電路中的高阻抗狀態是什麼意義？

3.3.4 三態緩衝閘類型與應用

三態邏輯閘通常有兩種類型：反相緩衝器(NOT 閘)與非反相緩衝閘。控制端也有兩種型式：高電位致能(enable，或稱啟動 active)與低電位致能。因此組合後，一共有四種類型，如圖 3.3-16 所示。圖 3.3-16(a)所示電路為一個低電位致能的緩衝器，當致能輸入端為邏輯 0 時，輸出端 f 的值與輸入端 x 相同；當致能輸入端為邏輯 1 時，輸出端 f 為高阻抗狀態。圖 3.3-16(b)所示電路為一個高電位致能的緩衝器，當致能輸入端為邏輯 1 時，輸出端 f 的值與輸入端 x 相同；當致能輸入端為邏輯 0 時，輸出端 f 為高阻抗狀態。

當 $E = 0$ 時，$f = x$　　　　　　　當 $E = 1$ 時，$f = x$
否則 f = 高阻抗　　　　　　　　　否則 f = 高阻抗

(a) 低電位致能緩衝器　　　　　　(b) 高電位致能緩衝器

當 $E = 0$ 時，$f = x'$　　　　　　　當 $E = 1$ 時，$f = x'$
否則 f = 高阻抗　　　　　　　　　否則 f = 高阻抗

(c) 低電位致能NOT閘　　　　　　(d) 高電位致能NOT閘

圖3.3-16　三態反相器與緩衝器

　　圖 3.3-16(c)所示電路為一個低電位致能的反相緩衝器(NOT 閘)，當致能輸入端為邏輯 0 時，輸出端 f 的值為輸入端 x 的反相值(即 x')；當致能輸入端為邏輯 1 時，輸出端 f 為高阻抗狀態。圖 3.3-16(d)所示電路為一個高電位致能的反相緩衝器，當致能輸入端為邏輯 1 時，輸出端 f 的值為輸入端 x 的反相值(即 x')；當致能輸入端為邏輯 0 時，輸出端 f 為高阻抗狀態。

D (方向控制)　　　　　　　　　　S (來源選擇)

當 $D = 0$時，$B \leftarrow A$　　　　　　當 $S = 0$時，$f = x$
當 $D = 1$時，$A \leftarrow B$　　　　　　當 $S = 1$時，$f = y$

(a) 雙向匯流排　　　　　　　　　(b) 資料選擇電路

圖3.3-17　三態邏輯閘的簡單應用

　　三態邏輯閘一般使用在匯流排系統中，匯流排為一組同時連接多個推動器(driver)與接收器(receiver)的導線(wire)。例如圖 3.3-17(a)為一個雙向匯流排控制電路，它可以選擇資料的流向，即當 $D = 0$ 時，資料由輸入端 A 流至

輸出端 B，而當 $D = 1$ 時，資料由輸入端 B 流至輸出端 A；圖 3.3-17(b)則為一個匯流排系統，它可以將來自兩個不同地方(x 與 y)的資料分別送至同一輸出端 f 上，即當 $S = 0$ 時，輸出端 $f = x$，而當 $S = 1$ 時，輸出端 $f = y$。

📖 複習問題

3.36. 三態邏輯閘有那些類型？

3.37. 三態邏輯閘的控制端信號有那些類型？

3.4 ECL 邏輯族

ECL 邏輯族為目前速度最快的數位 IC，其典型的邏輯閘傳播延遲為 1 ns 而時脈頻率可以高達 1 GHz。在 ECL 邏輯族中，有兩種系列：10K 系列與 100K 系列。前者在使用上較普遍，但後者由於電路設計上的改進，具有較優良的電壓轉換特性。本節中，只介紹射極耦合邏輯閘電路的基本電路。

3.4.1 射極耦合邏輯閘電路

基本的射極耦合邏輯閘電路如圖 3.4-1 所示，它主要分成兩部分：電流開關(current switch)與電壓位準移位電路(voltage level shifter)，前者提供邏輯電路的功能，而後者將電流開關輸出的邏輯電壓值調整為一個適當的邏輯電壓位準，以提供一個足夠的雜音邊界。

設輸入端的電壓參數：$V_{IL} = 3.5$ V 而 $V_{IH} = 3.9$ V；輸出端的電壓參數：$V_{OL} = 3.0$ V 而 $V_{OH} = 4.3$ V。當輸入端 x 與 y 的電壓值均小於 3.5 V 時，電晶體 Q_1 與 Q_3 均截止，而電晶體 Q_2 導通，輸出端 f 的電壓值為 3.0 V，輸出端 f' 的電壓值為 4.3 V。當輸入端 x 或是 y 的電壓值均大於 3.9 V 時，電晶體 Q_1 或是 Q_3 導通，而電晶體 Q_2 截止，輸出端 f 的電壓值為 4.3 V，輸出端 f' 的電壓值為 3.0 V。所以輸出端 f 為 OR 函數，而輸出端 f' 為 NOR 函數。注意：輸出端 f 與 f' 的電壓值永遠是互補的值。

在圖 3.4-1 所示的電路中，輸出端狀態的取出方式有兩種：其一為直接

以輸出端 f 或是 f' 的絕對電壓值當作輸出端的狀態，當值為 4.3 V 時為邏輯 1，當值為 3.0 V 時為邏輯 0；其二為使用差動輸出(differential output)的方式，當 f 的電壓值大於 f' 時為邏輯 1，當 f 的電壓值小於 f' 時為邏輯 0。此種差動信號的觀念亦可以使用於輸入端，稱為差動輸入(differential input)，以使整個邏輯電路均使用差動信號，而不是絕對電壓值的信號。

圖3.4-1　基本射極耦合邏輯閘電路

　　使用差動信號的好處有二：其一為具有較佳的雜訊免疫力，因為雜訊電壓通常是以共模訊號的方式同時出現於差動放大器的輸入端，因而同時影響到兩個輸出端的電壓值，所以當邏輯值是由兩個輸出端的電壓相對值決定時，將較不受雜訊電壓的影響；其二為邏輯值的轉態時序是由輸出端的電壓相對值決定而不是由一個容易受到溫度或是元件特性影響的臨限電壓值決定，因此具有較低的信號歪斜現象。基於這兩項主要的特點，大多數的高頻電路的數位信號傳遞方式通常使用差動信號方式的射極耦合邏輯電路。

📖 複習問題

3.38. 試定義差動輸入與差動輸出。

3.39. 試解釋為何差動信號方式通常使用於高頻電路中？

3.5 Verilog HDL

本節中將介紹 Verilog HDL 如何描述在邏輯電路中除了基本邏輯閘之外的一些與電路相關的特殊特性：開關邏輯元件、三態邏輯閘與線接邏輯。

3.5.1 開關邏輯元件

由於 CMOS 技術已經成為目前 VLSI 的主流，在 Verilog HDL 中也定義了開關邏輯的基本元件，因此可以執行開關邏輯電路的設計與模擬。Verilog HDL 中的 MOS 開關元件為： **nmos** 與 **pmos** 兩個元件，其引用方式如下：

nmos [instance_name](output, input, control);

pmos [instance_name](output, input, control);

由於開關元件為 Verilog 的基本函數，因此元件的引用名稱 instance_name 可以使用也可以不使用。

CMOS 開關元件為 **cmos**，其引用方式如下：

cmos [instance_name](output, input, ngate, pgate);

元件的引用名稱 instance_name 也可以不使用。**cmos** 開關元件也可以使用 **nmos** 與 **pmos** 元件組合來模擬。

上述三種開關元件的主要特性是其信號傳遞方向是由吸極到源極或是由源極到吸極，在某些應用中，也需要一種可以雙向傳送信號的開關元件，稱為雙向開關(bidirectional switch)。在 Verilog HDL 中，有三個雙向開關元件：**tran** (永遠啟動)、**tranif0** (低電位啟動)、**tranif1**(高電位啟動)。其中 **tranif0** 與 **tranif1** 的意義分別為 **tran** if 0 與 1，即當控制信號端分別為 0 與 1 時，其功能為 **tran**，否則為高阻抗。它們的其引用方式如下：

tran [instance_name](inout1, inout2);

tranif0 [instance_name](inout1, inout2, control);

tranif1 [instance_name](inout1, inout2, control);

在使用開關元件設計與描述一個邏輯閘電路時，除了上述的開關元件之外，也必須加入電源與接地信號，這兩種信號源分別使用保留字：**supply1**

與 **supply0** 宣告。

例題 3.5-1 (開關元件使用例)

使用開關邏輯元件描述圖 3.3-6(a)的 CMOS NAND 邏輯閘。

解: 完整的程式如程式 3.5-1 所示。兩個 nMOS 電晶體的連接點必須使用保留字 **wire** 宣告為一個 net,稱為 *a*,兩個 nMOS 電晶體才能完成連接。

程式3.5-1 圖 3.3-6(a)的 Verilog HDL 程式

```
// CMOS NAND gate -- figure 3.3-6(a)
module prog351 (input x, y, output f);
// internal declarations
supply1  vdd;
supply0  gnd;
wire     a;        // terminal between two nMOS
// the NAND-gate body
   pmos p1 (f, vdd, y); // source connected to vdd
   pmos p2 (f, vdd, x); // parallel connection
   nmos n1 (a, gnd, y); // serial connection
   nmos n2 (f,  a, x); // source connected to ground
endmodule
```

3.5.2 三態邏輯閘

在 Verilog HDL 中相當於圖 3.3-13 所示的四種三態反相器與緩衝器的基本函數分別為:**bufif0** (低電位致能緩衝器)、**bufif1** (高電位致能緩衝器)、**notif0** (低電位致能反相器)、**notif1** (高電位致能反相器)。其中 **bufif0/bufif1** 的意義為 **buf** if 0/ 1,即當控制信號端為 0/1 時,其功能為 **buf**,否則為高阻抗;**notif0/ notif1** 的意義為 **not** if 0/1,即當控制信號端為 0/1 時,其功能為反相 **buf** (即 **not**),否則為高阻抗。它們的引用方式如下:

tri_buf_not [instance_name] (out, in, control);

其中 tri_buf_not 表示上述四種基本函數{**bufif0, bufif1, notif0, notif1**}的名稱,instance_name 為引用名稱,它可以不使用。

當有多個三態邏輯閘的輸出端連接在一起時,必須使用保留字 **tri** (tri-state)宣告該輸出端有多個信號驅動來源。

例題 3.5-2 (三態邏輯閘應用例)

使用三態邏輯閘描述圖 3.3-14(b)的資料選擇電路。

解： 完整的程式如程式 3.5-2 所示。輸出端 f 除了宣告為 **output** 外也必須宣告為 **tri**，表示它受到多個信號源驅動。

程式3.5-2　圖 3.3-14(b)的資料選擇電路

```verilog
// a 2-to-1 data selector -- figure 3.3-14(b)
module prog352 (input x, y, s, output tri f);
// the descritpion of the data selector
   bufif0 b1 (f, x, s); // enable if s = 0
   bufif1 b2 (f, y, s); // enable if s = 1
endmodule
```

3.5.3 線接邏輯

在實際的線接 AND 邏輯電路中，若有一個輸出級的值為 0 則該電路的輸出即為 0；在實際的線接 OR 邏輯電路中，若有一個輸出級的值為 1 則該電路的輸出即為 1。在 Verilog HDL 中，使用保留字 **wand** 與 **wor** 描述線接 AND 與線接 OR 邏輯電路。由於在這種電路中，邏輯閘的輸出級電路的輸出電壓值可能是 0 V、V_{DD}，或是一個不確定的值，因此在 Verilog HDL 中使用如表 3.5-1 所示的四個值 $\{0, 1, x, z\}$ 的邏輯系統，以描述此種特殊的邏輯電路，其中 x 表示未知值(unknown)，而 z 表示高阻抗。

在 Verilog HDL 中通常使用 net 表示邏輯電路的一個連接點，但是 net 並不是一個保留字。在邏輯電路中，若一個 net 是由許有信號來源驅動時，必須使用保留字 **tri**、**triand**、**trior**、**wand**、**wor** 等宣告，而不能使用保留字 **wire** 宣告，否則將造成錯誤的結果。

表3.5-1　wand/triand 與 wor/trior 的真值表

triand/ wand	0	1	x	z
0	0	0	0	0
1	0	1	x	1
x	0	x	x	x
z	0	1	x	z

trior/ wor	0	1	x	z
0	0	1	x	0
1	1	1	1	1
x	x	1	x	x
z	0	1	x	z

例題 3.5-3　(WAND 使用例)

使用描述圖 3.3-11(b)的邏輯電路電路。

解：完整的程式如程式 3.5-3 所示。輸出端 f 除了宣告為 **output** 外也必須宣告為 **wand**，表示它為線接 AND 邏輯。

程式3.5-3　圖 3.3-11(b)的 Verilog HDL 程式

```
// a wired-AND logic gate-- figure 3.3-11(b)
module prog353 (input w, x, y, z, output wand f);

// the wired-AND logic gate
   nand n1 (f, w, x);
   nand n2 (f, y, z);
endmodule
```

📖 複習問題

3.40. 在 Verilog HDL 中，MOS 與 CMOS 開關邏輯元件各有那些？

3.41. 撰寫一個 Verilog HDL 模組，描述圖 3.3.7(a)的 NOR 邏輯閘。

3.42. 在 Verilog HDL 中，有那幾個三態邏輯閘？

3.43. 撰寫一個 Verilog HDL 模組，描述圖 3.3.14(a)的雙向匯流排。

3.44. 在 Verilog HDL 中，如何描述線接 AND 與線接 OR 邏輯電路？

3.6　參考資料

1. K. G. Gopalan, *Introduction to Digital Microelectronic Circuits*, Chicago: IRWIN, 1996.

2. D. A. Hodges and H. G. Jackson, *Analysis and Design of Digital Integrated Circuits*, 2nd ed., New-York: McGraw-Hill, 1988.

3. M. B. Lin, *Digital System Designs and Practices: Using Verilog HDL and FPGAs*, John Wiley & Sons, 2008.

4. M. B. Lin, *Introduction to VLSI Systems: A Logic, Circuit, and System Perspective*, CRC Press, 2012.

5. *MECL Integrated Circuits*, Motorola Inc., Phoenix, Ariz., 1978.

6. Texas Instrument, *The TTL Data Book*, Texas Instrument Inc., Dallas, Texas,

1986.

7.　D. Schilling and C. Belove, *Electronic Circuits: Discrete and Integrated Circuits*, 2nd ed., New-York: McGraw-Hill, 1979.

8.　J. F. Wakerly, *Digital Design*: *Principles and Practices*, 3rd ed., Upper Saddle River, New Jersey: Prentice-Hall, 2000.

3.7　習題

3.1　74HC 系列的典型電壓轉換特性值為：V_{OH} = 4.4 V；V_{OL} = 0.1 V；V_{IH} = 3.85 V；V_{IL} = 1.35 V，則當兩個相同的反相器串接時，其 NM_L 與 NM_H 分別為多少？

3.2　若某一個 TTL 邏輯閘的規格如下：在 V_{OL} ≤ 0.4 V 時，其 $I_{OL\,max}$ = 12 mA 而在 V_{OH} ≥ 2.4 V 時，$I_{OH\,max}$ = -6 mA；在 V_{IN} = 2.4 V 時，$I_{IH\,max}$ = 100 μA 而在 V_{IN} = 0.4 V 時，$I_{IL\,max}$ = -0.8 mA，則該邏輯閘在低電位與高電位狀態下的扇出數各為多少？

3.3　圖 P3.1 為一個積體電路中的反相器電路，試使用下列資料：

$V_{BE(ON)}$ = 0.7 V、$V_{BE(sat)}$ = 0.8 V、$V_{CE(sat)}$ = 0.1 V、β_F = 20、而 β_R = 0.2

(1)　求出該電路的電壓轉換特性，並求出各個轉折點的電壓值。

(2)　計算在 $NM_H = NM_L$ 的扇出數。

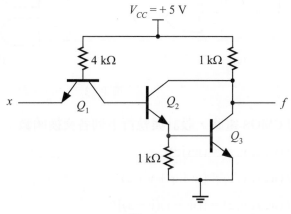

圖 P3.1

3.4 圖 P3.2 的電路為一個線接-AND 電路，試求其輸出交換函數的交換表式，並利用 DeMorgan 定理轉換為 AND 形式。

圖 P3.2

3.5 下面為有關於 CMOS 邏輯閘的問題：

(1) 繪出一個 3 個輸入端的 NAND 閘。

(2) 繪出一個 3 個輸入端的 NOR 閘。

3.6 下面為有關於 CMOS 邏輯閘的問題：

(1) 繪出一個 2 個輸入端的 AND 閘。

(2) 繪出一個 2 個輸入端的 OR 閘。

3.7 使用 CMOS 電路，設計圖 P3.3 中的邏輯閘：

(1) 求出圖 P3.3(a)的 AOI21 的交換函數，並執行該邏輯閘。

(2) 求出圖 P3.3(b)的 AOI22 的交換函數，並執行該邏輯閘。

(a) AOI21　　　　　　　　　　　　(b) AOI22

圖 P3.3

3.8 使用 CMOS 電路，設計與執行下列各交換函數：

(1) $f(w, x, y, z) = (wxyz)'$

(2) $f(w, x, y, z) = (w + x + y + z)'$

(3) $f(w, x, y, z) = [(w + x)(y + z)]'$

(4) $f(w, x, y, z) = (wxy + z)'$

3.9 使用 CMOS 電路，設計與執行下列各交換函數：

(1)　$f(w, x, y, z) = [(w + x)y + wx]'$

(2)　$f(w, x, y, z) = [(wx + y)z]'$

(3)　$f(w, x, y, z) = (wx + yz)'$

(4)　$f(w, x, y, z) = [(w + x)y + x(y + z)]'$

3.10 使用多個 CMOS 電路組合，設計與執行下列各交換函數：

(1)　$f(x, y) = xy' + x'y$

(2)　$f(x, y) = xy + x'y'$

(3)　$f(x, y, z) = xy'z' + x'y'z + x'yz' + xyz$

3.11 分析圖 P3.4 的 CMOS 傳輸閘(TG)邏輯電路，寫出輸出 f 的交換表式。

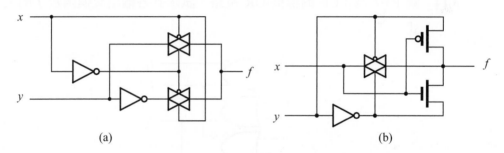

(a)　　　　　　　　　　　　　　　　　(b)

圖 P3.4

3.12 分析圖 P3.5 的 CMOS 傳輸閘邏輯電路，寫出輸出 f 的交換表式。

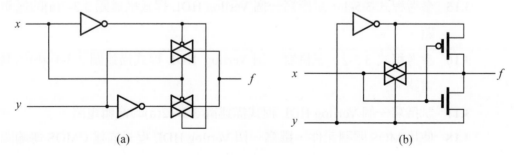

(a)　　　　　　　　　　　　　　　　　(b)

圖 P3.5

3.13 分析圖 P3.6 的 CMOS 傳輸閘邏輯電路，寫出輸出 f_1 與 f_2 的交換表式。

圖 P3.6

3.14 圖 P3.7 為 ECL 的線接-OR 電路，試求其各輸出交換函數 f 的交換表式。

圖 P3.7

3.15 參考程式 3.5-1，試撰寫一個 Verilog HDL 程式描述圖 3.3-7(a)的邏輯電路。

3.16 參考程式 3.5-2，試撰寫一個 Verilog HDL 程式描述圖 3.3-14(b)的邏輯電路。

3.17 試撰寫一個 Verilog HDL 程式描述圖 3.3-12(a)的邏輯電路。

3.18 使用 MOS 開關元件，撰寫一個 Verilog HDL 程式描述 CMOS 傳輸閘。

交換函數化簡

xy z	00	01	11	10
0	1 [0]	1 [2]	0 [6]	1 [4]
1	0 [1]	0 [3]	1 [7]	0 [5]

$$f(x,y,z) = \Sigma(0,2,4,7)$$
$$= m_0 + m_2 + m_4 + m_7$$

本章目標

學完本章之後，你將能夠了解：

- 基本概念：簡化準則與代數運算化簡法
- 卡諾圖化簡法：卡諾圖定義、卡諾圖化簡程序
- 列表法化簡程序
- 最簡式：最簡POS表式與最簡SOP表式
- 未完全指定交換函數：未完全指定交換函數定義與最簡表式
- 交換函數的最簡式求取方法：質隱項表、Petrick方法、探索法
- 變數引入圖法：變數引入圖定義與化簡程序
- 交換函數的餘式與餘式圖化簡程序

雖然標準 SOP 與 POS 型式可以唯一的表示一個交換函數，但是使用標準型式執行一個交換函數通常不是最經濟與實用的方式。因為以標準型式(SOP 或是 POS)執行時，執行每一個(乘積或和)項之邏輯閘的扇入數目恰好與該交換函數的交換變數的數目相同，但是實際上的邏輯閘的扇入能力是有限制的，因而不切合實際的情況。其次，若一個交換函數能夠以較少的乘積項或是和項表示時，執行該交換函數所需要的邏輯閘數目將較少，因而成本較低。所以一般在執行一個交換函數之前，皆先依據一些準則(在第 4.1.1 節中介紹)加以簡化。本章中將討論三種最常用的化簡方法：卡諾圖(Karnaugh map)法、列表法(tabular method)、變數引入圖(variable-entered map)法。

4.1 基本概念

在設計數位電路(或系統)時，電路的成本通常由交換函數的表示形式與使用的邏輯元件決定。例如使用基本邏輯閘執行一個交換函數時，該交換函數最好能以最少數目的變數與乘積項(或和項)表示，以減少使用的邏輯閘數目和邏輯閘的扇入數目。如第 3.1.3 節所定義，扇入數目(fan-in)是指一個邏輯閘所能外加的獨立輸入端的數目。若是使用多工器(第 6.3.3 節)執行時，則交換函數最好表示為標準 SOP 型式。因此，在設計一個交換函數的邏輯電路時，該交換函數是否需要化簡，完全由執行該交換函數的邏輯元件決定(邏輯電路的設計與執行，請參閱第 5 章到第 8 章)。

4.1.1 簡化準則

所謂的簡化(minimization)即是將一個交換函數 $f(x_{n-1},\ldots\ldots,x_1,x_0)$ 表示為符合某些簡化準則(minimality criteria)之下的另外一個在邏輯值上等效的交換函數 $g(x_{n-1},\ldots\ldots,x_1,x_0)$。一般常用的簡化準則如下：

簡化準則

1. 出現的字母變數數目最少；
2. 在 SOP(或是 POS)表式中，出現的字母變數數目最少；

3. 在 SOP (或是 POS)表式中，乘積項(或是和項)的數目最少(假設沒有其它具有相同數目的乘積項(或是和項)但具有較少數目的字母變數的表式存在)。

在本章中，將以第三個準則為所有簡化方法的標準。

為說明第三個準則的詳細意義，假設交換函數 $f(x_{n-1}, \ldots, x_1, x_0)$ 表示為 SOP 型式，並且設 q_f 表示交換函數 f 的字母變數數目，p_f 表示交換函數 f 中的乘積項數目。對於交換函數 f 的兩個不同的表示式 f 與 g 而言，當 $q_g \leq q_f$ 而且 $p_g \leq p_f$ 時，若沒有其它和 f 等效的較簡表示式，則 g 為最簡表示式(minimal expression)。

例題 4.1-1 (簡化準則)

在下列兩個 $f(w, x, y, z) = \Sigma(2, 6, 7, 13, 15)$ 的交換表式中，試依上述簡化準則，說明 g 較 f 為簡化。

$$f(w, x, y, z) = w'x'yz' + w'xyz' + w'xyz + wxy'z + wxyz$$

$$g(w, x, y, z) = w'yz' + w'xy + wxz$$

解：因為 $q_f = 20$ 而 $p_f = 5$ 但是

$q_g = 9$ 而 $p_g = 3$

所以 $q_f > q_g$ 而且 $p_f > p_g$，即 g 較 f 為簡化。

📖 **複習問題**

4.1. 一般常用的簡化準則有那些？

4.2. 試定義一個交換函數的最簡表式。

4.1.2 代數運算化簡法

一般而言，任何一個交換函數都可以藉著代數(指交換代數)運算而重覆地使用下列定理：邏輯相鄰定理($xy + xy' = x$)、等冪性($x + x = x$)，與一致性定理($xy + x'z + yz = xy + x'z$)(表 2.1-1)，獲得最簡表式。

例題 4.1-2 (最簡表式)

試求下列交換函數的最簡 SOP 表式

$$f(x, y, z) = \Sigma(0, 2, 3, 4, 5, 7)$$

解： $f(x, y, z) = \Sigma(0, 2, 3, 4, 5, 7)$

$$= \underbrace{x'y'z'}_{m_0} + \underbrace{x'yz'}_{m_2} + \underbrace{x'yz}_{m_3} + \underbrace{xy'z'}_{m_4} + \underbrace{xy'z}_{m_5} + \underbrace{xyz}_{m_7}$$

現在分三種情況討論

(1) 將 m_0 與 m_7，加入 $f(x, y, z)$ 後

$$f(x, y, z) = \underbrace{x'y'z'}_{m_0} + \underbrace{x'yz'}_{m_2} + \underbrace{x'y'z'}_{m_0} + \underbrace{xy'z'}_{m_4} + \underbrace{x'yz}_{m_3} + \underbrace{xyz}_{m_7} + \underbrace{xy'z}_{m_5} + \underbrace{xyz}_{m_7}$$

將 m_0 與 m_2、m_0 與 m_4、m_3 與 m_7、m_5 與 m_7 組合後得到

$$f(x, y, z) = x'z'(y' + y) + (x' + x)y'z' + (x' + x)yz + xz(y' + y)$$
$$= x'z' + y'z' + yz + xz$$

(2) 將 m_0 與 m_2、m_4 與 m_5、m_3 與 m_7 組合後得到

$$f(x, y, z) = x'z'(y' + y) + xy'(z' + z) + (x' + x)yz$$
$$= x'z' + xy' + yz$$

(3) 將 m_0 與 m_4、m_2 與 m_3、m_5 與 m_7 組合後得到

$$f(x, y, z) = (x' + x)y'z' + x'y(z' + z) + x(y' + y)z$$
$$= y'z' + x'y + xz$$

因此 $f(x, y, z) = \Sigma(0, 2, 3, 4, 5, 7)$ 經由不同的乘積項組合後，得到不同的結果。即

$$f(x, y, z) = x'z' + y'z' + yz + xz$$
$$= x'z' + xy' + yz$$
$$= y'z' + x'y + xz$$

這些表式皆為 $f(x, y, z)$ 的不重覆(irredundant，或 irreducible expression)表式，但是只有最後兩個為最簡式。

一般而言，當一個 SOP 表式(或是 POS 表式)中，將任何一個字母變數或是乘積項(或是和項)刪除後，結果表示式的邏輯值即改變時，該 SOP (或是 POS)表式稱為不重覆表式。由前面例題得知：一個不重覆表式不一定是最簡式，而且最簡表式也不一定是唯一的，但是最簡式必定是不重覆表式。

　　若在一個交換函數的表式中，有四個最小項中除了兩個變數不同外，所有變數均相同，而且這四個最小項恰好為這兩個變數的四種不同的組合時，這四個最小項可以合併成一項並且消去該兩個變數。

例題 4.1-3　(四個相鄰的最小項)

　　化簡下列交換函數：

$$f(w, x, y, z) = \Sigma(0, 1, 4, 5)$$

解： $f(w, x, y, z) = \Sigma(0, 1, 4, 5)$

$$= w'x'y'z' + w'x'y'z + w'xy'z' + w'xy'z$$

$$= w'y'(x'z' + x'z + xz' + xz)$$

$$= w'y'A$$

而 $A = x'z' + x'z + xz' + xz$

$$= (x'z' + x'z) + (xz' + xz)$$

$$= x'(z' + z) + x(z' + z)$$

$$= x' + x = 1$$

所以 $f(w, x, y, z) = w'y'$ 。

　　若在一個交換函數的表式中，有八個最小項除了三個變數不同外，所有變數均相同，而且這八個最小項恰好為這三個變數的八種不同的組合時，這八個最小項可以合併成一項，並且消去該三個變數。

例題 4.1-4　(八個相鄰的最小項)

　　化簡下列交換函數：

$$f(w, x, y, z) = \Sigma(1, 3, 5, 7, 9, 11, 13, 15)$$

解： $f(w, x, y, z) = \Sigma(1, 3, 5, 7, 9, 11, 13, 15)$

$$= w'x'y'z + w'x'yz + w'xy'z + w'xyz + wx'y'z + wx'yz$$

$$+ wxy'z + wxyz$$

$$= (w'x'y' + w'x'y + w'xy' + w'xy + wx'y' + wx'y$$

$$+ wxy' + wxy)z$$

$$= [(w'x'y' + w'xy' + wx'y' + wxy')$$

$$+(w'x'y + w'xy + wx'y + wxy)]z$$
$$= [(w'x' + w'x + wx' + wx)y' + (w'x' + w'x + wx' + wx)y]z$$
$$= (y' + y)z = z$$

所以 $f(w, x, y, z) = z$。

———————————————————

一般而言，在 n 個變數的交換函數表式中，若有 2^m 個最小項中除了 m 個變數不同外所有其它變數均相同，而且這 2^m 個最小項恰好為這 m 個變數的所有不同的組合時，這些 2^m 個最小項可以合併成一個具有$(n - m)$個字母變數的乘積項。

雖然，任何交換函數表式都可以藉著布林(交換)代數定理加以簡化，但是由前面的三個例題可以得知：

1. 當變數的數目或是最小項的數目增加時，應用布林(交換)代數定理化簡一個交換表式時，困難度隨之增加；

2. 在應用交換代數的運算過程中，沒有特定的規則可以遵循；

3. 無法明確地得知是否已經獲得最簡式(例如例題 4.1-2)。

因此，在下一節中將介紹一種較有系統的化簡方法：卡諾圖(Karnaugh map)。

📖 *複習問題*

———————————————————

4.3. 試定義不重覆表式。

4.4. 試說明不重覆表式與最簡表式的關係。

4.2 卡諾圖化簡法

卡諾圖其實是一個交換函數真值表的一種圖形表示方法。利用這種圖形表示方法，每一個最小項與其相鄰的最小項，即可以輕易地呈現在相鄰的幾何位置上。這裡所謂的"相鄰"(adjacent)意即兩個最小項僅有一個字母變數不同。當然，利用卡諾圖化簡一個交換表式時，所用的基本原理依然是 $Ax + Ax' = A$ (相鄰定理)。此外，卡諾圖和真值表一樣，原則上可以應用到任意個變數的交換函數中，但是由於多維的幾何圖形很難在平面上展現，一般卡諾圖只應用在六個變數以下的場合。

4.2.1　卡諾圖

　　每一個 n 個變數的卡諾圖都是由 2^n 個格子(cell)組合而成，其中每一個格子恰好表示 n 個變數中一個可能的組合(即最小項或是最大項)。同時，所有最小項(最大項)與其所有相鄰的最小項(最大項)在圖形中的排列方式，恰好在相鄰的格子上。因此，利用一些基本的圖形，即可以獲得交換函數的最簡式。

　　交換函數與卡諾圖的對應關係如下：若一個交換函數 f 表示為標準 SOP 型式時，將所有最小項與卡諾圖上對應的格子設定為 1，而卡諾圖上剩餘的格子則全部設定為 0；若一個交換函數 f 表示為標準 POS 型式時，將所有最大項與卡諾圖上對應的格子設定為 0，而卡諾圖上剩餘的格子則全部設定為 1。

　　在卡諾圖中，值為 1 的格子，稱為 1-格子(1-cell)；值為 0 的格子，稱為 0-格子(0-cell)。兩個格子若其對應的二進制組合恰好只有一個位元的值不相同時，稱為相鄰(adjacency)。當兩個 1-格子(0-格子)相鄰時，表示對應的最小項(最大項)之間有一個變數是重覆的，可以消去。當四個 1-格子(0-格子)相鄰時，表示每一個 1-格子(0-格子)與其它兩個 1-格子(0-格子)相鄰，其對應的最小項(最大項)之間有兩個變數是多餘的，可以消去。一般而言，當 2^m 個 1-格子(0-格子)相鄰時，表示每一個 1-格子(0-格子)均與 m 個 1-格子(0-格子)相鄰，對應的最小項(最大項)之間有 m 個變數是多餘的，可以消去。因此，化簡成一個 $n\text{-}m$ 個變數的乘積項(和項)。

兩個變數卡諾圖

　　兩個變數的卡諾圖如圖 4.2-1 所示。由於有兩個交換變數，所以一共有四個最小項與四個最大項，這些最小項與最大項在卡諾圖中的對應格子如圖 4.2-1(a)所示。圖 4.2-1(b)說明一個交換函數如何與卡諾圖對應。在兩個變數的卡諾圖中，每一個最小項(最大項)都與另外兩個最小項(最大項)相鄰，如圖 4.2-1(a)中的"↔"所示。表 4.2-1 列出兩個變數下，所有最小項(最大項)及與其相鄰的所有最小項(最大項)。

(a) 基本形式

$$f(x,y) = \Sigma(1,3)$$
$$= m_1 + m_3$$

$$f(x,y) = \Pi(1,2)$$
$$= M_1 \cdot M_2$$

(b) 交換函數與卡諾圖的對應例

圖4.2-1　兩個變數的卡諾圖

表4.2-1　兩個變數卡諾圖的相鄰性

最小項	相鄰的最小項	最大項	相鄰的最大項
m_0	m_1 、 m_2	M_0	M_1 、 M_2
m_1	m_0 、 m_3	M_1	M_0 、 M_3
m_2	m_0 、 m_3	M_2	M_0 、 M_3
m_3	m_1 、 m_2	M_3	M_1 、 M_2

三個變數卡諾圖

　　三個變數的卡諾圖如圖 4.2-2 所示。由於有三個交換變數，所以一共有八種不同的組合，即一共有八個最小項與八個最大項。這些最小項與最大項在卡諾圖中的對應格子加圖 4.2-2(a)所示。圖 4.2-2(b)說明一個交換函數如何與卡諾圖對應。在三個變數的卡諾圖中，每一個最小項(最大項)都與另外三個最小項(最大項)相鄰。表 4.2-2 列出三個變數下，所有最小項(最大項)及與其相鄰的所有最小項(最大項)。

z \ xy	00	01	11	10
0	m_0	m_2	m_6	m_4
1	m_1	m_3	m_7	m_5

z \ xy	00	01	11	10
0	M_0	M_2	M_6	M_4
1	M_1	M_3	M_7	M_5

(a) 基本形式

z \ xy	00	01	11	10
0	1	1	0	1
1	0	0	0	0

z \ xy	00	01	11	10
0	0	1	0	1
1	0	0	1	1

$$f(x, y, z) = \Sigma(0,2,4,7)$$
$$= m_0 + m_2 + m_4 + m_7$$

$$f(x, y, z) = \Pi(0,1,3,6)$$
$$= M_0 \cdot M_1 \cdot M_3 \cdot M_6$$

(b) 交換函數與卡諾圖的對應例

圖4.2-2　三個變數的卡諾圖

表4.2-2　三個變數卡諾圖的相鄰性

最小項	相鄰的最小項	最大項	相鄰的最大項
m_0	m_1、m_2、m_4	M_0	M_1、M_2、M_4
m_1	m_0、m_3、m_5	M_1	M_0、M_3、M_5
m_2	m_0、m_3、m_6	M_2	M_0、M_3、M_6
m_3	m_1、m_2、m_7	M_3	M_1、M_2、M_7
m_4	m_0、m_5、m_6	M_4	M_0、M_5、M_6
m_5	m_1、m_4、m_7	M_5	M_1、M_4、M_7
m_6	m_2、m_4、m_7	M_6	M_2、M_4、M_7
m_7	m_3、m_5、m_6	M_7	M_3、M_5、M_6

四個變數卡諾圖

　　四個變數的卡諾圖如圖 4.2-3 所示。由於有四個交換變數，所以一共有十六種不同的組合，即一共有十六個最小項與十六個最大項。這些最小項與最大項在卡諾圖中的對應格子如圖 4.2-3(a)所示。圖 4.2-3(b)說明一個交換函數如何與卡諾圖對應。在四個變數的卡諾圖中，每一個最小項(最大項)都與另外四個最小項(最大項)相鄰。一般而言，在一個 n 個變數的卡諾圖中，每一個最小項(最大項)恰好與 n 個其它的最小項(最大項)相鄰。

yz \ wx	00	01	11	10
00	m_0	m_4	m_{12}	m_8
01	m_1	m_5	m_{13}	m_9
11	m_3	m_7	m_{15}	m_{11}
10	m_2	m_6	m_{14}	m_{10}

yz \ wx	00	01	11	10
00	M_0	M_4	M_{12}	M_8
01	M_1	M_5	M_{13}	M_9
11	M_3	M_7	M_{15}	M_{11}
10	M_2	M_6	M_{14}	M_{10}

(a) 基本形式

yz \ wx	00	01	11	10
00	0 [0]	0 [4]	1 [12]	0 [8]
01	1 [1]	0 [5]	0 [13]	1 [9]
11	0 [3]	1 [7]	1 [15]	0 [11]
10	0 [2]	1 [6]	1 [14]	0 [10]

yz \ wx	00	01	11	10
00	1 [0]	0 [4]	0 [12]	0 [8]
01	0 [1]	1 [5]	1 [13]	1 [9]
11	1 [3]	1 [7]	0 [15]	1 [11]
10	1 [2]	0 [6]	1 [14]	1 [10]

$f(w,x,y,z) = \Sigma(1,6,7,9,12,14,15)$
$= m_1 + m_6 + m_7 + m_9 + m_{12} + m_{14} + m_{15}$

$f(w,x,y,z) = \Pi(1,4,6,8,12,15)$
$= M_1 \cdot M_4 \cdot M_6 \cdot M_8 \cdot M_{12} \cdot M_{15}$

(b) 交換函數與卡諾圖的對應例

圖4.2-3　四個變數的卡諾圖

交換函數的補數函數、和與積函數

如前所述，由真值表求取一個交換函數 f 的補數函數時，僅需將真值表中的函數值取補數即可。由真值表求取兩個交換函數的積函數與和函數時，只需要將交換函數 f 與 g 的真值表中的值分別做 AND 與 OR 運算即可。因此，若交換函數 $f_1(x_{n-1},...,x_1,x_0)$ 與 $f_2(x_{n-1},...,x_1,x_0)$ 分別表示為：

$$f_1 = \sum_{i=0}^{2^n-1} \alpha_i m_i \quad \text{與} \quad f_2 = \sum_{i=0}^{2^n-1} \beta_i m_i$$

則 f_1 與 f_2 的積函數為:

$$f_1 \cdot f_2 = \sum_{i=0}^{2^n-1} (\alpha_i \cdot \beta_i) m_i \quad (\text{因為當 } i \neq j \text{ 時,} m_i \cdot m_j = 0)$$

而 f_1 與 f_2 的和函數為:

$$f_1 + f_2 = \sum_{i=0}^{2^n-1} (\alpha_i + \beta_i) m_i$$

在變數數目少於六個時,交換函數 f 的補數函數及兩個交換函數 f_1 與 f_2 的積函數與和函數也可以使用卡諾圖表示。在求交換函數 f 的補數函數時,僅需將卡諾圖中的 1-格子以 0-格子而 0-格子以 1-格子取代即可。在求兩個交換函數 f_1 與 f_2 的積函數時,將所有卡諾圖中的格子之值 AND 後,即為所求的積函數 $f_1 \cdot f_2$;求兩個交換函數 f_1 與 f_2 的和函數時,則將卡諾圖中的所有格子之值 OR 後,即為所求的和函數 $f_1 + f_2$。

📖 複習問題

4.5. 試定義 0-格子、1-格子、相鄰格子。

4.6. 在卡諾圖中,當有 2^m 個 1-格子(0-格子)相鄰時,可以消去幾個變數?

4.7. 如何使用卡諾圖,求取兩個交換函數的和函數?

4.8. 如何使用卡諾圖,求取兩個交換函數的積函數?

4.2.2 卡諾圖化簡程序

一旦將一個交換函數 f 對應到卡諾圖後,即可以依照卡諾圖的幾何排列方式,合併所有相鄰的最小項(最大項)。一般而言,若將所有 2^m 個相鄰(即每一個格子均與 m 個格子相鄰)的格子組合後,即可以消去 m 個變數,化簡成一個 n-m 個變數的乘積項(和項)。這些可以組合為一項的 2^m 個格子稱為格子群(cluster,或 subcube)。

例題 4.2-1　(格子群)

試說明當將所有 2^m 個相鄰的格子合併後，可以消去 m 個變數。

解：設 $f(w, x, y, z) = \Sigma(2, 3, 4, 5, 12, 13, 14)$ 而其卡諾圖如圖 4.2-4 所示。格子群 A 共有 2 項，即 $2^m = 2$ 所以 $m = 1$，每一個格子均有一個格子與之相鄰，它可消去一個變數：z。格子群 B 共有 4 項，即 $2^m = 4 = 2^2$，所以 $m = 2$，每一個格子均與其它兩個格子相鄰，可消去兩個變數：w 與 z。格子群 C 則和 A 類似，消去一個變數：y。

$$B = wxy'z' + wxy'z + w'xy'z' + w'xy'z$$
$$= xy'(wz' + wz + w'z' + w'z)$$
$$= xy'$$

$$C = wxyz' + wxy'z'$$
$$= wxz'(y + y') = wxz'$$

$$A = w'x'yz + w'x'yz'$$
$$= w'x'y(z + z')$$
$$= w'x'y$$

$$f(w, x, y, z)$$
$$= \Sigma(2,3,4,5,12,13,14)$$

圖4.2-4　例題 4.2-1 的卡諾圖

在上述例題中，最小項 m_{12} 重覆使用了兩次，這是因為在交換代數中，等冪性 $(x + x = x)$ 定理存在的關係。一般而言，在卡諾圖中，任何格子均可以依據實際上的需要，重覆地使用以形成需要的格子群。

卡諾圖的化簡程序如下：

卡諾圖化簡程序

1. 依據欲形成的最簡式為 SOP 或是 POS 形式，選擇考慮 1-格子或是 0-格子。

2. 圈起所有只包含一個單一格子的格子群，然後繼續圈起能形成兩個但是不能形成較多個格子的格子群。

3. 接著圈起能組成四個但是不能形成較多個格子的格子群，然後圈起能形成八個但是不能形成較多個格子的格子群等，依此類推。

4. 在形成最簡表式時，在每一個格子至少皆被一個格子群包含的前提下，儘量選取最大的格子群而且格子群的數目最少，將這些格子群集合後，即為所求的最簡式。

下列舉數例說明上述的化簡程序。

例題 4.2-2　(卡諾圖化簡)

試求下列交換函數的最簡表式：

$$f_1(x,y,z) = \Sigma(1, 3, 4, 5)$$
$$f_2(x,y,z) = \Sigma(2, 3, 6, 7)$$

解： 交換函數 f_1 與 f_2 的卡諾圖與化簡程序說明如圖 4.2-5 所示。在圖 4.2-5(a) 中，最小項 m_1 與 m_3 相鄰，消去 y 而合併成一項 $x'z$；最小項 m_4 與 m_5 相鄰，消去 z 而合併成一項 xy'。在圖 4.2-5(b)中，四個最小項 m_2、m_3、m_6、m_7 相鄰，可以消去 x 與 z 而合併成一項 y。交換函數 f_1 與 f_2 的最簡式分別為：

$$f_1(x,y,z) = x'z + xy'$$
$$f_2(x,y,z) = y \text{。}$$

 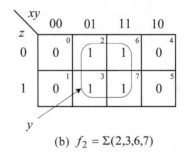

(a)　$f_1 = \Sigma(1,3,4,5)$　　　　　(b)　$f_2 = \Sigma(2,3,6,7)$

圖4.2-5　例題 4.2-2 的卡諾圖

例題 4.2-3　(卡諾圖化簡)

試求下列交換函數的最簡表式

$$f(w,x,y,z) = \Sigma(2, 5, 6, 7, 10, 11, 13, 15)$$

解： 交換函數 f 的卡諾圖如圖 4.2-6 所示。在圖 4.2-6(a)中，四個最小項 m_5、m_7、m_{13}、m_{15} 相鄰，可以消去 w 與 y 而合併成一項 xz；最小項 m_2 與 m_{10} 相鄰，消去 w 而合併成一項 $x'yz'$；m_6 與 m_7 相鄰，消去 z 而合併成一項 $w'xy$；m_{11} 與 m_{15} 相鄰，消去 x 而合併成一項 wyz。注意：m_2 與 m_6、m_{10} 與 m_{11} 均為相

鄰對,但是這些最小項因為都已經包含於其它合併項中,因此它們不需要再進行合併。綜合化簡的結果,得到簡化後的交換表式為:

$$f = w'xy + x'yz' + wyz + xz$$

在圖 4.2-6(b)中,四個最小項 m_5、m_7、m_{13}、m_{15} 相鄰,可以消去 w 與 y 而合併成一項 xz;最小項 m_2 與 m_6 相鄰,消去 x 而合併成一項 $w'yz'$;m_{10} 與 m_{11} 相鄰,消去 z 而合併成一項 $wx'y$。綜合化簡的結果,得到簡化後的交換表式為:

$$f = wx'y + w'yz' + xz$$

注意:圖 4.2-6(a)的結果並不是最簡式,但是一個不重覆表式;圖 4.2-6(b)的結果則為最簡式。

(a) $f = w'xy + x'yz' + wyz + xz$ (b) $f = wx'y + w'yz' + xz$

圖4.2-6 例題 4.2-3 的卡諾圖

在卡諾圖上,任何格子群均為交換函數 f 的隱含項(implicant);任何不被其它較大的隱含項(格子群)所包含的隱含項則為交換函數 f 的質隱項(prime implicant);若一個質隱項所包含的最小項中,至少有一個未被其它質隱項所包含時,該質隱項稱為必要質隱項(essential prime implicant)。由於交換函數中的每一個最小項均必須包含於最簡式中,所以所有必要質隱項皆必須包含於最簡式中。但是所有必要質隱項之集合,往往不能包含一個交換函數的所有最小項。因此,求取一個交換函數的最簡式的方法為先選取必要質隱項,然後選取可以包含未被必要質隱項包含的最小項的最小質隱項集合。

例題 4.2-4 (最簡式)

試求下列交換函數的最簡式：

$$f(w, x, y, z) = \Sigma(7, 8, 12, 13, 15)$$

解： 交換函數 f 的卡諾圖如圖 4.2-7 所示。兩個必要質隱項為 $wy'z'$ 與 xyz。選取這兩個必要質隱項後，留下最小項 m_{13} 未被包含，因此交換函數 f 的最簡式 (有兩個)為：

$$f(w, x, y, z) = wy'z' + xyz + \begin{cases} wxz \\ wxy' \end{cases} \quad \text{(二者擇一)}$$

其中 wxz 與 wxy' 為包含最小項 m_{13} 的質隱項。

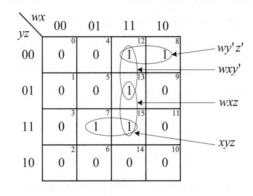

圖4.2-7 例題 4.2-4 的卡諾圖

當然，並不是所有交換函數均含有必要質隱項，例如下列例題中的交換函數。

例題 4.2-5 (沒有必要質隱項的交換函數)

試求下列交換函數的最簡式：

$$f(x, y, z) = \Sigma(1, 2, 3, 4, 5, 6)$$

解： 交換函數 f 的卡諾圖如圖 4.2-8 所示。由於每一個最小項均被兩個質隱項包含，所以沒有必要質隱項。這類型的卡諾圖稱為循環質隱項圖 (cyclic prime-implicant map)。兩個最簡式分別為：

$$f(x, y, z) = xz' + x'y + y'z$$
$$f(x, y, z) = yz' + xy' + x'z$$

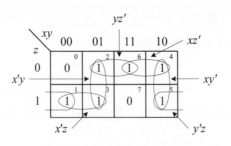

圖4.2-8　例題 4.2-5 的卡諾圖

總之，獲得一個交換函數 f 的最簡 SOP 表式的程序可以歸納如下：

最簡 SOP 表式的求取程序

1. 決定所有必要質隱項並且包含在最簡式中；
2. 由質隱項集合中刪除所有被必要質隱項包含的最小項；
3. 若步驟 1 得到的結果能包含交換函數 f 的所有最小項，該結果即為最簡式，否則適當地選取質隱項以使交換函數 f 的所有最小項皆能完全被包含並且質隱項的數目為最少。

步驟 3 通常不是容易解決的。在第 4.3 節中，將討論一種有系統的方法—質隱項表(prime implicant chart)，以幫助選取適當的質隱項。

📖 複習問題

4.9. 試簡述卡諾圖的化簡程序。

4.10. 試說明格子群的意義。

4.11. 試定義隱含項與質隱項。

4.12. 試定義必要質隱項。

4.13. 試簡述最簡 SOP 表式的求取程序。

4.2.3 最簡 POS 表式

到目前為止，所有交換函數均以 SOP 形式的最簡式表示，但是對於某些交換函數而言，若表示為 POS 形式的最簡式時，執行該交換函數時所需要的邏輯閘數目將較少，因而較經濟。例如下列例題中的交換函數。

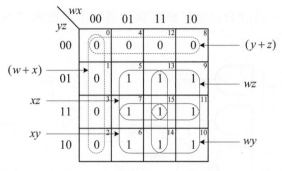

圖4.2-9　例題 4.2-6 的卡諾圖

例題 4.2-6　(最簡 POS 表式)

試求下列交換函數的最簡 POS 表式：

$$f(w, x, y, z) = \Sigma(5, 6, 7, 9, 10, 11, 13, 14, 15)$$

解：交換函數 f 的卡諾圖與所有質隱項如圖 4.2-9 所示。因為四個質隱項均為必要質隱項，所以交換函數 f 的最簡 SOP 表式為：

$$f(w, x, y, z) = xz + xy + wz + wy$$

執行上述交換函數一共需要四個 2 個輸入端的 AND 閘與一個 4 個輸入端的 OR 閘，如圖 4.2-10(a)所示。若利用分配律，將 f 的最簡式表為 POS 形式，即

$$f(w, x, y, z) = (xz + xy) + (wz + wy)$$
$$= x(y + z) + w(y + z)$$
$$= (x + w)(y + z)$$

則執行該交換函數時，只需要兩個 2 個輸入端的 OR 閘與一個 2 個輸入端的 AND 閘，如圖 4.2-10(b)所示。因此，交換函數 f 以最簡 POS 表式執行時，較為經濟。

獲得一個交換函數的最簡 POS 表式，也可以直接由卡諾圖中讀取。其程序和讀取最簡 SOP 表式的方式是對偶的，即此時所觀察的是 0-格子而不是 1-格子。例如在圖 4.2-9 中，當讀取 0-格子所形成的質隱項時，可以得到下列最簡的 POS 表式：

$$f(w, x, y, z) = (w + x)(y + z)$$

一般而言，並沒有一個已知的方法可以判斷以何種方式執行時，較為經

濟。因此，設計者必須仔細觀察甚至導出兩種形式的最簡式後，選擇其中較經濟的一種執行。

(a) 以最簡SOP表式執行　　　　　　　　(b) 以最簡POS表式執行

圖4.2-10　例題 4.2-6 的交換函數的兩種執行方式

📖 複習問題

4.14. 是否使用最簡 POS 表式執行時需要的邏輯閘數目都較少？

4.15. 試簡述由卡諾圖中讀取最簡 POS 表式的方法。

4.2.4 未完全指定交換函數

　　前面各節所討論的交換函數，在輸入變數的所有可能的二進制值組合下，其值均肯定的為 0 或是 1，這種交換函數稱為完全指定交換函數 (completely specified switching function)。在某些交換函數中，有些輸入組合因為某種原因，可能永遠不會發生，或是即使發生了但是交換函數的值可以為 0 或是 1，這種交換函數稱為未完全指定交換函數(incompletely specified switching function)。不可能發生或是發生了也不會影響交換函數值的輸入變數組合，稱為不在意項(don′t care term)。這種不在意項可以幫助簡化交換函數的表式。

　　因為不在意項的函數值可以為1或是為0，所以在卡諾圖中，所有不在意項的格子(最小項或是最大項)均以φ(為 0 與 1 重疊的結果，表示其值可以為 1 或是 0)表示。至於該格子是當做 0-格子或是 1-格子，則由實際上在求最簡式時的需要而定。注意：只有由不在意項形成的格子群不能形成一個質隱項。

例題 4.2-7　(不在意項)

試求下列交換函數的最簡式：
$$f(w, x, y, z) = \Sigma(1, 3, 7, 8, 9, 12, 13, 15) + \Sigma_\phi(4, 5, 10, 11, 14)$$

解： 交換函數 f 的卡諾圖如圖 4.2-11 所示。為求取較簡單的表示式，將 ϕ_5, ϕ_{10}, ϕ_{11}, 與 ϕ_{14} 等四個不在意項均設定為 1，因此最簡式為：
$$f(w, x, y, z) = w + z\,。$$

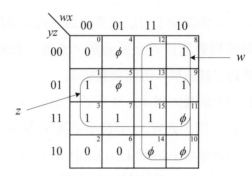

圖4.2-11　例題 4.2-7 的卡諾圖

例題 4.2-8　(不在意項)

試求下列交換函數的最簡式：
$$f(w, x, y, z) = \Pi(1, 2, 3, 4, 9) + \Pi_\phi(10, 11, 12, 13, 14, 15)$$

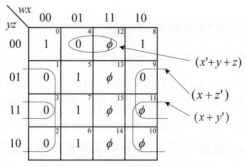

圖4.2-12　例題 4.2-8 的卡諾圖

解： 交換函數 f 的卡諾圖如圖 4.2-12 所示。將不在意項 ϕ_{10}, ϕ_{11}, 與 ϕ_{12} 等設定為 0

後，得到最簡式：

$$f(w, x, y, z) = (x + y')(x + z')(x' + y + z)$$

📖 複習問題

4.16. 何謂完全指定交換函數與未完全指定交換函數？

4.17. 試簡述什麼是不在意項。它在交換函數的化簡程序中有何作用？

4.2.5 五個變數卡諾圖

一般而言，卡諾圖除了可以用來化簡三個或是四個變數的交換函數外，也可以化簡較多變數數目的交換函數。不過，當變數的數目超過六個以上時，卡諾圖變為立體圖形，因而很難處理。

五個變數的卡諾圖如圖 4.2-13 所示。由於有五個交換變數，所以一共有 32 個不同的組合，即一共有 32 個最小項與 32 個最大項。這些最小項與最大項在卡諾圖中的對應格子如圖 4.2-13(a)所示。圖 4.2-13(b)說明一個交換函數如何與卡諾圖對應。在五個變數的卡諾圖中，每一個最小項(最大項)都與另外五個最小項(最大項)相鄰。注意：五個變數的卡諾圖可以視為兩個四個變數的卡諾圖並列而成，其中一個為 $v = 0$，另一個為 $v = 1$。在 $v = 0$ (或是 $v = 1$)中的卡諾圖，每一格子除了和其它四個格子相鄰外，也和 $v = 1$ (或是 $v = 0$)中對應的格子相鄰，因而每一個格子都與其它五個格子相鄰。

例題 4.2-9 (五個變數的卡諾圖)

試求下列交換函數的最簡式：

$$f(v, w, x, y, z) = \Sigma(0, 3, 4, 5, 11, 12, 13, 15, 19, 20, 21, 27, 28, 29, 31)$$

解： 交換函數 f 的卡諾圖與化簡程序如圖 4.2-14 所示。最小項 m_3 與 m_{11} 相鄰而且和 m_{19} 與 m_{27} 相鄰，消去 v 與 w 而合併成一項 $x'yz$；最小項 m_{11} 與 m_{15} 相鄰而且和 m_{27} 與 m_{31} 相鄰，消去 v 與 x 而合併成一項 wyz；最小項 m_{13} 與 m_{15} 相鄰而且和 m_{29} 與 m_{31} 相鄰，消去 v 與 y 而合併成一項 wxz；最小項 m_4、m_5、m_{12}、m_{13} 相鄰而且和 m_{20}、m_{21}、m_{28}、m_{29} 相鄰，消去 v、w 與 z 而合併成一項 xy'。最小項 m_0 與 m_4 相鄰，可以消去 x 而合併成一項 $v'w'y'z'$。其最簡式為

最小項卡諾圖 (minterm map)

yz\wx	v=0 00	01	11	10	v=1 00	01	11	10
00	m_0	m_4	m_{12}	m_8	m_{16}	m_{20}	m_{28}	m_{24}
01	m_1	m_5	m_{13}	m_9	m_{17}	m_{21}	m_{29}	m_{25}
11	m_3	m_7	m_{15}	m_{11}	m_{19}	m_{23}	m_{31}	m_{27}
10	m_2	m_6	m_{14}	m_{10}	m_{18}	m_{22}	m_{30}	m_{26}

最大項卡諾圖 (maxterm map)

yz\wx	v=0 00	01	11	10	v=1 00	01	11	10
00	M_0	M_4	M_{12}	M_8	M_{16}	M_{20}	M_{28}	M_{24}
01	M_1	M_5	M_{13}	M_9	M_{17}	M_{21}	M_{29}	M_{25}
11	M_3	M_7	M_{15}	M_{11}	M_{19}	M_{23}	M_{31}	M_{27}
10	M_2	M_6	M_{14}	M_{10}	M_{18}	M_{22}	M_{30}	M_{26}

(a) 基本形式

左圖

yz\wx	v=0 00	01	11	10	v=1 00	01	11	10
00	1	1	0	0	1	1	0	0
01	0	0	0	0	0	1	0	0
11	0	0	1	0	0	0	1	0
10	1	1	0	1	0	0	0	0

$f(v,w,x,y,z) = \Sigma(0,2,4,6,10,15,16,19,20,21,31)$
$= m_0 + m_2 + m_4 + m_6 + m_{10} + m_{15} + m_{16} + m_{19} + m_{20} + m_{21} + m_{31}$

右圖

yz\wx	v=0 00	01	11	10	v=1 00	01	11	10
00	1	1	1	1	1	0	0	1
01	1	0	1	1	0	1	1	1
11	1	1	1	1	1	1	0	1
10	1	1	0	1	1	1	1	1

$f(v,w,x,y,z) = \Pi(1,3,7,9,14,17,18,20,28,30)$
$= M_1 \cdot M_3 \cdot M_7 \cdot M_9 \cdot M_{14} \cdot M_{17} \cdot M_{18} \cdot M_{20} \cdot M_{28} \cdot M_{30}$

(b) 交換函數與卡諾圖的對應例

圖4.2-13　五個變數的卡諾圖

$$f(v, w, x, y, z) = xy' + v'\,w'\,y'\,z' + x'\,yz + \begin{cases} wyz \\ wxz \end{cases} \text{(二者擇一)}$$

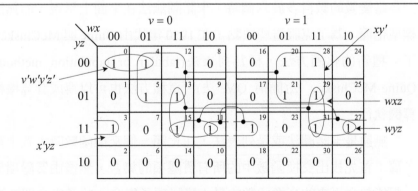

圖4.2-14　例題 4.2-9 的卡諾圖

例題 4.2-10　(五個變數的卡諾圖)

試求下列交換函數的最簡式

$$f(v, w, x, y, z) = \Sigma(0, 1, 4, 5, 12, 15, 16, 17, 21, 25, 27, 30, 31)$$
$$+ \Sigma_\phi(9, 11, 13, 14, 20, 28, 29)$$

解： 交換函數 f 的卡諾圖如圖 4.2-15 所示。交換函數 f 的最簡式為：

$$f(v, w, x, y, z) = wx + wz + w'y' \text{ 。}$$

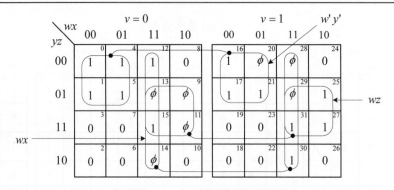

圖4.2-15　例題 4.2-10 的卡諾圖

4.3 列表法化簡法

卡諾圖化簡法的主要缺點有二：一、所有質隱項都是以幾何圖形的基本標型(pattern)做判斷而求得的；二、卡諾圖只適用在六個變數以下的情形，因為當變數的數目多於六個時，卡諾圖無法在平面上呈現，而無法使用基本標型化簡。為了克服這些缺點，在 1950 年代由 Quine 與 McCluskey 等人提出了一種新的化簡方法，稱為列表法(tabular or tabulation method)，或稱為 Quine-McCluskey 法(簡稱 QM 法)。這種方法也可以寫成計算機程式，由計算機執行。

無論是卡諾圖法或是列表法，在化簡一個交換函數時大致上都分成兩個步驟：首先找出交換函數中的所有質隱項的集合，然後由質隱項集合中找出一組能包含原來的交換函數的最小質隱項子集合，此子集合即為最簡式。

欲由所有質隱項集合中找出最簡式的最小子集合的兩個常用方法為：

Petrick 方法與探索法(heuristic method)。Petrick 方法為一個可以由所有質隱項集合中找出一個交換函數最簡式的系統性方法。探索法則重複性的使用一些簡化質隱項表的規則，以簡化質隱項表的大小，然後由此簡化質隱項表中獲取最簡式。

4.3.1 列表法

　　使用列表法求取一個交換函數的質隱項集合時，交換函數中的所有乘積項(p)均以二進制組合的方式表示，即

$$p = b_{n-1}\ldots b_i \ldots b_1 b_0$$

而 b_i 的值可以為 1、0 或是-，由 b_i 所對應的交數變數是 x_i、x'_i 或是未出現(即該變數已經由於組合的關係而消去)決定。兩個乘積項 p 與 q 可以組合成一項而消去一個變數的條件為所有"-"的位元位置必須相同，而且只有一個位元位置的值不同(即一個為 0 而另外一個為 1)。假設 p 與 q 分別為：

$$p = b_{n-1}\ldots b_{i+1} b_i b_{i-1}\ldots b_1 b_0$$

與

$$q = b_{n-1}\ldots b_{i+1} b'_i b_{i-1}\ldots b_1 b_0$$

其中 b_j，當 $j \neq i$ 時，$b_j \in \{0, 1, \text{-}\}$，而 $b_i \in \{0, 1\}$，p 與 q 組合成一項後得到：

$$(p, q) = b_{n-1}\ldots b_{i+1} - b_{i-1}\ldots b_1 b_0$$

b_i 的位元位置設定為"-"，因為 b_i 與 b'_i (所對應的變數($x_i + x'_i = 1$)組合後已經消去。在這種情況下，p 與 q 稱為可合併項。

　　有了上述定義後，列表法的質隱項求取程序可以描述如下：

列表法的質隱項求取程序

1. 將所有最小項分成數個組，在同一組中的最小項當以二進制表示時，其中 1 的個數(稱為指標，index)皆相同，並且將這些組按照指標的次序(由小而大)依序排列。

2. 依序比較指標值為 i 與指標值為 $i + 1(i = 0, 1, 2, \ldots)$中各項，將所有可合併

項合併成一項，並將合併過的最小項加上檢查符號($\sqrt{}$)，重覆此步驟，直到所有最小項都檢查過為止。注意：在此步驟中指標值為 i 與 $i+1$ 所組合的合併項歸納為同一組，其指標值為 i。

3. 在步驟 2 所得到的合併項中，若有兩個合併項可以再度地合併時，即將它們合併，並加上檢查符號($\sqrt{}$)。這一步驟繼續進行直到沒有其它合併項可以合併時為止。

4. 上列步驟中所有未加上檢查符號的最小項或是合併項的集合，即為該交換函數的質隱項集合。(由質隱項集合中選取一組可以包含所有最小項的最小質隱項子集合，即為該交換函數的最簡式。)

例題 4.3-1　(列表法求質隱項集合)

試求下列交換函數的質隱項集合：

$$f(x, y, z) = \Sigma(0, 1, 2, 4, 5, 7)$$

解：步驟 1：將指標值相同的最小項依序歸納成一組，並依指標值大小排列如圖 4.3-1 所示。這裡所謂的指標值為當最小項表示為二進制時，其中值為 1 的位元個數。例如 $0 = 000_2$，指標值為 0；$2 = 010_2$，指標值為 1。

步驟 2：合併指標值為 i 與 $i+1$ 的各組中的可合併項，例如(0, 1)合併後得到(00-)，因其最小有效位元的值分別為 0 與 1，消去該位元而置上"-"。

步驟 3：合併步驟 2 所得結果中指標值為 i 與 $i+1$ 的各組中的可合併項，其中(0, 1) = (00-)而(4, 5) = (10-)，除了最大有效位元的值不同之外，其餘兩個位元的值均相同，所以可以消去最大有效位元而得到(-0-)。因為沒有其它可合併項可以再合併，化簡程序終止。

步驟 4：在上述步驟中所有未加上檢查符號($\sqrt{}$)的最小項或是合併項(在圖中以←標示)即為交換函數 f 的質隱項集合，即

$$P = \{y', xz, x'z'\}$$

使用列表法化簡未完全指定交換函數(即交換函數中含有不在意項)時，所有不在意項均加入化簡程序中，以求得最簡單的質隱項。下面例題說明如何求得未完全指定交換函數的最簡式。

步驟1

指標	十進制	二進制 $x\ y\ z$
0	0	0 0 0 √
1	1	0 0 1 √
	2	0 1 0 √
	4	1 0 0 √
2	5	1 0 1 √
3	7	1 1 1 √

步驟2

指標	十進制	二進制 $x\ y\ z$
0	(0,1)	0 0 - √
	(0,2)	0 - 0 ←
	(0,4)	- 0 0 √
1	(1,5)	- 0 1 √
	(4,5)	1 0 - √
2	(5,7)	1 - 1 ←

步驟3

指標	十進制	二進制 $x\ y\ z$
0	(0,1,4,5)	- 0 - ←

圖4.3-1　例題 4.3-1 的詳細化簡過程

例題 4.3-2　(未完全指定交換函數)

試求下列未完全指定交換函數的最簡式：

$$f(w, x, y, z) = \Sigma(2, 6, 7, 8, 13) + \Sigma_\phi(0, 5, 9, 12, 15)$$

解：詳細的化簡過程如圖 4.3-2 所示。由於在求質隱項時，所有不在意項均必須參與，即假設它們的值均為 1，所以相當於對下列交換函數求取質隱項：

$$f(w, x, y, z) = \Sigma(0, 2, 5, 6, 7, 8, 9, 12, 13, 15)$$

步驟 1：將指標值相同的最小項依序歸納成一組，並依指標值大小排列如圖 4.3-2 所示。

步驟 2：合併指標值為 i 與 $i + 1$ 的各組中的可合併項，例如(0, 2)合併後得到 (00-0)，因其 0 = (0000)與 2 = (0010)的第二個有效位元的值分別為 0 與 1，消去該位元而置上 "-"。所有由此合併項包含的最小項均加上檢查符號 (√)。

步驟 3：合併步驟 2 所得結果中指標值為 i 與 $i + 1$ 的各組中的可合併項，其中 (8, 9) = (100-)而(12, 13) = (110-)可以合併，因為除了第三個有效位元的值不同之外，其餘三個位元的值均相同，所以可以消去第三個有效位元而得到(1-0-)。另外(5, 7) = (01-1)而(13, 15) = (11-1)可以合併，因為除了最大有效位元的值不同之外，其餘三個位元的值均相同，所以可以消去最大個有效位元而得到(-1-1)。所有由此合併項包含的最小項均加上檢查符號 (√)。因為沒有其它可合併項可以再合併，化簡程序終止。

步驟4：在上述步驟中所有未加上檢查符號(√)的最小項或是合併項(在圖中以←標示)即為交換函數 f 的質隱項集合，即

$$P = \{xz, wy', w'xy, w'yz', x'y'z', w'x'z'\}$$

步驟1

指標	十進制	二進制 $w\ x\ y\ z$	
0	0	0 0 0 0	√
1	2	0 0 1 0	√
	8	1 0 0 0	√
2	5	0 1 0 1	√
	6	0 1 1 0	√
	9	1 0 0 1	√
	12	1 1 0 0	√
3	7	0 1 1 1	√
	13	1 1 0 1	√
4	15	1 1 1 1	√

步驟2

指標	十進制	二進制 $w\ x\ y\ z$	
0	(0,2)	0 0 - 0	F
	(0,8)	- 0 0 0	E
1	(2,6)	0 - 1 0	D
	(8,9)	1 0 0 -	√
	(8,12)	1 - 0 0	√
2	(5,7)	0 1 - 1	√
	(5,13)	- 1 0 1	√
	(6,7)	0 1 1 -	C
	(9,13)	1 - 0 1	√
	(12,13)	1 1 0 -	√
3	(7,15)	- 1 1 1	√
	(13,15)	1 1 - 1	√

步驟3

指標	十進制	二進制 $w\ x\ y\ z$	
1	(8,9,12,13)	1 - 0 -	B
2	(5,7,13,15)	- 1 - 1	A

圖4.3-2　例題 4.3-2 的詳細化簡過程

📖 複習問題

4.18. 卡諾圖的缺點為何？

4.19. 何謂可合併項？試定義之。

4.20. 試簡述列表法的化簡程序。

4.21. 如何使用列表法化簡一個未完全指定交換函數？

4.3.2 質隱項表

　　所謂的質隱項表(prime implicant chart)是一個表示一個交換函數中質隱項與最小項之間的包含關係的表格方法。質隱項表的建立方法如下：在表格最上方由左而右依序寫下交換函數 f 的所有最小項；在表格最左邊則由上至下依序寫下該交換函數中所有最小項經過化簡後得到的所有質隱項。在每一個質隱項所在的那一列位置上，依序將該質隱項所包含的最小項位置上加上記號("×")。若一個最小項僅被一個質隱項包含時，將記號("×")加註一個圓圈("⊗")。注意在質隱項表中，若一個最小項只被一個質隱項包含時，該質隱項即為必要質隱項，必須包含於交換函數 f 的最簡式中。

　　使用質隱項表求取最簡式的程序如下：

由質隱項表求取最簡式的程序

1. 找出必要質隱項：選取一個必要質隱項後，將該必要質隱項所包含的所有最小項上方皆加上檢查符號($\sqrt{}$)，表示它們已經被此必要質隱項包含。

2. 找出能包含那些尚未加上檢查符號($\sqrt{}$)的最小項的質隱項子集合，直到所有最小項皆被加上檢查符號($\sqrt{}$)為止。

例題 4.3-3　(最簡式)

　　試以質隱項表求出下列交換函數的最簡式：

$$f(x, y, z) = \Sigma(0, 1, 2, 4, 5, 7)$$

解：由例題 4.3-1，得到交換函數 f 的三個質隱項：

$$P = \{xz \cdot x'z' \cdot y'\}$$

上述質隱項亦可以使用圖 4.3-3(a) 的卡諾圖化簡得到，其質隱項表如圖 4.3-3(b) 所示，由於最小項 m_1、m_2、m_4、m_7 均各只被一個質隱項所包含，這些質隱項均為必要質隱項。在選出所有必要質隱項後，交換函數 f 的所有最小項都已經被包含，因此交換函數 f 的最簡式為

$$f(x, y, z) = y' + x'z' + xz$$

(a) 卡諾圖　　　　　　(b) 質隱項表

圖4.3-3　例題 4.3-3 的質隱項表

例題 4.3-4　(最簡式)

　　試以質隱項表求出下列交換函數的最簡式：

$$f(w, x, y, z) = \Sigma(0, 1, 2, 5, 7, 8, 9, 10, 15)$$

解： 使用圖 4.3-4(a)的列表法化簡之後得到交換函數 f 的五個質隱項：

$$P = \{x'y' \cdot x'z' \cdot w'y'z \cdot w'xz \cdot xyz\}$$

質隱項表如圖 4.3-4(b)所示，由於最小項 m_2、m_9、m_{10}、m_{15} 均各只被一個質隱項所包含，這些質隱項為必要質隱項。在選出所有必要質隱項後，交換函數 f 只剩最小項 m_5 未被包含，而能包含它的質隱項有兩個 $w'y'z$ 與 $w'xz$。因為這兩個質隱項均為三個字母變數，所以任選一個均可以與必要質隱項組成最簡式。因此其最簡式為：

$$f(w, x, y, z) = x'y' + x'z' + xyz + \begin{cases} w'y'z \\ w'xz \end{cases} \quad (二者擇一)$$

步驟1

指標	十進制	二進制 $w\ x\ y\ z$
0	0	0 0 0 0 √
1	1	0 0 0 1 √
	2	0 0 1 0 √
	8	1 0 0 0 √
2	5	0 1 0 1 √
	9	1 0 0 1 √
	10	1 0 1 0 √
3	7	0 1 1 1 √
4	15	1 1 1 1 √

步驟2

指標	十進制	二進制 $w\ x\ y\ z$	
0	(0,1)	0 0 0 -	√
	(0,2)	0 0 - 0	√
	(0,8)	- 0 0 0	√
1	(1,5)	0 - 0 1	C
	(1,9)	- 0 0 1	√
	(2,10)	- 0 1 0	√
	(8,9)	1 0 0 -	√
	(8,10)	1 0 - 0	√
2	(5,7)	0 1 - 1	D
3	(7,15)	- 1 1 1	E

(a)

步驟3

指標	十進制	二進制 $w\ x\ y\ z$	
0	(0,1,8,9)	- 0 0 -	A
	(0,2,8,10)	- 0 - 0	B

PI	m_i	0 √	1 √	2 √	5	7 √	8 √	9 √	10 √	15 √
$A* = x'y'$		×	×				×	⊗		
$B* = x'z'$		×		⊗			×		⊗	
$C = w'y'z$			×		×					
$D = w'xz$					×	×				
$E* = xyz$						×				⊗

(b)

圖4.3-4 例題 4.3-4 的質隱項表

對於未完全指定交換函數(即交換函數中含有不在意項)而言，在使用質隱項表求取最簡式時，依然先使用卡諾圖 (第 4.2.4 節)或列表法(第 4.3.1 節)化簡之後，求出質隱項集合，然後建立質隱項表，但是在建立質隱項表時，所有不在意項並不需要出現在質隱項表中，因為它們並未指定交換函數的值。下面例題說明如何求得未完全指定交換函數的最簡式。

例題 4.3-5 (未完全指定交換函數)

試求下列未完全指定交換函數的最簡式：

$$f(w, x, y, z) = \Sigma(2, 5, 6, 8, 15) + \Sigma_\phi(0, 7, 9, 12, 13)$$

解： 由例題 4.3-2，得到下列質隱項集合：

$$P = \{xz, wy', w'xy, w'yz', x'y'z', w'x'z'\}$$

上述質隱項亦可以使用圖 4.3-5(a)的卡諾圖化簡得到，交換函數 f 的質隱項表如圖 4.3-5(b)(注意不在意項不需要列入質隱項表中)所示，其中最小項 m_5 與 m_{15} 僅由質隱項 A 所包含，因此 A 為必要質隱項。不過由表中可以得知：質隱項 D 同時包含最小項 m_2 與 m_6，在選取質隱項 D 之後，只剩最小項 m_8 未被包含，它可以由質隱項 B 與 E 包含，但是 E 較 B 複雜，所以選取 B。交換函數 f 的最簡式為

$$f(w, x, y, z) = A + B + D = xz + wy' + w'yz'$$

(a) 卡諾圖

質隱項＼最小項	2	5	6	8	15
*A=xz		⊗			⊗
B=wy'				×	
C=w'xy		×			
D=w'yz'	×		×		
E=x'y'z'				×	
F=w'x'z'	×				

(b) 質隱項表

圖4.3-5　例題 4.3-5 的詳細化簡過程

📖 複習問題

4.22. 何謂質隱項表？試定義之。

4.23. 試簡述質隱項與最簡式的關係。

4.24. 試簡述使用質隱項表求取最簡式的程序。

4.25. 為何在建立質隱項表時，不在意項並不需要出現在表中？

4.3.3 Petrick 方法

Petrick 方法為一個由質隱項表中，求得交換函數的所有最簡式的較有系統的方法。其原理為包含一個最小項的質隱項可以視為一個交換變數，當其被選取時值為 1，不被選取時值為 0。依據此原理，在質隱項表中的每一個最小項行中，可以求取包含該最小項的所有質隱項之和(OR)項，此和項表示該最小項可以由一個或是多個質隱項所包含。由於每一個最小項均必須包含於最簡式中，因此質隱項函數(prime implicant function) p 定義為包含每一個最小項行的質隱項 OR 後的和項之積(AND)，其結果為一個 POS 交換表式。一旦定義了質隱項函數 p 之後，使用 Petrick 方法的最簡式求取程序可以歸納如下：

使用 Petrick 方法的最簡式求取程序

1. 寫出 p 交換表式：p 表式等於包含每一個最小項行的質隱項 OR 後的和項之積，其結果為一個 POS 交換表式。

2. 使用分配律將 p 交換表式展開並且表示為 SOP 形式，並使用累乘性與吸收律化簡該 SOP 表式。結果的 SOP 表式中的每一個乘積項代表一個不重覆表式。

3. 由 2 得到的 SOP 表式中，依據 4.1.1 節所述的簡化準則，選出一個質隱項數目最少而且在每一個質隱項中字母變數最少的乘積項，即為所求的最簡式。

例題 4.3-6 (Petrick 方法求取最簡式)

試利用 Petrick 方法，求取例題 4.3-5 中交換函數 f 的最簡式。

解：由例題 4.3-5 的質隱項表得到：

$$p = (D + F)A(C + D)(B + E)A$$
$$= A(D + CF)(B + E)$$
$$= A(BD + BCF + DE + CEF)$$
$$= ABD + ADE + ABCF + ACEF$$

因此一共有四個乘積項，其中質隱項數目最少的為前面兩個，但是在這兩個乘積項中，只有第一項 ABD 的字母變數最少，因此交換函數 f 的最簡式為

$$f(w, x, y, z) = A + B + D = xz + wy' + w'yz'$$

和例題 4.3-5 得到的結果相同。

📖 **複習問題**

4.26. 何謂 Petrick 方法？試解釋之。

4.27. Petrick 方法的主要缺點為何？

4.28. 試簡述 Petrick 方法求取最簡式的程序。

4.3.4 探索法

雖然 Petrick 方法可以求出一個交換函數 f 的所有最簡式，然而其運算過程相當複雜。在實際設計一個邏輯電路時，通常不需要求出交換函數 f 的所有最簡式。在這種情況下，可以利用一些方法簡化一個複雜的質隱項表，然後由其中選取一個最簡式執行需要的邏輯電路。

探索法為一個重複的使用一些簡化質隱項表的規則：消去被包含列(covered row)與消去包含行(covering column)，以簡化質隱項表的大小，然後由此簡化質隱項表中獲取最簡式。

在一個質隱項表中，若一個列(即質隱項) p_j 所包含的最小項均被另一個列 p_i 所包含時，稱為 p_i 包含 p_j。若 p_i 包含 p_j 而且 p_i 的字母變數數目並不較 p_j 為多時，可以消去 p_j，而該質隱項表中至少仍然保留一個最簡式。

例題 4.3-7 (質隱項表的簡化)

以消去被包含列的方法，簡化例題 4.3-5 的質隱項表，並求其最簡式。

解：例題 4.3-5 的質隱項表如圖 4.3-6(a)所示，其中 A 為必要質隱項(*)，質隱項 C 與 F 被 D 所包含而質隱項 E 與 B 所包含，所以這三個列可以消去而得到圖 4.3-6(b)的簡化質隱項表。在圖 4.3-6(b)的簡化質隱項表中，質隱項 B 與 D 為第二必要質隱項(**)，選出 B 與 D 後，連同必要質隱項 A，即為交換函數 f 的最簡式

$$f(w,x,y,z) = A + B + D = xz + wy' + w'yz'$$

和例題 4.3-5 得到的結果相同。

(a) 質隱項表   (b) 去掉 C、E、與 F 後

圖4.3-6　例題 4.3-5 的詳細步驟

在質隱項表中，若一個行 c_j 中的每一個出現記號(×)的地方，c_i 也均有此記號(×)時，稱為 c_i 包含 c_j。若 c_i 包含 c_j，則可以消去 c_i，而不會影響最簡式的求得。事實上，消去包含別行的一行，並不會影響原來交換函數中的所有最簡式的求得，因為最簡式中的質隱項依然留於被包含的行中。注意：當消去一列時，是消去被包含的列；當消去一行時，是消去包含的行。

在實際簡化一個質隱項表時，常常需要重覆地使用消去被包含列與消去包含行的步驟。因此探索法的最簡式求取程序可以歸納如下：

使用探索法的最簡式求取程序

1. 找出必要質隱項：由質隱項表中找出必要質隱項(標示為*)，將它們列入最簡式的集合中，並將必要質隱項及它所包含的最小項自質隱項表中移除。

2. 簡化質隱項表：使用消去被包含列與消去包含行的規則簡化 1 所得到的簡化質隱項表。

3. 重複執行上述步驟，直到簡化的質隱項表為空態為止。注意在簡化的質隱項表中的第二、第三、等必要質隱項依序標示為**、***、等。

例題 4.3-8　(質隱項表的簡化)

試求下列交換函數的最簡式：

$f(w,x,y,z) = \Sigma(4, 6, 7, 10, 11, 14, 18, 19, 22, 26) +$

$$\Sigma_\phi(3, 5, 15, 20, 21, 23, 27)$$

解： 使用卡諾圖或列表法化簡後，交換函數 f 的質隱項表如圖 4.3-7(a)所示。其中質隱項 A 為必要質隱項。在選取這個必要質隱項與移除其包含的最小項後，質隱項表簡化如圖 4.3-7 (b)所示。質隱項 C 包含於質隱項 B 中，而質隱項 G 包含於質隱項 F，它們均可以去掉。另外 C_{10} 與 C_{14} 均被 C_{11} 包含而 C_{18} 被 C_{19} 包含，因此 C_{11} 與 C_{19} 可以去除。簡化的質隱項表如圖 4.3-7 (c)所示。質隱項 B 與 E 為二次必要質隱項，以**標示。在選取必要質隱項 A 與二次必要質隱項 B 與 E 後，交換函數 f 的最簡式為：

$$f(w, x, y, z) = A + B + E$$

$$= w'x + vx'z + v'wy$$

(a)質隱項表

(b)去掉A後的質隱項表

(c)去掉C、F、G後的質隱項表

圖4.3-7　例題 4.3-8 的詳細步驟

有些質隱項表除了沒有必要質隱項外，也沒有被包含列與包含行存在，這種質隱項表稱為循環質隱項表(cyclic prime implicant chart)。在這種情況下有兩種方法可以解決：一個是利用前面提到的 Petrick 方法；另一個則是使用分歧法(branching method)，自質隱項表中，隨意地選取一個字母變數數目最少的質隱項，打破其循環性，然後使用前述的簡化方法，求得該交換函數的最簡式。

(a) 質隱項表

(b) 去掉A的質隱項表

(c) 去掉B與H後的質隱項表

(d) 去掉C與G後的質隱項表

圖4.3-8　例題 4.3-9 的詳細步驟

例題 4.3-9　(循環質隱項表)

試求下列交換函數的最簡式：

$$f(w, x, y, z) = \Sigma(l, 3, 4, 5, 10, 11, 12, 14)$$

解：利用卡諾圖或列表法化簡後，得到八個質隱項，其質隱項表如圖 4.3-8(a)所示。由於沒有必要質隱項，也沒有被包含列與包含行存在，因此為一個循環質隱項表，所以利用分歧法解決。因為所有質隱項均包含三個字母變數，所以隨便選取一項為必要質隱項，假設選取 A (標示為*)，則其簡化後的質隱項表如圖 4.3-8(b)所示。

在圖 4.3-8(b)的簡化質隱項表中，質隱項 B 與 H 分別為質隱項 C 與 G 所包含，所以它們可以去掉，而得到圖 4.3-8(c)的簡化質隱項表。在圖 4.3-8(c)的簡化質隱項表中，質隱項 C 與 G 為第二必要質隱項(**)，在選取 C 與 G 後的質隱項如圖 4.3-8(d)所示。在圖 4.3-8(d)的簡化質隱項表中，質隱項 D 與 F 均為質隱項 E 所包含，它們可以去掉。質隱項 E 成為第三必要質隱項(***)。所以交換函數 f 的最簡式為：

$$f(w, x, y, z) = A + C + G + E$$

$$= w'xy' + w'x'z + wxz' + wx'y$$

當然，最初假定的必要質隱項不同時，所得到的最簡式也不同，因此若希望求取所有可能的最簡式時，必須使用 Petrick 方法(留做習題)。

將循環質隱項表的可能性納入考慮之後，使用探索法的交換函數最簡式求取程序可以修改為：

使用探索法的最簡式求取程序

1. 找出必要質隱項：由質隱項表中找出必要質隱項，將它們列入最簡式的集合中，並將必要質隱項及它所包含的最小項自質隱項表中移除。

2. 循環質隱項表：若為循環質隱項表，則隨意地選取一個字母變數數目最少的質隱項，以打破其循環性，直到簡化的質隱項表不再具有循環性或是已經成為空態時為止。

3. 簡化質隱項表：使用消去被包含列與消去包含行的規則簡化 1 與 2 所得到的簡化質隱項表。

4. 重複執行上述步驟，直到簡化的質隱項表為空態為止。

📖 複習問題

4.29. 何謂探索法？試解釋之。

4.30. 試簡述探索法求取最簡式的程序。

4.31. 何謂循環質隱項表？如何由此種質隱項表中求取最簡式？

4.4 變數引入圖與餘式圖

本節中，我們將研習其它兩個與卡諾圖關係密切的方法：變數引入圖 (variable-entered map)與餘式圖(residue map)。變數引入圖為卡諾圖的一種變形，它允許卡諾圖的格子中置入交換變數或是交換表式。餘式圖亦是卡諾圖的一種變形，它可以用來求取一個交換函數在某些選擇變數組合下的餘式。

4.4.1 變數引入圖法

當一個卡諾圖中的格子的值不是常數 0 或是 1，而是一個外部變數或是交換表式時，稱為變數引入圖。外部變數或是交換表式則稱為引入圖變數或表式(map-entered variable or expression)。變數引入圖通常有兩種功用：

1. 在某些應用中，直接將一個外部變數或是交換表式填入卡諾圖中時較填入常數 0 或是 1 為方便。

2. 可以降低使用的卡諾圖實際大小。例如可以使用四個變數的卡諾圖化簡五個或是六個變數的交換函數。

在利用變數引入圖法化簡一個交換函數時，通常依照下列步驟完成：

變數引入圖法化簡程序

1. 將所有外部變數視為 0，求出結果的最簡式。

2. 取一個外部字母變數(注意 x 與 x' 當作兩個不同的字母變數)或是交換表式(若有時)，並將其它外部字母變數或是交換表式(若有時)設定為 0，而所有 1-格子當作不在意項，求出結果的最簡式。重覆上述步驟，直到所有外部字母變數或是交換表式(若有時)皆處理過為止。

3. 將步驟 1 與 2 所得到的最簡式 OR 後，即為所求。

例題 4.4-1 (變數引入圖法)

試求圖 4.4-1 的變數引入圖的最簡式。

z \ xy	00	01	11	10
0	B' ⁰	0 ²	0 ⁶	A ⁴
1	1 ¹	B ³	ϕ ⁷	1 ⁵

圖 4.4-1 例題 4.4-1 的變數引入圖

解：依據上述化簡步驟並且參考圖 4.4-2，可以得知：

步驟 1： 將所有外部字母變數設定為 0，因此只有最小項 m_1 與 m_5 的值為 1，化簡後得到 $y'z$；

步驟 2：　因為有三個字母變數：A、B、B'，它們必須各別處理，所以此步驟

　　　　分成三個小步驟：

　　　　步驟 2(a)：考慮字母變數 A，將其它所有外部字母變數的值設定為 0，字

　　　　　　　母變數 A 的值設定為 1，最小項 m_1 與 m_5 的值設定為 ϕ，化簡之後得

　　　　　　　到 xy'，與字母變數 A AND 後得到 Axy'。

　　　　步驟 2(b)：考慮字母變數 B，將其它所有外部字母變數的值設定為 0，字

　　　　　　　母變數 B 的值設定為 1，最小項 m_1 與 m_5 的值設定為 ϕ，化簡之後得

　　　　　　　到 z，與字母變數 B AND 後得到 Bz。

　　　　步驟 2(c)：考慮字母變數 B'，將其它所有外部字母變數的值設定為 0，字

　　　　　　　母變數 B' 的值設定為 1，最小項 m_1 與 m_5 的值設定為 ϕ，化簡之後

　　　　　　　得到 $x'y'$，與字母變數 B' AND 後得到 $B'x'y'$。

步驟 3：將上述步驟所得到的結果 OR 後，得到最簡式為：

$$f = y'z + Axy' + Bz + B'x'y'$$

圖 4.4-2　例題 4.4-1 的詳細步驟

例題 4.4-2　(變數引入圖)

　　試求圖 4.4-3 的變數引入圖的最簡式。

解：依據上述化簡步驟可以得知：

步驟 1： 將所有外部字母變數設定為 0，因此只有最小項 m_5 與 m_6 的值為 1，
與不在意項 m_7 合併化簡後得到 $xy + xz$；

z ╲ xy	00	01	11	10
0	v ⁰	0 ²	1 ⁶	v' ⁴
1	0 ¹	$w+v$ ³	ϕ ⁷	1 ⁵

圖 4.4-3　例題 4.4-2 的變數引入圖

步驟 2： 因為有兩個字母變數 v、v'，與一個交換表式 $w + v$，它們必須各別
處理，所以此步驟分成三個小步驟：

步驟 2(a)：考慮字母變數 v，將其它所有外部字母變數及一個交換表式 w
$+ v$ 的值設定為 0，字母變數 v 的值設定為 1，最小項 m_5 與 m_6 的值
設定為 ϕ，化簡之後得到 $x'y'z'$，與字母變數 v AND 後得到
$vx'y'z'$。

步驟 2(b)：考慮字母變數 v'，將其它所有外部字母變數及一個交換表式 w
$+ v$ 的值設定為 0，字母變數 v' 的值設定為 1，最小項 m_5 與 m_6 的值
設定為 ϕ，與不在意項 m_7 合併化簡後得到 x，與字母變數 v' AND
後得到 $v'x$。

步驟 2(c)：考慮交換表式 $w+v$，將其它所有外部字母變數的值設定為 0，
交換表式 $w + v$ 的值設定為 1，最小項 m_5 與 m_6 的值設定為 ϕ，與不
在意項 m_7 合併化簡之後得到 yz，與交換表式 $w + v$ AND 後得到 $(w +$
$v)yz$。

步驟 3：將上述步驟所得到的結果 OR 後，得到最簡式為：

$$f = xy + xz + vx'y'z' + v'x + (v + w)yz。$$

變數引入圖的另外一個功用為降低卡諾圖的大小(即維度)以化簡較多變
數的交換函數，因此它也常稱為 RDM (reduced-dimension map)。

例題 4.4-3 (變數引入圖法)

試用三個變數的卡諾圖，求下列交換函數的最簡式：

$$f(w, x, y, z) = w'x'y + w'xy + w'xy'z + wxyz + (wx'y)$$

其中$(wx'y)$為不在意項。

解：因為交換函數 f 中，z 只出現在兩個乘積項中，因此以 z 為外部變數而得到圖 4.4-4 (a) 的變數引入圖。化簡之後，得到最簡式：

(a) 變數引入圖　　　(b) 卡諾圖

圖 4.4-4　　例題 4.4-3 的變數引入圖

$$f(w, x, y, z) = w'y + yz + w'xz$$

圖 4.4-4(b)為交換函數 f 的卡諾圖，化簡後得到與圖 4.4-4(a)相同的結果。

4.4.2　交換函數的餘式

一般而言，對應於一個 m 個變數引入圖的交換函數 f 可以表示為下列交換函數：

$$f(x_{n-1}, \ldots, x_1, x_0) = \sum_{i=0}^{2^m - 1} E_i m_i$$

其中 E_i 為$(x_{n-1}, \ldots, x_m)$的交換函數而 m_i 為在 m 個變數中的第 i 個最小項，即交換函數 f 只在 E_i 與 m_i 同時為 1 時才為 1。若 $n = m$，則 E_i 的值不是 0 就是 1，因而該變數引入圖退化為 n 個變數的卡諾圖。但是由 Shannon 展開定理可以得知：n 個變數的交換函數 $f(x_{n-1}, \ldots, x_m, x_{m-1}, \ldots, x_1, x_0)$ 可以對 $(x_{m-1}, \ldots, x_1, x_0)$ 等 m 個變數展開，即

$$f(x_{n-1}, \ldots, x_m, x_{m-1}, \ldots, x_1, x_0) = x_{m-1} \ldots x_1 x_0 f(x_{n-1}, \ldots, x_m, 1, \ldots, 1, 1)$$
$$+ \ldots$$
$$+ x'_{m-1} \ldots x'_1 x_0 f(x_{n-1}, \ldots, x_m, 0, \ldots, 0, 1)$$
$$+ x'_{m-1} \ldots x'_1 x'_0 f(x_{n-1}, \ldots, x_m, 0, \ldots, 0, 0)$$

$$= \sum_{i=0}^{2^m - 1} m_i R_i$$

其中 R_i 為交換函數 f 在 $(x_{m-1}, \ldots, x_1, x_0)$ 等變數的第 i 個組合下的值,這個值通常為 $(x_{n-1}, \ldots, x_{m+1}, x_m)$ 等 $n-m$ 個變數的函數,即 $R_i = E_i$。為方便討論,現在定義一個交換函數的餘式(residue)為:

定義:交換函數的餘式

設 $X = \{x_{n-1}, \ldots, x_1, x_0\}$ 而且 $Y = \{y_{m-1}, \ldots, y_1, y_0\}$ 為 X 的一個子集合,交換函數 $f(X)$ 的餘式 $f_Y(X)$ 定義為將交換函數 $f(X)$ 中,所有對應於 Y 中非補數形式的字母變數均設定為 1,而所有對應於 Y 中補數形式的字母變數均設定為 0 後,所得到的交換函數。

因此上述討論中的 R_i 即為交換函數 $f(x_{n-1}, \ldots, x_1, x_0)$ 在 $(x_{m-1}, \ldots, x_1, x_0)$ 等 m 個變數的第 i 個二進制組合下的餘式。

例題 4.4-4 (交換函數的餘式)

試求下列交換函數在 $ux'z$ 與 $vy'z'$ 下的餘式:

$$f(u, v, w, x, y, z) = uvw + x'y'z'$$

解:(a)欲求在 $ux'z$ 下的餘式,設 $u = 1$、$x = 0$、$z = 1$ 得

$$f_{ux'z} = (1, v, w, 0, y, 1) = 1 \cdot v \cdot w + 0' \cdot y' \cdot 1' = v \cdot w$$

(b) 欲求在 $vy'z'$ 下的餘式,設 $v = 1$、$y = 0$、$z = 0$ 得

$$f_{vy'z'} = (u, 1, w, x, 0, 0) = u \cdot 1 \cdot w + x' \cdot 0' \cdot 0' = u \cdot w + x'$$

例題 4.4-5 (交換函數的餘式)

試求下列交換函數在 (w, x, y) 三個變數的所有八個可能的組合下的餘式:

$$f(w, x, y, z) = w'x'y + w'xy + w'xy'z + wxyz + (wx'y)$$

其中$(wx'y)$為不在意項。

解：依上述例題的方法，設定適當的字母變數值後，可以得到下列各個餘數：

$$f_{w'x'y'}(0, 0, 0, z) = 0 \quad (m_0) \qquad f_{wx'y'}(1, 0, 0, z) = 0 \quad (m_4)$$

$$f_{w'x'y}(0, 0, 1, z) = 1 \quad (m_1) \qquad f_{wx'y}(1, 0, 1, z) = \phi \quad (m_5)$$

$$f_{w'xy'}(0, 1, 0, z) = z \quad (m_2) \qquad f_{wxy'}(1, 1, 0, z) = 0 \quad (m_6)$$

$$f_{w'xy}(0, 1, 1, z) = 1 \quad (m_3) \qquad f_{wxy}(1, 1, 1, z) = z \quad (m_7)$$

在計算餘式時，不在意項的值仍須保持為ϕ。所以

$$f(w, x, y, z) = \sum_{i=0}^{7} m_i R_i$$

$$= 0 \cdot m_0 + 1 \cdot m_1 + z \cdot m_2 + 1 \cdot m_3 + 0 \cdot m_4 + \phi \cdot m_5 + 0 \cdot m_6 + z \cdot m_7$$

得到圖 4.4-4(a)的變數引入圖。

餘式圖

在計算一個交換函數的餘式時，除了直接使用代數運算方式計算交換函數的值之外，也可以使用一種類似卡諾圖的圖形方式，稱為餘式圖(residue map)。對於一個 n 個變數的交換函數 $f(x_{n-1},...,x_1,x_0)$ 而言，它在 m 個變數 $Y = \{x_{m-1},...,x_1,x_0\}$ 下的餘式圖，一共有 2^m 行與 2^{n-m} 列，其中每一行相當於變數 $(x_{m-1},...,x_1,x_0)$ 的一個二進制組合，而每一個列則相當於變數 $(x_{n-1},...,x_{m+1},x_m)$ 的一個二進制組合，行與列的交點則置入相當於 n 個變數 $(x_{n-1},...,x_1,x_0)$ 的二進制組合的等效十進制數目值，如圖 4.4-5(a)所示。注意 2^{n-m} 列的二進制組合通常以格雷碼方式排列，以方便求餘式時的化簡。

欲求一個交換函數 $f(x_{n-1},...,x_1,x_0)$ 在變數 $(x_{m-1},...,x_1,x_0)$ 下的各個二進制組合的餘式時，將該交換函數 f 中所有為 1 的最小項依序標示(加上圓圈)在餘式圖中對應的行與列的交點(即相當的十進制數目)上，並將所有不在意項也標示(加上星號)在圖中，然後使用類似卡諾圖的方法求取每一行的最簡式，該最簡式即為在該行的二進制組合下的餘式。圖 4.4-5(b)為兩個餘式圖的實例。

(a) 一般形式

$$f(w,x,y,z) = \Sigma(0,1,3,5,6,10,14)$$

$$f(w,x,y,z) = \Sigma(1,9,11,13,25,26,27) + \Sigma_\phi(17,19)$$

(b) 兩個餘式圖例

圖 4.4-5　餘式圖的一般形式與實例

餘式圖求餘式程序

1. 由左而右依序檢查餘式圖中的每一行。若一行中所有格子均未加圈,則該行的餘式為 0;若一行中至少有一個格子加圈,而其餘格子亦加圈或是加星號,則該行的餘式為 1。

2. 若一行中所有格子均加星號,則該行的餘式為 ϕ。

3. 若一行中僅有部分格子加圈,則該行的餘式為變數(不屬於 Y 集合的變數)的函數。在該行中的星號格子可以用來幫助化簡。

例題 4.4-6 (餘式圖的使用)

試用餘式圖的方法,求取例題 4.4-5 的交換函數在(w, x, y)三個變數下的所有可能的二進制組合的餘式。

解: 交換函數 f 可以表示為

$$f(w, x, y, z) = w'x'y + w'xy + w'xy'z + wxyz + (wx'y)$$
$$= w'x'y(z + z') + w'xy(z + z') + w'xy'z + wxyz + [wx'y(z + z')]$$
$$= \Sigma(2, 3, 5, 6, 7, 15) + \Sigma_\phi(10, 11)$$

其餘式圖與餘式如圖 4.4-6 所示。結果與例題 4.4-5 相同。

圖 4.4-6　例題 4.4-6 的餘式圖

有了餘式圖後,就可以利用變數引入圖做較多變數數目的交換函數化簡。然而所得到的結果可能不是最簡式,因為某些最小(大)項與最小(大)項的相鄰關係已在求餘式時被消除(習題 4.28)。儘管如此,對於使用多工器或是相似電路實現交換函數(第 6.3.3 節)時,餘式圖仍不失為一個有用的方法。

例題 4.4-7 (交換函數化簡)

利用三個變數的變數引入圖化簡例題 4.2-9 中的五個變數的交換函數。

解: 假設提出兩個變數 v 與 w 當作外部變數,接著利用餘式圖求出交換函數 $f(v, w, x, y, z)$ 在變數(x, y, z)上的各個餘式,然後建立變數引入圖,如圖 4.4-7 所示。最後由變數引入圖求得下列簡化交換表式(恰好亦為最簡式):

$$f(v, w, x, y, z) = xy' + v'w'y'z' + x'yz + \begin{cases} wyz \\ wxz \end{cases} \text{(二者擇一)}$$

(a) 餘式圖　　　　　　　　　　(b) 變數引入圖

圖 4.4-7　例題 4.4-7 的餘式圖與變數引入圖

　　利用餘式圖求取餘式時，若同一行中有指定項與不在意項同時並存時，不在意項應做適當的指定為 0 或是 1 後，再求取餘式。

例題 4.4-8　(含有不在意項的餘式圖)

　　利用三個變數的變數引入圖化簡例題 4.2-10 中的五個變數的交換函數。

解：首先利用餘式圖求出交換函數 $f(v, w, x, y, z)$ 在變數 (x, y, z) 上的各個餘式，然後建立變數引入圖，如圖 4.4-8(b)所示。在此例題中，假設所有不在意項均設定為 1。最後由變數引入圖求得下列簡化交換表式(恰好亦為最簡式)：

$$f(v, w, x, y, z) = wx + wz + w' y' + (xy' + y' z)。$$

其中 xy' 與 $y'z$ 兩項已經分別由 wx 及 wz 所包含。然而，在使用餘式圖與變數引入圖化簡時，它們會出現在簡化表式中。

📖複習問題

4.32. 何謂變數引入圖？

4.33. 試簡述變數引入圖的化簡程序。

4.34. 何謂一個交換函數的餘式？試定義之。

4.35. 試簡述餘式圖的意義與其在交換函數化簡上的應用。

(a 餘式圖 (b) 變數引入圖

圖 4.4-8 例題 4.4-8 的餘式圖與變數引入圖

4.5 參考資料

1. F. J. Hill and G. R. Peterson, *Introduction to Switching Theory and Logical Design*, 3rd ed., New-York: John Wiley & Sons, 1981.

2. M. Karnaugh, ``The map method for synthesis of combinational logic circuits,'' *Trans. AIEE*, pp. 593-599, No. 11, 1953.

3. Z. Kohavi, *Switching and Finite Automata Theory*, 2nd ed. New-York: McGraw-Hill, 1978.

4. G. Langhole, A. Kandel, and J. L. Mott, *Digital Logic Design*, Dubuque, Iowa: Wm. C. Brown, 1988.

5. E. J. McCluskey, Jr., ``Minimization of Boolean Functions,'' *The Bell System Technical Journal*, pp. 1417-1444, No. 11, 1956.

6. E. J. McCluskey, Jr., *Logic Design Principles: with Emphasis on Testable Semicustom Circuits,* Englewood Cliffs, New Jersey: Prentice-Hall, 1986.

7. C. H. Roth, *Fundamentals of Logic Design*, 4th ed. St. Paul, Minn West Publishing, 1992.

4.6 習題

4.1 在表 P4.1 的真值表中：

表 P4.1

x	y	z	f_1	f_2
0	0	0	1	1
0	0	1	1	0
0	1	0	0	0
0	1	1	0	0
1	0	0	1	1
1	0	1	1	0
1	1	0	0	0
1	1	1	1	1

(1) 分別求出 f_1 與 f_2 的標準 SOP 與 POS 型式

(2) 分別求出 f_1 與 f_2 的最簡 SOP 表式

(3) 分別求出 f_1 與 f_2 的最簡 POS 表式。

4.2 以代數運算的方式，分別求出下列各交換函數的最簡 SOP 表式：

(1) $f(x, y, z) = \Sigma(2, 3, 6, 7)$

(2) $f(w, x, y, z) = \Sigma(7, 13, 14, 15)$

(3) $f(w, x, y, z) = \Sigma(4, 6, 7, 15)$

(4) $f(w, x, y, z) = \Sigma(2, 3, 12, 13, 14, 15)$

4.3 以代數運算的方式，分別求出下列各交換函數的最簡 SOP 表式：

(1) $f(x, y, z) = xy + x'y'z' + x'yz'$

(2) $f(x, y, z) = x'y + yz' + y'z'$

(3) $f(x, y, z) = x'y' + yz + x'yz'$

(4) $f(x, y, z) = xy'z + xyz' + x'yz + xyz$

4.4 以代數運算的方式，分別求出下列各交換函數的最簡 SOP 表式：

(1) $f(w, x, y, z) = z(w' + x) + x'(y + wz)$

(2) $f(w, x, y, z) = w'xy' + w'y'z + wxy'z' + xyz'$

(3) $f(w, x, y, z) = x'z + w(x'y + xy') + w'xy'$

4.5 以代數運算的方式，分別求出下列各交換函數的最簡 SOP 表式：

(1) $f(v, w, x, y, z) = \Sigma(0, 1, 4, 5, 16, 17, 21, 25, 29)$

(2) $f(v, w, x, y, z) = wyz + w'x'y + xyz + v'w'xz + v'w'x + w'x'y'z'$

(3) $f(v, w, x, y, z) = v'w'xz' + v'w'x'y' + w'y'z' + w'xy' + xyz' + wyz'$

4.6 使用一致性定理，　分別求出下列各交換函數的最簡表式：

(1) $f(w, x, y, z) = x'y + yz + xz + xy' + y'z'$

(2) $f(w, x, y, z) = (x'+y+z)(w'+y+z)(w+x'+z)$

(3) $f(w, x, y, z) = wy'z + wxz + xyz + w'xy + w'yz'$

4.7 畫出下列各交換函數的卡諾圖：

(1)　$f_1(x, y, z) = \Sigma(1, 4, 6, 7)$

(2)　$f_2(x, y) = \Sigma(0, 2)$

(3)　$f_3(w, x, y, z) = \Sigma(0, 2, 5, 6, 9, 11, 15)$

(4)　$f_4(w, x, y, z) = \Pi(4, 6, 10, 11, 12, 13, 15)$

4.8 使用卡諾圖化簡下列各交換函數：

(1) $f(x, y, z) = \Sigma(0, 2, 3)$

(2) $f(x, y, z) = \Sigma(4, 5, 6, 7)$

(3) $f(x, y, z) = \Pi(0, 1, 2, 3)$

(4) $f(x, y, z) = \Pi(1, 2, 3, 6)$

4.9 使用卡諾圖化簡下列各交換函數：

(1) $f(x, y, z) = m_1 + m_3 + m_4 + m_6$

(2) $f(x, y, z) = \Sigma(1, 4, 5, 7)$

(3) $f(x, y, z) = M_1 \cdot M_6$

(4) $f(x, y, z) = \Pi(1, 3, 4, 7)$

4.10 畫出下列各交換函數的卡諾圖：

(1) $f(w, x, y, z) = w'yz + xy'z' + xz + w'z'$

(2) $f(w, x, y, z) = wyz + w'x + z'$

(3) $f(w, x, y, z) = (w'+y+z')(w+x'+y)(x+y')(y'+z')$

4.11 使用卡諾圖分別求出下列交換函數的最簡 SOP 與 POS 表式：

$$f(w, x, y, z) = x'y' + w'xz + wxyz' + x'y$$

4.12 使用卡諾圖分別求出下列各交換函數的最簡 SOP 表式：

(1) $f(w, x, y, z) = \Sigma(0, 1, 2, 4, 6, 7, 8, 9, 13, 15)$

(2) $f(w, x, y, z) = \Sigma(0, 1, 2, 5, 8, 10, 11, 12, 14, 15)$

(3) $f(w, x, y, z) = \Sigma(7, 13, 14, 15)$

(4) $f(w, x, y, z) = \Sigma(2, 3, 4, 5, 6, 7, 10, 11, 12)$

4.13 使用卡諾圖化簡下列各交換函數，並指出所有質隱項與必要質隱項，然後求出各交換函數的所有最簡 SOP 表式：

(1) $f(x, y, z) = \Sigma(0, 2, 4, 5, 6)$

(2) $f(x, y, z) = \Sigma(3, 4, 6, 7)$

(3) $f(w, x, y, z) = \Sigma(1, 3, 4, 5, 7, 8, 9, 11, 15)$

(4) $f(w, x, y, z) = \Sigma(2, 6, 7, 8, 10)$

4.14 使用卡諾圖分別求出下列各交換函數的最簡 SOP 表式：

(1) $f(v, w, x, y, z) = \Sigma(0, 1, 4, 5, 16, 17, 21, 25, 29)$

(2) $f(v, w, x, y, z) = \Sigma(0, 2, 4, 6, 9, 11, 13, 15, 17, 21, 25, 27, 29, 31)$

(3) $f(v, w, x, y, z) = \Pi(5, 7, 13, 15, 29, 31)$

(4) $f(v, w, x, y, z) = \Pi(9, 11, 13, 15, 21, 23, 24, 31)$

4.15 使用卡諾圖化簡下列交換函數，指出所有質隱項與必要質隱項，並求出最簡的 SOP 表式：

$$f(v, w, x, y, z) = \Sigma(0, 3, 4, 5, 6, 7, 8, 12, 13, 14, 16, 21, 23, 24, 29, 31)$$

4.16 試求下列各交換函數的最簡 SOP 表式：

(1) $f(x, y, z) = \Sigma(0, 2, 3, 4, 5, 7)$

(2) $f(w, x, y, z) = \Sigma(0, 4, 5, 7, 8, 9, 13, 15)$

4.17 使用卡諾圖化簡下列交換函數，指出所有質隱項與必要質隱項，並求出最簡的 POS 表式：

$$f(v, w, x, y, z) = \Pi(3, 6, 7, 8, 9, 10, 18, 20, 21, 22, 23, 25, 26, 28, 29, 30)$$

4.18 使用卡諾圖分別求出下列各交換函數的最簡 SOP 表式：

(1) $f(w, x, y, z) = \Sigma(1, 4, 5, 6, 13, 14, 15) + \Sigma_\phi(8, 9)$

(2) $f(w, x, y, z) = \Sigma(2, 4, 6, 10) + \Sigma_\phi(1, 3, 5, 7, 8, 9, 12, 13)$

(3) $f(w, x, y, z) = \Sigma(0, 3, 6, 9) + \Sigma_\phi(10, 11, 12, 13, 14, 15)$

(4) $f(w, x, y, z) = \Sigma(2, 3, 7, 11, 13) + \Sigma_\phi(1, 10, 15)$

4.19 使用卡諾圖分別求出下列各交換函數的最簡 POS 表式：

(1) $f(w, x, y, z) = \Pi(1, 5, 6, 12, 13, 14) + \Pi_\phi(2, 4)$

(2) $f(w, x, y, z) = \Pi(0, 1, 4, 6, 7, 11, 15) + \Pi_\phi(5, 9, 10, 14)$

(3) $f(w, x, y, z) = \Pi(2, 3, 7, 10, 11) + \Pi_\phi(1, 5, 14, 15)$

(4) $f(w, x, y, z) = \Pi(0, 1, 4, 7, 13) + \Pi_\phi(5, 8, 14, 15)$

4.20 使用列表法，求出下列各交換函數的最簡 SOP 表式：

(1) $f(w, x, y, z) = \Sigma(1, 2, 3, 4, 5, 6, 7, 10, 12, 13) + \Sigma_\phi(8, 9, 15)$

(2) $f(u, v, w, x, y, z) = \Sigma(1, 2, 3, 16, 17, 18, 19, 26, 32, 39, 48, 63) +$
$$\Sigma_\phi(15, 28, 29, 30)$$

4.21 使用列表法，求出下列各交換函數的最簡 SOP 表式：

(1) $f(t, u, v, w, x, y, z) = \Sigma(20, 28, 52, 60)$

(2) $f(t, u, v, w, x, y, z) = \Sigma(20, 28, 38, 39, 52, 60, 102, 103, 127)$

(3) $f(u, v, w, x, y, z) = \Sigma(6, 9, 13, 18, 19, 25, 29, 45, 57) + \Sigma_\phi(27, 41, 67)$

4.22 設 $g(x, y, z) = y'z' + yz$ 而 $h(x, y, z) = x'yz' + y'z$。若 $g = f'$ 而 $h = fs'$，則交換函數 f 與 s 的最簡 SOP 表式分別為何？

4.23 設 $f(w, x, y, z) = \Sigma(1, 5, 9, 10, 15) + \Sigma_\phi(4, 6, 8)$　而

$g(w, x, y, z) = \Sigma(0, 2, 3, 4, 7, 15) + \Sigma_\phi(9, 14)$，則

(1) f 與 g 的積函數之最簡 SOP 表式為何？

(2) f 與 g 的和函數之最簡 SOP 表式為何？

4.24 使用卡諾圖求出下列交換函數的最簡 SOP 表式：

$f(v, w, x, y, z) = \Sigma(0, 2, 7, 8, 10, 12, 13, 14, 16, 18, 19, 29, 30) +$
$$\Sigma_\phi(4, 6, 9, 11, 21)$$

4.25 若一個邏輯電路的輸出交換函數為：

$$f(w, x, y, z) = y'z' + w'xz + wx'yz'$$

而且已經知道該電路的輸入組合 $w = z = 1$ 永遠不會發生，試求一個較簡單的 f 表式。

4.26 使用分歧法，求出下列交換函數的一個最簡 SOP 表式：

$$f(v, w, x, y, z) = \Sigma(0, 4, 12, 16, 19, 24, 27, 28, 29, 31)$$

並將結果與使用三個變數($x, y,$ 及 z)的變數引入圖及餘式的方法比較。

4.27 使用 Petrick 方法與探索法，求出下列各交換函數的最簡 SOP 表式：

(1) $f(w, x, y, z) = \Sigma(0, 1, 3, 6, 7, 14, 15)$

(2) $f(w, x, y, z) = \Sigma(2, 6, 7, 8, 13) + \Sigma_\phi(0, 5, 9, 12, 15)$

4.28 試求圖 P4.1 中各變數引入圖所代表的交換函數之最簡 SOP 表式。

z \ xy	00	01	11	10
0	1 (0)	AB (2)	1 (6)	AB (4)
1	B' (1)	0 (3)	C (7)	0 (5)

f_1

z \ xy	00	01	11	10
0	$w+v$ (0)	v' (2)	1 (6)	1 (4)
1	w (1)	0 (3)	v (7)	0 (5)

f_2

圖 P4.1

4.29 利用三個變數的變數引入圖化簡下列各交換函數：

(1) $f(w, x, y, z) = \Sigma(1, 3, 6, 7, 11, 12, 13, 15)$

(2) $f(w, x, y, z) = \Sigma(0, 2, 3, 6, 7) + \Sigma_\phi(5, 8, 10, 11, 15)$

(3) $f(v, w, x, y, z) = \Sigma(0, 3, 5, 7, 10, 15, 16, 18, 24, 29, 31) +$

$$\Sigma_\phi(2, 8, 13, 21, 23, 26)$$

5

邏輯閘層次電路設計

本章目標

學完本章之後，你將能夠了解：

- 組合邏輯電路：設計與分析方法
- 邏輯閘電路執行方法：兩層邏輯閘電路、多層邏輯閘電路、多層NAND閘電路、多層NOR閘電路
- 邏輯突波：靜態與動態邏輯突波的起因與避免方法
- Verilog HDL：邏輯閘傳播延遲、資料流程層次、行為層次、測試標竿程式

數位系統通常由兩種基本邏輯電路組成：組合邏輯(combinational logic)與循序邏輯(sequential logic)電路。前者的輸出只由目前的外部輸入變數決定；後者的輸出則由目前的輸入變數與先前的輸出交換函數的值共同決定。本章和下一章將依序討論組合邏輯電路的設計、分析與各種執行方法；第 7 章到第 9 章則依序討論循序邏輯電路的設計、分析與各種執行方法和一些相關的問題。

　　無論是組合邏輯電路或是循序邏輯電路都是由基本邏輯閘電路組成，因此本章中將依序考慮組合邏輯電路的設計與分析、兩層與多層邏輯閘電路的設計、組合邏輯電路的時序分析、邏輯突波(logic hazard)的偵測與如何設計一個沒有邏輯突波的組合邏輯電路。

5.1 組合邏輯電路設計與分析

　　組合邏輯電路的設計與分析是兩個相反的程序。前者是將每一個輸出交換函數轉換為邏輯電路；後者則是由一個已知的組合邏輯電路依照設計時的相反程序，找出輸出與輸入變數的函數關係。在描述一個組合邏輯電路時，通常有下列兩種方式：功能描述(functional description)與結構描述(structural description)。功能描述也稱為行為描述(behavioral description)，它只定義出輸出與輸入變數的函數關係而未指出詳細的邏輯電路的連接情形；結構描述則詳細地列出邏輯電路的內部連接關係，即各個邏輯閘之間的輸入端與輸出端的實際連接情形。因此，上述所謂的設計即是將功能描述轉換為結構描述，而分析則是將結構描述轉換為功能描述。

5.1.1 組合邏輯電路設計

　　組合邏輯的基本電路如圖 5.1-1 所示，其中 $x_{n-1},\ldots\ldots,x_1,x_0$ 為 n 個輸入變數，而 $f_1(x_{n-1},\ldots,x_1,x_0)$、$\cdots$、$f_m(x_{n-1},\ldots,x_1,x_0)$ 為 m 個輸出交換函數。每一個輸出交換函數均只為輸入變數 $x_{n-1},\ldots\ldots,x_1,x_0$ 的函數。一般所謂的組合邏輯電路設計其實就是以最低的成本，包括硬體成本、設計人力成本、維護成本，執行每一個輸出交換函數。

圖5.1-1　組合邏輯基本電路

　　組合邏輯電路的設計步驟通常由文字的規格描述開始，而最後以實際的邏輯電路結束。整個設計過程可以描述如下：

組合邏輯電路的設計程序

1. 設計規格的描述(即輸出交換函數與輸入變數關係的文字描述)；
2. 由設計規格導出輸出交換函數的真值表(或是交換表式)；
3. 簡化所有輸出交換函數；
4. 畫出組合邏輯電路(即執行輸出交換函數)。

現在舉一些實例，說明組合邏輯電路的設計程序。

例題 5.1-1　(警鈴電路)

　　某一個警鈴系統，其鈴聲會響的條件為當警鈴開關 ON 而且房門未關時，或者在下午 5:30 分以後而且窗戶未關妥時。試設計此一組合邏輯控制電路。

解：假設　　$f=$ 鈴聲會響　　　　　$W=$ 窗戶關妥

　　　　　　$S=$ 警鈴開關 ON　　　$T=$ 下午 5:30 分以後

　　　　　　$D=$ 房門關妥

上述變數值表示當該變數所代表的狀態成立時為 1，否則為 0。依據題意得

　　　$f = SD' + TW'$

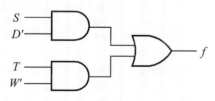

圖5.1-2　例題 5.1-1 的電路

執行 f 的邏輯電路如圖 5.1-2 所示。

有些問題必須先依據題意，列出真值表後，再由真值表導出輸出交換函數，例如下列例題。

例題 5.1-2 (投票表決機)

在某一個商業團體中，其各個股東所擁有的股份分配如下：

A 擁有 45%　　　　C 擁有 15%

B 擁有 30%　　　　D 擁有 10%

每一位股東的投票表決權相當於其所擁有的股份。今在每一位股東的會議桌上皆設置一個按鈕(即開關)以選擇對一個提案的"通過"(邏輯值為 1)或是"否決"(邏輯值為 0)，當所有股票分配額的總和超過半數(50%)時，即表示該提案通過，同時點亮一個指示燈。試設計此一控制電路。

解：假設"否決"以邏輯 0 代表，"通過"以邏輯 1 代表。依據題意，一共有四個輸入變數 A、B、C、D 及一個輸出交換函數 L。當贊成者的股票分配總額超過 50%時，L 的輸出為 1，否則為 0。依據 A、B、C、D 四個輸入變數的組合與其相當的股票分配額，得到 L 的真值表如表 5.1-1 所示。

利用圖 5.1-3(a)的卡諾圖化簡後，得到 L 的最簡式為

$$L = BCD + AB + AC + AD$$

$$= BCD + A(B + C + D)$$

執行 L 輸出交換函數的邏輯電路如圖 5.1-3(b)所示。

表5.1-1　例題 5.1-2 的真值表

A (45%)	B (30%)	C (15%)	D (10%)	L	%	A (45%)	B (30%)	C (15%)	D (10%)	L	%
0	0	0	0	0	0	1	0	0	0	0	45
0	0	0	1	0	10	1	0	0	1	1	55
0	0	1	0	0	15	1	0	1	0	1	60
0	0	1	1	0	25	1	0	1	1	1	70
0	1	0	0	0	30	1	1	0	0	1	75
0	1	0	1	0	40	1	1	0	1	1	85
0	1	1	0	0	45	1	1	1	0	1	90
0	1	1	1	0	55	1	1	1	1	1	100

(a) 卡諾圖　　　　　　　　(b) 邏輯電路

圖5.1-3　例題 5.1-2 的卡諾圖與邏輯電路

有些問題則需要多個輸出交換函數，即為一個多輸出交換函數系統。

例題 5.1-3　(全加器電路)

全加器(full adder)是一個每次都能夠執行三個位元相加的組合邏輯電路，它具有三個輸入端與兩個輸出端，如下圖所示：

試設計此一電路。

解：依據二進制加法運算規則，全加器的真值表如表 5.1-2 所示。由圖 5.1-4(a) 的卡諾圖化簡後，分別得到 S 與 C_{out} 的最簡式為：

$$S = x'y\,C'_{in} + xy'\,C'_{in} + x'y'\,C_{in} + xy\,C_{in}$$

表5.1-2　例題 5.1-3 的真值表

x	y	C_{in}	S	C_{out}
0	0	0	0	0
0	0	1	1	0
0	1	0	1	0
0	1	1	0	1
1	0	0	1	0
1	0	1	0	1
1	1	0	0	1
1	1	1	1	1

$$= (x'y + xy')\, C'_{in} + (x'y' + xy)\, C_{in}$$

$$= (x \oplus y)\, C'_{in} + (x \oplus y)'\, C_{in}$$

$$= x \oplus y \oplus C_{in}$$

$$C_{out} = xy + x\, C_{in} + y\, C_{in}$$

執行 S 與 C_{out} 兩個輸出交換函數的邏輯電路如圖 5.1-4(b)所示。

(a) 卡諾圖　　　　　　　(b) 邏輯電路

圖5.1-4　例題 5.1-3 的卡諾圖與邏輯電路

📖 複習問題

5.1. 試簡述功能描述與結構描述的區別。

5.2. 試簡述組合邏輯電路設計的含意。

5.3. 試簡述組合邏輯電路的設計程序。

5.4. 試簡述組合邏輯電路設計與組合邏輯電路分析的區別。

5.1.2 組合邏輯電路分析

　　分析一個組合邏輯電路的方法是連續地標示每一個邏輯閘的輸出端，然後依照該邏輯閘的功能與輸入變數，導出輸出端的交換函數。一般而言，組合邏輯電路的分析程序如下：

組合邏輯電路的分析程序

1.　標示所有只為(外部)輸入變數的函數的邏輯閘輸出端，並導出其交換表式；

2.　以不同的符號標示所有為(外部)輸入變數或是先前標示過的邏輯閘輸出的交換函數之邏輯閘輸出端，並導出其交換表式；

3.　重覆步驟 2，直到導出電路的輸出交換函數表式為止；

4.　將先前定義的交換函數依序代入輸出交換函數表式中，直到該輸出交換函數表式只為輸入變數的函數為止。

例題 5.1-4　(組合邏輯電路分析)

　　試分析圖 5.1-5 組合邏輯電路。

解：將每一個邏輯閘的輸出端依序標示為 a、b、c、d、e、f、g，如圖 5.1-5 所示。其次依序計算出每一個邏輯閘輸出端的交換函數，並且表示為輸入變數 x、y、z 的交換函數。即

$$a = xy \qquad\qquad b = x + y$$

$$c = b \cdot z = z\,(x + y) \qquad\qquad d = b + z = z + (x + y)$$

$$e = a \cdot z = xyz \qquad\qquad f = a + c = xy + z(x + y)$$

$$g = f'\,d = [xy + z(x + y)]'\,(z + x + y)$$

$$f_1 = f = xy + z(x + y)$$

$$f_2 = g + e$$

$$= [xy + z(x + y)]'\,(z + x + y) + xyz$$

$$= (xy)'\,[\,z(x + y)]'\,(z + x + y) + xyz$$

$$= (x' + y')\,(z' + x')(z' + y')(z + x + y) + xyz$$

$$= xy'z' + x'yz' + x'y'z + xyz$$

所以由例題 5.1-3 可以得知，圖 5.1-5 的電路為全加器，其中 f_1 為 C_{out} 而 f_2 為 S。相關的其真值表如表 5.1-2 所示。

圖5.1-5 例題 5.1-4 的電路

📖 複習問題

5.5. 試簡述分析一個組合邏輯電路的方法。

5.6. 試簡述組合邏輯電路的分析程序。

5.1.3 組合邏輯電路的執行

在完成一個組合邏輯電路的設計之後，其次的工作為使用實際的邏輯電路元件執行(或是稱為實現)該組合邏輯電路。目前可以用來執行一個組合邏輯電路或是循序邏輯電路的元件，若依據元件的包裝密度來區分，有下列四種：

1. 小型積體電路(small-scale integration，SSI)：每一個晶片或是包裝中含有的邏輯閘數目少於 10 個的 IC。典型的元件為 AND、OR、NOT、NAND、NOR、XOR 等基本邏輯閘電路。這類 IC 的製造技術為 CMOS、ECL、TTL。

2. 中型積體電路(medium-scale integration，MSI)：每一個晶片或是包裝中含有的邏輯閘數目介於 10 與 100 之間的 IC。典型的 IC 晶片為加法器(adder)、多工器(multiplexer，MUX)、解多工器(demultiplexer，DeMUX)、計數器(counter)等電路。這類 IC 的製造技術為 CMOS、ECL、TTL。

3. 大型積體電路(large-scale integration，LSI)：每一個晶片中含有的邏輯閘數目介於 100 與 1000 之間的 IC。典型的 IC 晶片為記憶器、低階微處理器與周邊裝置(peripherals)。這類 IC 的製造技術為 CMOS 或是 BiCMOS。

4. 超大型積體電路(very large-scale integration，VLSI)：每一個晶片中含有的邏輯閘數目在1000個以上的 IC。典型的 IC 晶片為微處理器、微算機、大的計算機組件等。這類 IC 的主要製造技術為 CMOS 或是 BiCMOS。

　　若以 IC 晶片的規格定義方式區分，則可以分為下列三類：

1. 標準規格 IC (standard IC 或稱 catalog IC)：這類 IC 的規格由 IC 製造商依據實際上的可能應用需求，預先定義，並具以設計及生產相關的 IC 元件供使用者使用。例如 74xx 系列中的 SSI 與 MSI 等屬之。

2. 應用規格 IC(application specific IC，簡稱 ASIC)或是稱為 user specific IC (USIC)：這類 IC 的規格由系統設計者依據實際上的應用系統需求，定義符合該需求的特定規格，並且完成的設計必須由 IC 製程工廠製造其雛型或是最終產品。常用的實現方式有全訂製(full custom)、標準元件庫(standard-cell library)與邏輯閘陣列(gate array) (第 11 章)。

3. 現場可規劃元件(field-programmable devices)：此類元件可以由使用者直接在現場或實驗室定義其最終規格，包括可規劃邏輯元件(programmable logic device，PLD)、現場可規劃邏輯閘陣列(field programmable gate array，FPGA)等。它們的結構與應用將於第 11 章中詳細介紹。

　　在設計一個數位電路(或是系統)時，應儘量使用具有較大功能的 IC，以減少 IC 元件的數目，因而可以減少外加接線數目、降低成本、增加可靠度。例如一個 MSI 晶片通常可以取代數個 SSI 晶片，而能執行相同的功能。因此在設計一個數位系統時，應該儘可能的使用 VLSI、LSI，或是 MSI 電路，而 SSI 電路則只用來當做這些電路之間的界面或是"膠合"邏輯電路。

📖 複習問題

5.7. 若依據元件的包裝密度來區分，邏輯電路元件可以分成那四種？

5.8. 試定義小型積體電路(SSI)與中型積體電路(MSI)。

5.9. 試定義大型積體電路(LSI)與超大型積體電路(VLSI)。

5.10. 若依據元件的規格定義方式區分，邏輯電路元件可以分成那兩種？

5.2 邏輯閘層次組合邏輯電路

利用基本邏輯閘執行一個交換函數時,通常先將欲執行的交換函數依據第 4 章的化簡方法,化簡成最簡的 SOP 或是 POS 形式後,使用基本邏輯閘(AND、OR、NOR、NAND、NOT)執行。本節中,將討論如何使用*兩層邏輯閘電路*(two-level logic gate circuit)與*多層邏輯閘電路*(multilevel logic gate circuit)執行一個交換函數。

5.2.1 兩層邏輯閘電路

執行一個交換函數的最簡單之組合邏輯電路為兩層的邏輯閘電路,其基本形式為 AND-OR(即 SOP 表式的形式)與 OR-AND (即 POS 表式的形式)。但是除了 AND 與 OR 邏輯閘外,NAND 與 NOR 兩個邏輯閘也常用來執行交換函數。因此,對於兩層邏輯閘電路的執行方式而言,由於第一層與第二層的邏輯閘電路均有四種邏輯閘,AND、OR、NAND、NOR 可以選用,因此一共有十六種不同的組合,如表 5.2-1 所示。其中八種組合退化成單一運算,不足以執行任何交換函數,未退化的八種組合依其性質可以分成兩組:對應於 SOP 形式的 AND-OR 組與對應於 POS 形式的 OR-AND 組。

表5.2-1　兩層邏輯閘電路的十六種組合

組合方式	執行的函數	組合方式	執行的函數
AND-AND	AND*	NAND-AND	AND-OR-INVERT
AND-OR	AND-OR	NAND-OR	NAND*
AND-NAND	NAND*	NAND-NAND	AND-OR
AND-NOR	AND-OR-INVERT	NAND-NOR	AND*
OR-AND	OR-AND	NOR-AND	NOR*
OR-OR	OR*	NOR-OR	OR-AND-INVERT
OR-NAND	OR-AND-INVERT	NOR-NAND	OR*
OR-NOR	NOR*	NOR-NOR	OR-AND

在 AND-OR 一組中,一共有 AND-OR、NAND-NAND、OR-NAND、NOR-OR 等四種不同的形式;在 OR-AND 一組中,一共有 OR-AND、NOR-NOR、AND-NOR、NAND-AND 等四種不同的形式。在同一組中,四

種不同的形式可以直接依據下列順序轉換，不同組之間的轉換通常是回到原來的真值表或是 SOP(或是 POS)表式，然後轉換為 POS (或是 SOP)表式，再轉換為需要的形式。

注意兩組表式中水平位置對應的兩種形式，互為對偶關係。

例題 5.2-1　(交換函數的八種兩層邏輯閘電路形式)

將下列交換函數的最簡式表示為兩層邏輯閘電路的八種形式：

$$f(w, x, y, z) = \Sigma\,(3, 5, 8, 10, 12, 14, 15) + \Sigma_\phi\,(4, 9, 11, 13)$$

解：利用卡諾圖化簡後得到交換函數 f 的最簡 SOP 表式為：

$$f = w + xy' + x'yz \qquad \text{(AND-OR)(最簡 SOP 表式)}$$
$$= [w'\,(xy')'\,(x'yz)']' \qquad \text{(NAND-NAND)}$$
$$= [w'\,(x' + y)(x + y' + z')]' \qquad \text{(OR-NAND)}$$
$$= w + (x' + y)' + (x + y' + z')' \qquad \text{(NOR-OR)}$$

交換函數 f 的最簡 POS 表式為

$$f = (w + x + y)(w + x' + y')(w + y' + z) \qquad \text{(OR-AND)(最簡 POS 表式)}$$
$$= [(w + x + y)' + (w + x' + y')' + (w + y' + z)']' \qquad \text{(NOR-NOR)}$$
$$= (w'x'y' + w'xy + w'yz')' \qquad \text{(AND-NOR)}$$
$$= (w'x'y')'\,(w'xy)'\,(w'yz')' \qquad \text{(NAND-AND)}$$

注意上述最簡 POS 表式可以由卡諾圖直接求得或是利用分配律對最簡 SOP 表式運算後，使用一致性定理，消去重覆項 $(w + x + z)$ 而得。其它各種形式的表式則分別使用 DeMorgan 定理對最簡 SOP 表式與最簡 POS 表式運算求得。交換函

數 f 的八種表式的邏輯閘電路如圖 5.2-1 所示。

(a) AND-OR組的四種兩層邏輯閘電路

(b) OR-AND組的四種兩層邏輯閘電路

圖5.2-1　例題 5.2-1 的八種兩層邏輯閘電路

NAND-NAND 兩層邏輯閘電路

由於 NAND 與 NOR 邏輯閘為通用邏輯閘，每個邏輯閘族系均有此類型邏輯閘。因此常常將一個兩層 AND-OR 邏輯閘電路轉換為一個只由 NAND 閘或是 NOR 閘組成的電路。一般而言，最簡 SOP 表式具有下列基本表式：

$$f(x_{n-1},...,x_1,x_0) = l_1 + l_2 +...+l_m + P_1 + P_2 +...+P_k \qquad \text{(AND-OR 電路)}$$

其中 l_i 為 m 個字母變數，而 P_i 為 k 個乘積項。依據 DeMorgan 定理，上式可以表示為：

$$f(x_{n-1},...,x_1,x_0) = (l'_1 \cdot l'_2 \cdot \dots \cdot l'_m \cdot P'_1 \cdot P'_2 \cdot \dots \cdot P'_k)' \quad \text{(NAND-NAND 電路)}$$

因此可以只使用 NAND 邏輯閘執行，上述的轉換如圖 5.2-2 所示。

(a) AND-OR電路　　　(b) NAND-NAND電路　　　(c)另一個NAND-NAND電路

圖5.2-2　AND-OR 電路對 NAND-NAND 電路的轉換

例題 5.2-2　(NAND 閘執行組合邏輯電路)

　　試以兩層的 NAND 閘執行下列交換函數的最簡式

$$f(w, x, y, z) = \Sigma(0, 1, 2, 3, 7, 8, 9, 10, 11, 12)$$

解： 依圖 5.2-3(a)的卡諾圖化簡後得到交換函數 f 的最簡式為

$$f(w, x, y, z) = x' + wy'z' + w'yz$$
$$= [(x')'(wy'z')'(w'yz)']'$$

依據圖 5.2-2 的轉換關係轉換後，得到圖 5.2-3(c)的 NAND-NAND 電路。

NOR-NOR 兩層邏輯閘電路

　　NOR 運算子為 NAND 運算子的對偶形式。欲只使用 NOR 閘執行一個交換函數的最簡式時，通常將最簡式表示為 POS 的形式：

(b) AND-OR電路

(c) NAND-NAND電路

(a)卡諾圖

圖5.2-3　例題 5.2-2 的卡諾圖與邏輯電路

$$f(x_{n-1}, \ldots, x_1, x_0) = (l_1 \cdot l_2 \cdot \ldots \cdot l_m) \cdot (S_1 \cdot S_2 \cdot \ldots \cdot S_k) \qquad \text{(OR-AND 電路)}$$

其中 l_i 為 m 個字母變數，而 S_i 為 k 個和項。依據 DeMorgan 定理，上式可以表示為：

$$f(x_{n-1}, \ldots, x_1, x_0) = (l'_1 + l'_2 + \cdots + l'_m + S'_1 + S'_2 + \cdots + S'_k)'$$

(NOR-NOR 電路)

因此可以只使用 NOR 邏輯閘執行，上述的轉換如圖 5.2-4 所示。

(a) OR-AND電路 　　　(b) NOR-NOR電路 　　　(c)另一個NOR-NOR電路

圖5.2-4　OR-AND 電路對 NOR-NOR 電路的轉換

例題 5.2-3　(NOR 閘執行組合邏輯電路)

試以兩層的 NOR 閘執行下列交換函數的最簡式：

$$f(w, x, y, z) = \Pi(0, 1, 4, 5, 7, 8, 9, 10, 11, 15)$$

解：依據圖 5.2-5(a)的卡諾圖化簡後得到 f 的最簡 POS 表式為

$$f(w, x, y, z) = (w + y)(w' + x)(x' + y' + z')$$

$$= [(w + y)' + (w' + x)' + (x' + y' + z')']'$$

執行上式的 NOR-NOR 電路如圖 5.2-5(c)所示。

(a) 卡諾圖

(b) OR-AND 電路

(c) NOR-NOR 電路

圖5.2-5　例題 5.2-3 的卡諾圖與邏輯電路

📖 **複習問題**

5.11. 那一種兩層邏輯閘電路直接對應於 SOP 表式？

5.12. 那一種兩層邏輯閘電路直接對應於 POS 表式？

5.13. NAND-NAND 兩層邏輯閘電路對應於 SOP 表式或是 POS 表式？

5.14. NOR-NOR 兩層邏輯閘電路對應於 SOP 表式或是 POS 表式？

5.15. 為何 OR-AND 邏輯閘電路可以使用 NOR-NOR 邏輯閘電路取代？

5.2.2 多層邏輯閘電路

如前所述，任何一個交換函數都可以表示為 SOP 或是 POS 形式，然後以兩層的邏輯閘電路執行(若需要的補數形式之字母變數亦可以當作輸入時)。若邏輯閘的扇入數目沒有上限，而且每一個邏輯閘的傳播延遲都與該邏輯閘的扇入數目無關時，則任何交換函數均可以使用兩層邏輯閘電路執行，而且其傳播延遲在所有執行方式中為最小。

在實際的邏輯電路元件中，每一個邏輯閘電路對於輸入信號的傳遞都有一段傳播延遲，而且邏輯閘的扇入數目都有一個固定的數目，並且一個扇入數目超過某一個數目(例如 8)的邏輯閘，其傳播延遲將較使用多層的邏輯閘組成的相同功能的邏輯閘電路為長。因此，在執行一個交換函數時，若希望使用固定扇入數目的邏輯閘，及欲獲得較小的傳播延遲，則通常需要將該交換函數分解為多層邏輯閘電路。

多層邏輯閘電路的需要

分解一個交換函數為一個多層邏輯閘電路表式的主要考慮為：

1. **傳播延遲的縮短**：一個多扇入數目的邏輯閘的傳播延遲常常較使用扇入數目較少的邏輯閘所組成的相同功能的多層邏輯閘電路為長。例如 74LS133 為一個扇入數目為 13 的 NAND 閘，其平均傳播延遲：

$$t_{pd} = \frac{1}{2}(t_{pLH} + t_{pHL}) = \frac{1}{2}(10 + 40) = 25 \text{ ns}$$

但若使用 74LS21(具有兩個 4 輸入端的 AND 閘元件)與 74LS20(具有兩個 4 輸入端的 NAND 閘元件)等組成的兩層邏輯閘電路，則只需要：

$$t_{pd} = \frac{1}{2}(t_{pLH} + t_{pHL})(74\text{LS}21) + \frac{1}{2}(t_{pLH} + t_{pHL})(74\text{LS}20)$$
$$= \frac{1}{2}(8.0 + 10)(74\text{LS}21) + \frac{1}{2}(9.0 + 10)(74\text{LS}20) = 18.5 \text{ ns}$$

小於 74LS133 的 25 ns。

2. **欲使用具有固定扇入數目的邏輯電路元件時**：在執行一個交換函數時，

若需要的輸入端的數目超過實際上使用的邏輯元件的扇入數目時，必須將該交換表式必須分解成可以置入該邏輯元件的形式，使其能夠使用該邏輯元件的多層邏輯閘電路執行。例如使用 2 個輸入端的基本邏輯閘元件執行一個交換函數時，必須將該交換函數分解成每一個乘積項或是和項最多僅包含兩個字母變數。此外，在使用 FPGA 或是 PLD/CPLD 邏輯元件(第 11 章)時，由於每一個基本建造單元的輸入數目與功能均有某一個程度的限制，因此也常常必須將一個交換函數分解成多層邏輯閘電路後才能夠執行。

例題 5.2-4 (多層邏輯電路執行)

試以兩個輸入端的 AND 與 OR 閘，執行下列交換函數的最簡式：

$$f(w, x, y, z) = \Sigma(0, 1, 8, 9, 10, 11, 15)$$

解： 由圖 5.2-6(a)的卡諾圖得到交換函數 f 的最簡 SOP 表式為

$$
\begin{aligned}
f(w, x, y, z) &= wx' + x'y' + wyz \\
&= w(x' + yz) + x'y' && \text{(一共需要五個邏輯閘)} \\
&= wx' + x'y' + wyz + yy'z \\
&= x'(w + y') + yz(w + y') \\
&= (x' + yz)(w + y') && \text{(只需要四個邏輯閘)}
\end{aligned}
$$

結果的邏輯電路如圖 5.2-6(b)所示。

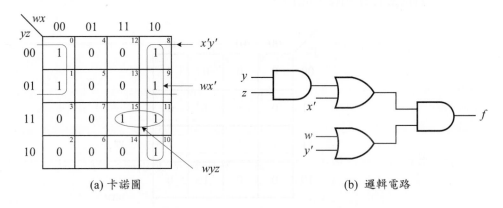

(a) 卡諾圖　　　　　　　　(b) 邏輯電路

圖5.2-6　例題 5.2-4 的卡諾圖與邏輯電路

多層 NAND 閘邏輯電路

在多層邏輯閘電路中也可以只使用 NAND 閘或是 NOR 閘執行。設計一個多層 NAND 邏輯閘電路的一般程序如下：

多層 NAND 邏輯閘電路的設計程序

1. 求得交換函數的最簡 SOP 表式；
2. 分解該 SOP 表式，以符合最大的邏輯閘扇入數目要求；
3. 以多層 AND 閘與 OR 閘電路執行步驟 2 的 SOP 表式；
4. 將每一個 AND 閘與 OR 閘分別使用等效的 NAND 閘電路(表 2.4-2)取代；
5. 消去電路中所有連續的兩個 NOT 閘電路(NOT 閘與 NAND 閘的等效電路請參考表 2.4-2)；
6. 結果的電路即為所求。

例題 5.2-5 (多層 NAND 邏輯閘電路)

試以兩個輸入端的 NAND 閘，執行下列交換函數 f 的最簡式：

$$f(w, x, y, z) = \Sigma(3, 5, 7, 11, 13, 14, 15)$$

解：由圖 5.2-7 的卡諾圖得交換函數 f 的最簡 SOP 表式為：

$$f(w, x, y, z) = xz + yz + wxy$$

分解成兩個輸入端的 AND 與 OR 閘的邏輯電路形式後，得到

$$f(w, x, y, z) = y(z + wx) + xz$$

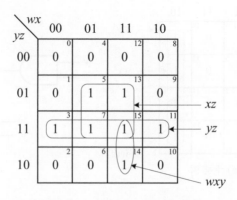

圖5.2-7　例題 5.2-5 的卡諾圖

執行交換函數 f 的 AND 與 OR 閘邏輯電路如圖 5.2-8(a)所示。將 AND 閘與 OR 閘分別以等效的 NAND 閘取代後得到圖 5.2-8(b)所示的電路，消去連續的兩個 NOT 閘後，得到最後的 NAND 閘電路，如圖 5.2-8(c)所示。

(a) 以AND閘與OR閘執行的電路　　　　(c) NAND閘執行的電路

(b) 等效的NAND閘電路

圖5.2-8　例題 5.2-5 的邏輯電路

多層 NOR 閘邏輯電路

　　由於 NOR 閘的輸出交換函數為 NAND 閘的對偶函數，因此由設計多層 NAND 閘電路的對偶程序，可以得到下列多層 NOR 閘電路的設計程序：

多層 NOR 邏輯閘電路的設計程序

1. 求得交換函數的最簡 POS 表式；
2. 分解該 POS 表式，以符合最大的邏輯閘扇入數目要求；
3. 以多層 OR 閘與 AND 閘電路執行步驟 2 的 POS 表式；
4. 將每一個 OR 閘與 AND 閘分別以等效的 NOR 閘電路(表 2.4-2)取代；
5. 消去電路中所有連續的兩個 NOT 閘電路(NOT 閘與 NOR 閘的等效電路請參考表 2.4-2)；

6. 結果的電路即為所求。

例題 5.2-6 (多層 NOR 邏輯閘電路)

試以兩個輸入端的 NOR 閘，執行下列交換函數 f 的最簡式：

$$f(w, x, y, z) = \Pi(0, 1, 2, 4, 6, 8, 9, 10, 12)$$

解： 由圖 5.2-9 的卡諾圖得到交換函數 f 的最簡 POS 表式為：

$$f(w, x, y, z) = (y + z)(x + y)(w + z)(x + z)$$
$$= [(y + z)(x + y)][(w + z)(x + z)]$$

執行交換函數 f 的 OR 與 AND 閘邏輯電路如圖 5.2-10(a)所示。將 OR 閘與 AND 閘分別以等效的 NOR 閘取代後得到圖 5.2-10(b)所示的電路，消去連續的兩個 NOT 閘後，得到最後的 NOR 閘電路，如圖 5.2-10(c)所示。

圖5.2-9　例題 5.2-6 的卡諾圖

(a) 以OR閘與AND閘執行的電路　　(c) NOR閘執行的電路

圖5.2-10　例題 5.2-6 的邏輯電路

(b) 等效的NOR閘電路

圖5.2-10(續)　例題 5.2-6 的邏輯電路

📖 複習問題

5.16. 在何種條件下，兩層邏輯閘電路為最快的交換函數執行方式？

5.17. 為何在使用實際的邏輯元件執行一個交換函數時，通常都需要分解該交換函數為多層的邏輯閘電路？

5.18. 試簡述多層 NAND 邏輯閘電路的設計程序。

5.19. 試簡述多層 NOR 邏輯閘電路的設計程序。

5.3 組合邏輯電路時序分析

　　在分析組合邏輯電路的時序時，每一個邏輯閘均當作一個黑盒子(black box)，即僅考慮邏輯閘的功能與傳播延遲，其內部詳細的電路則不予考慮。當組合邏輯電路的輸入信號改變時，由於電路對於該輸入信號可能有許多具有不同傳播延遲的信號傳遞路徑存在，結果造成暫時性的錯誤信號出現在輸出端，這種現象稱為突波(hazard)。依據輸出交換函數與邏輯電路的關係可以將突波分為邏輯突波(logic hazard)與函數突波(function hazard)兩種。但是無論是那一類，突波在邏輯電路中出現的現象又可以分成靜態與動態兩種。不管是那一類的突波，其發生都是暫時性的，因此可以視為邏輯電路的一種暫態響應(transient response)。本節中，將依序討論突波發生的原因、突波的種類、如何偵測電路是否含有突波，與如何設計無邏輯突波(logic hazard free)的邏輯電路。

5.3.1 邏輯突波

所謂的邏輯突波是由於執行一個交換函數的邏輯電路所引起的，因此對於執行同一個交換函數的各個不同的邏輯電路而言，有些會產生邏輯突波，而有些則不會。邏輯突波可以分成靜態與動態兩種。

一般而言，若一個邏輯電路當其輸入變數的值改變時，其輸出信號值會暫時離開穩定值 1 而下降為 0 時，該電路稱為含有靜態-1 邏輯突波(static-1 logic hazard)。相反地，若輸出信號值暫時離開穩定值 0 而上升為 1 時，該電路稱為含有靜態-0 邏輯突波(static-0 logic hazard)。

另外一種突波發生在當輸出信號值應該由 0 變為 1 或是由 1 變為 0，但是實際上卻改變了三次或是三次以上(奇數次)時，稱為動態邏輯突波(dynamic logic hazard)。上述的三種邏輯突波的示意圖如圖 5.3-1 所示。注意在上述三種邏輯突波發生時，電路的穩態值依然是正確的。

(a) 靜態-1邏輯突波　　(b) 靜態-0邏輯突波　　(c) 動態邏輯突波

圖5.3-1　邏輯突波的種類

現在使用在圖 5.3-2(a)的電路說明靜態邏輯突波發生的原因，假設圖中的每一個邏輯閘的傳播延遲均為 t_{pd}，將每一個邏輯閘的傳播延遲列入考慮之後，電路的時序如圖 5.3-2(b)所示。依據圖中所得到的輸出信號 f 可以得知：在輸入的變數 $y = z = 1$ 的情況下，當變數 x 的信號由 1 變為 0 時，f 會暫時性的輸出 0 一個 t_{pd} 的時間，然後回到穩定值 1。因此，圖 5.3-2(a)的邏輯電路含有靜態-1 邏輯突波。

為了解圖 5.3-2(a)的電路會發生邏輯突波的原因，現在將該電路的卡諾圖列於圖 5.3-3(a)。由圖 5.3-2(b)的時序得知，靜態-1 邏輯突波是發生在當變數 $y = z = 1$ 而變數 x 由 1 變為 0 時，即相當於由乘積項 xy 轉移到乘積項 $x'z$。因此，可以得知：當兩個相鄰的 1-格子(即最小項)屬於同一個質隱項時，若輸入變數的值在相當於這兩個格子的組合下改變時，都不會引起邏輯突波，例如輸入變數 xyz 的值由 110 變為 111；相反地，當兩個相鄰的 1-格子(即最小項)不屬於同一個質隱項時，若輸入變數的值在相當於這兩個 1-格子的組合下改變時，將會引起邏輯突波，例如輸入變數 xyz 的值由 111 變為 011 時。

(a) 邏輯電路　　　　　　　　(b) 電路時序圖

圖5.3-2　組合邏輯電路時序分析

　　由上述討論可以得知：靜態邏輯突波發生的原因是因為當輸入變數的值改變時，由於質隱項更換，因而 AND 閘更換，然而由於傳播延遲的關係，兩個 AND 閘的輸出信號值有一段時間可能同時處於 1 或是 0，因而造成邏輯突波。因此為防止靜態邏輯突波的發生，必須如圖 5.3-3(a)所示，多加入一個質隱項 yz，以使輸入變數 xyz 的值由 111 變為 011 或是由 011 變為 111 時，有一個質隱項可以包含這兩個相鄰的 1-格子的輸入變數的組合值。無邏輯突波的邏輯電路如圖 5.3-3(b)所示。

　　由於動態邏輯突波至少涉及三次的輸出信號改變，輸入信號至少必須經過三個不同的時間抵達輸出端，即輸入信號與輸出之間至少有兩條(或是更多)不同的路徑。因此，一個沒有靜態邏輯突波的邏輯電路仍然有可能含有動態邏輯突波。

(a) 卡諾圖　　　　　　　　　(b) 無邏輯突波邏輯電路

圖5.3-3　邏輯突波的偵測與消除

　　圖 5.3-4 為一個具有一個動態邏輯突波的邏輯電路與時序圖。如圖 5.3-4(a)的邏輯電路所示，輸入信號 w 經由三條不同路徑抵達輸出端 f。因此，輸入信號 w 可能在三個不同時間抵達輸出端 f 而造成動態邏輯突波。詳細情形可以由圖 5.3-4(b)說明，當輸入信號 x、y、z 均為 1，而輸入信號 w 由 1 改變為 0 時，將造成動態邏輯突波。

(a) 邏輯電路　　　　　　　　(b) 時序圖

圖5.3-4　動態邏輯突波例

📖複習問題

5.20. 試定義靜態-0 邏輯突波。

5.21. 試定義靜態-1 邏輯突波。

5.22. 試定義動態邏輯突波。

5.3.2 函數突波

　　函數突波是由於交換函數本身所引起的，這類型的突波只出現在當有多個(兩個或以上)輸入信號的值必須同時改變的情況。函數突波也有靜態與動態兩種。由於函數突波是由於交換函數本身所引起的，它和執行該交換函數的邏輯電路無關。下列兩個例題，將說明此一事實。

例題 5.3-1　(靜態函數突波)

討論圖 5.3-5(a)所示的邏輯電路的函數突波。

$$f = x'y + xy'$$

(a) 邏輯電路　　　　　　　　　　　　(b) 卡諾圖

(c) 靜態-0函數突波　　　　　　　　　(d) 靜態-1函數突波

圖 5.3-5　例題 5.3-1 的電路與時序圖

解： 圖 5.3-5(b)列出圖 5.3-5(a)所示邏輯電路的卡諾圖。若假設圖中每一個邏輯

閘的傳播延遲均為 t_{pd}，則輸入信號 x(或是 y)與輸出 f 之間最長的路徑為三個邏輯閘，因而需要 $3t_{pd}$ 的時間延遲，因此若輸入信號 x 與 y 在此 $3t_{pd}$ 內改變狀態，均可以視為同時發生。據此，得到圖 5.3-5(c)與圖 5.3-5(d)的靜態-0 函數突波與靜態-1 函數突波的時序圖。

下列例題為交換函數 $f = x'y + xy'$ 的另一種執行方式。它依然會發生函數突波。

例題 5.3-2 (靜態函數突波)

討論圖 5.3-6(a)邏輯電路的函數突波。

$$f = x'y + xy'$$

(a) 邏輯電路   (b) 卡諾圖

(c) 靜態-0函數突波   (d) 靜態-1函數突波

圖5.3-6　例題 5.3-2 的邏輯電路與時序圖

解：圖 5.3-6(b)為圖 5.3-6(a)的邏輯電路的卡諾圖。在此例題中，依然假設每一個邏輯閘的傳播延遲均為 t_{pd}。由圖 5.3-6(a)的電路得知，輸入信號 x(或是 y)的最長路徑為三個邏輯閘，即需要 $3t_{pd}$ 的時間才能由輸入端傳播到輸出端 f。因此，當輸入信號 x 與 y 在 $3\,t_{pd}$ 的時間內發生狀態改變時，即可以認為是同時改變。據此，得到圖 5.3-6(c)與圖 5.3-6(d)的時序圖。注意在圖 5.3-6(d)的時序圖中，b 與 c 兩個信號的時序圖中均有動態邏輯突波的發生，這是因為輸入信號 x 與 y 分別由兩個不同的傳輸路徑抵達 b 與 c 端使然。

　　由上述例題可以得知：靜態函數突波是由於在一個交換函數中，當有兩個輸入變數的值必須同時改變時，但是由於邏輯閘電路固有的傳播延遲特性，輸入變數的狀態改變並無法立即反應於輸出端，因而相當於經過一個輸出值不同的輸入變數狀態所造成的。

　　除了有靜態函數突波外，一個輸出交換函數也可能含有動態函數突波。這種突波發生的原因為當輸出交換函數中有三個輸入變數的值必須同時改變狀態時，但是由於實際上的邏輯閘電路無法立即反應此狀態變化於輸出端，而必須歷經多個中間狀態之後才抵達最後狀態所造成的。

例題 5.3-3 　(動態函數突波)

討論圖 5.3-7 的卡諾圖中的動態函數突波。

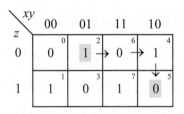

圖5.3-7　例題 5.3-3 的卡諾圖

解：由(010)轉態到(101)時，會發生動態函數突波。在這情形下，三個輸入變數，x、y、z 皆必須改變狀態。除非它們能夠真正地同時改變並且在相同的時間內抵達輸出端，否則，必然會發生動態函數突波。即

輸入狀態：　010　→　110　→　100　→　101

　　　　　　　↓　　　　↓　　　　↓　　　　↓

輸　　出：　　1　　　　0　　　　1　　　　0

所以輸出波形和圖 5.3-1(c)相同，因而為一個動態函數突波。其它動態函數突

波，可以依據類似的方式找出。

📖 複習問題

5.23. 試定義靜態-0 函數突波。

5.24. 試定義靜態-1 函數突波。

5.25. 試定義動態函數突波。

5.3.3 無邏輯突波邏輯電路設計

邏輯突波由於它的發生原因與執行交換函數的邏輯電路有關，因此它可以使用延遲元件控制或是由適當的邏輯電路設計方式消除。由邏輯電路的設計方式，消除邏輯突波的方法為在兩層的 SOP 形式的邏輯電路中，必須同時滿足下列兩個條件：

1. 在兩層的 SOP 邏輯電路中，不能有一個 AND 閘的輸入變數中含有一對互為補數的字母變數；
2. 任何相鄰的最小項都必須至少被一個質隱項包含。

下列將舉數個實例說明這個設計方法。

例題 5.3-4 (無邏輯突波的邏輯電路設計)

設計一個相當於下列交換函數 f 的無邏輯突波的邏輯電路：

$$f(w, x, y, z) = \Sigma(1, 5, 6, 7, 9, 10, 13)$$

解：利用如圖 5.3-8(a)所示的卡諾圖化簡後得到：

$$f(w,x,y,z) = \underbrace{wx'yz' + w'xy + y'z}_{\text{最簡式}} + \underset{\substack{\uparrow \\ \text{滿足條件2}}}{w'xz}$$

上述最簡式也可以利用圖 5.3-8(b)所示的無突波質隱項表(hazard-free prime implicant chart)求取最簡式。無突波質隱項表和質隱項表的差別在於前者以兩個相鄰的最小項取代原先質隱項表中的最小項的位置，此外所有特性與簡化方法均和質隱項表相同。由於所有質隱項均為必要質隱項，所以最簡式為：

$$f(w, x, y, z) = wx'yz' + w'xy + y'z + w'xz$$

(a) 卡諾圖　　　　　　　(b) 無突波質隱項表

圖5.3-8　例題 5.3-4 的卡諾圖與無突波質隱項表

當然並不是所有質隱項都必須包含於最簡式中，但是若將所有質隱項皆包含於最簡式中，則對應於該最簡式的兩層 SOP 電路必定是一個無邏輯突波的邏輯電路。

例題 5.3-5　(無邏輯突波的邏輯電路設計)

設計一個相當於下列交換函數的無邏輯突波的邏輯電路：

$$f(w, x, y, z) = \Sigma(1, 2, 3, 4, 5, 6, 7, 9, 11, 13)$$

解： 利用圖 5.3-9(a)所示的卡諾圖化簡後得到所有質隱項集合為：

$$P = \{w'x, w'y, y'z, x'z, w'z\}$$

(a) 卡諾圖　　　　　　　(b) 無突波質隱項表

圖5.3-9　例題 5.3-5 的卡諾圖與無突波質隱項表

經由圖 5.3-9(b)所示的無突波質隱項表選取一組包含所有的相鄰的最小項集合後得到無邏輯突波最簡式為：

$$f(w, x, y, z) = w'x + w'y + y'z + x'z$$

利用上述方法化簡得到的最簡SOP表式，若直接以兩層的邏輯閘電路執行，則該電路為一個無邏輯突波的邏輯電路，但是若由於使用的邏輯閘的扇入因素限制而必須分解成多層邏輯閘電路的執行方式時，必須注意在分解過程中依然滿足無邏輯突波的條件，否則將引入邏輯突波(習題 5.33)。

📖複習問題

5.26. 試簡述由邏輯電路的設計方式消除邏輯突波的方法。

5.27. 試定義無突波質隱項表。

5.28. 試簡述如何由無突波質隱項表中求取無突波邏輯電路的最簡式。

5.4 Verilog HDL

如前所述，在描述一個邏輯電路模組時可以使用結構描述與行為描述兩種方式。在 Verilog HDL 中，每一個模組的內部動作則可以使用下列四個不同的方式中的任何一個描述：

1. 行為描述(或稱為演算法描述)(behavioral or algorithmic modeling)：模組的功能直接使用高層次的演算法描述，而不涉及詳細的硬體執行情形。

2. 資料流程描述(dataflow modeling)：使用資料的流向描述模組的功能，即考慮在兩個暫存器之間的資料流向。

3. 結構描述(structural modeling)：使用一些交互連接的元件組成，這一些元件可以是引用的模組、UDP、基本邏輯閘，或是基本開關元件。

   (a) 階層式結構層次(hierarchically structural level)：組合一些引用的模組與基本邏輯閘於同一個模組之中。

   (b) 邏輯閘層次(gate level)：直接使用基本邏輯閘與使用者定義的基本函數(UDP)描述模組的功能。

(c) 開關層次(switch level)：直接使用 MOS 與 CMOS 開關元件定義模組的功能，為 Verilog HDL 中最低層次的模組，目前的邏輯合成程式無法合成此一層次的模組電路。

4. 混合模式描述(mixed modeling)：混合使用上述三種描述方式於同一個模組中。這一種方式通常使用於描述一個大型的模組。

在工業界中，通常使用 RTL 碼(register-transfer-level code)表示一個模組係使用 RTL 元件組成，而使用上述任一種方法描述，但是必須可以為邏輯合成程式(logic synthesizer 或 synthesis tools)接受並合成正確的結果。

5.4.1　結構描述

在第 2.5.3 節與第 3.5.1 節中，已分別介紹過邏輯閘層次與開關層次的結構描述，至於階層式結構層次的結構描述將於第 6.7.2 節中討論。由於一般邏輯合成程式通常不支援開關層次的基本元件，因此，在本小節中，我們將僅介紹邏輯閘的傳播延遲而不考慮開關元件的傳播延遲。

由於實際上的邏輯閘電路均有一個傳播延遲的存在，因此任何硬體描述語言均必須提供此項能力，以將邏輯閘的傳播延遲提供予模擬程式，使其模擬的結果更接近真實的邏輯電路。Verilog HDL 的邏輯閘傳播延遲的表示方式有三種，第一種只使用一個參數，稱為傳播延遲(prop_delay)，其格式如下：

gate_type #(prop_delay) [instance_name] (out, in{, in});

buf_not　#(prop_delay) [instance_name] (out{, out}, in);

若是需要個別描述上升時間與下降時間時，則可以使用下列格式：

gate_type #(t_rise, t_fall) [instance_name] (out, in{, in});

buf_not　#(t_rise, t_fall) [instance_name] (out{, out}, in);

當截止時間(turn-off time)也需要描述時，可以使用下列格式：

tri_buf_not #(t_rise, t_fall, t_off) [instance_name] (out, in, control);

上述#後面的時間為時間單位，其絕對值則必須再由 **ʹtimescale** 所定義的時間單位共同決定。注意截止時間(t_off)只能使用於描述當三態緩衝閘(第3.5.2 節)的致能控制(control)變為不啟動後到輸出端轉變為高阻抗狀態所需的時間。

由於實際上的邏輯電路元件的特性會受到製程參數變異量的影響,其傳播延遲的實際值將是一個範圍而不是單一的值。因此,為了描述此種情形,每一個時間參數均可以表示為 min:typical:max,其中 min 為最小的時間;typical 為典型的時間;max 則為最大的時間。

在模擬時的時間單位由 **timescale** 決定,**timescale** 的格式如下:

`timesacle t_unit/t_precision

其中 t_unit 表示模擬時間的時間刻度(time unit)而 t_precision 表示模擬時間的時間解析度(resolution)。兩者的值為 1、10、100,然後接著時間單位 s、ms、μs、ns、ps、fs。例如:

`timesacle 10 ns/ 1 ns

表示每一個單位時間為 10 ns,而時間單位的解析度為 1 ns。因此若指定邏輯閘的傳播延遲為

nand #10 g1 (*f*, *x*, *y*);

則該邏輯閘傳播延遲的絕對值為 $10 \times 10 = 100$ ns。

例題 5.4-1　(邏輯閘傳播延遲)

若假設 AND 閘、OR 閘、NOT 閘的傳播延遲分別為 10 ns、10 ns、5 ns,試使用 Verilog HDL 描述圖 5.3-2(a)的邏輯電路。

解:完整的程式如程式 5.4-1 所示。

程式5.4-1　例題 5.4-1 的 Verilog HDL 程式

```
// a gate-delay example -- figure 5.3-2(a)
module prog541 (input x, y, z, output f);
//  internal declarations
wire  a, b, c;            // internal net
// the logic-circuit body
   and  #10 a1 (a, x, y);
   not  #5  n1 (c, x);
   and  #10 a2 (b, c, z);
```

```
    or    #10 o2 (f, a, b);
endmodule
```

📖 複習問題

5.29. 在 Verilog HDL 中，有那幾種抽象的描述層次可以描述一個模組的動作？

5.30. 在 Verilog HDL 中，對於邏輯閘的傳播延遲有那幾種描述方式？

5.31. 試解釋 `timescale 1 ns/100 ps 的意義。

5.32. 何謂三態緩衝閘的截止時間？

5.4.2 資料流程描述

雖然邏輯閘層次的結構描述方式相當直覺而且簡單，但是它必須詳細地列出每一個邏輯閘與其它邏輯閘之間的連接關係，因此很難使用於設計較複雜的組合邏輯電路。在 Verilog HDL 中，提供了一個使用運算子與資料的流向來描述一個模組的功能，而不必直接引用與連接基本邏輯閘。這種方式稱為資料流程描述，至於其與邏輯閘之間的對應連接關係則由邏輯合成器自動完成。

連續指定指述

在資料流程模式中的基本指述為使用保留字 **assign** 開始的連續指定指述 (continuous assignment)，以連續的設定一個 net 的值。**assign** 指述的語法為

assign [delay] net_lvalue = expression{,net_lvalue = expression};

例如：

assign　out_z = in_x & in_y;

wire　out_z = in_x & in_y;

其中第一個指述為正常的連續指定指述(最常用)，而第二個指述則稱為 net 宣告指定指述(net declaration assignment) (不建議使用)，其效應與下列兩個指述組合之後相同：

wire　out_z;

        assign   out_z = in_x & in_y;

當然上述指述中也可以加入傳播延遲，例如：

        assign   # 3 out_z = in_x & in_y;

        wire   #3 out_z = in_x & in_y;

運算元

在資料流程描述中的設計通常直接使用交換表式或是高階的數學式，而不是基本邏輯閘，因此表示式(expression)、運算子(operators)、運算元(operands)為資料流程描述中的基本元素。表示式為使用運算子與運算元組成的數學式；運算元則大致上包括兩大類型：

1. net 相關的資料類型：一個 net 表示一條硬體連接線，這一組資料類型包括 **wire**、**wand**、**wor**、**tri**、**triand**、**trior**、**tri0**、**tri1**、**trireg**、**supply0**、**supply1** 等。使用時必須依據該 net 的實際情形，宣告一個適當的資料類型。

2. 變數(variable)資料類型：一個變數表示一個資料儲存元件，這一組資料類型包括 **reg**、**integer**、**real**、**time**、**realtime** 等。

所有結構描述與資料流程描述表式的左邊均須使用 net 的資料類型。在 Verilog HDL 中，當在 net 與 **reg** 資料類型中未宣告位元寬度時，均假設為單一位元；欲宣告為多位元的資料寬度時，可以宣告為向量(vector)。例如：

      wire [3:0] bus;   // 4 位元 bus

      reg   [7:0] a;   // 8 位元的暫存器 a

向量的宣告可以使用[high:low]或是[low:high]，但是最左邊的位元都為最大有效位元(MSB)而最右邊者為最小有效位元(LSB)。指定單一位元時，使用[x]，例如a[4]表示暫存器a中的位元4；指定多個連續位元時，使用[x:y]，例如 a[4:7]表示暫存器 a 中的位元 4 到 7。

一維向量矩陣的宣告方式如下：

      reg   [7:0]   ram_a [0:127];   //表示宣告 ram_a 為一個 128 × 8 的暫存器

運算子

運算子針對運算元做運算後產生結果。Verilog HDL 的運算子相當豐富，如表 5.4-1 所示。這些運算子的功能說明如下：

1. 算術運算子(arithmetic operator)：為一組雙運算元的運算子，提供常用的算術運算，包括加(+)、減(-)、乘(*)、除(/)、餘數(%)、指數(**)等六個。

表5.4-1　Verilog HDL 運算子

算術運算子	位元運算子	簡縮運算子	關係運算子
+ ：加	~　　：NOT	& 　　：AND	> ：大於
- ：減	& 　　：AND	| 　　：OR	< ：小於
* ：乘	| 　　：OR	~& 　：NAND	>= ：大於或等於
/ ：除	^ 　　：XOR	~| 　：NOR	<= ：小於或等於
% ：餘數	~^或^~ ：XNOR	^ 　　：XOR	**各種運算子**
** ：指數	**相等運算子**	~^或^~ ：XNOR	{,} ：串接
移位運算子	=== ：case相等	**邏輯運算子**	{c{ }} ：複製c次
<< ：左移	!== ：case不相等	&& ：AND	? ：條件
>> ：右移	== ：邏輯等於	|| ：OR	
<<< ：算數左移	!= ：邏輯不等於	! ：NOT	
>>> ：算數右移			

2. 位元運算子(bitwise operator)：為一組邏輯運算的運算子，使用位元對位元的方式，計算其結果，包括 and(&)、or(|)、not(~)、xor(^)、xnor(~^或是^~)等五個。

3. 簡縮運算子(reduction operator)：為一組單運算元的運算子，以位元運算的方式，將一個向量資料濃縮為單一位元的結果。簡縮運算子包括 and(&)、or(|)、nand(~&)、nor(~|)、xor(^)、xnor(~^或是^~)等六個。

4. 關係運算子(relational operator)：當關係運算子使用於一個表式中時，若該表式運算後的結果為真，則傳回邏輯值 1，否則傳回邏輯值 0。關係運算子包括大於(>)、小於(<)、大於或是等於(>=)、小於或是等於(<=)。

5. 移位運算子(shift operator)：將一個向量資料向左移位或是向右移位一個指定的位元數目，包括邏輯左移(<<)、邏輯右移(>>)、算數左移(<<<)、算數右移(>>>)四個。

6. 相等運算子(equality operator)：包括邏輯等於(==)、邏輯不等於(!=)、case 相等(===)、case 不相等(!==)四個運算子。

7. 邏輯運算子(logical operator)：包括 AND(&&)、OR(||)、NOT(!)。

8. 串接(concatenation)、複製(replication)、條件(conditional)運算子：串接運算子 "{, }" 提供一個將多個運算元當作一個運算元做運算的方式；複製運算子 "{d{x}}" 提供一個將一個運算元 *x* 複製需要的次數(*d*)的方式；條件運算子(? :)為一個具有三個運算元的運算子，其格式如下：

condition_expr **?** true_expr **:** false_expr

即當 condition_expr 為 1 時執行 true_expr，否則執行 false_expr。事實上，條件運算子為 **if-else** 指述的一種縮寫表示方式。

例題 5.4-2　(全加器電路---資料流程描述)

程式 5.4-2 所示為使用連續指述 **assign** 撰寫的全加器電路的 Verilog HDL 程式。比較兩個 **assign** 指述與全加器電路的交換表式可以得知它們是相等的。

程式5.4-2　全加器電路---資料流程描述

```
// a data-flow description of a full adder
module full_adder_df (
            input Cin, x, y, // inputs
            output S, Cout); // outputs
// describe the operation of a full adder
    assign S = x ^ y ^ Cin;
    assign Cout = x & y | x & Cin | y & Cin;
endmodule
```

例題 5.4-3　(偶同位產生器電路---資料流程描述)

由於偶同位的定義為資料位元與同位位元中值為 1 的位元數目必須為偶數，因此當資料位元中值為 1 的位元數目為奇數時，同位位元必須為 1，否則為 0。因此，將所有資料位元取其 XOR 運算之後，其結果即為同位位元的值。

利用簡縮運算子的程式如程式 5.4-3 所示。

程式5.4-3　同位檢查電路---資料流程描述

```
// a data-flow description of an even parity generator
module even_parity_generator(
            input 〔7:0〕x,
            output f );
// compute the even parity of x
    assign f = ^x;
endmodule
```

📖 複習問題

5.33. 試簡述連續指定指述的動作。

5.34. 試解釋 net 宣告指定指述的意義。

5.35. 試解釋簡縮運算子的意義。

5.36. 試解釋串接運算子的意義。

5.4.3 行為描述

　　Verilog HDL 的行為描述方法由一群同時執行的程序區段(procedure block)組成，每一個程序區段則依序由一組指述組成，每一個指述則由識別語與運算子組成，以定義一個特定的動作。

　　Verilog HDL 的兩種程序區段為使用 **initial** 與 **always** 保留字組成的區段，兩者均由模擬時間 0 開始執行。前者在模擬期間只執行一次，它通常用以設定初值，以提供步進式的模擬；後者在模擬期間則重複不斷的執行。**initial** 與 **always** 區段的語法如下：

　　　always statement

　　　initial statement

在 **initial** 與 **always** 區段中的指述可以是單一指述或是複合指述，若是複合指述則可以使用保留字 **begin** 與 **end** 群集一組單一指述，稱為循序區段(sequential block 或稱 **begin-end** 區段)，或是使用保留字 **fork** 與 **join** 群集一組單一指述，稱為並行區段(parallel block 或稱 **fork-join** 區段)。在 **begin-end**

區段內的指述依據指述所列述的次序執行。在 **fork-join** 區段內的指述則同時執行。

指定指述

指定指述用以更新使用變數宣告的變數值，例如 **reg**。它又分成兩種類型：阻隔式指定(blocking assignment)與非阻隔式指定(nonblocking assignment)。在循序區段中，前者的指定指述(使用運算子"=")當其執行時，將阻擋其餘指述的執行，即它們完全依據在程式中的先後次序執行；後者的指定指述(使用運算子"<=")當執行時並不阻擋其它指述的執行。在並行區段中，則所有阻隔式與非阻隔式指定均同時執行。一般而言，描述一個組合邏輯電路時必須使用阻隔式指定指述而描述一個循序邏輯電路時必須使用非阻隔式指定指述。

時序控制

時序控制指述(timing control statements)用以協調與控制動作發生的時間。在 Verilog HDL 中有兩種時序控制的方法：延遲時序控制(delay timing control)與事件時序控制(event timing control)。

延遲時序控制使用#表示動作發生的時間。依據它們出現在程序指述中的位置，延遲時序控制指述可以再細分為常規延遲控制(regular delay control)、中間指定時序控制(intra-assignment delay control)、零延遲控制(zero delay control)三種類型：

1. 常規延遲控制(regular delay control)：在一個程序指述的左邊使用#t_delay 指定該指述將延遲#t_delay 時間單位後才執行。

   [#delay] statement

   例如：

   # 10 x = 5;　　　　　　　　　　//延遲 10 個時間單位後，才執行 $x = 5$;

2. 中間指定延遲控制(intra-assignment delay control)：在一個程序指述的指定運算元(=或是<=)右邊使用#t_delay 指定該指述運算的結果將延遲

#t_delay 時間單位後才執行指定運算元的動作，即將結果存入左邊的變數中。

variable_lvalue 　= [#delay] expression

variable_lvalue <= [#delay] expression

例如：

z = #10 x + y;　　//先計算 *x+y* 的值，然後經過 10 個時間單位後存入 *z*。

3. 零延遲控制(zero delay control)：在一個程序指述的左邊使用#0 指定該指述將等到所有相同模擬時間的指述完成之後才執行。例如：

initial x = 0;

initial #0 x = 5;　　　　　　　//確保在時間 0 後 *x* = 5;

事件時序控制控制一個程序指述僅在指定的事件發生時才被執行。這裡所謂的事件為 net 或是 variable 的值發生變化時稱之。事件時序控制又再細分為緣觸發時序控制 (edge-triggered timing control)與位準感測時序控制 (level-sensitive event control)兩種。

與延遲時序控制相同，緣觸發時序控制可以再細分成兩種類型：

1. 常規事件控制(regular event control)：程序指述在信號值發生變化或是信號的正緣或是負緣時執行。

[event_control] statement

例如：

@(clock) q <= d;　　　　　　　　//信號值發生變化

@(**posedge** clock)　output <= reg_x;　//正緣觸發方式

@(**negedge** clock)　output <= reg_x;　//負緣觸發方式

2. 中間指定事件控制(intra-assignment event control)：控制一個運算表式運算的結果僅在指定的事件發生後才將結果存入左邊的變數中。

variable_lvalue 　= [event_control] expression

variable_lvalue <= [event_control] expression

例如：

z <= @(**negedge** clock) x + y;

即僅在時脈信號 clock 的負緣時，才將 x+y 的結果存入變數 z 中。

在 Verilog HDL 中，另外兩種事件控制為：

1. 事件 OR 控制(event or control)：當多個輸入信號中任何一個信號值發生變化時，均可以觸發指述的執行。

   @(reset **or** clock **or** data_in) ...　　　　　//事件 OR 控制

   @(reset, clock, data_in) ...　　　　　//另外一種寫法

   @(*) ...　　　　　//或是 @*，一種偷懶的寫法

2. 指名事件控制(named event control)：提供使用者自行宣告一個事件、觸發該事件、認知該事件的機制。

   event received_data;　　　　　//宣告 received_data 為一個事件類型

   always @(**posedge** clock)

   　　if (last_data_byte) -> received_data; // 觸發 received_data

   always @(received_data) ......　　　　　// 認知 received_data

   位準觸發控制使用 **wait** 保留字，其使用例如下：

   always

   　　　　wait (count_enable) #5 count = count + 1;

當 count_enable 的值為 1 時，延遲 5 個時間單位後，count 的值增加 1。

條件指述

最基本的條件指述為 **if/else if** 結構，它允許在程式中依據目前的狀況選取不同的結果，例如：

if (opcode == 12) control = 0;

if (opcode == 12) control = 0;　**else** (opcode == 13) control = 1;

if (opcode == 12) control = 0;

　　else if (opcode == 13)　control = 1;

　　　　else default_statement;

在需要多重選擇的場合中，若使用 **if/else if** 結構的指述，將顯得冗長而笨拙，一個較清楚易懂的方法為使用 **case** 指述，其格式如下：

  case (case_expr)

   case_item1_expr{,case_item1_expr}: procedural_statement1

   case_item2_expr{,case_item2_expr}: procedural_statement2

    ...

   case_itemn_expr{,case_itemn_expr}: procedural_statementn

       [**default**: procedural_statement]

  endcase

例如：

 case (mode_control)

   2'd0: y = a + b;

   2'd1: y = a - b;

   2'd2: y = a * b;

  default: **$display**("Invalid mode control signals");

  endcase

casex 指述為 **case** 指述的一個變形，它將所有 x 與 z 視為不在意狀況，即它僅比較不是 x 與 z 的位置。在行為描述中，**case** 與 **casex** 指述通常用來描述組合邏輯電路的真值表或是循序邏輯電路的功能表。

迴路指述

在 Verilog HDL 中，有四種迴路指述：**while**、**for**、**repeat**、**forever**。這些迴路指述只能出現在 **initial** 與 **always** 區段指述內；迴路指述也可以包括時序控制的表示式。

1. **while** 迴路：持續執行迴路中的指述直到測試條件不成立為止，若一開始時，條件即不成立，則該指述將不被執行。其格式如下：

  while (while_condition) statement

其詳細動作為只要 while_condition 成立，即執行 statement。

2. **for** 迴路：持續執行迴路中的指述直到測試條件不成立為止。其格式為：

> **for** (for_initial; for_condition; for_update) statement

其詳細動作為首先設定 for_initial 初值，然後只要 for_condition 仍舊成立，則持續執行 statement 與更新 for_update 的值。

3. **repeat** 迴路：持續執行迴路中的指述一個預先設定的次數。其格式為：

> **repeat** (repeat_times) statement

其詳細動作為：重複執行 statement 由 repeat_times 指定的次數。

4. **forever** 迴路：通常與時序控制指述連用，並且持續不斷執行，直到遇到 **$finish** 系統工作為止。其格式為：

> **forever** statement

其詳細動作為：持續不斷地執行 statement。

例題 5.4-4 (計算一個位元組中的 0 位元個數)

程式 5.4-4 計算一個位元組中 0 位元的個數。程式使用一個 **while** 迴路，控制需要執行的次數，並且使用 **if** 指述檢查位元值與累計 0 位元的數目。一旦抵達最大的迴路數目時，**while** 迴路即停止執行。位元值的檢查，由一個 **integer** 變數 *i* 控制，依序由位元 0 往位元 7 進行。

程式 5.4-4　計算一個位元組中的 0 位元個數

```
// a module to count the number of zeros in a byte
module prog544 (
      input  [7:0] data,
      output reg [3:0] out);
integer i;  // loop counter

// the body of the module
always @(data) begin
   out = 0; i = 0;
   while (i <= 7) begin  // a simple condition
      // may use out = out + ~data[i] instead
      if (data[i] == 0) out = out + 1;
      i = i + 1; end
end
```

endmodule

例題 5.4-5　(計算一個位元組中的 0 位元個數)

　　程式 5.4-5 計算一個位元組中 0 位元的個數。程式使用一個 **for** 迴路，控制需要執行的次數，並且使用 **if** 指述檢查位元值與累計 0 位元的數目。一旦抵達最大的迴路數目時，**for** 迴路即停止執行。位元值的檢查，由一個 **integer** 變數 *i* 控制，依序由位元 0 往位元 7 進行。

程式 5.4-5　計算一個位元組中的 0 位元個數

```
// a module counts the number of zeros in a byte
module prog545 (
        input  〔7:0〕data,
        output reg 〔3:0〕out);

// the body of the module
integer i;      // loop counter
always @(data) begin
   out = 0;
   for (i = 0; i <= 7; i = i + 1) // a simple condition
      // may use out = out + ~data〔i〕 instead
      if (data〔i〕== 0) out = out + 1;
end
endmodule
```

📖複習問題

5.37. 在 Verilog HDL 中，如何表示一個複合指述？

5.38. 使用 **begin/end** 與 **fork/join** 區段表示的複合指述有何差異？

5.39. 在 Verilog HDL 中，有那兩種事件時序控制方式？

5.40. 在 Verilog HDL 中，有那四種迴路指述？

5.4.4　測試標竿程式

　　測試標竿程式為一個混合描述方式的 Verilog HDL 程式，它用來產生測試一個待測模組的輸入激發信號，與監視及分析該待測模組的輸出信號。測試標竿程式通常沒有輸入與輸出信號，其一般形式如下：

```
`timescale time_unit / time_precision

module test_module_name;

局部宣告 reg 與 wire 資料類型的識別語;

    引用待測模組;

    使用 initial 與 always 指述產生待測模組的激發信號;

    顯示與輸出待測模組的輸出信號;

endmodule
```

在測試標竿程式中,通常必須使用一些 Verilog HDL 的系統工作函數 (system function and task),以監督及顯示待測模組的輸出信號,常用的系統工作包括:

$display 系統工作用以顯示變數、字元串,或是一個表示式的值,其格式為:

$display (expr1, expr2, expr3, ..., exprn);

其中 expr1, expr2, expr3, ..., exprn 可以是變數、字元串,或是一個表示式。常用的數目基底為:十進制(%d 或是%D)、二進制(%b 或是%B)、十六進制(%h 或是%H)、字元串(%s 或是%S)、目前時間格式(%t 或是%T)。

$monitor:連續地監視變數的值是否有改變,若有改變則顯示其值,它的格式為:

$monitor (expr1, expr2, expr3, ..., exprn);

其中 expr1, expr2, expr3, ..., exprn 與**$display** 相同,可以是變數、字元串,或是一個表示式。

在 Verilog HDL 中,有下列三種系統工作可以指示模擬的時間:

$time:使用 64 位元的方式,顯示模擬時間。

$stime:使用 32 位元的方式,顯示模擬時間。

$realtime:使用實數的方式,顯示模擬時間。

欲終止模擬動作的執行,可以使用系統工作**$finish**,例如:

#1290 **$finish**;

將在時間 1290 個時間單位時，終止模擬動作的執行。

例題 5.4-6　(測試標竿程式例)

　　程式 5.4-6 所示為程式 5.4-3 的測試標竿程式。在此程式中使用一個 for 迴路，以連續產生 256 個測試值，當作程式 5.4-3 的輸入參數之用。

程式5.4-6　測試標竿程式例

```
`timescale 1ps / 1ps
module even_parity_generator_tb;
// internal signals declarations
reg [7:0]x;
wire f;
// Unit Under Test port map
    even_parity_generator UUT (.x(x), .f(f));
reg [7:0] i;
    initial
        for (i = 0; i <= 255; i = i + 1) #5 x = i;
    initial
        #1290 $finish;
    initial
        $monitor($realtime,"ps %h %h ",x,f);
endmodule
```

📖 複習問題

5.41. 試簡述測試標竿程式的主要功能何。

5.42. 試簡述 **$display** 與 **$monitor** 兩個系統工作的功能與差異。

5.5 參考資料

1. Z. Kohavi, *Switching and Finite Automata Theory*, 2nd ed., New York: McGraw-Hill, 1978.

2. G. Langhole, A. Kandel, and J. L. Mott, *Digital Logic Design*, Dubuque, Iowa: Wm. C. Brown, 1988.

3. M. B. Lin, *Digital System Designs and Practices: Using Verilog HDL and FPGAs*, Singapore: John Wiley & Sons, 2008.

4. M. B. Lin, *Digital System Design: Principles, Practices, and Applications*, 4th

ed., Taipei, Taiwan: Chuan Hwa Book Ltd., 2010.

5. M. B. Lin, *Introduction to VLSI Systems: A Logic, Circuit, and System Perspective*, CRC Press, 2012.

6. Ming-Bo Lin, *An Introduction to Verilog HDL*, CreateSpace Independent Publishing Platform, 2016.

7. E. J. McCluskey, Jr., ``Minimization of Boolean Functions," *The Bell System Technical Journal*, pp. 1417--1444, No. 11, 1956.

8. E. J. McCluskey, Jr., *Logic Design Principles: with Emphasis on Testable Semicustom Circuits*, Englewood Cliffs, New Jersey: Prentice-Hall, 1986.

9. M. M. Mano, *Digital Design*, 3rd ed., Englewood Cliffs, New Jersey: Prentice-Hall, 2002.

10. C. H. Roth, *Fundamentals of Logic Design*, 4th ed., St. Paul, Minn.: West Publishing, 1992.

5.6 習題

5.1 某一間教室的電燈分別由三個入口處的開關獨立控制,當改變這些開關的狀態時,均會改變電燈的狀態(on → off, off → on)。試導出該控制電路的交換表式。

5.2 某一個組合邏輯電路具有兩個控制輸入端(C_0, C_1),兩個資料輸入端 x 與 y,一個輸出端 z,如圖 P5.1 所示。當 $C_0 = C_1 = 0$ 時,輸出端 $z = 0$;當 $C_0 = C_1 = 1$ 時,輸出 $z = 1$;當 $C_0 = 1$ 而 $C_1 = 0$ 時,輸出端 $z = x$;當 $C_0 = 0$ 而 $C_1 = 1$ 時,輸出端 $z = y$。試導出輸出交換函數 z 的真值表,並求其最簡的 SOP 表式。

圖 P5.1

5.3 某一個組合邏輯電路具有四個輸入端(w, x, y, z)與三個輸出端(f, g, h)。其中 fgh 代表一個相當於輸入端的 1 總數的二進制值。例如，當 $wxyz = 0100$ 時，$fgh = 001$；當 $wxyz = 0101$ 時，$fgh = 010$。

   (1)　求輸出交換函數 f、g、h 的最簡 SOP 表式；

   (2)　求輸出交換函數 f、g、h 的最簡 POS 表式。

5.4 設計一個組合邏輯電路，將一個 3 位元的輸入取平方後輸出於輸出端上。

5.5 設 $X = x_1 x_0$ 而 $Y = y_1 y_0$ 各為 2 個位元的二進制數目，設計一個組合邏輯電路，當其輸入端 X 與 Y 的值相等時，其輸出端 z 的值才為 1，否則均為 0。

5.6 設 $X = x_3 x_2 x_1 x_0$ 為一個 4 位元的二進制數目，其中 x_0 為 LSB，設計一個組合邏輯電路，當輸入端 X 的值大於 9 時，輸出端 z 的值才為 1，否則均為 0。

5.7 設計一個 2×2 個位元的乘法器電路。輸入的兩個數分別為 $X = x_1 x_0$ 與 $Y = y_1 y_0$，輸出的數為 $Z = z_3 z_2 z_1 z_0$，其中 x_0、y_0、z_0 為 LSB。

5.8 設計一個組合邏輯電路，當其四個輸入端(x_3, x_2, x_1, x_0)的值為一個代表十進制數字的加三碼時，輸出端 z 的值才為 1，否則均為 0。

5.9 本習題為多數電路(majority circuit)的相關問題。所謂的多數電路為一個具有奇數個輸入端的組合邏輯電路，當其為 1 的輸入端的數目較為 0 的輸入端多時，輸出端 z 才為 1，否則均為 0。

   (1)　設計一個具有 3 個輸入端的多數電路。

   (2)　利用上述多數電路，設計一個 5 個輸入端的多數電路。

5.10 本習題為少數電路(minority circuit)的相關問題。所謂的少數電路為一個具有奇數個輸入端的組合邏輯電路，當其為 1 的輸入端的數目較為 0 的輸入端少時，輸出端 z 才為 1，否則均為 0。

   (1)　設計一個 3 個輸入端的少數電路。

   (2)　證明 3 個輸入端的少數電路為一個函數完全運算集合電路。

5.11 設計下列數碼轉換電路：

(1) 轉換(8, 4, -2, -1)碼為 BCD 碼；

(2) 轉換 4 位元的二進制數目為格雷碼；

(3) 轉換 4 位元的格雷碼為二進制數目。

將每一個輸出交換函數各別化簡。

5.12 設計一個二進制數目對 BCD 碼的轉換電路。假設輸入的二進制數目為 4 位元。

5.13 圖 P5.2 為一個具有四個輸入端的組合邏輯電路，其中 $X = x_1 x_0$ 而 $Y = y_1 y_0$，x_0 與 y_0 為 LSB，當 X 與 Y 的乘積大於 2 時，輸出端 z 的值才為 1，否則均為 0。

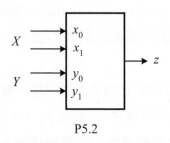

P5.2

(1) 求輸出交換函數 z 的最簡 SOP 表式；

(2) 求輸出交換函數 z 的最簡 POS 表式。

5.14 求圖 P5.3 中各組合邏輯電路的輸出交換函數 f。

(a)

圖 P5.3

(b)

圖 P5.3(續)

5.15 求圖 P5.4 中各組合邏輯電路的輸出交換函數 f。

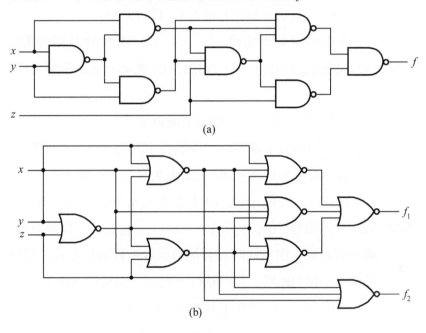

圖 P5.4

5.16 求出下列各交換函數的八種兩層邏輯閘電路形式：

(1) $f(w, x, y, z) = \Sigma(0, 1, 2, 10, 11)$

(2) $f(w, x, y, z) = \Sigma(7, 10, 11, 13, 14, 15)$

5.17 使用 XOR 與 AND 等兩種邏輯閘執行下列交換函數：

$f(w, x, y, z) = \Sigma(5, 6, 9, 10)$

5.18 以下列各指定方式，執行交換函數：

$f(w, x, y, z) = \Sigma(0, 2, 8, 9, 10, 11, 14, 15)$

(1) AND-OR 兩層電路　　　　　　(2) NAND 閘

(3) OR-AND 兩層電路　　　　　　(4) NOR 閘

5.19 使用 NAND 閘執行下列各交換函數：

(1) $f(x, y, z) = \Sigma(0, 2, 4, 5, 6)$

(2) $f(w, x, y, z) = \Sigma(2, 3, 4, 5, 6, 7, 11, 14, 15)$

5.20 使用下列各指定方式，執行交換函數：

$$f(w, x, y, z) = \Sigma(1, 3, 6, 7, 11, 12, 13, 15)$$

(1) AND-NOR 兩層電路　　　　　(2) OR-NAND 兩層電路

5.21 假設交換函數 $f(x, y, z) = \Sigma(3, 5, 6)$定義為一個邏輯閘，稱為 T 邏輯閘，則：

(1) 證明$\{T, 1\}$為一個函數完全運算集合。

(2) 試使用兩個 T 邏輯閘分別執行下列每一個交換函數：

　　(a) $f(w, x, y, z) = \Sigma(0, 1, 2, 4, 7, 8, 9, 10, 12, 15)$

　　(b) $f(w, x, y, z) = \Sigma((0, 1, 2, 3, 4, 8, 10, 11, 12, 15)$

5.22 假設交換函數 $f(w, x, y, z) = xy(w + z)$定義為一個邏輯閘，稱為 L 邏輯閘。假設輸入信號同時具有補數與非補數兩種形式，試使用三個 L 邏輯閘與一個 OR 閘，分別執行下列每一個交換函數：

(1)　$f(w, x, y, z) = \Sigma(0, 1, 6, 9, 10, 11, 14, 15)$

(2)　$f(w, x, y, z) = \Sigma(1, 2, 3, 6, 7, 8, 12, 14)$

5.23 設計一個具有四個信號輸入端(m_3, m_2, m_1, m_0)與七個信號輸出端($m_3\ m_2\ m_1\ p_2\ m_0\ p_1\ p_0$)的組合邏輯電路，它能接收 BCD 碼的輸入，然後產生對應的海明碼(表 1.6-2)輸出。

5.24 設計一個海明碼的錯誤偵測與更正電路，它能偵測與更正七個輸入端($m_{i3}\ m_{i2}\ m_{i1}\ p_{i2}\ m_{i0}\ p_{i1}\ p_{i0}$)中任何一個單一位元的錯誤，然後產生正確的碼語於輸出端($m_{o3}\ m_{o2}\ m_{o1}\ p_{o2}\ m_{o0}\ p_{o1}\ p_{o0}$)。

5.25 假設只有非補數形式的字母變數可以當作輸入信號，設計一個只使用一個 NOT 閘與多個 AND 閘或是 OR 閘的邏輯電路，分別執行下列每一個交換函數：

(1)　$f(w, x, y, z) = w'x + x'y + xz'$

(2)　$f(w, x, y, z) = xy' + x'z + xz'$

5.26　設計下列各指定的兩層邏輯閘數碼轉換電路：

(1)　設計一個 BCD 碼對 5 取 2 碼的轉換電路；

(2)　設計一個 5 取 2 碼對 BCD 碼的轉換電路。

5 取 2 碼與十進制數字的關係如表 P5.1 所示。

表 P5.1

十進制	5 取 2 碼	十進制	5 取 2 碼
0	11000	5	01010
1	00011	6	01100
2	00101	7	10001
3	00110	8	10010
4	01001	9	10100

5.27　設計一個組合邏輯電路，當其四個輸入端所代表的二進制值為一個質數或是 0 時，其輸出端 z 的值才為 1，否則均為 0。試以下列指定方式，執行此電路：

(1) 使用兩層 NAND 閘電路；

(2) 只使用兩個輸入端的 NAND 閘；

(3) 使用兩層 NOR 閘電路；

(4) 只使用兩個輸入端的 NOR 閘。

5.28　分別以下列各指定方式，執行交換函數：

$$f(w, x, y, z) = w'xy' + xz + wy + x'yz'$$

(1) 兩個輸入端的 NAND 閘　　　　(2) 兩個輸入端的 NOR 閘

5.29　使用 AND、OR、NOT 等邏輯閘，重新執行圖 P5.5 的邏輯電路。

5.30　使用 NAND 閘，重新執行圖 P5.6 的邏輯電路。

5.31　只使用兩個輸入端的 NOR 閘，執行下列交換函數：

$$f(w, x, y, z) = w'x'z' + x'y'z'$$

圖 P5.5

圖 P5.6

5.32 設計相當於下列各交換函數的無邏輯突波邏輯電路:

(1) $f(w, x, y, z) = \Sigma(0, 3, 7, 11, 12, 13, 15)$

(2) $f(w, x, y, z) = \Sigma(3, 4, 5, 6, 7, 10, 11, 12, 14, 15)$

5.33 參考圖 P5.7 的邏輯電路:

(1) 證明圖 P5.7(a)與(b)為邏輯相等。

(2) 說明圖 P5.7(a)的邏輯電路不會產生邏輯突波。

(3) 試繪出圖 P5.7(b)的時序圖,說明輸出交換函數 c 在輸入變數 A 的
值為 1 而與 B 的值由 0 變為 1 時將產生靜態-1 邏輯突波。

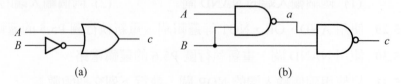

圖 P5.7

5.34 參考例題 5.4-1 的程式:

(1) 撰寫一個測試標竿程式，驗證例題 5.4-1 的程式。

(2) 撰寫一個 Verilog HDL 程式，描述圖 5.3-3(b)的邏輯電路；

(3) 使用與例題 5.4-1 的程式相同的測試標竿程式，比較兩個電路的模擬結果。

5.35 修改例題 5.4-2 的程式為奇同位產生器電路。

5.36 在例題 5.4-6 的程式中：

(1) 使用 **while** 迴路取代 **for** 迴路，重新設計該程式；

(2) 使用 **repeat** 迴路取代 **for** 迴路，重新設計該程式。

E	x_1	x_0	Y_0	Y_1	Y_2	Y_3
1	ϕ	ϕ	0	0	0	0
0	0	0	1	0	0	0
0	0	1	0	1	0	0
0	1	0	0	0	1	0
0	1	1	0	0	0	1

6

組合邏輯電路
模組設計

═══════ 本章目標 ═══════

學完本章之後，你將能夠了解：

- 解碼器：解碼器的電路設計、擴充，與執行交換函數
- 編碼器：編碼器(優先權編碼器)的電路設計與擴充
- 多工器：多工器的電路設計、擴充，與執行交換函數
- 解多工器：解多工器的電路設計、擴充，與執行交換函數
- 比較器：大小比較器的電路設計與擴充
- 算術電路設計：加/減法運算電路、BCD加法運算電路、乘法運算電路

在了解如何使用基本邏輯閘執行任意的交換函數之後，本章中將討論一些常用的標準組合邏輯電路模組的功能與設計方法，這些電路模組為設計任何數位系統的基本建構單元。常用的標準組合邏輯電路模組為：解碼器 (decoder) 與編碼器 (encoder)；多工器 (multiplexer，MUX) 與解多工器 (demultiplexer，DeMUX)；比較器 (comparator)；算術運算電路：包括加、減、乘、除等四則運算。

解碼器為一個可以自資料輸入端信號的二進制組合中識別出特定組合的電路；編碼器則為一個可以依據資料輸入端的信號位置產生相當的二進制值輸出的電路。多工器為一個能自多個資料輸入來源中選取其中一個的電路；解多工器為一個可以將資料放置於指定標的中的電路。比較器用以比較兩個數目的大小。

6.1 解碼器

解碼器是一個常用的組合邏輯電路模組，因此本小節將依序討論解碼器電路、解碼器的擴充，與如何使用解碼器執行交換函數。

6.1.1 解碼器電路設計

解碼器是一個具有 n 個資料輸入端而最多有 m $(= 2^n)$ 個資料輸出端的組合邏輯電路，其主要特性是在每一個資料輸入端信號的二進制組合中，只有一個資料輸出端啟動，至於其值是為 1 或是 0，由電路的設計方式決定。

典型的 n 對 m (或是稱為 $n \times m$) 解碼器方塊圖如圖 6.1-1 所示。圖 6.1-1(a) 的輸出為非反相輸出；圖 6.1-1(b) 的輸出為反相輸出。圖 6.1-1(a) 與 (b) 的解碼器方塊圖中的致能 (enable，E) 控制線控制解碼器的動作，當它啟動 (或是稱為致能)(即值設定為 0) 時，解碼器正常工作；當它不啟動 (即值設定為 1) 時，解碼器的所有輸出端將固定輸出一個特定的值：低電位、高電位、高阻抗，由電路的設計方式決定。上述解碼器電路的致能控制方式為低電位啟動；有些解碼器電路則為高電位啟動的方式。在電路符號的表示方式中，以一

個圓圈表示低電位的啟動方式；未加圓圈時則表示為高電位的啟動方式。當
然有些解碼器電路並未具有致能(E)控制輸入線。

圖6.1-1　解碼器方塊圖

當 n 個位元的資料輸入端的所有二進制組合皆使用時，即 $m = 2^n$，稱為
完全解碼(totally decoding)；當 n 個位元的資料輸入端的二進制組合有部分未
使用時，即 $m < 2^n$，稱為部分解碼(partially decoding)。為了能夠唯一的對資
料輸入端的二進制資訊做解碼，每一個資料輸出端的交換函數定義為：

$$Y_i = m_i$$

其中 m_i 為 n 個資料輸入端變數的第 i 個最小項。因此只在相當於 m_i 的二進制
組合的資料輸入端變數出現在資料輸入端時，Y_i 的值才為 1；否則為 0。在 $m
< 2^n$ 的情況，解碼器只產生 n 個資料輸入端變數中的前面 m 個最小項；在 $m
= 2^n$ 時，則產生所有的最小項。

例題 6.1-1 (具有致能控制的 2 對 4 解碼器)

　　一個低電位致能(也稱為啟動)的 2 對 4 非反相輸出解碼器電路為一個具有兩
個資料輸入端(x_1 與 x_0)、四個資料輸出端(Y_3 到 Y_0)，與一個致能控制信號輸入
端(E)的邏輯電路。在致能控制信號(E)為 0 時，當資料輸入端(x_1 與 x_0)的信號
組合為 i 時，資料輸出端(Y_i)啟動為 1，否則為 0；在致能控制信號(E)為 1 時，
所有資料輸出端的值均為 0。試設計此電路。

解： 依據題意，2 對 4 非反相輸出解碼器電路的方塊圖與功能表分別如圖 6.1-2(a)與(b)所示。利用卡諾圖化簡後，得到：

$$Y_0 = E' x'_1 x'_0 \qquad\qquad Y_1 = E' x'_1 x_0$$

$$Y_2 = E' x_1 x'_0 \qquad\qquad Y_3 = E' x_1 x_0$$

其邏輯電路如圖 6.1-2(c)所示。

(a) 方塊圖

E	x_1	x_0	Y_0	Y_1	Y_2	Y_3
1	ϕ	ϕ	0	0	0	0
0	0	0	1	0	0	0
0	0	1	0	1	0	0
0	1	0	0	0	1	0
0	1	1	0	0	0	1

(b) 功能表

(c) 邏輯電路

圖6.1-2　具有致能控制的 2 對 4 非反相輸出解碼器

例題 6.1-2　(具有致能控制的 2 對 4 解碼器)

若將例題 6.1-1 電路的輸出端信號位準更改為：啟動時為 0，不啟動時為 1。此種電路亦稱為 2 對 4 反相輸出解碼器。試設計此電路。

解： 依據題意，2 對 4 反相輸出解碼器的方塊圖與功能表分別如圖 6.1-3(a)與(b)所示。利用卡諾圖化簡得：

$$Y'_0 = E' x'_1 x'_0 \qquad\qquad Y_0 = (E' x'_1 x'_0)'$$

$$Y'_1 = E' x'_1 x_0 \qquad\qquad Y_1 = (E' x'_1 x_0)'$$

$$Y'_2 = E' x_1 x'_0 \qquad\qquad Y_2 = (E' x_1 x'_0)'$$

$$Y'_3 = E' x_1 x_0 \qquad\qquad Y_3 = (E' x_1 x_0)'$$

其邏輯電路如圖 6.1-3(c)所示。

(a) 方塊圖

E	x_1	x_0	Y_0	Y_1	Y_2	Y_3
1	ϕ	ϕ	1	1	1	1
0	0	0	0	1	1	1
0	0	1	1	0	1	1
0	1	0	1	1	0	1
0	1	1	1	1	1	0

(b) 功能表

(c) 邏輯電路

圖6.1-3 具有致能控制的 2 對 4 反相輸出解碼器

上述兩個例題均為 $m = 2^n$ 的情況。其它型式的解碼器電路可以依相同的方法設計。

📖 複習問題

6.1. 重新設計例題 6.1-1 的解碼器,使其成為高電位啟動方式。

6.2. 重新設計例題 6.1-2 的解碼器,使其成為高電位啟動方式。

6.1.2 解碼器的擴充

在實用上,常常將多個解碼器電路組合以形成一個較大(即具有較多輸入端數目)的解碼器。在這種組合中,使用的解碼器電路必須為一個完全解碼的電路(即 $m = 2^n$)而且具有致能控制輸入端。

例題 6.1-3 (解碼器擴充)

利用兩個具有致能控制輸入端的 2 對 4 解碼器組成一個 3 對 8 解碼器電路。

解:如圖 6.1-4 所示,當 $x_2 = 0$ 時,解碼器 A 致能;當 $x_2 = 1$ 時,解碼器 B 致能。但是兩者不能同時致能,所以形成一個 3 對 8 解碼器電路。注意反相器可以視為一個 1 對 2 解碼器。

圖6.1-4　兩個 2 對 4 解碼器擴充成為一個 3 對 8 解碼器

📖 複習問題

6.3. 若例題 6.1-3 中的解碼器 B 為高電位啟動方式,則圖 6.1-4 中的反相器是否仍然需要?

6.4. 是否可以使用兩個例題 6.1-3 中的 3 對 8 解碼器電路組成一個 4 對 16 解碼器電路?

6.1.3 執行交換函數

由圖 6.1-2 的 1 對 4 解碼器電路可以得知:解碼器電路本身只是一個乘積項(最小項)的產生電路而已,因此欲執行 SOP 型式的交換函數時,必須外加 OR 閘。下列例題說明如何使用解碼器電路與外加的 OR 閘執行交換函數。

例題 6.1-4　(使用解碼器執行交換函數)

利用一個 4 對 16 解碼器與一個 OR 閘,執行下列交換函數:

$$f(w, x, y, z) = \Sigma(1, 5, 9, 15)$$

解: 由於 $f(w, x, y, z)$ 在輸入組合為 1、5、9、15 時為 1,所以將解碼器的資料輸出端 1、5、9、15 等連接到 OR 閘的輸入端，得到交換函數 $f(w, x, y, z)$ 的輸出，如圖 6.1-5 所示。

圖6.1-5　例題 6.1-4 電路

若解碼器的輸出為反相輸出，則依據 DeMorgan 定理，外加的 OR 閘應改為 NAND 閘。下列例題說明這一原理並說明如何使用一個解碼器執行一個多輸出交換函數。在例題中，首先使用 OR 閘然後使用 NAND 閘。

例題 6.1-5　(多輸出交換函數的執行)

利用一個 3 對 8 解碼器與兩個 OR 閘執行下列兩個交換函數(注意：此電路為全加器)：

$$S(x, y, z) = \Sigma(1, 2, 4, 7)$$
$$C_{out}(x, y, z) = \Sigma(3, 5, 6, 7)$$

解：由於解碼器的每一個輸出端都相當於資料輸入端的一個最小項，因此只需要分別使用一個 OR 閘將交換函數 S 與 C_{out} 中的最小項 OR 在一起即可。完整的電路如圖 6.1-6(a)所示。圖 6.1-6(b)的電路為使用反相輸出的解碼器與 NAND 閘。

📖 **複習問題**

6.5. 為何解碼器電路可以執行交換函數？

6.6. 欲執行一個 4 個變數的交換函數時，必須使用多少個輸入端的解碼器電路(外加的 OR 閘假設必須使用)？

6.7. 欲執行一個 n 個變數的交換函數時，必須使用何種解碼器電路？

(a) 非反相輸出解碼器　　　　　　(b) 反相輸出解碼器

圖6.1-6　例題 6.1-5 的電路

6.2 編碼器

編碼器的動作與解碼器相反，它也是最常用的組合邏輯電路模組之一。解碼器為一個可以自資料輸入端信號的二進制組合中識別出特定組合的電路；編碼器則為一個可以依據資料輸入端的信號位置產生相當的二進制值輸出的電路。本小節將依序討論編碼器、優先權編碼器電路、優先權編碼器電路的擴充。

6.2.1 編碼器(優先權編碼器)電路設計

一般而言，解碼器相當於 AND 的功能，而編碼器則相當於 OR 的作用。即解碼器是將資料輸入端的信號組合分解成多個各別的最小項輸出；編碼器則是將多個資料輸入端的信號 OR 成一個資料輸出端。因此，編碼器與解碼器的動作是相反的。

一個編碼器為一個具有 m 條資料輸入端與 n 條資料輸出端的邏輯電路，其中 $m \leq 2^n$，其邏輯方塊圖如圖 6.2-1 所示。資料輸出端產生 m 條資料輸入端的信號位置的二進制值(二進制碼)。圖 6.2-1(a)的輸出為非反相輸出；圖 6.2-1(b)的輸出為反相輸出。圖 6.2-1(a)與(b)的編碼器方塊圖中的致能(E)控制線控制編碼器的動作，當它啟動(或是稱為致能)(即值設定為 0)時，編碼器正常工作；當它不啟動(即值設定為 1)時，編碼器的所有輸出端將固定輸出一個特定的值：低電位、高電位、高阻抗，由電路的設計方式決定。上述編碼器電路的致能控制方式為低電位啟動；有些編碼器電路則為高電位啟動的方式。當然有些編碼器電路並未具有致能(E)控制輸入線。

(a) 非反相輸出　　　　　　　　　　　　(b) 反相輸出

圖6.2-1　m 對 n 編碼器

例題 6.2-1　(8 對 3 編碼器)

設計一個 8 對 3 編碼器電路，假設八個資料輸入端每次只有一條啟動(為 l)。

解： 因為八個資料輸入端每次只有一條啟動(為 1)，因此其功能表只需要列出八種而非 256 組合，如圖 6.2-2(a)所示。由此功能表得到：

$$Y_0 = I_1 + I_3 + I_5 + I_7$$

$$Y_1 = I_2 + I_3 + I_6 + I_7$$

$$Y_2 = I_4 + I_5 + I_6 + I_7$$

所以其邏輯電路如圖 6.2-2(b)所示。

在(簡單的)編碼器電路中，每次只允許一條資料輸入端啟動，因為若同時有多條資料輸入端啟動時，編碼器的輸出將無法代表任一條資料輸入端。例如在圖 6.2-2(b)的編碼器中，若資料輸入端 I_3 與 I_5 同時啟動，則資料輸出端(Y_2、Y_1、Y_0)將輸出 111，為一個錯誤的輸出碼。

I_0	I_1	I_2	I_3	I_4	I_5	I_6	I_7	Y_2	Y_1	Y_0
1	0	0	0	0	0	0	0	0	0	0
0	1	0	0	0	0	0	0	0	0	1
0	0	1	0	0	0	0	0	0	1	0
0	0	0	1	0	0	0	0	0	1	1
0	0	0	0	1	0	0	0	1	0	0
0	0	0	0	0	1	0	0	1	0	1
0	0	0	0	0	0	1	0	1	1	0
0	0	0	0	0	0	0	1	1	1	1

(a) 功能表　　　　　　　　　　(b) 邏輯電路

圖6.2-2　8 對 3 編碼器

　　在實際的數位系統應用中，一般都無法限制每次只允許一條資料輸入端啟動，這時候的解決方法是將所有資料輸入端預先排定一個優先順序，稱為優先權(priority)。當有多個資料輸入端的信號同時啟動時，只有具有最高優先權的資料輸入端會被認知而編碼，並輸出於資料輸出端上。這種具有資料輸入端優先順序的編碼器稱為優先權編碼器(priority encoder)。下列例題說明 4 對 2 優先權編碼器電路的設計原理。

例題 6.2-2　(4 對 2 優先權編碼器)

　　設計一個 4 對 2 優先權編碼器，它具有四個資料輸入端 I_3、I_2、I_1、I_0 與三個資料輸出端 A_1、A_0、V。當資料輸入端 I_i 為 1 時，若無其它資料輸入端 I_j 也為 1 而 $j > i$ 時，則資料輸出端 $A_1 A_0 = i$。當任意資料輸入端為 1 時，資料輸出端 V 為 1，否則，V 為 0。

解： 依據題意，4 對 2 優先權編碼器的方塊圖與功能表分別如圖 6.2-3 (a)與(b)所示。利用卡諾圖化簡得：

$$A_0 = I_3 + I'_2 I_1$$
$$A_1 = I_3 + I_2$$
$$V = I_3 + I_2 + I_1 + I_0$$

其邏輯電路如圖 6.2-3 (c)所示。

(a) 方塊圖

輸入				輸出		
I_0	I_1	I_2	I_3	A_1	A_0	V
0	0	0	0	0	0	0
1	0	0	0	0	0	1
ϕ	1	0	0	0	1	1
ϕ	ϕ	1	0	1	0	1
ϕ	ϕ	ϕ	1	1	1	1

(b) 功能表

(c) 邏輯電路

圖6.2-3　4 對 2 優先權編碼器

下列例題說明一個典型而常用的 8 對 3 優先權編碼器(74x148)電路的設計原理。

例題 6.2-3　(8 對 3 優先權編碼器)

設計一個 8 對 3 優先權編碼器，其方塊圖與功能表分別如圖 6.2-4(a)與(b)所示。

解： 由圖 6.2-4(b)的功能表可以得知：當致能控制輸入(EI)為 1 時，資料輸出端(A_2、A_1、A_0)均為 1；當致能控制輸入(EI)為 0 時，資料輸出端(A_2、A_1、A_0)的值由優先權最大的資料輸入端的信號決定，例如當 I_7 與 I_6 的值均為 0 時，資料輸出端的值為 000，當 I_3 與 I_0 的值均為 0 時，資料輸出端的值為 100。

依據功能表，可以直接得到下列輸出交換函數：

$$A'_2 = [\,I'_4\,I_5\,I_6\,I_7 + I'_5\,I_6\,I_7 + I'_6\,I_7 + I'_7\,]EI'$$
$$\quad = [\,I'_4 + I'_5 + I'_6 + I'_7\,]EI'$$

$$A'_1 = [\,I'_2\,I_3\,I_4\,I_5\,I_6\,I_7 + I'_3\,I_4\,I_5\,I_6\,I_7 + I'_6\,I_7 + I'_7\,]EI'$$
$$\quad = [\,I'_2\,I_4\,I_5 + I'_3\,I_4\,I_5 + I'_6 + I'_7\,]EI'$$

$$A'_0 = [\,I'_1\,I_2\,I_3\,I_4\,I_5\,I_6\,I_7 + I'_3\,I_4\,I_5\,I_6\,I_7 + I'_5\,I_6\,I_7 + I'_7\,]EI'$$
$$\quad = [\,I'_1\,I_2\,I_4\,I_6 + I'_3\,I_4\,I_6 + I'_5\,I_6 + I'_7\,]EI'$$

所以

$$A_2 = [(\,I'_4 + I'_5 + I'_6 + I'_7)EI'\,]'$$
$$A_1 = [(\,I'_2\,I_4\,I_5 + I'_3\,I_4\,I_5 + I'_6 + I'_7)EI'\,]'$$

$$A_0 = [(I'_1 I_2 I_4 I_6 + I'_3 I_4 I_6 + I'_5 I_6 + I'_7) EI']'$$

致能控制輸出端 EO 的值為當所有資料輸入端的值均為1(即都不啟動)，而且致能控制輸入端(EI)啟動時為 0，否則均為 1；群集選擇(GS)輸出端的值為當致能控制輸出端 EO 的值為 0 時，或是當致能控制輸入端(EI)不啟動時為 1，否則均為 0。因此其交換表式極易導出，所以省略。完整的邏輯電路如圖 6.2-4(c)所示。

📖 **複習問題**

6.8. 為何使用例題 6.2-1 的 8 對 3 編碼器電路時，必須限制每次只能有一個資料輸入端的信號啟動？

6.9. 為何在圖 6.2-3 中的 4 對 2 優先權編碼器中，必須有 V 輸出端？

6.10. 修改例題 6.2-2 的 4 對 2 優先編碼器電路，使其成為可以串接的電路。

6.11. 為何在優先權編碼器中，不必限制每次只能有一個資料輸入端的信號啟動？

(a) 方塊圖

輸入									輸出				
EI	I_0	I_1	I_2	I_3	I_4	I_5	I_6	I_7	A_2	A_1	A_0	GS	EO
1	ϕ	ϕ	ϕ	ϕ	ϕ	ϕ	ϕ	ϕ	1	1	1	1	1
0	1	1	1	1	1	1	1	1	1	1	1	1	0
0	ϕ	ϕ	ϕ	ϕ	ϕ	ϕ	ϕ	0	0	0	0	0	1
0	ϕ	ϕ	ϕ	ϕ	ϕ	ϕ	0	1	0	0	1	0	1
0	ϕ	ϕ	ϕ	ϕ	ϕ	0	1	1	0	1	0	0	1
0	ϕ	ϕ	ϕ	ϕ	0	1	1	1	0	1	1	0	1
0	ϕ	ϕ	ϕ	0	1	1	1	1	1	0	0	0	1
0	ϕ	ϕ	0	1	1	1	1	1	1	0	1	0	1
0	ϕ	0	1	1	1	1	1	1	1	1	0	0	1
0	0	1	1	1	1	1	1	1	1	1	1	0	1

(b) 功能表

圖6.2-4 8 對 3 優先權編碼器(74x148)

圖 6.2-4 (續)　8 對 3 優先權編碼器(74x148)

6.2.2 編碼器的擴充

　　與解碼器一樣，編碼器(優先權編碼器)也可以多個元件組合以形成一個較多輸入端數目的編碼器電路。下列例題說明如何串接兩個 8 對 3 優先權編碼器為一個 16 對 4 優先權編碼器。

例題 6.2-4 (優先權編碼器擴充)

利用兩個 8 對 3 優先權編碼器(圖 6.2-4)電路，設計一個 16 對 4 優先權編碼器。

解： 結果的邏輯電路如圖 6.2-5 所示。當優先權編碼器 A 有任何資料輸入端啟動時，其 EO' 輸出為 1，因此優先權編碼器 B 不啟動；反之，當優先權編碼器 A 沒有任何資料輸入端啟動時，依據圖 6.2-4(b)的功能表得知，其 EO' 為 0，因此致能優先權編碼器 B，所以為一個 16 對 4 優先權編碼器電路。

圖6.2-5　兩個 8 對 3 優先權編碼器擴充成為一個 16 對 4 優先權編碼器

📖 複習問題

6.12. 在圖 6.2-5 中的 4 個 AND 閘的功能為何？

6.13. 在圖 6.2-5 中，若將優先權編碼器 A 的 EI' 輸入端接於高電位，則電路的功能有何變化？

6.14. 是否可以使用兩個圖 6.2-5 的電路擴充為一個具有 32 個輸入端的 32 對 5 優先權編碼器？

6.3 多工器

在組合邏輯電路中最常用的電路模組之一為多工器,因為它不但可以當作資料選擇器,同時也可以執行任意交換函數。因此本節將討論多工器電路的設計與應用。

6.3.1 多工器電路設計

多工器(簡稱 MUX)為一個組合邏輯電路,它能從多個資料輸入端中選取一條資料輸入端,並將其資訊置於單一的資料輸出端上,如圖 6.3-1(a)所示。它有時也稱為資料選擇器(data selector)。對於特定資料輸入端的指定由一群來源選擇線(source selection lines,有時稱為來源位址線,source address)決定。一般而言,2^n個資料輸入端必須有n條來源選擇線,才能唯一的選取每一條資料輸入端。

圖6.3-1　多工器(4 對 1)與解多工器(1 對 4)的動作

典型的2^n對 1 (或是稱為$2^n \times 1$)多工器的邏輯電路方塊圖如圖 6.3-2 所示。它具有 n 條來源選擇線($S_{n-1},...,S_1,S_0$),以自2^n條資料輸入端($I_{2^n-1},...,I_1,I_0$)中,選取任一條。被選取的資料輸入端I_i由來源選擇線($S_{n-1},...,S_1,S_0$)的二進制組合的等效十進制值 i 決定。例如當選取資料輸入端I_i時,其來源選擇線的等效十進制值為 i。因此,資料輸入端的位址完全由來源選擇線$S_{n-1},...,S_1,S_0$決定,其中S_{n-1}為 MSB 而S_0為 LSB。圖 6.3-2(b)為一個具有致能(低電位啟動)控制的多工器邏輯電路符號。

(a) 未具有致能控制輸入   (b) 具有致能控制輸入

圖6.3-2 2^n 對 1 多工器方塊圖

下列兩個例題分別說明 2 對 1 與 4 對 1 多工器的設計方法。

例題 6.3-1 (2 對 1 多工器)

2 對 1 多工器為一個具有兩個資料輸入端(I_1 與 I_0)、一個資料輸出端(Y)與一個來源選擇線(S)的邏輯電路。當來源選擇線(S)的值為 0 時，資料輸入端 I_0 連接到資料輸出端(Y)；當來源選擇線(S)的值為 1 時，資料輸入端 I_1 連接到資料輸出端(Y)。試設計此 2 對 1 多工器電路。

解：依據題意，得到 2 對 1 多工器的方塊圖與功能表分別如圖 6.3-3(a)與(b)所示。利用變數引入圖化簡得到：

$$Y = S'I_0 + SI_1$$

所以邏輯電路如圖 6.3.3(c)所示。

(a) 方塊圖   (b) 功能表   (c) 邏輯電路

圖6.3-3   2 對 1 多工器電路

例題 6.3-2　(4 對 1 多工器)

　　4 對 1 多工器為一個具有四個資料輸入端(I_3 到 I_0)、一個資料輸出端(Y)與兩條來源選擇線(S_1 到 S_0)的邏輯電路。當來源選擇線($S_1 \, S_0$)的值為 00 時，資料輸入端 I_0 連接到資料輸出端(Y)；當來源選擇線($S_1 \, S_0$)的值為 01 時，資料輸入端 I_1 連接到資料輸出端(Y)；當來源選擇線($S_1 \, S_0$)的值為 10 時，資料輸入端 I_2 連接到資料輸出端(Y)；當來源選擇線($S_1 \, S_0$)的值為 11 時，資料輸入端 I_3 連接到資料輸出端(Y)。試設計此 4 對 1 多工器電路。

解： 4 對 1 多工器的方塊圖與功能表分別如圖 6.3-4(a)與(b)所示。利用變數引入圖化簡得到：

$$Y = S'_1 \, S'_0 \, I_0 + S'_1 \, S_0 I_1 + S_1 S'_0 \, I_2 + S_1 S_0 I_3$$

所以邏輯電路如圖 6.3-4(c)所示。

S_1	S_0	Y
0	0	I_0
0	1	I_1
1	0	I_2
1	1	I_3

(a) 方塊圖　　　　(b) 功能表　　　　(c) 邏輯電路

圖6.3-4　4 對 1 多工器電路

　　在實際應用中，多工器元件的組合方式有兩種：其一為將多個多工器元件並接使用，以構成較大的資料寬度；其二為將多個多工器使用樹狀的方式組合，以形成一個具有較多資料輸入端的多工器電路。前者通常使用在計算機中的資料匯流排(data bus)上，因為資料匯流排的寬度通常為 4 條、8 條、16 條、32 條；後者的電路設計方法與應用將於第 6.3.2 節中介紹。

例題 6.3-3 (4 位元 2 對 1 多工器)

利用例題 6.3-1 的 2 對 1 多工器，設計一個 4 位元 2 對 1 多工器。

解： 將四個 2 對 1 多工器並列在一起，並將其來源選擇線 S 連接在一起即成為一個 4 位元 2×1 多工器，如圖 6.3-5(a)所示。當來源選擇線 S 值為 0 時，資料輸入端 A_3 到 A_0 分別連接到資料輸出端 Y_3 到 Y_0；當來源選擇線 S 值為 1 時，資料輸入端 B_3 到 B_0 分別連接到資料輸出端 Y_3 到 Y_0。

圖 6.3-5(b)所示為一般在邏輯電路中使用的 4 位元 2 對 1 多工器邏輯方塊圖；圖 6.3-5(c)為圖 6.3-5(b)的簡化方塊圖。

(a) 邏輯電路　　(b) 方塊圖　　(c) 簡化方塊圖

圖6.3-5　4 位元 2 對 1 多工器

與解碼器或是編碼器電路一樣，多工器電路通常也有致能控制線(E)，以控制多工器的動作。致能控制線的控制信號也有兩種：高電位與低電位。

例題 6.3-4　(具有致能控制線的多工器)

設計一個具有高電位啟動的 2 對 1 多工器。假設當致能控制不啟動時，多工器的輸出為低電位。

解：依據題意，得到圖 6.3-6(a)與(b)所示的方塊圖與功能表。由變數引入圖法化簡得到：

$$Y = ES'\,I_0 + ES\,I_1$$

所以邏輯電路如圖 6.3-6(b)所示。

E	S	Y
0	ϕ	0
1	0	I_0
1	1	I_1

(a) 方塊圖　　　　(b) 功能表　　　　(c) 邏輯電路

圖6.3-6　高電位啟動的 2 對 1 多工器

📖 複習問題

6.15. 在一個 m 個資料輸入端的多工器電路中，一共需要幾條來源選擇線？

6.16. 重新設計例題 6.3-1 中的 2 對 1 多工器電路，使其成為高電位啟動方式。

6.17. 重新設計例題 6.3-2 中的 4 對 1 多工器電路，使其成為低電位啟動方式。

6.3.2　多工器的擴充

兩個或是多個多工器通常可以組合成一個具有較多資料輸入端的多工器，利用此種方式構成的多工器電路稱為多工器樹(multiplexer tree)。多工器樹的構成方式，可以使用具有致能資料輸入端的多工器，或是沒有致能資料輸入端的多工器。前者是否僅需要一個解碼器或是也需要一個額外的 OR 閘以組合多工器的輸出，端視多工器是否為三態輸出而定；後者則通常需要使用更多的多工器。

例題 6.3-5　(多工器樹)

利用兩個例題 6.3-4 的 2 對 1 多工器，設計一個 4 對 1 多工器。

解：由於例題 6.3-4 中的 2 對 1 多工器為高電位致能方式而且當該多工器不啟動時，輸出均為低電位，所以如圖 6.3-7 所示方式組合後，即為一個 4 對 1 多工器。當 $S_1 = 0$ 時，上半部的多工器致能，輸出 Y 為 I_0 或是 I_1 由 S_0 決定；當 $S_1 = 1$ 時，下半部的多工器致能，輸出 Y 為 I_2 或是 I_3 由 S_0 決定。當 S_1 為 0 或是為 1 時，另一個不被致能的多工器輸出均為 0，所以不會影響輸出 Y 的值。因此，圖中的電路為一個 4 對 1 多工器電路。

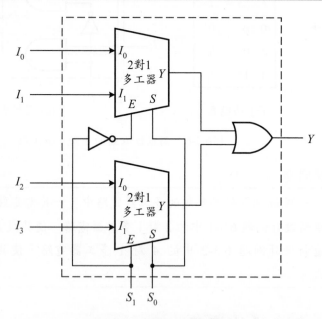

圖6.3-7　例題 6.3-5 的電路

在例題 6.3-5 中，當構成的 4 對 1 多工器也希望具有致能控制時，有許多方法可以完成。其中較簡單的方法是將資料輸出端的 OR 閘改為一個具有致能控制的 2 對 1 多工器，而其來源選擇輸入端 S 接到 S_1。詳細的電路設計，留作習題(習題 6.10)。

例題 6.3-6　(多工器樹)

利用三個不具有致能控制的 2 對 1 多工器,設計一個 4 對 1 多工器。

解: 結果的電路如圖 6.3-8 所示。當 $S_1 = 0$ 時,輸出 Y 由上半部的輸入多工器決定,而其為 I_0 或是 I_1 由 S_0 選取;當 $S_1 = 1$ 時,輸出 Y 由下半部的輸入多工器決定,而其為 I_2 或是 I_3,則由 S_0 選取。所以為一個 4 對 1 多工器。

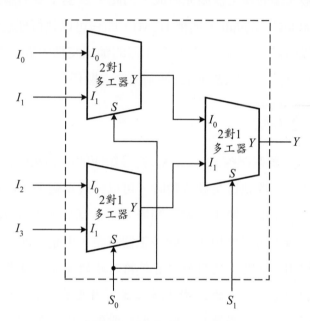

圖6.3-8　例題 6.3-6 的電路

利用類似的方法,可以將多個多工器依適當的方式組成一個具有較多資料輸入端的多工器樹。例如將五個 4 對 1 多工器擴充成一個 16 對 1 多工器,兩個 4 對 1 多工器與一個 2 對 1 多工器組成一個 8 對 1 多工器…等等。由於這些多工器樹的設計方法和上述例題類似,所以不再贅述。

📖 複習問題

6.18. 組成一個 16 對 1 多工器,需要使用多少個 4 對 1 多工器?

6.19. 組成一個 64 對 1 多工器,需要使用多少個 2 對 1 多工器?

6.20. 組成一個 256 對 1 多工器,需要使用多少個 4 對 1 多工器?

6.3.3 執行交換函數

一個 2^n 對 1 多工器具有 2^n 個 AND 個邏輯閘與一個 2^n 個輸入端的 OR 或是 NOR 閘，因此它可以執行一個 n 個變數的交換函數，因為每一個 AND 邏輯閘相當於交換函數中的一個最小項。此外，更多輸入端的多工器亦可以使用較少輸入端的多工器擴充而成，因此，2^n 對 1 多工器為一個通用邏輯模組 (universal logic module，簡稱 ULM)，即它可以執行任意的交換函數。

一般而言，一個 2^n 對 1 多工器的輸出交換函數(Y)與資料輸入端 I_i 及來源選擇線($S_{n-1}, \ldots, S_1, S_0$)的二進制組合之關係為：

$$Y = \sum_{i=0}^{2^n-1} I_i m_i$$

其中 m_i 為來源選擇線 $S_{n-1}, \ldots, S_1, S_0$ 等組成的第 i 個最小項。

使用多工器執行交換函數時，可以分成單級多工器與多級多工器電路兩種。單級多工器在使用上較為簡單，而且有系統性的方法可以遵循；多級多工器電路雖然可以使用較少的多工器電路，但是目前並未有較簡單的設計方法可以採用。注意：使用較少資料輸入端的多工器組成的 2^n 對 1 多工器樹，因其功能相當於單一的 2^n 對 1 多工器，因此屬於單級多工器。

使用單級多工器執行一個 n 個變數的交換函數時，通常可以採用下列三種型式的多工器：

1. 2^n 對 1 多工器；

2. 2^{n-1} 對 1 多工器；

3. 2^{n-m} 對 1 多工器。

現在分別討論與舉例說明這三種多工器的執行方法。

2^n 對 1 多工器

使用第 2.3.2 節的 Shannon 展開定理，對 n 個變數(這些變數均為多工器的來源選擇線變數)展開後，得到：

$$f(x_{n-1}, \ldots, x_1, x_0) = x'_{n-1} \ldots x'_1 x'_0 \, f(0, \ldots, 0, 0)$$

$$+ x'_{n-1} \ldots x'_1 \, x_0 f(0,\ldots,0,1) + \ldots + x_{n-1} \ldots x_1 x_0 f(1,\ldots,1,1)$$

$$= \sum_{i=0}^{2^n-1} \alpha_i m_i \qquad\qquad (\text{標準 SOP 型式})$$

其中 m_i 為變數 $x_{n-1},\ldots,x_1,x_0$ 的第 i 個最小項；$\alpha_i = f(b_{n-1},\ldots,b_1,b_0)_2$ 為一個常數 0 或是 1，$i = (b_{n-1},\ldots,b_1,b_0)_2$，即 i 為相當於 n 個變數 $x_{n-1},\ldots,x_1,x_0$ 的二進制組合 $(b_{n-1},\ldots,b_1,b_0)_2$ 的十進制值。與 2^n 對 1 多工器的輸出交換函數比較後，可以得到：

$$I_i = \alpha_i \qquad\qquad (i = 0, 1, \ldots, 2^n - 1)$$

因此 I_i 為一個常數 0 或是 1。換句話說，若欲執行的交換函數 f 的最小項 m_i 的值為 0，則設定多工器的輸入端 I_i 的值為 0，否則設定 I_i 的值為 1。

例題 6.3-7　(2^n 對 1 多工器執行 n 個變數的交換函數)

使用一個 8 對 1 多工器執行下列交換函數：

$$f(x, y, z) = \Sigma(0, 2, 3, 5, 7)$$

解：$f(x, y, z) = m_0 + m_2 + m_3 + m_5 + m_7$，所以

$$\alpha_0 = \alpha_2 = \alpha_3 = \alpha_5 = \alpha_7 = 1，而 \alpha_1 = \alpha_4 = \alpha_6 = 0$$

而 8 對 1 多工器的輸出交換函數 Y 為：

$$Y = \sum_{i=0}^{7} I_i m_i$$

因此 $I_0 = I_2 = I_3 = I_5 = I_7 = 1$，而 $I_1 = I_4 = I_6 = 0$

結果的邏輯電路如圖 6.3-9 所示。

2^{n-1} 對 1 多工器

依據 Shannon 展開定理，對 $n-1$ 個變數(這些變數為多工器的來源選擇線變數)展開後，得到：

$$f(x_{n-1},\ldots,x_1,x_0) = x'_{n-2} \ldots x'_1 x'_0 f(x_{n-1},0\ldots,0,0) +$$

$$+ x'_{n-2} \ldots x'_1 x_0 f(x_{n-1},0,\ldots,0,1) + \ldots + x_{n-2} \ldots x_1 x_0 f(x_{n-1},1,\ldots,1,1)$$

圖6.3-9　例題 6.3-7 的電路

$$= \sum_{i=0}^{2^{n-1}-1} R_i m_i$$

其中 m_i 為變數 $x_{n-2}, \ldots, x_1, x_0$ 的第 i 個最小項；R_i 則為第 i 個二進制組合下的餘式(餘式的定義與餘式圖請參閱第 4.2.6 節)。R_i 為 x_{n-1} 的交換函數，即：

$$R_i = f(x_{n-1}, b_{n-2}, \ldots, b_1, b_0) \qquad i = (b_{n-2}, \ldots, b_1, b_0)_2$$

當然，在對 n - 1 個變數展開時，所選取的 n - 1 個變數是任意的。與 2^{n-1} 對 1 多工器的輸出交換函數比較後可以得到：

$$I_i = R_i \qquad (i = 0, 1, \ldots, 2^{n-1} - 1)$$

因此 I_i 為在變數 $x_{n-1}, \ldots, x_1, x_0$ 中任何一個由 R_i 決定的交換函數。

例題 6.3-8　(2^{n-1} 對 1 多工器執行 n 個變數的交換函數)

使用一個 4 對 1(即 2^{3-1} 對 1)多工器執行下列交換函數：

$$f(x, y, z) = \Sigma(0, 2, 3, 5, 7)$$

解：因為 $f(x, y, z)$ 有三個變數，使用 4 對 1 多工器執行時，只需要兩個來源選擇線變數，所以一共有 $C(3, 2) = 3$ 種展開與執行方式。這些執行方式的餘式圖與邏輯電路如圖 6.3-10 所示。

圖6.3-10　例題 6.3-8 的餘式圖與邏輯電路

2^{n-m} 對 1 多工器

使用 2^{n-m} 對 1 多工器執行 n 個變數的交換函數時，必須對 $n - m$ 個變數 (這些變數為多工器的來源選擇線變數)展開，即

$$f(x_{n-1},\dots,x_1,x_0) = x'_{n-m-1}\dots x'_1\, x'_0\, f(x_{n-1},\dots,x_{n-m},0,\dots,0)$$
$$+ x'_{n-m-1}\dots x'_1\, x_0 f(x_{n-1},\dots,x_{n-m},0,\dots,0,1)+\dots$$
$$+ x_{n-m-1}\dots x_1 x_0 f(x_{n-1},\dots,x_{n-m},1,\dots,1,1)$$

$$= \sum_{i=0}^{2^{n-m}-1} R_i m_i$$

其中 m_i 為變數 $x_{n-m-1}, \ldots, x_1, x_0$ 的第 i 個最小項；R_i 則為第 i 個二進制組合下的餘式。R_i 為 m 個變數的交換函數，即：

$$R_i = f(x_{n-1}, \ldots, x_{n-m}, b_{n-m-1}, \ldots, b_1, b_0) \qquad i = (b_{n-m-1}, \ldots, b_1, b_0)_2$$

當然，上式展開時選取的 $n - m$ 個變數是任意的。與 2^{n-m} 對 1 多工器的輸出交換函數比較後可以得到：

$$I_i = R_i \qquad (i = 0, 1, \ldots, 2^{n-m} - 1)$$

因此 I_i 為 m 個變數 $x_{n-1}, \ldots, x_{n-m}$ 的交換函數。

例題 6.3-9 (2^{n-m} 對 1 多工器執行 n 個變數的交換函數)

使用一個 4 對 1(即 2^{4-2} 對 1)多工器執行下列交換函數：

$$f(w, x, y, z) = \Sigma(3, 4, 5, 7, 9, 13, 14, 15)$$

解：因 $f(w, x, y, z)$ 有四個變數，而使用 4 對 1 多工器執行時，只需要兩個來源選擇線變數，所以一共有 $C(4, 2) = 6$ 種執行方式。這些執行方式的餘式圖如圖 6.3-11 所示。其中以圖 6.3-11(b)最簡單，其邏輯電路如圖 6.3-11(g)所示。

圖6.3-11 例題 6.3-9 的餘式圖與邏輯電路

(g) (b)的邏輯電路

圖6.3-11(續) 例題 6.3-9 的餘式圖與邏輯電路

　　總而言之，利用 2^{n-m} 對 1 多工器，執行一個 n 個變數的交換函數時，通常需要外加邏輯閘，例如圖 6.3-11 中除了(b)之外的其它五種執行方式；利用 2^{n-1} 對 1 多工器時則不必外加邏輯閘，然而必須同時有補數形式與非補數形式的變數，否則可能需要一個 NOT 閘；利用 2^n 對 1 多工器時，則每一個多工器資料輸入端均為常數 0 或是 1。因此，一般使用多工器電路執行交換函數時，通常使用 2^{n-1} 對 1 或是 2^n 對 1 多工器的方式。

　　利用多工器執行交換函數時，目前還沒有一個較簡便的方法可以求出最簡單的執行是使用多少個來源選擇線變數的多工器。因此，欲得到最簡單的多工器電路仍然必須使用餘式圖或是使用解析方式，一一求出各種來源選擇線變數的組合情況，然後找出最簡單的一組執行。當然，讀者必須注意對於 n 個變數的交換函數而言，使用 n 個來源選擇線變數(即 2^n 對 1)的多工器必定可以執行該交換函數，這種執行方式為該交換函數最複雜的情況。

　　若使用單級多工器執行一個交換函數時，需要的多工器的資料輸入端數目過多而沒有現成的多工器元件可資使用時，可以將多個多工器元件組成一個較大的多工器樹，然後執行該交換函數。對於某些具有特殊性質的交換函數而言，若仔細分析其最小項彼此之間的關係時，有時候可以得到一個較簡單的多工器電路。

📖複習問題

6.21. 為何 2^n 對 1 多工器也稱為通用邏輯模組？

6.22. 試簡述 2^n 對 1 多工器的輸出函數與資料輸入端 I_i 及來源選擇線信號的二

進制組合關係。

6.23. 當使用 2^n 對 1 多工器執行一個 n 個變數的交換函數時,是否需要外加的邏輯閘?

6.24. 當使用 2^{n-1} 對 1 多工器執行一個 n 個變數的交換函數時,是否需要外加的邏輯閘?

6.25. 當使用 2^{n-m} 對 1 ($m \neq 1$) 多工器執行一個 n 個變數的交換函數時,是否需要外加的邏輯閘?

6.4 解多工器

解多工器也是常用的組合邏輯電路模組之一,它執行與多工器相反的動作,即從單一資料輸入端接收資訊,然後傳送到指定的資料輸出端。本小節中,將依序討論解多工器電路的設計原理、解碼器與解多工器的差異、解多工器的擴充、及如何利用它來執行交換函數。

6.4.1 解多工器電路設計

解多工器(簡稱 DeMUX)的動作恰好與多工器相反,如圖 6.3-1(b)所示。解多工器有時也稱為資料分配器(data distributor)。解多工器是一個具有從單一資料輸入端接收資訊,然後傳送到 2^n 個可能資料輸出端中的一個之組合邏輯電路,資料輸出端的指定由 n 條標的選擇線(destination selection lines 或是稱為標的位址線, destination address)決定。

典型的 1 對 2^n (或是稱為 1×2^n)解多工器的方塊圖如圖 6.4-1 所示。它具有 n 條標的選擇線($S_{n-1}, \ldots, S_1, S_0$),以自 2^n 條資料輸出端($Y_{2^n-1}, \ldots, Y_1, Y_0$)中,選取一條以接收資料輸入端的資料。被選取的資料輸出端 Y_i 由標的選擇線的二進制組合的等效十進制值決定。例如其等效十進制值為 i 時,即選取資料輸出端 Y_i。因此,資料輸出端的位址完全由標的選擇線 $S_{n-1}, \ldots, S_1, S_0$ 決定,其中 S_{n-1} 為 MSB 而 S_0 為 LSB。圖 6.4-1(b)為一個具有致能(低電位啟動)控制的解多工器邏輯電路符號。

(a) 未具有致能控制輸入　　　　　　　　(b) 具有致能控制輸入

圖6.4-1　1 對 2^n 解多工器方塊圖

例題 6.4-1　(1 對 2 解多工器)

　　1 對 2 解多工器為一個具有一個資料輸入端(D)、兩個資料輸出端(Y_1 與 Y_0) 與一個標的選擇線(S)的邏輯電路。當標的選擇線(S)的值為 0 時，資料輸入端 D 連接到資料輸出端(Y_0)；當標的選擇線(S)的值為 1 時，資料輸入端 D 連接到資料輸出端(Y_1)。試設計此 1 對 2 解多工器電路。

解：依據題意，1 對 2 解多工器的方塊圖與功能表分別如圖 6.4-2(a)與(b)所示。利用變數引入圖化簡得：

$$Y_0 = S'D \; ; \qquad Y_1 = SD$$

其邏輯電路如圖 6.4-2(c)所示。

(a) 方塊圖　　　　　　(b) 功能表　　　　　　(c) 邏輯電路

S	Y_0	Y_1
0	D	0
1	0	D

圖6.4-2　1 對 2 解多工器

例題 6.4-2　(具有致能控制的 1 對 4 解多工器)

　　一個具有致能控制(低電位啟動)的 1 對 4 解多工器為一個具有一個資料輸入

端(D)、四個資料輸出端(Y_3 到 Y_0)、兩條標的選擇線(S_1 到 S_0),與一條致能控制線(E)的邏輯電路。當致能控制線(E)的值為 1 時,解多工器的四個資料輸出端均為低電位;當致能控制線(E)的值為 0 時,解多工器正常工作,其四個資料輸出端的值由標的選擇線決定。當標的選擇線($S_1 S_0$)的值為 i 時,資料輸入端(D)連接到資料輸出端(Y_i)。試設計此 1 對 4 解多工器電路。

解: 具有致能控制的 1 對 4 解多工器的方塊圖與功能表分別如圖 6.4-3(a)與(b)所示。利用變數引入圖化簡後得到:

$$Y_0 = E' S'_1 S'_0 D ; \qquad\qquad Y_1 = E' S'_1 S_0 D$$
$$Y_2 = E' S_1 S'_0 D ; \qquad\qquad Y_3 = E' S_1 S_0 D$$

其邏輯電路如圖 6.4-3(c)所示。

E	S_1	S_0	Y_0	Y_1	Y_2	Y_3
1	ϕ	ϕ	0	0	0	0
0	0	0	D	0	0	0
0	0	1	0	D	0	0
0	1	0	0	0	D	0
0	1	1	0	0	0	D

(a) 方塊圖　　　　(b) 功能表　　　　(c) 邏輯電路

圖6.4-3　具有致能控制的 1 對 4 解多工器

其它較多資料輸出端的解多工器,可以使用類似的方法設計。

解碼器與解多工器

比較圖 6.1-1 與圖 6.4-1 可以得知:解碼器與解多工器的基本差別在於解多工器多了一個資料輸入端(D),然而比較兩者的功能表(例如圖 6.1-2(b)與圖 6.4-3(b))可以得到下列結論:具有致能控制輸入端的解碼器,若將其致能控制輸入端當做資料輸入端,則可以當作解多工器使用;解多工器若將其資料輸入端當作致能控制線，則其等效電路也為一個解碼器。因此由組合邏輯電路的觀點而言中，解碼器與解多工器的邏輯功能相同。

📖 **複習問題**

6.26. 在一個 m 個資料輸出端的解多工器電路中，一共需要幾條標的選擇線？

6.27. 重新設計例題6.4-1中的1對2解多工器電路，使其成為高電位啟動方式。

6.28. 重新設計例題6.4-2中的1對4解多工器電路，使其成為高電位啟動方式。

6.4.2 解多工器的擴充

在實際應用中，也常常將多個具有致能控制的解多工器依適當的方式組合，以形成較多資料輸出端的解多工器樹(demultiplexer tree)。在建構兩層的解多工器樹時，若使用具有致能控制的解多工器時，需要一個外加的解碼器；若使用未具有致能控制的解多工器時，則需要一個額外的解多工器。

例題 6.4-3　(解多工器樹)

利用兩個具有致能控制的1對4解多工器，設計一個1對8解多工器電路。

解： 如圖 6.4-4 所示。當 $S_2 = 0$ 時，上半部的解多工器致能，而下半部的解多工器不啟動，輸出均為 0；當 $S_2 = 1$ 時，則下半部的解多工器致能，而上半部的解多工器不啟動，輸出均為 0，所以為一個 1 對 8 解多工器電路。

例題 6.4-4　(解多工器樹)

利用五個1對4解多工器，設計一個1對16解多工器電路。

解： 如圖 6.4-5 所示，第一級的解多工器由 S_3 與 S_2 兩個標的選擇線選取資料輸出端，其資料輸出端(Y_i)接往第二級的第 i 個解多工器的資料輸入端(D)。第二級的解多工器由 S_1 與 S_0 兩個標的選擇線選取資料輸出端。讀者不難由圖 6.4-5 證明資料輸入端(D)的資料可以正確的傳送到由標的選擇線(S_3、S_2、S_1、S_0)所選取的資料輸出端上，因此為一個 1 對 16 解多工器電路。

圖6.4-4 例題 6.4-3 的邏輯電路

📖 複習問題

6.29. 組成一個 1 對 8 解多工器，需要使用多少個 1 對 2 解多工器？

6.30. 組成一個 1 對 32 解多工器，需要使用多少個 1 對 4 解多工器？

6.31. 組成一個 1 對 64 解多工器，需要使用多少個 1 對 2 解多工器？

6.32. 組成一個 1 對 256 解多工器，需要使用多少個 1 對 4 解多工器？

6.4.3 執行交換函數

　　基本上具有致能控制輸入端的解碼器與解多工器電路是等效的，因此在執行交換函數時也具有相同的特性：即它們都需要外加的邏輯閘。與解碼器電路一樣，解多工器的每一個資料輸出端也恰好可以執行一個最小項，因此只需要將適當的解多工器資料輸出端連接至一個 OR 閘的輸入端，即可以執行一個需要的交換函數。

圖6.4-5　例題 6.4-4 的邏輯電路

例題 6.4-5 (執行交換函數)

利用一個 1 對 8 解多工器執行下列交換函數：

$$f(x, y, z) = \Sigma(3, 5, 6, 7)$$

解：如圖 6.4-6 所示。利用一個 4 個輸入端的 OR 閘，將解多工器的資料輸出端 3、5、6、7 等 OR 後即為所求。

圖6.4-6 例題 6.4-5 的邏輯電路

使用多工器執行多輸出交換函數時，每一個交換函數必須使用一個多工器(即為單輸出交換函數的執行方式)；使用解碼器或是解多工器時，解碼器或是解多工器可以由所有的輸出交換函數共用，每一個輸出交換函數只需要一個 OR 閘(或是 NAND 閘)而已。所以對於一組多輸出的交換函數而言，使用解碼器或是解多工器執行時，通常較使用多工器為經濟。

📖複習問題

6.33. 比較使用多工器與解多工器執行交換函數時的差異？

6.34. 為何解多工器元件也可以執行交換函數？

6.35. 執行一個 n 個變數的交換函數時，需要使用多少個資料輸出端的解多工器與一個 OR 閘？

6.5 比較器

除了前面各節所討論的解碼器、編碼器、多工器、解多工器等組合邏輯電路模組之外，在數位系統中用以比較兩個數目大小的大小比較器也是一個常用的組合邏輯電路模組。當一個組合邏輯電路僅能比較兩個數是否相等時，稱為比較器(comparator)或是相等偵測器(equality detector)。當一個組合邏輯電路不但能比較兩個數是否相等而且亦可以指示出兩個數之間的算數關係(arithmetic relationship) 時，稱為大小比較器(magnitude comparator)。在本小節中，我們首先討論比較器電路的設計原理，然後敘述大小比較器電路的設計原理與如何將它們擴充成較大的電路。

6.5.1 比較器電路設計

一個能夠比較兩個數的大小，並且指示出它們是否相等的邏輯電路，稱為比較器或是相等偵測器。回顧 XNOR 閘的動作為：當其兩個輸入端邏輯值相等時，其輸出值為 1；不相等時，輸出值為 0。 因此，一個 n 位元的相等偵測器可以由適當地組合一定數量的 XNOR 閘與 AND 閘而獲得。例如下列例題。

例題 6.5-1　(*n* 位元相等偵測器)

圖 6.5-1 所示為一個 4 位元的相等偵測器，它由四個 XNOR 閘與一個 AND 閘組成。欲建構一個 n 位元的相等偵測器，至少有兩種方法。第一種方法為將 n 個輸入分成 $\lceil n/4 \rceil$ 組，然後使用 4 位元的相等偵測器為基本模組，每一組使用一個。最後，使用一個 AND 樹(AND tree)整合各個模組的比較結果。此種方法需要 n 個 XNOR 閘與 n-1 個 2-輸入 AND 閘。結果的相等偵測器一共需要($\lceil \log_2 (n$-$1) \rceil$+1) t_{pd}，其中 t_{pd} 為 XNOR 與 AND 邏輯閘的傳播延遲時間。

另外一種方法為使用由 n 個 XNOR 閘與 n-1 個 AND 閘組成的線性結構，以直接比較兩個 n 位元的輸入。然而，此種方法需要 n 級的傳播延遲時間，即 nt_{pd}，其中每一級均由 XNOR 閘與 AND 閘組成。因此，在相同的硬體資源下，這種方法需要較長的傳播延遲時間。

(a) 方塊圖　　　　　　　　　　(b) 邏輯電路

圖 6.5-1　4 位元相等偵測器

6.5.2 大小比較器電路設計

兩個數目 A 與 B 比較時，有三種結果：$A > B$、$A = B$、$A < B$。一個 n 位元比較器為一個具有比較兩個 n 位元數目的大小，並指示與輸出比較結果：$O_{A>B}$、$O_{A=B}$、$O_{A<B}$ 的組合邏輯電路。

例題 6.5-2　(2 位元大小比較器電路設計)

設計一個 2 位元比較器，其資料輸入端為 $A = A_1A_0$ 與 $B = B_1B_0$，而資料輸出端為 $O_{A>B}$、$O_{A=B}$、$O_{A<B}$。

解： 依據題意，得到 2 位元比較器的方塊圖與卡諾圖(即真值表)分別如圖 6.5-2 (a)與(b) 所示。化簡後得到：

$$O_{A>B} = A_0 B'_1 + A'_1 A_0 B'_1 B'_0 + A_1 A_0 B_1 B'_0$$

$$= A_0 B'_1 + (A_1 \oplus B_1)' A_0 B'_0$$

$$= A_0 B'_1 + (A_1 \oplus B_1)' A_0 (A_0 B_0)'$$

$$O_{A=B} = A'_1 A'_0 B'_1 B'_0 + A'_1 A_0 B'_1 B_0 + A_1 A_0 B_1 B_0 + A_1 A'_0 B_1 B'_0$$

$$= (A'_1 B'_1 + A_1 B_1)(A'_0 B'_0 + A_0 B_0) = (A_1 \oplus B_1)'(A_0 \oplus B_0)'$$

$$O_{A<B} = B_1 A'_1 + A'_1 A'_0 B'_1 B_0 + A_1 A'_0 B_1 B_0$$

$$= B_1 A'_1 + (A_1 \oplus B_1)' A'_0 B_0$$

$$= B_1(A_1B_1)'+(A_1 \oplus B_1)'B_0(A_0B_0)'$$

其邏輯電路如圖=6.5-2(c)所示。

(a) 功能表與卡諾圖　　　　　　　　　　　　(b) 方塊圖

(c) 邏輯電路

圖 6.5-2　2 位元大小比較器

在實際應用上，為了讓比較器電路能夠具有擴充能力，一般在設計比較器電路時，通常還包括三個資料輸入端：$I_{A>B}$、$I_{A=B}$、$I_{A<B}$，以輸入前一個比較器電路級的比較結果。具有擴充能力的 2 位元大小比較器電路設計留予讀者當作習題（習題 6.31）。

接著以 4 位元比較器電路為例，說明比較器電路的設計方法。若設欲比較的兩個 4 位元的數目分別為 $A = A_3A_2A_1A_0$ 與 $B = B_3B_2B_1B_0$，則在比較 A 與

B 兩個數目的大小時，首先由最大有效位元(A_3 與 B_3)開始，若 $A_3 \neq B_3$ ，則 A 與 B 兩個數目的大小已經可以得知，因為當 A_3 為 0 時 $A < B$ ，當 A_3 為 1 時 $A > B$ 。但是若 $A_3 = B_3$ 時，則必須繼續比較其次的位元： A_2 與 B_2 ，若此時 $A_2 \neq B_2$ ，則與比較最大有效位元時相同的理由， A 與 B 兩個數目的大小已經可以得知。如此依序由最大有效位元往低序有效位元一一比較兩個數目 A 與 B 中的對應位元的值，即可以決定兩個數目的相對大小。

決定兩個位元是否相等的電路為 XNOR 邏輯閘，因其輸出端的值只在當兩個輸入端 x 與 y 的值相等時為 1，否則為 0；決定一個位元是否大於另一個位元的方法為：若設 A_3 為 0 而 B_3 為 1，則若 $A'_3 B_3$ 的值為 1，表示 $A_3 < B_3$ ，否則表示 $A_3 \geq B_3$ 。

下列例題說明如何使用上述原理設計一個具有擴充性的 4 位元比較器電路。

例題 6.5-3 (4 位元大小比較器電路設計)

設計一個 4 位元比較器，其功能表與方塊圖分別如圖 6.5-3(a)與(b)所示。

解：依圖 6.5-3(a)的功能表得知：

$$O'_{A>B} = A'_3 B_3 + (A_3 \odot B_3) A'_2 B_2 + (A_3 \odot B_3)(A_2 \odot B_2) A'_1 B_1$$
$$+ (A_3 \odot B_3)(A_2 \odot B_2)(A_1 \odot B_1) A'_0 B_0$$
$$+ (A_3 \odot B_3)(A_2 \odot B_2)(A_1 \odot B_1)(A_0 \odot B_0) I_{A<B}$$
$$+ (A_3 \odot B_3)(A_2 \odot B_2)(A_1 \odot B_1)(A_0 \odot B_0) I_{A=B}$$

$$O'_{A<B} = A_3 B'_3 + (A_3 \odot B_3) A_2 B'_2 + (A_3 \odot B_3)(A_2 \odot B_2) A_1 B'_1$$
$$+ (A_3 \odot B_3)(A_2 \odot B_2)(A_1 \odot B_1) A_0 B'_0$$
$$+ (A_3 \odot B_3)(A_2 \odot B_2)(A_1 \odot B_1)(A_0 \odot B_0) I_{A>B}$$
$$+ (A_3 \odot B_3)(A_2 \odot B_2)(A_1 \odot B_1)(A_0 \odot B_0) I_{A=B}$$

$$O_{A=B} = (A_3 \odot B_3)(A_2 \odot B_2)(A_1 \odot B_1)(A_0 \odot B_0) I_{A=B}$$

所以其邏輯電路如圖 6.5-3(b)所示。注意圖中電路， $O'_{A>B}$ 與 $O'_{A<B}$ ，為兩級的 A-O-I (AND-OR- INVERT)電路。

📖複習問題

6.36. 如何使用邏輯電路決定兩個位元的相對大小？

6.37. 試設計一個單一位元的比較器電路。

6.5.3 比較器的擴充

　　由於在實際的數位系統應用中，通常兩個欲比較大小的數目的長度不只為 4 位元，因此必須將多個比較器串接成一個較多位元的比較器電路，以符合實際上的需求。

例題 6.5-3 　(比較器的擴充)

　　利用兩個 4 位元比較器設計一個 8 位元比較器。

資料輸入				串級輸入			串級輸出		
A_3, B_3	A_2, B_2	A_1, B_1	A_0, B_0	$I_{A>B}$	$I_{A=B}$	$I_{A<B}$	$O_{A>B}$	$O_{A=B}$	$O_{A<B}$
$A_3>B_3$	ϕ	ϕ	ϕ	ϕ	ϕ	ϕ	1	0	0
$A_3<B_3$	ϕ	ϕ	ϕ	ϕ	ϕ	ϕ	0	0	1
$A_3=B_3$	$A_2>B_2$	ϕ	ϕ	ϕ	ϕ	ϕ	1	0	0
$A_3=B_3$	$A_2<B_2$	ϕ	ϕ	ϕ	ϕ	ϕ	0	0	1
$A_3=B_3$	$A_2=B_2$	$A_1>B_1$	ϕ	ϕ	ϕ	ϕ	1	0	0
$A_3=B_3$	$A_2=B_2$	$A_1<B_1$	ϕ	ϕ	ϕ	ϕ	0	0	1
$A_3=B_3$	$A_2=B_2$	$A_1=B_1$	$A_0>B_0$	ϕ	ϕ	ϕ	1	0	0
$A_3=B_3$	$A_2=B_2$	$A_1=B_1$	$A_0<B_0$	ϕ	ϕ	ϕ	0	0	1
$A_3=B_3$	$A_2=B_2$	$A_1=B_1$	$A_0=B_0$	1	0	0	1	0	0
$A_3=B_3$	$A_2=B_2$	$A_1=B_1$	$A_0=B_0$	0	0	1	0	0	1
$A_3=B_3$	$A_2=B_2$	$A_1=B_1$	$A_0=B_0$	ϕ	1	ϕ	0	1	0
$A_3=B_3$	$A_2=B_2$	$A_1=B_1$	$A_0=B_0$	1	0	1	0	0	0
$A_3=B_3$	$A_2=B_2$	$A_1=B_1$	$A_0=B_0$	0	0	0	1	0	1

(a) 功能表

圖6.5-3　4 位元比較器(74x85)

(b) 邏輯電路

(c) 邏輯方塊圖

圖 6.5-3(續)　4 位元比較器(74x85)

解：如圖 6.5-4 所示方式連接即為一個 8 位元比較器。在比較兩個數目的大小時，我們是依序由最大有效位元(MSB)開始往低序有效位元一一比較兩個數目中的位元值，一次一個位元，若是相等則繼續比較下一個低序位元，直到可以決定它們的大小為止。

圖6.5-4　例題 6.5-3 的電路(8 位元比較器)

📖 複習問題

6.38. 在圖 6.5-4 中，若將比較器 B 的輸入端($I_{A>B}$ $I_{A=B}$ $I_{A<B}$)設定為 111 時，比較器 A 的輸出端($O_{A>B}$ $O_{A=B}$ $O_{A<B}$)是否可以正確的指示出結果？

6.39. 在圖 6.5-4 中，若將比較器 B 的輸入端($I_{A>B}$ $I_{A=B}$ $I_{A<B}$)設定為 000 時，比較器 A 的輸出端($O_{A>B}$ $O_{A=B}$ $O_{A<B}$)是否可以正確的指示出結果？

6.6 算術運算電路設計

　　加法運算為數位系統中最基本的算術運算。若一個數位系統的硬體能夠執行兩個二進制數目的加法，則其它三種基本的算術運算都可以利用此加法運算硬體完成：減法運算可以藉著加法電路將減數的 2 補數加到被減數上完成；乘法運算可以由連續的執行加法運算而得；除法運算則由連續地執行減法運算完成。

　　在早期的數位系統中，由於硬體成本較高，因而通常只有加法運算的硬體電路，而其它三種算術運算則由適當的重複使用或是規劃加法硬體電路的方式完成。目前，由於 VLSI 技術的成熟與高度發展，促使硬體電路成本顯著的下降，在許多實用的數位系統中，上述四種基本的算術運算通常直接使用各別的硬體電路完成，以提高運算速度。由於除法運算電路較為複雜，因此在本節中將只討論加法、減法、乘法等三種基本的算術運算電路。

6.6.1 二進制加/減法運算電路

加法運算電路為任何算術運算的基本電路，其中可以將兩個單一個位元的數目相加而產生一個位元的和(sum)與一個位元的進位(carry)輸出的電路稱為半加器(half adder，HA)；能夠將三個(其中兩個為輸入的單一位元數目而另外一個為前一級的進位輸出)單一位元的數目相加而產生一個位元的和與一個位元的進位輸出的電路稱為全加器(full adder，FA)。半加器電路之所以如此稱呼是因為使用兩個半加器電路可以構成一個全加器電路。

半加器

半加器(HA)為一個最基本的加法運算電路。由於執行一個完整的加法運算，需要兩個這種電路，因此稱為半加器。如圖 6.6-1(a)所示，它具有兩個資料輸入端(加數，addend 與被加數，augend) x 與 y 和兩個資料輸出端 S(和)與 C(進位輸出，carry out)。當兩個資料輸入端皆為 0 時，和與進位均為 0；當只有一個資料輸入端為 1 時，和為 1 而進位為 0；當兩個資料輸入端均為 1 時，和為 0 而進位為 1。這些關係列於圖 6.6-1(b)的真值表中。利用圖 6.6-1(c)的卡諾圖，得到 S 與 C 的最簡式分別為：

$$S = xy' + x'y = x \oplus y$$

與

$$C = xy$$

其邏輯電路如圖 6.6-1(d)所示。

圖6.6-1　半加器

全加器

　　全加器(FA)電路的方塊圖如圖 6.6-2(a)所示。它具有三個資料輸入端 x、y、C_{in}(加數、被加數、進位輸入)和兩個資料輸出端 S(和)與 C_{out}(進位輸出)。其中 C_{in} 為來自前級的進位輸出；C_{out} 為本級產生的進位輸出。全加器的真值表如圖 6.6-2(b)所示。利用圖 6.6-2(c)的卡諾圖化簡後，得到 S 與 C_{out} 的最簡式分別為：

$$S = x \oplus y \oplus C_{in} = (x \oplus y) \oplus C_{in}$$

與

$$C_{out} = xy + x'\,y\,C_{in} + xy'\,C_{in} = xy + C_{in}(x \oplus y)$$

其邏輯電路如圖 6.6-2(d)所示。

　　比較圖 6.6-1(d)與圖 6.6-2(d)的電路可以得知：全加器電路可以由兩個半加器電路與一個 OR 閘組成。另外值得一提的是圖6.6-2(d)的電路只是全加器電路的一種執行方式，其它不同的執行方式請參考例題 5.1-3 與例題 5.1-4。

圖6.6-2　全加器

並行加法器

　　在實際應用上，通常需要一次執行 n 個(n 值通常為 4、8、16、32 或 64)位元的加法運算。這種較多位元的加法運算電路的設計，當然也可以直接列出 n 個位元加法器的真值表，然後設計其邏輯電路。但是這種方法通常不容易處理，例如對於 4 個位元的加法器電路而言，其真值表一共有 2^9(加數與被加數各為 4 位元及一個進位輸入位元 C_{in}) = 512 個組合，其設計程序相當複雜，很難處理。因此，對於一個 n 位元(並行)加法器電路的設計而言，一般均採用模組化設計的方式，即設計一個較少位元的加法器電路，然後將其串接以形成需要的位元數。

例題 6.6-1　(4 位元並行加法器)

利用圖 6.6-2 的全加器電路設計一個 4 位元並行加法器。

解： 如圖 6.6-3 所示，使用四個全加器電路，然後將較小有效位元的全加器的進位輸出(C_{out})串接至次一較大有效位元的全加器的進位輸入(C_{in})，並且將 C_0 設定為 0 即可。

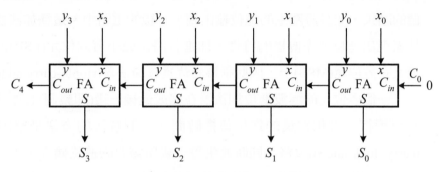

圖6.6-3　4 位元並行加法器

下面例題說明 4 位元並行加法器的一項簡單應用。

例題 6.6-2　(BCD 對加三碼的轉換)

利用 4 位元並行加法器，設計一個 BCD 碼對加三碼的轉換電路。

解： 因為加三碼是將每一個對應的 BCD 碼加上 0011 而形成的，因此只需要使用一個 4 位元並行加法器，將每一個輸入的 BCD 碼加上 0011 後，即形成對應的加三碼，如圖 6.6-4 所示。

圖6.6-4　使用 4 位元並行加法器的 BCD 碼對加三碼轉換電路

進位前瞻加法器

雖然圖 6.6-3 的並行加法器電路一次可以執行 4 個位元的加法運算,但是若考慮到進位的傳播延遲特性,該電路依然一次只能執行一個位元的加法運算。因為在執行加法運算之前,雖然加數與被加數可以同時取得,但是每一個全加器都必須等到前一級的進位產生(或決定)之後,才能產生與輸出正確的結果,並且將產生的進位輸出到下一級的電路中。這種加法器電路顯然地表現出進位依序傳播的特性,即進位將由最小有效位元(LSB)依序傳播到最大有效位元(MSB)上,因此稱為漣波進位加法器(ripple-carry adder)。

一個多位元的漣波進位加法器在完成最後一級(即整個)的加法運算前,必須等待一段相當長的進位傳播時間。一個解決的方法是經由進位前瞻(carry look-ahead)電路,同時產生每一級所需要的進位輸入,因此消除在漣波進位加法器中的進位必須依序傳播的特性。為方便討論,將圖 6.6-2(d)的全加器電路重新畫於圖 6.6-5 中。

圖6.6-5　第 i 級全加器電路

進位前瞻電路的基本原理是所有 n 個加法器電路的進位輸入,可以直接由欲相加的兩個 n 位元數目的位元值求出,而不需要依序由 n 個加法器電路的進位輸出電路產生。為說明這項原理,請參考圖 6.6-5 的電路,它為 n 位元並行加法器的第 i 級全加器。圖中第一級的 XOR 閘的輸出端標示為 P_i,稱為進位傳播(carry propagate),因為它將可能的進位由第 i 級(C_i)傳播到第 $i+1$ 級(C_{i+1});第一級的 AND 閘輸出端標示為 G_i,稱為進位產生(carry generate),因為當 x_i 與 y_i 皆為 1 時,即產生進位而與進位輸入 C_i 無關。因此

$$P_i = x_i \oplus y_i$$

而

$$G_i = x_i \, y_i$$

將 S_i 與 C_{i+1} 以 P_i 與 G_i 表示後，得到：

$$S_i = P_i \oplus C_i$$

而

$$C_{i+1} = G_i + P_i \, C_i$$

利用上式，可以得到每一級的進位輸出：

$$C_1 = G_0 + P_0 \, C_0$$

$$C_2 = G_1 + P_1 \, C_1 \;= G_1 + P_1 (G_0 + P_0 \, C_0) = G_1 + P_1 \, G_0 + P_1 \, P_0 \, C_0$$

$$C_3 = G_2 + P_2 \, C_2 \;= G_2 + P_2 (G_1 + P_1 \, G_0 + P_1 \, P_0 \, C_0)$$

$$= G_2 + P_2 \, G_1 + P_2 \, P_1 \, G_0 + P_2 \, P_1 \, P_0 \, C_0$$

$$C_4 = G_3 + P_3 \, C_3 = G_3 + P_3 (G_2 + P_2 \, G_1 + P_2 \, P_1 \, G_0 + P_2 \, P_1 \, P_0 \, C_0)$$

$$= G_3 + P_3 \, G_2 + P_3 \, P_2 \, G_1 + P_3 \, P_2 \, P_1 \, G_0 + P_3 \, P_2 \, P_1 \, P_0 \, C_0$$

因此，所有的進位輸出皆在兩個邏輯閘的傳播延遲後得到而與級數的多寡無關。產生上述進位輸出的電路稱為進位前瞻產生器(carry look-ahead generator)，如圖 6.6-6 所示。

在產生所有位元需要的進位位元值之後，加法器的總和可以由下列交換表式求得：

$$S_0 = P_0 \oplus C_0 \;;$$

$$S_1 = P_1 \oplus C_1 \;;$$

$$S_2 = P_2 \oplus C_2 \;;$$

$$S_3 = P_3 \oplus C_3 \;;$$

利用此電路，可以設計一個 4 位元進位前瞻加法器(carry look-ahead adder，CLA)，如圖 6.6-6 所示。整個進位前瞻加法器分成三級：PG 產生邏輯、進位前瞻產生器、和產生邏輯。PG 產生邏輯中的 XOR 閘產生 P_i 變數，而 AND

閘產生 G_i 變數，產生的 P_i 與 G_i 經過兩級的進位前瞻產生器後，經由第三級的和產生邏輯中的 XOR 閘產生最後的總和。典型的 4 位元進位前瞻加法器為 74LS283。

圖6.6-6　4 位元進位前瞻產生器與加法器

減法器

減法器電路可以使用與加法器電路類似的方法設計，即先設計一個單一位元的全減電路(習題 6.39 與 6.40)，然後使用多個全減器電路組成需要的位元數目之並行減法器。然而在數位系統中，減法運算通常伴隨著加法運算而不是單獨存在，因此常常希望設計一個電路不但可以執行加法運算而且也可以執行減法運算。由第1.1.3節的介紹可以得知：減法運算可以使用2補數的加法運算完成，即當欲計算 $A - B$ 時，可以先將 B 取 2 補數後再與 A 相加而得到希望的結果。

在設計使用 2 補數方式的減法器電路時，必須有一個 2 補數產生器，以將減數取 2 補數，但是由第 1.1.2 節得知一個數的 2 補數實際上是該數的 1 補數再加上 1，因此只需要設計一個 1 補數產生器即可。

例題 6.6-3　(真值補數產生器)

設計一個 4 位元的真值/補數產生器電路。

解： 由 XOR 閘的真值表(表 2.4.1)或是第 2.4.2 節可以得知：若以其一個資料輸入端為控制端(c)，另一個資料輸入端為資料輸入端(x)時，則資料輸出端(f)的值為 x 或是 x'，將依 c 的值是 0 或是 1 而定。即：

當 $c = 0$ 時，$f = x$；

當 $c = 1$ 時，$f = x'$；

若將 4 個 XOR 閘並列並且將 c 端連接在一起，如圖 6.6-7 所示，則成為一個 4 位元真值/補數產生器電路。當 $c = 0$ 時，$B_i = A_i$；當 $c = 1$ 時，$B_i = A'_i$。

圖6.6-7　4 位元真值/補數產生器

有了真值/補數產生器後，前述的 4 位元加法器(漣波進位加法器或是進位前瞻加法器)即可以與之結合成為一個加/減法器電路。

圖6.6-8 4位元加/減法器電路

例題 6.6-4 (加/減法器電路)

利用 4 位元加法器與真值/補數產生器，設計一個 4 位元加/減法器電路。

解：完整的電路如圖 6.6-8 所示。當 S 為 1 時，C_0 為 1 而且真值/補數產生器的輸出為減數的 1 補數，因而產生減數的 2 補數，結果的電路執行減法運算；當 S 為 0 時，C_0 為 0 而且真值/補數產生器的輸出為被加數的真值，結果的電路執行加法運算。所以圖 6.6-8 為一個加/減法器電路。

📖 複習問題

6.40. 試定義半加器與全加器。

6.41. 試定義漣波進位加法器與進位前瞻加法器。

6.42. 試定義進位傳播與進位產生。

6.43. 進位前瞻加法器主要分成那三級，各有何功能？

6.44. 在數位系統中，減法運算通常使用何種方式完成？

6.6.2 BCD 加法運算電路

　　如同在二進制數目系統中一樣,加法運算也可以直接在十進制數目系統中執行。由於在數位系統中,十進制數目系統中的每一個數字皆使用 BCD 碼表示,因此執行十進制數目的加法與減法運算電路也稱為 BCD 加法器與減法器。本節中將介紹如何使用二進制的加法運算電路完成 BCD 加法運算。

　　BCD 加法器為一個執行十進制算術運算的邏輯電路,它能將兩個 BCD 碼的數目相加後,產生 BCD 碼的結果。在 BCD 碼中,每一個數字均使用四個二進制的位元表示,若以 4 位元的並行加法器執行運算時,因為加法運算的執行是以十六進制進行的而其數字則以十進制來代表,因此若不加以調整,則其結果將可能不是所期望的 BCD 碼。例如在表 6.6-1 中,當二進制和超過 1000 時,必須加以調整才能成為成立的 BCD 碼。數目在 0 到 19 之間的二進制數目與 BCD 碼的關係列於表 6.6-1 中。

　　由於 BCD 碼中最大的數字為 9,將兩個 BCD 碼的數字相加後的最大值為 18,若考慮輸入進位(C_0),則總和的最大值為 19。表 6.6-1 中的第一欄為利用二進制加法器求得的總和。因為在 BCD 碼中,最大的數字為 9,因此當總和超過 9 時,必須加以調整,使其產生進位並且產生表 6.6-1 中的第二欄的 BCD 數字。調整的方法相當簡單,簡述如下:

1. 當產生的二進制的總和大於 9 而小於 15 時,將 6 加到此總和上,使其產生進位;

2. 當產生的二進制的總和大於 15 時,表示已經有進位產生,將 6 加到此總和上。

這種調整程序稱為十進制調整(decimal adjust)。

例題 6.6-5　(十進制調整)

　　(a)為兩數相加,其結果大於 9 但是小於 15,將 6 (0110)加於總和上後連同進位為正確的 BCD 結果;(b)為兩數相加,其結果大於 15,因而產生進位的情形，將 6 (0110)加到總和後，連同產生的進位為正確的 BCD 結果。

(a)	6		0110			(b)	9		1001	
	+ 8		+1000				+ 9		+1001	
	14		1110	>9，無進位			18		10010	>9，有進位
			+0110	+6					+0110	+6
			10100	=14					11000	=18

表6.6-1　二進制數目與 BCD 碼的關係

二進制和					BCD和					十進制
C_4	S_3	S_2	S_1	S_0	C_4	S_3	S_2	S_1	S_0	
0	0	0	0	0	0	0	0	0	0	0
0	0	0	0	1	0	0	0	0	1	1
0	0	0	1	0	0	0	0	1	0	2
0	0	0	1	1	0	0	0	1	1	3
0	0	1	0	0	0	0	1	0	0	4
0	0	1	0	1	0	0	1	0	1	5
0	0	1	1	0	0	0	1	1	0	6
0	0	1	1	1	0	0	1	1	1	7
0	1	0	0	0	0	1	0	0	0	8
0	1	0	0	1	0	1	0	0	1	9
0	1	0	1	0	1	0	0	0	0	10
0	1	0	1	1	1	0	0	0	1	11
0	1	1	0	0	1	0	0	1	0	12
0	1	1	0	1	1	0	0	1	1	13
0	1	1	1	0	1	0	1	0	0	14
0	1	1	1	1	1	0	1	0	1	15
1	0	0	0	0	1	0	1	1	0	16
1	0	0	0	1	1	0	1	1	1	17
1	0	0	1	0	1	1	0	0	0	18
1	0	0	1	1	1	1	0	0	1	19

化簡後得：
$S_3 S_2 + S_3 S_1$

C_4

必須調整

　　由表 6.6-1 與例題 6.6-5 可以得知：當二進制的總和產生下列結果時，就必須做十進制調整：

1. 當 C_4 為 1 時，或

2. 當總和 $S_3 S_2 S_1 S_0$ 大於 1001(9)時。

因此若設 Y 為十進制調整電路的致能控制，即當 Y 為 1 時，該電路將 6(0110)加到二進制的總和 $S_3 S_2 S_1 S_0$ 內，當 Y 為 0 時，加上 0(0000)，則

$$Y = C_4 + S_3S_2 + S_3S_1$$

其中 S_3S_2 與 S_3S_1 的取得方式如表 6.6-1 中的陰影區所示，並經由卡諾圖化簡而得。事實上，Y 也即是 BCD 總和的進位輸出。完整的 BCD 加法器電路如圖 6.6-9 所示。

圖6.6-9　4 位元 BCD 加法器電路

📖 複習問題

6.49. 試簡述十進制調整的基本方法。

6.50. 若設一個全加器電路與一個基本邏輯閘的傳播延遲分別為 t_{FA} 與 t_{pd}，則圖 6.6-9 中的 BCD 加法器電路的傳播延遲為多少個 t_{FA} 與 t_{pd}？

6.6.3 二進制乘法運算電路

因為二進制算術只使用兩個數字 0 與 1，對於一個多位元對單一位元的乘法運算恰好只有兩項規則：

1. 若乘數位元為 1，則結果為被乘數；

2. 若乘數位元為 0,則結果為 0。

即將乘數(multiplier)的位元與每一個被乘數(multiplicand)的位元 AND 後的結果即為乘積(product)。

利用上述規則,兩個 n 位元(未帶號)數目的乘法運算可以依據下述程序完成:將乘數的每一個位元由 LSB 開始依序與被乘數的每一個位元 AND 後的結果(稱為部分積)置於與乘數中該位元對齊的位置上,然後求其總合即為乘積。例如,若假設兩個 4 位元數目 X 與 Y 分別為 $X = x_3x_2x_1x_0$ 與 $Y = y_3y_2y_1y_0$,則其乘法運算可以表示如下:

$$
\begin{array}{r}
x_3 \quad x_2 \quad x_1 \quad x_0 = X \text{ (被乘數)} \\
\times \quad y_3 \quad y_2 \quad y_1 \quad y_0 = Y \text{ (乘數)} \\
\hline
x_3y_0 \ x_2y_0 \ x_1y_0 \ x_0y_0 \\
x_3y_1 \ x_2y_1 \ x_1y_1 \ x_0y_1 \\
x_3y_2 \ x_2y_2 \ x_1y_2 \ x_0y_2 \\
+ \quad x_3y_3 \ x_2y_3 \ x_1y_3 \ x_0y_3 \\
\hline
P_6 \quad P_5 \quad P_4 \quad P_3 \quad P_2 \quad P_1 \quad P_0 \text{ 乘積}
\end{array}
$$

其中部分積

其中乘數的每一個位元 y_i $(i = 0, \cdots, 3)$ 分別與被乘數(X)的每一個位元 AND 後的結果 $(x_3x_2x_1x_0)y_i$ 置於與乘數中該位元(y_i)對齊的位置上,然後將所有部分積(partial product)求其總合即為乘積。

上述運算若使用邏輯電路執行時,一共需要十六個 2 個輸入端的 AND 閘與三個 4 位元並行加法器,其完整的電路如圖 6.6-10 所示。

6.7 Verilog HDL

本節中將列舉數例說明組合邏輯電路模組的 Verilog HDL 描述方法,並介紹階層式的數位系統設計方法。最後,則以函數與工作兩個新的語言特性之介紹作為本節的結束。

圖6.6-10　4 對 4 位元的二進制乘法器電路

6.7.1 基本組合邏輯電路模組

　　基本上，組合邏輯電路模組的描述方式可以使用結構描述、資料流程描述、行為描述，或是它們適當的組合來描述。下列例題使用資料流程的方式，描述例題 6.1-1 的解碼器電路。

例題 6.7-1　(具有致能控制的 2 對 4 解碼器)

　　程式 6.7-1 所示為使用連續指述 **assign** 的方式，描述例題 6.1-1 的 2 對 4 解碼器電路。在程式中，將輸入端信號 x_1 與 x_0 宣告為一個 2 個位元寬度的向量 x；輸出端信號 Y_3 到 Y_0 宣告為一個 4 個位元寬度的向量 Y。在 **assign** 指述中的表式則直接由例題 6.1-1 中得到。

程式6.7-1　具有致能控制的 2 對 4 解碼器

```
//a data-flow description of figure 6.1-2(c)
// a 2-to-4 decoder with enable control
module decoder_2_to_4 (
```

```
        input [1:0] x,
        input E,
        output [3:0] Y);
// the body of the decoder
    assign Y[0] = ~E & ~x[1] & ~x[0];
    assign Y[1] = ~E & ~x[1] &  x[0];
    assign Y[2] = ~E &  x[1] & ~x[0];
    assign Y[3] = ~E &  x[1] &  x[0];
endmodule
```

下列例題分別使用行為描述與資料流程的方式，描述圖 6.3-3 的 2 對 1 多工器電路。

例題 6.7-2 (2 對 1 多工器)

程式6.7-2所示為圖6.3-3的2對1多工器的行為描述與資料流程描述程式。前者使用 **always @**(I0 or I1 or S)指述偵測輸入信號的變化，若有變化則執行其次的 **if/else** 指述；後者使用 **assign** 指述與?: 運算子。事實上，兩種描述方式具有相同的功能。

程式6.7-2 2對1多工器的行為描述與資料流程描述

```
// a behavioral description of figure 6.3-3
// a 2-to-1 multiplexer
module mux2x1_behavior (
        input I0,I1,
        input S,
        output reg Y);

// the body of the multiplexer
always @(I0 or I1 or S)
    if (S == 0) Y = I0;
    else Y = I1;
endmodule

// a data-flow description of figure 6.3-3
// a 2-to-1 multiplexer
module mux2x1_dataflow (
        input I0,I1,
        input S,
        output Y);
// the body of the multiplexer
assign Y = ~S ? I0 : I1;
```

endmodule

　　使用行為描述時，組合邏輯電路的真值表可以直接使用一個**case**指述描述，例如下列例題為使用 **case** 指述描述例題 6.3-2 的 4 對 1 多工器電路。

例題 6.7-3　(4 對 1 多工器)

　　程式 6.7-3 為使用行為描述的方式描述例題 6.3-2 的 4 對 1 多工器電路。在程式中，使用 **always** 指述提供連續的執行，並且使用事件 OR 控制方式偵測多個輸入信號的信號變化。多工器輸出端的信號路徑選擇則由 **case** 指述完成。

程式6.7-3　4 對 1 多工器

```
// a behavioral description of figure 6.3-4(c)
// a 4-to-1 multiplexer
module mux_4_to_1 (
       input I0,I1,I2,I3,
       input [1:0] S,
       output reg Y);
// the body of the multiplexer
always @(I0 or I1 or I2 or I3 or S)
   case (S)
      2'b00: Y =I0;
      2'b01: Y =I1;
      2'b10: Y =I2;
      2'b11: Y =I3;
   endcase
endmodule
```

　　下列例題使用行為描述的方式，描述一個 3 對 1 多工器電路。

例題 6.7-4　(3 對 1 多工器)

　　程式 6.7-4 為使用行為描述的方式描述一個 3 對 1 多工器電路。在程式中，使用 **always** 指述提供連續的執行，並且使用事件 OR 控制方式偵測多個輸入信號的信號變化。多工器輸出端的信號路徑選擇則由 **case** 指述完成。注意由於 **case** 指述並未完全指定，**default** 指述在此例題中是必須的。若無此 **default** 指述，邏輯合成器在合成此模組時，將產生一個門閂電路於輸出端。

程式6.7-4　3 對 1 多工器

```
// a behavioral description of a 3-to-1 multiplexer
```

```
module mux_3_to_1 (
        input I0,I1,I2,
        input [1:0] S,
        output reg Y);
// the body of the multiplexer
always @(I0 or I1 or I2 or S)
   case (S)
       2'b00: Y =I0;
       2'b01: Y =I1;
       2'b10: Y =I2;
       default: Y =1'b0;
   endcase
endmodule
```

優先編碼器可以使用 **casex** 指述描述，因為 **casex** 指述僅比較在 case 與 case-item 表式中不是 x 的位置。下列例題說明使用此種方式，描述一個 4 對 2 優先編碼電路。

例題 6.7-5 (4 對 2 優先編碼器)

程式 6.7-5 所示為使用 **casex** 指述，描述例題 6.2-2 的 4 對 2 優先權編碼器電路。在 **casex** 指述中，輸入端信號 I_3、I_2、I_1、I_0 串接成為一個 4 個位元的 **casex** 表式；輸出端信號 A_1 到 A_0 則串接成為一個 2 個位元寬度的輸出端信號。 在 **casex** 指述中的表式則直接由圖 6.2-3(b) 的功能表中得到。注意由於 **casex** 指述並未完全指定，在此例題中 **default** 指述是必須的。若無此 **default** 指述，邏輯合成器在合成此模組時，將產生一個門閂電路於輸出端。

程式 6.7-5 4 對 2 優先編碼器

```
// a 4-to-2 priority encoder using a casex statement
module priority_encoder_4to2_casex(
        input   I3, I2, I1, I0,
        output valid,
        output reg A1, A0);

// the body of the 4-to-2 priority encoder
assign valid = I3 | I2 | I1 | I0;
always @(I3 or I2 or I1 or I0)
   casex ({I3, I2, I1, I0})
       4'b1xxx: {A1, A0} = 3;
       4'b01xx: {A1, A0} = 2;
```

```
        4' b001x: {A1, A0} = 1;
        4' b0001: {A1, A0} = 0;
        default: {A1, A0} = 2' b00;
    endcase
endmodule
```

下列例題使用 **case** 指述描述例題 6.4-2 的 1 對 4 解多工器電路。

程式 6.7-6 使用 **case** 指述直接描述圖 6.2-3(b)的優先編碼器的功能表。行為描述的方式描述一個 1 對 4 解多工器電路。在程式中，使用 **always** 指述提供連續的執行，並且使用事件 **or** 控制方式偵測多個輸入信號的信號變化。解多工器輸出端的信號路徑選擇則由 **case** 指述完成。

程式6.7-6　1 對 4 解多工器

```verilog
// a 1-to-4 demultiplexer using a case statement
module demux_1to4_case(
        input       d_in, en_b,    // data and enable inputs
        input      [1:0] select, // destination selection inputs
        output reg y3, y2, y1, y0); // outputs
// the body of the 1-to-4 demultiplexer
always @(en_b or select or d_in)
    if (!en_b) begin
        y3 = 1' b1; y2 = 1' b1;
        y1 = 1' b1; y0 = 1' b1; end
    else begin
        y3 = 1' b0; y2 = 1' b0; // to avoid latch inference
        y1 = 1' b0; y0 = 1' b0;
    case (select)
        2' b11: y3 = d_in;
        2' b10: y2 = d_in;
        2' b01: y1 = d_in;
        2' b00: y0 = d_in;
    endcase
end
endmodule
```

下列例題使用資料流程的方式，描述例題 6.5-1 的 4 位元大小比較器電路。

例題 6.7-7　(4 位元大小比較器)

　　程式 6.7-7 說明如何使用關係運算子與邏輯運算子的組合，描述例題 6.5-1 的 4 位元大小比較器電路。

程式6.7-7　4 位元大小比較器

```verilog
// a dataflow description of a 4-bit comparator -- figure 6.5-3
module comparator4b (
      input [3:0] A,
      input [3:0] B,
      input IALTB,IAEQB,IAGTB,
      output OAGTB,OAEQB,OALTB);

// the body of the comparator
   assign OALTB = (A < B) || (A == B) && IALTB;
   assign OAGTB = (A > B) || (A == B) && IAGTB;
   assign OAEQB = (A == B) && IAEQB;
endmodule
```

6.7.2　階層式設計概念

　　階層式設計或是稱為模組化設計為任何數位系統的基本設計方法，它的主要精神為將標的數位系統依其功能分割成為數個功能較小的模組，每一個模組再依序細分為功能更小的模組，直到模組可以處理或是實現為止。例如一個 4 位元的並行加法器電路可以分為四個全加器電路，而每一個全加器電路則又由兩個半加器電路與一個 OR 閘組成，如圖 6.7-1 所示。下列例題使用 4 位元的並行加法器電路說明階層式設計的基本概念。

例題 6.7-8　(4 位元並行加法器)

　　程式6.7-8說明使用結構描述的方式，一個4位元的並行加法器電路如何由四個全加器電路組成，而每一個全加器電路則又由兩個半加器電路與一個 OR 閘組成，其詳細的階層結構如圖 6.7-1 所示。

程式6.7-8　4 位元並行加法器

```verilog
// a gate-level hierarchical description of a 4-bit adder
// a gate-level description of a half adder
module half_adder (
      input  x, y,
```

圖6.7-1　階層式設計概念

```
        output S, C);
// instantiate primitive gates
    xor (S,x,y);
    and (C,x,y);
endmodule

// a gate-level description of a full adder
module full_adder (
        input  x, y, Cin,
        output S, Cout);
wire S1,C1,C2;  // outputs of both half adders
// instantiate two half adders
    half_adder ha_1 (x,y,S1,C1);
    half_adder ha_2 (Cin,S1,S,C2);
    or (Cout,C1,C2);
endmodule
```

```
// a gate-level description of a 4-bit adder
module adder_4bits (
        input [3:0] x, y,
        input C0,
        output [3:0] S,
        output Cout);
wire C1,C2,C3; // intermediate carries
// instantiate four full adders
    full_adder fa_1 (x[0],y[0],C0,S[0],C1);
    full_adder fa_2 (x[1],y[1],C1,S[1],C2);
    full_adder fa_3 (x[2],y[2],C2,S[2],C3);
    full_adder fa_4 (x[3],y[3],C3,S[3],Cout);
endmodule
```

6.7.3 函數與工作

在行為描述中，通常在程式中的許多地方都需要重複的執行一段相同的功能，即該段功能應該能夠形成一個例行工作(routine)，而後於需要之處再予呼叫使用該例行工作，而不是插入該段功能的程式。在 Verilog HDL 中，提供了函數(function)與工作(task)兩種例行工作，供使用者定義與包裝一段程式碼，以方便將一個大的行為描述程式分割成為一些較小而可讀性較高的小程式。

工作為一個同時具有輸入與輸出，但是不傳回任何值的例行工作，它可以呼叫其它工作或是函數；函數為一個可以使用於任何表式(**assign** 連續指定與指定指述)中的例行工作，它至少必須有一個輸入、沒有輸出，但是傳回一個單一值，它可以呼叫其它函數，但是不能呼叫工作。函數使用保留字 **function** 與 **endfunction** 定義；工作使用保留字 **task** 與 **endtask** 定義。

函數只能用以描述組合邏輯電路，它不能包含任何延遲、事件，或是時序控制指述；工作可以包含延遲、事件，或是時序控制指述。函數與工作皆只能包含行為描述指述，而且不能包含 **always** 或是 **initial** 指述，因為它們必須在 **always** 或是 **initial** 區塊內使用，而 **always** 或是 **initial** 區塊內不能再包含其它 **always** 或是 **initial** 區塊。

例題 6.7-9　(function 的使用例)

程式 6.7-9 為使用函數的方式，先定義一個全加器電路的函數，然後使用 **assign** 指述呼叫該函數，完成圖 6.6-3 所示的 4 位元並行加法器電路。

程式6.7-9　**function** 的使用例

```verilog
// a data-flow description of a 4-bit adder -- figure 6.6-3
module parallel_adder_4b (
      input  C0,          // carry input
      input  [3:0] x, y,// inputs
      output [3:0] S,    // sum
      output Cout);      // carry out
wire C1,C2,C3; // intermediate carries
// the 4_bit adder body-- //
// invoke four full-adder functions
   assign {C1, S[0]} = full_adder(x[0],y[0],C0);
   assign {C2, S[1]} = full_adder(x[1],y[1],C1);
   assign {C3, S[2]} = full_adder(x[2],y[2],C2);
   assign {Cout, S[3]} = full_adder(x[3],y[3],C3);
 // define a full-adder function
function [1:0] full_adder(input a, b, c0);

   // the body of the function
   full_adder = a + b + c0;
endfunction
endmodule
```

例題 6.7-10 (task 的使用例)

程式 6.7-10 為使用工作的方式，先定義一個全加器電路的工作，然後使用 **assign** 指述呼叫該工作，完成圖 6.6-3 所示的 4 位元並行加法器電路。

程式6.7-10　**task** 的使用例

```verilog
// a data-flow description of a 4-bit adder -- figure 6.6-3
module parallel_adder_4bt (
      input  C0,              // carry input
      input  [3:0] x, y,  // inputs
      output reg [3:0] S, // sum
      output reg Cout);   // carry out
// local declarations
reg C1,C2,C3; // intermediate carries
// the 4_bit adder body //
// invoke four full-adder tasks
```

```
    always @(x or y or C0) begin
        full_adder (C1,S[0],x[0],y[0],C0);
        full_adder (C2,S[1],x[1],y[1],C1);
        full_adder (C3,S[2],x[2],y[2],C2);
        full_adder (Cout,S[3],x[3],y[3],C3);
    end
 // define a full-adder task
task full_adder(output Co,S, input a, b, c0;

    // the body of the task
    {Co,S} = a + b + c0;
endtask
endmodule
```

📖 **複習問題**

6.51. 何謂函數與工作。

6.52. 函數與工作的定義中是否可以使用 **always** 或是 **initial** 指述？

6.53. 使用指定指述取代例題 6.7-7 中的 **assign** 指定指述。

6.54. 比較函數與工作的特性差異。

6.8 參考資料

1. K. Hwang, *Computer Arithmetic Principles, Architecture, and Design*, New-York: John Wiley & Sons, 1979.

2. Z. Kohavi, *Switching and Finite Automata Theory*, 2nd ed., New York: McGraw-Hill, 1978.

3. G. Langholz, A. Kandel, and J. L. Mott, *Digital Logic Design*, Dubuque, Iowa: Wm C. Brown Publishers, 1988.

4. M. B. Lin, *Digital System Designs and Practices: Using Verilog HDL and FPGAs*, John Wiley & Sons, 2008.

5. M. B. Lin, *Digital System Design: Principles, Practices, and Applications*, 4th ed., Taipei, Taiwan: Chuan Hwa Book Ltd., 2010.

6. M. B. Lin, *Introduction to VLSI Systems: A Logic, Circuit, and System Per-*

spective, CRC Press, 2012.

7.　Ming-Bo Lin, *An Introduction to Verilog HDL*, CreateSpace Independent Publishing Platform, 2016. (ISBN: 978-1523320974)

8.　M. M. Mano, *Digital Design*, 3rd ed., Englewood Cliffs, New Jersey: Prentice-Hall, 2002.

6.9 習題

6.1 依下列指定方式設計一個具有致能控制(低電位啟動)的 3 對 8 解碼器電路：

 (1)　非反相輸出   (2)　反相輸出

6.2 使用下列指定執行方式，設計一個具有致能控制的 2 對 4 解碼器電路：

 (1)　NAND 閘   (2)　NOR 閘

6.3 使用兩個具有致能控制的 3 對 8 解碼器，設計一個 4 對 16 解碼器電路。

6.4 使用五個具有致能控制的 2 對 4 解碼器，設計一個 4 對 16 解碼器電路。

6.5 使用四個具有致能控制的 3 對 8 解碼器與一個 2 對 4 解碼器，設計一個 5 對 32 解碼器電路。

6.6 使用一個解碼器與外加邏輯閘，執行下列多輸出交換函數：

$$f_1(x, y, z) = x'y' + xyz'$$
$$f_2(x, y, z) = x + y'$$
$$f_3(x, y, z) = \Sigma(0, 2, 4, 7)$$

6.7 修改例題 6.2-2 的 4 對 2 優先權編碼器，使其具有一條低電位啟動的致能輸入端(E')，以控制編碼器的動作，而且也必須包括一條輸入資料成立(V)輸出端，以指示至少有一條資料輸入端啟動。

 (1)　繪出該編碼器的邏輯方塊圖、寫出功能表、與繪出邏輯電路。

 (2)　使用兩個 4 對 2 優先權編碼器，建構一個 8 對 3 優先權編碼器。繪出其邏輯電路 (提示：需要外加基本邏輯閘)。

6.8 設計一個具有致能控制線的 4 對 1 多工器。假設當致能控制不啟動時，多工器的輸出為高電位而且致能控制為低電位啟動。

6.9 若在習題 6.8 中，當致能控制不啟動時，輸出為高阻抗狀態，則電路該如何設計。

6.10 修改例題 6.3-5 的 4 對 1 多工器，使其具有致能控制。假設致能控制為高電位啟動，而多工器不被致能時輸出為高電位。

6.11 利用兩個 4 對 1 多工器與一個 2 對 1 多工器，組成一個 8 對 1 多工器。

6.12 利用五個 4 對 1 多工器設計一個 16 對 1 多工器。

6.13 以下列指定方式，設計一個 32 對 1 多工器：

(1) 五個 8 對 1 多工器。

(2) 兩個具有致能控制的 16 對 1 多工器。

(3) 兩個 16 對 1 多工器與一個 2 對 1 多工器。

(4) 兩個 16 對 1 多工器與一個 4 對 1 多工器。

6.14 只利用兩個 2 對 1 多工器，設計一個 3 對 1 多工器。

6.15 證明下列各電路均為一個函數完全運算電路。

(1) 2 對 1 多工器

(2) 4 對 1 多工器

6.16 使用多工器執行全加器電路。

6.17 使用一個 8 對 1 多工器執行交換函數：

$$f(w, x, y, z) = \Sigma(0, 1, 3, 4, 9, 15)$$

假設來源選擇線變數(S_2, S_1, S_0)依下列方式指定：

(1) (w, x, y) (2) (w, x, z)

(3) (x, y, z) (4) (w, y, z)

6.18 使用下列指定電路，執行交換函數：

$$f(w, x, y, z) = \Sigma(2, 7, 9, 10, 11, 12, 14, 15)$$

(1) 8 對 1 多工器   (2) 4 對 1 多工器

6.19 使用 4 對 1 多工器執行下列各交換函數：

(1) $f(v, w, x, y, z) = vwx'y + wx'yz + wxy'z + v'wxy'$

(2) $f(v, w, x, y, z) = \Sigma(1, 2, 3, 4, 5, 6, 7, 10, 14, 20, 22, 28)$

(3) $f(w, x, y, z) = \Sigma(0, 1, 3, 4, 8, 11)$

6.20 使用 4 對 1 多工器(三個)執行下列多輸出交換函數：

$$f_1(x, y, z) = \Sigma(0, 2, 6)$$

$$f_2(x, y, z) = x' + y$$

$$f_3(x, y, z) = \Sigma(0, 1, 6, 7)$$

6.21 使用 8 對 1 多工器執行下列多輸出交換函數：

$$f_1(w, x, y, z) = \Sigma(1, 2, 4, 5, 10, 12, 14)$$

$$f_2(w, x, y, z) = \Sigma(3, 4, 5, 6, 9, 10, 11)$$

$$f_3(w, x, y, z) = \Sigma(2, 3, 4, 10, 11, 12, 15)$$

6.22 使用一個 2 對 1 多工器與一個 4 對 1 多工器，分別執行下列每一個交換函數(提示：第一級使用 4 對 1 多工器)：

(1) $f(w, x, y, z) = \Sigma(2, 3, 4, 6, 7, 10, 11, 15)$

(2) $f(w, x, y, z) = \Sigma(2, 5, 7, 12, 14) + \Sigma_\phi(6, 9, 10, 13, 15)$

6.23 使用一個 2 對 1 多工器與一個 4 對 1 多工器，分別執行下列每一個交換函數(提示：第一級使用 2 對 1 多工器)：

(1) $f(w, x, y, z) = \Sigma(0, 2, 3, 6, 7, 12, 13, 14, 15)$

(2) $f(w, x, y, z) = \Sigma(1, 3, 5, 9, 11, 12) + \Sigma_\phi(4, 6, 8, 13, 14)$

6.24 最多使用兩個 4 對 1 多工器，分別執行下列每一個交換函數：

(1) $f(w, x, y, z) = \Sigma(3, 4, 6, 7, 8, 10, 11, 15)$

(2) $f(w, x, y, z) = \Sigma(2, 3, 4, 9, 14, 15) + \Sigma_\phi(1, 5, 8, 12, 13)$

6.25 最多使用兩個 4 對 1 多工器與兩個 NOT 閘，分別執行下列每一個交換函數：

(1) $f(v, w, x, y, z) = \Sigma(0, 3, 5, 6, 9, 10, 12, 15, 17, 18, 20, 23, 24, 27, 29, 30)$

(2) $f(v, w, x, y, z) = \Sigma(1, 2, 4, 7, 9, 10, 12, 15, 16, 19, 21, 22, 24, 27, 29, 30)$

6.26 設計一個具有致能控制(低電位啟動)的 1 對 8 解多工器電路。當解多工器不啟動時,其所有輸出均為高電位。

6.27 利用兩個具有致能控制(低電位啟動)的 1 對 8 解多工器電路,設計一個 1 對 16 解多工器電路。

6.28 利用 1 對 4 解多工器電路設計下列各種指定資料輸出端數目的解多工器樹電路時,各需要多少個電路:

(1) 1 對 32 解多工器　　　　　(2) 1 對 64 解多工器

(3) 1 對 128 解多工器　　　　 (4) 1 對 256 解多工器

6.29 利用一個 1 對 8 解多工器電路與兩個 OR 閘執行全加器電路。

6.30 利用 4 位元比較器電路,設計下列電路:

(1) 16 位元比較器　　　　　　(2) 20 位元比較器

(3) 24 位元比較器　　　　　　(4) 32 位元比較器

6.31 此習題考慮 1 位元大小比較器的設計與實現。試回答下列各問題:

(1) 列出用以比較兩個單位元未帶號數數目 A 與 B 的 1 位元大小比較器之真值表。簡化輸出交換函數,$O_{A>B}$、$O_{A=B}$、$O_{A<B}$,並繪出此 1 位元大小比較器的邏輯電路。

(2) 修改上述 1 位元大小比較器,使成為可以串接的模組。

(3) 串接兩個可串接 1 位元大小比較器成為一個 2 位元大小比較器。

6.32 參考例題 6.5-2 的 2 位元大小比較器電路,回答下列問題:

(1) 修改該 2 位元大小比較器電路,使其具有串接之能力。

(2) 使用修改後的 2 位元大小比較器電路,設計一個 4 位元大小比較器電路。

6.33 下列為半加器的相關問題:

(1) 證明半加器電路為一個函數完全運算電路。

(2) 使用三個半加器電路,執行下列四個交換函數:

$$f_1(x, y, z) = x \oplus y \oplus z$$

$$f_2(x, y, z) = x'yz + xy'z$$

$$f_3(x, y, z) = xyz' + (x' + y')z$$

$$f_4(x, y, z) = xyz$$

6.34 下列為有關於半加器電路的執行方式：

(1) 假設只有非補數形式的輸入變數，試只用一個 NOT 閘、一個 2 個輸入端的 OR 閘，與兩個 2 個輸入端的 AND 閘執行該半加器電路。

(2) 與(1)同樣的假設下，執行一個半加器電路最多只需要五個 NAND 閘，試設計該電路。

(3) 使用 NOR 閘重做(2)。

6.35 參考圖 P6.1 回答下列問題：

圖 P6.1

(1) 分析電路並列出 f_1 與 f_2 的交換表示式。

(2) 使用最多為兩個輸入端的邏輯閘之多層邏輯電路，重新實現 f_1 與 f_2 的交換表示式。

(3) 比較上述兩者之邏輯閘數目。

6.36 參考圖 P6.2 回答下列問題：

(1) 分析電路並列出 f_1 與 f_2 的交換表示式。

(2) 使用最多為兩個輸入端的邏輯閘之多層邏輯電路，重新實現 f_1 與 f_2 的交換表示式。

圖 P6.2

(3) 比較上述兩者之邏輯閘數目。

6.37 利用 4 位元並行加法器，設計一個 16 位元並行加法器電路。

6.38 利用 4 位元並行加法器與 NOT 閘，設計一個加三碼對 BCD 碼的轉換電路。

6.39 半減器(half subtractor)為一個具有執行兩個單一位元減法運算的組合邏輯電路。試使用 AND、OR、NOT 等邏輯閘設計此電路。

6.40 定義全減器(full subtractor)並列出其真值表，導出差(difference，D)與借位(borrow，B)的交換表式後，以 AND、OR、NOT 等邏輯閘執行。

6.41 使用兩個半減器電路與一個 OR 閘，執行全減器電路。

6.42 說明如何將一個全加器電路加上一個 NOT 閘後，轉換為一個全減器電路。

6.43 使用 12 個 AND 閘與兩個 4 位元並行加法器電路，設計一個 4 位元乘以 3 位元的乘法器電路。

6.44 使用四個 AND 閘、OR 閘、NOT 閘和圖 6.6-8 的 4 位元加/減法器電路，設計一個 4 位元的算術邏輯單元(提示：使用多工器適當的選取資料輸入與輸出)。

6.45 本習題為一個與算術運算相關的問題：

(1) 分析圖 P6.3 所示的電路，並將結果填入真值表中。

圖 P6.3

(2) 使用四個圖 P6.1 的電路與圖 6.6-3 所示的 4 位元並行加法器，設計
一個 4 位元算術運算電路執行下列功能：

S_1	S_0	$C_{in} = 0$	$C_{in} = 1$
0	0	$S = A$	$S = A + 1$
0	1	$S = A + B$	$S = A + B + 1$
1	0	$S = A + \bar{B}$	$S = A + \bar{B} + 1$ (減法)
1	1	$S = A - 1$	$S = A$

6.46 進位前瞻加法器的相關問題：

(1) 撰寫一個資料流程的 Verilog HDL 程式，描述圖 6.6-6 的 4 位元進
位前瞻加法器。

(2) 撰寫上述電路的測試標竿程式。

(3) 擴充上述電路為 16 位元的加法器電路。

6.47 撰寫一個 Verilog HDL 程式，描述圖 6.6-9 的 4 位元 BCD 加法器。

6.48 撰寫一個 Verilog HDL 程式，描述圖 6.6-10 的 4 對 4 位元二進制乘法器
電路。

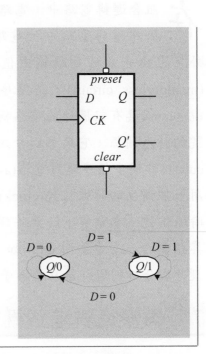

7

同步循序邏輯電路

本章目標

學完本章之後，你將能夠了解：

- 同步與非同步循序邏輯電路的區別與基本電路模式
- 循序邏輯電路中常用的記憶元件：閂鎖電路與正反器
- 同步循序邏輯電路的設計、執行方式、分析
- 狀態表的化簡：完全指定狀態表與未完全指定狀態表
- Verilog HDL：正反器與同步循序邏輯電路的描述

在組合邏輯電路中，電路的輸出值只由目前的輸入信號(變數)決定；在循序邏輯電路中，電路的輸出值除了由目前的輸入信號(變數)決定外，也與先前的電路輸出值有關。即組合邏輯電路為一個無記憶性電路(memoryless circuit)，而循序邏輯電路則為一個有記憶性的電路。換句話說，一個具有記憶性的電路稱為循序邏輯電路。依據在循序邏輯電路中，信號的時序關係，它又可以分成同步循序邏輯電路(synchronous sequential circuit)與非同步循序邏輯電路(asynchronous sequential circuit)兩種。前者通常使用一個獨立的時脈信號(clock)以同時改變內部記憶元件的狀態；後者則沒有時脈信號。本章與下一章將詳細地討論同步循序邏輯電路的設計、分析，與其相關的一些重要問題(例如：狀態的簡化與指定)；非同步循序邏輯電路的設計與分析則留待第 9 章再予討論。

7.1 循序邏輯電路概論

雖然在實際的循序邏輯電路設計與應用中，可以分成同步與非同步兩種電路類型，然而它們也有一些相同的特性。在本節中，將依序討論循序邏輯電路的基本電路模式、表示方法、記憶器元件，與其它相關問題。

7.1.1 基本電路模式

目前在循序邏輯電路的設計程序中的一個常用的標準電路模型稱為 Huffman 模型，如圖 7.1-1 所示，而其抽象的數學模型則稱為有限狀態機(finite-state machine，FSM)。它由 l 個獨立的輸入變數(簡稱為輸入)、m 個輸出變數(簡稱為輸出)，與 k 個記憶元件組成。記憶元件的輸出組合 $(y_0, \dots, y_{k-1})$ 稱為該循序邏輯電路的目前狀態(present state，PS)，而其輸入組合$(Y_0, \dots, Y_{k-1})$稱為下一狀態(next state，NS)。輸入變數的每一個二進制組合稱為一個輸入符號；輸出變數的每一個二進制組合稱為一個輸出符號；目前狀態與輸入(變數)組合後，決定電路的輸出變數的值(即輸出函數)與下一狀態。電路由目前狀態轉移到下一狀態的動作稱為轉態(state transition)。

圖7.1-1　循序邏輯電路基本模式

　　依據電路的輸出變數的值的決定方式，在循序邏輯電路可以分成 Mealy 機(電路)與 Moore 機(電路)兩種。在 Mealy 機中，輸出變數的值由目前狀態與輸入(變數)共同決定；在 Moore 機中，輸出變數的值只由目前狀態決定。

　　由於每一個記憶元件儲存一個狀態變數(state variable)的值，而且有 0 與 1 兩種不同的值，因此具有 k 個記憶元件的循序邏輯電路，最多將有 2^k 個不同的狀態。換句話說，若電路具有 r 個不同的狀態，則該電路至少需要 $2^k \geq r$，即 $k \geq \lceil \log_2 r \rceil$ 個記憶元件，其中 $\lceil x \rceil$ 表示大於或是等於 x 的最小整數。在有限狀態的循序邏輯電路中，k 的值也是有限的。

同步與非同步循序邏輯電路

　　若一個循序邏輯電路的行為可以由一些特定(或是固定)時間時的信號狀態決定，而與這些信號發生的先後順序無關時，稱為同步循序邏輯電路；若一個循序邏輯電路的行為是由輸入信號的變化與其發生變化的先後順序有關時，稱為非同步循序邏輯電路。

為使同步循序邏輯電路的行為僅由一些特定時間(即時脈信號發生)時的信號狀態決定，而與這些信號發生的先後順序無關，在同步循序邏輯電路中，通常使用一個時脈產生器(clock generator)產生一個週期性(或是非週期性)的脈波系列(簡稱為時脈，clock，以 *CK* 或是 *CLK* (*clk*)、*CP* 表示)，加到記憶元件中，使記憶元件的狀態只在特定時間才改變。這種使用時脈信號驅動記憶元件使其發生轉態的循序邏輯電路，稱為時脈驅動同步循序邏輯電路(clocked synchronous sequential circuit)。目前絕大部分的同步循序邏輯電路均使用時脈驅動的方式，因此時脈驅動同步循序邏輯電路通常直接稱為同步循序邏輯電路。

在非同步循序邏輯電路中，電路的行為只受輸入(變數)改變的次序的影響，而且可以在任何時刻發生。在這種電路中所用的記憶元件通常為延遲元件，因而當電路的輸入變數的值改變時，內部立即發生轉態。由於電路中沒有時序裝置可以同步電路的狀態改變，非同步循序邏輯電路能否正確的工作完全由輸入變數值的改變順序決定。使非同步循序邏輯電路正確工作的最簡單的方法是限制輸入變數的改變方式，一次只允許一個而且連續的改變，必須等待電路穩定之後才發生。非同步循序邏輯電路的詳細設計、分析，與相關問題等將留待第 9 章再予討論。

📖 複習問題

7.1. 試定義 Huffman 模式。

7.2. 試定義輸入符號與輸出符號。

7.3. 試定義同步循序邏輯電路與非同步循序邏輯電路。

7.4. 試定義 Mealy 機與 Moore 機。

7.1.2 循序邏輯電路表示方式

循序邏輯電路的常用表示方法有：狀態圖(state diagram)、狀態表(state table)、時序序列(timing sequences)、時序圖(timing diagrams)。為方便討論，

本節中將以 Mealy 機為主。

狀態圖

　　一般而言，人們較容易處理使用圖形表示而不是以文字表示的資訊；相反的，計算機較容易處理使用文字表示而不是以圖形表示的資訊。例如在化簡一個交換函數時，人們使用卡諾圖遠較使用列表法為簡單，但是在計算機中則以列表法較為簡單。因此，一個循序邏輯電路的行為通常使用圖形的表示方式以方便人們處理，而使用表格(即文字)的表示方式以易於運算。

　　圖形的表示方式稱為狀態圖。在 Mealy 機狀態圖中，每一個頂點(vertex)代表循序邏輯電路中的一個狀態；每一個有向分支(directed branch)代表狀態轉移；頂點圓圈內的符號代表該狀態的名字；有向分支上的標記 x/z 則分別代表對應的輸入符號(x)與輸出符號(z)。在 Moore 機狀態圖中，每一個頂點使用 Q/z 表示，分別表示該循序邏輯電路中的一個狀態(Q)與在該狀態下的輸出符號(z)；每一個有向分支代表狀態轉移，其標記 x 則代表對應的輸入符號(x)。

例題 7.1-1　(狀態圖)

　　假設一個同步循序邏輯電路具有一個輸入端 x 與一個輸出端 z，當此電路每次偵測到輸入序列為 0101 時，輸出端 z 即輸出一個值為 1 的脈波，否則輸出端 z 的輸出值為 0。試以狀態圖表示此循序邏輯電路。

解：如圖 7.1-2 所示。狀態 A 為初始狀態；狀態 B 為已經認知"0"；狀態 C 為已經認知"01"；狀態 D 為已經認知"010"。為說明圖 7.1-2 的狀態圖可以表示例題 7.1-1 的循序邏輯電路，假設輸入信號序列為 0101001，則狀態轉移與輸出的值分別如下：

　　　　輸入：0 1 0 1 0 0 1
　　　　狀態：$A\ B\ C\ D\ C\ D\ B\ C$
　　　　輸出：0 0 0 1 0 0 0

在狀態 A 時，若輸入為 0 則轉移到狀態 B 而輸出為 0；在狀態 B 時，若輸入為 1 則轉移到狀態 C 而輸出為 0；在狀態 C 時，若輸入為 0，則轉態到狀態 D 而輸出為 0。一旦在狀態 D 時，表示已經認知了"010"的輸入序列，在此狀態下，若輸入為 0，則回到狀態 B (即只認知"0")，但是若輸入為 1，則已經偵測到 0101 的輸入序列，所以輸出為 1。因此當輸入序列 0101 加到狀態 A 時，輸出序列為 0001，而且最後的狀態為 C。

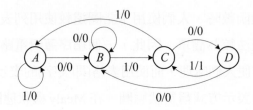

圖7.1-2　例題 7.1-1 的狀態圖

一般而言，一個循序邏輯電路在加入一個輸入序列之前的狀態稱為*初始狀態*(initial state)；在加入該輸入序列之後的狀態稱為*終止狀態*(final state)。例如在例題 7.1-1 中，未加入輸入序列 0101001 的初始狀態為 A，而加入該序列之後的終止狀態為 C。

狀態表

一種與狀態圖相對應的循序邏輯電路表示法為狀態表。在狀態表中，每一個列相當於循序邏輯電路的一個狀態，而每一個行相當於一個(外部)輸入變數的組合。行與列交點的位置則填入在該列所代表的目前狀態，在該行相對應的輸入符號的下一狀態與輸出函數。

圖 7.1-3 所示為例題 7.1-1 的狀態圖所對應的狀態表。由狀態圖獲取對應的狀態表的方法為依序先將狀態圖中的所有狀態列於狀態表中的目前狀態(PS)一欄，然後將目前狀態中的每一個狀態在每一個輸入符號下的下一狀態與輸出函數，分別列於該輸入符號之下的一欄中。例如當目前狀態為 A 時，當輸入符號 x 為 0 時，其下一狀態與輸出函數分別為狀態 B 與 0，所以在狀態表中的目前狀態 A 與輸入符號 $x=0$ 的交點上，填入 $B,0$。使用相同的方式，可以得到圖 7.1-3 的狀態表。

PS	x	NS, z	
		0	1
A		B,0	A,0
B		B,0	C,0
C		D,0	A,0
D		B,0	C,1

PS：目前狀態

NS：下一狀態

x：輸入變數

z：輸出變數

圖7.1-3 例題 7.1-2 的狀態表

時序圖與時序序列

描述一個循序邏輯電路動作的方法除了前面介紹的兩種之外，也可以使用時序圖或是時序序列的方式。在時序圖或是時序序列的方式中，電路的輸出符號與輸入符號的關係皆表示為時間的函數。

例題 7.1-3 (時序圖與時序序列)

圖 7.1-4 所示為將輸入序列 010100101010 加入例題 7.1-1 的循序邏輯電路中之後的時序圖與時序序列。加入輸入序列 010100101010 後，產生輸出序列：

000100001010

(a)時序圖

時脈	t_0	t_1	t_2	t_3	t_4	t_5	t_6	t_7	t_8	t_9	t_{10}	t_{11}
輸入	0	1	0	1	0	0	1	0	1	0	1	0
PS	A	B	C	D	C	D	B	C	D	C	D	C
NS	B	C	D	C	D	B	C	D	C	D	C	D
輸出	0	0	0	1	0	0	0	0	1	0	1	0

(b)時序序列

圖7.1-4 例題 7.1-3 的時序圖與時序序列

　　一般而言，時序圖與時序序列兩種方法並不是很實用，因為一個循序邏輯電路的可能輸入序列相當多，因而無法完全描述該循序邏輯電路的行為。但是若希望強調一個循序邏輯電路工作時的時序問題，或是希望得知該循序邏輯電路的輸出符號與輸入序列的對應關係時，這兩種方法則有相當大的幫助。

Mealy 機與 Moore 機

　　如前所述，同步循序邏輯電路可以分成 Mealy 機與 Moore 機兩種基本模式。它們之間的主要差別在於輸出信號的產生方式不相同，在 Mealy 機中，輸出變數的值由目前狀態與輸入(變數)共同決定；在 Moore 機中，輸出變數的值只由目前狀態決定。

　　由於 Mealy 機中輸出信號由輸入信號與目前狀態共同決定，因此每當輸入信號改變時，輸出信號即有可能發生改變，即不受時脈信號同步。此外，也有可能暫時性的輸出一個不想要的脈波於輸出信號端。若希望輸出信號的值能夠與時脈信號同步，則輸入信號必須與時脈信號同步。在 Moore 機中，由於輸出信號只由目前狀態(即正反器的輸出值)決定，因此隨時能夠由時脈信號同步。圖 7.1-5(a)與圖 7.1-5(b)分別為 Mealy 機與 Moore 機的狀態表。

PS	x	NS, z	
		0	1
A		$B,1$	$C,0$
B		$D,1$	$B,1$
C		$A,0$	$C,0$
D		$B,1$	$D,1$

(a) Mealy機

PS	x	NS		z
		0	1	
A		B	C	0
B		D	B	1
C		A	C	0
D		B	D	1

(b) Moore機

圖7.1-5　Mealy 機與 Moore 機狀態表

📖 複習問題

7.5. 一個循序邏輯電路的行為有那些方法可以描述？

7.6. 一個循序邏輯電路的行為可以由那兩個函數完全決定？

7.7. 試定義狀態圖與狀態表。

7.8. 何時才會使用時序圖或是時序序列描述一個循序邏輯電路的行為？

7.1.3 記憶元件

　　由圖 7.1-1 所示的 Huffman 模式可以得知：一個循序邏輯電路實際上由兩部分組成：組合邏輯電路與記憶元件，其中記憶元件提供一個回授 (feedback)信號，並且與目前的輸入信號共同決定輸出函數與下一狀態的值。因此記憶元件為循序邏輯電路中一個不可或缺的部分。本節中，將討論在循序邏輯電路中常用的記憶元件。在非同步循序邏輯電路中，常用的記憶元件為延遲元件(delay element)與各種類型的門閂(latch)電路；在同步循序邏輯電路中，則為各種類型的正反器(flip-flop)電路。門閂電路也常用以構成正反器電路，包括緣觸發正反器(edge-triggered flip-flop)及主從式正反器 (master-slave flip-flop)電路。

延遲元件

　　在非同步循序邏輯電路中，常用的記憶元件為延遲元件與 *SR* 門閂(*SR* latch)。基本的延遲元件符號與時序圖如圖 7.1-6 所示，其輸出 y 與輸入 Y 的關係可以由下列方程式表示：

$$y(t + \Delta T) = Y(t)$$

(a) 邏輯符號　　　　　　　　(b) 時序圖

圖7.1-6　延遲元件

　　延遲元件具有記憶功能的原因是信號經由輸入端抵達輸出端時必須經歷一段時間ΔT。這種延遲元件的觀念在分析非同步循序邏輯電路時，將扮演一個相當重要的角色。在實際的電路設計中，除了欲解決某些問題外，通常並不需要刻意地在電路中加入一個延遲元件，因為電路的組合邏輯部分已經提供了足夠的延遲。

雙穩態電路

在非同步循序邏輯電路中，另外一種常用的記憶元件為 *SR* 門閂。在討論這種電路之前，先觀察圖 7.1-7 的兩種不同的 NOT 閘電路組態。在圖 7.1-7(a)中，將兩個或是偶數個 NOT 閘串接；在圖 7.1-6(b)中，則將奇數個 NOT 閘串接。不管是那一種組態，均將最後一級的輸出連接到第一級的輸入，形成一個回授路徑。結果圖 7.1-7(a)的電路為一個雙穩態(bistable) (即具有兩個穩定狀態：0 與 1)電路，因為雖然經過了兩個 NOT 閘的延遲，*A* 與 *C* 兩點的信號狀態依然保持在相同的極性上。圖 7.1-7(b)的電路為為一個振盪器(oscillator 或稱非穩態，astable)電路，因為當 *A* 端下降為 0 時，經過 NOT 閘延遲後，*B* 端上升為 1，然而由於 *B* 端與 *A* 端連接在一起，因此這個 1 的信號送回 *A* 端，再經過 NOT 閘延遲後，*B* 端下降為 0，而 *A* 端也下降為 0，如此交替的產生一連串的 0 與 1 信號，所以為一個振盪器電路。

(a) 雙穩態電路　　　　　　　(b) 振盪器

圖7.1-7　雙穩態與振盪器電路

SR 門閂

利用的 NOT 閘構成的雙穩態電路，外界並無法改變其狀態。因此，在實用上改用 NOR 閘或是 NAND 閘等反相控制閘(第 2.4.2 節)取代雙穩態電路中的兩個反相器，如圖 7.1-8 所示。當兩個反相器均由 NOR 閘取代後的雙穩態電路，稱為 NOR 閘 *SR* 門閂電路(NOR-based *SR* latch)；當兩個反相器均由 NAND 閘取代後的雙穩態電路，稱為 NAND 閘 *SR* 門閂電路(NAND-based *SR* latch)。

圖7.1-8 使用 NOR 與 NAND 控制閘改變雙穩態電路的狀態

　　一般而言，一個具有設定(set，*S*)與清除(reset，*R*)兩個控制輸入端的雙穩態電路，稱為 *SR* 門閂。因此圖 7.1-9 與 7.1-10 中的兩種電路均為 *SR* 門閂。值得注意的是：

S	R	Q(t+1)
0	0	Q(t)
0	1	0
1	0	1
1	1	禁止

(d) 特性表

Q(t) →Q(t+1)		S	R
0	0	0	ϕ
0	1	1	0
1	0	0	1
1	1	ϕ	0

(e) 激勵表

$$Q(t+1)=R'Q(t)+S$$
$$(SR = 0)$$

(f) 特性方程式

圖7.1-9　NOR 閘 *SR* 門閂

(a) 邏輯符號　　　　(b) 電路　　　　(c) 時序

S	R	Q(t+1)
0	0	禁止
0	1	1
1	0	0
1	1	Q(t)

(d) 特性表

Q(t) → Q(t+1)	S	R
0 → 0	1	ϕ
0 → 1	0	1
1 → 0	1	0
1 → 1	ϕ	1

(e) 激勵表

$Q(t+1) = RQ(t) + S'$

$(S'R' = 0)$

(f) 特性方程式

圖7.1-10　NAND 閘 SR 門閂

◆ 在 NOR 閘 SR 門閂與 NAND 閘 SR 門閂電路中的 R 與 S 輸入端位於不同的位置。

◆ 它們的啟動位準也不同，在 NOR 閘 SR 門閂中為高電位，在 NAND 閘 SR 門閂電路中為低電位。

◆ 不管是哪一種 SR 門閂，由 S 與 R 到輸出 Q 的傳播延遲並不相同，即 t_{pHL} 與 t_{pLH} 不相等。例如，在 NOR 閘 SR 門閂中，$t_{pLH} = 2t_{pd}$ 而 $t_{pHL} = t_{pd}$。與第 5.3.1 節中的邏輯閘相同，假設每一個基本邏輯閘的傳播延遲為 t_{pd}。

◆ 在 NOR 閘 SR 門閂中，R 與 S 不能同時為 1，而在 NAND 閘 SR 門閂中，R 與 S 不能同時為 0，否則，Q 與 Q' 必然為相同的值(在 NOR 閘 SR 門閂中為 0 而在 NAND 閘 SR 門閂中為 1)，導致與 Q 與 Q' 必須為相反值的假設衝突。

　　讀者可以由圖中的電路獲得其特性表(characteristic table，一種濃縮的真值表)，由此特性表可以求得電路的特性函數(characteristic function)

$$Q(t+1) = R'Q(t) + S \qquad\qquad (SR = 0) \text{ --- NOR 閘電路}$$

$$Q(t+1) = RQ(t) + S' \qquad\qquad (S+R = 1) \text{ --- NAND 閘電路}$$

其中 $Q(t)$為目前狀態而 $Q(t+1)$表示 SR 門閂在其任一個輸入端(S 與 R)信號改變一小段時間(t_{pLH}或是 t_{pHL})之後的狀態。注意：在記憶器元件(門閂或是正反器)中，在外加信號加入之前，其輸出狀態 $Q(t)$稱為目前狀態(present state)，在該記憶器元件對於輸入信號反應之後的輸出狀態 $Q(t+1)$ 稱為下一狀態(next state)。圖 7.1-9 與 7.1-10 中的激勵表(excitation table)為特性表的另外一種表示方式，它先假設需要的輸出端值，再由特性表求出必須加到資料輸入端 S 與 R 的值。

JK 門閂

JK 門閂(JK latch)解決了 NOR 閘的 SR 門閂電路中，輸入端 S 與 R 的值不能同時為 1 的缺點，如圖 7.1-9 所示。它除了在 $J = K = 1$ 時，將輸出端 Q 的值取補數外，在其餘的 J 與 K 組合下，動作與 NOR 閘的 SR 門閂相同，如圖 7.1-11(d)的特性表所示。其使用 SR 門閂實現的邏輯電路如圖 7.1-11(a)所示。JK 門閂的時序圖、邏輯符號、激勵表分別如圖 7.1-11(b)、(c)、(e) 所示。由圖 7.1-11(f) 的變數引入圖可以求得 JK 門閂的特性函數

$$Q(t+1) = JQ'(t) + K'Q(t)$$

J	K	$Q(t+1)$
0	0	$Q(t)$
0	1	0
1	0	1
1	1	$Q'(t)$

$Q(t) \to Q(t+1)$		J	K
0	0	0	ϕ
0	1	1	ϕ
1	0	ϕ	1
1	1	ϕ	0

$Q(t+1) = JQ'(t) + K'Q(t)$

(a) 電路　　　　　　　　　　　(b) 時序

(c) 邏輯符號　　(d) 特性表　　　(e) 激勵表　　　(f) 特性方程式

圖7.1-11　JK 門閂

其中 $Q(t)$ 為目前狀態而 $Q(t+1)$ 表示 JK 門閂在其任一個輸入端(J 或 K)信號改變一小段時間之後的狀態(習題 7.3)。

D 型門閂

第三種常用的門閂電路為 D 型門閂(data latch),如圖 7.1-12 所示。它與 SR 門閂的主要區別在於它只有一個輸入端。一般而言,D 型門閂電路可以由 SR 門閂電路依圖 7.1-12(a)所示方式連接,以強制 SR 門閂的輸入端 S 與 R 在任何時候均互為補數。圖 7.1-12 (b)、(c)、(d)、(e)分別為 D 型門閂的時序圖、邏輯符號、特性表、激勵表。由特性表可以求得 D 型門閂的特性函數

$$Q(t+1) = D$$

其中 $Q(t)$ 為目前狀態而 $Q(t+1)$ 表示 D 型門閂在其輸入端(D)信號改變一小段時間之後的狀態。

(a) 電路　　　　　　　　　(b) 時序

(c) 邏輯符號　　　(d) 特性表　　　(e) 激勵表

圖7.1-12　D 型門閂

在上述三種門閂電路中,每當輸入信號改變時,在經歷一段由該電路輸入端到輸出端的傳播延遲後,輸出端即反應新的輸入值,這種特性稱為穿透性(transparent property)。對於所有的門閂電路而言,皆具有這種穿透性。因此門閂電路可以定義為:一個具有穿透性且能接受輸入信號的雙穩態電路。

　　在實際應用上，通常需要控制基本門閂電路的穿透性期間。此時，可以使用一個外加控制輸入端(*G*)與兩個 AND 邏輯閘來控制輸入資料是否允許進入基本門閂電路。當控制輸入端(*G*)啟動時，門閂電路將接收外部輸入資料而具有穿透性，因此其輸出將依輸入資料而改變；當控制輸入端(*G*)不啟動時，門閂電路與外部資料隔絕而持住在當控制輸入端(*G*)由啟動轉為不啟動時的輸入資料值，意即它將在控制輸入端(*G*)負緣時取樣輸入資料，並且呈現於其輸出端。工作於此方式的門閂電路稱為閘控門閂(gated latch)。接著，我們將一一介紹上述基本門閂電路的閘控版本。

閘控 *SR* 門閂

　　圖 7.1-9 的 NOR 閘 *SR* 門閂可以藉著在其前加入兩個 AND 閘，修改成為一個閘控 *SR* 門閂(gated SR latch)，如圖 7.1-13(a)所示。當控制輸入端 *G* 為 1 時，允許 *S* 與 *R* 的輸入信號進入後級的 NOR 閘 *SR* 門閂中，而改變該 NOR 閘 *SR* 門閂的狀態；當控制輸入端 *G* 為 0 時，NOR 閘 *SR* 門閂的狀態不受 *S* 與 *R* 輸入信號的影響，而維持不變。換言之，它鎖住控制輸入端 *G* 由啟動變為不啟動時的輸入資料值。圖 7.1-13(b)、(c)、(d)、(e)分別閘控 *SR* 門閂的時序圖、邏輯符號、特性表、激勵表。由特性表可以求得閘控 *SR* 門閂的特性函數

$$Q(t+1) = G'Q(t) + G[R\,Q(t) + S] \qquad (SR = 0) \text{ --- NOR 閘電路}$$

$$Q(t+1) = G'Q(t) + G[RQ(t) + S\,] \qquad (S+R\ = 1) \text{ --- NAND 閘電路}$$

其中 $Q(t)$ 為目前狀態而 $Q(t+1)$ 表示閘控 *SR* 門閂在其任一個輸入端(*S*、*R*、*G*)信號改變一小段時間之後的狀態。

　　為了確保閘控 *SR* 門閂能正確地工作，必須仔細地控制輸入信號的相對時序。如圖 7.1-13(b)所示，在控制輸入端 *G* 變為不啟動前，*S* 與 *R* 的信號必須先穩定一段時間，稱為設定時間(setup time，t_{setup})；而於控制輸入端 *G* 變為不啟動後，*S* 與 *R* 的信號仍須維持一段穩定的時間，稱為持住時間(hold time，t_{hold})。設定時間(t_{setup})與持住時間(t_{hold})的和稱為取樣窗口(sampling window)。上述時序限制(timing constraint)同樣地適用於其次將介紹的其它兩

種閘控門閂：閘控 *JK* 門閂與閘控 *D* 型門閂。

(a) 電路　　　　　　　　　　　　　　　　(b) 時序

G	*S*	*R*	*Q*(*t*+1)
0	ϕ	ϕ	*Q*(*t*)
1	0	0	*Q*(*t*)
1	0	1	0
1	1	0	1
1	1	1	禁止

G	*Q*(*t*) → *Q*(*t*+1)		*S*	*R*
0	*Q*(*t*)	*Q*(*t*)	ϕ	ϕ
1	0	0	0	ϕ
1	0	1	1	0
1	1	0	0	1
1	1	1	ϕ	0

(c) 邏輯符號　　　　　　　　(d) 特性表　　　　　　　　(e) 激勵表

圖7.1-13　閘控 *SR* 門閂

閘控 *JK* 型門閂

如同 *SR* 門閂，*JK* 門閂亦可以於 *JK* 輸入端加入 AND 控制閘，以控制進入 *J* 與 *K* 輸入端的信號，而成為一個閘控 *JK* 門閂(gated JK latch)。使用 *SR* 門閂實現的閘控 *JK* 門閂如圖 7.1-14(a)所示。當控制輸入端 *G* 為 1 時，允許 *J* 與 *K* 的輸入信號進入後級的 *SR* 門閂中，而改變 *SR* 門閂的狀態；當控制輸入端 *G* 為 0 時，*SR* 門閂的狀態不受 *J* 與 *K* 輸入信號的影響。閘控 *JK* 門閂的時序圖、邏輯符號、特性表、激勵表分別如圖 7.1-14(b)、(c)、(d)、(e)所示。

由特性表可以求得閘控 *JK* 門閂的特性函數

$$Q(t+1) = G'Q(t) + G[JQ'(t) + K'Q(t)]$$

其中 *Q*(*t*)為目前狀態而 *Q*(*t*+1)表示閘控 *JK* 門閂在其任一輸入端(*J*、*K*、*G*)信號改變一小段時間之後的狀態(習題 7.4)。

(a) 電路　(b) 時序

(c) 邏輯符號

G	J	K	Q(t+1)
0	ϕ	ϕ	Q(t)
1	0	0	Q(t)
1	0	1	0
1	1	0	1
1	1	1	Q'(t)

(d) 特性表

G	Q(t) $\to$ Q(t+1)		J	K
0	Q(t)	Q(t)	ϕ	ϕ
1	0	0	0	ϕ
1	0	1	1	ϕ
1	1	0	ϕ	1
1	1	1	ϕ	0

(e) 激勵表

圖7.1-14　閘控 *JK* 門閂

閘控 *D* 型門閂

　　依據圖 7.1-12(a)所示方式，閘控 *D* 型門閂(gated data latch)可以經由外加一個 NOT 閘於閘控 *SR* 門閂的輸入端而完成，以強制閘控 *SR* 門閂的 *S* 與 *R* 輸入端的資料在閘控輸入信號(*G*)啟動時永遠為互補，如圖 7.1-15(a)所示。閘控 *D* 型門閂的時序圖、邏輯符號、特性表、激勵表分別如圖 7.1-15(b)、(c)、(d)、(e)所示。由特性表可以求得閘控 *D* 型門閂的特性函數

$$Q(t+1) = G'Q(t) + GD$$

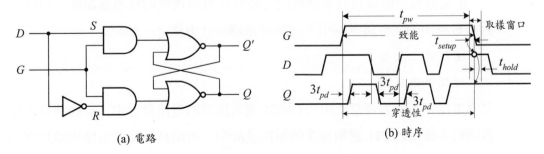

(a) 電路　(b) 時序

圖7.1-15　閘控 *D* 型門閂

G	D	Q(t+1)
0	φ	Q(t)
1	0	0
1	1	1

G	Q(t) →Q(t+1)		D
0	Q(t)	Q(t)	φ
1	0	0	0
1	0	1	1
1	1	0	0
1	1	1	1

(c) 邏輯符號　　　　　　　(d) 特性表　　　　　　　(e) 激勵表

圖7.1-15(續)　閘控 *D* 型門閂

其中 $Q(t)$ 為目前狀態而 $Q(t+1)$ 表示閘控 *D* 型門閂在其任一輸入端(*D*、*G*)信號改變一小段時間之後的狀態。

正反器

如圖 7.1-13(b)、7.1-14 (b)、7.1-15 (b)所示,若控制輸入端 *G* 啟動的期間恰好等於設定時間,則該門閂電路的穿透性質可以消除,否則電路仍保持有穿透性質。因此,經由適當地控制閘控門閂的閘控輸入端 *G* 與資料輸入端(例如 *S* 及 *R*)信號的相對時序,可以消除閘控門閂電路特有的穿透性。然而這種嚴格限制控制輸入(*G*)的脈波寬度(t_{pw}),以消除穿透性的方法,在實用上很難實現,因為設定與清除門閂電路的延遲時間並不相同,即可以設定門閂電路的時脈信號未必可以清除門閂電路,反之亦然。不過,組合兩個相同類型但是具有相反控制極性的閘控門閂電路,卻是可以建構一個不具有穿透性的雙穩態電路。這種雙穩態電路稱為正反器(flip-flop),意即一個不具有穿透性的且能接受輸入信號的雙穩態電路。

正反器為一個具有外部存取能力而且沒有穿透性的雙穩態電路。目前,大多數商用的元件通常採用下列兩種電路設計方法之一解決:

1. 主從式正反器;

2. 緣觸發正反器

其中主從式正反器通常使用於 CMOS 邏輯族系的電路設計中;而緣觸發正反器則較多使用於 TTL 邏輯族系的電路設計中。這兩種正反器電路的設計方法均屬於非同步循序邏輯電路的範疇,因此將於第 9 章再予討論。

在非同步循序邏輯電路中所用的記憶元件為延遲元件或是閂閂電路；在同步循序邏輯電路中則使用正反器。一般常用的正反器有 *SR* 正反器(SR flip-flop)、*JK* 正反器(JK flip-flop)、*D* 型正反器(D-type flip-flop)、*T* 型正反器(T-type flip-flop)等，其中 *JK* 與 *D* 型兩種正反器較具代表性，而且有商用 MSI 元件。下面將扼要討論這些正反器。

SR 正反器

SR 正反器的邏輯符號如圖 7.1-16(a)所示。與 *SR* 閂閂電路一樣，輸入端 *S* 與 *R* 用來決定正反器的狀態，但是必須由時脈(clock，*CK*)同步。在時脈的正緣時，若 *S* 輸入端啟動(即加入高電位)，正反器的輸出端 *Q* 將上升為高電位("1")；若 *R* 輸入端啟動，則正反器的輸出端 *Q* 將下降為低電位("0")。注意：*R* 和 *S* 輸入端不能同時啟動(即 $S(t)R(t) = 0$)。

(a) 邏輯符號

(b) 時序

S	R	Q(t+1)
0	0	Q(t)
0	1	0
1	0	1
1	1	禁止

(c) 特性表

(d) 狀態圖

Q(t) →Q(t+1)	S	R
0	0	0	ϕ
0	1	1	0
1	0	0	1
1	1	ϕ	0

(e) 激勵表

圖7.1-16　*SR* 正反器

SR 正反器的狀態圖如圖 7.1-16(d)所示；其時序圖、特性表、激勵表分別如圖 7.1-16(b)、(c)、(e)所示。利用變數引入圖對特性表化簡後，得到 *SR* 正反

器的特性函數

$$Q(t+1) = S + R'Q(t) \qquad (SR = 0)$$

其中 $Q(t)$ 為目前狀態而 $Q(t+1)$ 表示 SR 正反器在其啟動的時脈信號緣一小段時間之後的狀態。

一個實用的 SR 正反器通常有另外兩個輔助的輸入端：預置(preset)與清除(clear)，由於這兩個輸入端不受時脈的控制，因此也常稱為非同步預置與清除，而且通常為低電位啟動。當預置端啟動時，正反器的輸出立即上升為"1"態；當清除端啟動時，正反器的輸出立即下降"0"態。若預置與清除兩個輸入端不使用時，必須接於高電位。

比較圖 7.1-16 與圖 7.1-13 可知，正反器僅在時脈信號 CK 的正緣時捕捉輸入資料，然後維持該資料於輸出端一個時脈週期，直到下一個時脈信號 CK 的正緣才再度捕捉輸入資料。閘控門閂在控制輸入端 G 為高電位時，則持續地捕捉與輸出輸入資料，然後在控制輸入端 G 的負緣時捕捉此時的輸入資料，並且在控制輸入端 G 的低電位期間，維持該資料不變並且輸出於輸出端。此外，相同類型的正反器與門閂電路具有相同的特性方程式，但是它們的解釋稍有不同。例如在 NOR 閘 SR 門閂電路中，$Q(t+1)$ 表示該門閂電路在輸入信號改變後一小段時間的狀態，而在 SR 正反器中，則表示在啟動的時脈緣後的一小段時間的狀態。

JK 正反器

JK 正反器的邏輯符號如圖 7.1-17(a)所示。基本上在 $JK = 0$ 時，JK 正反器的動作和 SR 正反器相同，但是在 $J = K = 1$ 時，正反器將輸出端 Q 的值取補數。圖 7.1-17(b)為利用 SR 正反器執行的 JK 正反器；圖 7.1-17(c)、(d)、(e)、(f)分別為 JK 正反器的時序圖、特性表、狀態圖、激勵表。利用變數引入圖對特性表化簡後，得到 JK 正反器的特性函數

$$Q(t+1) = JQ'(t) + K'Q(t)$$

其中 $Q(t)$ 為目前狀態而 $Q(t+1)$ 表示 JK 正反器在其啟動的時脈信號緣一小段時

間之後的狀態。

(a) 邏輯符號　　　(b) 邏輯電路　　　(c) 時序

J	K	Q(t+1)
0	0	Q(t)
0	1	0
1	0	1
1	1	Q'(t)

(d) 特性表

(e) 狀態圖

$Q(t) \rightarrow Q(t+1)$	J	K
0　　　0	0	ϕ
0　　　1	1	ϕ
1　　　0	ϕ	1
1　　　1	ϕ	0

(f) 激勵表

圖7.1-17　*JK* 正反器

與 *SR* 正反器一樣，*JK* 正反器也有預置與清除兩個非同步控制輸入端。

D 型正反器

　　D 型正反器的邏輯符號如圖 7.1-18(c)所示，它僅具有一個資料輸入端 (*D*)，時脈將資料輸入端的資料取樣後存於正反器中，並呈現在輸出端，如圖7.1-18(b)的時序圖所示。圖7.1-18(a)為利用 *SR* 正反器執行的 *D* 型正反器；圖 7.1-18 (d)、(e)、(f)分別為 *D* 型正反器的特性表、狀態圖、激勵表。利用卡諾圖對特性表化簡後，得到 *D* 型正反器的特性函數

$$Q(t+1) = D$$

其中 $Q(t)$ 為目前狀態而 $Q(t+1)$ 表示 *D* 型正反器在其啟動的時脈信號緣一小段時間之後的狀態。

　　與 *SR* 正反器一樣，*D* 型正反器也有預置與清除兩個非同步控制輸入端。

(a) 邏輯電路　　　　　　　　　　　　　(b) 時序

(c) 邏輯符號　　　(d) 特性表　　　(e) 狀態圖　　　(f) 激勵表

圖7.1-18　D 型正反器

　　值得注意的是 D 型正反器並不像其它類型正反器一樣，可以由資料輸入端的組合，讓輸出端持住現有的資料。相反地，D 型正反器在每一個時脈的正緣時，均取樣其輸入端的資料，並且反應新值於其輸出端。若希望一個 D 型正反器保持其輸出端現有資料不變，而不管其輸入端資料是否改變時，下列為兩種常用的方式：

1. 時脈致能(clock enable，CE)方法

2. 載入控制(load control，L)方法

　　在時脈致能方法中，使用一個外加邏輯閘暫停輸入該 D 型正反器的時脈，如圖 7.1-19(a)所示。這種 D 型正反器稱為稱為時脈致能 D 型正反器。此種方式的缺點為加入的邏輯閘之傳播延遲，可能造成該正反器與系統之間的時脈不同步。不過，若能精心地設計時脈致能電路，並且將其嵌入 D 型正反器的電路中，以降低其傳播延遲的效應，則不失為一種成本較低的方法。這種 D 型正反器通常使用於 FPGA 與 CPLD 的裝置中。

　　在載入控制方法中，如圖 7.1-19(b)所示，外加一個 2 對 1 多工器於該正反器的 D 輸入端，以選擇取樣資料的來源。這種 D 型正反器稱為載入控制 D

型正反器。當載入(*L*)控制為 0 時，*D* 型正反器在每一個時脈正緣時，均取樣自己的輸出端資料，因此維持現有資料不變；當載入(*L*)控制為 1 時，*D* 型正反器則取樣其外部輸入端(*D*)資料，因此可以更新其輸出端資料。載入控制 *D* 型正反器的特性函數

$$Q(t+1) = D = L' \cdot Q(t) + L \cdot D_{in}$$

(a) 時脈致能　　　　　　　　(b) 載入控制

圖7.1-19　*D* 型正反器的資料載入控制

其中 *Q*(*t*)為目前狀態而 *Q*(*t*+1)表示載入控制 *D* 型正反器在其啟動的時脈信號緣一小段時間之後的狀態。

T 型正反器

　　T 型正反器的邏輯符號如圖 7.1-20(d)所示，它只有一個輸入端(*T*)。當 *T* 輸入端為 1 時，每當時脈正緣時，其輸出端 *Q* 的值即取其補數，如圖 7.1-20(c)的時序圖所示，因此稱為補數型正反器(toggle flip-flop)。圖 7.1-20(a) 與(b)分別為利用 *JK* 正反器與 *D* 型正反器執行的 *T* 型正反器；圖 7.1-16(e)與 (g)分別為 *T* 型正反器的特性表與激勵表；圖 7.1-16(f)為狀態圖。由圖 7.1-16(e)的特性表，得到 *T* 型正反器的特性函數

$$Q(t+1) = T'Q(t) + TQ'(t) = T \oplus Q(t)$$

其中 *Q*(*t*)為目前狀態而 *Q*(*t*+1)表示 *T* 型正反器在其啟動的時脈信號緣一小段時間之後的狀態。

　　T 型正反器也有預置與清除兩個非同步控制輸入端。

(a) 使用JK正反器實現　　(b) 使用D型正反器實現　　(c) 時序

(d) 邏輯符號　　(e) 特性表　　(f) 狀態圖　　(g) 激勵表

圖7.1-20　T型正反器

另外一種常用的 T 型正反器如圖 7.1-21(a)所示，稱為非閘控 T 型正反器 (non-gated T flip-flop)，因為它沒有閘控輸入端。圖 7.1-21(b)與圖 7.1-21(c)分別為利用 JK 正反器與 D 型正反器執行的非閘控 T 型正反器；圖 7.1-21(d)則為其動作的時序圖，每當 T 輸入端由低電位("0")上升為高電位("1")時，輸出端 Q 的值即改變狀態一次，因此輸出端(Q)的信號頻率為輸入端(T)信號頻率的一半，即除以 2。

(a) 邏輯符號　　(b) 利用JK正反器執行　　(c) 利用D正反器執行

(d) 時序圖

圖7.1-21　非閘控 T 型正反器

脈波相關術語定義

　　在數位系統中，常常需要使用時脈信號驅動正反器，以令系統執行需要的功能。因此，必須對這些時脈信號給予較正式的定義。所謂脈波(pulse)為一種由一個初始的位準偏移到另一個位準，並在經過一段有限的時間之後，又回復到初始位準的電流或是電壓波形。脈波又分成正向脈波(positive-going pulse)與負向脈波(negative-going pulse)兩種。正向脈波定義為一種由低電位開始上升到高電位然後又回到低電位的脈波，如圖 7.1-22(a)所示；負向脈波則定義為一種由高電位開始下降到低電位，然後又回到高電位的脈波，如圖 7.1-22(a)所示。圖中也標示兩種脈波相關的正緣(positive edge)或稱為前緣(leading edge)與負緣(negative edge)或稱為後緣(trailing edge)的位置。所謂的正緣即是由低電位上升到高電位的轉態；而負緣則是由高電位下降到低電位的轉態。圖 7.1-22(b)則為各種觸發方式的正反器符號。

(a) 時脈信號相關的術語定義

(b) 各種觸發方式的正反器符號(以D型正反器為例)

圖7.1-22 時脈信號術語與正反器觸發方式符號

　　脈波又分成週期性脈波(periodic pulse)與非週期性脈波(aperiodic pulse)兩種。若一個脈波在每隔一個固定的時間間隔(稱為週期(period，T)之後，又重覆該脈波時稱為週期性脈波，否則為非週期性脈波。依據此定義，時脈為一個週期性脈波。脈波啟動的時間稱為脈波的波寬(pulse width，t_{pw})，如圖 7.1-22(a)所示。週期性脈波的頻率則為週期 T 的倒數，即 $f = 1/T$。

正反器相關時序

正反器取樣輸入資料的方法為使用如圖 7.1-18(b)的方式，使用一個取樣脈波或是時脈信號加於該正反器的時脈輸入端(*CK*)。正反器在時脈的正緣時，將取樣資料輸入端(*D*)的資料，存入內部閂門中。為使正反器能正確地取樣資料輸入端(*D*)的資料，並存入內部閂門中，在取樣發生時，資料輸入端(*D*)的資料必須已經保持在穩定的值一段設定時間(t_{setup})，在取樣之後，資料輸入端(*D*)的資料必須繼續保持在穩定的值一段持住時間(t_{hold})。輸出端(*Q*)在由取樣點開始算起，經過一段稱為時脈到輸出端(clock to *Q*)的傳播延遲(t_{cq})之後，即為穩定的值。上述各個時間的相對關係如圖 7.1-18(b)所示。

在一個同步循序邏輯電路中，時脈週期(T_{clk})由下列因素決定：正反器元件的設定時間(t_{setup})、時脈到輸出端的傳播延遲(t_{cq})與兩個正反器之間的組合邏輯電路的傳播延遲(t_{pd})，如圖 7.1-23 所示。因此，

$$T_{clk} \geq t_{cq} + t_{pd} + t_{setup}$$

即時脈週期(T_{clk})必須大於正反器元件的設定時間(t_{setup})、時脈到輸出端的傳播延遲(t_{cq})、兩個正反器之間的組合邏輯電路的傳播延遲(t_{pd})等時間的總合。

圖 7.1-23 時脈週期限制

📖 複習問題

7.9. 在非同步循序邏輯電路中常用的記憶元件有那些？

7.10. 在同步循序邏輯電路中常用的記憶元件有那些？

7.11. 試定義門閂電路與正反器。

7.12. 何謂閘控 *SR* 門閂？

7.13. 為何在正反器電路中的預置與清除輸入端稱為非同步控制輸入端？

7.14. 試簡述使用正反器時，有那三個時序限制必須滿足？

7.2 同步循序邏輯電路設計與分析

同步循序邏輯電路的設計與分析為兩個相反的程序。由第 7.1.1 節中的 Huffman 模式可以得知：在設計一個同步循序邏輯電路時，其實即是由電路的行為描述導出轉態函數(transition function)與輸出函數(output function)；而分析一個同步循序邏輯電路時，則由電路的轉態函數與輸出函數導出電路的行為描述。本節中，將依序討論同步循序邏輯電路的設計方法、由特性函數求激勵函數、狀態指定(state assignment)，與同步循序邏輯電路的分析。

7.2.1 同步循序邏輯電路設計

同步循序邏輯電路的設計方法通常使用圖 7.1-1 所示的 Huffman 模式。本節中，將列舉數例說明如何以此模式為基礎設計需要的同步循序邏輯電路。所有的同步循序邏輯電路均假設為時脈驅動的方式，即使用一個時脈信號同步改變所有正反器的狀態。

基本上，同步循序邏輯電路的設計問題即是由問題的描述求出 Moore 機或是 Mealy 機的狀態圖或是狀態表，然後求出對應的轉態函數與輸出函數。一般而言，同步循序邏輯電路的設計程序如下：

同步循序邏輯電路的設計程序

1. 狀態圖(或是狀態表)：由問題定義導出狀態圖(或是狀態表)，此步驟為整個設計程序中最困難的部分。

2. 狀態化簡：消去狀態表中多餘的狀態(詳見第 7.3 節)。

3. 狀態指定：將一個狀態指定為一個記憶元件的輸出組合。一般常用的狀態指定方式為二進碼或是格雷碼(詳見第 7.2.3 節)。。

4. 轉態表(transition table)與輸出表(output table)：依序將步驟 3 的狀態指定一一取代步驟 1 的狀態表中的每一個代表狀態的符號後，得到的結果稱為轉態表；輸出表則是相當於每一個下一狀態(Mealy 機)的輸出值或是在每一個狀態(Moore 機)時的輸出值。

5. 激勵表(excitation table)：選擇正反器(記憶器元件)並由正反器的激勵表，將轉態表中每一個由目前狀態轉移到下一狀態時，需要的正反器之輸入值一一代入後所得到的結果稱為激勵表。

6. 求出激勵與輸出函數，並繪出邏輯電路。使用卡諾圖化簡激勵表與步驟 4 的輸出表後，分別得到正反器的激勵函數及同步循序邏輯電路的輸出函數。

現在舉數個實例說明這些設計步驟。

例題 7.2-1　(序列 0101 偵測電路)

設計一個具有一個輸入端 x 與一個輸出端 z 的序列偵測電路。當此電路每次偵測到輸入端的序列為 0101 時，即產生 1 的輸出值於輸出端 z，否則產生 0 的輸出。

解：步驟 1：導出狀態圖，此步驟為整個設計程序中最困難的部分。假設

狀態 $A =$ 初始狀態	狀態 $B =$ 已經認知"0"
狀態 $C =$ 已經認知"01"	狀態 $D =$ 已經認知"010"
狀態 $E =$ 已經認知"0101"	狀態 $F =$ 已經認知"01010"

則依據題意得到圖 7.2-1(a)所示的狀態圖。

步驟 2：轉換狀態圖為狀態表，如圖 7.2-1(b)所示。由於目前狀態 D 與 F 兩列完全相同，消去 F 並將表中所有 F 改為 D。接著目前狀態 C 與 E 兩列完全相同，消去 E 並將表中所有 E 改為 C。結果的最簡狀態表為四個狀態，如圖 7.2-1(c)所示，其對應的狀態圖如圖 7.1-2 所示。

步驟 3：假設使用下列狀態指定：

$$A = 00 \qquad B = 01 \qquad C = 11 \qquad D = 10$$

步驟 4：導出轉態表與輸出表，結果的轉態表與輸出表如圖 7.2-1(d)所示。

(a) 步驟1的狀態圖

1. 相同，消去F並將表中所有F改為D。

PS	x	NS, z 0	1
A		B,0	A,0
B		B,0	C,0
C		D,0	A,0
D		B,0	E,1
E		F,0	A,0
F		B,0	E,1

2. 相同，消去E並將表中所有E改為C。

(b) 步驟2的狀態圖

PS	x	NS, z 0	1
A		B,0	A,0
B		B,0	C,0
C		D,0	A,0
D		B,0	C,1

(c) 簡化後的狀態圖

PS y_1y_2	x	NS (Y_1Y_2) 0	1	x	z 0	1
A(00)		01	00		0	0
B(01)		01	11		0	0
C(11)		10	00		0	0
D(10)		01	11		0	1

狀態指定　轉態表　　輸出表

(d) 狀態指定、轉態表、與輸出表

D型正反器激勵表

$Q(t) \rightarrow Q(t+1)$		D
0	0	0
0	1	1
1	0	0
1	1	1

PS y_1y_2	x	D_1D_2 0	1	x	z 0	1
00		01	00		0	0
01		01	11		0	0
11		10	00		0	0
10		01	11		0	1

激勵表

(e) 激勵表與輸出表

圖7.2-1　例題 7.2-1 步驟 1 與步驟 2 的狀態圖與狀態表

步驟 5：導出激勵表。由於有四個狀態，所以需要 $k = \lceil \log_2 4 \rceil = 2$ 個正反器。假設使用 D 型正反器，由圖 7.1-18(f)的 D 型正反器激勵表得到激勵表，如圖 7.2-1(e)所示，它與圖 7.2-1(d)的轉態表相同。

步驟 6：利用圖 7.2-2(a)的卡諾圖化簡後，得到 D 型正反器的激勵函數與電路的輸出函數分別為：

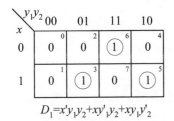

y_1y_2 \ x	00	01	11	10
0	0	0	①	0
1	0	①	0	①

$D_1 = x'y_1y_2 + xy'_1y_2 + xy_1y'_2$

y_1y_2 \ x	00	01	11	10
0	1	1	0	1
1	0	1	0	1

$D_2 = y_1y'_2 + x'y'_1 + y'_1y_2$

y_1y_2 \ x	00	01	11	10
0	0	0	0	0
1	0	0	0	①

$z = xy_1y'_2$

(a) 步驟5卡諾圖

圖7.2-2　例題 7.2-1 步驟 5 的卡諾圖與步驟 6 的邏輯電路

(b) 步驟6的邏輯電路

圖7.2-2(續) 例題 7.2-1 步驟 5 的卡諾圖與步驟 6 的邏輯電路

$$D_1 = x\,y_1y_2 + xy_1y_2 + xy_1y_2$$

$$D_2 = y_1y_2 + x\,y_1 + y_1y_2$$

$$z = xy_1y_2'$$

執行激勵函數與輸出函數的邏輯電路如圖 7.2-2(b)所示。

由於使用 D 型正反器為記憶元件時，同步循序邏輯電路的激勵表與轉態表相同，因此設計程序較為簡單。此外，大部分類型的 PLD/CPLD 與 FPGA 元件所提供的正反器也均為 D 型正反器。因此，在同步循序邏輯電路的設計中，通常使用 D 型正反器當做記憶元件。當然，也可以使用其它類型的正反器，例如 T 型正反器或是 JK 正反器。下列例題說明使用 T 型正反器當作記憶元件的同步循序邏輯電路執行方法。

例題 7.2-2　(使用 T 型正反器的循序邏輯電路)

　　使用 T 型正反器，重做例題 7.2-1 的步驟 3 到步驟 6。

解：步驟 3：假設下列狀態指定：

$$A = 00 \qquad B = 01 \qquad C = 11 \qquad D = 10$$

步驟 4：轉態表與輸出表如圖 7.2-1(d)所示。

步驟 5：由圖 7.1-20(g)的 T 型正反器激勵表得知：當其輸出端的值有改變時，輸入端 T 必須加入 1，否則加入 0。因此，得到圖 7.2-3(a)的激勵表。

步驟 6：利用圖 7.2-3(b)的卡諾圖化簡後，分別得到最簡單的激勵與輸出函數：

$$Y_1 = xy_2 + x'y_1y'_2$$

$$Y_2 = y_1 + x'y'_2$$

$$z = xy_1y'_2$$

結果的邏輯電路如圖 7.2-3(c)所示。

(a) 激勵表與輸出表

$$T_1 = xy_2 + x'y_1y'_2 \qquad T_2 = x'y'_2 + y_1 \qquad z = xy_1y'_2$$

(b) 卡諾圖

(c) 邏輯電路

圖 7.2-3　例題 7.2-2 的激勵表、卡諾圖、邏輯電路

例題 7.2-3　(使用 JK 正反器的循序邏輯電路)

使用 JK 正反器，重做例題 7.2-1 的步驟 3 到步驟 6。

解： 步驟 3：假設下列狀態指定：

$$A = 00 \qquad B = 01 \qquad C = 11 \qquad D = 10$$

步驟 4：轉態表與輸出表如圖 7.2-1(d)所示。

步驟 5：因為使用 JK 正反器，由圖 7.1-17(f)的激勵表得到圖 7.2-4(a)的激勵表。

步驟 6：利用圖 7.2-4(b)的卡諾圖化簡後，分別得到最簡單的激勵與輸出函數：

$$J_1 = xy_2 \qquad\qquad K_1 = xy_2 + x'y'_2$$

$$J_2 = x' + y_1 \qquad\qquad K_2 = y_1$$

$$z = xy_1y'_2$$

邏輯電路如圖 7.2-4(c)所示。

(a) 激勵表與輸出表

(b) 卡諾圖

(c) 邏輯電路

圖 7.2-4 例題 7.2-3 的激勵表、卡諾圖、邏輯電路

📖 複習問題

7.15. 試定義激勵函數與激勵表。

7.16. 試定義轉態表與狀態指定。

7.17. 在設計一個同步循序邏輯電路時，實際上是由行為描述導出那兩個函數？

7.2.2　由特性函數求激勵函數

在同步循序邏輯電路的設計中，正反器的激勵函數也可以由轉態表與該正反器的特性函數求得。事實上，利用特性函數求取正反器的激勵函數與使用激勵表的方式是一樣的，兩者都必須使用轉態表，然而前者使用代數運算的方法由轉態表與正反器的特性函數求取激勵函數，而後者使用表格運算的方式，將轉態表使用正反器的激勵表取代後成為循序邏輯電路的激勵表，再使用卡諾圖化簡而得到激勵函數。

一般而言，利用特性函數求取正反器的激勵函數較使用激勵表的方式沒有系統而且困難。然而，熟悉此項技巧將有助於同步循序邏輯電路的分析工作，因此本節中將列舉數例說明如何由正反器的特性函數求取激勵函數的基本方法。

D 型正反器

將同步循序邏輯電路設計程序中的步驟 4 所得到的轉態表，利用卡諾圖化簡後得到的下一狀態函數 $Y(t+1)$，即為 *D* 型正反器的激勵函數，因為由第 7.1.3 節可以得知：*D* 型正反器的特性函數為：

$$Q(t+1) = D$$

所以 $D = Y(t+1)$。

T 型正反器

將同步循序邏輯電路設計程序中的步驟 4 所得到的轉態表，利用卡諾圖化簡後得到的下一狀態函數 $Y(t+1)$，表示為 *T* 型正反器的特性函數的形式：

$$Q(t+1) = T'Q(t) + TQ'(t) = T \oplus Q(t)$$

即

$$Y(t+1) = T \oplus y$$

然而由上式並不容易求得 T 型正反器輸入端 T 的激勵函數，但是若將兩邊均 XOR y 後，則可以得到需要的 T：

$$T = Y(t+1) \oplus y$$

例題 7.2-4 (激勵函數---T 型正反器)

在例題 7.2-2 中，將步驟 4 得到的轉態表使用卡諾圖化簡後得到：

$$Y_1(t+1) = x'y_1y_2 + xy'_1y_2 + xy_1y'_2$$
$$Y_2(t+1) = y_1y'_2 + x'y'_1 + y'_1y_2$$

所以

$$T_1 = Y_1(t+1) \oplus y_1$$
$$= (x'y_1y_2 + xy'_1y_2 + xy_1y'_2) \oplus y_1$$
$$= xy'_1y_2 + x'y_1y'_2 + xy_1y_2$$
$$= xy_2 + x'y_1y'_2$$
$$T_2 = Y_2(t+1) \oplus y_2$$
$$= (y_1y'_2 + x'y'_1 + y'_1y_2) \oplus y_2$$
$$= x'y'_1y'_2 + y_1y'_2 + y_1y_2$$
$$= y_1 + x'y'_2$$

結果與例題 7.2-2 相同。

JK 正反器

將同步循序邏輯電路設計程序中的步驟 4 所得到的轉態表，利用卡諾圖化簡後得到的的下一狀態函數 $Y(t+1)$，表示為 JK 正反器的特性函數的形式：

$$Q(t+1) = JQ'(t) + K'Q(t)$$

即

$$Y(t+1) = Jy' + K'y$$

因此可以求出 JK 正反器輸入端 J 與 K 的激勵函數。

例題 7.2-5 　(激勵函數---JK 正反器)

在例題 7.2-3 中，將步驟 4 得到的轉態表使用卡諾圖化簡後得到：

$$Y_1 = x'y_1y_2 + xy'_1 y_2 + xy_1 y'_2$$

$$Y_2 = y_1 y'_2 + x'y'_1 + y'_1 y_2$$

然而 JK 正反器的特性函數為：

$$Q(t+1) = JQ'(t) + K'Q(t)$$

因此分別將上述兩個函數表示為各自正反器輸出端 y_i 的函數後得到：

$$Y_1 = (xy_2)y'_1 + (x'y_2 + xy'_2)y_1$$

所以 $J_1 = xy_2$ 而 $K_1 = xy_2 + x'y'_2$

$$Y_2 = y_1 y'_2 + x'y'_1 (y'_2 + y_2) + y'_1 y_2$$
$$= (x'+y_1)y'_2 + y'_1 y_2$$

所以 $J_2 = x'+y_1$ 而 $K_2 = y_1$

得到與例題 7.2-3 相同的結果。

📖 複習問題

7.18. 使用激勵表與特性函數求取正反器的激勵函數時的主要差異為何？

7.19. 試簡述使用特性函數求取 D 型正反器的激勵函數的方法。

7.20. 試簡述使用特性函數求取 T 型正反器的激勵函數的方法。

7.21. 試簡述使用特性函數求取 JK 正反器的激勵函數的方法。

7.2.3 狀態指定

在設計一個同步循序邏輯電路時，習慣上使用英文符號代表狀態圖或是狀態表中的狀態。然而，若希望能以邏輯電路執行該狀態圖時，必須使用一個適當的二進碼取代每一個代表狀態的英文符號，這個程序稱為狀態指定。

最簡單而且直覺的狀態指定方法為二進碼、格雷碼、n 取 1 碼(one-hot)等方法，其中二進碼與格雷碼的編碼方式使用最少數目的正反器電路，而 n

取 1 碼的編碼方式則每一個狀態使用一個 D 型正反器。在這些方法中，均依序將狀態表中的狀態使用二進碼、格雷碼、n 取 1 碼的編碼方式取代。例如例題 7.2-1 的狀態指定方式為格雷碼；在本小節中的例題 7.2-6 的狀態指定方式為二進碼。表 7.2-1 列出例題 7.2-1 的三種可能的狀態指定方法。

表7.2-1　不同的狀態指定

狀態	二進碼	格雷碼	n取1碼
A	00	00	1000
B	01	01	0100
C	10	11	0010
D	11	10	0001

例題 7.2-6 (例題 7.2-1 的另一種狀態指定)

以下列狀態指定，重做例題 7.2-1 的步驟 4 到步驟 6：

$$A = 00 \qquad B = 01 \qquad C = 10 \qquad D = 11$$

解：步驟 4：轉態表與輸出表如圖 7.2-5(a)所示。

步驟 5：由於仍然使用 D 型正反器，所以激勵表與轉態表相同，如圖 7.2-5(b)所示。利用圖 7.2-5(c)的卡諾圖化簡後，得到 D 型正反器的激勵與輸出函數分別為：

$$D_1 = xy_2 + x\,y_1y_2 \qquad\qquad z = xy_1y_2$$
$$D_2 = x$$

步驟 6：邏輯電路如圖 7.2-5(d)所示。顯然地，這種狀態指定得到的邏輯電路較使用例題 7.2-1 的狀態指定方式簡單。

PS y_1y_2	x $NS(Y_1Y_2)$ 0	1	x z 0	1
$A(00)$	01	00	0	0
$B(01)$	01	10	0	0
$C(10)$	11	00	0	0
$D(11)$	01	10	0	1

(a) 轉態表與輸出表

y_1y_2	x D_1D_2 0	1	x z 0	1
00	01	00	0	0
01	01	10	0	0
10	11	00	0	0
11	01	10	0	1

(b) 激勵表與輸出表

圖7.2-5 例題 7.2-6 的轉態表、激勵表、輸出表、卡諾圖、邏輯電路

$$D_1 = xy_2 + x'y_1y_2' \qquad D_2 = x' \qquad z = xy_1y_2$$

(c) 卡諾圖

(d) 邏輯電路

圖7.2-5(續)　例題 7.2-6 的轉態表、激勵表、輸出表、卡諾圖、邏輯電路

狀態指定的好壞攸關最後的組合邏輯電路的複雜度，例如下列例題。

PS	x_1x_2 00	*NS, z* 01	10	11
A	B,0	A,0	A,0	A,0
B	B,1	C,1	A,0	A,0
C	B,0	A,0	A,1	A,1

圖7.2-6　例題 7.2-7 的狀態表

例題 7.2-7　(狀態指定與電路複雜性)

在圖 7.2-6 的狀態表中，假設使用 D 型正反器時，若使用下列狀態指定：$A = 00$、$B = 01$、$C = 11$，則

$$D_1 = x_1x_2y_1y_2$$

$$D_2 = x_1x_2 + x_1y_1y_2$$

若使用下列狀態指定：$A = 00$、$B = 01$、$C = 10$，則

$$D_1 = x_1x_2y_2$$

$$D_2 = x_1x_2$$

若使用下列狀態指定：$A = 00$、$B = 11$、$C = 01$，則

$$D_1 = x_1 x_2$$
$$D_2 = x_1 x_2 + x_1 y_1$$

其中以第 1 種狀態指定得到的組合邏輯電路最複雜；第 3 種次之；第 2 種最簡單。但是若考慮到 $x'_1 x'_2$ 項可以由 D_1 與 D_2 共用時，則以第 2 與第 3 種最簡單。

由以上的例題可以得知：適當地選擇狀態指定可以降低電路的複雜性，因而電路成本。使用 D 型正反器執行的優良狀態指定也必然是使用其它正反器執行的優良狀態指定。然而，對於一個任意的狀態表而言，到目前為止，並沒有一個簡單的方法可以找出一個最簡單的狀態指定。

在例題 7.2-7 中只有三個狀態，因此有一個二進制組合(狀態指定)並未使用，稱為未使用狀態(unused state)。在設計一個同步循序邏輯電路時，對於未使用狀態的處理方式，通常由實際上的應用需要決定，但是下列兩種為一般的處理方法：

最小的危險性：將未使用狀態均導引到初始狀態、閒置狀態，或是其它安全狀態，因此當電路工作異常而進入這些未使用狀態時，電路依然維持在一個"失誤安全"(fail safety)的情況，而不會造成系統或是人員的安全問題。請參考第 8.1.3 節。

最小的電路成本：假設電路永遠不會進入未使用狀態，因此在轉態表與激勵表中這些未使用狀態的下一狀態項目均可以當作"不在意項"(don't-care term)處理，例如例題 7.2-7 的電路，以降低電路的複雜度與成本。

7.2.4 同步循序邏輯電路分析

設計問題是由問題的行為描述求出 Moore 機或 Mealy 機的狀態圖或是狀態表，然後求出對應的轉態函數與輸出函數，最後繪出邏輯電路；分析問題是由邏輯電路求出相關的轉態函數與輸出函數，然後求出 Moore 機或是 Mealy 機的狀態圖或是狀態表，最後描述問題的行為。因此，同步循序邏輯電路的分析程序如下：

同步循序邏輯電路的分析程序

1. 由邏輯電路圖導出記憶元件的激勵函數與輸出函數。

2. 求出激勵表。

3. 求出轉態表與輸出表(轉態表可以直接由正反器的激勵函數與特性函數求得)。

4. 狀態指定：將轉態表中每一個目前狀態均指定一個唯一的英文符號，並將每一個下一狀態均使用適當的英文字母(目前狀態)取代。

5. 導出狀態表與狀態圖。

現在舉一些實例說明同步循序邏輯電路的分析步驟。

例題 7.2-6 (同步循序邏輯電路分析---*JK* 正反器)

分析圖 7.2-7 的同步循序邏輯電路。

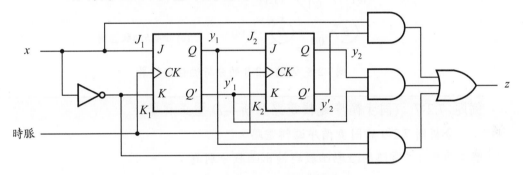

圖7.2-7　例題 7.2-8 的邏輯電路

解：步驟 1：電路的激勵函數與輸出函數分別為：

$$J_1 = x \qquad\qquad K_1 = x'$$
$$J_2 = y_1 \qquad\qquad K_2 = y'_1$$
$$z = x' y_1 + y'_1 y_2 + xy'_2$$

步驟 2 與 3：利用 *JK* 正反器的特性函數：

$$Q(t+1) = JQ'(t) + K'Q(t)$$

與步驟 1 的激勵函數求得正反器的下一狀態函數：

$$Y_1(t+1) = J_1 y'_1(t) + K'_1 y_1(t) = xy'_1 + xy_1 = x$$
$$Y_2(t+1) = J_2 y'_2(t) + K'_2 y_2(t) = y_1 y'_2 + y_1 y_2 = y_1$$

所以電路的轉態表與輸出表如圖 7.2-8(a)所示。

步驟 4：假設使用下列狀態指定：

$A = 00 \qquad B = 01 \qquad C = 10 \qquad D = 11$

步驟 5：電路的狀態表與狀態圖分別如圖 7.2-8(b)與(c)所示。

PS		x	$Y_1\ Y_2$		x	z
y_1	y_2	0		1	0	1
0	0	0 0		1 0	0	1
0	1	0 0		1 0	1	1
1	0	0 1		1 1	1	1
1	1	0 1		1 1	1	0

PS	x	NS, z	
		0	1
A		$A,0$	$C,1$
B		$A,1$	$C,1$
C		$B,1$	$D,1$
D		$B,1$	$D,0$

(a) 步驟3的轉態表與輸出表　　　　　　(b) 步驟5的狀態表

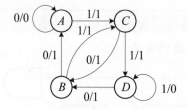

(c) 步驟5的狀態圖

圖7.2-8　例題 7.2-8 的分析過程與結果

例題 7.2-7　(同步循序邏輯電路分析---D 型正反器)

分析圖 7.2-9 的同步循序邏輯電路。

解：步驟 1：電路的激勵函數與輸出函數分別為：

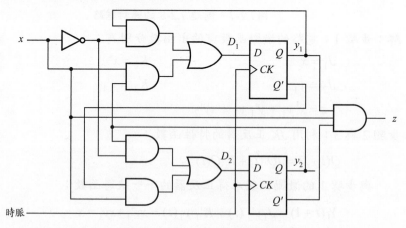

圖7.2-9　例題 7.2-9 的邏輯電路

$$D_1 = x'y_1 + xy_2 \qquad\qquad D_2 = x'y_2 + xy'_1$$

$$z = xy_1y'_2$$

步驟 2 與 3：利用 D 型正反器的特性函數：

$$Q(t+1) = D(t)$$

與步驟 1 的激勵函數求得正反器的下一狀態函數：

$$Y_1(t+1) = D_1 = x'y_1 + xy_2$$

$$Y_2(t+1) = D_2 = x'y_2 + xy'_1$$

所以電路的轉態表與輸出表如圖 7.2-10(a)所示。

步驟 4：假設使用下列狀態指定：

$$A = 00 \qquad B = 01 \qquad C = 10 \qquad D = 11$$

步驟 5：電路的狀態表與狀態圖分別如圖 7.2-10(b)與(c)所示。

PS	x	$Y_1\ Y_2$		x	z
$y_1\ y_2$	0		1	0	1
0　0	0　0		0　1	0	0
0　1	0　1		1　1	0	0
1　0	1　0		0　0	0	1
1　1	1　1		1　0	0	0

(a) 步驟3的轉態表與輸出表

PS	x	$NS,\ z$	
		0	1
A		$A,0$	$B,0$
B		$B,0$	$D,0$
C		$C,0$	$A,1$
D		$D,0$	$C,0$

(b) 步驟5的狀態表

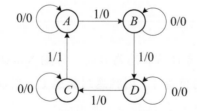

(c) 步驟5的狀態圖

圖7.2-10　例題 7.2-9 的分析過程與結果

📖 **複習問題**

7.22. 試簡述同步循序邏輯電路設計與分析的差異。

7.23. 試簡述同步循序邏輯電路分析的目的。

7.24. 試簡述同步循序邏輯電路的分析程序。

7.3 狀態化簡

狀態化簡的目的在於移除狀態表中多餘的狀態(redundant state)，因而減少同步循序邏輯電路中使用的記憶元件的數目，降低電路的複雜性與減低成本。若在一個狀態表中，每一個下一狀態與輸出的值均有明確的定義時，稱為完全指定狀態表(completely specified state table)；若有部分下一狀態或是輸出的值未明確的定義，則稱為未完全指定狀態表(incompletely specified state table)。在常用的化簡方法中，k-分割(k-partition)法使用在完全指定的狀態表中，而相容法(compatibility method)則可以應用在完全指定或是未完全指定的狀態表中。這兩種方法將在本節中介紹。

7.3.1 完全指定狀態表化簡

在完全指定的狀態表中，常用的一個化簡方法為 k-分割法。在正式討論 k-分割法之前，先定義一些名詞。若一個輸入序列 x 使一個狀態表中的狀態 S_i 轉態到 S_j，則稱 S_j 為 S_i 的 x 後繼狀態(successor)。輸入序列 x 是由一連串的輸入符號 x_i 組合而成，每一個輸入符號 x_i 為輸入變數 $x_0, x_1, \cdots, x_{l-1}$ 的一個二進制值組合。

例題 7.3-1 (後繼狀態)

在圖 7.3-1 的狀態圖中，當目前狀態為 B 時，若輸入信號 x 的值為 0，則轉態到狀態 A，若輸入信號 x 的值為 1，則轉態到狀態 C。所以狀態 A 與 C 分別為狀態 B 的 0 與 1 後繼狀態。

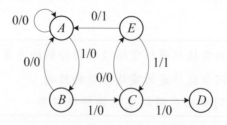

圖 7.3-1　例題 7.3-1 的狀態圖

　　在一個完全指定的狀態表中，若至少存在一個有限長度的輸入序列，使得當分別以 S_i 與 S_j 為初始狀態時，可以產生兩個不同的輸出序列，則稱 S_i 與 S_j 兩個狀態為可區別(distinguishable)狀態，若輸入序列的長度為 k，則(S_i, S_j)稱為 k-可區別(k-distinguishable)狀態。

PS	x　NS, z	
	0	1
A	G,0	F,0
B	E,0	C,1
C	G,0	G,0
D	A,1	G,0
E	B,1	A,0
F	D,0	E,1
G	H,0	E,1
H	C,1	F,0

圖7.3-2　例題 7.3-2 的狀態表

例題 7.3-2　(可區別狀態)

　　在圖 7.3-2 的狀態表中，(A, B) 為 1-可區別的狀態對，因為當輸入信號 x 的值為 1 時，若目前狀態為 A，則輸出端的值為 0；若目前狀態為 B，則輸出端的值為 1。(B, F) 為 2-可區別的狀態對，因為加入輸入序列 10 後：

兩者的輸出分別為 10 與 11。

　　兩個不是 k-可區別的狀態，稱為 k-等效(k-equivalent)狀態。一般而言，若 $r < k$，則 k-等效的狀態必定也是 r-等效狀態。有了 k-等效的觀念後，一個完全指定的狀態表中的兩個等效狀態可以定義為：在一個完全指定的狀態表中，不管是以 S_i 或是 S_j 為初始狀態，若對於每一個可能的輸入序列 x 而言，

皆產生相同的輸出序列時，則 S_i 與 S_j 稱為等效狀態，反之亦然。然而，在實際應用上我們無法將每一種可能的輸入序列一一加以驗證。因此，一般在求取一個完全指定的狀態表中的等效狀態時，通常使用下列等效的遞迴定義：

在一個完全指定的狀態表中的兩個狀態 S_i 與 S_j 為等效的條件為：對於每一個輸入符號 x_i 而言，下列兩個條件均成立：

1. S_i 與 S_j 均產生相同的輸出值；
2. S_i 與 S_j 的下一狀態也為等效的狀態。

有了這些定義之後，k-分割法化簡程序可以描述如下：

k-分割法化簡程序

1. 首先將所有狀態均集合成一個區段，稱為 P_0。
2. 觀察狀態表，將具有相同輸出組合的狀態歸納為同一個區段，形成 P_1。在 P_1 中的每一個區段(子集合)均為 1-等效狀態。
3. 由 P_k 決定 P_{k+1}，在 P_k 中相同區段內的狀態，若對於每一個可能的輸入 x_i 而言，其 x_i 後繼狀態也是在 P_k 中的一個相同的區段內時，這些狀態在 P_{k+1} 中仍然置於相同的區段內，否則置於不同的區段中。
4. 重覆步驟 3，直到 $P_{k+1} = P_k$ 為止，其中在 P_k 中相同區段內的狀態為等效狀態；不同區段內的狀態為可區別狀態。

在進一步說明 k-分割法化簡程序前，先考慮狀態等效。狀態等效為等效關係(equivalence relation) (記為 "≡")，其具有下列性質：

- ◆反身性(Reflexivity)：對任何狀態，$S_i \equiv S_i$。
- ◆對稱性(Symmetry)： 若 $S_i \equiv S_j$，則 $S_j \equiv S_i$。
- ◆遞移性(Transitivity)：若 $S_i \equiv S_j$ 而 $S_j \equiv S_k$，則 $S_i \equiv S_k$。

在等效關係下，一個狀態集合可以分割成等效級(equivalence class) (或稱等效分割，equivalence partition)的一組集合，其中每一個等效級相當於簡化狀態表中的一個狀態。

例題 7.3-3　(*k*-分割法狀態表化簡)

利用 *k*-分割法化簡圖 7.3-2 中的狀態表。

解：步驟 1：$P_0 = (ABCDEFGH)$

步驟 2：$P_1 = (AC)(BFG)(DEH)$

步驟 3：$P_2 = (AC)(B)(FG)(DH)(E)$

因為在 P_1 中，A 與 C 的 0 與 1 後繼狀態 G 與 (FG) 均在相同的區段 (BFG) 內，所以 A 與 C 置於相同的區段內。B 與 F 的 0 與 1 後繼狀態分別為 (DE) 與 (CE)，其中 (CE) 在 P_1 中並不在相同的區段內，所以 B 與 F 為可區別；F 與 G 的 0 與 1 後繼狀態，分別為 (DH) 與 E，它們在 P_1 中為相同的區段，所以 F 與 G 置於相同的區段中；依據等效關係的遞移性，並不需要檢查 B 與 G 的等效關係，因為 B 與 F 為可區別而 F 與 G 為等效狀態。(DEH) 三個狀態的討論相同，因而得到 P_2。

由 P_2 求 P_3 的方法和由 P_1 求 P_2 相同，求得的 P_3 為：

$$P_3 = (AC)(B)(FG)(DH)(E)$$

$$= P_2$$

步驟 4：由於 $P_3 = P_2$，所以化簡程序終止。其中狀態 A 與 C、F 與 G、D 與 H 等各為等效狀態對，簡化後的狀態表如圖 7.3-3 所示。

PS	x	NS, z	
		0	1
A		F,0	F,0
B		E,0	A,1
D		A,1	F,0
E		B,1	A,0
F		D,0	E,1

圖7.3-3　圖 7.3-2 化簡後的狀態表

在一個狀態表中，若兩個狀態 S_i 與 S_j 為可區別的狀態，則它們可以由一個長度為 $n-1$ 或是更短的輸入序列所區別，其中 n 為狀態數目。這個長度也即是在化簡程序中的步驟 3 所需要執行的最多次數。

利用 *k*-分割法化簡的結果是唯一的，因為若不如此，則可以假設存在兩個

等效的分割 P_a 與 P_b，而且 $P_a \neq P_b$，並且存在兩個狀態 S_i 與 S_j，它們在 P_a 中處於同一個區段內，而在 P_b 中則分別處於不同的兩個區段內。由於在 P_b 中，S_i 與 S_j 處於不同的兩個區段中，因此至少必定存在一個輸入序列可以區別 S_i 與 S_j，結果 S_i 與 S_j 在 P_a 中不可能處於同一個區段內，與假設矛盾。

一個完全指定的狀態表的等效分割(equivalence partition) (即利用 k-分割法化簡後的分割區段)是唯一的，但是其狀態表的表示方式卻不是唯一的，因為可以將狀態表中的任何兩列交換，或者將任意兩個狀態變數符號交換，而得到不同的狀態表，但是仍然表示相同的同步循序邏輯電路。為避免這種現象發生，一般均將化簡後的最簡狀態表，表示為標準型式 (standard form)。所謂的標準型式即是由狀態表中選取一個狀態(通常為初始狀態)並標示為 A，然後以第一列開始，由左而右，由上而下(指 PS 一欄)，依序以英文字母順序標示各個第一次出現的狀態，所形成的狀態表稱之。

例題 7.3-4　(標準型式)

將例題 7.3-3 化簡後的狀態圖(即圖7.3-3)表示為標準型式。

解： 先假定 A 為初始狀態，將它標示為 α，其下一狀態 F 標示為 β。接著將 F 列置於 A 之下，F 的下一狀態 D 與 E 由於是首次出現，因此分別標示為 γ 與 δ，將 D 列置於 F 之下而 E 列置於 D 之下，並將 B 標示為 ε，得到圖 7.3-4(a)所示的標準型式。使用英文字母依序取代希臘字母後，得到圖 7.3-4(b)的標準型式。

PS	x $\quad$ NS, z	
	0	1
$A \rightarrow \alpha$	$\beta,0$	$\beta,0$
$F \rightarrow \beta$	$\gamma,0$	$\delta,1$
$D \rightarrow \gamma$	$\alpha,1$	$\beta,0$
$E \rightarrow \delta$	$\varepsilon,1$	$\alpha,0$
$B \rightarrow \varepsilon$	$\delta,0$	$\alpha,1$

(a) 標準型式一

PS	x $\quad$ NS, z	
	0	1
A	$B,0$	$B,0$
B	$C,0$	$D,1$
C	$A,1$	$B,0$
D	$E,1$	$A,0$
E	$D,0$	$A,1$

(b) 標準型式二

圖7.3-4　圖 7.3-3 化簡後狀態表的標準型式

📖 **複習問題**

7.25. 試定義後繼狀態。

7.26. 試定義 k-可區別狀態與 k-等效狀態。

7.27. 試簡述 k-分割法化簡程序。

7.28. 為何需要將化簡後的最簡狀態表表示為標準型式？

7.3.2 未完全指定狀態表化簡

在 k-分割法化簡程序中，其目的是尋找狀態表中的所有等效的狀態；在相容法化簡程序中，則是尋找所有相容的狀態。在正式討論相容法化簡程序之前，先定義一些相關的名詞。

首先定義可加入序列(applicable sequence)。所謂的可加入(輸入)序列是指當它加於狀態表中的狀態 S_i 時，在每一個輸入符號 x_i (除了最後一個之外)加入之後，該狀態表均轉態到一個有指定(即定義)的下一狀態上的輸入序列。注意在上述的定義中，並未涉及輸出序列，但是除了輸入序列的最後一個符號之外，所有的下一狀態都必須有指定(定義)。

PS	x 0	NS, z 1
A	B,1	-
B	D,1	C,1
C	A,1	B,0
D	B,0	-

圖7.3-5　例題 7.3-5 的狀態表

例題 7.3-5　(可輸入序列)

在圖 7.3-5 的未完全指定狀態表中，對於狀態 A 而言，輸入序列 00101 為不可加入序列，因為：

輸入序列：0　0　1　0　1

狀態：　　 A　B　D　-

而輸入序列 0101 為可加入序列，因為：

輸入序列：0　1　0　1

狀態：　　A　B　C　A　-

對於一個未完全指定的狀態表中的兩個狀態 S_i 與 S_j 而言，若在每一個可加入序列中，不管初始狀態是 S_i 或是 S_j，其輸出值皆有指定(即定義)而且都能產生相同的輸出序列時，狀態 S_i 與 S_j 稱為相容(compatible)狀態，記為 $(S_i\ S_j)$。兩個相容的狀態可以合併成一個狀態。狀態相容為相容關係(equivalence relation) (記為"≈")，它滿足下列性質：

◆ 反身性(Reflexivity)：對任何狀態，$S_i \approx S_i$。

◆ 對稱性(Symmetry)： 若 $S_i \approx S_j$，則 $S_j \approx S_i$。

因此，欲驗證一個狀態的集合是否相容，我們需要檢查該集合中的狀態是否成對相容。例如，欲檢查狀態的集合$(S_i\ S_j\ S_k)$是否相容，我們需要檢查 $S_i \approx S_j$，$S_j \approx S_k$，與 $S_i \approx S_k$。一般而言，若在集合$(S_i\ S_j\ S_k\ ...)$中的每一個狀態均與其它狀態相容時，該集合才可以稱為相容，而合併為一個狀態。一般在求取一個未完全指定的狀態表中的相容狀態時，通常採用下列較簡單的方式。

在一個未完全指定的狀態表中的兩個狀態 S_i 與 S_j 為相容的條件為：對於每一個可能的輸入符號 x_i 而言，下列兩個條件均成立：

1. 當 S_i 與 S_j 的輸出值均有指定時，它們均產生相同的輸出值；

2. 當 S_i 與 S_j 的下一狀態有指定時，它們也為相容狀態。

不符合上述兩個條件的兩個狀態稱為不相容(incompatible)狀態。

例題 7.3-6　(相容狀態)

在圖7.3-6的未完全指定狀態表中，狀態對(AB)、(BC)、(AD)、(BD)等均為相容狀態，因為它們均符合相容狀態對的兩個條件，但是(AC)和(CD)則為不相容狀態對，因為它們在 $x_1 x_2 = 10$ 時，產生不同的輸出值。

PS	x_1x_2 00	NS, z 01	10	11
A	-,0	C,1	D,1	-
B	D,0	-	-	-
C	B,0	D,1	D,0	-
D	A,-	-	A,1	B,0

圖7.3-6　例題 7.3-6 的狀態表

　　一個相容狀態的集合稱為相容狀態級(compatibility class)，即在相容狀態級中的任何兩個狀態均相容。換句話說，相容狀態級為建立在相容關係下的一個狀態子集合。對於一個相容狀態級 C_j 而言，若其中每一個狀態均被另一個相容狀態級 C_i 所包含時，稱 C_i 大於或包含 C_j，記為 $C_j \subseteq C_i$。最大相容狀態級(maximal compatible)也是一個相容狀態級，但是當一個不屬於該集合中的狀態加入之後，它將不再是一個相容狀態級。注意：一個不與其它狀態相容的單一狀態也是一個最大相容狀態級；每一個相容狀態級的集合的子集合也為一個相容狀態級。同樣的，一個不相容狀態的集合稱為不相容狀態級(incompatibility class)，即在不相容狀態級中的任何兩個狀態均不相容。最大不相容狀態級(maximal incompatible)也是一個不相容狀態級，但是當一個不屬於該集合中的狀態加入之後，它將不再是一個不相容狀態級。

　　一個未完全指定的狀態表之最大相容狀態級(或最大不相容狀態級)的集合可以使用下列兩種有系統的方法求取：隱含圖(implication graph)也稱為合併圖(merger graph)與隱含表(implication table)也稱為合併表(merger table)。下列將使用求取最大相容狀態級的集合為例，依序介紹這兩種方法。

隱含圖

　　若設 S_i 與 S_j 的 x_i 後繼狀態分別為 S_p 與 S_q，則(S_p S_q)稱為被(S_i S_j)所隱含；若(S_i S_j)為一個相容狀態對，則(S_p S_q)稱為一個被隱含(狀態)對(implied pair)。一般而言，若對於一個狀態集合 P 而言，對於某些輸入符號 x_i，其 x_i 後繼狀態的集合為 Q，則稱 Q 被 P 所隱含。有了這些定義之後，一

個 n 個狀態的未完全指定狀態表的隱含圖可以定義為如下的一個無方向性圖 (undirected graph)：

隱含圖

1. 它由 n 個頂點組成，而每一個頂點相當於狀態表中的一個狀態。
2. 對於下一狀態與輸出值均未衝突的兩個狀態 S_i 與 S_j，在其對應的頂點間連一條線。
3. 若 $(S_i\,S_j)$ 在所有的輸入符號下，其輸出值均未衝突，但是下一狀態不相同時，在其對應的頂點間連一條線，並將被隱含對置於其間，即狀態 S_i 與 S_j 是否相容將由其被隱含的狀態對決定。

例題 7.3-7 (隱含圖)

求出圖 7.3-7(a)未完全指定狀態表的隱含圖。

解： 由於狀態 A 與 B 的下一狀態與輸出的值均不相衝突，所以在 A 與 B 的兩個頂點間連一直線，如圖 7.3-7(b)所示；狀態 A 與 C 在輸入 $x_1 x_2 = 01$ 時，輸出的值分別為 1 與 0，所以它們不可能相容，所以不加上連線；狀態 A 與 D，其輸出的值並未衝突，但是其下一狀態並不相同，在每一個不相同的輸入值時的下一狀態對均為其被隱含對，因此如圖 7.3-7(b)所示，在 A 與 D 的兩個頂點間連一條折線，並將這些被隱含對 (BC) 與 (CE) 置於其間。依此相同的方式將其它所有可能的狀態對皆檢查過後，得到圖 7.3-7(b)的隱含圖。

PS	$x_1 x_2$ 00	NS, z 01	11
A	C,0	E,1	-
B	C,0	E,-	-
C	B,-	C,0	A,-
D	B,0	C,-	E,-
E	-	E,0	A,-

(a) 狀態表

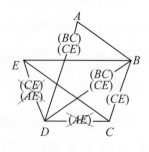

(b) 隱含圖

圖7.3-7　例題 7.3-7 的狀態表與隱含圖

　　隱含圖實際上包含了所有可能的狀態對與它們的被隱含對。由於一個狀態對是相容的條件為其被隱含對也必須是相容，所以在隱含圖中未有任何連線的狀態對，均表示它們是不相容狀態。因此，若(S_p S_q)表示不相容狀態，則在隱含圖中任何含有(S_p S_q)狀態對的直線必須去除，結果其對應的狀態對為不相容狀態。例如在圖 7.3-7(b)中，因為(AE)為不相容狀態，所以在 C 與 D、和 D 與 E 之間的折線必須去除，結果(CD)與(DE)為不相容狀態。因此，圖 7.3-7(b)的隱含圖中，一共有下列六個相容狀態對：

　　(AB)(AD)(BC)(BD)(BE)(CE)

　　由隱含圖中，求取最大相容狀態級之方法為求取一個最大的完全多邊形(complete polygon)。所謂的完全多邊形為一個它的所有 $1/2[n(n-3)]$ 個對角線都存在的多邊形，其中 n 為該多邊形的邊之數目。因為由一個完全多邊形所包含的狀態均成對的相容，因而組成一個相容狀態級，若該多邊形並未由其它較高次的多邊形包含時，則它們組成一個最大相容狀態級。注意：獨立的頂點，即單一狀態，也是一個最大相容狀態級。

例題 7.3-8　(最大相容狀態級的集合)

　　由圖 7.3-7(b)可以得知：最大的完全多邊形為(ABD)與(BCE)等兩個三角形，因此它們均為最大相容狀態級的集合。

　　另外一種求取最大相容狀態級的集合之方法為使用表格的方式，稱為隱含表。

隱含表

　　對於狀態數目較多的未完全指定狀態表的化簡，通常採用表格的方式，稱為隱含表較為方便。在隱含表中，列的抬頭依序標示為狀態表中除了最後一個的所有狀態，行的抬頭依序標示為狀態表中除了第一個的所有狀態。若兩個狀態不相容時，則在其對應的列與行交點的格子中記上"×"符號；對於相容的狀態，則記上"√"符號；所有被隱含狀態對則置於對應的格子中。

例題 7.3-9 (隱含表)

利用隱含表，求圖 7.3-8(a)的未完全指定狀態表的所有相容狀態。

解：如圖 7.3-8(b)所示。由於狀態 A 與 D 在輸入 $x=0$ 時，產生不同的輸出值，因而為兩個不相容的狀態，所以在(AD)的格子中填入"×"；狀態 C 與 E 為相容的狀態，在(CE)格子中填入"√"；狀態 A 與 C 要相容時，其被隱含對 BC 與 EF 也必須相容，所以在(AC)格子中，填入"BC、EF"。依此相同方式，逐一檢查每一個格子後，得到圖 7.3-8(b)的隱含表。其次，依序檢查每一個格子，以確定它們的相容性，由於 B 與 E 不相容，因而 E 與 F 也不相容，結果 A 與 B、A 與 C 也不相容，所以(AB)、(AC)、(EF)的格子皆必須加上"×"。

PS	x	NS, z	
		0	1
A		F,0	B,0
B		E,0	C,0
C		E,-	C,-
D		E,1	C,0
E		C,1	E,0
F		D,-	B,0

(a) 狀態表　　　　　　　　(b) 隱含表

圖7.3-8　例題 7.3-9 狀態表與隱含表

一旦求得所有相容狀態後，其次的動作是由這些相容狀態中求取最大相容狀態級的集合。由隱含表求取最大相容狀態級的集合的程序如下：

由隱含表求取最大相容狀態級的集合之程序

1. 由隱含表中的最右端的一行開始，依序由右向左進行，直到遇到一個相容狀態對為止，列出該行中所有相容狀態對。注意在列出相容狀態對時是列出行與列等抬頭的狀態而非其交點上的被隱含狀態對。

2. 繼續進行下一行，並列出所有相容狀態對，將所有可以和前一行前列出的相容狀態合併的相容狀態，均將其合併，以形成一個較大的相容狀態。一般而言，若$(S_i S_j)$、$(S_i S_k)$、$(S_j S_k)$等均為相容狀態對時，才可以合併成一個相容狀態$(S_i S_j S_k)$。

3. 重覆步驟 2，直到所有行均考慮過為止。將所有未與其它狀態相容的單一狀
　態連同上述得到的最大相容狀態級的集合，即為最大相容狀態級的集合。

例題 7.3-10　(最大相容狀態級的集合)

　　利用前述程序，求取圖 7.3-8(b)所示隱含表的最大相容狀態級的集合。

解：利用前述的程序，得到下列相容狀態序列：

　　　　E：不相容

　　　　D：(DF)、(DE)

　　　　C：(CDE)、(CDF)

　　　　B：(BCF)、(CDE)、(CDF)

　　　　A：(AF)、(BCF)、(CDE)、(CDF)

在 E 行時，沒有相容狀態對；在 D 行時，(DE)與(DF)均為相容狀態對；在 C 行
時，有(CD)、(CE)、(DE)等組成相容狀態(CDE)，而(CD)、(CF)、(DF)等組成
相容狀態(CDF)；在 B 行時，(BC)、(BF)、(CF)組成相容狀態(BCF)；在 A 行
時，只有(AF)相容狀態對。由於沒有未與其它狀態相容的單一狀態存在，因此
$\{(AF), (BCF), (CDE), (CDF)\}$為最大相容狀態級的集合。

封閉包含

　　在一個未完全指定狀態表中的一個相容狀態級的集合中，對於該集合中
所包含的每一個相容狀態對，若其被隱含對也包含在該集合中時，該集合稱
為封閉的(closed)。若一個封閉的相容狀態級的集合包含了狀態表中的所有
狀態，則稱為封閉包含(closed covering)。

例題 7.3-11　(封閉包含)

　　在圖 7.3-7(b)的隱含圖中，集合$\{(AB), (BE), (CE)\}$ 與$\{(AB), (BC), (CE)\}$為
封閉的；而集合$\{(ABD), (BCE)\}$與$\{(AB), (BC), (BD), (CE)\}$為封閉包含。

　　封閉包含在未完全指定狀態表中的角色和等效分割在完全指定狀態表中
是一樣的，但是封閉包含並不是唯一的。因此，在求出最大相容狀態級的集

合之後， 其次的工作便是由最大相容狀態級的集合中，選取一組包含狀態表中所有狀態的最簡封閉包含(minimal closed covering)的集合，即所含有的相容狀態級的數目最少的封閉包含。

一般而言，若設 n 為狀態表的狀態數目，m 為最大相容狀態級的數目，而 q_i 為第 i 個最大不相容狀態級的狀態數目，則化簡後的狀態表，其狀態數目範圍 k 為：

$$\max(q_1, q_2, \cdots, q_i, \cdots) \leq k \leq \min(n, m)$$

在使用上述關係求取狀態數目範圍 k 時，必須先求取狀態表的最大不相容狀態級的集合。最大不相容狀態級的集合之求取程序與最大相容狀態級的集合相同，唯一不同的是現在必須考慮不相容關係而非相容關係。例如下列例題。

例題 7.3-12 (最大不相容狀態級的集合)

圖 7.3-7(b)隱含圖中的不相容狀態如圖 7.3-9 所示。所以最大不相容狀態級的集合為：

$$\{(AE), (AC), (CD), (DE), (B)\}$$

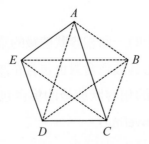

虛線部分為相容狀態；
實線部分為不相容狀態。

圖7.3-9　例題 7.3-12 的隱含圖

例題 7.3-13 (最簡狀態表)

試求例題 7.3-7 的未完全指定狀態表的最簡狀態表。

解： 由圖 7.3-7 得：$n = 5$ 與 $m = 2$，而由例題 7.3-12 得知 $\max(2,2,2,2,1) = 2$，即

$$\max(2,2,2,2,1) \leq k \leq \min(5,2)$$

因此，$k=2$。由例題 7.3-7 可以得知：$\{(ABD),(BCE)\}$ 為封閉包含，而且相當於最簡狀態表中的兩個狀態，因此最簡狀態表如圖 7.3-10 所示。

PS	x_1x_2 00	NS, z 01	11
$ABD \rightarrow \alpha$	$\beta,0$	$\beta,1$	$\beta,-$
$BCE \rightarrow \beta$	$\beta,0$	$\beta,0$	$\alpha,-$

圖7.3-10　例題 7.3-13 的狀態表

相容法的化簡程序

雖然未完全指定狀態表的化簡程序較完全指定狀態表複雜，然而其原理則是由最大相容狀態級的集合中，選取一組符合下列原則的相容狀態級的集合：

1. 完整性(completeness)：選取的相容狀態級的集合，必須包含原來未完全指定狀態表中的所有狀態。

2. 一致性(consistency)：選取的相容狀態級的集合必須是封閉的，即所有被隱含的狀態對也必須包含於某些選取的相容狀態級中。

3. 最簡性(minimality)：在滿足條件 1 與 2 之下，選取的相容狀態級的集合必須是最小。

有了上述原則與最大相容狀態級的集合之求取方法後，相容法的化簡程序可以歸納如下：

相容法的化簡程序

1. 利用隱含圖(或是隱含表)，求取最大相容狀態級的集合；
2. 利用隱含圖(或是另外一個隱含表)，求取最大不相容狀態級的集合；
3. 由步驟 1 與 2，求取最簡狀態表的狀態數目範圍(k)；
4. 由最大相容狀態級的集合中，使用試誤法求取一組符合完整性、一致性、最簡性的封閉包含；
5. 由求取的封閉包含建立最簡狀態表，通常此最簡狀態表也是一個未完全指定狀態表。

例題 7.3-14 (最簡狀態表)

求出例題 7.3-9 中的狀態表的最簡狀態表。

解：使用與例題 7.3-12 相同的方法，求得的最大不相容狀態級的集合為：

$$\{(ABD), (ABE), (AC), (EF)\}$$

因此其最簡狀態表的狀態數目範圍為：

$$\max(3,3,2,2) \le k \le \min(6,4)$$

即 $3 \le k \le 4$，所以最簡狀態表至少須要 3 個狀態。由例題 7.3-10 可以得知，該狀態表的簡化狀態表最多為四個狀態，使用試誤法後，這四個狀態也是最簡封閉包含：

$$\{(AF), (BCF), (CDE), (CDF)\}$$

結果的最簡狀態表如圖 7.3-11 所示。

	x	NS, z
PS	0	1
$AF \to \alpha$	$\delta,0$	$\beta,0$
$BCF \to \beta$	$\gamma,0$	$\beta,0$
$CDE \to \gamma$	$\gamma,1$	$\gamma,0$
$CDF \to \delta$	$\gamma,1$	$\beta,0$

圖7.3-11　例題 7.3-14 的最簡狀態表

📖 複習問題

7.29. 試定義可加入序列。

7.30. 試定義相容狀態對與被隱含狀態對。

7.31. 試簡述相容法化簡程序。

7.32. 試定義封閉包含與最簡封閉包含。

7.33. 試簡述由最大相容狀態級的集合中選取最簡封閉包含時的基本原則。

7.34. 相容法是否也可以化簡完全指定狀態表？

7.4 Verilog HDL

本節中，將介紹如何使用 Verilog HDL 描述本章中介紹的各種正反器電路與同步循序邏輯電路。

7.4.1　正反器

在同步循序邏輯電路中常用的正反器有 D 型正反器、T 型正反器、JK 正反器。每一種正反器也都可以有非同步的清除與預置控制信號輸入端。

例題 7.4-1 （D 型正反器）

程式 7.4-1 所示為各種 D 型正反器的行為描述程式。由於假設每一個正反器皆是正緣觸發方式，因此使用 **always @(posedge** clk**)** 指述偵測時脈信號 clk 的正緣。第一個模組為單純的 D 型正反器；第二個模組為具有非同步清除控制信號輸入端的 D 型正反器；第三個模組為同時具有非同步清除與預置控制信號輸入端的 D 型正反器。如程式中所示，偵測非同步清除與預置控制信號的方式為將該控制信號連同 clk 信號置於 **always @(**⋯**)** 指述中。若將清除與預置控制信號置於 **always @(**⋯**)** 指述之後，則為同步的控制方式。

程式 7.4-1　D 型正反器

```
// the descriptions of various types of D flip-flops
// a D flip-flop
module DFF (
       output reg Q,
       input  D, clk);
// the body of the D flip-flop
   always @(posedge clk)
       Q <= D;
endmodule

// a D flip-flop with asynchronous clear
module DFF_clr (
       output reg Q,
       input  D, clk, clear_n);
// the body of the D flip-flop
   always @(posedge clk or negedge clear_n)
       if (~clear_n) Q <= 1'b0;
       else Q <= D;
endmodule

// a D flip-flop with asynchronous preset and clear
module DFF_set_clr (
```

```
        output reg Q,
        input  D, clk, preset_n, clear_n);
// the body of the D flip-flop
    always @(posedge clk or negedge preset_n or negedge clear_n)
        if (~preset_n)    Q <= 1'b1;
        else if (~clear_n) Q <= 1'b0;
            else Q <= D;
endmodule
```

例題 7.4-2　(T 型正反器)

　　程式 7.4-2 所示為各種 T 型正反器的描述程式。在此程式中，假設 T 型正反器是由 D 型正反器組成的。由圖 7.1-20(e)可以得知：$Q(t+1) = Q(t) \oplus T$，因此先計算出 $Q(t+1)$ 後，再引用前述的 D 型正反器即可。

程式7.4-2　T型正反器

```
// a T flip-flop derived from a D flip-flop
module TFF (
        output Q,
        input  T, clk, clear_n);
// the body of the T flip-flop
wire    DT;
    assign DT = Q ^ T;
// instantiate the D flip-flop
    DFF_clr TF1 (Q, DT, clk, clear_n);
endmodule

// a T flip-flop with asynchronous preset and clear
module TFF_set_clr (
        output Q,
        input  T, clk, preset_n, clear_n);
// the body of the T flip-flop
wire    DT;
    assign DT = Q ^ T;
// instantiate the D flip-flop
    DFF_set_clr TF1 (Q, DT, clk, preset_n, clear_n);
endmodule
```

例題 7.4-3　(JK 正反器)

　　程式 7.4-3 所示為各種 JK 正反器的描述程式。在第一個模組中，使用資料流程與結構描述的方式，並且引用前述的 D 型正反器組成。由圖 7.1-17(d)可以得知：$Q(t+1) = JQ'(t) + K'Q(t)$，因此先計算出 $Q(t+1)$ 後，再引用前述的 D 型正反器即可。第二個模組使用 **case** 指述直接執行 JK 正反器的特性表(圖 7.1-17(d))。此模組也提供非同步的清除輸入信號端。第三個模組與第一個模組相同使用資料流程與結構描述的方式，並且引用前述的 D 型正反器組成，但是同時提供非同步的清除與預置輸入信號端。

程式7.4-3　*JK* 正反器

```
// a JK flip-flop derived from a D flip-flop
module JKFF (
        output Q,
        input  J, K, clk);
// the body of the JK flip-flop
wire    JK;
   assign JK = (J & ~Q) | (~K & Q);
// instantiate a D flip-flop
   DFF JKFF1 (Q, JK, clk);
endmodule


// a functional description of a JK flip-flop with clear
module JKFF_clr (
        output reg Q,
        output Qnot,
        input  J, K, clk, clear_n);
// the body of the JK flip-flop
   assign Qnot = ~Q;  // output both Q and Qnot

   always @(posedge clk or negedge clear_n)
       if (~clear_n) Q <= 1'b0; else
       case ({J,K})
               2'b00: Q <= Q;
               2'b01: Q <= 1'b0;
               2'b10: Q <= 1'b1;
               2'b11: Q <= ~Q;
       endcase
endmodule

// a JK flip-flop with asynchronous preset and clear
module JKFF_set_clr (
        output Q,
        input  J, K, clk, preset_n, clear_n);
// the body of the JK flop-flop
wire    JK;
   assign JK = (J & ~Q) | (~K & Q);
```

```
// instantiate a D flip-flop
   DFF_set_clr JKFF1 (Q, JK, clk, preset_n, clear_n);
endmodule
```

7.4.2 同步循序邏輯電路

對於同步循序邏輯電路的描述方式，可以使用結構描述、資料流程描述、行為描述方式，或是上述描述方式的混合方式。下列例題說明使用結構描述與資料流程混合的方式，描述例題 7.2-1 的 0101 序列偵測電路。

例題 7.4-4 (資料流程描述)

程式 7.4-4 為使用結構描述與資料流程混合的方式，直接描述例題 7.2-1 的 0101 序列偵測電路的邏輯電路，即圖 7.2-2(b)。

程式7.4-4　資料流程描述

```
// a mixed-mode description of the 0101 sequence detector--example 7.2-1
module sequence_detector (
        input x, clk, reset_n,
        output z);
// internal nets
wire   D1,D2;
wire   y1,y2;
// instantiate D flip-flops
   DFF_clr DFF1 (y1,D1,clk,reset_n);
   DFF_clr DFF2 (y2,D2,clk,reset_n);

// excitation functions of D flip-flops
   assign D1 = ~x & y1 & y2 | x & ~y1 & y2 | x & y1 & ~y2,
          D2 = y1 & ~y2 | ~x & ~y1 | ~y1 & y2;
// the output function
   assign z = x & y1 & ~y2;
endmodule

// a D flip-flop with asynchronous clear
module DFF_clr (
        output reg Q,
        input  D, clk, clear_n);
// the body of the D flip-flop
   always @(posedge clk or negedge clear_n)
        if (~clear_n) Q <= 1'b0;
        else Q <= D;
```

endmodule

例題 7.4-5　(邏輯閘層次行為描述)

　　程式 7.4-5 為在邏輯閘層次使用行為描述與資料流程混合的方式，直接描述例題 7.2-1 的 0101 序列偵測電路的邏輯電路，即 7.2.2(b)。

程式 7.4-5　邏輯閘層次的行為描述

```verilog
// a behavioral description at the gate level of the 0101
// sequence detector -- example 7.2-1
module sequence_detector(
        input x, clk, reset_n,
        output z);
// the body of the sequence detector
reg  y1, y2;
// describe the flip-flop y1
always @(posedge clk or negedge reset_n) begin
    if (~reset_n) y1 <= 1'b0;
    else y1 <= ~x & y1 & y2 | x & ~y1 & y2 | x & y1 & ~y2;
end
// describe the flip-flop y2
always @(posedge clk or negedge reset_n) begin
    if (~reset_n) y2 <= 1'b0;
    else y2 <= y1 & ~y2 | ~x & ~y1 | ~y1 & y2;
end
// the output function
    assign z = x & y1 & ~y2;
endmodule
```

　　在 Verilog HDL 中，描述一個同步循序邏輯電路的方法為使用行為描述方式。一般而言，在程式中通常使用三個 **always @**(⋯)指述同時執行，以描述圖 7.1-1 的循序邏輯電路基本模式。其中第一個 **always @**(⋯)描述記憶器元件與將同步循序邏輯電路重置為初始狀態；第二個 **always @**(⋯)指述由目前狀態與輸入信號決定下一狀態函數的值，即決定下一狀態；第三個 **always @**(⋯)指述計算輸出函數的值。

例題 7.4-6　(Mealy 機同步循序邏輯電路)

　　程式 7.4-6 所示為例題 7.2-1 的 0101 序列偵測電路的行為描述程式。程式中的第一部分描述記憶器的部分與將同步循序邏輯電路重置為狀態 *A*；程式中的第二部分將圖 7.2-1(c) 所示的真值表直接使用 **case** 與 **if/else** 指述表示而已，因此不再贅述。第三部分則表示輸出值。在此程式中使用 **localparam** 定義狀態的二進制指定值。在 Verilog HDL 中，可以使用 **localparam** 定義在一個模組內使用的常數值。

程式7.4-6　Mealy 機同步循序邏輯電路

```verilog
// a behavioral description of the 0101 sequence detector--example 7.2-1
// a Mealy machine example
module sequence_detector_mealy (
        input  x, clk, reset_n,
        output reg z);
// local declarations
reg [1:0] ps, ns;  // present state and next state
localparam A = 2'b00, B = 2'b01, C = 2'b10, D = 2'b11;
// Part 1: initialize to state A
    always @(posedge clk or negedge reset_n)
        if (~reset_n) ps <= A;
        else ps <= ns;  // update the present state
// Part 2: determine the next state
    always @(ps or x)
        case (ps)
            A: if (x) ns = A; else ns = B;
            B: if (x) ns = C; else ns = B;
            C: if (x) ns = A; else ns = D;
            D: if (x) ns = C; else ns = B;
        endcase
// Part 3: evaluate output function z
    always @(ps or x)
        case (ps)
            A: if (x) z = 1'b0; else z = 1'b0;
            B: if (x) z = 1'b0; else z = 1'b0;
            C: if (x) z = 1'b0; else z = 1'b0;
            D: if (x) z = 1'b1; else z = 1'b0;
        endcase
endmodule
```

例題 7.4-7　(Moore 機同步循序邏輯電路)

程式 7.4-7 所示為圖 7.1-5(b) 的 Moore 機同步循序邏輯電路的行為描述程式。程式中的第一部分將同步循序邏輯電路重置為狀態 *A*；程式中的第二部分將圖 7.1-5(b)所示的真值表直接使用 **case** 與 **if/else** 指述表示而已，因此不再贅述。第三部分則表示輸出值，由於在 Moore 機同步循序邏輯電路中，輸出值只與狀態有關，因此在 **always** @(…)指述中，只需要列出 ps 而不需要列出 x。

程式7.4-7　Moore 機同步循序邏輯電路

```verilog
// a behavioral description of figure 7.1-5(b)
// a Moore machine example
module example_moore (
        input  x, clk, reset_n,
        output reg z);
// local declarations
reg [1:0] ps, ns;  // present state and next state
localparam A = 2'b00, B = 2'b01, C = 2'b10, D = 2'b11;
// Part 1: initialize to state A
    always @(posedge clk or negedge reset_n)
        if (~reset_n) ps <= A;
        else ps <= ns;  // update the present state
// Part 2: determine the next state
    always @(ps or x)
        case (ps)
            A: if (x) ns = C; else ns = B;
            B: if (x) ns = B; else ns = D;
            C: if (x) ns = C; else ns = A;
            D: if (x) ns = D; else ns = B;
        endcase
// Part 3: evaluate output function z
    always @(ps)
        case (ps)
            A: z = 1'b0;
            B: z = 1'b1;
            C: z = 1'b0;
            D: z = 1'b1;
        endcase
endmodule
```

📖 複習問題

7.35. 在 Verilog HDL 中，通常如何描述一個正反器電路？

7.36. 在 Verilog HDL 中，如何描述一個 Mealy 機同步循序邏輯電路？

7.37. 試簡述 **localparam** 的功能。

7.5 參考資料

1. D. A. Huffman, "The synthesis of sequential switching circuits," *Journal of Franklin Institute*, Vol. 257, pp. 161-190, March 1954.

2. Z. Kohavi, *Switching and Finite Automata Theory*, 2nd ed., New York: McGraw-Hill, 1978.

3. G. Langhole, A. Kandel, and J. L. Mott, *Digital Logic Design*, Dubuque, Iowa: Wm. C. Brown, 1988.

4. M. B. Lin, *Digital System Designs and Practices: Using Verilog HDL and FPGAs*, John Wiley & Sons, 2008.

5. M. B. Lin, *Digital System Design: Principles, Practices, and Applications*, 4th ed., Taipei, Taiwan: Chuan Hwa Book Ltd., 2010.

6. M. B. Lin, *Introduction to VLSI Systems: A Logic, Circuit, and System Perspective*, CRC Press, 2012.

7. Ming-Bo Lin, *An Introduction to Verilog HDL*, CreateSpace Independent Publishing Platform, 2016.

8. G. H. Mealy, "A method for synthesizing sequential circuits," *The Bell System Technical Journal*, Vol. 34, pp. 1045-1079, September 1955.

9. E. F. Moore, "Gedanken-experiments on sequential machines," *Automata Studies*, Princeton University Press, pp. 129-153, 1956.

10. C. H. Roth, *Fundamentals of Logic Design*, 4th ed., St. Paul, Minn.: West Publishing, 1992.

7.6 習題

7.1 G 教授定義一個 T 型門閂如圖 P7.1 所示,並且分別使用一個 D 型門閂與一個 XOR 閘以及一個 JK 門閂實現。試回答下列各問題:

(1) 繪一時序圖說明此 T 型門閂電路的穿透性質。

圖 P7.1

圖 P7.2

(2) 使用解析方法，證明圖 P7.1(c)與(d)為邏輯相等。

(3) 在實際的數位系統中，使用此 T 型閂閂電路時有何困難？

7.2 在體認習題 **7.1** 的困難性後，G 教授修改 T 型閂閂為閘控 T 型閂閂，如圖 P7.2 所示，並且分別使用一個閘控 D 型閂閂與一個 XOR 閘以及一個閘控 JK 閂閂實現。試回答下列各問題：

(1) 繪一時序圖說明此閘控 T 型閂閂電路的穿透性質。

(2) 使用解析方法，證明圖 P7.2(c)與(d)為邏輯相等。

(3) 在實際的數位系統中，使用此閘控 T 型閂閂電路時有何困難？

7.3 考慮圖 P7.3 所示兩種 JK 閂閂的不同實現方式，回答下列問題：

(1) 使用解析方法，證明這兩種實現方式為邏輯相等。

(2) 假設每一個邏輯閘的傳播延遲均為 t_{pd}，對每一種實現方式繪一時序圖，比較其電路行為。

(3) 說明 JK 閂閂難以使用於實際的數位系統中之理由。

7.4 再考慮圖 P7.3 所示兩種 JK 閂閂的不同實現方式，回答下列問題：

(1) 修改這兩種 JK 閂閂電路為各自的閘控 JK 閂閂版本，繪出其邏輯電路。

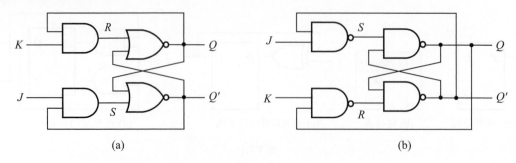

圖 P7.3

(2) 使用解析方法，證明這兩種實現方式為邏輯相等。

(3) 假設每一個邏輯閘的傳播延遲均 t_{pd}，對每一種實現方式繪一時序圖，比較其電路行為。

(4) 說明閘控 JK 門閂難以使用於實際的數位系統中之理由。

7.5 圖 P7.4所示為將兩個閘控 SR 門閂串接而成的的主從式 SR 正反器。試回答下列問題：

圖 P7.4

(1) 該電路等效為一個負緣觸發 SR 正反器。

(2) 如何修改該電路為一個等效的正緣觸發 SR 正反器。

(3) 該電路具有"捕捉 1" (ones catching)與"捕捉 0" (zeros catching)之問題。所謂捕捉 1 (捕捉 0)即是當正反器輸出端為 0(1)時，若有一個為 1 的短週期脈波(即突波)在 CP 為高電位時出現於正反器的 S (R)輸入端，則此脈波將設定(清除)主閘控 SR 門閂的輸出端，而於 CP 為低電位時則反映於正反器的輸出端，促使輸出端變為 1 (0)。

7.6 G 教授使用與習題 7.5 相同的原理，將兩個閘控 JK 門閂串接，以設計一

個主從式 *JK* 正反器；即他直接將圖 P7.4 中的兩個閘控 *SR* 門閂，直接使用兩個閘控 NAND 閘 *JK* 門閂取代。試回答下列問題：

(1) 說明結果的邏輯電路並不能操作為正確的 *JK* 正反器。

(2) 說明若將兩個閘控 NAND 閘 *JK* 門閂，使用兩個閘控 NOR 閘 *JK* 門閂取代後，結果的邏輯電路依然不能操作為正確的 *JK* 正反器。

7.7 圖 P7.5 所示為將兩個閘控 NAND 閘 *SR* 門閂串接而成的的主從式 *JK* 正反器。試回答下列問題：

(1) 該電路等效為一個負緣觸發 *JK* 正反器。

(2) 如何修改該電路為一個等效的正緣觸發 *JK* 正反器。

(3) 該電路具有捕捉 1 與捕捉 0 之問題。

(4) 使用兩個閘控 NOR 閘 *SR* 門閂修改該主從式 *JK* 正反器。

圖 P7.5

7.8 本習題比較閘控 *T* 型門閂與 *T* 型正反器。考慮圖 P7.6 所示的閘控 *T* 型門閂與 T 型正反器，回答下列各問題：

圖 P7.6

(1) 假設 XOR 閘的 t_{pd} 為 1 ns，閘控 T 型閂閂的 t_{gq} (G 到 Q)與 t_{dq} (D 到 Q)均為 3 ns，T 型正反器的 t_{cq} 為 3 ns，完成圖中右邊的時序圖。

(2) 說明由時序圖中所得到的、觀察到的結果。

7.9 主從式 D 型正反器為將兩個閘控 D 型閂閂串接而成的的電路。試解釋為何主從式 D 型正反器不會發生捕捉 0 與捕捉 1 之問題。

7.10 依據同步循序邏輯電路的設計程序，使用 T 型正反器與外加邏輯閘，分別設計下列各正反器：SR 正反器、D 型正反器、JK 正反器。

7.11 依據同步循序邏輯電路的設計程序，使用 D 型正反器與外加邏輯閘，分別設計下列各正反器：SR 正反器、T 型正反器、JK 正反器。

7.12 依據同步循序邏輯電路的設計程序，使用 JK 正反器與外加邏輯閘，分別設計下列各正反器：SR 正反器、D 型正反器、T 型正反器。

7.13 考慮圖 P7.7 所示的正反器電路：

圖 P7.7

(1) 求出正反器的特性表。

(2) 求出正反器的特性函數。

(3) 導出正反器的激勵表。

7.14 圖 P7.8 所示為 K-G 正反器的電路：

圖 P7.8

(1) 求出正反器的特性表。

(2) 求出正反器的特性函數。

(3) 導出正反器的激勵表。

7.15 設計一個清除優先(reset-dominant)正反器電路,其動作與 *SR* 正反器類似,但是允許 $S = R = 1$ 的輸入。在 $S = R = 1$ 時,正反器的輸出清除為 0:

(1) 求出正反器的特性表。

(2) 求出正反器的特性函數。

(3) 導出正反器的激勵表。

(4) 利用 *SR* 正反器與外界邏輯閘設計此正反器電路。

7.16 將習題 7.15 的正反器改為設定優先(set-dominant)後,重做該習題。

7.17 設計一個具有一個輸入端 x 與一個輸出端 z 的同步循序邏輯電路,當電路偵測到下列任何一個輸入序列:1101 或 1011 出現時,電路即產生一個 1 的輸出值於輸出端 z,然後回到初始狀態上。使用 *JK* 正反器執行此電路。

7.18 一個帶號數的 2 補數可以使用下列方式求得:由最小有效位元(LSB)開始往最大有效位元(MSB)方向進行,保留所遇到的 0 位元與第一個 1 位元,然後將其餘較高有效位元取補數,即為所求。設計一個同步循序邏輯電路,轉換一個串列輸入的序列為 2 補數的序列輸出。假設輸入序列依序由 LSB 開始,其長度為 n 個位元。試使用 *JK* 正反執行此電路。

7.19 將一個未帶號數加 1 的方法如下:由最小有效位元(LSB)開始往最大有效位元(MSB)方向進行,將遇到的 1 位元與第一個 0 位元取補數,然後保留其餘較高有效位元的值,即為所求。設計一個同步循序邏輯電路,將一個串列輸入的序列加 1 後輸出。假設輸入序列依序由 LSB 開始,其長度為 n 個位元。試使用 *JK* 正反執行此電路。

7.20 將一個未帶號數減 1 的方法如下:由最小有效位元(LSB)開始往最大有

效位元(MSB)方向進行,將遇到的 0 位元與第一個 1 位元取補數,然後保留其餘較高有效位元的值,即為所求。設計一個同步循序邏輯電路,將一個串列輸入的序列減 1 後輸出。假設輸入序列依序由 LSB 開始,其長度為 n 個位元。試使用 JK 正反執行此電路。

7.21 設計一個具有一個輸入端 x 與一個輸出端 z 的同步循序邏輯電路,當電路偵測到輸入序列中有 1011 出現時,即產生 1 的輸出值於輸出端 z,假設允許重疊序列出現。試使用 T 型正反器執行此電路。

7.22 設計一個串加器電路,電路具有兩個輸入端 x 與 y,分別以串列方式而以 LSB 開始依序輸入加數與被加數,輸出端 z 則依序由 LSB 開始輸出兩數相加後的總和。試使用 D 型正反器執行此電路。

7.23 設計一個具有兩個輸入端 x_1 與 x_2 及一個輸出端 z 的 Moore 機同步循序邏輯電路,電路的輸出端 z 的值保持在一個常數值,直到下列輸入序列發生為止:

(1) 當輸入序列 $x_1 x_2 = 00$ 時,輸出端 z 維持其先前的值;

(2) 當輸入序列 $x_1 x_2 = 01$ 時,輸出端 z 的值變為 0;

(3) 當輸入序列 $x_1 x_2 = 10$ 時,輸出端 z 的值變為 1;

(4) 當輸入序列 $x_1 x_2 = 11$ 時,輸出端 z 將其值取補數。

7.24 設計一個具有一個輸入端 x 與一個輸出端 z 的同步循序邏輯電路,當電路偵測到輸入序列中的 1 總數為 3 的倍數(即 0、3、6、…)時,即輸出一個 1 脈波於輸出端 z。

7.25 設計一個具有一個輸入端 x 與一個輸出端 z 的同步循序邏輯電路,當電路偵測到輸入序列中的 1 總數為 3 的倍數而且 0 的總數為偶數(不包含0)時,即輸出一個 1 脈波於輸出端 z。

7.26 設計一個具有一個輸入端 x 與一個輸出端 z 的 Moore 機同步循序邏輯電路,當電路偵測到輸入序列為 1011 時,輸出端 z 的值即變為 1 並保持在 1直到另一個 1011 的輸入序列發生時,輸出端 z 的值才變為 0。當第三個1011 的輸入序列發生時,輸出端 z 的值又變為 1 並保持在 1,等等。

7.27 設計一個具有一個輸入端 x 與一個輸出端 z 的同步循序邏輯電路，其輸出端 $z(t) = x(t - 2)$，並且電路最初的兩個輸出為 0。

7.28 分析圖 P7.9 中各個同步循序邏輯電路，分別求出其狀態表與狀態圖。

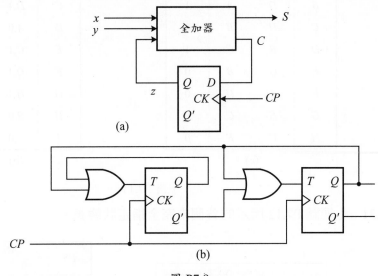

圖 P7.9

7.29 化簡圖 P7.10 所示的各個完全指定狀態表。

PS	x	NS, z 0	1
A		D,1	E,0
B		D,0	E,0
C		B,1	E,0
D		B,0	F,0
E		F,1	C,0
F		C,0	B,0

(a)

PS	x_1x_2 00	NS 01	11	10	z
A	A	C	E	D	0
B	D	E	E	A	0
C	E	A	F	B	1
D	B	C	C	B	0
E	C	D	F	A	1
F	F	B	A	D	1

(b)

圖 P7.10

7.30 化簡圖 P7.11 所示的各個完全指定狀態表。

PS	x NS		z
	0	1	
A	F	D	0
B	D	A	1
C	H	B	0
D	B	C	1
E	G	B	0
F	A	H	0
G	E	C	0
H	C	F	0

(a)

PS	x NS, z	
	0	1
A	F,1	D,1
B	G,1	H,1
C	D,1	A,0
D	A,0	H,1
E	C,1	D,1
F	D,1	E,0
G	H,1	B,0
H	B,0	D,1
I	F,0	A,0

(b)

圖 P7.11

7.31 化簡圖 P7.12 所示的各個未完全指定狀態表。

PS	x_1x_2 NS, z		
	00	01	11
A	C,0	E,1	-
B	C,0	E,-	-
C	B,-	C,0	A,-
D	B,0	C,-	E,-
E	-	E,0	A,-

(a)

PS	x NS, z	
	0	1
A	-	F,0
B	B,0	C,0
C	E,0	A,1
D	B,0	D,0
E	F,1	D,0
F	A,0	-

(b)

圖 P7.12

7.32 分別使用 k-分割法與相容法化簡圖 P7.13 所示的完全指定狀態表。

PS	x	NS, z	
		0	1
A		B,0	E,0
B		A,1	C,1
C		B,0	C,1
D		C,0	E,0
E		D,1	A,0

(a)

PS	x	NS, z	
		0	1
A		D,0	E,0
B		C,0	E,1
C		A,1	D,0
D		B,1	C,1
E		A,0	D,1
F		B,1	C,0

(b)

圖 P7.13

7.33 證明圖 P7.14 所示的各個完全指定狀態表為最簡狀態表。

PS	x	NS, z	
		0	1
A		B,0	A,0
B		C,0	A,0
C		E,0	D,0
D		B,1	A,0
E		E,0	A,0

(a)

PS	x	NS		z
		0	1	
A		B	D	0
B		C	F	0
C		B	G	1
D		B	E	0
E		E	E	0
F		C	E	0
G		B	E	1

(b)

圖 P7.14

7.34 使用隱含表化簡圖 P7.15 的未完全指定狀態表，並求取最大相容狀態級的集合，然後求取最簡封閉包含與最簡狀態表。

7.35 使用行為描述方式，撰寫一個 Verilog HDL 程式描述習題 **7.13** 的正反器電路。

7.36 使用行為描述方式，撰寫一個 Verilog HDL 程式描述習題 **7.14** 的正反器電路。

7.37 使用行為描述方式，撰寫一個 Verilog HDL 程式描述習題 **7.17** 的同步循序邏輯電路，並且設計一個測試標竿程式測試該程式是否正確無誤。

PS	x	NS, z	
		0	1
A		E,0	B,0
B		F,0	A,0
C		E,-	C,0
D		F,1	D,0
E		C,1	C,0
F		D,-	B,0

圖 P7.15

7.38 使用行為描述方式，撰寫一個 Verilog HDL 程式描述習題 **7.18** 的同步循序邏輯電路，並且設計一個測試標竿程式測試該程式是否正確無誤。

7.39 使用行為描述方式，撰寫一個 Verilog HDL 程式描述習題 **7.21** 的同步循序邏輯電路，並且設計一個測試標竿程式測試該程式是否正確無誤。

7.40 使用行為描述方式，撰寫一個 Verilog HDL 程式描述習題 **7.24** 的同步循序邏輯電路，並且設計一個測試標竿程式測試該程式是否正確無誤。

7.41 使用行為描述方式，撰寫一個 Verilog HDL 程式描述習題 **7.25** 的同步循序邏輯電路，並且設計一個測試標竿程式測試該程式是否正確無誤。

7.42 使用行為描述方式，撰寫一個 Verilog HDL 程式描述習題 **7.26** 的同步循序邏輯電路，並且設計一個測試標竿程式測試該程式是否正確無誤。

7.43 使用行為描述方式，撰寫一個 Verilog HDL 程式描述習題 **7.27** 的同步循序邏輯電路，並且設計一個測試標竿程式測試該程式是否正確無誤。

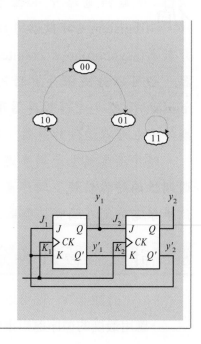

計數器與暫存器

8

本章目標

學完本章之後，你將能夠了解：

- 同步與非同步計數器電路的設計與特性
- 商用同步計數器(SN74x161/163)的基本應用
- 自我啟動計數器電路的意義與設計方法
- 暫存器與移位暫存器的定義、功能、應用
- 時序產生器電路：時脈產生器電路、時序產生器、數位單擊電路
- Verilog HDL：計數器電路、移位暫存器及其應用

循序邏輯電路中兩種重要的電路模組為：計數器(counter)與暫存器 (register)。計數器可以分成同步計數器(synchronous counter)與非同步 計數器(asynchronous counter)兩種，它的主要功能不外乎計數與除頻；暫存 器一般可以分成保存資料用的資料暫存器(data register)與移位暫存器(shift register)兩種。資料暫存器用以儲存資訊。移位暫存器除了做資料格式的轉 換外，也可以當做計數器、時序產生器等用途。

時序產生器也是循序邏輯電路中常用的電路模組，其中時脈產生器產生 週期性的時脈信號；時序產生器由時脈產生器導出需要的時序控制信號；數 位單擊電路則在觸發信號啟動時即產生一個預先設定時距的信號輸出。

8.1 計數器設計與分析

計數器為一個可以計數外部事件的循序邏輯電路。計數器為數位系統中 應用最廣的循序邏輯電路模組之一。一般的計數器電路均是由一些正反器與 一些控制正反器狀態改變用的組合邏輯電路組成。計數器依其正反器是否同 時轉態分為同步與非同步兩類。在同步計數器中，所有正反器均在同一個時 間改變狀態；在非同步計數器中，則後級的正反器狀態的改變是由前級正反 器的輸出所觸發的，因而也常稱為漣波計數器(ripple counter)。

8.1.1 非同步(漣波)計數器設計

非同步(漣波)計數器一般均使用非閘控 T 型正反器(第 7.1.3 節)設計。對 於一個除以 N (稱為模 N，modulo N)的計數器而言，一共有 N 個狀態，即 S_0、S_1、$\cdots$、S_{N-1}。為了討論上的方便，現在將計數器分成模 $N = 2^n$(n 為 正整數)與模 $N \neq 2^n$ 兩種情形。

模 N ($N = 2^n$) 計數器

由於每一個 JK 正反器當它接成非閘控 T 型正反器的形式(即 J 與 K 輸入 端保持在高電位)時，其輸出端 Q 的信號頻率將等於時脈輸入端的信號頻率除以 2 的值，如圖 7.1-17(d)所示，因此為一個模 2 計數器電路。對於需要模 2^n 計數器的場合中，只需要將 n 個非閘控 T 型正反器依序串接即可。

例題 8.1-1　(非同步模 2^3 正數計數器)

設計一個非同步模 8 正數(或是稱為上數)計數器(up counter)電路。

解：如圖 8.1-1(a)所示。將三個 JK 正反器均接成非閘控 T 型正反器，並依序將每一級的時脈輸入端，接往前級正反器的輸出端 Q，如此即成為一個非同步模 8 正數計數器。如圖 8.1-1(b)的時序圖所示，正反器 1 的輸出 y_1 為輸入信號 CP 除以 2 的值；正反器 2 的輸出 y_2 為正反器 1 的輸出 y_1 除以 2 的值；正反器 3 的輸出為 y_3 為正反器 2 的輸出 y_2 除以 2 的值，即 y_3 為 CP 除以 8(= 2^3)的值，所以為為一個模 8 計數器。

另外，由圖 8.1-1(b)的時序可以得知：$(y_3\ y_2\ y_1)$的值依序由 0、1、2、3、4、5、6、變化到 7，然後回到 0、1……6、7，依此循環，所以為一個正數計數器。綜合上述的討論，可以得知圖 8.1-1(a)的電路為一個非同步模 8 正數計數器。

(a) 邏輯電路

(b) 時序圖

圖8.1-1　非同步模 2^3(= 8)正數計數器

一般而言，當使用負緣觸發的正反器時，若後級的正反器時脈輸入信號是由前級正反器的非補數輸出端 Q 取得時為正數計數器；由前級正反器的補數輸出端 Q' 取得時為倒數計數器。因此，若使用一個 2×1 多工器選取非閘控 T 型正反器的時脈輸入信號的觸發來源是 Q 或是 Q' 時，該計數器即為一個正數/倒數計數器(up/down counter) (習題 8.2)。

模 $N(N \neq 2^n)$ 計數器

由於一般正反器均有兩個非同步輸入端：預置(preset)與清除(clear)，可以改變其輸出狀態，因此對於一個非同步模 $N(N \neq 2^n)$ 計數器而言，有兩種設計方式：使用預置輸入端與使用清除輸入端。下列將以使用清除輸入端的設計方式為例，說明非同步模 $N(N \neq 2^n)$ 計數器的設計方法。至於使用預置輸入端的設計方式，請參閱參考資料 3。

在使用清除輸入端的設計方式中，首先使用一個 n 級非同步計數器為基礎，然後使用一個外部的組合邏輯電路，偵測計數器的輸出狀態，當狀態 S_N 發生時，即產生一個短暫的輸出信號加於計數器中那些目前的輸出值為 1 的正反器之清除輸入端，清除其狀態，以強迫該計數器回到狀態 S_0，再依序往上計數。

例題 8.1-2　(非同步 BCD 正數計數器)

使用清除輸入端方式，設計一個非同步 BCD 正數計數器電路。

解：由於在 BCD 計數器中，一共有十個狀態，所以需要 $n = \lceil \log_2 N \rceil = 4$ 個非閘控 T 型正反器。將四個非閘控 T 型正反器接成 4 級非同步計數器，如圖 8.1-2(a)所示。因為 $S_N = 10$，而其二進制值為 $(y_4\, y_3\, y_2\, y_1) = (1010)$，因此將正反器 2 與 4 的輸出端 y_2 與 y_4 接到一個 2 個輸入端的 NAND 閘輸入端，如圖 8.1-2(a)所示，再將 NAND 閘的輸出端 A 接到正反器 2 與 4 的清除輸入端，如圖 8.1-2(a)所示即完成非同步 BCD 正數計數器的設計。圖 8.1-2(b)為其時序圖。注意：在狀態 S_9 後，正反器 2 與 4 的輸出端 y_2 與 y_4 會有短暫的 1 出現，即產生狀態 S_{10}。注意輸出端 y_2 的短暫 1 脈波可能促使正反器 3 (y_3)轉態，因而造成計數錯誤。解決之道為清除所有正反器的輸出為 0，令計數器回到狀態 S_0。

(a) 邏輯電路

(b) 時序圖

圖8.1-2　非同步模 10 正數計數器(使用清除輸入端方式)

　　注意在非同步漣波計數器中，正反器的時脈輸入端的觸發方式(正緣或是負緣)，輸出信號取出方式(Q 或是 Q')與正反器的時脈輸入信號來源(即由前級的 Q 或是 Q' 取得)等均會影響該計數器的操作模式(正數或是倒數)(習題 8.2)。

📖 複習問題

8.1. 試定義同步計數器與非同步計數器。

8.2. 何謂漣波計數器？

8.3. 使用清除輸入端的非同步模 N ($N \neq 2^n$)計數器的設計原理為何？

8.1.2 同步計數器設計

同步計數器可以分成控制型計數器(controlled counter)與自發型計數器(autonomous counter)兩種。前者除了加到每一個正反器的時脈信號(CP)外，也有一個致能控制端以啟動計數器的計數動作；後者則只要加入時脈信號，該計數器即自動發生計數的動作。

無論那一種類型的同步計數器，其設計方法均和一般同步循序邏輯電路的設計方法相同。現在依序討論這兩種計數器的設計。

控制型計數器

控制型計數器除了必要的時脈(CP)與可能的清除信號之外，亦包含計數器致能(enable)、模式控制(mode control)信號，或是兩者，以致能該計數器的動作或是選擇計數器的計數模式為正數或是倒數。控制型計數器的計數模數可以是 $N = 2^n$ 或是其它 $N \neq 2^n$ 的值。

例題 8.1-3 (控制型同步模 8 二進制正數計數器)

設計一個同步模 8 二進制正數計數器電路。假設計數器有一個控制輸入端 x，當 x 為 0 時，計數器暫停計數的動作並且維持在目前的狀態上；當 x 為 1 時，計數器正常計數。當計數器計數到 111 時，輸出端 z 輸出一個 1 的脈波，其它狀態下，z 的值均為 0。

解：依據題意，得到圖 8.1-3(a)的狀態圖與圖 8.1-3(b)的狀態表，由於計數器為二進制，因此使用下列狀態指定：

$S_0 = 000$	$S_1 = 001$	$S_2 = 010$	$S_3 = 011$
$S_4 = 100$	$S_5 = 101$	$S_6 = 110$	$S_7 = 111$

圖 8.1-3(c)為其轉態表。若使用 T 型正反器，則得到圖 8.1-3(d)的激勵表，利用卡諾圖化簡後，得到下列 T 型正反器的激勵與輸出函數為：

$$T_1 = x \qquad\qquad\qquad T_2 = xy_1$$

$$T_3 = xy_1y_2 \qquad\qquad\qquad z = xy_1y_2y_3$$

若是直接使用邏輯電路執行上述激勵與輸出函數時，該電路稱為並行進位模式 (parallel carry mode)。另一種執行方式稱為漣波進位模式(ripple carry mode)，如圖 8.1-3(e)所示，其激勵與輸出函數為：

PS	x	NS		x	z	
		0	1		0	1
S_0		S_0	S_1		0	0
S_1		S_1	S_2		0	0
S_2		S_2	S_3		0	0
S_3		S_3	S_4		0	0
S_4		S_4	S_5		0	0
S_5		S_5	S_6		0	0
S_6		S_6	S_7		0	0
S_7		S_7	S_0		0	1

(a) 狀態圖　　　　　　　　　　(b) 狀態表

PS			$Y_3\ Y_2\ Y_1$						z	
y_3	y_2	y_1	$x=0$			$x=1$			$x=0$	$x=1$
0	0	0	0	0	0	0	0	1	0	0
0	0	1	0	0	1	0	1	0	0	0
0	1	0	0	1	0	0	1	1	0	0
0	1	1	0	1	1	1	0	0	0	0
1	0	0	1	0	0	1	0	1	0	0
1	0	1	1	0	1	1	1	0	0	0
1	1	0	1	1	0	1	1	1	0	0
1	1	1	1	1	1	0	0	0	0	1

(c) 轉態表與輸出表

PS			$T_3\ T_2\ T_1$					
y_3	y_2	y_1	$x=0$			$x=1$		
0	0	0	0	0	0	0	0	1
0	0	1	0	0	0	0	1	1
0	1	0	0	0	0	0	0	1
0	1	1	0	0	0	1	1	1
1	0	0	0	0	0	0	0	1
1	0	1	0	0	0	0	1	1
1	1	0	0	0	0	0	0	1
1	1	1	0	0	0	1	1	1

(d) 激勵表

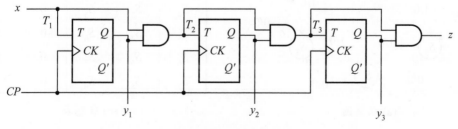

(e) 漣波進位模式電路

圖8.1-3　控制型同步模 8 二進制正數計數器

$$T_1 = x \qquad\qquad T_2 = xy_1 = T_1 y_1$$
$$T_3 = xy_1 y_2 = T_2 y_2 \qquad\qquad z = xy_1 y_2 y_3 = T_3 y_3$$

例題 8.1-4 (控制型同步模 8 二進制正數/倒數計數器)

設計一個同步模 8 二進制正數/倒數計數器電路。假設計數器有一個控制輸入端 x，當 x 為 0 時，計數器執行倒數動作；當 x 為 1 時，計數器執行正數動作。當計數器倒數到 000 或是正數到 111 時，輸出端 z 輸出一個 1 的脈波，其它狀態下，z 的值均為 0。

解：依據題意，得到圖 8.1-4(a)的狀態圖與圖 8.1-4(b)的狀態表，由於計數器為二進制，因此使用下列狀態指定：

$S_0 = 000$	$S_1 = 001$	$S_2 = 010$	$S_3 = 011$
$S_4 = 100$	$S_5 = 101$	$S_6 = 110$	$S_7 = 111$

圖 8.1-4(c)為其轉態表與輸出表。若使用 T 型正反器，則得到圖 8.1-4(d)的激勵表，利用卡諾圖化簡後，得到 T 型正反器的激勵與輸出函數：

$$T_1 = x + x' = 1 \qquad\qquad T_2 = xy_1 + x' y'_1$$
$$T_3 = xy_1 y_2 + x' y'_1 y'_2 \qquad\qquad z = xy_1 y_2 y_3 + x' y'_1 y'_2 y'_3$$

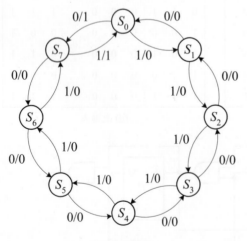

PS	x NS		x z	
	0	1	0	1
S_0	S_7	S_1	1	0
S_1	S_0	S_2	0	0
S_2	S_1	S_3	0	0
S_3	S_2	S_4	0	0
S_4	S_3	S_5	0	0
S_5	S_4	S_6	0	0
S_6	S_5	S_7	0	0
S_7	S_6	S_0	0	1

(a) 狀態圖 　　　　　　　　　　 (b) 狀態表

圖8.1-4　控制型同步模 8 二進制正數/倒數計數器

PS			Y_3 Y_2 Y_1		z	
y_3	y_2	y_1	$x=0$	$x=1$	$x=0$	$x=1$
0	0	0	1　1　1	0　0　1	1	0
0	0	1	0　0　0	0　1　0	0	0
0	1	0	0　0　1	0　1　1	0	0
0	1	1	0　1　0	1　0　0	0	0
1	0	0	0　1　1	1　0　1	0	0
1	0	1	1　0　0	1　1　0	0	0
1	1	0	1　0　1	1　1　1	0	0
1	1	1	1　1　0	0　0　0	0	1

(c) 轉態表與輸出表

PS			T_3 T_2 T_1	
y_3	y_2	y_1	$x=0$	$x=1$
0	0	0	1　1　1	0　0　1
0	0	1	0　0　1	0　1　1
0	1	0	0　1　1	0　0　1
0	1	1	0　0　1	1　1　1
1	0	0	1　1　1	0　0　1
1	0	1	0　0　1	0　1　1
1	1	0	0　1　1	0　0　1
1	1	1	0　0　1	1　1　1

(d) 激勵表

(e) 漣波進位模式電路

圖 8.1-4(續)　控制型同步模 8 二進制正數/倒數計數器

所以漣波進位模式的電路如圖 8.1-4(e)所示。至於並行進位模式的電路，則留予讀者做練習。

以上例題均為模 $N\ (=2^n)$，即 $n=3$ (模 8)的計數器，對於模 N 而 $N \neq 2^n$ 的計數器而言，其設計方法依然相同，所以不再贅述(習題 8.4 與 8.5)。

當然，執行一個模 N 的計數器，除了 T 型正反器外，其它型式的正反器：JK 正反器、SR 正反器、D 型正反器，也都可以使用(習題 8.3)。

自發型計數器

自發型計數器除了必要的時脈(CP)信號之外，並無其它計數器輸入信號。當然，在實際應用電路中，可能會包含一個清除控制輸入，以方便在需要時清除計數器。自發型計數器亦可以設計成正數或是倒數，且其計數模數可以是 $N=2^n$ 或是其它 $N \neq 2^n$ 的值。

例題 8.1-5 (自發型同步模 8 二進制正數計數器)

設計一個同步模 8 二進制正數計數器電路。假設在每一個時脈信號的正緣時，計數器即自動往上計數一次，當計數器計數到 111 時，輸出端 z 輸出一個 1 的脈波，其它狀態下，z 的值均為 0。

解：依據題意，得到圖 8.1-5(a)的狀態圖，由於計數器轉態的發生只由時脈信號驅動，因此得到圖 8.1-5(b)的狀態表，使用與例題 8.1-4 相同的狀態指定，並且使用 T 型正反器，則得到圖 8.1-5(c)的轉態表、輸出表、激勵表，利用卡諾圖化簡後，得到下列 T 型正反器的激勵與輸出函數：

$$T_1 = 1 \qquad\qquad\qquad T_1 = 1$$
$$T_2 = y_1 \qquad\qquad\qquad T_2 = y_1$$
$$T_3 = y_1 y_2 \qquad\qquad\qquad T_3 = T_2 y_2$$
$$z = y_1 y_2 y_3 \qquad\qquad\qquad z = T_3 y_3$$

所以連波進位模式的計數器電路如圖 8.1-5(d)所示。

(a) 狀態圖

PS	NS $CP\uparrow$	z $CP\uparrow$
S_0	S_1	0
S_1	S_2	0
S_2	S_3	0
S_3	S_4	0
S_4	S_5	0
S_5	S_6	0
S_6	S_7	0
S_7	S_0	1

(b) 狀態表

y_3	y_2	y_1	Y_3	Y_2	Y_1 $CP\uparrow$	z	T_3	T_2	T_1
0	0	0	0	0	1	0	0	0	1
0	0	1	0	1	0	0	0	1	1
0	1	0	0	1	1	0	0	0	1
0	1	1	1	0	0	0	1	1	1
1	0	0	1	0	1	0	0	0	1
1	0	1	1	1	0	0	0	1	1
1	1	0	1	1	1	0	0	0	1
1	1	1	0	0	0	1	1	1	1

(c) 轉態表、輸出表、與激勵表

(d) 連波進位模式電路

圖8.1-5 自發型同步模 8 二進制正數計數器

　　雖然，一般的計數器其計數的次序大多數是以二進制或是格雷碼的方式遞增或是遞減，但是有時候也需要一種計數器，其計數的方式是一種較特殊的次序。此外，在實際的數位系統應用上也常常需要一種其模數 N 不是 2^n 的計數器。

例題 8.1-6　(自發型同步模 5 計數器)

　　使用 JK 正反器，設計一個自發型同步模 5 計數器，其計數的次序為：

$$000 \rightarrow 001 \rightarrow 010 \rightarrow 011 \rightarrow 100 \rightarrow 000$$

解：依據題意，得到圖 8.1-6(a)的轉態表與激勵表，利用圖 8.1-6(b)的卡諾圖化簡後，得到 JK 正反器的激勵函數：

PS y_3 y_2 y_1			Y_3 Y_2 Y_1 $CP\uparrow$			$CP\uparrow$ J_3	K_3	J_2	K_2	J_1	K_1
0	0	0	0	0	1	0	ϕ	0	ϕ	1	ϕ
0	0	1	0	1	0	0	ϕ	1	ϕ	ϕ	1
0	1	0	0	1	1	0	ϕ	ϕ	0	1	ϕ
0	1	1	1	0	0	1	ϕ	ϕ	1	ϕ	1
1	0	0	0	0	0	ϕ	1	0	ϕ	0	ϕ

　　　　　轉態表　　　　　激勵表

(a) 轉態表與激勵表

$J_1 = y'_3$　　　　　$J_2 = y_1$　　　　　$J_3 = y_1 y_2$

$K_1 = 1$　　　　　$K_2 = y_1$　　　　　$K_3 = 1$

(b) 卡諾圖

圖 8.1-6　自發型同步模 5 計數器

(c) 邏輯電路

圖 8.1-6(續)　自發型同步模 5 計數器

$J_1 = y'_3$	$J_2 = y_1$	$J_3 = y_1 y_2$
$K_1 = 1$	$K_2 = y_1$	$K_3 = 1$

其邏輯電路如圖 8.1-6(c)所示。

📖複習問題

8.4. 同步計數器可以分成那兩種？

8.5. 何謂控制型計數器？

8.6. 何謂自發型計數器？

8.1.3 計數器分析

　　計數器(同步或非同步)電路的分析方法與一般同步循序邏輯電路相同，通常是由正反器的特性函數求得計數器的轉態表，因而得到計數器的輸出序列。但是在非同步計數器中，也必須考慮正反器時脈輸入端的觸發信號，因為在這種電路中，正反器的時脈輸入信號通常是來自前級正反器的輸出端 Q(第 8.1.1 節)。

例題 8.1-7　(非同步計數器電路分析)

　　分析圖 8.1-7(a)的非同步計數器電路。

解：因為該計數器電路為非同步(漣波)計數器，其正反器的時脈輸入是來自外部或是前級正反器的輸出端 Q，因此需要將觸發信號列入考慮。使用 JK 正反器的特性函數：

$$Q(t+1) = JQ'(t) + K'Q(t)$$

將每一個 JK 正反器的資料輸入端的交換函數分別代入上述特性函數後得到：

$CP\downarrow$：$Y_1(t+1) = y'_3\,y'_1 + y_3 y_1 = y_1 \odot y_3$（$CP\downarrow$ 表示 CP 的負緣）

$y_1\downarrow$：$Y_2(t+1) = y'_2$

$CP\downarrow$：$Y_3(t+1) = y_1 y_2 y'_3 + y_2 y_3$

依序將 $(y_3 y_2 y_1)$ 的 8 個二進制值代入上述各式，求出對應的下一狀態值後得到圖 8.1-7(b) 的轉態表與圖 8.1-7(c) 的狀態圖。注意：$Y_1(t+1)$ 與 $Y_3(t+1)$ 每當時脈信號(CP)的負緣時，即更新其值，而 $Y_2(t+1)$ 只當 JK 正反器 1 的輸出端的值 y_1，由 1 變為 0 時，才更新其值，其它情況則保持不變。

(a) 邏輯電路

PS			NS		
y_3	y_2	y_1	$CP\downarrow:Y_3$	$y_1\downarrow:Y_2$	$CP\downarrow:Y_1$
0	0	0	0	0	1
0	⓪	①	0	1	⓪
0	1	0	0	1	1
0	①	①	1	0	⓪
1	0	0	0	0	0
1	0	1	0	0	1
1	1	0	1	1	0
1	1	1	1	1	1

當 y_1 負緣時，$Y_2 = y'_2$。

(b) 轉態表　　　　(c) 狀態圖

圖8.1-7　例題 8.1-7 的非同步計數器

例題 8.1-8 (同步計數器電路分析)

分析圖 8.1-8(a)的同步計數器電路。

解：使用 JK 正反器的特性函數：

$$Q(t+1) = JQ'(t) + K'Q(t)$$

將每一個 JK 正反器的資料輸入端的交換函數分別代入上述特性函數後得到：

$$Y_1(t+1) = y'_2\, y'_1 + y_2 y_1 = y_1 \odot y_2$$

$$Y_2(t+1) = y_1 y'_2 + y_1 y_2 = y_1$$

依序將($y_2 y_1$)的 4 個二進制值代入上述各式，求出對應的下一狀態值後得到圖 8.1-8(b)的狀態表與圖 8.1-8(c)的狀態圖。

(a) 邏輯電路

PS		$CP\uparrow$	NS
y_2	y_1	Y_2	Y_1
0	0	0	1
0	1	1	0
1	0	0	0
1	1	1	1

(b) 轉態表

(c) 狀態圖

圖8.1-8 例題 8.1-8 的同步計數器

在上述兩個計數器電路中，計數器的狀態除了一個正常的迴圈外，也包括一個或是兩個其它的狀態迴圈。這表示該計數器若是受到電源重置或是雜音的影響，而進入這些沒有用到的狀態迴圈後，該計數器的動作即偏離原先設計的正常動作，而在這些迴圈內循環，無法回到正常的狀態迴圈內。一般而言，當一個同步循序邏輯電路中有未用到的狀態(變數組合)存在時，即有可能發生上述現象。解決的方法是將這些未使用的狀態適當的導引到某些在正常迴圈中的狀態上，因此當電路停留在這些未用到的狀態時，經過一個(或是兩個)時脈後即會回到正常的動作迴圈上。若一個同步循序邏輯電路能夠由任何狀態開始，而最後終究會回到正常的動作迴圈上時稱為自我啟動(self-starting)或是自我校正(self-correcting)電路。

若一個同步循序邏輯電路經過分析之後，發現它並不是一個自我啟動的電路時，為了保證電路能正確地工作，必須重新設計該電路，使其成為自我啟動的電路(請參考第 7.2.3 節)。

例題 8.1-9　(自我啟動同步模 3 計數器)

重新設計例題 8.1-8 的計數器電路，使成為自我啟動的電路。

解：如圖 8.1-9(a)的狀態圖所示，將狀態 11 引導到狀態 00 上，然後重新設計該電路。圖 8.1-9(b)為其轉態表與激勵表，利用圖 8.1-9(c)的卡諾圖化簡後，得到 *JK* 正反器的激勵函數：

(a) 狀態圖　　　　　(b) 轉態表與激勵表

(c) 卡諾圖

圖8.1-9　自我啟動同步模 3 計數器

(d) 邏輯電路

圖 8.1-9(續)　自我啟動同步模 3 計數器

$$J_1 = y'_2 \qquad\qquad J_2 = y_1$$
$$K_1 = 1 \qquad\qquad K_2 = 1$$

其邏輯電路如圖 8.1-9(d)所示。

📖 複習問題

8.7. 何謂自我啟動電路？

8.8. 若一個計數器不是自我啟動電路，如何使它成為自我啟動電路？

8.1.4 商用 MSI 計數器

在商用的 MSI 計數器中，較常用的非同步計數器有 SN74x90(除 2 與除 5)與 SN74x92(除 2 與除 6)、及 SN74x93(除 2 與除 8)等電路。較常用的同步計數器則有下列數種：

1. 可預置 BCD 正數計數器(SN74x160/74x162)；

2. 可預置 BCD 正數／倒數計數器(SN74x190/74x192)；

3. 可預置 4 位元二進制正數計數器(SN74x161/74x163)；

4. 可預置 4 位元二進制正數／倒數計數器(SN74x191/74x193)。

下列將以 SN74x161/x163 計數器為例，介紹商用可預置型計數器的基本特性與應用。SN74x161/x163 MSI 計數器的邏輯電路如圖 8.1-10(a)所示。SN74x161 與 SN74x163 的唯一差別在於這兩個計數器電路的清除(clear)控制方式不同。在 SN74x161 中，清除控制為非同步的方式，但是在 SN74x163

(a) 邏輯電路

(b) 邏輯符號

(c) 狀態圖

圖8.1-10　商用 MSI 計數器(SN74x161/163)

中,則為同步的方式。這兩個計數器都是可預置型的同步模 16 二進制正數計數器,其邏輯符號與狀態圖分別如圖 8.1-10(b)與(c)所示。

可預置型計數器的好處是可以設置該計數器的啟始狀態,因此可以隨意地設定其計數的模數(N 值)。

例題 8.1-10 (SN74x161/x163 應用)

利用 SN74x161/x163,設計一個模 6 計數器,其輸出序列依序為:

$$1010 \rightarrow 1011 \rightarrow 1100 \rightarrow 1101 \rightarrow 1110 \rightarrow 1111 \rightarrow 1010$$

解:如圖 8.1-11 所示,將資料輸入端($P_D P_C P_B P_A$)設置為 1010,並將進位輸出端 C_O 經過一個 NOT 閘接到 PL' 輸入端。如此計數器即可以依序由 1010、1011、1100、1101、1110,計數到 1111,然後 C_O 上升為 1,因此將 1010 重新載入計數器中,重新開始另一個循環的計數。

圖8.1-11 例題 8.1-10 的電路

例題 8.1-11 (SN74x163 應用)

利用 SN74x163,設計一個模 10 計數器,其輸出序列依序為:

$$0000 \rightarrow 0001 \rightarrow 0010 \rightarrow \cdots\cdots \rightarrow 1000 \rightarrow 1001 \rightarrow 0000$$

解:如圖 8.1-12(b)所示,利用一個 NAND 閘與兩個 NOT 閘解出 1001 的信號後,當做為 CLR' 的控制信號,清除計數器的所有正反器的輸出值為 0,使其回到狀態 0000,如圖 8.1-12(a)的狀態圖所示。由於 SN74x163 的清除控制信號為同步的方式,所以一旦偵測到 1001 出現時也必須等到下一個時脈的正緣時,計數器才會回到狀態 0000 上,如圖 8.1-12(a)的狀態圖所示。

(a) 狀態圖　　　　　　　　　　　　(b) 邏輯電路

圖8.1-12　例題 8.1-11 的計數器

📖 複習問題

8.9.　SN74x163 為一個何種功能的計數器？

8.10.　在 SN74x163 中，如何設定計數器的初始狀態？

8.2 暫存器與移位暫存器

　　暫存器(register)是一群二進位儲存單元的集合，可以用來儲存二進位資料。每一個儲存單元通常為一個正反器，因此可以儲存一個位元的資料。對於一個 n 位元暫存器而言，它一共可以儲存 n 個位元的資料。一個正反器也可以視為一個單一位元的暫存器。

　　移位暫存器(shift register)除了可以儲存資料外，也可以將儲存的資料向左或是向右移動一個位元位置。一個 n 位元的移位暫存器是由 n 個正反器(通常為 D 型正反器)串接而成，並且以一個共同的時脈來驅動。

8.2.1 暫存器

　　最簡單的暫存器如圖 8.2-1 所示，只由一些 D 型正反器組成，並且以一個共同的時脈(CP)來驅動。在每一個時脈正緣時，D 型正反器將其輸入端 D

的資料取樣後呈現於輸出端 Q 上。這種電路的優點是簡單，缺點則是連續的脈波序列將連續地取樣輸入資料因而連續地改變正反器輸出端 Q 的值。解決之道是採用一個載入(load)控制，如圖 8.2-2(a)所示，只在適當(或是需要)的時候，才將輸入資料載入正反器中，其它時候則正反器的內容保持不變。

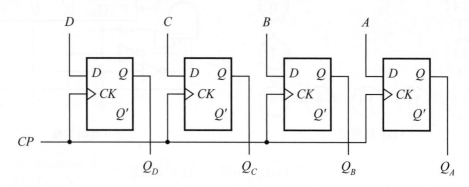

圖8.2-1　4 位元暫存器

在圖 8.2-2(a)所示的電路中，所有正反器均接收連續的時脈 CP，然而由於所有 D 型正反器的資料輸入端 D 在載入控制為 0 時，都直接連接到它自己的資料輸出端 Q，因此相當於將自己的輸出值再取樣後，回存到自己的資料輸出端 Q 上，因此每一個正反器的輸出值仍然維持不變。欲將正反器資料輸入端 D 的資料載入正反器時，載入控制必須啟動為高電位，以選擇 2 對 1 多工器的輸出資料路徑為外部資料輸入(D、C、B、A)，然後在 CP 脈波正緣時將它載入正反器中，如圖 8.2-2(a)所示。

清除輸入端(clear)用來清除正反器的內容為 0，它為一個非同步的控制輸入端，並且為低電位啟動的方式。當它為 0 時，所有正反器均被清除為 0；在正常工作時，它必須維持在 1 電位。為了讓使用此一電路的其它電路只需要提供一個而不是四個邏輯閘負載的推動能力，在圖 8.2-2(a)所示電路中的載入、CP、清除等輸入端上均加上一個緩衝閘。一般而言，在設計一個邏輯電路模組時，通常必須加上適當的緩衝閘，以使該邏輯電路模組的任何輸入端對於它的推動電路而言，只相當於一個邏輯閘的負載。圖 8.2-2(a)電路的邏輯符號如圖 8.2-2(b)與(c)所示。

(a) 邏輯電路

(b) 邏輯符號　　　　(c) 另一種邏輯符號

圖8.2-2　具有載入與清除控制的 4 位元暫存器

📖複習問題

8.11. 暫存器與移位暫存器的主要區別為何？

8.12. 圖 8.2-1 的暫存器電路有何重大缺點？

8.13. 在圖 8.2-2(a)所示電路中的載入、*CP*、清除等輸入端上均加上一個緩衝閘，其目的何在？

8.2.2　移位暫存器

　　最簡單的移位暫存器只由一群 *D* 型正反器串接而成，如圖 8.2-3(a)所示，而以一個共同的時脈(*CP*)驅動所有的正反器。串列輸入(serial input，*SI*)端用來決定在移位期間輸入到最左端正反器中的資料；串列輸出(serial output，*SO*)端則是最右端的正反器輸出的資料。在每一個時脈正緣時，暫存器中的資料向右移動一個位元位置，如圖 8.2-3(b)的時序圖所示。

(a) 邏輯電路

(b) 時序圖

圖8.2-3　4位元移位暫存器

　　與暫存器一樣,移位暫存器通常也需要具有載入並列資料的能力。此外,除了將資料向右移動一個位置之外,在數位系統的應用中,它通常也必須能夠將暫存器中的資料向左移動一個位置。一般而言,若一個移位暫存器同時具有載入並列資料的能力與左移和右移的功能時,稱為通用移位暫存器(universal shift register)。若一個移位暫存器只能做左移或是右移的動作時,稱為單向移位暫存器(unidirectional shift register);若可以做左移與右移的動作但是不能同時時,則稱為雙向移位暫存器(bidirectional shift register)。

　　典型的通用移位暫存器方塊圖如圖 8.2-4(a)所示。由於它具有並列輸入與輸出資料的能力,同時又具有左移與右移的功能,因此它可以當作下列四種功能的暫存器使用:

1. 串列輸入並列輸出(serial-in parallel-out,SIPO)暫存器;

(a) 邏輯電路

(b) 邏輯符號

S_1	S_0	功能
0	0	不變
0	1	右移
1	0	左移
1	1	載入並列資料

(c) 功能表

圖8.2-4 4 位元通用移位暫存器

2. 串列輸入串列輸出(serial-in serial-out，SISO)暫存器；

3. 並列輸入串列輸出(parallel-in serial-out，PISO)暫存器；

4. 並列輸入並列輸出(parallel-in parallel-out，PIPO)暫存器。

圖 8.2-4(a)所示電路的邏輯符號與功能表分別如圖 8.2-4(b)與(c)所示。

當多工器的來源選擇線 $S_1 S_0$ 的值為 00 時，由於每一個 D 型正反器的輸出端 Q 均直接接回各自的資料輸入端 D，因此暫存器的資料維持不變；當多工器的來源選擇線 $S_1 S_0$ 的值為 01 時，每一個 D 型正反器的輸出端 Q 均直接接往右邊 D 型正反器的資料輸入端 D，而最左邊的 D 型正反器的資料輸入端則由右移串列輸入端輸入資料，因此為一個右移暫存器；當多工器的來源選擇線 $S_1 S_0$ 的值為 10 時，每一個 D 型正反器的輸出端 Q 均直接接往左邊 D 型正反器的資料輸入端 D，而最右邊的 D 型正反器的資料輸入端則由左移串列輸入端輸入資料，因此為一個左移暫存器；當多工器的來源選擇線 $S_1 S_0$ 的值為 11 時，每一個 D 型正反器的資料輸入端直接接往外部的並列資料(D、C、B、A)輸入端，因此可以並列的載入外部資料。

📖 複習問題

8.14. 試定義單向移位暫存器、雙向移位暫存器、通用移位暫存器。

8.15. 在圖 8.2-3(a)中的串列資料輸入端(SI)與串列資料輸出端(SO)的功能為何？

8.16. 典型的通用移位暫存器可以當作那四種功能的暫存器使用？

8.2.3 隨意存取記憶器(RAM)

隨意存取記憶器(random access memory，RAM)為一個循序邏輯電路，它由一些基本的記憶器單元(memory cell，MC)與位址解碼器組成。在半導體 RAM 中，由邏輯電路的觀點而言，每一個記憶器單元(MC)均由一個正反器與一些控制此正反器的資料存取(access，包括寫入與讀取)動作的邏輯閘電路組成，如圖 8.2-5(a)所示，當 X AND $R/W' = 1$ 時，記憶器單元為讀取動作；當 X AND $(R/W')' = 1$ 時，記憶器單元為寫入動作。

一般為使記憶器能同時容納更多的位元，均將多個記憶器單元並列，而以共同的 X 與 R/W' 來選擇與控制，以同時存取各個記憶器單元的資料，如圖 8.2-5(c)所示，當 $X = 1$ 時，四個記憶器單元均被致能，所以在 R/W' 控制下，它們都可以同時存入或是取出四個不同的資料位元($D_3 \sim D_0$)。一般而言，當 n 個記憶器單元以上述的方式並列在一起時，稱為一個 n 位元語句，n 的大小(稱為語句長度)隨記憶器類型而定，一般為 2^m，而 m 的值通常為 0 或是正整數。

(a) 電路

(b) 邏輯符號

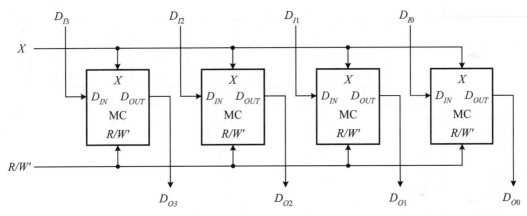

(c) 4位元記憶器

圖8.2-5　RAM 基本結構

　　圖 8.2-6(a)為一個典型的 RAM 結構圖，它由一個 4 對 2^4 解碼器與 16 個 4 位元語句的記憶器單元組成。十六個 4 位元語句分別由 4 對 16 解碼器輸入端的位址信號值($A_3 \sim A_0$)選取，被選取的語句可以在 R/W' 控制下進行資料的存取。圖 8.2-6(b)為其邏輯符號。

　　由於 RAM 元件也是一個模組化的邏輯電路元件，在實際應用上，通常必須將多個元件並接使用以擴充語句的位元數目，稱為語句寬度擴充，或是將多個元件串接使用以擴充語句的數目，稱為記憶器容量擴充，以符合數位系統實際上的需要。詳細的討論請參考參考資料 4 與 5。

(a) 電路結構

(b) 邏輯符號

圖8.2-6 典型的 RAM 電路結構

📖 複習問題

8.17. 試定義語句寬度擴充與記憶器容量擴充。

8.18. 為何隨意存取記憶器為一個循序邏輯電路？

8.3 移位暫存器的應用

移位暫存器的應用相當廣泛，最常用的有下列兩種：

1. 資料格式(data format)轉換；

2. 序列產生器(sequence generator)。

本節中,將依序討論這些電路的基本結構與設計原理。

8.3.1 資料格式轉換

在大多數的數位系統內,資料的傳送都是並列的方式,但是當該系統欲傳送資料到外部(例如終端機,terminal)時,則必須以串列方式傳送,結果該系統與外部電路之間的通信必須透過一個資料格式的轉換電路,將並列資料轉換為串列資料或是將串列資料轉換為並列資料。前者通常採用 PISO 暫存器,將並列資料載入該暫存器後,再以串列輸出方式取出;後者則採用 SIPO 暫存器,依序載入串列的資料於該暫存器後,再以並列輸出的方式取出資料。

在實際應用中,由於移位暫存器中的暫存器數目(即長度)是有限制的,因此必須將資料序列切割成一序列的資料框(frame)。每一個資料框當作一個個體,而其長度則等於移位暫存器的長度。在 PISO 的轉換中,每次將一個資料框並列地載入暫存器中,然後串列移出;在 SIPO 的轉換中,則依序將一個資料框的資料串列移入暫存器後,再以並列方式取出。

串列資料轉移

一般而言,兩個數位系統之間的資料轉移方式可以分成並列轉移(parallel transfer)與串列轉移(serial transfer)兩種。前者在一個時脈內,即可以將欲轉移的多個位元資料同時傳送到另一個系統中;後者則以串列的方式,以一個時脈一個位元的方式傳送。以速度而言,並列方式遠較串列方式為快;以成本而言,若考慮長距離的資料傳送,則以串列方式較低。

例題 8.3-1 (串列資料轉移)

設計一個串列資料轉移系統,當轉移控制輸入信號(TC)為高電位期間時,移位暫存器 A 中的資料位元即依序以串列方式轉移到移位暫存器 B 中。

解:系統方塊圖如圖 8.3-1(a)所示,利用一個 OR 閘(註:較使用 AND 閘為佳)由 TC 與系統時脈ϕ中產生移位暫存器所需要的移位時脈 CP。只要 TC 輸入信號維持在高電位時,移位暫存器 A 中的資料位元即依序轉移到移位暫存器 B 中,詳細的時序如圖 8.3-1(b)所示。

(a) 方塊圖

(b) 時序圖

圖8.3-1 串列資料轉移

除了直接轉移資料到另外一個移位暫存器中之外,兩個移位暫存器中的資料也可能經過運算後,再轉移到另外一個移位暫存器或是存回原先的暫存器內。

例題 8.3-2 (4 位元串列加法器)

利用兩個 4 位元移位暫存器與一個同步循序邏輯電路,設計一個 4 位元串列加法器電路。

解:依據題意,得到圖 8.3-2(a)的電路方塊圖,欲相加的兩個數目分別儲存在移位暫存器 A 與 B 中,並清除同步循序邏輯電路,使其回到初始狀態上,接著依序由兩個移位暫存器中各移出一個位元,經過同步循序邏輯電路運算後,得到的結果再存回移位暫存器 A 中,如此經過 4 個時脈之後,移位暫存器 B 的內容即為兩個數的總和,而 C_{OUT} 為最後的進位輸出。

同步循序邏輯電路的狀態表如圖 8.3-2(b)所示,其中狀態 A 表示目前的進位輸入為 0,狀態 B 表示目前的進位輸入為 1。轉態表與輸出表如圖 8.3-2(c)所示,假設使用 D 型正反器,則激勵表與轉態表相同,利用卡諾圖化簡後得到正反器的激勵與輸出函數為:

$$Y = x_1 x_2 + x_1 y + x_2 y$$

$$z = x'_1 x'_2 y + x'_1 x_2 y' + x_1 x'_2 y' + x_1 x_2 y = x_1 \oplus x_2 \oplus y$$

因此上述交換函數為全加器電路，其中 Y 相當於 C_{OUT} 而 z 相當於 S，所以直接以全加器與 D 型正反器執行，結果的電路如圖 8.3-2(d)所示。

(a) 電路方塊圖　　　　　　　　　　　(d) 邏輯電路

PS	x_1x_2		NS, z	
	00	01	11	10
A	A,0	A,1	B,0	A,1
B	A,1	B,0	B,1	B,0

(b) 同步循序邏輯電路狀態表

y	x_1x_2		Y		x_1x_2		z	
	00	01	11	10	00	01	11	10
0	0	0	1	0	0	①	0	①
1	0	1	1	1	①	0	①	0

(c) 同步循序邏輯電路的轉態表與輸出表

圖8.3-2　4 位元串列加法器電路

📖 複習問題

8.19. 一般而言，兩個數位系統之間的資料轉移方式可以分成那兩種？

8.20. 試定義串列轉移與並列轉移。

8.3.2　序列產生器

移位暫存器除了當做資料格式的轉換之外，也常常用來當做序列產生器。所謂的序列產生器是指一個在外加時脈同步下能夠產生特定 0 與 1 序列的數位系統。這種電路可以當做計數器、時序產生器等。

基本的 n 級序列產生器電路的結構如圖 8.3-3 所示，它由 n 個 D 型正反器組成的移位暫存器與一個用來產生該移位暫存器的右移串列輸入信號(即 D_0)的組合邏輯電路組成。D_0 為 n 個 D 型正反器輸出(Q 或是 Q')的函數，即

$$D_0 = f(Q_{n-1}, \ldots, Q_1, Q_0)$$

圖8.3-3　n 級序列產生器電路的基本結構

標準環型計數器

環型計數器(ring counter)的兩種基本型式為：標準環型(standard-ring)與扭環(twisted-ring)。模 n 的標準環型計數器需要使用 n 個正反器(即 n 級)的移位暫存器；模 n 的扭環計數器需要 $n/2$ 級的移位暫存器。標準環型計數器的特性為每一個時脈期間只有而且必須有一個正反器的輸出值為 1，其設計方式如下列例題所示。

例題 8.3-3　(標準環型計數器)

設計一個模 4 標準環型計數器電路。

解：依據標準環型計數器的定義，每一個時脈期間只有而且必須有一個正反器的輸出值為 1，並且模 4 的電路必須使用 4 級移位暫存器，若假設移位暫存器的初值($wxyz$) = 1000，則得到圖 8.3-4(a)的 D_0 真值表，利用圖 8.3-4(b)的卡諾圖化簡後，得到 D_0 的交換函數：

$$D_0 = z$$

結果的邏輯電路如圖 8.3-4(c)所示。

狀態	D_0	w	x	y	z
S_0	0	1	0	0	0
S_1	0	0	1	0	0
S_2	0	0	0	1	0
S_3	1	0	0	0	1
S_0	0	1	0	0	0

(a) D_0真值表

(b) 卡諾圖

(c) 邏輯電路

圖8.3-4　模 4 標準環型計數器

　　一般而言，模 n 的標準環型計數器具有 n 個成立的狀態與 $2^n - n$ 個不成立的狀態。圖 8.3-5 為圖 8.3-4(c)的模 4 標準環型計數器的狀態圖。由圖可以得知，除了圖 8.3-5(a)的成立的計數序列迴圈外，還包括了其它五個不成立的計數序列迴圈，如圖 8.3-5(b)所示，而且這些不成立的計數序列迴圈均為獨立的迴圈，因此該計數器電路一旦進入這些迴圈之後，將被鎖住在這些迴圈之內而無法回到正常的計數序列迴圈中。為使電路能成為自我啟動的電路，必須加入額外的電路來導引這些不成立的計數序列迴圈到正常的計數序列迴圈上，常用的方法為使用下列交換函數：

　　$D_0 = (w + x + y)'$

取代原先的 D_0。讀者不難由其狀態圖證明該計數器在進入不成立的計數序列後，最多只需要四個時脈的時間即可以回到正常的計數序列迴圈上(習題 8.19)。

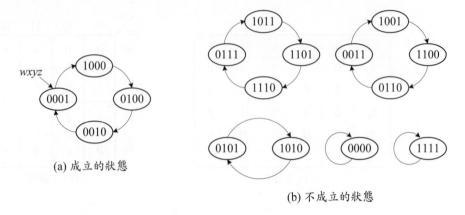

(a) 成立的狀態

(b) 不成立的狀態

圖8.3-5　圖 8.3-4(c)模 4 標準環型計數器的狀態圖

扭環計數器

扭環計數器又稱為詹森計數器(Johnson counter)或是尾端交換計數器 (switch-tail counter)。典型的 n 級移位暫存器構成的扭環計數器具有 $2n$ 個計數狀態。扭環計數器的設計方法如下列例題所示。

例題 8.3-4　(扭環計數器)

設計一個模 8(4 級)扭環計數器電路，其正反器的輸出值 w、x、y、z 如圖 8.3-6(a)所示。

解：利用圖 8.3-6(b)的卡諾圖化簡後，得到 D_0 的交換函數為：

$$D_0 = z'$$

結果的邏輯電路如圖 8.3-6(c)所示。

如前所數，一個 n 級的扭環計數器具有 $2n$ 個成立的狀態與 $2^n - 2n$ 個不成立的狀態。與標準環型計數器一樣，扭環計數器也會鎖住在一些不成立的狀態迴圈(習題 8.20)上。為了避免這種現象，必須將計數器電路修正為自我啟動的電路，常用的方法為將 D_2 的交換函數改為：

$$D_2 = (w + y)\, x$$

讀者不難由其狀態圖證明這樣修正後，該扭環計數器為一個自我啟動的電路(習題 8.21)。

狀態	D_0	w	x	y	z
S_0	1	0	0	0	0
S_1	1	1	0	0	0
S_2	1	1	1	0	0
S_3	1	1	1	1	0
S_4	0	1	1	1	1
S_5	0	0	1	1	1
S_6	0	0	0	1	1
S_7	0	0	0	0	1
S_0	1	0	0	0	0

(a) D_0真值表

(b) 卡諾圖

(c) 邏輯電路

圖8.3-6　模 8(4 級)扭環計數器

上述扭環計數器的計數序列為 $2n$ 個(n 為正反器的數目)，即為模 $2n$ 計數器，在實用上也可以設計一個不是模 $2n$ 的扭環計數器。例如下列例題的模 7 扭環計數器電路。

例題 8.3-5　(模 7 扭環計數器)

設計一個模 7(4 級)扭環計數器電路，其正反器的輸出如圖 8.3-7(a)所示。

解：利用圖 8.3-7(b)的卡諾圖化簡後，得到 D_0 的交換函數為：

$$D_0 = y'z' = (y+z)'$$

結果的邏輯電路如圖 8.3-7(c)所示。

狀態	D_0	w	x	y	z
S_0	1	0	0	0	0
S_1	1	1	0	0	0
S_2	1	1	1	0	0
S_3	0	1	1	1	0
S_4	0	0	1	1	1
S_5	0	0	0	1	1
S_6	0	0	0	0	1
S_0	1	0	0	0	0

(a) D_0真值表

(b) 卡諾圖

(c) 邏輯電路

圖8.3-7　模 7 扭環計數器

📖複習問題

8.21. 試定義序列產生器。

8.22. 環型計數器有那兩種基本型式？

8.23. 何謂詹森計數器、扭環計數器？

8.4 時序產生電路

　　本節中，將依序討論時脈產生器、時序產生器、數位單擊等電路，其中時脈產生器產生週期性的時脈信號；時序產生器由時脈產生器導出需要的時序控制信號；數位單擊電路則在觸發信號啟動時即產生一個預先設定時距的信號輸出。

8.4.1 時脈產生器

在數位系統中常用的時脈產生器大約可以分成兩類：一類是利用石英晶體回授的振盪器電路；另一類則是使用 *RC* 回授的振盪器電路。前者可以提供穩定的時脈信號；後者則可以依據實際的需要調整其頻率與脈波寬度。

石英晶體回授型振盪器

典型的石英晶體回授型振盪器電路如圖 8.4-1 所示。圖 8.4-1(a)為使用 TTL 邏輯閘構成的振盪器電路；圖 8.4-1(b)則為使用 CMOS 邏輯閘構成的振盪器電路。在圖 8.4-1(a)中，反相器 A 為一個電流對電壓放大器，其增益為 $A_A = V_{OUT}/I_{in} = -R_1$；反相器 B 和反相器 A 相同，其增益 $A_B = -R_2$，兩個反相器經由 0.01 μF 的電容耦合後形成一個提供 360° 相移的複合放大器，其增益為 $A = R_1 R_2$。反相器 B 的部分輸出信號經由石英晶體回授後，回饋到反相器 A 的輸入端，反相器 A 與 B 形成正回授放大器，因此產生振盪，其振盪頻率則由石英晶體的串聯 *RLC* 等效電路的諧振頻率決定。一般而言，這種時脈產生器電路可以產生 1 到 20 MHz 的時脈信號。

(a) 使用TTL邏輯閘　　　　　　　　　(b) 使用CMOS邏輯閘

圖8.4-1　時脈產生器電路(1~20 MHz)

反相器 C 做為輸出緩衝放大器，以提供在保特上昇時間與下降時間皆小於 10 ns 的條件下，能夠推動 330 Ω 與 100 pF 並聯的負載。

在圖 8.4-1(b)中石英晶體與 CMOS 反相器組成考畢子振盪器(Colpitts oscillator)電路。電路中的電阻器 R 將反相器偏壓在它的電壓轉換曲線的轉態區中的中心點(圖 3.3-5(b))，使其操作在高增益區，以提供足夠的迴路增益，維繫振盪動作的持續進行。

RC 回授型振盪器

在數位電路中，最簡單而且常用的 RC 回授型振盪器電路為 555 定時器(timer)振盪器。555 定時器電路的基本結構如圖 8.4-2 所示，它由兩個比較器、一個 SR 門閂電路、一個放電電晶體 Q_1，與一個輸出緩衝器組成。若 V_{CC} 使用+5 V，則此定時器可以與 74xx 系列的 TTL 與 CMOS 邏輯族系電路匹配使用。

圖8.4-2 555 定時器的基本結構

在 555 定時器的內部有三個電阻值相等的電阻器串聯後分別提供比較器 1 與 2 的參考電壓，其中比較器 1 的參考電壓為 $+ (2/3)V_{CC}$，而比較器 2 的參考電壓為 $+ (1/3)V_{CC}$。因此當比較器 1 的另一個輸入端(稱為臨限(threshold)輸入端，T_h)的電壓值大於 $+ (2/3)V_{CC}$ 時，比較器 1 的輸出端即維持於高電位狀態；當比較器 2 的另一個輸入端(稱為觸發(trigger)輸入端，T_r)的電壓值小於 $+(1/3)V_{CC}$ 時，比較器 2 的輸出端即維持於高電位狀態。比較器 1 與 2 的輸出信號則分別控制 SR 門閂電路的 R 與 S 輸入端。SR 門閂電路的輸出端 Q 與 Q' 則又分別為輸出信號端及控制一個放電電晶體 Q_1。

　　555 定時器的主要應用可以分成兩類：非穩態電路(astable circuit)與單擊電路(monostable circuit)。前者用以產生一連串的週期性脈波輸出；後者則每當觸發信號啟動時，即產生一個預先設定時間寬度的脈波信號輸出。

　　圖 8.4-3(a)所示電路為 555 定時器的非穩態電路；圖 8.4-3(b)為其時序圖。由圖 8.4-2 所示 555 定時器的基本結構可以得知：當 V_C 小於 $(1/3)V_{CC}$ 時，比較器 2 的輸出端為高電位，SR 門閂的輸出端上升為高電位，因此定時器的輸出端為高電位，當電容器 C 經由電阻器 R_A 與 R_B 充電至 V_C 大於 $(2/3)V_{CC}$ 時，比較器 1 的輸出端為高電位，SR 門閂的輸出端下降為低電位，因此定時器的輸出端下降為低電位，如圖 8.4-3(b)所示。此時放電電晶體 Q_1 導通，電容器 C 開始經由電阻器 R_B 與電晶體 Q_1 放電，當它放電至 V_C 小於 $(1/3)V_{CC}$ 時，SR 門閂的輸出端又設置為 1，定時器的輸出端又上升為高電位(V_{CC})，同時放電電晶體 Q_1 截止，電容器 C 停止放電，並且再度由電阻器 R_A 與 R_B 向 V_{CC} 充電，重新開始另一個週期的循環，因此產生一連串的矩形波輸出。

(a) 電路　　　　　　　　　　　(b) 時序圖

圖8.4-3　555 定時器當作非穩態複振器

輸出波形的週期 T 可以由電容器 C 的充放電時間常數求得，由圖 8.4-3(a) 可以得知：充電時間常數為 $(R_A + R_B)C$，放電時間常數為 $R_B C$。另外由單一時間常數的 RC 電路充、放電方程式：

$$v(t) = V_f + (V_i - V_f)e^{-t/\tau}$$

得到：

$$V_C(t_1) = \frac{2}{3}V_{CC} = V_{CC} + (\frac{1}{3}V_{CC} - V_{CC})e^{-t_1/(R_A + R_B)C}$$

$$V_C(t_2) = \frac{1}{3}V_{CC} = 0 + (\frac{2}{3}V_{CC} - 0)e^{-t_2/R_B C}$$

所以

$$t_1 = (R_A + R_B)C \ln 2 = 0.693(R_A + R_B)C$$

$$t_2 = R_B C \ln 2 = 0.693 R_B C$$

然而週期

$$T = t_1 + t_2$$

所以

$$T = 0.693(R_A + 2R_B)C$$

頻率為

$$f = \frac{1}{T} = \frac{1.44}{(R_A + 2R_B)C}$$

RC 回授型振盪器的主要缺點為振盪頻率很難維持在一個穩定的頻率上，因此這種電路只使用在不需要精確的時脈頻率之場合。

📖 複習問題

8.24. 在數位系統中常用的時脈產生器大約可以分成那兩類？

8.25. 在 555 定時器中比較器 1 的觸發電壓為多少？

8.26. 在 555 定時器中比較器 2 的觸發電壓為多少？

8.27. 在圖 8.4-3(a) 的 555 定時器電路中，輸出信號的頻率為何？

8.4.2 時序產生器

在許多數位系統中，常常需要產生如圖 8.4-4 所示的時序信號。可以產生如圖 8.4-4 所示的時序信號之電路稱為時序產生器(timing sequence generator)。一般用來產生時序信號的電路有下列三種：標準環型計數器、扭環計數器、二進制計數器。其中第一種不需要外加邏輯閘；後面兩種則必須外加其它邏輯閘。

圖8.4-4　典型的時序信號

例題 8.4-1　(使用標準環型計數器)

利用標準環型計數器，設計一個可以產生圖 8.4-4 時序信號的時序產生器電路。

解：如圖 8.4-5 所示，利用一個八級的標準環型計數器，若其初值設定為10000000，因此產生時序脈波 T_0，而後每次加入一個時脈時，暫存器即向右移位一次，由於在每一個時脈期間只有一個正反器輸出為 1，因而當時脈連續地加入時，它即產生如圖 8.4-4 所示的時序信號。

圖8.4-5 八級標準環型計數器(初值為 10000000)

例題 8.4-2 (使用扭環計數器)

使用例題 8.3-4 的四級扭環計數器與八個 2 個輸入端的 AND 閘,設計一個能夠產生圖 8.4-4 所示時序信號的電路。

解:如圖 8.4-6 所示方式,將扭環計數器輸出端的值加以解碼即可以產生所需要的時序信號。

狀態	w	x	y	z	AND閘輸入	時序信號
S_0	0	0	0	0	$w'z'$	T_0
S_1	1	0	0	0	wx'	T_1
S_2	1	1	0	0	xy'	T_2
S_3	1	1	1	0	yz'	T_3
S_4	1	1	1	1	wz	T_4
S_5	0	1	1	1	$w'x$	T_5
S_6	0	0	1	1	$x'y$	T_6
S_7	0	0	0	1	$y'z$	T_7

圖8.4-6 四級扭環計數器的解碼輸入與時序信號

例題 8.4-3 (使用模 8 二進制計數器與解碼器)

利用一個模 8 二進制計數器與一個 3×8 解碼器,設計一個可以產生圖 8.4-4 所示時序信號的電路。

解:如圖 8.4-7 所示,模 8 二進制計數器的輸出端 Q_2 到 Q_0 經由 3×8 解碼器解碼後,即可以依序產生圖 8.4-4 所示的時序信號。

圖8.4-7 計數器與解碼器組成的時序產生器電路

📖 複習問題

8.28. 何謂時序產生器？

8.29. 一般用來產生時序信號的電路有那些？

8.4.3 數位單擊電路

　　在數位系統中，常常需要產生一個如圖 8.4-8(b)所示的單擊時序信號，即每當啟動信號致能時，即產生一個期間為 T 的高電位脈波輸出。這種單擊電路通常為 RC 型電路，其脈波寬度 T 由電路中的 RC 時間常數決定。單擊電路的邏輯符號如圖 8.4-8(a)所示。

(a) 方塊圖　　　　　　　　(b) 時序圖

圖8.4-8 單擊時序信號

　　如前所述，555 定時器也可以工作於單擊電路模式。由圖 8.4-2 的 555 定時器內部方塊圖可以得知，當一個負向啟動的觸發信號加於觸發輸入端(T_r)時，SR 門閂的輸出端將上升為高電位，因而定時器輸出端為高電位，並且一直維持於此電位直到 SR 門閂被重置為止。然而,欲重置 SR 門閂時,臨限輸入端 T_h 的電壓必須大於 $(+2/3)V_{CC}$,因此必須提供一個適當的電路,產生此電壓來重置 SR 門閂。此電路的 RC 時間常數亦決定需要的輸出脈波寬度。下列例題說明如何使用 555 定時器為單擊電路。

例題 8.4-4 (555 定時器單擊電路)

利用 555 定時器,設計一個能夠產生一個輸出脈波寬度為 80 μs 的單擊電路。

解:555 定時器的單擊電路如圖 8.4-9(a)所示。由圖 8.4-2 的 555 定時器內部方塊圖可以得知,當一個負向啟動的觸發信號加於觸發輸入端(T_r)時,SR 門閂的輸出端上升為高電位,因而輸出端為高電位,如圖 8.4-9(b)所示,此時放電電晶體 Q_1 截止,因此圖 8.4-9(a)中的電容器 C 經由 R 向 V_{CC} 充電,當其電壓 V_C 大於 $(2/3)V_{CC}$ 時,555 內部的 SR 門閂的輸出端下降為低電位,定時器的輸出端也降為低電位,結束輸出脈波,同時放電電晶體 Q_1 導通,電容器 C 上的電壓迅速下降為 0,恢復原先未觸發前的狀態,所以為一個單擊電路,輸出脈波的寬度 T 可以依據下列方式求得:

(a) 電路   (b) 時序圖

圖8.4-9 555 定時器單擊電路

$$V_C(T) = \frac{2}{3}V_{CC} = V_{CC} + (0 - V_{CC})e^{-T/RC}$$

所以

$$T = RC\ln 3 = 1.1RC$$

由於 $T = 80$ μs，所以若設 $C = 0.01$ μF，則 $R = 7.273$ kΩ。

利用 RC 充放電的單擊電路，雖然電路簡單而且有許多現成的 IC 電路可資利用，然而因為其本質上為一個非同步電路，在數位系統中，很難與系統時脈同步，另外一方面由於 RC 數值上很難搭配到一個精確的值，因此很難產生一個精確的時脈寬度。

在數位系統中，最常用而且能夠與系統時脈同步的單擊電路為使用計數器、控制閘、JK 正反器等組合而成的電路，這種電路稱為數位單擊電路 (digital monostable)，以別於 RC 型的電路。

例題 8.4-5　(數位單擊電路)

假設系統時脈週期為 10 μs，設計一個數位單擊電路以當每次啟動脈波致能時，均產生一個寬度為 80 μs 的脈波輸出。

解：由於系統時脈週期為 10 μs，而需要的脈波寬度為 80 μs，相當於 8 個系統時脈週期，所以如圖 8.4-10(a)所示，使用一個模 8 二進制計數器，計數所需要的系統時脈數目。在圖 8.4-10(a)中，當啟動信號啟動時，JK 正反器的輸出將於下一個時脈(CP)的正緣時上昇為 1，同時致能模 8 計數器，當模 8 計數器計數到 7 時，JK 正反器的 K 輸入端為 1，因此在下一個時脈的正緣時，輸出下降為 0，因此產生一個寬度為 8 個時脈週期的脈波輸出。電路動作的時序如圖 8.4-10(b)所示。注意：圖 8.4-10(a)電路中的計數器在啟動信號啟動之前，必須先清除為 0，才能確保電路動作的正確。

在上述例題中，電路的觸發方式是不可以重覆觸發的，在實際應用中，若需要可以重覆觸發方式的數位單擊電路時，可以將啟動信號加到計數器的清除輸入端，因此每次啟動信號啟動時，均將計數器重新清除為 0，重新啟動該計數器，達到可以重覆觸發的功能(習題 8.23)。

(a) 電路

(b) 時序圖

圖8.4-10　數位單擊電路

📖 複習問題

8.30. 何謂數位單擊電路？它有何特性？

8.31. 如何使圖 8.4-10(a)的電路成為可以重覆觸發方式的數位單擊電路？

8.32. 使用 RC 充放電方式的單擊電路有何缺點？

8.5 Verilog HDL

　　本節中，將介紹如何使用 Verilog HDL 描述計數器電路與移位暫存器電路。在 Verilog HDL 中，計數器與暫存器電路可以使用結構描述或是行為描述的方式表示。使用結構描述的方式時，計數器與暫存器電路直接表示為正反器、邏輯閘、多工器等邏輯元件的連接描述；使用行為描述的方式時，計數器與暫存器電路直接表示為相當於它們功能的運算子所組成的指述。

8.5.1 計數器電路

如第 8.1 節所述,計數器電路分為漣波計數器與同步計數器兩種。漣波計數器電路通常使用結構描述以保持其結構的完整性。例如下列例題。

例題 8.5-1　(例題 8.1-1 的漣波計數器)

程式 8.5-1 所示為例題 8.1-1 中的漣波計數器的結構描述方式。在此程式中,假設使用 D 型正反器為最基本的正反器,因此先由此正反器執行一個 JK 正反器,然後再重複引用此正反器,形成最後的漣波計數器。此程式的另外一個目的為再次說明階層式的電路設計方式。

程式 8.5-1　例題 8.1-1 的漣波計數器

```verilog
// a structural description of figure 8.1-1(a) (Example 8.1-1)
// a ripple counter example
module count8_ripple (
        input  clk, reset_n,
        output y1, y2, y3);
// instantiate three JK flip-flops
    JKFF_clr JKFF1 (y1, 1'b1, 1'b1, ~clk, reset_n);
    JKFF_clr JKFF2 (y2, 1'b1, 1'b1, ~y1, reset_n);
    JKFF_clr JKFF3 (y3, 1'b1, 1'b1, ~y2, reset_n);
endmodule

// a JK flip-flop with asynchronous preset and clear
module JKFF_clr (
        output Q,
        input  J, K, clk, clear_n);
wire    JK;
// the body of the JK flip-flop with clear
    assign JK = (J & ~Q) | (~K & Q);
// instantiate a D flip-flop
    DFF_clr JK_FF1 (Q, JK, clk, clear_n);
endmodule

// a D flip-flop with asynchronous clear
module DFF_clr (
        output reg Q,
        input  D, clk, clear_n);
// The body of the D flip-flop with clear
    always @(posedge clk or negedge clear_n)
      if (~clear_n) Q <= 1'b0;
```

```
        else Q <= D;
endmodule
```

在同步計數器電路中,通常使用行為描述以保持其程式的簡單、易讀、及易懂。例如下列例題。

例題 8.5-2 (例題 8.1-4 的同步正數/倒數計數器)

程式 8.5-2 所示為例題 8.1-4 的模 8 同步正數/倒數計數器的行為描述程式。在此程式中,假設該計數器具有一個非同步重置輸入端(reset_n),以將計數器的輸出端的值清除為 0。當 reset_n 輸入信號為 1 時,計數器在時脈信號(clk)的正緣時將依據輸入信號 x 的值決定執行正數或是倒數的動作。當輸入信號 x 的值為 0 時為倒數,否則為正數。

程式 8.5-2 例題 8.1-4 的同步正數/倒數計數器

```
// an RTL description of a synchronous up/down counter with modulo 8
// Example 8.1-4
// it is an up counter when x =1; otherwise a down counter.
module sync_count_mod8 (
        input   x, clk, reset_n,
        output reg [2:0] y,
        output z);
// the body of the modulo-8 up/down counter
    assign z = x & (y == 3'b111) | ~x & (y == 3'b000);
    always @(posedge clk or negedge reset_n)
        if (~reset_n)  y <= 3'b000;
        else if (~x) y <= y - 1;
            else     y <= y + 1;
endmodule
```

同步計數器通常也具有並列資料輸入端,以預先設定計數器在一個不為 0 的初始狀態,然後由此狀態開始往上計數。

例題 8.5-3 (圖 8.1-10 的同步計數器)

程式 8.5-3 所示為圖 8.1-10 的可預置 4 位元正數計數器的行為描述程式。在此程式中,假設該計數器具有一個非同步重置輸入端(reset_n),以將計數器的輸出端的值清除為 0。當 reset_n 輸入信號為 1 時,計數器在時脈信號(clk)的正緣,若計數致能控制輸入端 T 與 P 的值均為 1 時,將由目前的狀態向上計數一次。目前的狀態由輸入資料 Din 與載入控制輸入 load 決定，當 load 的值為 1 時，輸入資料 Din 將載入計數器中。由於 load 控制信號為同步的方式，因此將它置於 **always @**(…)指述中的 **if/else** 指述內。

程式 8.5-3　圖 8.1-10 的同步計數器

```
// a synchronous up counter with parallel load and
// synchronous reset --- Figure 8.1-10
module  counter_parallel_load(
        input  load, clk, T, P, reset_n,
        input  [3:0] Din,
        output reg [3:0] Dout,
        output co);
// the body of the counter
    assign co = T & Dout[3] & Dout[2] & Dout[1] & Dout[0];
    always @(posedge clk)
        if (~reset_n)    Dout <= 0;
        else if (load) Dout <= Din;
            else if (T && P) Dout <= Dout + 1'b1;
                else         Dout <= Dout;
endmodule
```

例題 8.5-4　(具有同步清除與致能控制的 4 位元二進制計數器)

　　程式 8.5-4 為一個具有同步清除的 4 位元二進制計數器。在此程式中，假設該計數器具有一個同步重置輸入端(reset)，以將計數器的輸出端的值清除為 0。每當時脈信號 clk 的正緣時，若 reset 輸入信號為 1，則計數器的輸出值清除為 0，否則，若致能控制輸入 enable 為 1，則計數器將由目前的狀態向上計數一次。當計數器的值抵達 1111 時，進位輸出 cout 輸出一個寬度為一個時脈週期的脈波，然後計數器回到 0000，繼續計數。

程式 8.5-4　一個具有同步清除的 4 位元二進制計數器

```
// a 4-bit binary counter with synchronous reset and enable
module binary_counter(
        input  clk, enable, reset,
        output reg [3:0] qout,
        output cout);    // carry output
// the body of the 4-bit binary counter
    always @(posedge clk)
        if (reset)       qout <= 0;
```

```
            else if (enable) qout <= qout + 1;
// generate carry output
        assign #2 cout = &qout; // why #2 is required ?
endmodule
```

例題 8.5-5　(具有同步清除的 4 位元二進制正數/倒數計數器)

程式 8.5-5 為一個具有同步清除的 4 位元二進制正數/倒數計數器。在此程式中，假設該計數器具有一個同步重置輸入端(reset)，以將計數器的輸出端的值清除為 0。每當時脈信號 clk 的正緣時，若 reset 輸入信號為 1，則計數器的輸出值清除為 0；否則，若輸入信號 eup 為 1，則計數器將由目前的狀態向上計數一次，若輸入信號 edn 為 1，則計數器將由目前的狀態向下計數一次。當計數器的值抵達 1111 時，進位輸出 cout 輸出一個寬度為一個時脈週期的脈波，然後計數器回到 0000，繼續計數；當計數器的值抵達 0000 時，進位輸出 bout 輸出一個寬度為一個時脈週期的脈波，然後計數器回到 1111，繼續計數。

程式 8.5-5 具有同步清除的 4 位元二進制正數/倒數計數器

```
// a 4-bit up/down binary counter with synchronous
// reset and enable control
module up_dn_bin_counter(
        input  clk, reset, eup, edn,
        output reg [3:0] qout,
        output cout, bout);
// the body of the N-bit binary counter
// enable up count (eup) and enable down count (edn)
// cannot be set to one at the same time
   always @(posedge clk)
      if (reset) qout <= 0; // synchronous reset
      else begin
         if (eup) qout <= qout + 1;
         if (edn) qout <= qout - 1;
      end
   assign #1 cout = ( &qout) & eup;  // generate carry out
   assign #1 bout = (~|qout) & edn;  // generate borrow out
endmodule
```

例題 8.5-6　(具有同步清除與致能的 4 位元二進制正數/倒數計數器)

程式 8.5-6 為一個具有同步清除與致能的 4 位元二進制正數/倒數計數器。

在此程式中，假設該計數器具有一個同步重置輸入端(reset)，以將計數器的輸出端的值清除為 0。每當時脈信號 clk 的正緣時，若 reset 輸入信號為 1，則計數器的輸出值清除為 0；否則，若致能控制輸入 enable 為 1，則計數器將由目前的狀態向上或是向下計數一次。若輸入信號 upcnt 為 1，則計數器將由目前的狀態向上計數一次，若輸入信號 upcnt 為 0，則計數器將由目前的狀態向下計數一次。當計數器的值抵達 1111 時，進位輸出 cout 輸出一個寬度為一個時脈週期的脈波，然後計數器回到 0000，繼續計數；當計數器的值抵達 0000 時，進位輸出 bout 輸出一個寬度為一個時脈週期的脈波，然後計數器回到 1111，繼續計數。

程式 8.5-6 具有同步清除與致能的 4 位元二進制正數/倒數計數器

```verilog
// a 4-bit binary up/down counter with synchronous
// reset and enable control
module binary_up_down_counter_reset(
      input  clk, enable, reset, upcnt,
      output reg [3:0] qout,
      output cout, bout);  // carry and borrow outputs
// the body of the 4-bit up/down binary counter
   always @(posedge clk)
      if (reset) qout <= 0;
      else if (enable) begin
            if (upcnt) qout <= qout + 1;
            else       qout <= qout - 1;
      end
// generate carry and borrow outputs
   assign #2 cout = &qout; // why #2 is required ?
   assign #2 bout = ~|qout;
endmodule
```

例題 8.5-7 (具有同步清除的模 R 二進制正數計數器)

程式 8.5-7 所示程式為一個模 R (預設為 10)的二進制正數計數器的行為描述的 Verilog HDL 程式。雖然在 Verilog HDL 中有一個餘數(%)的運算子可資使用，令計數器抵達需要的計數值後回到 0，再繼續往上計數。然而，在實務上均使用一個組合邏輯電路偵測該計數器的輸出，是否已經抵達預設模數的最大值少 1。若是，則強迫計數器在下一個時脈信號來臨時，回到 0。然後，再繼續由此值(0)往上計數。程式中，假設有一個同步的重置控制信號(reset)輸入端，當其

值為 1 時，將清除計數器輸出端的值為 0；當其值為 0 時，每當時脈信號(clk)
正緣發生時，計數器往上計數一次。當計數器的輸出(qout)等於 9 (=10-1) 時，
在下一個時脈信號(clk)正緣發生時，計數器將被清除為 0。然後，再繼續由此
值(0)往上計數。程式中使用兩個參數 R 與 $N\,(=\lceil\log_2 R\rceil)$，適當地設定其值，其
它需要模數的計數器即可以產生。兩個使用例如下所示：

   modulo_r_counter #(10, 4) cnt10
                    (clk, reset_in, cout_cnt10, qout_cnt10);
   modulo_r_counter #(6, 3) cnt6
                    (clk, reset_in, cout_cnt6, qout_cnt6);

其中第一個計數器為模 10 而第二個計數器為模 6。

程式 8.5-7～具有同步清除的模-R 二進制正數計數器

```
// a modulo-R binary counter with synchronous reset
module modulo_r_counter
        #(parameter R = 10,  // default modulus
          parameter N = 4)(  // N = log2 R
          input  clk, reset,
          output cout,        // carry-out
          output reg [N-1:0] qout);

// the body of the modulo-r binary counter
assign cout = (qout == R - 1);
always @(posedge clk)
   if (reset) qout <= 0;
   else if   (cout) qout <= 0;
        else         qout <= qout + 1;
endmodule
```

8.5.2 暫存器

    暫存器也是常用的同步循序邏輯電路模組之一，因此本小節中將介紹如
何使用 Verilog HDL 的行為描述方式表示此種電路。

例題 8.5-8　(圖 8.2-1 的暫存器)

    程式 8.5-8 所示程式為圖 8.2-1 的 4 位元暫存器的行為描述的 Verilog HDL
程式。在此程式中，假設有一個非同步的重置控制信號輸入端，當其值為 0
時，將清除暫存器輸出端的值為 0；當其值為 1 時，每當時脈信號(clk)正緣發

生時，暫存器將輸入端的資料取樣後儲存於暫存器中。

程式8.5-8 圖 8.2-1 的 4 位元暫存器

```verilog
// a 4-bit data register with asynchronous reset
module register_reset
        (input  clk, reset_n,
         input  [3:0] din,
         output reg [3:0] qout);
// the body of the 4-bit data register
always @(posedge clk or negedge reset_n)
    if (!reset_n) qout <= 4'b0;
    else          qout <= din;
endmodule
```

例題 8.5-9 (圖 8.2-2 的暫存器)

程式 8.5-9 所示程式為圖 8.2-2(a)的 4 位元暫存器的行為描述的 Verilog HDL 程式。在此程式中，假設有一個非同步的重置控制信號輸入端與一個同步的載入控制輸入端(load)。當重置控制信號的值為 0 時，暫存器輸出端的值將被清除為 0；當重置控制信號的值為 1 時，每當時脈信號(clk)正緣發生時，若載入控制輸入端的值為 1 時，暫存器將輸入端的資料取樣後儲存於暫存器中，若載入控制輸入端的值為 0 時，暫存器則儲存其先前載入之值。

程式8.5-9 圖 8.2-2 的 4 位元暫存器

```verilog
// a 4-bit data register with load control and asynchronous reset
module register_load_reset
        (input  clk, reset_n,
         input  [3:0] din,
         output reg [3:0] qout);
// the body of the 4-bit data register
always @(posedge clk or negedge reset_n)
    if (!reset_n)   qout <= 4'b0;
    else  if (load) qout <= din;
endmodule
```

8.5.3 移位暫存器與應用

移位暫存器也是常用的同步循序邏輯電路模組之一，因此本小節中將介紹如何使用 Verilog HDL 的行為描述方式表示此種電路。

例題 8.5-10　(圖 8.2-4 的通用移位暫存器)

　　程式 8.5-10 所示程式為圖 8.2-4 的 4 位元通用移位暫存器的行為描述的 Verilog HDL 程式。在此程式中，假設有一個非同步的重置控制信號輸入端，當其值為 0 時，將清除暫存器輸出端的值為 0；當其值為 1 時，每當時脈信號 (clk)正緣發生時，暫存器將執行圖 8.2-4(c)所示的功能。暫存器的功能由 **case** 指述經由模式控制信號 S1 與 S0 決定。

程式8.5-10　圖 8.2-4 的通用移位暫存器

```verilog
// a behavioral description of the universal shift register
// in Figure 8.2-4
module shift_register (
        input  S1, S0, lsi, rsi, clk, reset_n,
        input  [3:0] Din,
        output reg [3:0] Dout);
// the body of the shift register
    always @(posedge clk or negedge reset_n)
        if (~reset_n) Dout <= 4'b0000;
        else case ({S1,S0})
            2'b00: Dout <= Dout;            // No change
            2'b01: Dout <= {lsi, Dout[3:1]}; // Shift right
            2'b10: Dout <= {Dout[2:0], rsi}; // Shift left
            2'b11: Dout <= Din;              // Parallel load
        endcase
endmodule
```

8.6　參考資料

1. G. Langholz, A. Kandel, and J. L. Mott, *Digital Logic Design*, Dubuque, Iowa: Wm C. Brown Publishers, 1988.

2. M. B. Lin, *Digital System Designs and Practices: Using Verilog HDL and FPGAs*, John Wiley & Sons, 2008.

3. M. B. Lin, *Digital System Design: Principles, Practices, and Applications*, 4th ed., Taipei, Taiwan: Chuan Hwa Book Ltd., 2010.

4. M. B. Lin, *Microprocessor Principles and Applications: x86/x64 Family Software, Hardware, Interfacing, and Systems*, 5th ed., Taipei, Taiwan: Chuan Hwa Book Ltd., 2012.

5. M. B. Lin and S. T. Lin, *8051 Microcomputer Principles and Applications*, Taipei, Taiwan: Chuan Hwa Book Ltd., 2013.

6. E. J. McCluskey, *Logic Design Principles*, Englewood Cliffs. New Jersey: Prentice-Hall, 1986.

7. C. H. Roth, *Fundamentals of Logic Design*, 4th ed., St. Paul, Minn.: West Publishing, 1992.

8. Texas Instrument, *The TTL Data Book*, Texas Instrument Inc., Dallas, Texas, 1986.

8.7 習題

8.1 設計下列各指定的計數器電路：

(1) 設計一個非同步模 16 正數計數器。

(2) 設計一個非同步模 16 倒數計數器。

(3) 利用(1)與(2)設計一個非同步模 16 正數/倒數計數器。

8.2 說明在非同步計數器中，正反器的時脈輸入端的觸發方式、輸出信號取出方式，與正反器的時脈輸入信號來源，對計數器操作模式的影響將如表 P8.1 所示。

8.3 試以下列指定的正反器重做例題 8.1-3。

(1) *JK* 正反器　　　　　　　　(2) *D* 型正反器

(3) *SR* 正反器

8.4 利用 *JK* 正反器，設計一個控制型同步 BCD 正數/倒數計數器電路。當控制端 x 為 1 時為正數；x 為 0 時為倒數。當計數器正數到 9 或是倒數到 0 時，輸出端 z 輸出一個 1 的脈波，其它狀態，z 的值均為 0。

表 P8.1

CK	觸發來源	輸出	操作模式	CK	觸發來源	輸出	操作模式
↓	Q	Q	正數	↑	Q	Q	倒數
↓	Q	Q'	倒數	↑	Q	Q'	正數
↓	Q'	Q	倒數	↑	Q'	Q	正數
↓	Q'	Q'	正數	↑	Q'	Q'	倒數

8.5 利用下列指定的正反器，設計一個控制型同步模 6 二進制正數計數器。計數器的輸出序列依序為 000 → 001 → 010 → 011 → 100 → 101 → 000。當控制輸入端 x 為 0 時，計數器暫停計數；x 為 1 時，計數器正常計數。

(1) JK 正反器　　　　　　　　(2) T 型正反器

8.6 本習題為一個關於設計一個同步模 6 二進制正數計數器的問題，計數器的 輸出序列依序為 000 → 001 → 010 → 011 → 100 → 101 → 000。回答下列問題：

(1) 假設計數器為控制型而高電位啟動的控制信號為 x，使用 D 型正反器執行此計數器。

(2) 使用 JK 正反器重做上述控制型計數器，並由 JK 正反器的特性方程式求其激勵函數。

(3) 假設計數器為自發型，使用 D 型正反器執行此計數器。

(4) 使用 JK 正反器重做上述自發型計數器，並由 JK 正反器的特性方程式求其激勵函數。

8.7 本習題為一個關於設計一個同步模 10 二進制正數計數器的問題，計數器的 輸出序列依序為 0000 → 0001 → 0010 → 0011 → 0100 → 0101 → 0110 → 0111 → 1000 → 1001 → 0000。回答下列問題：

(1) 假設計數器為控制型而高電位啟動的控制信號為 x，使用 D 型正反器執行此計數器。

(2) 使用 JK 正反器重做上述控制型計數器，並由 JK 正反器的特性方程式求其激勵函數。

(3) 假設計數器為自發型，使用 D 型正反器執行此計數器。

(4) 使用 JK 正反器重做上述自發型計數器，並由 JK 正反器的特性方程式求其激勵函數。

8.8　設計一個自發型同步模 8 格雷碼正數計數器。計數器的輸出序列依序為 $000 \rightarrow 001 \rightarrow 011 \rightarrow 010 \rightarrow 110 \rightarrow 111 \rightarrow 101 \rightarrow 100 \rightarrow 000$。分別使用 JK 正反器與 T 型正反器執行。

8.9　設計一個自發型同步模 6 計數器。其輸出序列依序為 $000 \rightarrow 010 \rightarrow 011 \rightarrow 110 \rightarrow 101 \rightarrow 100 \rightarrow 000$。分別使用下列指定的正反器執行。

(1) D 型正反器　　　　　　　　(2) T 型正反器

(3) JK 正反器

8.10　設計一個自發型同步模 8 格雷碼倒數計數器。計數器的輸出序列依序為 $000 \rightarrow 100 \rightarrow 101 \rightarrow 111 \rightarrow 110 \rightarrow 010 \rightarrow 011 \rightarrow 001 \rightarrow 000$。分別使用 JK 正反器與 D 型正反器執行。

8.11　分析圖 P8.1 的計數器電路：

(1) 該計數器為同步或是非同步電路？

(2) 計數器的輸出序列為何？

(3) 該計數器是否為一個自我啟動計數器？

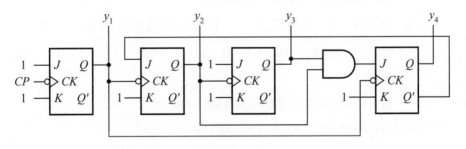

圖 P8.1

8.12　分析圖 P8.2 的同步計數器電路：

(1) 決定計數器的輸出序列。

(2) 求出計數器的狀態圖並說明是否為一個自我啟動電路。

圖 P8.2

8.13 利用 SN74x163 計數器,設計一個模 6 計數器,其輸出序列依序為 0011 → 0100 → 0101→ 0110 → 0111 → 1000 → 0011 。

8.14 利用兩個 SN74x163 與邏輯閘(如果需要),設計一個模 60 的二進制正數計數器。

8.15 利用一個 SN74x163 與一個 4 × 1 多工器和一些基本邏輯閘,設計一個可規劃模數計數器,其輸出序列依序為 0000 → 0001 → 0010→ ⋯ 。
計數器的計數模式如下:

(1) 當 $S_1 S_0$ = 00 時,為模 3;

(2) 當 $S_1 S_0$ = 01 時,為模 6;

(3) 當 $S_1 S_0$ = 10 時,為模 9;

(4) 當 $S_1 S_0$ = 11 時,為模 12。

8.16 分別使用下列指定方式,設計一個同步計數器,計數的計數序列為 0000 、1000、1100、1010、1110、0001、1001、1101、1011、1111、0000、⋯ 。

(1) 使用 *SR* 正反器、AND 閘、OR 閘

(2) 使用 *JK* 正反器與 NAND 閘

(3) 使用 *D* 型正反器與 NOR 閘

(4) 使用 *T* 型正反器、AND 閘、OR 閘。

8.17 分析圖 P8.3 所示的計數器電路,並列出其模式控制與狀態表(或狀態

圖)。

圖 P8.3

8.18 利用下列指定方式，設計一個具有並行載入控制的 4 位元暫存器：

(1) D 型正反器　　　　　　　(2) JK 正反器

8.19 在圖 8.3-4(c)的模 4 標準環型計數器中，若將 D_0 的函數改為$(w + x + y)'$，則該電路成為自我啟動電路，試繪其狀態圖證明之，並且證明當該計數器一旦進入不成立的計數序列時，最多只需要四個時脈即可以回到正常的計數迴圈上。

8.20 繪出圖 8.3-6(c)的模 8 扭環計數器的狀態圖，證明該電路不是一個自我啟動電路。

8.21 在圖 8.3-6(c)的模 8 扭環計數器中，若將 D_2 的函數改為$(w + y) x$，則該電路為一個自我啟動電路，試求出該電路修正後的狀態圖證明之，並且說明當電路一旦進入不成立的計數序列時，最多需要多少個時脈才可以回到正常的計數序列迴圈中。

8.22 利用 555 定時器，設計一個非穩態電路而其工作頻率為 75 kHz。

8.23 修改圖 8.4-10 的數位單擊電路，使成為可重複觸發方式，即在未完成目前的輸出之前可以再被觸發而重新產生預先設定的輸出脈波寬度。

8.24 設計一個可規劃數位單擊電路，其輸出脈波的寬度可以由開關選擇性的設定為 1 到 15 個脈波週期的範圍，而且電路必須為可重複觸發的方式。

8.25 圖 P8.4 所示為分別使用 NOR 閘與 NAND 閘組成的開關防彈(switch debouncer)電路，試解釋其原理。

(a)   (b)

圖 P8.4

8.26 試寫一個 Verilog HDL 程式，描述例題8.1-6的自發型同步模5計數器，並且設計一個測試標竿程式，驗證所撰寫的程式正確無誤。

8.27 試寫一個 Verilog HDL 程式，描述例題 8.1-9 的自我啟動同步模 3 計數器，並且設計一個測試標竿程式，驗證所撰寫的程式正確無誤。

8.28 試寫一個 Verilog HDL 程式，描述例題 8.3-3 的模 4 標準扭環計數器，並且設計一個測試標竿程式，驗證所撰寫的程式正確無誤。

8.29 試寫一個 Verilog HDL 程式，描述例題 8.3-4 的模 8 扭環(詹森)計數器，並且設計一個測試標竿程式，驗證所撰寫的程式正確無誤。

8.30 試寫一個 Verilog HDL 程式，描述例題 8.3-5 的模 7 扭環(詹森)計數器，並且設計一個測試標竿程式，驗證所撰寫的程式正確無誤。

	SR	*NS*			
PS	00	01	11	10	*Q*
a	ⓐ	*b*	-	*c*	0
b	*a*	ⓑ	-	*c*	0
c	*d*	-	-	ⓒ	1
d	ⓓ	*b*	-	*c*	1

9

非同步循序邏輯電路

本章目標

學完本章之後，你將能夠了解：

- 非同步循序邏輯電路的設計、分析、特性
- 基本模式電路與脈波模式電路的特性與差異
- 基本模式電路的設計、執行方式、分析
- 脈波模式電路的設計、執行方式、分析
- 非同步循序邏輯電路的邏輯突波、競賽與循環、狀態指定方法
- 非同步循序邏輯電路的基本突波發生原因與避免方法

在同步循序邏輯電路中，電路內部狀態的改變是由時脈信號所驅動的，在非同步循序邏輯電路中，並未使用時脈信號，電路內部狀態的改變則是由輸入信號所引起的。非同步循序邏輯電路的設計雖然遠較同步循序邏輯電路困難，但是在下列場合中，通常必須使用非同步循序邏輯電路：

1. 沒有同步脈波可以使用的場合；
2. 在較大型的同步數位系統中，常常需要其中的一些電路模組工作於非同步的方式，以加快整個系統的動作。

此外，在同步循序邏輯電路中所使用的正反器也是非同步循序邏輯電路。因此，在本章中，將討論非同步循序邏輯電路的設計、分析、狀態指定等問題。

9.1 非同步循序邏輯電路設計與分析

在非同步循序邏輯電路中，常用的電路設計模式有兩種類型：基本模式(fundamental mode)與脈波模式(pulse mode)，前者的輸入信號為位準(level)，後者為脈波(pulse)，至於輸出信號為脈波或是位準，則由電路是採用 Mealy 機或是 Moore 機而定。在本節中，我們將詳細討論這兩種模式的非同步循序邏輯電路的設計與分析，特別包括正反器電路的設計。

9.1.1 電路基本模式

在同步循序邏輯電路中，內部狀態的改變是由時脈信號所觸發的；在非同步循序邏輯電路中，由於並未使用時脈信號，其內部狀態的改變，則直接由輸入信號的變化所觸發。

非同步循序邏輯電路的基本模式如圖 9.1-1 所示。基本上，它和同步循序邏輯電路相同，但是沒有時脈信號，其中組合邏輯電路接收輸入信號$(x_0, \ldots, x_{n-1})$與目前狀態(即記憶元件的輸出信號$y_0, \ldots, y_{k-1}$)後，產生輸出信號$(z_0, \ldots, z_{m-1})$與下一狀態信號$(Y_0, \ldots, Y_{k-1})$。記憶元件可以使用延遲元件或是門閂電路(例如 SR 門閂與 D 型門閂)，請參考第 7.1.3 節。

圖9.1-1　非同步循序邏輯電路基本模式

　　在非同步循序邏輯電路中，輸入信號 $x_0,\dots,x_{n-1}$ 的二進制值的組合通常稱為輸入狀態(input state)；記憶元件的輸出信號 $y_0,\dots,y_{k-1}$ 的二進制值的組合稱為第二狀態(secondary state)，或是內部狀態(internal state)。變數 $y_0,\dots,y_{k-1}$ 稱為第二或是內部(secondary or internal)變數；變數 $Y_0,\dots,Y_{k-1}$ 稱為激勵變數(excitation variable)。輸入信號 $x_0,\dots,x_{n-1}$ 與記憶元件的輸出信號 $y_0,\dots,y_{k-1}$ 的二進制值的組合稱為全體狀態(total state)。

　　由於電路沒有時脈信號的同步，因此在某一個輸入狀態改變之後，組合邏輯電路產生下一狀態，經過一段時間 t，記憶元件的輸出 y_i 才穩定而等於 Y_i，此時電路才進入所謂的穩定狀態(stable state)。一般而言，在非同步循序邏輯電路中，當 $y_i = Y_i$ 時，其中 $i = 0$、1、$\cdots$、$k - 1$ 時，電路才稱為在穩定狀態。若希望一個非同步循序邏輯電路的行為是可以預測的，則輸入狀態必須在電路的穩定狀態下才可以改變。

基本模式電路

在非同步循序邏輯電路中，若輸入信號為位準信號，則稱為基本模式電路。為了確保電路能正常工作，輸入信號必須符合下列基本假設：

1. 每次只有一條輸入線改變狀態。
2. 連續的兩個輸入信號的改變的時間間隔至少必須等於最慢的記憶元件所需要的轉態時間，即必須在電路的穩定狀態下，輸入信號才能發生改變。

基本模式電路中所用的記憶元件，有延遲元件、直接連接(即傳播延遲為 0)、門閂電路(例如 SR 門閂或是 D 型門閂)等。

脈波模式電路

若一個非同步循序邏輯電路的輸入信號為脈波信號，則稱為脈波模式電路。為了使電路能正常工作，輸入信號必須符合下列基本假設：

1. 每次只能有一條輸入線產生脈波。因為沒有同步的時脈信號，兩條輸入線同時產生脈波的機率相當小。
2. 兩個脈波發生的時間間隔至少必須等於最慢的記憶元件所需要的轉態時間。
3. 輸入信號只以非補數形式出現在電路中，因為脈波只有出現與不出現兩種。

此外，輸入脈波的寬度必須滿足下列兩項限制：

1. 脈波寬度必須足夠長，以令記憶元件轉態。
2. 脈波寬度必須足夠短，以在記憶元件轉態之後，即不再存在，因而可以確保每一個輸入脈波只引起一次記憶元件的轉態。

脈波模式電路使用門閂(例如 SR 門閂或是 D 型門閂)當做記憶元件，除了上述限制之外，其設計與分析方式與同步循序邏輯電路相同(第 9.1.3 與第 9.1.4 節)。

📖 複習問題

9.1. 在非同步循序邏輯電路中，常用的電路設計模式有那兩種類型？

9.2. 何謂脈波模式電路？

9.3. 何謂基本模式電路？

9.4. 在基本模式電路中，輸入信號必須符合什麼假設？

9.1.2　基本模式電路設計

在設計同步循序邏輯電路時，首先由電路的輸出與輸入信號關係，導出狀態圖(或是狀態表)，然後進行其它有系統性的步驟(第 7.2.1 節)；在設計基本模式電路時，則由電路的輸出與輸入信號關係，導出基本流程表(primitive flow table)，然後進行其它有系統性的步驟。基本流程表相當於同步循序邏輯電路中的狀態表。

基本流程表

基本流程表和狀態表基本上是相同的，但是前者能反應出基本模式電路的基本假設，其特性為每一個列只有一個穩定狀態。一般而言，基本流程表的建立方法如下：

基本流程表的建立方法

1. 每一個列表示一個穩定狀態，每一個行代表一個輸入信號的組合。若某一個輸入組合是不允許時，則置入"-"符號。
2. 每次輸入信號改變時，即由目前的穩定狀態做水平方向的移動，直到對應的輸入組合所在的行為止。
3. 電路的內部狀態的改變則反應在垂直方向上的移動。
4. 若欲加入一個新的穩定狀態時，在輸入組合對應的行之下，產生一個新的列。任何由穩定狀態開始的移動只能由輸入信號引起。

現在舉一個實例說明如何建立基本流程表。

例題 9.1-1　(NOR 閘 *SR* 門閂設計)

利用 NOR 閘，設計一個基本模式電路，其輸出與輸入信號的關係如圖 9.1-2 所示。當輸入端 S 的值為 1 時，輸出端 Q 的值即為 1，並且維持在 1，直

到輸入端 R 的值為 1 時，才下降為 0。在任何時候，輸入端 S 與 R 的值不能同時為 1。

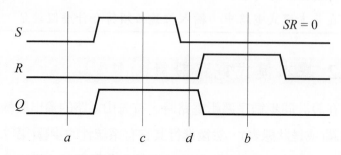

圖9.1-2　例題 9.1-1 的時序圖

解： 在建立基本流程表時，首先必須假定一個初始的穩定狀態，如圖 9.1-3(a) 所示，假定為 a。當輸入端 SR 的值由 00 變為 01 時，進入狀態 b，經過一段時間後，電路停留在穩定狀態 b。在基本流程表中穩定狀態通常以 ⓧ 表示；非穩定狀態則以 x 表示。在穩定狀態 a 時，若輸入端 SR 的值由 00 變為 10 時，則② 電路將使輸出端 Q 的值為 1，令其進入狀態 c；在穩定狀態 b 時，若輸入端 SR 的值變為 00 時，則輸出端 Q 的值依然為 0，因而回到狀態 a。由於輸入端 SR 的值不可能為 10(因為輸入端 SR 的值不能同時改變，即由 01 → 10)，所以在輸入端 SR 的值為 10 的行與狀態為 b 的列之交點上置入 "-"。在穩定狀態 c 時，其輸出端 Q 的值為 1，若此時輸入端 SR 的值為 00 時，則輸出端 Q 的值依然為 1，因此必須以另一個穩定狀態 d 表示。由於輸入端 SR 的值不可能為 01(即由 10 → 01)，所以在輸入端 SR 的值為 01 與穩定狀態 c 的交點上，置入 "-"；在穩定狀態 d 時，若輸入端 SR 的值為 01 時，則輸出端 Q 的值將變為 0，因而回到狀態 b，若輸入端 SR 的值為 10 時，則輸出端 Q 的值依然為 1，因而回到狀態 c。完整的基本流程表如圖 9.1-3(a)所示；圖 9.1-3 (b)為 Moore 機類型的基本流程表。

利用圖 9.1-3(c)的隱含圖化簡後，得到圖 9.1-3(d)的簡化流程表(reduced flow table)，由於只有兩個狀態，只需要一個記憶元件即可。若假設第二變數為 y，並將狀態 A 與 B 分別指定為 0 與 1 後，得到圖 9.1-3(e)的轉態表與輸出表。注意輸出端 Q 與狀態 y 的值相同。利用卡諾圖化簡之後，得到激勵與輸出函數：

$$Y = SR' + R'y = R'(S + y) = [R + (S + y)']'$$

$$Q = y$$

結果的邏輯電路如圖 9.1-3(f)所示。

SR由00變為01

PS	SR 00	01	NS,Q 11	10
a	(a),0 →	b ,0		c, 1
b	a, 0	(b),0		-
c	d, 1	-		(c),1
d	(d),1	b ,0		c, 1

內部狀態改變　　SR的值不能同時改變

SR的值不能同時為1

(a) Mealy機

PS	SR 00	01	NS 11	10	Q
a	(a)	b	-	c	0
b	a	(b)	-	-	0
c	d	-	-	(c)	1
d	(d)	b	-	c	1

(b) Moore機

a ——— b
c ——— d

(c) 圖(b)的隱含圖

PS	SR 00	01	NS 11	10	Q
A(ab)	A	A	-	B	0
B(cd)	B	A	-	B	1

(d) 簡化流程表

y	SR 00	01	Y 11	10	Q
0	0	0	-	1	0
1	1	0	-	1	1

(e) 轉態表與輸出表

S —— Q'　　R —— Q　　y　Y

(f) 邏輯電路

圖9.1-3　NOR 閘 SR 門閂

輸出值的指定

當 Mealy 機型式的基本模式電路由一個穩定狀態轉態到另一個穩定狀態時，若這兩個穩定狀態的輸出值相同，則在轉態時的輸出值也必須與這些穩定狀態的輸出值相同，否則將造成突波；若兩個穩定狀態的輸出值不相同時，則在轉態時的輸出值通常依照下列方式決定：需要輸出值儘快改變或是儘慢改變，但是若輸出值改變的相對時序不重要時，則在轉態時的輸出值的選擇，以方便簡化輸出函數為原則。例如在圖 9.1-3(a)的基本流程表中，由

穩定狀態 *a* 轉態到穩定狀態 *b* 時，其轉態 *b* 的輸出值必須指定為 0；由穩定狀態 *c* 轉態到穩定狀態 *d* 時，其轉態 *d* 的輸出值必須指定為 1；由穩定狀態 *a* 轉態到穩定狀態 *c* 或是由穩定狀態 *d* 轉態到穩定狀態 *b* 時，其輸出值的指定則無關緊要，圖中的指定方式是以簡化輸出函數為原則。

基本模式電路設計程序

一般而言，基本模式電路的設計程序可以歸納如下：

基本模式電路的設計程序

1. 基本流程表：依據電路需要的動作描述，建立基本流程表。
2. 簡化流程表：利用隱含圖(或是隱含表)求得簡化流程表。
3. 轉態表與輸出表：做狀態指定並導出轉態表與輸出表。
4. 激勵表：指定記憶元件、導出激勵表。
5. 激勵函數與輸出函數：使用卡諾圖化簡激勵表與輸出表，以求得激勵與輸出函數。
6. 邏輯電路：執行激勵與輸出函數，並繪出邏輯電路。

現在舉一些實例，說明上述設計步驟。這一些實例亦說明閂閂與正反器如何用有系統性的方法設計與使用非同步循序邏輯電路實現。

例題 9.1-2 (NAND 閘 *SR* 閂閂設計)

利用 NAND 閘，設計一個基本模式電路，其輸出與輸入信號的時序關係，如圖 9.1-4 所示。當輸入端 *S* 的值為 0 時，輸出端 *Q* 的值即為 1，並且維持在 1，直到輸入端 *R* 的值為 0 時，才下降為 0。在任何時候，輸入端 *R* 與 *S* 的值不能同時為 0。

解：步驟 1：依據題意，使用與例題 9.1-1 相似的方法，得到圖 9.1-5(a)的基本流程表。注意：在此例題中，由於輸入端 *R* 與 *S* 的值不能同時為 0，在基本流程表中的 *SR* = 00 一欄中的下一狀態均為禁止，並且標示為 "-"。

步驟 2：利用圖 9.1-5(b)的隱含圖化簡後，得到圖 9.1-5(c)的簡化流程表。

步驟 3：使用下列狀態指定：*A* → 0；*B* → 1，得到圖 9.1-5(d)的轉態表與輸出表。

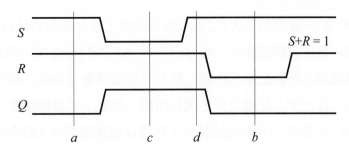

圖9.1-4　例題 9.1-2 的時序圖

步驟 4：假定使用直接連接方式，則激勵表與轉態表相同

步驟 5：利用卡諾圖化簡後得到激勵與輸出函數：

$$Y = S' + Ry = S' + [(R\,y)']\,' = [S\,(R\,y)']\,'$$

$$Q = y$$

步驟 6：結果的邏輯電路如圖 9.1-5(e)所示。

PS	SR 00	01	11	10	Q
a	-	c	ⓐ	b	0
b	-	-	a	ⓑ	0
c	-	ⓒ	d	-	1
d	-	c	ⓓ	b	1

(a) 基本流程表

(b) 圖(a)的隱含圖

PS	SR 00	01	11	10	Q
A(ab)	-	B	A	A	0
B(cd)	-	B	B	A	1

(c) 簡化流程表

(e) 邏輯電路

y	SR 00	01	11	10	Q
0	-	1	0	0	0
1	-	1	1	0	1

(d) 轉態表與輸出表

圖9.1-5　NAND 閘 SR 門閂電路

SR 門閂的兩種電路型式的特性表與激勵表如圖 7.1-8 所示。其它門閂電路(例如 D 型門閂與 JK 門閂)均可以依照上述討論的方法設計(留做習題)。在非同步循序邏輯電路中,延遲元件與 SR 門閂為最常用的記憶元件,其中當使用延遲元件為記憶元件時,通常在激勵函數 Y 與第二變數 y 之間直接連接而並未真正加上延遲元件,因為由第二變數 y 與激勵函數 Y 之間的組合邏輯電路已經提供了足夠的延遲。下列將以這兩種記憶元件為例,討論一些正反器電路的設計原理。

例題 9.1-3　(閘控 D 型門閂設計)

設計一個閘控 D 型門閂電路,電路有兩條輸入線 C 與 D 及一條輸出線 Q。當輸入線 C 的值為 1 而且輸入線 D 的值也為 1 時,輸出線 Q 的值為 1;當輸入線 C 的值為 1 而且輸入線 D 的值為 0 時,輸出線 Q 的值為 0;當輸入線 C 的值為 0 時,輸出線 Q 的值維持在 C = 1 時的值。

解:依據題意,得到圖 9.1-6(a)基本流程表,經過圖 9.1-6(b)的隱含圖化簡後,得到圖 9.1-6(c)的簡化流程表。若使用下列狀態指定:$A = 0$、$B = 1$,則得到圖 9.1-6(d)的轉態表與輸出表。若使用直接連接的執行方式,則直接由轉態表與輸出表得到:

$$Y = DC + C'y$$

$$Q = y$$

結果的邏輯電路如圖 9.1-6(e)所示。

PS	CD 00	NS 01	11	10	Q
a	ⓐ	b	-	c	0
b	a	ⓑ	d	-	0
c	a	-	d	ⓒ	0
d	-	e	ⓓ	c	1
e	f	ⓔ	d	-	1
f	ⓕ	e	-	c	1

(a) 基本流程表

(b) 圖(a)的隱含圖

PS	CD 00	NS 01	11	10	Q
A(abc)	A	A	B	A	0
B(def)	B	B	B	A	1

(c) 簡化流程表

圖9.1-6　閘控 D 型門閂

y	CD 00	01	Y 11	10	Q
0	0	0	1	0	0
1	1	1	1	0	1

(d) 轉態表與輸出表

(e) 邏輯電路

y	CD 00	01	SR 11	10	Q
0	0ϕ	0ϕ	10	0ϕ	0
1	$\phi 0$	$\phi 0$	$\phi 0$	01	1

(f) 使用NOR閘SR門閂的激勵表與輸出表

(g) 使用NOR閘SR門閂執行的邏輯電路

圖 9.1-6(續)　閘控 D 型門閂

另一種執行方式為使用 SR 門閂。使用 NOR 閘 SR 門閂執行時的激勵表與輸出表如圖 9.1-6(f)所示。利用卡諾圖化簡後，得到激勵與輸出函數：

$$S = DC \qquad\qquad R = D'C$$

$$Q = y$$

結果的邏輯電路如圖 9.1-6(g)所示。

閘控 D 型門閂電路的特性表與激勵表和 D 型正反器相同，如圖 7.1-11 所示。

例題 9.1-4　(主從式 D 型正反器設計)

利用 NAND 閘 SR 門閂，設計一個主從式 D 型正反器電路。電路具有兩個輸入端 C 與 D 及一對互補的輸出端 Q 與 Q'。在輸出端 Q 的值為 0 時，若輸入端 C 與 D 的值一旦皆為 1 之後，只要輸入端 C 的值下降為 0，輸出端 Q 的值即為 1 而與輸入端 D 的值無關；在輸出端 Q 的值為 1 時，若輸入端 C 與 D' 的值一旦皆為 1 之後，只要輸入端 C 的值下降為 0，輸出端 Q 的值即為 0 而與輸入端 D 的值無關。

解：依據題意，得到圖 9.1-7(a)的基本流程表，經過圖 9.1-7(b)的隱含圖化簡後得到圖 9.1-7(c)的簡化流程表，使用下列狀態指定方式：$A = 00$；$B = 01$；$C =$

11；$D = 10$，得到圖9.1-7(d)的轉態表與輸出表，圖9.1-7(e)為使用 NAND 閘 SR 門閂的激勵表。利用卡諾圖化簡後，得到 SR 門閂的激勵與輸出函數：

PS	CD NS 00	01	11	10	Q
a	ⓐ	b	-	c	0
b	a	ⓑ	d	-	0
c	a	-	d	ⓒ	0
d	-	f	ⓓ	e	0
e	g	-	d	ⓔ	0
f	g	ⓕ	h	-	1
g	ⓖ	f	-	i	1
h	-	f	ⓗ	i	1
i	a	-	j	ⓘ	1
j	-	b	ⓙ	i	1

(a) 基本流程表

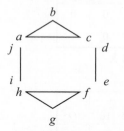

(b) 圖(a)的隱含圖

PS	CD NS 00	01	11	10	Q
A(abc)	A	A	B	A	0
B(de)	C	C	B	B	0
C(fgh)	C	C	C	D	1
D(ij)	A	A	D	D	1

(c) 簡化流程表

y_1y_2	CD Y_1Y_2 00	01	11	10	Q
A(00)	00	00	01	00	0
B(01)	11	11	01	01	0
C(11)	11	11	11	10	1
D(10)	00	00	10	10	1

(d) 轉態表與輸出表

y_1y_2	CD $S_1R_1\,S_2R_2$ 00	01	11	10	Q
00	1φ1φ	1φ1φ	1φ01	1φ1φ	0
01	01φ1	01φ1	1φφ1	1φφ1	0
11	φ1φ1	φ1φ1	φ1φ1	φ110	1
10	101φ	101φ	φ11φ	φ11φ	1

(e) 使用NAND閘SR門閂的激勵表與輸出表

(f) 邏輯電路

圖9.1-7　主從式 D 型正反器

$$S_1 = C + y'_2 = (C' \, y_2)' \qquad\qquad R_1 = C + y_2 = (C' \, y'_2)'$$

$$S_2 = C' + D' + y_1 = (CD \, y'_1)' \qquad R_2 = C' + D + y'_1 = (CD' \, y_1)'$$

$$Q = y_1$$

結果的邏輯電路如圖 9.1-7(f)所示。

例題 9.1-5 (正緣觸發 D 型正反器設計)

　　正緣觸發的 D 型正反器具有兩個輸入端 C 與 D 及一對互補的輸出端 Q 與 Q'。若輸入端 D 的值為 1，而且輸入端 C 的值由 0 變為 1 時，輸出端 Q 的值為 1；若輸入端 D 的值為 0 而且輸入端 C 的值由 0 變為 1 時，輸出端 Q 的值為 0；其它輸入組合，則輸出端 Q 的值保持不變。利用 NAND 閘 SR 門閂設計此一正反器電路。

解：依據題意，得到圖 9.1-8(a)的基本流程表，利用圖 9.1-8(b)的隱含圖化簡後，得到圖 9.1-8(c)的簡化流程表。由於輸出端 Q(t+1)具有三個值：Q(t)、0、1，因此輸出端使用一個 NAND 閘 SR 門閂電路，然後電路輸出 y_1 與 y_2 則直接加於門閂電路的 S 與 R 輸入端，使其產生需要的輸出值，所以使用下列狀態指定：

$$A = 11 \qquad\qquad B = 10 \qquad\qquad C = 01$$

其轉態表如圖 9.1-8(d)所示。

　　若 Y_1 與 Y_2 使用直接連接的執行方式，則直接由轉態表，利用圖 9.1-8(e)的卡諾圖化簡後，得到激勵函數：

PS	CD NS 00	01	11	10	Q
a	ⓐ	b	-	c	Q(t)
b	a	ⓑ	d	-	Q(t)
c	a	-	f	ⓒ	0
d	-	b	ⓓ	e	1
e	a	-	d	ⓔ	1
f	-	b	ⓕ	c	0

(a) 基本流程表

(b) 圖(a)的隱含圖

圖9.1-8　正緣觸發 D 型正反器

PS	CD 00	NS 01	11	10	Q
$A(ab)$	A	A	C	B	$Q(t)$
$B(cf)$	A	A	B	B	0
$C(de)$	A	A	C	C	1

(c) 簡化流程表

y_1y_2	CD 00	Y_1Y_2 01	11	10	Q
11	11	11	01	10	$Q(t)$
10	11	11	10	10	0
01	11	11	01	01	1

(d) 轉態表與輸出表

(e) 卡諾圖

(f) 邏輯電路

圖 9.1-8(續)　正緣觸發 D 型正反器

$$Y_1 = C' + y_1 D' + y_1 y'_2 = C' + y_1 (D' + y'_2)$$
$$= C' + y_1 (y_2 D)' = \{ C[y_1 (D y_2)']' \}'$$
$$Y_2 = C' + y'_1 + y_2 D = (C y_1)' + y_2 D$$
$$= [(C y_1)(y_2 D)']'$$

結果的邏輯電路如圖 9.1-8(f)所示。

　　一般而言，使用直接連接的執行方式的設計過程較簡單，但是組合邏輯部分的電路較複雜，並且在電路中常常有邏輯突波的問題必須處理；使用門

閂電路的執行方式的設計過程較為複雜，但是組合邏輯部分的電路較簡單，並且可以避免邏輯突波的影響(例題 9.1-3)。

📖 **複習問題**

9.5. 何謂基本流程表？它與狀態表有何相異之處？

9.6. 試簡述基本流程表的建立方法。

9.7. 試簡述基本模式電路的設計程序。

9.8. 試簡述當使用 Mealy 機時，輸出值的指定方法。

9.1.3 脈波模式電路設計

脈波模式電路的設計方法與同步循序邏輯電路類似，但是在脈波電路中沒有時脈信號，輸入脈波每次只有一個啟動，同時只有非補數形式的輸入信號可以使用。脈波模式電路的設計程序如下：

脈波模式電路的設計程序

1. 狀態圖或是狀態表：由問題定義導出狀態圖(或是狀態表)，此步驟為整個設計程序中最困難的部分。

2. 狀態化簡：消去狀態表中多餘的狀態(詳見第 7.3 節)。

3. 狀態指定：選擇適當的狀態指定，並產生轉態表與輸出表。

4. 激勵表與輸出表：選擇記憶元件(即門閂電路)並導出激勵表與輸出表。

5. 激勵與輸出函數：化簡激勵表與輸出表，求得激勵與輸出函數。

6. 邏輯電路：執行激勵與輸出函數，並繪出邏輯電路。

例題 9.1-6 (脈波模式電路設計)

設計一個具有三個輸入端 x_1、x_2、x_3 與一個輸出端 z 的脈波序列偵測電路，當輸入的脈波序列依序為 x_1-x_3-x_1-x_2 時，輸出端 z 輸出一個脈波。

解：步驟 1：假設狀態 a 為初始狀態；狀態 b 表示已經認知 x_1 脈波；狀態 c 表示已經認知 x_1-x_3 兩個脈波；狀態 d 表示已經認知 x_1-x_3-x_1 等三個脈波。當另外一個 x_2 脈波發生時，序列已經完成認知，將輸出端 z 的值設定為

1，電路則回到初始狀態 a。將每一個狀態上由其它輸入脈波所引起的可能轉態一一填入圖中之後，該狀態圖即已經完成，如圖 9.1-9(a)所示。圖 9.1-9(b)為對應的狀態表。

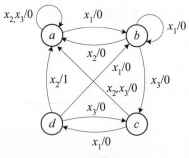

(a) 狀態圖

PS	NS,z x_1	x_2	x_3
a	$b,0$	$a,0$	$a,0$
b	$b,0$	$a,0$	$c,0$
c	$d,0$	$a,0$	$a,0$
d	$b,0$	$a,1$	$c,0$

(b) 狀態表

y_1y_2	Y_1Y_2,z x_1	x_2	x_3
00	01,0	00,0	00,0
01	01,0	00,0	11,0
11	10,0	00,0	00,0
10	01,0	00,1	11,0

(c) 轉態表與輸出表

y_1y_2	$S_1R_1S_2R_2$ x_1			x_2			x_3		
00	0 ϕ	1 0		0 ϕ	0 ϕ		0 ϕ	0 ϕ	
01	0 ϕ	ϕ 0		0 ϕ	0 1		1 0	ϕ 0	
11	ϕ 0	0 1		0 1	0 1		0 1	0 1	
10	0 1	1 0		0 1	0 ϕ		ϕ 0	1 0	

(d) 使用NOR閘SR門閂的激勵表

(e) 邏輯電路

圖9.1-9　例題 9.1-6 的脈波序列偵測電路

步驟 2：圖 9.1-9(b)的狀態表已經是最簡狀態表。

步驟 3：假定使用下列狀態指定：

$$a = 00 \qquad b = 01 \qquad c = 11 \qquad d = 10$$

得到圖 9.1-9(c)的轉態表與輸出表。

步驟 4：在脈波模式電路中通常使用 SR 門閂或是 D 型門閂當作記憶元件。假設使用 NOR 閘 SR 門閂，則得到圖 9.1-9(d)的激勵表。

步驟 5：在脈波模式電路中，每一個輸入脈波均獨立發生，因此在求門閂電路的激勵函數時，必須每一個脈波輸入的行各自化簡，然後再求其總和，因此：

$$S_1 = x_3 y'_1 y_2 \qquad\qquad R_1 = x_1 y'_2 + x_2 + x_3 y_1 y_2$$
$$S_2 = x_1 y'_2 + x_3 y_1 y'_2 \qquad\qquad R_2 = x_1 y_1 y_2 + x_2 + x_3 y_1 y_2$$
$$z = x_2 y_1 y'_2$$

步驟 6：結果的邏輯電路如圖 9.1-9(e)所示。

例題 9.1-7　(脈波模式電路設計)

設計一個具有兩個輸入端與 x_1 與 x_2 及一個輸出端 z 的脈波模式電路。當輸出端 z 的值為 0 時，若輸入脈波序列為 x_1-x_1-x_2-x_2，則 z 的值由 0 變為 1，並且維持在 1，直到輸入脈波序列 x_1-x_2 發生為止。

解：依據題意，顯然地輸出信號為位準信號，因此使用 Moore 機電路。假設狀態 a 為初始狀態；狀態 b 為已經認知 x_1 脈波；狀態 c 為已經認知 x_1-x_1 脈波；狀態 d 為已經認知 x_1-x_1-x_2 脈波，狀態 e 為已經認知 x_1-x_1-x_2-x_2 脈波此時輸出端 z 的值為 1；狀態 f 為當輸出端 z 的值為 1 時，已經認知 x_1 脈波。若在狀態 e 時，只有 x_1 脈波發生，則電路將一直停留在此狀態上，直到 x_2 脈波發生時，電路才回到初始狀態 a。完整的狀態圖如圖 9.1-10(a)所示，圖 9.1-10(b)為其狀態表。假設使用下列狀態指定：

$$a = 000 \qquad b = 010 \qquad c = 100 \qquad d = 101 \qquad e = 001 \qquad f = 011$$

假設電路使用圖 7.1-9 的 D 型門閂當作記憶元件，則其激勵表與轉態表相同，利用卡諾圖化簡後，得到下列 D 型門閂的激勵與輸出函數：

$$Y_1 = x_1 y'_1 y_2 y'_3 + x_1 y_1 y'_2 y'_3 + x_2 y_1 y'_2 y'_3$$

$$Y_2 = x_1 y'_1 y'_2 + x_1 y'_2 y_3 + x_1 y'_1 y_3$$

$$Y_3 = x_1 y'_1 y_3 + x_2 y_1 y'_2 + x_2 y'_2 y_3$$

$$z = y'_1 y_3$$

結果的邏輯電路如圖 9.1-10(d)所示。

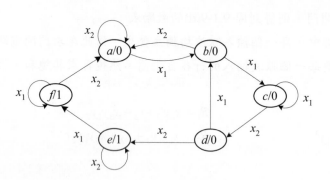

(a) 狀態圖

	NS		
PS	x_1	x_2	z
a	b	a	0
b	c	a	0
c	c	d	0
d	b	e	0
e	f	e	1
f	f	a	1

(b) 狀態表

	$Y_1 Y_2 Y_3$		
$y_1 y_2 y_3$	x_1	x_2	z
000	010	000	0
010	100	000	0
100	100	101	0
101	010	001	0
001	011	001	1
011	011	000	1

(c) 轉態表與輸出表

(d) 邏輯電路

圖 9.1-10　例題 9.1-7 的脈波模式電路

📖 複習問題

9.9. 何謂脈波模式電路？它與同步循序邏輯電路有何相異之處？

9.10. 試簡述脈波模式電路的設計程序。

9.1.4 非同步循序邏輯電路分析

分析和設計是兩個相反的動作。本節中將依序討論基本模式電路與脈波模式電路的分析方法。

基本模式電路分析

分析一個基本模式電路時，通常遵循下列步驟：

基本模式電路分析程序

1. 激勵函數與輸出函數：由邏輯電路求出電路的激勵函數與輸出函數。
2. 激勵表與輸出表：由激勵函數求出激勵表，輸出函數求出輸出表。
3. 轉態表：由激勵表求出轉態表(轉態表亦可以直接由激勵函數與特性函數求得)。
4. 穩定狀態：利用 $Y=y$ 指認與圈起轉態表中所有穩定狀態。
5. 狀態指定：將轉態表中每一個列均指定一個唯一的符號。
6. 流程表與狀態圖：由狀態指定後的轉態表求出流程表與狀態圖。

例題 9.1-8 (基本模式電路分析)

分析圖 9.1-11(a)的基本模式電路。

解：步驟 1：由於電路使用延遲元件(實際上為直接連接)當做記憶元件，因此 Y 與 y 的位置分別如圖 9.1-11(a)所示。電路的激勵函數與輸出函數分別為：

(a) 邏輯電路

圖9.1-11 例題 9.1-8 的基本模式電路

y	CD 00	01	Y 11	10	z
0	0	0	1	0	0
1	1	1	1	0	1

(b) 轉態表與輸出表

y	CD 00	01	Y 11	10	z
0	⓪	⓪	1	⓪	0
1	①	①	①	0	1

(c) 穩定狀態的指定

PS	CD 00	01	NS 11	10	z
A	A	A	B	A	0
B	B	B	B	A	1

(d) 流程表

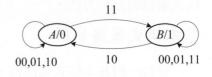

(e) 狀態圖

圖 9.1-11(續)　例題 9.1-8 的基本模式電路

$$Y = CD + C'y$$

$$z = y$$

步驟 2 與 3：由於延遲元件的特性函數和 D 型門閂相同，即

$$Q(t+1) = D$$

所以

$$Q(t+1) = Y = CD + C'y$$

因而得到圖 9.1-11(b)的轉態表與輸出表。

步驟 4：所有穩定狀態如圖 9.1-11(c)所示。

步驟 5 與 6：使用狀態指定 $0 = A$、$1 = B$，分別得到如圖 9.1-11(d)與(e)所示的流程表與狀態圖。

例題 9.1-9　(具有 SR 門閂的基本模式電路分析)

分析圖 9.1-12(a)的基本模式電路。假設 SR 門閂為 NOR 閘電路。

解： 步驟 1：電路的激勵與輸出函數分別為：

$$S = x_1 y' + x'_2 y'$$

$$R = x'_1 y + x'_1 x_2$$

$$z = x_1 x_2 y$$

步驟 2 與 3：利用 SR 門閂的特性函數：

$$Q(t+1) = S + R' Q(t)$$

$$= x_1 y' + x'_2\, y' + (x'_1\, y + x'_1\, x_2)'\, y$$

$$= x_1 y' + x'_2\, y' + x_1 y$$

$$= x_1 + x'_2\, y'$$

因此得到圖 9.1-12(b)的轉態表與輸出表。

步驟 4：穩定狀態如圖 9.1-12(b)所示。

步驟 5 與 6：利用下列狀態指定 $0 = A$、$1 = B$，分別得到圖 9.1-12(c)與(d)的流程
表與狀態圖。

(a)　邏輯電路

y	$x_1 x_2$ 00	01	Y,z 11	10
0	1,0	⓪,0	1,0	1,0
1	0,0	0,0	①,1	①,0

(b)　轉態表與輸出表

PS	$x_1 x_2$ 00	01	NS,z 11	10
A	B,0	A,0	B,0	B,0
B	A,0	A,0	B,1	B,0

(c)　流程表

(d)　狀態圖

圖9.1-12　例題 9.1-9 的基本模式電路

脈波模式電路分析

對於脈波模式電路而言，其分析方法與同步循序邏輯電路相似，但是在脈波模式電路中，脈波只有出現與不出現兩種情形，因此所有含有 x' 的乘積項均不存在，其中 x 為輸入脈波信號。

脈波模式電路的分析程序如下：

脈波模式電路的分析程序

1. 激勵函數與輸出函數：由邏輯電路求出電路的激勵函數與輸出函數。
2. 激勵表與輸出表：由激勵函數求出激勵表，輸出函數求出輸出表。
3. 轉態表：由激勵表求出轉態表(轉態表亦可以直接由激勵函數與特性函數求得)。
4. 狀態指定：將轉態表中每一個列均指定一個唯一的符號。
5. 狀態表與狀態圖：由狀態指定後的轉態表求出狀態表與狀態圖。

例題 9.1-10   (脈波模式電路分析)

分析圖 9.1-13(a)的脈波模式電路。電路中使用兩個記憶元件 SR 門閂與 D 型門閂。

解：脈波模式電路的分析和同步循序邏輯電路類似，因此：

步驟 1：電路的激勵與輸出函數為：

$$S = x_1 y'_1 y_2$$
$$R = x_1 y_1 y_2 + x_2 y_1 y_2$$
$$D = x_1 y'_1$$
$$z = x_1 y_1 y_2$$

步驟 2 與 3：利用 NOR 閘 SR 門閂與 D 型門閂的特性函數：

$$Q(t + 1) = S + R' \, Q(t) \qquad \text{(NOR 閘 } SR \text{ 門閂)}$$
$$D(t + 1) = D \qquad \text{(}D \text{ 型門閂)}$$

得到

$$Y_1 = x_1 y'_1 y_2 + (x_1 y_1 y_2 + x_2 y_1 y_2)' y_1$$
$$= x_1 y'_1 y_2 + y_1 y'_2$$

$$Y_2 = x_1 y'_1$$

所以轉態表與輸出表如圖 9.1-13(b)所示。注意在脈波模式電路中，脈波只有出現與不出現兩種，因此所有含有 x'_1 與 x'_2 的乘積均不存在。

步驟 4：利用下列狀態指定：

$$00 = A \qquad 01 = B \qquad 11 = C \qquad 10 = D$$

步驟 5：狀態表與狀態圖如圖 9.1-13(c)與(d)所示。

(a) 邏輯電路

y_1y_2	Y_1Y_2,z	
	x_1	x_2
00	01,0	00,0
01	11,0	00,0
11	00,1	00,0
10	10,0	10,0

(b) 轉態表與輸出表

PS	NS,z	
	x_1	x_2
A	B,0	A,0
B	C,0	A,0
C	A,1	A,0
D	D,0	D,0

(c) 流程表

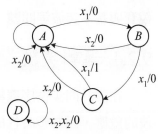

(d) 狀態圖

圖9.1-13　例題 9.1-10 的脈波模式電路

📖複習問題

9.11. 在分析脈波模式電路時，必須注意什麼？

9.12. 試簡述脈波模式電路的分析程序。

9.2 元件延遲效應與狀態指定

在同步循序邏輯電路中，組合邏輯電路中的邏輯突波並不會影響電路的正常動作，因為電路的狀態改變是由時脈所控制的；在非同步循序邏輯電路中，組合邏輯電路中的邏輯突波則可能將電路帶入一個不正確的穩定狀態。避免這種突波的方法為加入一些額外的邏輯閘(第 5.3.1 節與第 5.3.3 節)或是使用 SR 門閂當做記憶元件。

在非同步循序邏輯電路中，第二種可能引起錯誤動作的原因是當兩個(或是以上)的第二(狀態)變數同時改變時，所引起的競賽(race)現象，這種現象通常由適當地選擇第二變數的狀態指定來消除。

除了上述兩種問題之外，非同步循序邏輯電路的另外一個重要問題為基本突波(essential hazard)。基本突波是由於一個信號經過多個具有不同的傳播延遲之路徑所造成的，它無法由外加的邏輯閘消除，必須適當地調整受影響路徑的傳播延遲才能消除。

以上所述的競賽與基本突波等問題只出現在基本模式電路中，至於在脈波模式電路中，由於當脈波不出現時，電路必定在穩定狀態，因此沒有上述競賽與基本突波等問題。

9.2.1 邏輯突波

在設計同步循序邏輯電路中的組合邏輯電路時，通常不需要考慮邏輯突波的效應，因為暫時性的錯誤信號並不會影響電路的動作，但是在非同步循序邏輯電路中，當有一個暫時性的錯誤信號回授至電路輸入端時，該電路可能進入一個錯誤的穩定狀態。

例題 9.2-1　(邏輯突波的效應)

分析圖 9.2-1(a)邏輯電路中的靜態邏輯突波，並討論其可能的影響與解決方法。

解：利用第 5.3.1 節的邏輯突波分析方法，得知該電路在 $y = D = 1$ 而 C 改變時有靜態-1 邏輯突波，此突波之效應如下：當電路在全體狀態 $CDy = 111$ 狀態下，輸入信號 C 由 1 變為 0 時，正常的下一個全體穩定狀態應該為 $CDy = 011$，但是因為有靜態-1 邏輯突波，第二狀態變數 y 將暫時性地下降為 0，若此信號在反相器的輸出端的變為 1 之前回授至邏輯閘 2 的輸入端時，邏輯閘 2 的輸出端將維持為 0 而使電路轉態到不正確的全體穩定狀態 010 上。

　　解決的方法可以如第 5.3.1 節所討論的方法，外加一個乘積項 Dy，即

$$Y = CD + C'y + Dy$$

其邏輯電路如圖 9.2-1(c)所示。第二種方法是使用相位分裂器，以同時由輸入信號 C 產生補數與非補數形式的輸出信號 C 與 C'，如圖 9.2-1(d)所示，因此可以消除靜態-1 邏輯突波。第三種方法，則是使用 *SR* 門閂電路執行，如例題 9.1-3 所示。

(a) 邏輯電路　　消除靜態-1邏輯突波　(b) *Y*的卡諾圖

(c) 無邏輯突波邏輯電路

(d) 利用相位分裂器消除圖(a)的靜態-1邏輯突波

圖9.2-1　例題 9.2-1 的電路

📖 複習問題

9.13. 試定義競賽、基本突波。

9.14. 為何在脈波模式電路中，沒有競賽與基本突波的問題？

9.2.2 競賽與循環

在實際應用上，因為無法確保非同步循序邏輯電路中的所有回授路徑對信號的延遲均相同，若有兩個或是兩個以上的第二變數必須改變以使電路發生轉態時，這些第二變數在抵達最後的穩定值之前，必定會先經歷一段不正確的暫時值。然而，非同步循序邏輯電路對於這些信號改變的次序相當敏感，因此電路可能進入一個不正確的穩定狀態，並且停留在此狀態上。

一般而言，若一個電路在轉態期間，需要同時改變兩個以上的第二變數時，該電路稱為在競賽(race)。當電路的最後狀態和這些第二變數值的改變次序無關時，該競賽稱為非臨界性競賽(noncritical race)，否則稱為臨界性競賽(critical race)。

例題 9.2-2 (競賽現象)

考慮圖 9.2-2(a)的轉態表，指出其中的非臨界性競賽與臨界性競賽。

解： 非臨界性競賽與臨界性競賽分別以符號*與**標示於圖 9.2-2(a)中。圖 9.2-2(b)與(c)分別說明非臨界性競賽與臨界性競賽的狀態轉移。在圖 9.2-2(b)中，假設電路最初在全體穩定狀態$(x_1 x_2 y_1 y_2) = 0011$ 上，若輸入狀態$x_1 x_2$由 00 改變為 01 時，由於在輸入$x_1 x_2 = 01$之下的$Y_1 Y_2 = 00$，而$y_1 y_2 = 11$，所以兩個第二變數都必須改變，電路進入競賽狀況，此時$y_1 y_2$的改變方式有三種，即

1. $11 \rightarrow 00 \rightarrow 10 \rightarrow \circledcirc{10}$
2. $11 \rightarrow 01 \rightarrow 00 \rightarrow 10 \rightarrow \circledcirc{10}$
3. $11 \rightarrow 10 \rightarrow \circledcirc{10}$

如圖 9.2-2(b)所示，由於三種方式的最後結果都是進入穩定狀態 10，所以是非臨界性競賽。

在圖 9.2-2(c)中，假設電路最初在全體穩定狀態$(x_1 x_2 y_1 y_2) = 0000$上，若輸入狀態$x_1 x_2$由 00 改變為 10 時，由於$y_1 y_2$必須由 00 改變為 11，因此其改變方式有三種，即

1. $00 \rightarrow 01 \rightarrow \boxed{01}$
2. $00 \rightarrow 10 \rightarrow 01 \rightarrow \boxed{01}$
3. $00 \rightarrow 11 \rightarrow \boxed{11}$

注意在第二種方式中，當由 10 轉變為 01 時，再度涉及兩個第二變數同時改變的情形，因此又有三種和上述類似的改變方式，但是由上述的三種改變方式得知，其結果並不相同，所以為臨界性競賽。

(a) 轉態表

(b) 非臨界性競賽   (c) 臨界性競賽

圖9.2-2 例題 9.2-2 的轉態表

事實上，臨界性競賽只可能發生在流程表中具有多個穩定狀態的輸入狀態中，對於只具有單一穩定狀態的輸入狀態則不會發生。臨界性競賽必須避免以確保電路能正常工作。

競賽現象可以藉著導引電路經過一連串的不穩定狀態然後才抵達需要的穩定狀態來避免。一般而言，若一個電路在轉態期間，必須歷經一連串的不穩定的狀態序列時,該電路稱為在循環(cycle)。當希望電路能正常工作時,電路的循環必須終止在穩定狀態上;若電路的循環無法終止在一個穩定狀態上時,該循環必定會持續不停,直到輸入狀態改變為止,這種無終止的循環現象稱為蜂音(buzzer)。因此,當一個狀態指定使電路產生循環時,必須確保每一個循環皆終止在一個穩定狀態上。

例題 9.2-3 (循環與蜂音)

考慮圖 9.2-2(a)的轉態表中的循環與蜂音。

解:在圖 9.2-2(a)的轉態表中,當 $y_1 y_2$ = 01 而 $x_1 x_2$ = 01 時,電路將由不穩定狀態 00 經過 10 後抵達穩定狀態 10;當 $y_1 y_2$ = 11 而 $x_1 x_2$ = 01 時,電路將由不穩定狀態 00 經過 10 後抵達穩定狀態 10,其中 00 → 10 為一個循環。當 $y_1 y_2$ = 01 而 $x_1 x_2$ = 11 時,電路將在不穩定狀態 10、11、01 中循環,即

$$10 \rightarrow 11 \rightarrow 01 \rightarrow 10 \rightarrow \cdots$$

因此為一個蜂音。

清除臨界性競賽的方法通常有下列兩種:一是在組合邏輯電路中加入適當的延遲;另一則是使用適當的狀態指定。事實上,這兩種方法均是使電路中的第二變數每次只有一個改變,至於由那一個第二變數先改變,則依實際的電路而定。

圖9.2-3 例題 9.2-4 的轉態表

例題 9.2-4 (加入延遲)

在圖 9.2-3 的轉態表中,當輸入狀態 $x_1 x_2$ = 11 而 $y_1 y_2$ 由 11 變為 00 時產生的臨界性競賽,可以在組合邏輯電路中加入適當的延遲以確保 y_1 由 1 變為 0

時總是較 y_2 由 1 變為 0 時為快而消除，因為若如此，則電路將由不穩定狀態 01 抵達穩定狀態 00。若 y_2 先由 1 變為 0，則電路將進入不正確的穩定狀態 10。

例題 9.2-5　(狀態指定)

若將圖 9.2-3 的轉態表重新使用下列狀態指定：

$$00 \rightarrow 00 \quad 01 \rightarrow 01 \quad 10 \rightarrow 11 \quad 11 \rightarrow 10$$

則得到圖 9.2-4 的轉態表，在此狀態指定下，電路中並沒有臨界性競賽出現，同時也沒有不想要的循環產生。

y_1y_2	x_1x_2 00	01	11	10	
00	01	10	⟨00⟩	11	可以使用下列值取代：
01	⟨01⟩	10	00	10	10
10	⟨10⟩	⟨10⟩	00	11	11
11	10	10	⟨11⟩	⟨11⟩	

圖9.2-4　例題 9.2-5 的轉態表

一般而言，當一個狀態指定所得到的轉態表並未包含臨界性競賽與不想要的循環時，稱為成立狀態指定(valid assignment)。下一小節中，將討論各種成立狀態指定的方法。

📖 複習問題

9.15. 試定義循環、臨界性競賽、非臨界性競賽。

9.16. 試定義蜂音。

9.17. 試簡述成立狀態指定。

9.2.3　狀態指定

在基本模式電路中，一旦導出簡化流程表之後，接著就是做狀態指定。由前節的討論，可以得知狀態指定必須適當地選擇，以確保每次狀態改變時，均只改變一個第二變數的值，因而可以消除所有臨界性競賽。當然，為了達到上述目的，可以加入適當的循環，以引導電路終止在需要的穩定狀態上。

目前常用的三種狀態指定方法為：共用列法(shared-row method)、多重列法(multiple-row method)、n 取 1 碼法(one-hot method)。現在分別敘述如下。

共用列法

在共用列法中，當流程表中有臨界性競賽產生時，則加入另外一個列，以當作涉及臨界性競賽的兩個穩定狀態在轉態時的中間狀態。若希望確保在電路中沒有競賽現象，則相鄰的狀態必須使用相鄰的狀態指定。這裡所謂的相鄰狀態(adjacent states)是指只有一個狀態變數值不同的兩個狀態。檢查流程表中所有相鄰狀態的方法，通常採用轉態圖(transition diagram)。在轉態圖中，每一個頂點代表流程表中的一個穩定狀態，每一個線段連接兩個相鄰狀態，並在每一個線段上註記該相鄰關係是由那一個輸入狀態下所需求的。

例題 9.2-6　(轉態圖)

在圖 9.2-5(a)所示的流程表中，狀態 a 與 b 在輸入狀態 $x_1 x_2 = 00$ 與 11 時必須相鄰，因此將頂點 a 連接到 b 並在其線段上註記(00)與(11)；狀態 a 與 c 在輸入狀態 $x_1 x_2 = 01$ 與 11 時必須相鄰，因此將頂點 a 連接到 c，並在其線段上註記(01)與(11)；狀態 b 與 c 在輸入狀態 $x_1 x_2 = 10$ 時必須相鄰，因此將頂點 b 連接到 c，並在其線段上註記(10)。完整的轉態圖如圖 9.2-5(b)所示。

PS	x_1x_2 00	01	11	10
a	ⓐ	c	ⓐ	ⓐ
b	a	ⓑ	a	ⓑ
c	ⓒ	ⓒ	a	b

(NS 為表頭，涵蓋 00、01、11、10 四欄)

(a) 流程表　　　　　　(b) 轉態圖

圖9.2-5　例題 9.2-6 的流程表與轉態圖

利用轉態圖，可以得知那些穩定狀態必須使用相鄰的狀態指定，那些則不必。在轉態圖中，相鄰的兩個頂點必須使用相鄰的狀態指定。一般而言，若設 n 為流程表中穩定狀態的數目，$S = \lceil \log_2 n \rceil$ 為最少的第二變數的數目，m 為在轉態圖中與一個狀態相鄰的最大狀態數目，則當 $S \geq m$ 時，可以確保有一個最少第二變數數目的成立狀態指定存在。

例題 9.2-7　(例題 9.2-6 的成立狀態指定)

求出例題 9.2-6 的成立狀態指定。

解： 因為 $S = \lceil \log_2 3 \rceil = 2$，並且由圖 9.2-5(b)得知 $m = 2$，所以可以使用最少第二變數數目的狀態指定。若設 $a = 00$、$b = 01$、$c = 11$，則(a, b)與(b, c)的相鄰條件可以滿足，但是(a, c)的相鄰條件並不能滿足。解決的方法有二，如圖 9.2-6 所示。第一種方法為狀態 c 使用兩個狀態指定，即 11 與 10；第二種方法為使用一個不穩定狀態 10，當做狀態 a 與狀態 c 之間的橋樑。讀者不難由圖中驗證這兩種狀態指定方式均為成立狀態指定。

(a) 狀態c使用兩個狀態指定　　　　　　(b) 狀態a與c共用列10

圖9.2-6　例題 9.2-7 的狀態指定

當 $S < m$ 時，通常無法使用最少數目的第二變數的狀態指定，例如下列例題，雖然流程表中只有四個狀態，但是必須使用三個狀態變數，才可以獲得成立狀態指定。

例題 9.2-8　(需要三個第二變數的狀態指定)

求出圖 9.2-7(a)所示流程表的成立狀態指定。

解： 圖 9.2-7(b)為其轉態圖，因為狀態 a 與 d 都各別與其它三個狀態相鄰，所以 $m = 3$，而 $S = \lceil \log_2 4 \rceil = 2$，因此 $S < m$，無法使用最少數目的第二變數的狀態

指定。解決的方法是增加第二變數的數目為 3，然後使用與例題 9.2-7 類似的方法做狀態指定。若假設 $a = 000$、$b = 001$、$c = 010$、$d = 100$，則狀態 a 與 b、c、及 d 等狀態對均相鄰，但是 (b, d) 與 (c, d) 等相鄰條件未能滿足。解決的方法為分別使用不穩定狀態 101 與 110 當做橋樑，如圖 9.2-7(c) 所示，將電路先導引到這些不穩定狀態上，再轉態到最後的穩定狀態上。結果的轉態表如圖 9.2-7(d) 所示。

PS	x_1x_2 00	NS 01	11	10
a	b	$ⓐ$	$ⓐ$	$ⓐ$
b	$ⓑ$	a	$ⓑ$	d
c	$ⓒ$	a	$ⓒ$	a
d	c	$ⓓ$	a	$ⓓ$

(a) 流程表

(b) 轉態圖

(c) 狀態指定表

PS	x_1x_2 00	NS 01	11	10
$a \rightarrow 000$	001	$⟨000⟩$	$⟨000⟩$	$⟨000⟩$
$b \rightarrow 001$	$⟨001⟩$	000	$⟨001⟩$	101
011				
$c \rightarrow 010$	$⟨010⟩$	000	$⟨010⟩$	000
110	010			
111				
101				100
$d \rightarrow 100$	110	$⟨100⟩$	000	$⟨100⟩$

(d) 無競賽轉態表

圖9.2-7　例題 9.2-8 的狀態指定

一般而言，在流程表中的某一個包含有競賽現象的輸入狀態下，若只有一個穩定狀態，則該競賽為非臨界性競賽，可以不必消除。此外，若在流程表中，當由狀態 a 轉態到狀態 c（即 $a \rightarrow c$）時，涉及臨界性競賽，但是在相同的輸入狀態下可以找到一個多重的狀態轉移：例如 $a \rightarrow b \rightarrow c$，並且 a 與 c 的相鄰條件可以滿足，則此狀態 b 可以由狀態 c 取代，並且可以消除該臨界性競賽而不影響電路的工作。

例題 9.2-9 (臨界性競賽的消除)

　　求出圖 9.2-8(a)所示流程表的成立狀態指定。

解： 圖 9.2-8(a)所示流程表的轉態圖如圖 9.2-8(b)所示。由於在輸入狀態 $x_1 x_2$ = 00 下只有一個穩定狀態 a，因此在此輸入狀態下所需要的相鄰條件可以不考慮。若使用下列狀態指定：

$$a = 00 \qquad b = 01 \qquad c = 10 \qquad d = 11$$

則除了(a, d)之外，其它所需要的相鄰條件均滿足，如圖 9.2-8(b)所示。但是由圖 9.2-8(a)的流程表可以得知：若將全體狀態$(01a)$的下一狀態 d 改為 c，則對電路的動作並無影響，但是可以消除(a, d)所需要的相鄰條件，因此也消除了該臨界性競賽。

PS	$x_1 x_2$ 00	NS 01	11	10
a	$\textcircled{a}$	d**	c	b
b	a	$\textcircled{b}$	d	$\textcircled{b}$
c	a	$\textcircled{c}$	$\textcircled{c}$	d
d	a*	c	$\textcircled{d}$	$\textcircled{d}$

(a) 流程表

(b) 轉態圖

圖9.2-8　例題 9.2-9 的流程表與轉態圖

　　總之，在共用列法的狀態指定中，當無法以最少數目的第二變數來滿足所有相鄰條件的需要時，必須增加第二變數的數目以提供一些可資利用的不穩定狀態(即共用列)，然後利用這些不穩定狀態做為兩個產生臨界性競賽的狀態之間的橋樑，使得當電路轉態時，每次均只有一個第二變數的值改變，而消除臨界性競賽的問題。

多重列法

　　在多重列法中，流程表中的每一個列均以兩個或是更多個等效的列所取代，即每一個狀態均以兩個或是更多個等效狀態表示。在這種狀態指定方法中，每一組等效狀態中的一個狀態之狀態指定均與其它各組等效狀態中的一個狀態之狀態指定相鄰，因此藉著建立適當的列對列的狀態轉移，即可以達到無競賽的狀態轉移。

典型的多重列狀態指定方式如圖 9.2-9 所示。一般而言，對於具有 2^n 個列的任何流程表而言，必定可以找到一組最多需要 $2n-1$ 個第二變數的無競賽(成立)狀態指定，以導引電路由一個列轉移到任何其它列上；對於只有 $(3/4)\,2^n$ 列的未完全指定的流程表而言，必定可找到一組最多具有 $2n-2$ 個第二變數的無競賽狀態指定。

(a) 四個列的流程表　　　(b) 六個列的流程表

(c) 八個列的流程表

圖9.2-9　多重列狀態指定

例題 9.2-10　(多重列法狀態指定)

使用多重列法，求出圖 9.2-10(a)所示流程表的成立狀態指定。

解： 由圖 9.2-9(a)的多重列狀態指定方式，得到圖 9.2-10(a)流程表的狀態指定與轉態表，如圖 9.2-10(b)所示。其中每一個狀態均使用兩個等效狀態(狀態指定)，例如狀態 a 使用 000 與 001 兩個等效狀態，當一個輸入信號變化促使發生狀態轉移時，只要轉移到相同狀態的任何一個等效狀態上即可，例如當在穩定狀態 $b\,(=110)$ 時，若輸入狀態 $x_1 x_2$ 為 01，則電路將先轉移到等效狀態 010，然後轉移到 000，再終止於狀態 000 上。圖 9.2-10(a)中的其它狀態轉移方式如圖

9.2-10(b)中的箭頭所示。

PS	x_1x_2 00	NS 01	11	10
a	c	(a)	(a)	d
b	(b)	a	d	(b)
c	d	(c)	a	(c)
d	(d)	b	(d)	(d)

(a) 流程表

PS	x_1x_2 00	NS 01	11	10
a → 000	100	(000)	(000)	001
a → 001	101	(001)	(001)	011
b → 010	(010)	000	110	(010)
b → 110	(110)	010	(111)	(110)
c → 100	101	(100)	000	(100)
c → 101	111	(101)	100	(101)
d → 011	(011)	111	(011)	(011)
d → 111	(111)	110	(111)	(111)

(b) 轉態表

圖9.2-10　例題 9.2-10 的狀態指定

在多重列法中，由於在流程表中的每一個狀態均以一組等效狀態取代，其轉態表中的狀態數目遠較使用共用列法為多，因此電路複雜性較高。

n 取 1 碼法

在 n 取 1 碼法中，若流程表有 n 個狀態，則使用 n 個第二變數，而每一個狀態均指定一個只有一個位元為 1 的 n 位元向量，即使用 n 取 1 碼。很明顯地，在所有狀態指定方法中，這種方法引入最多的外加列於流程表中，因此電路成本也最高，然而由於狀態指定程序是個有系統性的方法，因此廣受歡迎。與共用列法相同，這種方法也是使用外加列，來建立循環以避免臨界性競賽。

n 取 1 碼法的狀態指定程序如下：

n 取 1 碼法的狀態指定程序

1. 每一個狀態均指定一個 n 位元向量 $(e_1, e_2, \cdots, e_n)$，其中 $e_i = y_i$，$i = 1, \cdots,$ n。每一個 n 位元向量 $(e_1, e_2, \cdots, e_n)$ 只有一個位元為 1，即

$$q_1 = (1, 0, \cdots, 0)$$
$$q_2 = (0, 1, \cdots, 0)$$

$$......$$

$$q_n = (0, 0, \cdots, 1)$$

2. 若在輸入狀態 x_1 下，電路由狀態 q_i 轉態到 q_j，則產生一個 q_{ij} 狀態，q_{ij} 的狀態指定方式如下：若 $k \neq i$ 而且 $k \neq j$ 則 $e_k = 0$；否則 $e_k = 1$(即 $k = i$ 或是 $k = j$)。即相當於使用位元運算的方式，計算 $q_{ij} = q_i \cup q_j$。

3. 對於由 q_i 轉態到 q_j 的輸入狀態 x_1 而言，$\delta(q_{ij}, x_1) = q_j$；對於沒有轉態存在的輸入狀態 x_2 而言，$\delta(q_{ij}, x_2)$ 則未定義。

4. 對於 q_{ij} 的輸出函數，可以設定 $\lambda(q_{ij}, x_1) = \lambda(q_i, x_1)$ 或是 $\lambda(q_{ij}, x_1) = \lambda(q_j, x_1)$；$\lambda(q_{ij}, x_2)$ 則未定義。

例題 9.2-11 (n 取 1 碼法的狀態指定)

使用 n 取 1 碼法，求出圖 9.2-10(a)所示流程表的成立狀態指定。

解：步驟 1：使用下列狀態指定：

$$a = (0001) \qquad b = (0010) \qquad c = (0100) \qquad d = (1000)$$

步驟 2：轉態狀態對如下：

$$(a, b) \cdot (a, c) \cdot (a, d) \cdot (b, d) \cdot (c, d)$$

因此需要產生五個新的狀態，其狀態指定如下：

$$(a, b) = (0011) \qquad (a, c) = (0101) \qquad (a, d) = (1001)$$

$$(b, d) = (1010) \qquad (c, d) = (1100)$$

步驟 3：在輸入狀態 x_1 時，由狀態 q_i 轉態到 q_j 的次序為：

$$q_i \xrightarrow{x_1} q_{ij} \xrightarrow{x_1} q_j$$

例如：狀態 a (0001) $\xrightarrow{10}$ 狀態 (a, d) (1001) $\xrightarrow{10}$ 狀態 d (1000)。

完整的狀態指定與轉態表如圖 9.2-11 所示。

📖 **複習問題**

9.18. 目前常用的狀態指定方法有那幾種？

9.19. 試定義相鄰狀態與轉態圖。

9.20. 試簡述共用列法的基本原理。

$y_4 y_3 y_2 y_1$	$x_2 x_1$ 00	$Y_4 Y_3 Y_2 Y_1$ 01	11	10	
a	0001	0101	⟨0001⟩	⟨0001⟩	1001
b	0010	⟨0010⟩	0011	1010	⟨0010⟩
c	0100	1100	⟨0100⟩	0101	⟨0100⟩
d	1000	⟨1000⟩	1010	⟨1000⟩	⟨1000⟩
(a, b)	0011	-	0001	-	-
(a, c)	0101	0100	1000	0001	-
(a, d)	1001	-	-	-	1000
(b, d)	1010	-	0010	1000	-
(c, d)	1100	1000	-	-	-

圖9.2-11　例題 9.2-11 的狀態指定

9.21. 試簡述多重列法的基本原理。

9.22. 試簡述 n 取 1 碼法的基本原理。

9.2.4　基本突波

　　在基本模式電路中除了組合邏輯電路部分的(靜態與動態)邏輯突波外，尚包括另外一種突波，稱為基本突波。基本突波的發生是由於一個輸入信號，經由多個(兩條或是更多條)具有不同傳播延遲的路徑經過非同步循序邏輯電路所造成的。基本突波與邏輯突波的不同在於：一、它只發生在基本模式電路的循序邏輯電路中；二、它不能與邏輯突波一樣，使用額外的重覆邏輯閘或是使用門門電路當做記憶元件消除，它通常必須適當地控制邏輯電路中的傳播延遲才能消除。

例題 9.2-12　(基本突波)

　　執行圖 9.2-12(a)的轉態表，然後討論邏輯電路中可能的基本突波。

解：利用圖 9.2-12(b)的卡諾圖化簡後，得到：

$$Y_1 = xy_1 + x'y_2 + y_1 y_2$$
$$Y_2 = xy'_1 + x'y_2 + y'_1 y_2$$

其中轉態函數 Y_1 與 Y_2 中的最後一項 $y_1 y_2$ 與 $y'_1 y_2$ 用以消除靜態邏輯突波。結果的邏輯電路如圖 9.2-12(c)所示。

y_1y_2	$x \quad Y_1Y_2$ 0	1
00	(00)	01
01	11	(01)
11	(11)	10
10	00	(10)

(a) 轉態表

消除靜態邏輯突波

(b) 卡諾圖

(c) 無突波邏輯電路

圖9.2-12　例題 9.2-12 的轉態表與電路

　　電路的基本突波分析如下。假設電路的初始狀態 $y_1 y_2 = 00$ 而 $x = 0$，當 x 由 0 改變為 1 而且 x' 也同時由 1 改變為 0 時：

$$Y_1 = 1 \cdot 0 + 0 \cdot 0 + 0 \cdot 0 = 0$$
$$Y_2 = 1 \cdot 1 + 0 \cdot 0 + 1 \cdot 0 = 1$$

電路將抵達正確的穩定狀態 01。但是若當 x 在 t_1 時由 0 改變為 1，但是 x' 卻在 Y_1 與 Y_2 的值已經計算完成之後的 t_2 時，才由 1 改變為 0，則在 t_1 時，由於 x 與 x' 均為 1：

$$Y_1 = 1 \cdot 0 + 1 \cdot 0 + 0 \cdot 0 = 0$$
$$Y_2 = 1 \cdot 1 + 1 \cdot 0 + 1 \cdot 0 = 1$$

這些 Y_1 與 Y_2 的值成為新的 y_1 與 y_2，再經由電路回授之後，新的 Y_1 與 Y_2 的值為：

$$Y_1 = 1 \cdot 0 + 1 \cdot 1 + 0 \cdot 1 = 1$$

$$Y_2 = 1 \cdot 1 + 1 \cdot 1 + 1 \cdot 1 = 1$$

在 t_2 時，x' 由 1 改變為 0，所以新的 Y_1 與 Y_2 的值為：

$$Y_1 = 1 \cdot 1 + 0 \cdot 1 + 1 \cdot 1 = 1$$

$$Y_2 = 1 \cdot 0 + 0 \cdot 1 + 0 \cdot 1 = 0$$

這些 Y_1 與 Y_2 的值成為新的 y_1 與 y_2，再經由電路回授之後，新的 Y_1 與 Y_2 的值為：

$$Y_1 = 1 \cdot 1 + 0 \cdot 0 + 1 \cdot 0 = 1$$

$$Y_2 = 1 \cdot 0 + 0 \cdot 0 + 0 \cdot 0 = 0$$

所以電路將抵達一個不正確的穩定狀態 10，如圖 9.2-12(a)所示。

　　消除基本突波的方法為在第二變數的回授路徑上加上足夠的延遲，以延遲第二變數的改變直到輸入狀態改變完成為止。因此在上述例題中，若欲消除基本突波，必須在 Y_1 與 y_1 及 Y_2 與 y_2 之間加上足夠的傳播延遲($\Delta T > t_{pd}$)。

　　一般而言，基本模式電路中是否含有基本突波可以直接由流程表中偵測得到，其方法為：若全體狀態($x_i\, S_j$)代表一個基本突波，並且該流程表的最初狀態為 S_j，則在經過一次 x_i 的改變與經過三次 x_i 的改變所得到的狀態必定不相同，反之亦然。在實際應用上，可以利用圖 9.2-13 所提供的基本標型圖，來確認流程表中是否有基本突波。注意只有具有三個以上狀態的流程表，才有可能含有基本突波。

(a) 三個狀態　　(b) 四個狀態

圖9.2-13　基本突波的基本標型圖

例題 9.2-13　(主從式 *SR* 正反器的基本突波分析)

　　分析圖 9.2-14(a)的 *SR* 主從式正反器電路，並指出該電路中的基本突波。假設 *SR* 門閂為 NOR 閘 *SR* 門閂。

解：利用 NOR 閘 *SR* 門閂的特性函數：

$$Y = R'\,(S + y)$$

得到：

$$Y_1 = C'\,y_1\ + R'\,y_1\ + SR'\,C$$

$$Y_2 = C'\,y_1\ + y_1\,y_2 + C\,y_2$$

(a)　邏輯電路

$y_1 y_2$	$C=0$				$C=1$				Q
	00	01	11	10	00	01	11	10	
00	00	00	00	00	00	00	00	10	0
01	00	00	00	00	01	01	01	11	1
11	11	11	11	11	11	01	01	11	1
10	11	11	11	11	10	00	00	10	0

(b)　轉態表與輸出表

(c)　流程表

圖9.2-14　例題 9.2-13 的主從式 *SR* 正反器

因此得到圖 9.2-14(b)的轉態表與 9.2-14(c)的流程表。利用圖 9.2-13 的基本模型圖可以得知電路在下列兩個全體狀態下具有基本突波：

(a) 全體狀態：$(SR = 10$ ⓐ$)$，而 C 由 0 改變為 1 時；

(b) 全體狀態：$(SR = 01$ ⓒ$)$，而 C 由 0 改變為 1 時。

如圖 9.2-14(c)中箭頭所示。

解決上述基本突波的方法為：確保 C 信號經由路徑：AND 閘與 SR 門閂 1 所需要的傳播延遲較經由路徑 NOT 閘為長。圖 9.2-15 所示的方法，為使用一個兩相不重疊脈波產生器，由輸入脈波 C 產生兩個不重疊的脈波 C_0 與 C_1，以供給圖 9.2-14(a)邏輯電路中所需要的 C_0 與 C_1 信號。當 C_1 為高電位時，S 與 R 輸入信號經過門閂 1 計算出 y_1，而在此期間內因 C_0 為低電位，y_2 保持不變，C_0 與 C_1 有一段期間 t_0 兩者皆保持為低電位，若此時間夠長，則可以確保在 y_1 值穩定之後，再計算 y_2 之值，因此可以消除基本突波。這種方式通常使用在 VLSI 電路的循序邏輯電路中。

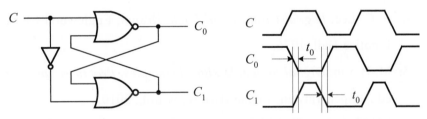

圖9.2-15　使用兩相不重疊時脈解決例題 9.2-13 中的基本突波

總之，在基本模式電路中的基本突波是由於一個輸入信號經過兩條或是以上的路徑，其中一條路徑經過循序邏輯電路，另一條路徑只經過組合邏輯電路，而且組合邏輯電路的路徑的傳播延遲較循序邏輯電路的路徑為長所造成的。其解決方法則是在循序邏輯電路的路徑上加上足夠的傳播延遲，使該路徑的傳播延遲大於組合邏輯電路的路徑。

在同步循序邏輯電路中，由於有時脈信號的同步，因此競賽與突波等問題均不必考慮，在這類型的電路中，時脈信號的週期必須足夠長，以允許所有的狀態改變均能穩定。事實上，時脈信號可以視為加入邏輯電路中的一種控制型延遲，因此消除了在非同步循序邏輯電路中所遭遇到的時序問題。

📖 複習問題

9.23. 試簡述基本突波與邏輯突波的相異點。

9.24. 幾個狀態以上的流程表才有可能發生基本突波？

9.25. 試簡述兩相不重疊脈波產生器電路的主要特性。

9.3 參考資料

1. D. A. Huffman, "The synthesis of sequential switching circuits," *Journal of Franklin Institute*, Vol. 257, pp. 161-190, March 1954.

2. Z. Kohavi, *Switching and Finite Automata Theory*, 2nd ed. New York McGraw-Hill, 1978.

3. G. Langhole, A. Kandel, and J. L. Mott, *Digital Logic Design*, Dubuque, Iowa: Wm. C. Brown, 1988.

4. S. C. Lee, *Digital Circuits and Logic Design*, Englewood Cliffs, New Jersey: Prentice-Hall, 1976.

5. M. B. Lin, *Digital System Design: Principles, Practices, and Applications*, 4th ed., Taipei, Taiwan: Chuan Hwa Book Ltd., 2010.

6. M. M. Mano, *Digital Design*, 3rd ed., Englewood Cliffs, New Jersey: Prentice-Hall, 2002.

7. E. J. McCluskey, *Logic Design Principles: with Emphasis on Testable Semi-custom Circuits*, Englewood Cliffs. New Jersey: Prentice-Hall, 1986.

8. G. H. Mealy, "A method for synthesizing sequential circuits," *The Bell System Technical Journal*, Vol. 34, pp. 1045-1079, September 1955.

9. E. F. Moore, "Gedanken-experiments on sequential machines," *Automata Studies*, Princeton University Press, pp. 129-153, 1956.

10. C. H. Roth, *Fundamentals of Logic Design*, 4th ed., St. Paul, Minn.: West Publishing, 1992.

9.4 習題

9.1 設計一個主從式 *JK* 正反器電路。電路具有三個輸入端 *J*、*K*、*C* 及一對互補的輸出端 *Q* 與 *Q'*。在輸出端 *Q* 的值為 0 時，若輸入端 *C* 與 *J* 的值一旦皆為 1 之後，只要輸入端 *C* 的值變為 0，輸出端 *Q* 的值即為 1 而不管輸入端 *K* 的值為何；在輸出端 *Q* 的值為 1 時，若輸入端 *C* 與 *K* 的值一旦皆為 1 之後，只要輸入端 *C* 的值變為 0，輸出 *Q* 的值即為 0 而不管輸入端 *J* 的值為何。利用下列指定方式執行此電路：

　(1) NAND 閘 *SR* 門閂　　　　　　(2) NOR 閘 *SR* 門閂

9.2 設計一個主從式 *T* 型正反器電路。電路具有兩個輸入端 *C* 與 *T* 及一對互補的輸出端 *Q* 與 *Q'*。在輸出端 *Q* 的值為 0 時，若輸入端 *C* 與 *T* 的值一旦皆為 1 之後，只要輸入端 *C* 的值變為 0，輸出端 *Q* 的值即為 1 而不管輸入端 *T* 的值為何；在輸出端 *Q* 的值為 1 時，若輸入端 *C* 與 *T* 的值一旦皆為 1 之後，只要輸入端 *C* 的值變為 0，輸出端 *Q* 的值即為 0 而不管輸入端 *T* 的值為何。利用下列指定方式執行此電路：

　(1) NAND 閘 *SR* 門閂　　　　　　(2) NOR 閘 *SR* 門閂

9.3 利用 NOR 閘 *SR* 門閂，重做例題 9.1-5。

9.4 設計一個負緣觸發 *D* 型正反器電路。電路具有兩個輸入端 *D* 與 *C* 及一對互補的輸出端 *Q* 與 *Q'*。當輸入端 *D* 的值為 1 而且輸入端 *C* 的值由 1 變為 0(即負緣)時，輸出端 *Q* 的值即為 1；當輸入端 *D* 的值為 0 而且輸入端 *C* 的值由 1 變為 0 時，輸出端 *Q* 的值即 0；其它任何輸入組合，輸出端 *Q* 的值則保持不變。利用下列指定方式執行此電路：

　(1) NOR 閘 *SR* 門閂　　　　　　(2) NAND 閘 *SR* 門閂

9.5 設計一個負緣觸發 *T* 型正反器電路。電路具有兩個輸入端 *T* 與 *C* 及一對互補的輸出端 *Q* 與 *Q'*。當輸入端 *T* 的值為 1 而且輸入端 *C* 的值由 1 變為 0(即負緣)時，輸出端 *Q* 即將其值取補數；在其它任何輸入組合下，輸出端 *Q* 的值則保持不變。利用下列指定方式執行此電路：

(1) NOR 閘 SR 門閂　　　　　　(2) NAND 閘 SR 門閂

9.6　設計一個具有兩個輸入端 x_1 與 x_2 及一個輸出端 z 的非同步循序邏輯電路，輸出端 z 的值只在當 $x_1 = 1$ 而且 x_2 由 0 變為 1 時才由 0 變為 1，而只在當 $x_2 = 1$ 而且 x_1 由 1 變為 0 時才由 1 變為 0。假設 x_1 與 x_2 不會同時改變其值。利用下列指定方式執行此電路：

(1) NOR 閘 SR 門閂　　　　　　(2) NAND 閘 SR 門閂

9.7　設計一個具有兩個輸入端 x_1 與 x_2 及兩個輸出端 z_1 與 z_2 的非同步循序邏輯電路，輸出 $z_i (i = 1, 2)$ 的值只在其對應的 x_i 為最後改變時為 1。

(1)　求出最簡流程表與一個成立狀態指定。

(2)　假設所有輸入均同時具有補數與非補數等形式，試用 NAND 閘執行此電路。

9.8　設計一個具有兩個輸入端 x_1 與 x_2 及兩個輸出端 z_1 與 z_2 的非同步循序邏輯電路，電路的動作如下：當 $x_1 x_2 = 00$，輸出 $z_1 z_2 = 00$；當 $x_1 = 1$ 而且 x_2 由 0 變為 1 時，輸出 $z_1 z_2 = 01$；當 $x_2 = 1$ 而且 x_1 由 0 變為 1 時，輸出 $z_1 z_2 = 10$；其它輸入組合，輸出保持不變。

(1)　求出電路的基本流程表與一個成立狀態指定。

(2)　使用 D 型門閂執行此電路。

9.9　設計一個具有兩個輸入端 x_1 與 x_2 及一個輸出端 z 的非同步循序邏輯電路，最初所有輸入與輸出的值均為 0，當輸入端 x_1 或是 x_2 的值變為 1 時，輸出端 z 的值變為 1，在另一個輸入端的值也變為 1 時，輸出端 z 的值則變為 0，然後 z 的值保持在 0 直到電路回到最初的狀態為止。

9.10　設計一個具有兩個輸入端 x_1 與 x_2 及一個輸出端 z 的非同步循序邏輯電路。假設最初所有輸入與輸出的值均為 0，當輸入端 x_1 的值為 1 而 x_2 的值由 0 變為 1 然後變為 0 時，輸出端 z 變為 1；當輸入端 x_1 的值變為 0 時，輸出端 z 變為 0。

9.11　設計一個具有兩個輸入端 x_1 與 x_2 及一個輸出端 z 的非同步循序邏輯電路。當在 $x_1 x_2$ 為 00 時，任何一個輸入端(x_1 或是 x_2)的值由 0 變為 1

時，輸出端 z 的值即設定為 1，當 x_1 的值變為 0 時(不管 x_2 的值為 0 或是 1)，輸出端 z 的值即清除為 0。利用下列指定方式執行此電路：

(1) SR 門閂　　　　　　　　　(2) D 型門閂

9.12 設計一個具有兩個輸入端 CP 與 P 及一個輸出端 z 的非同步循序邏輯電路，其時序圖如圖 P9.1 所示。注意 P 的信號是隨意的，但其週期與脈波寬度均長於 CP(時脈)的週期與脈波寬度。電路在 P 信號產生後輸出第一個 CP 脈波並且在每次 P 信號產生時，只輸出這樣一個脈波。

(a) 方塊圖　　　　　　　　　　　(b) 時序圖

圖 P9.1

9.13 設計一個具有兩個輸入端 x_1 與 x_2 及一個輸出端 z 的非同步循序邏輯電路。當輸出端 z 的值為 0 而輸入端 $x_1 \, x_2$ 的值為 00，若 x_2 先變為 1，然後 x_1 也變為 1 時，輸出端 z 的值變為 1 並且維持在 1。當輸出端 z 的值為 1 而輸入端 $x_1 \, x_2$ 的值為 11 時，若輸入端 x_1 先恢復為 0，接著 x_2 也恢復為 0 時，輸出端 z 的值才變為 0 並且維持在 0，直到上述輸入信號再度發生為止。

9.14 設計一個具有兩個脈波輸入端 x_1 與 x_2 及一個輸出端 z 的非同步循序邏輯電路，當電路偵測到脈波序列 x_1 - x_2 - x_2 發生時，輸出端 z 的值變為 1 並且維持在 1，直到 x_1 脈波發生時為止。

9.15 分析圖 P9.2 的非同步循序邏輯電路，回答下列各問題：

(1) 由邏輯電路導出激勵函數與輸出函數。

(2) 導出轉態表與輸出表。

(3) 導出流程表與流程圖。

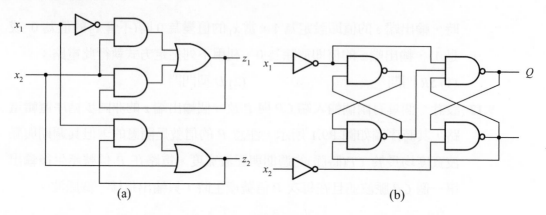

圖 P9.2

9.16 分析圖 P9.3 的非同步循序邏輯電路，回答下列各問題：

(1) 由邏輯電路導出激勵函數與輸出函數。

(2) 導出轉態表與輸出表。

(3) 導出流程表與流程圖。

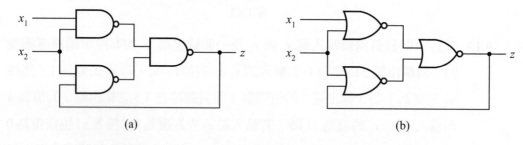

圖 P9.3

9.17 某一個非同步循序邏輯電路具有兩個內部狀態、兩個輸入端 x_1 與 x_2、一個輸出端 z，其激勵與輸出函數分別如下：

$$Y_1 = x_1 y_2 + x_1 y'_2 + x'_2 y_1$$
$$Y_2 = x_2 y'_1 + x_1 y'_1 y_2 + x'_1 y_1$$
$$z = x_2 + x_1 y_1$$

(1) 繪出邏輯電路

(2) 導出轉態表與輸出表

(3) 導出電路的流程表

9.18 分析圖 P9.4 所示的脈波模式電路，回答下列各問題：

(1) 由邏輯電路導出激勵函數與輸出函數。

(2) 導出轉態表與輸出表。

(3) 導出流程表與流程圖。

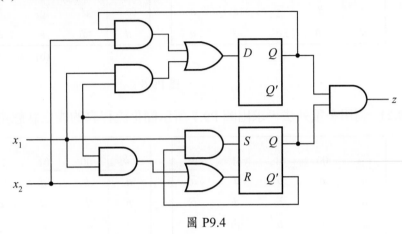

圖 P9.4

9.19 求出圖 P9.5 中的所有競賽狀況,並指出那些是臨界性競賽與非臨界性競賽,及是否有循環存在。

y_1y_2	x_1x_2 Y_1Y_2 00	01	11	10
00	10	⑩⓪	11	10
01	⑩①	00	10	10
11	01	00	⑪⑪	⑪⑪
10	11	00	⑩⓪	⑩⓪

(a)

y_1y_2	x_1x_2 Y_1Y_2 00	01	11	10
00	⑩⓪	11	⑩⓪	11
01	11	⑩①	11	11
10	00	⑩⓪	11	11
11	⑪⑪	⑪⑪	00	⑪⑪

(b)

圖 P9.5

9.20 利用共用列法,求出圖 P9.6 所示簡化流程表的成立狀態指定。

PS	x_1x_2 00	01	11	10
a	ⓐ	b	d	ⓐ
b	a	ⓑ	c	a
c	d	ⓒ	ⓒ	a
d	ⓓ	c	ⓓ	a

(a)

PS	x_1x_2 00	01	11	10
a	ⓐ	c	ⓐ	c
b	a	ⓑ	ⓑ	d
c	d	ⓒ	b	ⓒ
d	ⓓ	b	a	ⓓ

(b)

圖 P9.6

9.21 利用多重列法，求出圖 P9.7 所示簡化流程表的成立狀態指定。

PS	x_1x_2 00	01	11	10
a	ⓐ	b	d	ⓐ
b	c	ⓑ	d	ⓑ
c	ⓒ	b	ⓒ	a
d	c	ⓓ	ⓓ	a

(a)

PS	x_1x_2 00	01	11	10
a	b	ⓐ	ⓐ	b
b	ⓑ	d	c	ⓑ
c	ⓒ	a	ⓒ	d
d	c	ⓓ	a	ⓓ

(b)

圖 P9.7

9.22 利用 n 取 1 碼法，求出圖 P9.8 所示簡化流程表的成立狀態指定。

PS	x_1x_2 00	01	11	10
a	b	ⓐ	d	ⓐ
b	ⓑ	d	ⓑ	a
c	ⓒ	a	b	ⓒ
d	c	ⓓ	ⓓ	c

(a)

PS	x_1x_2 00	01	11	10
a	ⓐ	ⓐ	b	d
b	a	ⓑ	d	c
c	a	a	ⓒ	ⓒ
d	a	b	ⓓ	ⓓ

(b)

圖 P9.8

9.23 在圖 P9.9 所示的各簡化流程表中，求出使用最少數目的第二變數之成立狀態指定。

PS	x_1x_2 NS 00	01	11	10
a	ⓐ	d	ⓐ	ⓐ
b	ⓑ	ⓑ	ⓑ	a
c	e	d	ⓒ	f
d	b	ⓓ	c	e
e	ⓔ	b	a	ⓔ
f	a	ⓕ	b	ⓕ

(a)

PS	x_1x_2 NS 00	01	11	10
a	ⓐ	d	ⓐ	ⓐ
b	a	f	c	ⓑ
c	ⓒ	e	ⓒ	a
d	c	ⓓ	ⓓ	b
e	ⓔ	ⓔ	d	a
f	e	ⓕ	a	b

(b)

圖 P9.9

9.24 分析圖 P9.10 的非同步循序邏輯電路，回答下列各問題：

(1) 由邏輯電路導出激勵函數與輸出函數。

(2) 導出流程表。

(3) 指出電路中可能發生的基本突波與解決方法。

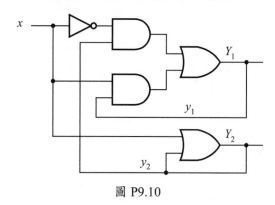

圖 P9.10

9.25 指出圖 P9.11 所示的各簡化流程表中，可能的基本突波。

PS	x_1x_2 00	NS 01	11	10
a	ⓐ	b	-	ⓐ
b	ⓑ	ⓑ	c	a
c	-	-	ⓒ	d
d	b	-	-	ⓓ

(a)

PS	x_1x_2 00	NS 01	11	10
a	ⓐ	-	b	ⓐ
b	-	c	ⓑ	d
c	d	ⓒ	b	-
d	ⓓ	-	f	ⓓ
e	-	ⓔ	f	ⓔ
f	-	c	ⓕ	e

(b)

圖 P9.11

10

數位系統設計
---使用ASM圖

本章目標

學完本章之後，你將能夠了解：

- ASM圖的定義、特性、應用
- RTL的定義、特性、應用
- 數位系統的基本設計技術與方法
- 資料處理單元電路的設計技術與方法
- 控制單元電路的設計技術與方法
- Verilog HDL：數位系統設計實例

到目前為主,所討論的皆以小型的數位系統的設計與分析為主,這種系統的主要特性是其輸入變數與輸出交換函數的數目不多,而且只具有少數幾個狀態。在許多實用的系統中,通常具有大量的輸入變數與輸出交換函數及數量相當可觀的狀態,對於這種大型的數位系統,將很難再以前面各章所討論的方法設計,因為大型數位系統的設計已經變為一種藝術形式,不再是一種可重覆遵循的方法了。

在大型數位系統的設計方法中,最常用的為一種特殊的流程圖(flow chart)稱為演算法狀態機(algorithmic state machine,ASM 圖),利用它一個數位系統的硬體即可以使用演算法而以較有系統的方式表示。這裏所謂的演算法(algorithm)為一種解決問題的方法,它由一些有限數目的步驟組成,以將輸入資料形式轉換為需要的輸出資料形式。ASM 圖除了表示數位系統中輸出資料與輸入資料的關係之外,也表示出循序控制邏輯電路中各個狀態之間的時序關係,及由一個狀態到另一個狀態轉移時可能發生的事件。

本章中將以 ASM 圖的設計方法為主,探討數位系統的設計方法。至於數位系統的各種執行方法將於下一章中再予介紹。

10.1 數位系統設計策略

數位系統的設計主要是探討如何使用前面各章中所介紹的組合邏輯電路模組與循序邏輯電路模組建構出符合應用需要的系統;數位系統的執行則是將設計完成的數位系統使用最經濟而且性能符合該系統規格的實際邏輯元件,實際執行該系統的動作。

本節中將就目前數位系統的常用設計策略做一概括性的介紹,以讓讀者了解數位系統的各種設計策略、方法,並且提供讀者一些選取執行該系統的邏輯元件時的基本觀念。

10.1.1 結構化數位系統設計

基本的數位系統設計階層(design hierarchy)可以分成:系統層次(system

level)、RTL 層次(RTL level)或是暫存器轉移層次(register transfer level)、邏輯閘層次(logic gate level)、電路層次(circuit level)等四種，如表 10.1-1 所示。

表10.1-1　數位系統設計層次分類

設計層次	基本組成元件
系統層次	μP、μC、ROM、RAM、EEPROM、UART、USB、GPIO、定時器等。
RTL 層次	暫存器、移位暫存器、計數器、多工器、解多工器、解碼器、編碼器、大小比較器、ALU 等。
邏輯閘層次	基本邏輯閘：AND、OR、NOT、NOR、NAND、XOR、XNOR；正反器等。
電路層次	MOSFET(nMOS 與 pMOS 電晶體)、BJT、MESFET 等。

最高層次為系統層次，在此層次下的數位系統其資料轉移單位通常為位元組或是一個位元組區段，而操作的時間單位則為 ms (或是 s)。系統層次的邏輯元件一般為微處理器 (micro-processor，μP) 或是微控制器 (micro-controller，μC)、ROM、RAM、EPROM、EEPROM (目前大都稱為 flash memory，快閃記憶器)，與週邊裝置界面元件，如表 10.1-1 所示。

在暫存轉移層次(RTL 層次)中的資料轉移單位通常為位元或是位元組，而其操作的時間單位為 10^{-8} 到 10^{-9} 秒。在此層次上的基本邏輯元件為暫存器、移位暫存器、計數器等循序邏輯電路模組及多工器/解多工器、編碼器/解碼器、ALU、大小比較器等組合邏輯電路模組，如表 10.1-1 所示。

在邏輯閘層次中的資料轉移單位為位元而其操作的時間單位約為 10^{-9} 到 10^{-10} 秒。在此層次上的基本邏輯元件為基本邏輯閘與正反器，如表 10.1-1 所示。

在電路層次中的資料轉移單位為位元而其操作的時間單位約為 10^{-10} 到 10^{-11} 秒。在此層次上的基本元件為雙極性電晶體(BJT)、MOSFET (nMOS 與 pMOS 電晶體)、MESFET 等。

上述四種層次的觀念示意圖如圖 10.1-1 所示。系統層次的邏輯元件由暫存器轉移層次的基本元件組成；暫存器轉移層次的邏輯元件由邏輯閘層次的基本元件組成；邏輯閘層次的基本邏輯閘則由電路層次中的電晶體組成；實體層次則為電路層次的另外一種表示方式，因此通常不視為另外一個設計層次。整個系統設計觀念形成一個階層式結構(hierarchical structure)。

系統層次的數位系統設計方法不在本書的討論範圍之內(參考資料 8 與 9)，暫存器轉移層次的設計方法將於本章中介紹，其它兩種層次的數位系統設計方法則已經分別在前面各章中討論過。

📖 **複習問題**

10.1. 基本的數位系統設計層次可以分成那幾種層次？

10.2. 在系統層次下的基本邏輯元件是什麼？

10.3. 在暫存器轉移層次下的基本邏輯元件是什麼？

10.4. 在邏輯閘層次下的基本邏輯元件是什麼？

圖10.1-1 結構化數位系統設計觀念

10.1.2 設計方法

對於任何大小的數位系統而言，均可以將其分成兩部分：資料處理單元(data-processing unit，或稱資料路徑，datapath)與控制單元(control unit)。這種結構通常稱為控制器-資料處理單元結構(controller-data-processing-unit structure)，其資料處理單元與控制單元的關係如圖 10.1-2 所示。資料處理單元依據控制單元所給予的控制信號處理輸入的資料，或將之直接送往輸出端，或是經過運算後才送往輸出端，或是產生狀態信號回授至控制單元，以修正控制單元的動作；控制單元則依據一個固定的時序信號，產生系統所需要的控制信號，以引導、控制資料處理單元的動作，同時它也接受由資料處理單元所回授的狀態信號，修正其內部動作，因而改變控制信號。

圖10.1-2　數位系統結構

在設計一個數位系統時，通常以由上而下(top-down)的設計方法，將系統分成資料處理單元與控制單元兩部分：

1. 資料處理單元部分：能夠包括一組主要元件與資料運算路徑及受控元件需要的控制信號與狀態信號，其中主要元件通常是指暫存器、計數器、算術邏輯單元(ALU)、是記憶器等，控制信號則是由控制單元所產生的，而狀態信號則是用來改變控制單元的動作。依據實際上的需要，記憶器可以是下列元件：RAM、CAM、ROM、FIFO (緩衝器)、移位暫存器、暫存器，或是其組合。

2. 控制單元部分：能夠產生一組適當順序的控制信號，以控制資料處理單元執行需要的動作。它為一個由狀態圖或是 ASM 圖描述的循序邏輯電路，而可以使用 PLA 元件、ROM 元件，或是隨機邏輯電路實現。當 ASM 圖用來描述數位系統在控制器-資料處理單元結構中的控制器之行為時，該 ASM 圖常稱為 ASMD (ASM with datapath)圖。

一般而言，使用上述控制器-資料處理單元結構設計一個數位系統的方法如下：首先，設計與繪出該數位系統的資料處理單元的方塊圖；其次，定義控制單元需要的輸入與輸出信號；最後，建構一個 ASM 圖以測試及產生適當的輸出信號次序。完整的設計實例將於第 10.5 節介紹。ASM 圖將於其次一節介紹；設計資料處理單元與控制單元的硬體電路分別於第 10.3 節與第 10.4 節兩小節討論。

📖**複習問題**

10.5. 任何一個數位系統都可以分成那兩部分？

10.6. 資料處理單元的主要功能是什麼？

10.7. 控制單元的主要功能是什麼？

10.2 ASM 圖

ASM 圖與描述軟體演算法的流程圖類似，但是可以描述硬體電路中固有的平行動作(concurrency)與時序(timing)特性。它可以描述邏輯閘層次的同步與非同步循序邏輯電路或是 RTL 層次的數位系統。ASM 圖的兩個主要特性如下：一、它定義了每一個狀態的動作；二、它清楚地描述狀態與狀態之間的控制流程。在 RTL 層次上，狀態與狀態之間的轉移係使用時脈信號控制。因此，上述兩項特性可以重述為：ASM 圖定義了每一個時脈週期(即狀態)的 RTL 動作與清楚地描述時脈(狀態)與時脈(狀態)之間的控制流程。目前，ASM 圖已經成為一個在 RTL 層次上設計一個數位系統最常用而有效的系統性方法。

10.2.1 基本方塊

ASM 圖為一種適合於描述數位系統動作的特殊型式之流程圖,其基本組成要素有三種基本方塊:1. 狀態方塊(state box);2. 判別方塊(decision box); 3. 條件輸出方塊(conditional output box),現在分別定義如下。

狀態方塊

在 ASM 圖中的狀態方塊用以代表循序邏輯電路中的一個狀態,它由一個長方形的狀態方塊表示,如圖 10.2-1(a)所示。圖形左上方的符號代表該狀態的名稱;右上方的二進碼為該狀態的狀態指定;圖形內則指定在該狀態下所必須產生的輸出或是執行的動作。在 Mealy 機中,狀態方塊中並未指定輸出函數的值;在 Moore 機中,狀態方塊中則指定輸出函數的值。每一個狀態方塊只有一個入口與一個出口。

(a) 狀態方塊　　　　(b) 條件輸出方塊

(c) 判別方塊

圖10.2-1　ASM 圖的三種基本方塊

判別方塊

判別方塊使用圖 10.2-1(c)所示的三種符號之一表示,它用來描述輸入信號對於控制流程的效應,等待測試的條件(即輸入信號)置於方塊內,輸出端的兩條路徑分別代表該條件的成立與不成立。每一個待測條件使用一個判別方塊。當待測條件為一個交換變數時,兩條路徑則分別由 1 與 0 表示。

條件輸出方塊

條件輸出方塊使用如圖 10.2-1(b)所示的橢圓形符號表示，它為 ASM 圖中較特殊的一個基本方塊，用以指定循序邏輯電路中的輸出函數的值。條件輸出方塊的輸入必須取自判別方塊的一個輸出，方塊內所指示的輸出或是動作只在該判別方塊中的輸入條件滿足與它所附屬的狀態下才產生或是執行。每一個條件輸出方塊只有一個入口與一個出口。

10.2.2 ASM 圖動作類型

ASM 圖可以描述邏輯閘或 RTL 層次的狀態機(Mealy 或 Moore 機)或是演算法，因此如圖 10.2-2 所示，ASM 圖的狀態與條件方塊中的動作(或稱命令，command)相當分歧，但是可以歸納為下列三種：

圖10.2-2　ASM 圖的狀態與條件方塊中的三種基本動作

◆ 單一位元信號：單一位元信號簡稱信號，當其出現於狀態方塊或是條件輸出方塊中時，例如 z 與 z' (意為 $z = 0$)，該信號將在該狀態或是條件輸出方塊下啟動，在其它狀態方塊或是條件輸出方塊中未提及該信號時，該信號則為預設值。在實際應用中，通常只列出啟動的單一位元信號，例如當啟動的信號值為 $z = 1$ 時，僅列出 z 而不列出 z' ($z = 0$)。

◆ 多位元信號(=)：當一個多位元信號出現於狀態方塊或是條件輸出方塊中時，使用等號(=) 指定其值，在其它狀態方塊或是條件輸出方塊中未提及該信號時，該信號則為預設值。等號(=)左邊為標的信號，右邊則可以是常數，或是由運算元與運算子組成的表式。在實務上，亦常使用多元信號的等號(=)表示單一信號的值，例如 z 與 $z = 1$ 將於本書中互換使用，表示相同的信號值。

◆ 暫存器資料轉移(←)：暫存器資料轉移使用 $A \leftarrow B$ 表示，其中 A 與 B 分別為標的與來源暫存器。一般而言，RTL 表示法的格式為 $A \leftarrow f(.)$，其中 $f(.)$ 表示一個函數，它可以是常數、暫存器，或是由運算元與運算子組成的表式。暫存器資料轉移(←)當其啟動時，其效應將延遲到下一狀態時才顯現。

值得注意的是：單一位元或是多位元信號為組合邏輯信號，其值的效應僅限於該狀態方塊或是條件輸出方塊；暫存器資料轉移則儲存資料於暫存器中，因此其效應將延至下一狀態才顯現，而且該暫存器將保持其資料，直到接收新資料為止。

圖 10.2-3 說明信號與暫存器資料轉移動作之差異。圖 10.2-3 (a) 為邏輯電路，而圖 10.2-3(b)為 ASM 圖。RTL 表式 $B \leftarrow A + 5$ 在進入狀態 x 後開始計算，然後於進入狀態 y 時，其值才載入暫存器 B。信號 z 則在進入狀態 x 後開始計算，於組合邏輯電路的延遲之後，即反應其新值。另外，由圖 10.2-3(b)的 ASM 圖可知：暫存器 B 於狀態 y 載入新值之後，即持續維持此值，直到接收另一個不同的值為止。然而，z 信號的值將於進入狀態 y 後恢復為預設值。在狀態 z 時，因為 z 信號並未被指定新的值，因此輸出其預設值。

圖10.2-3 狀態方塊或是條件輸出方塊中的動作類型說明: (a)邏輯電路；(b) ASM 圖

10.2.3 ASM 區段

一般而言，一個ASM圖是由許多ASM區段(ASM block)組合而成，每一個 ASM 區段由一個狀態方塊與它所附屬的判別方塊及條件輸出方塊組成，如圖 10.2-4 所示。沒有判別方塊與條件輸出方塊的 ASM 區段稱為簡單的 ASM 區段。每一個 ASM 區段只有一個入口(entrance)與由判別方塊結構決定的一個或是多個出口(exit)。若以同步循序邏輯電路執行一個 ASM 圖時，每一個 ASM 區段中的所有動作均在同一個時脈內完成。

在每一個ASM區段內的輸出值皆同時(即在同一個時脈週期)產生、所需要的動作則同時執行、輸入條件的測試動作也同時執行，因此待測的輸入條件出現在一個 ASM 區段中的順序並不重要。

(a) 串列測試方式　　　　　　　　(b) 並列測試方式

圖10.2-4　ASM 區段

例題 10.2-1　(ASM 區段)

在圖 10.2-4(a)中的 x_1 與 x_2 的檢查動作，雖然在 ASM 圖中是先檢查 x_1，然後檢查 x_2。然而實際上它們的動作是同時發生的，因此圖 10.2-4(a)的 ASM 區段與圖 10.2-4(b)的 ASM 區段是等效的。兩者皆執行相同的動作：若 x_1 的值為 0，則清除控制變數 c 的值為 0；若 x_2 的值為 1，則設定控制變數 d 的值為 5。

另外暫存器 B 的內容無條件地加上 3，而上述動作均在狀態 A 下執行完畢。但是必須注意：若一個 RTL 指述的標的為(單一位元或是多位元)信號時，則立即更新其值，但是若為暫存器時，則必須等到進入下一個狀態時，方更新其值。

　　雖然建構一個 ASM 圖時或多或少是一項藝術，在建構一個 ASM 圖時，下列條個規則卻頗有助益：

　　規則 1：任何時候，每一個狀態與其附屬的判別方塊及條件輸出方塊組成的串並連網路，必須唯一地定義下一個狀態；換句話說，每一個 ASM 區段並不能同時轉移到兩個或是更多個不同的下一狀態。

　　規則 2：每一個判別方塊及條件輸出方塊組成的串並連網路之路徑出口必須終止於一個下一狀態，即在串並連網路中不能有任何迴路存在。

📖 複習問題

10.8. 在任何一個 ASM 圖中，基本的組成要素有那三種方塊？

10.9. 試定義 ASM 圖中的狀態方塊。

10.10. 試定義 ASM 圖中的判別方塊。

10.11. 試定義 ASM 圖中的條件輸出方塊。

10.12. 試定義 ASM 圖中的 ASM 區段。

10.2.4 ASM 圖與狀態圖的等效

　　基本上，ASM 圖與狀態圖是可以互換的，在 ASM 圖中的一個狀態方塊相當於狀態圖中的一個狀態；判別方塊與條件輸出方塊組合成狀態圖中兩個狀態之間的連線與標記。若一個 ASM 圖中的所有輸出值的指定均以條件輸出方塊指定，則它相當於 Mealy 機(循序邏輯)電路；若一個 ASM 圖中的所有輸出值的指定均以狀態方塊指定，則它相當於 Moore 機(循序邏輯)電路。在某些 ASM 圖中，可能同時具有以條件輸出方塊指定的條件性輸出與使用狀態方塊指定的無條件輸出，這時雖然沒有等效的 Moore 機或是 Mealy 機(循序邏輯)電路，不過依然可以求出等效的狀態圖。

例題 10.2-2 (ASM 圖與狀態圖的等效)

求出圖 10.2-5(a)所示狀態圖的等效 ASM 圖。

解:如圖 10.2-5(b)所示。在狀態 A 時,當輸入端 x 的值為 0 時,輸出端 $z = 0$,並且維持在狀態 A 上;當輸入端 x 的值為 1 時,輸出端 $z = 0$,而進入狀態 B。因此,得到 ASM 區段 A,如圖 10.2-5(b)所示。使用相同的分析方法,分別得到狀態 B 與 C 的等效 ASM 區段 B 與 C,如圖 10.2-5(b)所示。因為圖 10.2-5(a)的狀態圖為 Mealy 機循序邏輯電路,因此對應的 ASM 圖中的狀態方塊中,沒有指定輸出端的值。注意:由於 z 的預設值為 0 且為單一位元信號,因此 z' 並未出現在 ASM 圖中。

(a) 狀態圖　　　　　　　　　　　　　　(b) ASM圖

圖10.2-5　例題 10.2-2 的狀態圖與 ASM 圖

例題 10.2-3 (ASM 圖與狀態圖的等效)

求出圖 10.2-6(a)所示 ASM 圖的等效狀態圖。

解:如圖 10.2-6(b)所示。在狀態 A 時,輸出端 Q 的值為 0,記為 Q',所以狀態圖中表為 A/Q',若此時輸入端 CD 的值為 0,則電路依然維持在狀態 A,否則進入

狀態 B；在狀態 B 時，輸出端 Q 的值依然為 0，所以在狀態圖中也表示為 B/Q'。其它狀態與轉態可以依據上述相同的方式，由圖 10.2-6(a) 直接得到。由於在 ASM 圖中，所有輸出值均由狀態方塊指定，因此為一個 Moore 機循序邏輯電路的狀態圖。

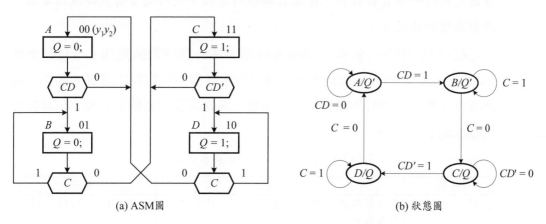

(a) ASM圖   (b) 狀態圖

圖10.2-6　例題 10.2-3 的狀態圖

📖複習問題

10.13. 何種 ASM 圖相當於 Mealy 機循序邏輯的狀態圖？

10.14. 何種 ASM 圖相當於 Moore 機循序邏輯的狀態圖？

10.15. 試描述 ASM 圖與狀態圖的互換規則。

10.3 資料處理單元設計與執行

如前所述，任何數位系統均可以分成資料處理單元與控制單元兩部分，其中資料處理單元的動作(即運算)相當於在ASM圖中由狀態方塊與條件輸出方塊內所描述的動作與輸出。一般而言，這些動作與輸出都是由一些交互連接的暫存器與組合邏輯電路組合而成的。這一些暫存器與組合邏輯電路組合後資料的轉移動作，通常使用暫存器轉移語言(register transfer language，RTL)描述。使用 RTL 描述的數位系統設計方式，則稱為暫存器轉移層次(register-transfer level) (RTL 層次)，如第 10.1.1 節所述。

10.3.1 RTL 定義

RTL 層次的數位系統模型為一種常用的硬體動作描述方法，其基本意義為任何數位系統均可以視為一群暫存器的組合，而資料的運算則視為兩個暫存器之間的一種資料轉移，並在其轉移的過程中使用適當的組合邏輯電路，改變其資料的性質。

在 RTL 中的一個指述(statement)通常由一個控制函數加上一些微動作(microoperation)組成。微動作為一種針對暫存器中的資料之運算的動作，這些運算主要包括資料的轉移、算術運算、邏輯運算與移位運算等。這些運算的動作如下：

表10.3-1 RTL 語言的一些基本定義

符號	意義	例子
大寫英文字母	表示暫存器名稱，在運算表式中則表暫存器之內容。	A、B、PC、MAR、MBR
$X[a:b]$	表示暫存器 X 的部分位元(a 到 b 等部分)，其中 a 為 MSB，b 為 LSB。	$A[7:0]$、$PC[15:8]$
箭頭(←)	表示資料轉移方向	$A \leftarrow B$;
冒號(:)	表示控制指述的終點	x: xt:
分號(;)	分開兩個指述	$A \leftarrow B$; $D \leftarrow C$;
逗號(,)	分開兩個運算指述	x: $A \leftarrow B$, $PC \leftarrow PC +1$;
+、-、×、/	表示算術的四則運算	x: $A \leftarrow B \times C$, $A \leftarrow A +1$;
∧、∨、⊕、′	分別表示 AND、OR、XOR、及 NOT 等邏輯運算。	x: $A \leftarrow B \vee C$, $A \leftarrow A \oplus D$;
$R << cnt$	邏輯左移暫存器 R 內容 cnt 個位元位置。	$R \leftarrow R << cnt$;
$R >> cnt$	邏輯右移暫存器 R 內容 cnt 個位元位置。	$R \leftarrow R >> cnt$;
$R <<< cnt$	算數左移暫存器 R 內容 cnt 個位元位置。	$R \leftarrow R <<< cnt$;
$R >>> cnt$	算數右移暫存器 R 內容 cnt 個位元位置。	$R \leftarrow R >>> cnt$;

1. 暫存器之間的資料轉移：當二進制資料由一個暫存器中轉移到另一個暫存器時，該暫存器中的內容不變。

2. 算術運算：對於儲存於暫存器中的資料執行算術運算，例如加、減、乘、除等運算。

3. 邏輯運算：對於儲存在兩個暫存器中的資料，依其對應的各別位元執行 AND、OR、XOR 等邏輯運算。

4. 移位運算：描述移位暫存器的動作，即將暫存器中的資料向右或是向左
   移動一個數量的位元位置，其動作可以是**邏輯移位**或是**算數移位**。

RTL 語言的基本定義如表 10.3-1 所示。

　　RTL 指述一般可以分成：條件性指述(conditional statement)與無條件性指述(unconditional statement)兩種。條件性指述由控制指述與運算指述組成，而以冒號"："分開，即：

　　控制指述：運算指述　　　　　　　(條件性指述格式)

其中控制指述可以是任何成立的交換表式；運算指述以"；"結束而可以是簡單的指述或是使用"，"分開簡單指述的複合指述。條件性指述的動作為：當控制指述的值為真(即 1)時，才執行它所附屬的運算指述之動作。例如：

　　$x_1 + t_1 C : A \leftarrow B, C \leftarrow C + 4$；

只在交換表式 $x_1 + t_1 C$ 的值為 1 時，才執行運算指述 $A \leftarrow B$，$C \leftarrow C + 4$。一般而言，一個指述必須能夠代表一個成立的動作。

　　無條件指述則只要有時脈信號(CP)的推動，即可以執行運算指述的動作，其格式只有運算指述部分而無控制指述部分，即

　　運算指述　　　　　　　　　(無條件指述格式)

例如：

　　$A \leftarrow B$，$C \leftarrow D + 4$；

運算指述 $A \leftarrow B$ 與 $C \leftarrow D + 4$，只要有時脈信號的推動即可以執行。

📖 複習問題

10.16. RTL 層次模型的基本意義為何？

10.17. RTL 指述一般可以分成那兩種？

10.18. 試定義條件性指述。

10.19. 試定義無條件性指述。

10.3.2 暫存器資料轉移

　　兩個暫存器之間的資料轉移方式可以分為：串列轉移(serial transfer)與

並列轉移(parallel transfer)兩種。在串列轉移方式中,每一個時脈期間只轉移一個位元的資料,如圖 8.3-1 所示;在並列轉移方式中,則每一個時脈期間即將所有的資料轉移完畢,如圖 10.3-1 與圖 10.3-2 所示。

圖 10.3-1 為條件性資料轉移,即其動作僅在指定的條件滿足時才執行。圖 10.3-1(a)為邏輯電路而(b)與(c)分別為為 RTL 與簡化 RTL 符號;圖 10.3-1(d)為時序圖。它的 RTL 指述為:

$t_1 : B[3:0] \leftarrow A[3:0];$

簡記為:

$t_1 : B \leftarrow A;$

即在 t_1 交換表式控制下,暫存器 A 的內容並列地轉移到暫存器 B 中。

圖10.3-1　條件性並列資料轉移

無條件的資料轉移動作只需要有時脈信號(CP)的推動即可以執行,如圖 10.3-2 所示。圖 10.3-2(a)為邏輯電路而(b)與(c)分別為為 RTL 與簡化 RTL 符號;圖 10.3-2(d)為時序圖。它的 RTL 指述為:

$B \leftarrow A;$

暫存器 A 的內容無條件地以並列方式轉移到暫存器 B 中。

(a) 邏輯電路

(b) RTL符號

(c) 簡化RTL符號

(d) 時序圖

圖10.3-2 無條件性並列資料轉移

多源資料轉移

在大多數的數位系統中，一個暫存器的資料來源通常不是單一的。由於在數位電路中，一條信號線並不能由兩個或多個信號來源所驅動，必須使用一個特殊的電路自多個信號源中選取一個。例如，將兩個來源暫存器(source register) A 與 B 的內容分別在控制信號 t_3 與 t_5 的控制下轉移到標的暫存器 (destination register) C 中時，RTL 指述為：

$t_3 : C \leftarrow A;$

$t_5 : C \leftarrow B;$

在 $t_3 = 1$ 時，暫存器 A 的內容轉移到暫存器 C 中，在 $t_5 = 1$ 時，暫存器 B 的內容轉移到暫存器 C 中。由於來源暫存器 A 與 B 共用標的暫存器 C，控制信號 t_3 與 t_5 不能同時為 1，否則在標的暫存器 C 的輸入端將產生信號衝突的現象。一個解決這種問題的技術稱為分時多工(time-division multiplexing)，其執行方式一般有兩種：多工器結構(multiplexer-based structure) (或稱點對點結構，point-to-point structure)與匯流排結構(bus-based structure)。

典型的多工器結構的暫存器資料轉移電路如圖 10.3-3(a)所示，其中暫存器 A 與 B 均可以使用分時多工的方式轉移其資料到標的暫存器 D。標的暫存

器 D 在 2 對 1 多工器的來源選擇輸入 S 為 0 時，接收暫存器 A 的輸出資料，
而在 S 為 1 時，接收暫存器 B 的輸出資料。在圖 10.3-3 (b)中，兩個 n 位元暫
存器 C 與 D 均各自有兩個資料來源，即暫存器 A 與 B，因此必須各自有一個
n 位元的 2 對 1 多工器，以選取需要的資料來源，例如暫存器 C，在 t_3 時，
選取暫存器 A 當作資料來源，在 t_5 時，則選取與載入暫存器 B 的資料。

(a) 兩個來源暫存器　　　　　　　(b) 兩個來源暫存器與兩個標的暫存器

圖 10.3-3　多工器結構的多源暫存器資料轉移

多工器結構的最大缺點為當標的暫存器的來源暫存器數目增加時，需要
的多工器電路將變得龐大、複雜而且昂貴，因此在數位系統中通常採用另一
種執行方式，即匯流排結構。

所謂的匯流排為一組當作暫存器資料轉移時共同通路的導線。典型的匯
流排資料轉移電路如圖 10.3-4(a)所示，其中暫存器 A 與 B 的輸出均經由三態
緩衝器接往匯流排，暫存器 D 的輸入也接往匯流排。

為了避免匯流排上的信號衝突，暫存器 A 與 B 的輸出資料並不能同時送
到匯流排。任何時刻，最多僅能有一個輸出端連接到匯流排。為達到此目
的，暫存器 A 與 B 的輸出端均必須有一個三態緩衝器以在不輸出資料到匯流
排時，能將其輸出端置於高阻抗狀態，以有效地自匯流排中移除。例如在圖
10.3-4 (a)中，暫存器 D 在輸出致能(output enable，OE)為 0 時，接收暫存器 A
的輸出資料，而在 OE 為 1 時，接收暫存器 B 的輸出資料。另一個例子如圖
10.3-4 (b)所示。在 t_3 時，暫存器 C 的資料來源為暫存器 A，在 t_5 時，則為暫
存器 B。控制信號 t_3 與 t_5 並不能同時為 1。

(a) 兩個來源暫存器

(b) 兩個來源暫存器與兩個標的暫存器

圖 10.3-4　多工器結構的多源暫存器資料轉移

圖 10.3-4 (a)中的暫存器 A 或 B 與其輸出三態緩衝器可以擴充為 n 位元，成為一個三態輸出的 n 位元暫存器，如圖 10.3-5 所示為 4 位元暫存器。圖 10.3-5 (a)為邏輯電路而圖 10.3-5 (b)為邏輯符號。

(a) 邏輯電路

(b) 邏輯符號

圖 10.3-5　具有三態輸出級的 4 位元暫存器

在使用匯流排結構的系統中，一個暫存器通常必須接收與傳送資料到相同的匯流排上。為達到此目的，D 型正反器輸入端的 2 對 1 多工器的資料輸入端通常也如同其資料輸出端一樣連接到相同的匯流排上，如圖 10.3-6(a)所示。在系統方塊圖中，通常使用圖 10.3-6(b)所示的邏輯符號。當載入控制 L 致能時，暫存器自匯流排中載入資料，當 OE 啟動時，暫存器輸出資料於匯流排中。

📖 複習問題

10.20. 兩個暫存器之間的資料轉移方式可以分成那兩種？

(a) 邏輯電路　　　　　　　　(b) 邏輯符號

圖 10.3-6 具有三態輸出級的暫存器

10.21. 在多來源資料轉移中，有哪兩結構可以實現分時多工的技術？

10.22. 多工器結構的主要缺點為何？

10.23. 使用匯流排電路時，每一個連接在匯流排上的元件，其輸出端必須是何種輸出電路級？

10.3.3 記憶器資料轉移

記憶器與外界溝通的媒體為 *MAR* (memory address register)與 *MBR* (memory buffer register)兩個暫存器，其中 *MAR* 為記憶器位址暫存器，持有目前欲讀取(read，*RD*)或是寫入(write，*WR*)資料的位址；*MBR* 為記憶器緩衝暫存器，當做記憶器讀取資料與寫入資料時，與外界電路之間的緩衝器。記憶器單元的 RTL 模式如圖 10.3-7 所示。

讀取動作的 RTL 指述可以表示為：

$RD : MBR \leftarrow \text{Mem}[MAR];$

即在讀取控制信號 *RD* 的控制下，將記憶器中由 *MAR* 所指定的記憶器位置之內容轉移到 *MBR* 中。在大多數場合，都不是只將資料讀到 *MBR* 中，而是將它讀到外部暫存器(例如 *A*)中，因此

$RD : MBR \leftarrow \text{Mem}[MAR] , A \leftarrow MBR;$

實際上，*MBR* 只是暫存性暫存器並非標的暫存器，所以上式可以簡化為：

$RD : A \leftarrow \text{Mem}[MAR];$

同樣地，寫入資料於記憶器的動作可以表示為：

圖10.3-7　記憶器的 RTL 模型

WR：$MBR \leftarrow A$;

　　　$\text{Mem}[MAR] \leftarrow MBR$;

即在寫入控制信號 WR 的控制下，將暫存器 A 的內容寫入 MBR 中，然後轉移到由 MAR 所指定的記憶器位置中。上式可也以簡化為：

WR：$\text{Mem}[MAR] \leftarrow A$;

即在寫入控制信號 WR 的控制下，將暫存器 A 之內容寫入由 MAR 所指定的記憶器位置中。

📖 複習問題

10.24. 在 RTL 模式中，記憶器使用那兩個暫存器與外界溝通？

10.25. 試描述記憶器讀取動作的 RTL 指述？

10.26. 試描述記憶器寫入動作的 RTL 指述？

10.3.4 算術與邏輯運算

依據 RTL 定義，算術與邏輯運算是由一群算術運算子：+、-、×、/ 與邏輯運算子 ′、∧、∨、⊕ 等組成。例如：

t_1：$A \leftarrow A + B$;　　　　　　　t_5：$A \leftarrow A\,'$;

t_2：$A \leftarrow A - B$;　　　　　　　t_6：$A \leftarrow A \wedge B$;

t_3：$A \leftarrow A \times B$;　　　　　　　t_7：$A \leftarrow A \vee B$;

t_4：$A \leftarrow A\,/\,B$;　　　　　　　t_8：$A \leftarrow A \oplus B$;

在上述各指述中，均在左邊的控制指述成立下，將暫存器 A 與 B 的內容分別執行各種不同的算術與邏輯運算。

算術運算電路之設計已經於第 6.6 節中討論過；邏輯運算電路如圖 10.3-8 所示。邏輯運算電路的應用相當廣泛，但是歸納起來不外乎是依據一個暫存器給定的位元圖案(bit pattern)選擇性地設定、清除，或是改變(取補數)另外一個暫存器內的位元值。其中 OR 運算通常用來選擇性地設定一個暫存器內的某些位元；AND 運算則選擇性地清除某些位元；XOR 運算則選擇性地將某些位元取補數。

(a) AND、OR、XOR運算　　　　　(b) NOT運算

圖10.3-8　邏輯運算電路

例題 10.3-1 (邏輯運算)

設暫存器 $A = 01101010$，而 $B = 10101011$，則在下列各邏輯運算執行後，暫存器 A 的內容為何？

(1) $A \leftarrow A \wedge B;$ (AND)　　　　　　(2) $A \leftarrow A \vee B;$ (OR)

(3) $A \leftarrow A \oplus B;$ (XOR)

解：(1) $A \leftarrow A \wedge B;$　(AND)

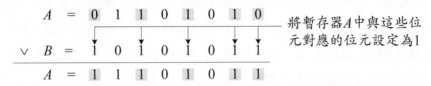

(2) $A \leftarrow A \vee B;$　(OR)

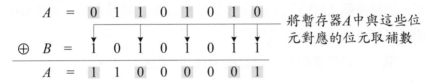

(3) $A \leftarrow A \oplus B;$　(XOR)

$$
\begin{array}{rcccccccccc}
A & = & 0 & 1 & 1 & 0 & 1 & 0 & 1 & 0 \\
\oplus \quad B & = & 1 & 0 & 1 & 0 & 1 & 0 & 1 & 1 \\
\hline
A & = & 1 & 1 & 0 & 0 & 0 & 0 & 0 & 1
\end{array}
$$

將暫存器A中與這些位元對應的位元取補數

📖複習問題

10.27. 在邏輯運算中，AND 運算的主要功能為何？

10.28. 在邏輯運算中，OR 運算的主要功能為何？

10.29. 在邏輯運算中，XOR 運算的主要功能為何？

10.3.5 移位運算

在數位系統中，移位運算電路為資料處理單元中的一個相當重要的電路模組，其主要應用例如在浮點運算中的小數部分的校正(alignment)、正規化的運算動作、捨入運算等。

基本上，移位運算可以分成兩大類：單純的移位運算與循環移位(rotation)運算。前者又分成算術移位(arithmetic shift)運算與邏輯移位(logical shift)運算兩種，而且它們各自有向左移位與向右移位兩種，因此一共可以組合成四種不同的動作：

1. 算術右移位(arithmetic right shift)；

2. 算術左移位(arithmetic left shift)；

3. 邏輯右移位(logical right shift)；

4. 邏輯左移位(logical left shift)。

邏輯移位與算術移位的動作均是將運算元向左或是向右移動一個指定的位元數目，如圖 10.3-9 所示，其主要差異是：在邏輯移位中，其空缺的位元位置(MSB 或是 LSB)是填入 0；在算術移位中，其空缺的位元位置在左移時(為 LSB)必須填入 0，在右移時(為 MSB)必須填入移位前的符號位元的值。因為算術移位通常是以帶號 2 補數的資料表示方式處理其運算元，所以向右移位時必須做符號擴展(sign extension)，即將符號位元的值擴展至其次的位元，以維持除 2 的特性；向左移位時只需要在最低有效位元(LSB)處填入 0，即可以維持乘以 2 的特性。

單一位元的邏輯移位運算的 RTL 指述為：

$A[n\text{-}1:1] \leftarrow A[n\text{-}2:0]$，$\text{A}[0] \leftarrow 0;$ (左移)

與

$A[n\text{-}2:0] \leftarrow A[n\text{-}1:1]$，$\text{A}[n\text{-}1] \leftarrow 0;$ (右移)

單一位元的算術移位運算的 RTL 指述為：

$A[n\text{-}1:1] \leftarrow A[n\text{-}2:0]$，$\text{A}[0] \leftarrow 0;$ (算術左移位)

與

$A[n\text{-}2:0] \leftarrow A[n\text{-}1:1]$，$\text{A}[n\text{-}1] \leftarrow \text{A}[n\text{-}1];$ (算術右移位)

(a) 邏輯左移位   (b) 邏輯右移位

(c) 算術左移位   (d) 算術右移位

圖10.3-9 算術與邏輯移位

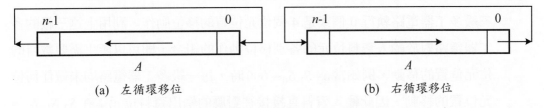

(a)　左循環移位　　　　　　　　　　(b)　右循環移位

圖10.3-10　循環移位的動作

　　循環移位也可以分成左循環移位與右循環移位兩種，如圖 10.3-10 所示。邏輯移位與循環移位的動作均是將運算元向左或是向右移動一個指定的位元數目，它們的主要差異是：在邏輯移位中，其空缺的位元位置(MSB 或是 LSB)是依序填入 0；在循環移位中，其空缺的位元位置(MSB 或是 LSB)則是依序填入被移出的位元。

　　單一位元的循環移位運算的 RTL 指述為：

$A[n\text{-}1{:}1] \leftarrow A[n\text{-}2{:}0]$，$A[0] \leftarrow A[n\text{-}1]$;　(左循環移位)

與

　　$A[n\text{-}2{:}0] \leftarrow A[n\text{-}1{:}1]$，$A[n\text{-}1] \leftarrow A[0]$;　(右循環移位)

　　上述六種運算均牽涉到移位的動作，這種移位動作的執行方式，可以分成循序邏輯電路與組合邏輯電路兩種。循序邏輯電路的執行方式為使用移位暫存器，將欲移位的資料載入移位暫存器中並將左移與右移串列輸入端填入 0 或是適當的值後，再執行左移或是右移的動作，如圖 8.2-4 所示。

　　使用組合邏輯電路的執行方式，通常是利用多工器電路，適當地連接其輸入端而完成移位的動作。在這種執行方式中，一種最常用的電路稱為 barrel 移位電路。一般而言，一個 barrel 循環移位電路為一個具有一組資料輸入端 $D = \langle D_{n-1}, D_{n-2}, ..., D_0 \rangle$、一組資料輸出端 $Q = \langle Q_{n-1}, Q_{n-2}, ..., Q_0 \rangle$，與一組移位位元數目的選擇輸入端 $S = \langle S_{m-1}, S_{m-2}, ..., S_0 \rangle$ 的組合邏輯電路，其中 $m = \log_2 n$。

　　圖 10.3.11 所示為一個算術或是邏輯左移位的 8 位元的 barrel 移位電路，它由三級的多工器電路組成，第一級多工器電路執行 0 個或是 1 個位元位置的移位動作；第二級多工器電路執行 0 個或是 2 個位元位置的移位動作；第

三級多工器電路執行 0 個或是 4 個位元位置的移位動作。利用上述三級的多工器電路對於輸入資料位元的各別移位動作的組合，即可以產生需要數目的位元位置的移動。例如當 $S_2 S_1 S_0 = 000$ 時，每一級多工器電路均未做任何位元位置的移動，因此輸入資料直接接往對應的輸出資料位元；在 $S_2 S_1 S_0 = 101$ 時，第一級多工器電路執行 1 個位元位置的移位動作；第二級多工器電路執行 0 個位元位置的移位動作；第三級多工器電路執行 4 個位元位置的移位動作。結果整個三級多工器電路一共執行 5 個位元位置的移位動作。

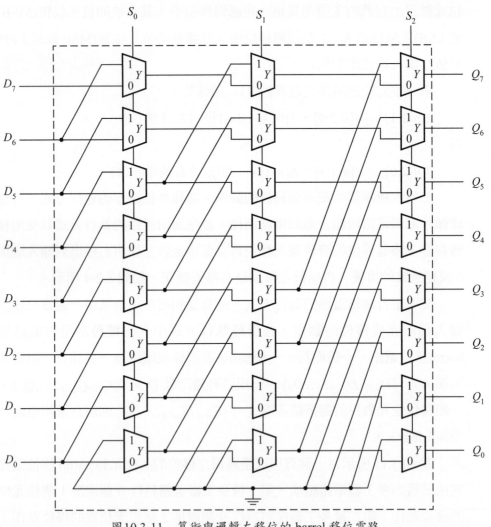

圖10.3-11　算術與邏輯左移位的 barrel 移位電路

10.30. 比較邏輯移位與算術移位兩種動作的主要差異。

10.31. 試定義邏輯左移位與邏輯右移位的 RTL 指述。

10.32. 試定義算術左移位與算術右移位的 RTL 指述。

10.33. 試定義左循環移位與右循環移位的 RTL 指述。

10.34. 試簡述 barrel 移位電路的動作。

10.4 控制單元設計與執行

　　ASM 圖可以單獨使用以描述邏輯閘層次或 RTL 的循序邏輯電路，或是當作數位系統在控制器-資料處理單元結構中的邏輯閘層次控制器。當 ASM 圖用來描述數位系統在控制器-資料處理單元結構中的控制器之行為時，該 ASM 圖常稱為 ASMD (ASM with datapath)圖。

　　無論在邏輯閘層次或是 RTL，ASM 圖都可以直接寫成 Verilog HDL 模組 [6]。在 RTL 的 ASM 圖亦可以轉換為控制器-資料處理單元結構，然後分成控制器(以 ASMD 圖描述)與資料處理單元兩部分，再分別寫成 Verilog HDL 模組。資料處理單元由狀態方塊與條件輸出方塊內的運算與輸出組成；控制單元則由判別方塊與狀態方塊中的狀態轉移路徑組成，用以產生資料處理單元，執行運算時所有需要的控制信號。

　　執行邏輯閘層次的 ASM 圖或 ASMD 圖的邏輯電路，常常先產生狀態信號(state signal)以指示啟動的狀態。這些狀態信號再與輸入信號結合，以產生需要的輸出信號。產生狀態信號的電路稱為狀態產生器(state generator)。一般而言，實現邏輯閘層次 ASM 圖或是 ASMD 圖的狀態產生器的方法，可以分成隨機邏輯(random logic)與微程式控制(microprogramming control)兩類。其次，我們先介紹 ASMD 圖，然後依序討論這兩種實現方法。

10.4.1 ASMD 圖

　　ASMD (algorithmic state machine with datapath) 圖實際上為一個用以描

述控制器-資料處理單元結構中的控制器之 ASM 圖。因此，它常常與控制器交互稱呼。此外，ASMD 圖可以視為具有下列修飾特性的 ASM 圖：

自狀態方塊與條件輸出方塊中移出 RTL 動作，並視需要將這些 RTL 動作置於狀態方塊與條件輸出方塊旁，以說明該等方塊之動作。狀態方塊與條件輸出方塊中，則置入控制由資料處理單元執行的對應 RTL 動作需要的控制信號。

換言之，具有說明的 ASMD 圖分割一個描述複雜數位系統的 ASM 圖為控制器與資料處理單元兩部分，並且清楚地指出其彼此間之關係，其中資料處理單元由用以說明狀態方塊與條件輸出方塊的 RTL 動作構成，而 ASMD 圖本身則為控制器。

依據上述的修飾特性，ASMD 圖可以由設計規格直接以一種類似於求得 ASM 圖的三個步驟獲得：

1. 導出與繪出僅具有輸入信號的 ASMD 圖。
2. 使用適當的 RTL 動作註解 ASMD 圖中的狀態方塊與條件輸出方塊。
3. 填入資料處理單元動作的相關控制信號於狀態方塊與條件輸出方塊中。

此外，ASMD 圖也可以使用下列三個步驟由 ASM 圖獲得：

1. 自設計規格導出 ASM 圖。
2. 自狀態方塊與條件輸出方塊中移出 RTL 動作，並視需要將這些 RTL 動作置於狀態方塊與條件輸出方塊旁，以說明該等方塊之動作。
3. 將控制資料處理單元動作的相關控制信號填入狀態方塊與條件輸出方塊中。

例題 10.4-1　(ASMD 圖)

考慮圖 10.4-1(a)的 ASM 圖，其中僅包含兩個具有相同標的之 RTL 動作，*timer_load*。將 RTL 動作移出條件輸出方塊，並以組合邏輯信號，*timer_load_set* 取代後，可以得到圖 10.4-1 (b)的 ASMD 圖。資料處理單元只有一個 *D* 型正反器，其中 *D* 輸入端連接到 *timer_load_set* 信號。

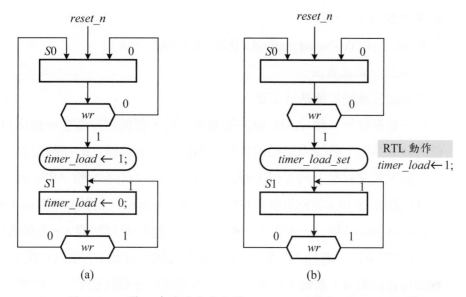

圖10.4-1　單一時脈脈波產生器：(a) ASM　圖與 (b) ASMD　圖

10.4.2　隨機邏輯控制單元

　　隨機邏輯方式的控制單元依其狀態編碼的方式，大致上可以分成兩類：傳統式方法與一狀態一正反器(one flip-flop per state)法或是稱為 n 取 1 碼 (one-hot method)法。對於一個 n 個狀態的狀態表而言，在傳統式的方法中只使用 $\lceil \log_2 n \rceil$ 個正反器；在一狀態一正反器的方法中則使用 n 個正反器。如第 7.2.3 節所示，在編碼方式上，傳統式方法一般均使用二進碼或是格雷碼；在一狀態一正反器的方法中則使用 n 取 1 碼。傳統式方法也稱為順序暫存器與解碼器(sequence register and decoder)法，因為在這種方法中均先使用一個同步循序邏輯電路產生目前狀態 y 的碼語，然後使用一個解碼器解出目前狀態。

　　基本上，控制單元其實即是一個同步循序邏輯電路，因此它的電路執行方式與第 7 章介紹的同步循序邏輯電路相同。現在將上述兩種類型合併整理為下列四種執行方法：

1. 狀態表法；

2. 多工器法;

3. ROM 法(ROM-based method)(包括 PLA/PAL 方法);

4. 一狀態一正反器法。

其中前面三種屬於傳統式方法。

　　一般在執行一個 ASM 圖的控制單元時,都假定先產生與輸出每一個狀態的狀態信號,然後由這些信號產生相當於各個狀態下的控制信號。

　　為了其次討論上的方便,假設使用圖 10.4-2(a)所示的 ASM 圖,其對應的狀態圖如圖 10.4-2(b)所示。在狀態 A 時,不管輸入信號 y 的值為 0 或是 1,電路將轉態到狀態 C,若輸入信號 $x = 0$,而將轉態到狀態 B,若輸入信號 $x = 1$。在狀態 B 時,若輸入信號 $x = 0$,則不管輸入信號 y 的值為 0 或是 1,電路均維持在狀態 B;若輸入信號 $x = 1$,則電路轉態到狀態 C。在狀態 C 時,只要輸入信號 $y = 0$ 時,電路即回到狀態 A 而與輸入信號 x 的值無關,若輸入信號 y 的值為 1 時,則維持在狀態 C。因此得到圖 10.4-2(b)的狀態圖。在下列的討論中,假設只設計控制單元電路的狀態產生器,因此未列出輸出部分的電路。事實上,圖 10.4-2 的輸出函數相當簡單:$z = x' \, y'_1 \, y_2$。

(a) ASM圖　　　　　　　(b) 狀態圖

圖10.4-2　控制單元設計例的 ASM 圖與狀態圖

狀態表法

　　利用狀態表法的執行方式，首先由 ASM 圖求得對應的狀態表，然後利用循序邏輯電路的各種執行方式執行(第 7 章)。

例題 10.4-2　(狀態表法)

　　使用狀態表法與 D 型正反器，設計圖 10.4-2(a)所示 ASM 圖的控制單元電路的狀態產生器。

解：由圖 10.4-2(b)所示的狀態圖得到圖 10.4-3(a)的狀態表。依據圖中所示的狀態指定：$A = 01$、$B = 10$、$C = 00$，得到圖 10.4-3(b)的轉態表，由於使用 D 型正反器，其激勵表與轉態表相同，利用卡諾圖化簡後，得到激勵函數：

$$Y_1 = x'y_1 + xy_2$$
$$Y_2 = y'y'_1 y'_2 = (y + y_1 + y_2)'$$

結果的邏輯電路如圖 10.4-3(c)所示。

PS	xy 00	NS, z 01	11	10
A	$C,1$	$C,1$	$B,0$	$B,0$
B	$B,0$	$B,0$	$C,0$	$C,0$
C	$A,0$	$C,0$	$C,0$	$A,0$

(a)　狀態表

y_1y_2	xy 00	Y_1Y_2, z 01	11	10
01	00,1	00,1	10,0	10,0
10	10,0	10,0	00,0	00,0
00	01,0	00,0	00,0	01,0

(b)　轉態表與輸出表

(c)　邏輯電路

圖10.4-3　例題 10.4-2 的控制單元的狀態產生器

　　一般而言，利用狀態表的執行方法只能應用在狀態數目極少的情況，當狀態數目很多時，由於狀態指定的問題與化簡上的不容易處理，這種方法將顯得費時而且困難。

多工器法

　　在這種執行方法中，每一個 D 型正反器配合一個多工器，每一個正反器的輸出直接當做多工器的來源選擇變數，多工器的輸出則直接接到正反器的輸入端，因此多工器的來源選擇變數上的值為目前狀態，而輸入端的值則為下一狀態。

例題 10.4-3　(多工器法)

　　利用多工器法，設計圖 10.4-2(a)所示 ASM 圖的控制單元電路的狀態產生器。

PS		NS		輸入		多工器輸入	
y_1y_2		Y_1Y_2		x	y	MUX 1	MUX 2
0	1	0	0	x'	-		
0	1	1	0	x	-	x	0
1	0	1	0	x'	-		
1	0	0	0	x	-	x'	0
0	0	0	1	-	y'		
0	0	0	0	-	y	0	y'

(a) 多工器輸入條件表　　　　　　　　　　(b) 邏輯電路

圖10.4-4　例題10.4-3的控制單元的狀態產生器

解：這種執行方法中，首先由 ASM 圖中所示的狀態轉移關係建立一個多工器的輸入條件表，如圖 10.4-4(a)所示。在狀態 01(A)時，若輸入信號 x 為 0，則轉移到狀態 00(C)；若輸入信號 x 為 1，則轉移到狀態 10(B)，因此得到表中第一部分，多工器 1 (MUX 1)在輸入端 1 的輸入為輸入信號 x，多工器 2 (MUX 2)則為 0。相同的討論,得到表中的其餘兩部分,最後的邏輯電路如圖 10.4-4(b)所示。若仔細地觀察圖 10.4-4(b)的邏輯電路可以得知:多工器的輸入端為目前狀態,而其輸入端的信號則為下一狀態。

一般而言,多工器的執行方法較狀態表法有系統而且可讀性較高。多工器的數目與使用的正反器數目相同,即等於 $\lceil \log_2 n \rceil$ (n 為狀態數目),而其輸入端的數目則等於 n。

ROM/PLA 法

使用 ROM (包括 PLA/PAL)的方法執行一個 ASM 圖的控制單元時,是以 ROM (或是 PLA/PAL)執行控制單元中的組合邏輯電路,而其正反器電路則仍然需要使用外加的方式。當然目前有許多 PAL 元件內部已經含有足夠數目的 D 型正反器可資使用。

輸入				輸出				
y_1	y_2	x	y	Y_1	Y_2	C	B	A
0	0	0	0	0	1	1	0	0
0	0	0	1	0	0	1	0	0
0	0	1	0	0	1	1	0	0
0	0	1	1	0	0	1	0	0
0	1	0	0	0	0	0	0	1
0	1	0	1	0	0	0	0	1
0	1	1	0	1	0	0	0	1
0	1	1	1	1	0	0	0	1
1	0	0	0	1	0	0	1	0
1	0	0	1	1	0	0	1	0
1	0	1	0	1	0	0	1	0
1	0	1	1	0	0	0	1	0

(a) 邏輯電路　　　　　　　　　(b) ROM真值表

圖10.4-5　例題 10.4-4 的控制單元的狀態產生器

例題 10.4-4　(ROM/PAL 法)

使用 ROM 法,設計圖 10.4-2(a)所示 ASM 圖的控制單元電路的狀態產生器。

解:完整的邏輯電路如圖 10.4-5(a)所示,由圖 10.4-3(b)的轉態表得到圖

10.4-5(b)的 ROM 真值表。利用 ROM 法，設計控制單元電路時，首先與狀態表的方法一樣，先由 ASM 圖求得對應的轉態表，然後將該轉態表轉換為 ROM 的真值表即可。由於圖 10.4-2(a)的 ASM 圖一共有兩個輸入變數 x 與 y 及三個狀態，所以使用的 ROM 元件一共需要四個輸入端與五個輸出端，其中四個輸入端分別為輸入信號 x 與 y、目前狀態 y_1 與 y_2，五個輸出端則分別為指示狀態 A、B、C 的信號輸出端與回授到 D 型正反器輸入端的下一狀態 Y_1 與 Y_2。

一般而言，在 ROM 的執行方法中，組合邏輯電路部分的電路是採用 ROM 或是 PLA 元件執行，由下列準則決定：若轉態表中的不在意項相當多時，採用 PLA 較為有利；否則應該使用 ROM 較有利。

一狀態一正反器法

由於任何一個 ASM 圖所描述的數位系統電路，在任何時候都只停留在一個狀態上，因此在一狀態一正反器的方法中，每一個狀態都各別使用一個 D 型正反器，並使用 n 取 1 碼的狀態指定方式，以產生各自的狀態信號。結果的電路在每一個狀態期間內只有一個正反器的輸出值為 1，因此稱為"one-hot" (單一熱點)。

由於任何一個 ASM 圖所描述的數位系統電路，在任何時候都只停留在一個狀態上，因此在這種方式中，每一個狀態期間內只有一個正反器的輸出值為 1。由於具有這種特殊性質，因此也常常稱為"one-hot"。

使用一狀態一正反器的執行方法時，若每一個狀態使用一個 D 型正反器，則控制單元可以直接由 ASM 圖求取。結果的控制單元電路結構與該 ASM 圖相同，因為控制單元電路的結構只是 ASM 圖的控制轉移路徑的映射而已。

一般而言，由一個 ASM 圖求取對應的控制單元電路的結構時的轉換規則如下：

1. 每一個狀態都需要各別使用一個 D 型正反器，如圖 10.4-6(a)所示。
2. 在一個狀態方塊的輸入端，若有 k 條線合併在一起，則使用一個 k 個輸入端的 OR 閘，將這些信號 OR 後，送至該狀態方塊對應的 D 型正反器輸入端中。例如在圖 10.4-6(b)中，由狀態 x 與狀態 y 送來的信號與狀態 A 的信號經由一個 3 個輸入端的 OR 閘 OR 後送往狀態 B 對應的 D 型正反器輸入端中。

(a) 循序狀態

(b) 合併控制路徑

(c) 判別方塊

圖10.4-6　一狀態一正反器法控制單元設計

3. 每一個判別方塊使用一個由兩個 AND 閘與一個 NOT 閘組成的 1 對 2 解多工器，該解多工器的輸出端的值由欲測試的輸入信號 x 決定，如圖

10.4-6(c)所示。當輸入信號 x 的值為 0 時，狀態 A 的信號值送往不成立的分支上，即狀態 B；當輸入信號 x 的值為 1 時，狀態 A 的信號值送往成立的分支上，即狀態 C。當然輸入信號 x 可以換成一個交換函數 $f(x)$，因此可以測試任何複雜度的輸入條件。

注意：若一個判別方塊的成立與不成立的兩個輸出分支經由條件輸出方塊或是直接連接到相同的狀態方塊上，則該判別方塊不屬於控制單元電路中的狀態轉移邏輯電路，因此只需要產生資料處理單元所需要的控制信號即可。

例題 10.4-5 （一狀態一正反器法）

利用一狀態一正反器法，設計圖 10.4-2(a)所示 ASM 圖的控制單元電路的狀態產生器。

解：在這種設計方法中，每一個狀態使用一個 D 型正反器。每一個 D 型正反器的輸入值，可以直接由追蹤 ASM 圖中的狀態轉移路徑求得，依據圖 10.4-2(a)的 ASM 圖，得到下列 D 型正反器的輸入函數：

$$Y_A = Cy'$$
$$Y_B = Ax + Bx'$$
$$Y_C = Ax' + Bx + Cy$$

結果的邏輯電路如圖 10.4-7 所示。注意：在求 D 型正反器的輸入函數時，均以狀態方塊為起始點，例如狀態 C，其轉移來源路徑有三：在狀態 A 時若輸入信號 x 為 0 (以 Ax' 表示)；在狀態 B 時，若輸入信號 x 為 1 (以 Bx 表示)；與狀態 C 時，若輸入信號 y 為 1 (以 Cy 表示)，因此 Y_C 為這些路徑函數之和。

一狀態一正反器的方法具有容易設計與電路明朗的優點，其缺點則是需要數目較多的正反器與初始狀態設定電路。此外，若電路發生故障時，可能造成多個狀態正反器的輸出值同時為 1，而且這種故障很難加以排除，因為必須同時追蹤相當多的 ASM 圖中的狀態轉移路徑。

一般而言，多工器法通常使用在十六個狀態以下的系統中，而一狀態一正反器法則使用在較大的硬體系統中。

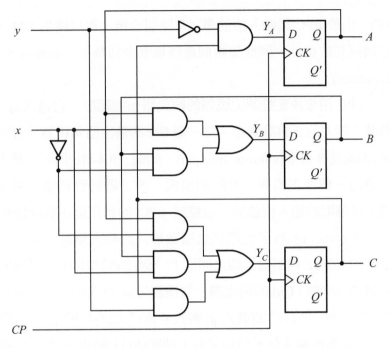

圖10.4-7　例題 10.4-5 的控制單元電路的狀態產生器

📖複習問題

10.35. 控制單元的設計方式可以分成那兩種？

10.36. 隨機邏輯方式的控制單元依其狀態編碼的方式，可以分成那兩類？

10.37. 為何傳統式的隨機邏輯控制單元電路又稱為順序暫存器與解碼器法？

10.38. 試簡述如何由 ASM 圖求取對應的控制單元電路。

10.39. 試簡述轉換 ASM 圖為對應的一狀態一正反器方式的控制單元電路之規則。

10.4.3 微程式控制單元

　　典型的微程式控制單元方塊圖如圖 10.4-8(a)所示。它由三個主要元件組成：控制記憶器(control memory，CM)、微程式計數器(micro-program counter，μPC)、輸入信號測試電路等。控制記憶器(CM)產生所有控制信號、控制記憶器的下一位址(next address，NA)、輸入信號測試電路的選擇信號(k 與

TF)。由於 μPC 與輸入信號測試電路組合後，用以產生 CM 中的下一個輸出控制語句的位址，因此這兩個電路也常合稱為下一位址產生器(next address generator)。

μPC 用來決定控制記憶器的輸出語句的順序，它通常為一個具有並行資料載入能力的正數計數器。每一個 CM 的輸出語句稱為一個控制語句(control word)或是微指令(microinstruction)，如圖 10.4-8(b)所示。輸入信號測試電路一般由一個多工器與 XOR 閘組成，多工器的資料輸入端為待測的輸入信號，被選取的輸入信號值用以控制 μPC 的動作是正數或是載入下一位址(即分歧，branch)。為了也能測試補數形式的輸入變數，在多工器的輸出端與 μPC 的 *LD/CE* 控制輸入端之間加上一個控制型 NOT 閘(即 XOR 閘)，而其控制端 *TF* 則取自 CM 的輸出端。當控制信號 *TF* 為 0 時，選取的輸入信號值直接當作 μPC 的 *LD/CE*(載入/計數致能)輸入端的信號輸入；當控制信號 *TF* 為 1 時，選取的輸入信號值則先取 1 補數(NOT)後再加到 μPC 的 *LD/CE* 的輸入端。

(a) 邏輯電路方塊圖

| *k* | *TF* | 控制信號 | *NA* |

(b) 控制語句

圖10.4-8　微程式控制單元方塊圖

輸入信號測試電路的多工器(MUX)的輸入端 0 直接接到信號 1，因此，當輸入信號測試電路的選取信號 *k* = 0 而且控制信號 *TF* = 0 時，μPC 載入取自 CM 的輸出端的下一位址(*NA*)；當輸入信號測試電路的選取信號 *k* = 0 而且

控制信號 $TF = 1$ 時，μPC 上數一次，因而指到 CM 的下一個控制語句。

一般而言，由 ASM 圖直接求取 CM 的控制語句時，若 ASM 圖中含有條件輸出方塊則其間的對應關係較為困難，但是若未含有條件輸出方塊時，則其間的對應關係甚為簡單，每一個狀態對應一個控制語句。因此，在實際應用中，通常先將 ASM 圖重新設計，以消除所有條件輸出方塊，消除的方法為將該條件輸出方塊改以狀態方塊取代，即轉換該 ASM 圖為純粹的 Moore 機 ASM 圖。當然這樣取代後，若該條件輸出方塊被執行時，必須多耗費一個時脈週期。

與隨機邏輯控制單元比較下，微程式控制單元的執行時間通常較長，但是較具彈性，而且設計上也較簡單，因此在較大的數位系統中，也是一種可行而且常用的方法，相關的應用例請參考第 10.5 節。

📖 複習問題

10.40. 一個微程式控制單元主要是由那三大部分的電路組成？

10.41. 試簡述在微程式控制單元中的 μPC 電路的主要功能。

10.42. 試定義控制語句與微指令。

10.43. 為何在設計微程式控制單元時，通常必須先將 ASM 圖重新設計，以消除所有條件輸出方塊？

10.5 數位系統設計實例

ASM 圖的最大優點為它將數位系統的設計方法轉換為硬體演算法的設計。本節中將以一個具體的實例說明 ASM 圖的完整設計步驟與執行方式。

10.5.1 1 位元數目計算電路

本節中，將以一個簡單的數位系統設計例，說明如何使用 ASM 圖設計與執行一個數位系統。對於一個數位系統而言，通常會有許多方法可以達到相同的結果，例如下列問題：

設計一個電路計算一個資料語句中含有多少個 1 位元。

此問題的電路設計方式至少有兩種：一為只使用組合邏輯電路直接執行；二
為依據第 10.1.2 節所示方式，將其當作一個數位系統，分成資料處理單元與
控制單元兩部分，然後使用 ASM 圖的方法設計與執行。本節中，將使用後
者的方法，說明上述問題的完整設計步驟與執行方式。

(a) 完整的ASM圖　　　　　　　　　　(b) 控制轉移部分

圖10.5-1　1 位元數目計算電路的 ASM 圖

ASM 圖

若設暫存器 $RA[n-1:0]$ 為 n 位元的資料暫存器而 CNT 為 1 位元數目計數
器，則上述的 1 位元數目計算電路的 ASM 圖如圖 10.5-1(a)所示，一共有兩
個狀態。在圖 10.5-1(a)所示的 ASM 圖中，假設當啟動信號 $start$ 為 1 後，該
電路才執行實際的計算動作。當啟動信號 $start$ 為 0 時，該電路持續維持在狀
態 A，直到啟動信號 $start$ 為 1 後，才將欲計算的資料載入暫存器 RA 內，並
清除1位元數目計數器 CNT 與完成旗號($done$)正反器為 0，然後進入狀態 B。

在狀態 *B* 時，判斷暫存器 *RA* 的位元 0 (即 *RA*[0])的值是否為 1，若是則計數器 *CNT* 的內容加 1。然後判斷 *RA* 的內容是否為 0，若是則設定完成旗號 *done* 為 1，回到狀態 *A*，結束整個運算動作；若不為 0，則將暫存器 *RA* 的內容右移一個位元位置，並回到狀態 *B*，繼續執行其餘部分的動作，直到 *RA* 的內容為 0 時為止。注意在系統重置(*reset_n*)之後，系統進入狀態 *A*。

圖 10.5-1(b)所示為圖 10.5-1(a)ASM 圖的控制轉移部分的流程圖。基本上，它由去除相關動作與輸出之後的狀態方塊及判斷方塊組成，但是如圖所示判斷 *RA*[0]位元值的判斷方塊並不屬於圖 10.5-1(b)的控制轉移流程圖的一部分，因為該判斷方塊的兩個出口均進入相同的狀態方塊 *B* 中，並未改變控制流程。

資料處理單元設計

如前所述，由一個 ASM 圖求取對應的資料處理單元時，可以依序檢查該 ASM 圖的狀態方塊與條件輸出方塊內的動作或是輸出。在圖 10.5-1(a)所示的 ASM 圖中，在狀態 *A* 中，當 *start* 為 0 時，沒有任何輸出；當 *start* 為 1 時，暫存器 *RA* 載入欲計算的資料，計數器 *CNT* 與完成旗號 *done* 則清除為 0，因此暫存器 *RA* 必須具有並行載入資料的能力而計數器 *CNT* 則必須具有清除輸入控制端。暫存器 *RA* 的內容在狀態 *B* 時，執行邏輯右移位將其內容向右移位一個位元位置，因此暫存器 *RA* 為一個具有並行載入資料能力的右移暫存器；計數器 *CNT* 在 *RA*[0]的值為 1 時，上數一次，因此計數器 *CNT* 為一個具有清除輸入控制端的正數計數器，而完成旗號 *done* 則為一個具有清除輸入與時脈致能(CE)控制端的 *D* 型正反器。此外，在狀態 *B* 時，電路中必須有一個零值偵測電路(NOR 閘)，以判斷暫存器 *RA* 的內容是否為 0，當其值為 0 時輸出值為 1，否則輸出值為 0。完整的資料處理單元如圖 10.5-2 所示。

圖 10.5-2 資料處理單元電路中的移位暫存器 *RA* 假設使用圖 8.2-4 的通用移位暫存器，但是擴充為 *n* 個位元，相關的功能表請參閱圖 8.2-4(c)。由 ASM 圖可以得知：資料處理單元必須提供三個狀態信號：*done*、*RA*[0]、

$RA=0$ 等予控制單元，分別告知電路的動作是否已經完成、$RA[0]$位元值、暫存器 RA 的內容是否為 0；控制單元則產生 $LRCLR$、$INCCNT$、$SHRA$、$SETDONE$ 等四個控制信號予資料處理單元，分別控制其動作：將資料載入暫存器 RA 與清除計數器 CNT 為 0、致能計數器 CNT 正數動作、將暫存器 RA 的內容右移一個位元位置，與設定完成旗號($done$)正反器。

圖10.5-2　圖 10.5-1 所示 ASM 圖的的資料處理單元

圖 10.5-2 所示的資料處理單元的 ASMD 圖如圖 10.5-3 所示。由狀態 A 轉移到狀態 B 時，必須將資料載入暫存器 RA 與清除計數器 CNT 為 0，因此必須產生 $LRCLR$ 信號。在狀態 B 時，若 $RA[0]$位元值為 1，則計數器 CNT 內容加 1，所以產生 $INCCNT$ 信號；若 $RA=0$ 信號為 0，則將暫存器 RA 的內容右移一個位元位置，因此需要產生 $SHRA$ 信號；若 $RA=0$ 信號為 1，則設定完成旗號($done$)正反器，因此需要產生 $SETDONE$ 信號。

隨機邏輯控制單元設計

由於一狀態一正反器方式的隨機邏輯控制單元具有系統性的設計優點，因此在本例中我們採用此種方式。由圖 10.5-1 所示的 ASM 圖可以得知：整個控制單元電路只有兩個狀態，因此只需要使用兩個 D 型正反器產生兩個狀態的狀態信號。完整的控制單元電路如圖 10.5-4 所示。假設在電路重置($reset\_n$)之後，電路停留在狀態 A。

圖10.5-3　圖 10.5-2 所示資料處理單元的 ASMD 圖

由圖 10.5-1 所示的 ASM 圖可以得知：有兩條路徑通達狀態 A，即在狀態 A 時，若 start = 0 則維持在狀態 A；在狀態 B 時，若 RA=0 的值為 1 時，也將轉移到狀態 A，所以 Y_A 為這兩條路徑 OR 後的結果，如圖 10.5-4 所示。

圖10.5-4　圖 10.5-1 所示 ASM 圖的的隨機邏輯控制單元

狀態 B 有兩條路徑可以抵達，即在狀態 A 而 start = 1 時或是在狀態 B 而且 RA=0 條件不成立時，皆會轉移到狀態 B。結果的控制單元電路如圖 10.5-4 所示。

在狀態 A 而 start = 1 時，必須輸出控制信號 LRCLR；在狀態 B 時，若 RA[0] 的值為 1 時，必須輸出控制信號 INCCNT，若 RA=0 的值為 0，則必須輸出控制信號 SHRA。此外，在狀態 B 時，若 RA=0 的條件成立則必須產生 SETDONE 控制信號，以結束整個運算動作，回到狀態 A。

微程式控制單元設計

由圖 10.5-2 所示的資料處理單元可以得知：控制單元電路具有三個輸入信號 start、RA[0]、RA=0，與四個輸出信號 LRCLR、INCCNT、SHRA、SETDONE 等。在圖 10.5-3 所示的 ASMD 圖中除了兩個狀態外，還有四個條件輸出方塊。每一個狀態原則上需要使用一個控制語句，然而條件輸出方塊只在測試的條件成立之下，該方塊內的控制信號才需要產生，因此無法與狀態方塊共用一個語句，必須獨立使用一個語句，結果的控制單元一共需要使用 6 個控制語句，而每一個語句的寬度為 $(4 + 1 + 2 + 3) = 10$ 個位元。修改後的微程式控制單元之 ASMD 圖如圖 10.5-5 所示。

由於一共有三個輸入信號必須測試，因此使用一個 4 對 1 多工器與一個 XOR 閘組成輸入信號測試電路，完整的邏輯電路如圖 10.5-6(a) 所示，其 CM 的真值表如圖 10.5-6(b) 所示。

控制單元電路在重置之後，μPC 內容清除為 0，因此輸出 CM 中位址為 000 的控制語句，即狀態 A，如圖 10.5-6(b) 所示，此時 TF 位元與輸入信號測試電路的選擇信號 ($k_1\ k_0$) 的值均為 0，因此輸入信號 start 的值直接控制 μPC 的載入 (LD) 與計數致能 (CE) 輸入端。當 start 的值為 0 時，μPC 載入自 CM 輸出的下一位址 (NA)，因此依然停留在狀態 A；當 start 的值為 1 時，μPC 的內容加 1，因此讀出 CM 中位址為 1 的控制語句，即送出控制信號 LRCLR。

圖10.5-5　圖 10.5-2 所示資料處理單元的微程式控制單元之 ASMD 圖

　　在狀態 *A* 而 *start*=1 時，送出控制信號 *LRCLR* 後，直接進入狀態 *B*。在狀態 *B* 時，其次的控制語句的內容分別由 *RA*[0]的值與 *RA*=0 信號的值決定，所以此時必須測試 *RA*[0]與 *RA*=0 信號的值。若 *RA*[0]的值為 1 則必須送出控制信號 *INCCNT*，以將計數器 *CNT* 內容加 1；若 *RA*=0 信號的值為 0 時，必須送出控制信號 *SHRA*，以將暫存器 *RA* 的內容向右移位一個位元位置。

　　測試 *RA*[0]的值時必須分別設定 *TF* 位元與輸入信號測試電路的選擇信號的值為 0 與 01。當 *RA*[0]的值為 0 時，μPC 載入自 CM 輸出的下一位址(100)，直接進入位址為 100 的控制語句，進行 *RA*=0 信號的測試；當 *RA*[0]的值為 1 時，μPC 的內容加 1，因此讀出 CM 中位址為 011 的控制語句，送出控制信號 *INCCNT*，然後分別設定 *TF* 與輸入信號測試電路的選擇信號的值為 1 與 10，進行 *RA*=0 信號的測試。若 *RA*=0 的值為 0，則進入位址為 100 的控制語句，否則進入位址為 101 的控制語句。

(a) 邏輯電路

	位址			控制信號								NA		
	A_2	A_1	A_0	C_0	C_1	C_2	C_3	TF	k_1	k_0	N_2	N_1	N_0
A	0	0	0	0	0	0	0	0	0	0	0	0	0
$start == 1$	0	0	1	1	0	0	0	0	1	1	ϕ	ϕ	ϕ
B	0	1	0	0	0	0	0	0	0	1	1	0	0
$RA[0] == 1$	0	1	1	0	1	0	0	1	1	0	1	0	1
$(RA=0) == 0$	1	0	0	0	0	1	0	0	1	0	0	1	0
$(RA=0) == 1$	1	0	1	0	0	0	1	1	1	1	0	0	0

測試$RA[0]$

測試$RA=0$

(b) CM真值表

圖10.5-6 圖 10.5-1 所示 ASM 圖的的微程式控制單元

在位址為 100 的控制語句中，測試 $RA=0$ 信號的值時，必須分別設定 TF
位元與輸入信號測試電路的選擇信號的值為 0 與 10，若 $RA=0$ 信號的值為 1
時，則 μPC 的內容加 1 因而讀取 CM 中位址為 101 的控制語句，輸出
$SETDONE$ 控制信號，並且分別設定 TF 位元與輸入信號測試電路的選擇信號
的值為 1 與 11，以載入 000 的下一位址於 μPC 內，令控制單元電路轉態到狀
態 A；若 $RA=0$ 狀態信號的值為 0 時，則 μPC 直接載入 010 的下一位址，並

且送出控制信號 *SHRA*，然後回到狀態 *B*，繼續執行其餘的動作。

📖 複習問題

10.44. 轉換圖 10.5-1(a)的 ASM 圖為 Moore 機 ASM 圖。

10.45. 在圖 10.5-1(a)的 ASM 圖中使用測試條件 *RA*=0 當作該 ASM 圖的運算動作結束的依據。若不使用此條件，則該 ASM 圖應該如何修改？

10.46. 為何在圖 10.5-6 的 CM 中一共需要使用六個控制語句？

10.5.2　Verilog HDL 程式

　　本節中，將以 1 位元數目計算電路為實例，說明將一個 ASM 圖轉換為 Verilog HDL 程式的方法。一般而言，若一個 ASM 圖中的 RTL 指述中的資料處理相關運算的動作不是很複雜時，可以直接將該 ASM 圖使用 RTL 層次的 Verilog HDL 描述；若是相當複雜時，則可以將之分成資料處理單元與控制單元兩部分，再使用 RTL 層次的 Verilog HDL 描述。

例題 10.5-1　(1 位元數目計算電路---RTL 描述)

　　程式 10.5-1 說明如何使用 Verilog HDL 的 **always @(**…**)** 指述直接描述一個 ASM 圖的動作。程式中主要使用三個 **always @(**…**)** 指述，其中第一個與第二個指述用以執行控制單元的動作，即圖 10.5-1(b)所示的狀態轉移流程；第三個指述則執行相關的資料處理單元的動作。

程式10.5-1　1 位元數目計算電路---RTL 描述

```verilog
// an RTL description of ones count --- Figure 10.5-1(a)
module ones_count (
        input  clk, reset_n, start,
        input  [7:0] Din,
        output reg done,
        output reg [3:0] CNT);

// local declarations
reg ps, ns; // present state and next state
reg [7:0] RA;    // System registers
// state encoding
localparam A = 1'b0, B = 1'b1;
// combinational logic
```

```
wire RAEQ0;
   assign RAEQ0 = ~| RA;   // check for zero of RA
// part 1: initialize to state A
   always @(posedge clk or negedge reset_n)
      if (~reset_n) ps <= A;
      else            ps <= ns;   // update the present state
// part 2: determine the next state
   always @(ps or start or RAEQ0)
      case (ps)
         A: if (start) ns = B; else ns = A;
         B: if (RAEQ0) ns = A; else ns = B;
      endcase
// part 3: execute RTL operations
   always @(posedge clk)
      case (ps)
         A: if (start) begin
               done <= 0;
               RA   <= Din;              // load data into RA
               CNT <= 4'b0000; end // clear CNT
         B: begin
               if (RA[0]) CNT <= CNT + 1;
               if (~RAEQ0) RA <= RA >>1;
               else  done <= 1;   end
      endcase
endmodule
```

例題 10.5-2　(1 位元數目計算電路---隨機邏輯控制方式)

　　程式 10.5-2 說明如何將一個 ASM 圖分成資料處理單元與控制單元兩部分，然後使用 Verilog HDL 描述。程式中主要分成三個部分，其中第一個部分為最上層的模組，引用資料處理單元與控制單元兩個模組以組成 1 位元數目計算電路模組；第二個部分為相當於圖 10.5-2 的電路模組；第三部分則直接使用 RTL 層次寫成的 Verilog HDL 程式，以產生第二部分中需要的控制信號。

程式10.5-2　1 位元數目計算電路---隨機邏輯控制方式

```
// an RTL description of ones count --- Figure 10.5-1(a)
// to illustrate the use of the random-logic control method
module ones_count_dp_and_cu (
      input  clk, reset_n, start,
      input  [7:0] Din,
      output done, // done flag
      output [3:0] CNT);
```

```verilog
// local declarations
wire  LRCLR, SETDONE, INCCNT, SHRA;    // signals to data path
wire  RAb0, RAEQ0;                      // signals to control unit
// instantiate the control unit and data path
   ones_count_datapath  dp1 (.clk(clk), .reset_n(reset_n), .start(start),
                             .LRCLR(LRCLR), .SETDONE(SETDONE), .INCCNT(INCCNT),
                             .SHRA(SHRA), .Din(Din), .CNTout(CNT),
                             .done(done), .RAb0(RAb0), .RAEQ0(RAEQ0));
   ones_count_control    cu1 (.clk(clk), .reset_n(reset_n), .RAb0(RAb0),
                             .RAEQ0(RAEQ0), .LRCLR(LRCLR), .start(start),
                             .SETDONE(SETDONE), .INCCNT(INCCNT), .SHRA(SHRA));
endmodule

// the data path of ones count--- Figure 10.5-2
module ones_count_datapath (
        input  clk, reset_n, start, SHRA, LRCLR, SETDONE, INCCNT,
        input  [7:0] Din,
        output [3:0] CNTout,
        output done,
        output RAb0, RAEQ0);

// local declarations
wire  S0;
wire  [7:0] Dout;
// combinational logic
   assign
       S0    = LRCLR | SHRA,     //
       RAb0  = Dout[0],
       RAEQ0 = (Dout == 0);       // check for zero of RA
// instantiate RA, CNT, and gates
shift_register RA  (.clk(clk), .reset_n(reset_n), .S1(LRCLR), .S0(S0),
                    .lsi(1'b0), .rsi(1'b0), .Din(Din), .Dout(Dout));
counter_sync   CNT (.clk(clk), .reset_n(~LRCLR),
                    .ce(INCCNT), .Q(CNTout));
DFF_clr        SDFF(.Q(done), .clk(clk), .SETDONE(SETDONE),
                    .reset_n(~start), .D(1'b1));
endmodule
//
// a behavioral description of the universal shift register
// in Figure 8.2-4
module shift_register (
        input  clk, reset_n, S1, S0, lsi, rsi,
        input  [7:0] Din,
        output reg [7:0] Dout);
```

```verilog
// the shift register body
   always @(posedge clk or negedge reset_n)
      if (~reset_n) Dout <= 8'b0000_0000;
      else case ({S1,S0})
         2'b00: Dout <= Dout;              // no change
         2'b01: Dout <= {lsi, Dout[7:1]}; // shift right
         2'b10: Dout <= {Dout[6:0], rsi}; // shift left
         2'b11: Dout <= Din;              // parallel load
      endcase
endmodule

// a synchronous counter with parallel load--- Figure 8.1-17
module counter_sync(
        input  clk, reset_n, ce,
        output reg [3:0] Q);

// the counter body
   always @(posedge clk or negedge reset_n)
      if (~reset_n)  Q <= 4'b0000;
      else if (ce)   Q <= Q + 1'b1;
endmodule

// a D flip-flop with asynchronous clear
module DFF_clr (
        output reg Q,
        input  clk, SETDONE, reset_n, D);
// the body of the D flip-flop
   always @(posedge clk or negedge reset_n)
      if (~reset_n)     Q <= 1'b0;
      else if (SETDONE) Q <= D;
endmodule

// the control unit of ones count
module ones_count_control (
        input  clk, reset_n, start, RAb0, RAEQ0,
        output reg LRCLR, SETDONE, INCCNT, SHRA);

// the body of the control unit
reg ps, ns;  // present state and next state
// state assignment
localparam A = 1'b0, B = 1'b1;
// part 1: initialize to state A
   always @(posedge clk or negedge reset_n)
      if (~reset_n) ps <= A;
```

```
        else          ps <= ns;  // update the present state
// part 2: determine the next state
    always @(ps or start or RAEQ0)
        case (ps)
            A: if (start) ns = B; else ns = A;
            B: if (RAEQ0) ns = A; else ns = B;
        endcase
// part 3: generate control signals for the data-path unit
    always @(ps or start or RAb0 or RAEQ0) begin begin
        INCCNT = 1'b0; SETDONE = 1'b0;   SHRA = 1'b0; end
        case (ps)
            A: if (start) LRCLR = 1'b1; else LRCLR = 1'b0;
            B: begin
                LRCLR = 1'b0;
                case ({RAb0, RAEQ0})
                    2'b00: begin INCCNT = 1'b0; SETDONE = 1'b0; SHRA = 1'b1; end
                    2'b01: begin INCCNT = 1'b0; SETDONE = 1'b1; SHRA = 1'b0; end
                    2'b10: begin INCCNT = 1'b1; SETDONE = 1'b0; SHRA = 1'b1; end
                    2'b11: begin INCCNT = 1'b1; SETDONE = 1'b1; SHRA = 1'b0; end
                endcase end
        endcase
    end
endmodule
```

例題 10.5-3　(1 位元數目計算電路---微程式控制單元電路)

程式 10.5-3 相當於圖 10.5-4 所示的微程式控制單元。其中 4 對 1 多工器、μPC 等部分分別使用行為描述方式寫成；控制記憶器(CM)則使用一個函數完成。其餘動作的說明，請參閱第 10.5.1 節。

程式10.5-3　1 位元數目計算電路---微程式控制單元電路

```
// an RTL description of ones count --- Figure 10.5-1(a)
// to illustrate the use of the microprogramming control method
module ones_count_dp_and_up (
        input  clk, reset_n, start,
        input  [7:0] Din,
        output done,
        output [3:0] CNT);

// local declarations
wire  LRCLR, SETDONE, INCCNT, SHRA;   // signals to data path
wire  RAb0, RAEQ0;                    // signals to control unit
// instantiate the control unit and the data path
```

```
        ones_count_datapath  dp1 (.clk(clk), .reset_n(reset_n), .start(start),
                             .SHRA(SHRA), .LRCLR(LRCLR), .SETDONE(SETDONE),
                             .INCCNT(INCCNT), .Din(Din), .CNTout(CNT),
                             .RAb0(RAb0), .RAEQ0(RAEQ0), .done(done));
        ones_count_control   cu1 (.clk(clk), .reset_n(reset_n), .RAb0(RAb0),
                             .RAEQ0(RAEQ0), .start(start), .LRCLR(LRCLR),
                             .SETDONE(SETDONE), .INCCNT(INCCNT), .SHRA(SHRA));
endmodule

// the data path of ones count--- Figure 10.5-2
module ones_count_datapath (
        input  clk, reset_n, start, SHRA, LRCLR, SETDONE, INCCNT,
        input  [7:0] Din,
        output [3:0] CNTout,
        output done,
        output RAb0, RAEQ0);

// local declarations
wire  S0;
wire  [7:0] Dout;
// combinational logic
    assign
        S0    = LRCLR | SHRA, //
        RAb0  = Dout[0],
        RAEQ0 = ~|Dout;        // check for zero of RA
// instantiate the RA, CNT, and gates
shift_register RA  (.clk(clk), .reset_n(reset_n), .S1(LRCLR), .S0(S0),
                   .lsi(1'b0), .rsi(1'b0), .Din(Din), .Dout(Dout));
counter_sync   CNT (.clk(clk), .reset_n(~LRCLR), .ce(INCCNT),
                   .Q(CNTout));
DFF_clr        SDFF(.Q(done), .clk(clk), .SETDONE(SETDONE),
                   .reset_n(~start), .D(1'b1));
endmodule
//
// a behavioral description of the universal shift register
// in Figure 8.2-4
module shift_register (
        input  clk, reset_n, S1, S0, lsi, rsi,
        input  [7:0] Din,
        output reg [7:0] Dout);

// the shift register body
    always @(posedge clk or negedge reset_n)
        if (~reset_n) Dout <= 8'b0000_0000;
        else case ({S1,S0})
```

```verilog
      2'b00: Dout <= Dout;                // no change
      2'b01: Dout <= {lsi, Dout[7:1]};   // shift right
      2'b10: Dout <= {Dout[6:0], rsi};   // shift left
      2'b11: Dout <= Din;                 // parallel load
   endcase
endmodule

// a synchronous counter with parallel load--- Figure 8.1-17
module counter_sync(
      input  clk, reset_n, ce,
      output reg [3:0] Q);

// the counter body
   always @(posedge clk or negedge reset_n)
      if (~reset_n)  Q <= 4'b0000;
      else if (ce) Q <= Q + 1'b1;
endmodule

// a D flip-flop with asynchronous clear
module DFF_clr (
      output reg Q,
      input  clk, SETDONE, reset_n, D);
// the body of the D flip-flop
   always @(posedge clk or negedge reset_n)
      if (~reset_n)  Q <= 1'b0;
      else if (SETDONE) Q <= D;
endmodule
//
// the top-level control unit of ones count---Figure 10.5-1(a)
module ones_count_control (
      input  clk, reset_n, RAb0, RAEQ0, start,
      output LRCLR, SETDONE, INCCNT, SHRA);

// local declarations
wire Y, LD, CE, k1, k0, TF;
wire [9:0] control_word;
wire [2:0] NA, addr; // next address and current address
// combinational logic
   assign
      {LRCLR,INCCNT,SHRA,SETDONE,TF,k1,k0,NA} = control_word,
      CE = TF ^ Y,
      LD = ~CE;
// a structural description of the control unit
mux_4_to_1     mux4to1 (.S1(k1), .S0(k0), .I3(1'b1), .I2(RAEQ0),
                        .I1(RAb0), .I0(start), .Y(Y));
```

```verilog
u_p_counter    upc      (.clk(clk), .clear_n(reset_n), .LD(LD), .CE(CE),
                        .D(NA), .Q(addr));
control_memory cm       (.addr(addr), .control_word(control_word));
endmodule

// a data-flow description of a 4-to-1 multiplexer
module mux_4_to_1 (
        input  S1, S0, I3, I2, I1, I0,
        output reg Y);

// the body of the 4-to-1 multiplexer
    always @(S1 or S0 or I3 or I2 or I1 or I0)
        case ({S1, S0})
            2'b00: Y = I0;
            2'b01: Y = I1;
            2'b10: Y = I2;
            2'b11: Y = I3;
        endcase
endmodule
//
// a data-flow description of the micro-program counter
module u_p_counter (
        input  clk, clear_n, LD, CE,
        input  [2:0] D,
        output reg [2:0] Q);

// the body of the micro-program counter
    always @(posedge clk or negedge clear_n)
        if (~clear_n)  Q <= 0;
        else if (CE) Q <= Q + 1;
        else if (LD) Q <= D;
endmodule

// define a control memory module
module control_memory(
        input  [2:0] addr,
        output reg [9:0] control_word);

// read the content of the control memory
    always @(addr)
        control_word = CM(addr);
// define the CM function
function [9:0] CM (input [2:0] addr);
// define the content of CM
case (addr)
```

```
3'b000:   CM = 10'b0000_0_00_000;
3'b001:   CM = 10'b1000_0_11_xxx;
3'b010:   CM = 10'b0000_0_01_100;
3'b011:   CM = 10'b0100_1_10_101;
3'b100:   CM = 10'b0010_0_10_010;
3'b101:   CM = 10'b0001_1_11_000;
default:  CM = 10'b0000_0_00_000;
endcase
endfunction
endmodule
```

10.6　參考資料

1. F. J. Hill and G. R. Peterson, *Computer Aided Logic Design with Emphasis on VLSI*, 4th ed., New York: John Wiley & Sons, 1993.

2. Z. Kohavi, *Switching and Finite Automata Theory*, 2nd ed., New York: McGraw-Hill, 1978.

3. G. Langhole, A. Kandel, and J. L. Mott, *Digital Logic Design*, Dubuque, Iowa: Wm. C. Brown, 1988.

4. M. B. Lin, *Digital System Designs and Practices: Using Verilog HDL and FPGAs*, Singapore: John Wiley & Sons, 2008.

5. M. B. Lin, *Digital System Design: Principles, Practices, and Applications*, 4th ed., Taipei, Taiwan: Chuan Hwa Book Ltd., 2010.

6. Ming-Bo Lin, *FPGA Systems Design and Practice: Design, Synthesis, Verification, and Prototyping in Verilog HDL*, CreateSpace Independent Publishing Platform, 2016.

7. M. M. Mano, *Digital Design*, 3rd ed., Englewood Cliffs, New Jersey: Prentice-Hall, 2002.

8. C. H. Roth, *Fundamentals of Logic Design*, 4th ed., St. Paul, Minn.: West Publishing, 1992.

9. 林銘波，微算機原理與應用：x86/x64 微處理器軟體、硬體、界面、系統，第五版，全華圖書股份有限公司，2012。

10. 林銘波，微算機基本原理與應用：MCS-51 嵌入式微算機系統軟體與硬體，第三版，全華圖書股份有限公司，2013。

10.7 習題

10.1 利用 ASM 圖，設計一個 4 位元同步二進制/BCD 正數計數器，當 M 為 1 時，該計數器為二進制計數器，當 M 為 0 時，則為 BCD 計數器。

10.2 考慮例題 9.1-4 的主從式 D 型正反器，回答下列問題：

(1) 求出它的 ASM 圖。

(2) 使用控制器-資料處理單元結構與 NAND 閘執行(1)的 ASM 圖。

10.3 使用循序邏輯的設計程序與 NOR 閘 SR 閂閂，執行習題 10.2 (1) 的 ASM 圖。

10.4 使用時序圖，說明圖 P10.1 中兩個 ASM 圖的差別。

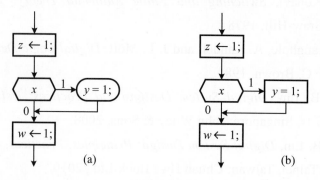

圖 P10.1

10.5 求出相當於圖 P10.2 中兩個狀態圖的 ASM 圖。

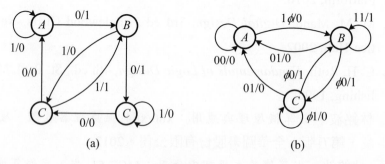

圖 P10.2

10.6 假設 A、B、C 均為 4 位元暫存器，設計可以執行下列各個 RTL 運算指述的邏輯電路。

(1) AND：$C \leftarrow A \wedge B$　　　　　(2) OR：$C \leftarrow A \vee B$

(3) XOR：$C \leftarrow A \oplus B$　　　　　(4) NOT：$C \leftarrow C'$

其中 AND、OR、XOR、NOT 等為控制信號。

10.7 假設 A 與 B 均為 4 位元暫存器，A 與 B 之間的資料轉移關係由一個模 4 正數計數器 C 控制，其動作如下：

$C = 0：A \leftarrow B$

$C = 1：A \leftarrow B'$

$C = 2：A \leftarrow A + B$

$C = 3：A \leftarrow 0$

試利用 4 對 1 多工器設計此電路。

10.8 假設 A、B、C、D 均為 4 位元暫存器，試使用匯流排結構，設計一個邏輯電路執行下列 RTL 指述：

$t_0：B \leftarrow A$　　　　　　　$t_4：A \leftarrow B + C$

$t_1：C \leftarrow A \vee B$　　　　　$t_5：B \leftarrow C' \wedge D'$

$t_2：D \leftarrow A \wedge B$　　　　　$t_6：D \leftarrow A + C$

$t_3：A \leftarrow A + B$　　　　　$t_7：B \leftarrow A' + C$

其中 $t_0 \sim t_7$ 為控制信號，這些信號的時序圖與產生器電路分別如圖 8.4-4 與圖 8.4-5 所示。

10.9 假設 A、B、C 等均為 4 位元暫存器，設計一個數位系統執行下列動作：

(1) 當啟動電路(S)致能時，設定 A 與 B 的初值；

(2) 若 $A > B$，則右移暫存器 A 的內容並將結果存入 C；

(3) 若 $A = B$，則將暫存器 A 的內容直接轉移到 C；

(4) 若 $A < B$，則左移暫存器 B 的內容並將結果存入 C。

10.10 設計一個二進制乘法運算的數位系統。假設乘法運算的執行是採用連加(repeated addition)的方式，例如 $5 \times 3 = 5 + 5 + 5$。

10.11　證明兩個 n-位元的二進制數目相乘後，其乘積必定少於或是等於 $2n$ 個位元。

10.12　使用狀態表法執行圖 P10.3 的 ASM 圖。

(a)　　　　　　　　　　　　　　　　(b)

圖 P10.3

10.13　使用下列各指定方式，設計圖 P10.4 所示 ASM 圖的控制單元電路：

(1) 狀態表法　　　　　　　　(2) 一狀態一正反器法

(3) 多工器法(4) ROM 法

10.14　設計一個邏輯電路，實現下列 RTL 指述：

$A \leftarrow B << cnt + C;$

(1) 使用 barrel 移位電路，設計與繪出結果的邏輯電路。

(2) 使用移位暫存器與需要的控制電路，設計與繪出結果的邏輯電路。

10.15　設計一個可以計數目前留在房間內的總人數的數位系統，假設該房間只有一個出口與一個入口，出口處與入口處各設有一個光電元件，因此當有一個人由入口處進入該房間時，x 信號即由 1 變為 0，有一個人由出口處離開時，y 信號即由 1 變為 0，而且 x 與 y 均由一個系統時脈所同步，因此其信號啟動時間只有一個時脈期間。若資料處理單元為一個正數/倒數計數器與七段 LED 顯示器，試設計此系統的 ASM 圖。

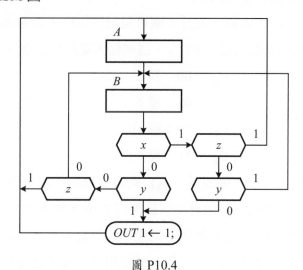

圖 P10.4

10.16 一個未帶號數數的 2 補數可以使用下列方式求得：由最小有效位元 (LSB)開始，往左依序尋找第一個 1，然後將該 1 位元左邊的所有位元取補數，即為所求。利用 ASM 圖，設計一個 n 位元的串列 2 補數產生器電路，並且使用狀態表法執行。

10.17 若一個 n 位元的輸入數目由 LSB 開始以串列方式接收，使用 ASM 圖設計一個邏輯電路，將此數目加上 1。（提示：由 LSB 往 MSB 方向，依序檢查每一個位元，將第一個 0 位元之前的所有位元(含該 0 位元)取補數，然後保留其後各位元值，即為所求。）

10.18 若一個 n 位元的輸入數目由 LSB 開始以串列方式接收，使用 ASM 圖設計一個邏輯電路，將此數目減去 1。（提示：由 LSB 往 MSB 方向，依序檢查每一個位元，將第一個 1 位元之前的所有位元(含該 1 位元)取補數，然後保留其後各位元值，即為所求。）

10.19 利用 ASM 圖，設計一個 n 位元的串列加法器電路，並且使用狀態表法執行此電路。

10.20 利用 ASM 圖，設計一個控制型同步計數器，其輸出序列(即計數序列)依序為：$1 \rightarrow 3 \rightarrow 5 \rightarrow 7 \rightarrow 6 \rightarrow 4 \rightarrow 2 \rightarrow 0 \rightarrow 1 \rightarrow$ ......
利用狀態表法執行。

10.21 使用 ASM 圖，設計一個可規劃同步模 N 計數器，該計數器一共有兩個控制輸入端 C_1 與 C_0，這些輸入端的值與模 N 的關係如下：

$C_1 C_0$ = 00：模 3

$C_1 C_0$ = 01：模 6

$C_1 C_0$ = 10：模 10

$C_1 C_0$ = 11：模 15

10.22 利用 ASM 圖設計一個自動販賣機的控制電路，假設咖啡每杯為 15 元，而該販賣機有兩個投幣口：10 元與 5 元，其中 10 元投幣口只能投入 10 元的硬幣而 5 元投幣口只能投入 5 元的硬幣，此外該販賣機也會自動找零(即 5 元)。試使用多工器法執行此電路。

10.23 利用 ASM 圖，設計一個由 D 型正反器組成的 4 位元移位暫存器。移位暫存器的動作分別由 $m_1 m_0$ 信號控制，當 $m_1 m_0$ = 00 時為並行資料載入；$m_1 m_0$ = 01 時為向左移位；$m_1 m_0$ = 10 時為向右移位；$m_1 m_0$ = 11 時保持資料不變。

10.24 設計一個單一時脈週期的脈波產生器，每當輸入端的一個按鍵開關壓下時，不管該開關壓下多久時間，電路只產生一個時脈週期的脈波輸出。

(1) 繪出電路的 ASM 圖；

(2) 使用單級的同步器電路取樣開關信號，使之與時脈信號同步，然後執行 ASM 圖。

10.25 使用結構描述方式，撰寫一個 Verilog HDL 程式描述圖 10.5-3 的控制單元電路。

輸入		輸出	
A_1	A_0	O_0	O_1
0	0	1	0
0	1	0	1
1	0	1	0
1	1	1	1

2×4解碼器

11

數位系統執行
---使用現場可規劃元件

學完本章之後,你將能夠了解:

- 數位系統(ASIC)的基本執行方法

- 現場可規劃元件的種類與特性

- PLD元件的種類、特性,與交換函數的執行

- CPLD/FPGA元件的特性與在數位系統上的應用

- Verilog HDL:FPGA設計與執行實例

在完成數位系統的設計之後，接著即是選取一個最經濟的而且性能符合該系統規格的實際邏輯元件執行該系統。近年來由於 VLSI (超大型積體電路)技術的迅速發展，各種不同功能與性能的可規劃元件相繼問世，以提供各種應用領域之需求。目前在數位系統應用中，最常用的執行方法已經不再是往日使用 TTL/CMOS 邏輯族的標準元件建構於一個大型 PCB (printed circuit board，印刷電路板)上的風格，而是使用一些其最後規格可以由設計者依據實際上的需要自己定義的邏輯元件。這一種依據應用領域的需要而定義規格的 IC 大致上可以分成兩類：ASIC (application-specific IC)與現場可規劃元件(field programmable device)。因此，目前的數位系統設計風格已經由早期的 PCB 設計方法演變為 ASIC 與現場可規劃元件的設計與實現。

隨著超大型積體電路技術的成熟，目前數位系統的設計與執行技術可以分成：ASIC、平台系統(platform)、現場可規劃元件等三大類。其中 ASIC 又分為全訂製(full custom)、標準元件庫(standard cell)、邏輯閘陣列(gate array)等三種，這三種執行技術必須仰賴 IC 製程工廠的資助，完成該 IC 的製造；平台系統又分成 µP/DSP、平台 FPGA、平台 IP 等三種；現場可規劃元件包括 PLD (programmable logic device)、CPLD (complex PLD)、FPGA (field programmable gate array)等，則只需要使用特定的規劃設備，使用者即可以自行完成該 IC 元件的最後規格定義。本章中將討論現場可規劃元件的特性、結構、應用，並且探討使用這些元件設計數位系統時所需要具備的基本知識。

11.1 數位系統實現

隨著時代的進步與超大型積體電路技術的成熟，數位系統的執行(實現)風格已經由往日的 PCB 設計方式，演進為平台系統、ASIC，或是現場可規劃元件的設計方法，即使用一個單一的平台系統、ASIC 元件、現場可規劃元件取代往日的一整塊 PCB。本節中，將依序介紹目前最常用的幾種數位系統執行方法。這裡所謂的"執行"也常使用"實現"一詞取代。

11.1.1 數位系統執行方法

由於 VLSI 技術的進步與成熟，數位系統設計者使用各種不同的執行方法，自行設計與定義需要的 ASIC 元件或是現場可規劃元件，以執行其應用領域所需求的數位系統，已經成為一種趨勢。這種設計風格的好處是不但整個系統的硬體體積縮小、功率消耗降低，而且硬體成本也大幅降低。

圖11.1-1　各種數位系統執行方法

目前執行數位系統的方法如圖 11.1-1 所示，可以分成 ASIC、平台系統、現場可規劃元件三種。在平台系統中，除了最主要的微處理器之外，還包括系統層次的元件，例如記憶器、周邊元件等。此種設計方法可以由標準 IC元件 (µP/DSP) 完成，或是使用元件庫中的平台 IP (intellectual property)、平台 FPGA 等完成。由於計算機在這三種平台系統的設計方法中均當作元件使用，因此它們均屬於嵌入式系統(embedded system)。此外，平台 IP 與平台 FPGA 兩種方法的標的系統均架構於單一矽晶片上，因而又稱為系統晶片 (system on a chip，SoC)。因為平台 FPGA 是可以規劃的，因而它也稱為可規劃系統晶片(programmable system chip 或是 system on a programmable chip)，簡稱 PSC、SoPC 或 SoC FPGA。

在 ASIC 的設計與實現方法中，整個 IC 的設計完全由數位系統設計者指定與完成，其重要特性為設計完成之 IC 均必須在製程工廠中完成。ASIC 的設計方法分成三種：全訂製(full-custom) IC、元件庫(cell-based design)、邏輯閘陣列(gate array)。在全訂製 IC 設計中，設計者必須完成整個電路設計，並包括所有相關的光罩佈局設計，然後由製程廠商完成 IC 的製作與封裝。此種設計方式不但耗時，而且成本高，但是其性能最好，因此使用於設計高性能(high performance)與高產量(high volume)的產品，例如 CPU，記憶器、FPGA 元件。

使用元件庫的設計方式與使用 FPGA 元件相同，即使用高階硬體描述語言(hardware description language，HDL)的合成流程(synthesis flow)設計，因此可以節省產品開發的時間。但是它與全訂製 IC 的設計方法相同，完成的設計必須由 IC 製程工廠中產生與全訂製 IC 相同的全部光罩(mask)，以完成雛形產品或是最終產品的製作，因此這一部分必須花費與全訂製 IC 相同的時間與成本。

邏輯閘陣列方法為一種介於全訂製 IC 與元件庫的設計方式的折衷方案。在邏輯閘陣列方法中， IC 製程廠商預先在晶圓(wafer)上完成 CMOS 電晶體的製做，只留下最後的電路連接線，由顧客使用與元件庫相同的硬體描述語言的合成流程設計與規劃。由於這些電路連接線必須在 IC 製程工廠中使用光罩完成，因此他們也稱為罩網可規劃邏輯閘陣列(mask programmable gate array，MPGA)。然而由於僅需要完成最後的電路連接線之製作，邏輯閘陣列產品在製程工廠中需要的製作時間較全訂製 IC 與元件庫 IC 短。因此可以縮短上市的時程(time to market)。

現場可規劃元件為一種可以在實驗室(即現場)設定(或稱規劃)元件功能的電路。它主要包括 PLD、CPLD、FPGA 等三種。使用現場可規劃元件的設計方式與使用元件庫相同，亦是使用硬體描述語言的合成流程，因此設計時間短。此外，完成的設計可以自行製作雛形或是最終產品，並不需要依賴 IC 製程工廠的幫助，產品上市的時程遠較 ASIC 為短。

綜合上述討論可知：一個 ASIC 或是現場可規劃元件通常包含數百個以上的基本電路，因此可以取代數百個以上的 SSI 與 MSI 電路。使用 ASIC 或是現場可規劃元件除了 PCB 的實際大小可以縮小，功率消耗與整個系統的硬體成本大幅降低外，由於 IC 元件數目減少，系統的性能與可靠度因而相對提高。此外，它也增加了同業競爭者抄襲某一個產品的困難度，因此，目前廣受工業界所採用。

11.1.2　現場可規劃元件

現場可規劃元件依其電路的結構可以分成：PLD/CPLD 與 FPGA 兩類。PLD/CPLD 的主要特性為其基本的邏輯電路均為兩層的 AND-OR 結構；FPGA 則主要結合了邏輯閘陣列的特性與 PLD 的可規劃性而成的一種邏輯元件。

PLD 元件的規劃方式有罩網規劃(mask programming)與現場規劃(field programming)兩種。罩網可規劃元件需要使用者提供規劃圖型(program 或 interconnection pattern)予 IC 製造商，以準備光罩製造所需要的 ASIC。一旦製造完成，這些 ASIC 的功能即告固定，不能再改變。現場可規劃元件則由使用者自行利用規劃設備(programming equipment)或是稱為規劃器(programmer)規劃所需要的規格。有些現場可規劃 IC 可以清除後重新再規劃，有些則不能。只能規劃一次的現場可規劃元件又稱為 OTP (one-time programmable)元件；可以清除後再重複規劃的元件稱為 EPLD (erasable PLD)。

現場可規劃元件通常使用在數位系統設計的初級階段，以獲得較佳的彈性；罩網可規劃元件則使用在系統設計完成後的大量生產的電路中，以降低成本。

PLD 元件

由於最早的商用 PLD 元件為使用熔絲(fuse)的方式，提供使用者依據實際上的需要，將適當的熔絲"燒斷"，以定義該元件的功能，因此雖然目前在 PLD 元件中已經使用其它規劃方法取代熔絲的方式，在邏輯的觀點上，依然將 PLD 元件視為一種具有熔絲連接的邏輯閘陣列元件。

(a) 規劃之前

(b) 規劃之後

(c) 固定連接

圖11.1-2 AND 閘與 OR 閘的簡便符號

在數位系統的電路設計上，PLD 元件可以取代許多個由 SSI 或是 MSI 等元件組成的電路模組，因而可以減少元件彼此之間的連接線數目、PC 板面積、連接器的數目，結果可以大幅降低系統的硬體成本。因此，目前廣泛的應用於數位系統的設計中。

目前商用的 PLD 元件主要有三種：PLA (programmable logic array)、ROM (read only memory)、PAL (programmable array logic)。為了討論與實際上設計或是應用上的方便，PLD 元件的結構通常使用圖 11.1-2 所列的簡便符號(shorthand notation)表示。由於目前的 PLD 元件的主要製造技術為 CMOS 製程，因此圖中的熔絲在實際的現場可規劃元件中，通常為浮動閘極(floating gate) 的 EEPROM (Flash，快閃)元件、SRAM 元件或是反熔絲(anti-fuse)元件。在罩網可規劃元件中，則直接以 MOS 電晶體的有無，代表熔絲的存在與否。

圖 11.1-2(a)所示為元件在規劃之前，所有可以規劃的熔絲均完整，為了簡化圖形的表示，使用十字交叉的方式表示可以規劃的點。在規劃之後，

有"×"的點表示熔絲完整，因此該點有連接，沒有"×"的點表示熔絲已經燒斷，該點沒有連接，如圖 11.1-2(b)所示。若一個連接點為固定(即永遠連接)，則以實心的黑點表示，如圖 11.1-2(c)所示。

<table>
<tr><td>(a) ROM結構</td><td>(b) PLA結構</td><td>(c) PAL結構</td></tr>
</table>

圖11.1-3　三種 PLD 元件結構的比較

　　三種 PLD 元件的基本差異在於 AND 閘陣列與 OR 閘陣列的規劃性，如圖 11.1-3 所示。在圖 11.1-3(a)所示的 ROM 元件中，AND 閘陣列產生了所有輸入變數的最小項，因此不需要規劃，而 OR 閘陣列則為可規劃的，以執行交換函數；在圖 11.1-3(b)所示的 PLA 元件中，AND 閘與 OR 閘兩個陣列均為可規劃的；在圖 11.1-3(c)所示的 PAL 元件中，AND 閘陣列可以規劃而 OR 閘陣列則固定，不能規劃。

　　目前已經沒有商用的 PLA 元件，但是 PLA 與 ROM 電路模組通常使用於全訂製的 ASIC 設計之中。PAL 與 ROM 則有商用元件，而且有各種不同的規格。各種 PLD 元件的詳細介紹請參閱第 11.2 節。

CPLD 元件

　　由於 PAL 元件的成功應用於數位系統的設計中，加上 VLSI 製程的成熟，將多個 PAL 元件製作於同一個晶片上，並且內建適量的可規劃連接線，以取代使用 PCB 板將多個 PAL 元件連接成為一個系統的新型元件，稱為CPLD。CPLD 與其次即將介紹的 FPGA 元件已經成為目前數位系統設計中應用最廣的兩種元件。

(a) CPLD基本結構　　　　　　　(b) pLSI基本結構

圖11.1-4　CPLD 元件的基本結構

目前商用的 CPLD 元件的基本結構依其內部 PAL 巨集電路與可規劃連接區的排列方式可以分成圖 11.1-4 所示的兩類。然而無論是那一類，其基本結構依然相同，即都是使用由 PAL 的 AND-OR 邏輯電路結構組成的 PAL 巨集電路(PAL macro)與一個或是多個可規劃連接區經由適當的排列組合而成。因此，這類型的現場可規劃元件稱為 CPLD (complex PLD)。商用的 CPLD 元件的詳細結構與應用例將於第 11.4.1 節中再予介紹。

圖 11.1-4(a)所示為大部分的商用 CPLD 元件的結構，在此種結構中 PAL 巨集電路佈置於元件的兩邊，中間部分則為可規劃連接區；圖 11.1-4(b)則為另外一種 CPLD 元件的結構，在此結構中 PAL 巨集電路佈置於元件的四邊，中間部分則為可規劃連接區，稱為通用繞線區(global routing region)。此外，在 I/O 電路與 PAL 巨集電路之間亦有一個輸出繞線區(output routing region)。

FPGA 元件

基本的 FPGA 元件的結構由可規劃邏輯模組(programmable logic block，PLB）、可規劃連接區(programmable interconnect)、輸入／輸出模組(input/output block，I/OB）等組成。PLB 在 Xilinx 公司的術語中稱為 CLB (configurable logic block)，在 Altera 公司的術語中稱為 LE (logic element)。可規劃邏輯模組(PLB)用以執行組合邏輯電路或是循序邏輯電路。

依其可規劃邏輯模組(PLB)電路在晶片(或是元件)上的排列方式，FPGA 的基本結構可以分成：矩陣型 (matrix type)與列向量型(row type)兩種，如圖 11.1-11 所示。前者使用於 Xilinx 與 QuickLogic 等公司的 FPGA 產品中；後者則使用於 Actel 公司的 FPGA 產品中。

(a) 矩陣型　　　　　　　　　　(b) 列向量型

圖11.1-5　FPGA 元件的基本結構

圖 11.1-5(a)為矩陣型 FPGA 結構，在這種元件中，所有可規劃邏輯模組排列成一個二維矩陣，因此稱之為矩陣型結構，兩個邏輯模組之間的區域則留予連接線使用，稱為水平繞線通道(horizontal routing channel)與垂直繞線通道(vertical routing channel)。圖 11.1-5(b)為列向量型 FPGA 結構，在這種元件中所有的可規劃邏輯模組緊密地排列成一列一列的方式，兩個列之間的區域則為連接線規劃區，即繞線通道。

📖複習問題

11.1. 現場可規劃元件依其電路結構，可以分成那兩種主要類型？

11.2. 比較 PLD 與 FPGA 兩種元件在電路結構上的主要差異。

11.3. 目前有那三種類型的 PLD 元件，它們在電路結構上有何異同？

11.4. PLD 與 CPLD 元件在電路結構上有何異同？

11.1.3 CAD 設計工具

由於目前每一個現場可規劃元件的等效邏輯閘數目均在數千個以上，這些 IC 能否成功地應用在某一個數位系統的設計上，完全依賴是否有性能優越的計算機輔助設計軟體。因此每一個硬體廠商也都提供此類型的軟體，讓系統設計者能夠有效地使用其硬體產品。注意：一個等效邏輯閘(equivalent gate)相當於一個 2 個輸入端的 CMOS NAND 閘(圖 3.3-7)電路，因此相當於 4 個 MOS 電晶體。

典型的現場可規劃元件的設計流程如圖 11.1-6 所示，大致上可以分成兩部分：與標的元件(PLD、CPLD 或是 FPGA)無關與相關等。前者主要包括設計輸入(design entry)、設計驗證(design verification)、功能模擬(functional simulation)等三部分；後者則依標的元件的不同而稍有不同。在 PLD 元件中，只需要元件嵌入(device fitting)與規劃(programming)等步驟；在 CPLD 與 FPGA 元件中，則大致上可以分成合成(synthesis)、執行(implementation)、規劃等三大部分。

設計輸入一般可以使用線路圖、ABEL 程式、Verilog HDL 程式、VHDL 程式。使用線路圖的輸入方式時，一般都需要使用該 CAD 軟體所附屬或是認可的巨集電路，這些巨集電路相當於本書中第 5、6、8 等三章中所介紹的邏輯元件與電路模組。若該 CAD 軟體允許使用者使用不同的設計輸入，則在輸入完成之後，會將這些設計輸入整合成一體，並且表示為內部的資料結構。接著進行設計驗證的工作，以確定使用者的設計輸入是正確的而沒有錯誤發生，例如：Verilog HDL 程式中有無語法錯誤等。

在完成設計驗證的工作之後，可以進行功能模擬，以確定系統的功能與所需要的確實相同。在完成此步驟之後，與標的元件無關的系統設計工作已經完成。

在功能模擬的工作完成之後，可以繼續進行與標的元件相關的工作。與標的元件相關的設計工作幾乎都是由 CAD 軟體自動完成的，如圖 11.1-6 所示。對於不同類型的元件，其相關的設計工作也不同。最簡單的元件為 PLD，它只需要元件嵌入與規劃兩個步驟。前者用以選取適當的元件；後者則產生被選取元件的熔絲圖或是 EEPROM 規劃圖。

圖11.1-6　現場可規劃元件的設計流程

在 CPLD 與 FPGA 的設計流程中，接著的工作為合成(synthesis)、執行 (implementation)與規劃(programming)。合成與最佳化(synthesis and optimization) 的工作為在選定標的元件之後，利用它們提供的抽象邏輯元件，進行合成與最 佳化的工作，以將使用者的設計輸入中的交換函數、狀態圖或是其它邏輯電路 化簡到它所認為的最簡狀況，並且轉換為抽象邏輯元件的邏輯電路。

在執行合成與最佳化工作之後，使用者可以經由 CAD 軟體提供的合成 後模擬(post-synthesis simulation)功能，執行系統的功能模擬以確定該系統在 合成之後的功能與所需要的依然相同。在完成此步驟之後，接著則是進行置 入與繞線(place and route)步驟，以將合成後的抽象邏輯電路對應到實際的邏 輯元件上。在此步驟中，通常必須將抽象邏輯電路切割成許多 CPLD 或是 FPGA 元件中的巨集電路(macro)或是可規劃邏輯模組(PLB)所能執行的小電 路，然後分別將它們分配在 CPLD 或是 FPGA 的各個巨集電路或是可規劃邏 輯模組上，並建立所有正確的連接線。

由於 CPLD 或是 FPGA 的接腳到接腳的信號傳播延遲與連到這些接腳的 內部巨集電路或是可規劃邏輯模組彼此間的連接方式有關，因此在置入與繞 線的工作完成之後，必須再執行時序分析(timing analysis)的工作，以確保最 後的電路能操作在所需要的時脈速率上。

在完成執行步驟之後，其次的步驟為產生規劃檔以規劃選定的元件。當 然，在元件規劃之後，接著即是執行實際測試以驗證其是否操作於所期待的 結果。

最後值得一提的是，在上述的 HDL 方法中，與元件無關的步驟與合成 步驟在工業界中，常合稱為前端設計(front-end design)，而其餘步驟則稱為 後端設計(back-end design)。

📖 複習問題

11.5. 現場可規劃元件的設計步驟主要可以分成那兩大部分？

11.6. 試簡述在現場可規劃元件的設計過程中，與標的元件無關的三個步驟之 主要動作。

11.7. 試簡述在現場可規劃元件的設計過程中，與 FPGA 元件相關的步驟。

11.8. 一個等效邏輯閘相當於幾個 MOS 電晶體？。

11.2 可規劃邏輯元件(PLD)

可規劃邏輯元件(PLD)屬於現場可規劃元件的一種。以 IC 包裝密度而言，PLD 元件為 LSI 或是 VLSI。目前常用的三種主要 PLD 元件為：ROM(僅讀記憶器)、PLA (可規劃邏輯陣列)、PAL(可規劃陣列邏輯)。如前所述，這些元件的基本結構均為兩層的 AND-OR 電路，因此可以執行任何交換函數，它們之間的主要差異在於 AND 閘陣列與 OR 閘陣列的規劃性。本節中，將依序討論這些元件的基本結構、特性，與如何執行交換函數。

11.2.1 ROM 元件

ROM 元件在數位系統中為一個常用的邏輯元件之一，因此本節中將依序介紹 ROM 電路的基本結構、種類、語句寬度與容量的擴充、及如何執行交換函數等。

ROM 元件的基本結構

一個 $2^n \times m$ 的 ROM 為一個 LSI 或是 VLSI 元件，它包括一個 n 對 2^n 解碼器與 m 個具有 2^n 個輸入端的可規劃 OR 閘陣列，如圖 11.2-1 所示。每一個輸入變數的二進制組合稱為一個位址(address)。若輸入線(稱為位址線)數目為 n，則一共有 2^n 個組合。每一個輸出線的組合稱為一個語句(word)。因為總共有 2^n 個不同的位址，因此一共有 2^n 個輸出語句。一個 ROM 元件所含有的總位元數(即 $2^n \times m$)稱為該 ROM 的容量(capacity)。一般指定一個 ROM 元件的容量大小的方式為使用 $2^n \times m$ 位元。例如 16×4 的 ROM 元件與 32×8 的 ROM 元件等。

圖11.2-1　ROM 元件的基本結構

ROM 元件的種類

　　ROM 元件大致上可以分成下列三種：1. 罩網 ROM(mask ROM)，廠商依據使用者所需要的資料設計其儲存單元，而於包裝後即不能改變，這種 ROM 均使用於大量生產的產品中，以降低成本；2. 可規劃 ROM (program-mable ROM，簡稱 PROM)，由使用者自行規劃(即將資料寫入 PROM 元件中)，但是它的內容一經規劃後，即永久固定，所以只能規劃一次；3. 可清除可規劃 ROM(erasable PROM，簡稱 EPROM)，此種 ROM 可以任意地規劃或是清除其內容。依據內容的清除方式又可以分為紫外光清除的 PROM (稱為 UV-EPROM)與電壓清除的 PROM (electrically erasable PROM，簡稱 EEPROM 或 E^2PROM)。電壓清除的 PROM 目前都稱為快閃記憶器(Flash memory)，也是最常用的 EPROM 元件。

　　在任何 ROM 元件中，不管是那一種類型，其所能規劃的電路均只是 OR 閘陣列而已。罩網 ROM (即一般所稱的 ROM)元件只能在 IC 製程工廠中使用光罩設定其內容。PROM 與 EPROM (或是 EEPROM) 元件的規劃方式為現場規劃，它只需要有 PROM/EPROM 規劃器，即可以自行在實驗室中規劃。目前較新型的快閃記憶器的資料規劃方式，可以如同一般的 SRAM 元件一樣，直接將資料寫入該記憶器元件中，而由元件中的規劃邏輯電路自行完成其次的規劃動作，即它可以直接在"線路中"(in circuit)規劃，因此可以不需要再使用 PROM/ EPROM 規劃器。下列的討論將以 ROM 元件代稱這三種元件。

ROM 電路的擴充

ROM 電路的擴充方式分成語句寬度與語句數目兩種。前者為增加語句的位元數；後者則增加語句的數目。

例題 11.2-1　(語句寬度擴充)

利用兩個 16×4 ROM 電路設計一個 16×8 的 ROM 電路。

解：如圖 11.2-2(a)所示，將兩個 ROM 電路的所有位址線與致能線並聯，因此任何時候兩個ROM電路均同時被致能與不被致能。在致能時，兩個ROM電路均各有一個語句被選取，因此電路的語句長度為兩個 ROM 電路的語句長度之和，所以為一個 16×8 的 ROM 電路。

(a) 兩個16×4 ROM組成一個16×8 ROM　　(b) 兩個16×4 ROM組成一個32×4ROM

圖11.2-2　ROM 的語句寬度與容量擴充

例題 11.2-2　(語句數目擴充)

利用兩個 16×4 的 ROM 電路設計一個 32×4 的 ROM 電路。

解：如圖 11.2-2(b)所示方式連接。當 A_4 為 0 時，ROM 1 致能；當 A_4 為 1 時，ROM 2 致能。由於在任何時候 ROM 1 與 ROM 2 只有一個致能，未致能的 ROM 模組其資料輸出端為高阻抗，所以組合成一個 32×4 的 ROM 電路。注意：本電路並未有讀取($\overline{RD}$)控制。

執行交換函數

交換函數的執行方式有很多，簡單的函數可以由基本邏輯閘、多工器、解碼器或是解多工器完成，較複雜的函數則使用 ROM、PAL、PLA 等元件執行較為經濟，同時速度也較快，因為不需要使用很多 IC 元件，組成一個龐大的多層邏輯閘電路。

由圖 11.2-1 可以得知：ROM 電路的基本結構為 AND 與 OR 兩個邏輯閘陣列，同時其 AND 閘陣列可以產生所有輸入變數的最小項，即它為一個可以執行標準 SOP 型式的多輸出交換函數的兩層邏輯閘電路。因此，ROM 元件可以執行任意的交換函數。一般而言，利用 ROM 元件執行 m 個 n 個變數的交換函數時，所需要的 ROM 元件容量至少為 $2^n \times m$ 個位元。

輸入		輸出	
A_1	A_0	O_0	O_1
0	0	1	0
0	1	0	1
1	0	1	0
1	1	1	1

(a) 真值表　　　　　(b) 邏輯電路

圖11.2-3　$2^2 \times 2$ 的 ROM 結構

ROM 元件的內部 OR 閘規劃圖形(即儲存的資訊)可以直接使用真值表表示。圖 11.2-3 說明真值表與 ROM 的規劃情形。由圖 11.2-3(b)可知，輸入端的 2×4 解碼器完全解出輸入信號(A_1 與 A_0)的所有組合，而輸出端的 OR 閘(O_1 與 O_0)之輸入端則連接到由圖 11.2-3(a)的真值表所選定的解碼器輸出端，其

中輸出 O_1 連接到解碼器的 0、2、3 輸出端而輸出 O_0 連接到解碼器的 1、3 輸出端。因此，一般以 ROM 元件執行一組多輸出交換函數時，通常只需要列出該組多輸出交換函數的真值表即可。這種執行方式也常稱為查表法(table look-up method)。

例題 11.2-3　(使用 ROM 元件執行交換函數)

利用一個 $2^3 \times 3$ 的 ROM 電路執行下列交換函數：

$$f_1(x, y, z) = \Sigma(0, 1, 5, 7)$$
$$f_2(x, y, z) = \Sigma(4, 5, 6, 7)$$
$$f_3(x, y, z) = \Sigma(2, 4, 6)$$

解：如圖 11.2-4 所示，圖 11.2-4(a)為其真值表；圖 11.2-4(b)為其邏輯電路。

輸入			輸出		
A_2	A_1	A_0	f_1	f_2	f_3
0	0	0	1	0	0
0	0	1	1	0	0
0	1	0	0	0	1
0	1	1	0	0	0
1	0	0	0	1	1
1	0	1	1	1	0
1	1	0	0	1	1
1	1	1	1	1	0

(a) 真值表　　　　　　　(b) 邏輯電路

圖11.2-4　例題 11.2-3 的 ROM 元件執行

📖 複習問題

11.9. 為何 ROM 電路為一個組合邏輯電路，而 RAM 電路為一個循序邏輯電路？

11.10. ROM 元件大致上可以分成那三個主要類型？

11.11. ROM 電路的基本擴充方式有那兩種？

圖11.2-5　$n \times k \times m$ PLA 的基本結構

11.2.2 PLA 元件

PLA 電路與 ROM 電路相同，均為兩層的 AND-OR 電路，但是 PLA 電路的 AND 閘陣列並未提供所有輸入變數的完全解碼，因而不能產生輸入交換變數的所有最小項。PLA 電路的 AND 閘陣列為可規劃的，它可以依據實際的需要產生輸入變數的任何乘積項，這些乘積項經由可規劃的 OR 閘陣列連接(OR)後，形成了 SOP 表式的基本型式，因此可以執行需要的交換函數。

PLA 電路結構

典型的 $n \times k \times m$ PLA 電路如圖 11.2-5 所示。它一共具有 n 個輸入端與緩衝器/反相器閘、k 個 AND 閘、m 個 OR 閘、m 個 XOR 閘。在輸入端與 AND 閘陣列之間一共有 $2n \times k$ 條熔絲；在 AND 閘與 OR 閘陣列之間一共有 $k \times m$

條熔絲；輸出端的 XOR 閘有 m 條熔絲。輸出端的 XOR 閘與熔絲的功能為提供補數(熔絲燒斷)或是真值(熔絲保留)的輸出值。

執行交換函數

由於 PLA 電路的所有乘積項的輸出都是經由熔絲連接到輸出端的 OR 閘，因此可以執行多輸出交換函數，即交換函數之間可以共用乘積項。在利用 PLA 電路執行交換函數時，首先利用多輸出交換函數的化簡方法(參考資料 8)求得多輸出函數的最簡式後，再由這些最簡式建立一個指定 PLA 熔絲規劃的規劃表(programming table)。例如：若函數 f_1 與 f_2 化簡後為：

$$f_1(x, y, z) = xy' + xz + x'yz'$$

$$f_2(x, y, z) = xz + y'z$$

則其規劃表如圖 11.2-6(a)所示。

乘積項		輸入			輸出	
		x	y	z	f_1	f_2
xy'	0	1	0	-	1	-
xz	1	1	-	1	1	1
$y'z$	2	-	0	1	-	1
$x'yz'$	3	0	1	0	1	-

(a) PLA規劃表　　　(b) PLA符號表示圖　　　(c) 邏輯電路

圖11.2-6　PLA 執行交換函數

一般而言，PLA 電路的規劃表可以分成三部分：第一部分為所用的乘積項；第二部分指定輸入端與 AND 閘的熔絲連接(或是路徑)情形；第三部分指定 AND 閘與 OR 閘的路徑，如圖 11.2-6(a)所示。相當於圖 11.2-6(a)PLA 規劃表的 PLA 邏輯電路如圖 11.2-6(c)所示。圖 11.2-6(b)所示為 PLA 邏輯電路的一種簡化表示方法，稱為符號表示(symbolic representation)。

例題 11.2-4 (使用 PLA 執行交換函數)

利用 PLA 執行下列多輸出交換函數：

$$f_1(w, x, y, z) = x'y + wx'y' + w'xz + wxz$$
$$f_2(w, x, y, z) = w'xz + y$$
$$f_3(w, x, y, z) = xy + wx'y' + wxz$$

解：由於 $wx'y'$、$w'xz$、wxz 三個乘積項均分別由兩個交換函數共用，因此執行上述多輸出交換函數時，只需要六個乘積項。結果的 PLA 規劃表與邏輯電路分別如圖 11.2-7(a)與(b)所示，其符號表示圖則留做習題(習題 11.9)。

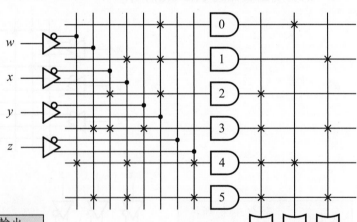

乘積項		輸入				輸出		
		w	x	y	z	f_1	f_2	f_3
y	0	-	-	1	-	-	1	-
xy	1	-	1	1	-	-	-	1
$x'y$	2	-	0	1	-	1	-	-
$wx'y'$	3	1	0	0	-	1	-	1
$w'xz$	4	0	1	-	1	1	1	-
wxz	5	1	1	-	1	1	-	1

(a) PLA 規劃表   (b) 邏輯電路

圖11.2-7 例題 11.2-4 的 PLA 執行

📖 複習問題

11.12. 試簡述 PLA 電路的主要結構。

11.13. 比較 PLA 電路與 ROM 電路的主要異同。

11.2.3 PAL 元件

基本上 PAL 電路與 PLA(或是 ROM)一樣，也是兩層的 AND-OR 電路，但是 PAL 電路的 OR 閘陣列是固定的，因而沒有熔絲，結果沒有乘積項可以由多個輸出函數所共用。PAL 電路的 AND 閘陣列是可以規劃的，因此可以規劃輸出函數中的乘積項。

PAL 結構

在 PAL 元件中，每一組 AND-OR 邏輯結構均由四到七個 AND 閘與一個多輸入端的 OR 閘組成。為了方便討論，這種兩層邏輯結構一般均稱為一個 PAL 巨集(PAL macro)。依此定義，每一個 PAL 元件均由四到八個 PAL 巨集組成。

表 11.2-1 列出一些目前較常用的 PAL 元件的特性表，由於 PAL 元件的基本電路結構大致相同，其差異只是它們的 AND 閘輸入端數目、外部輸入端數目、雙向 I/O 數目、輸出暫存器數目、組合邏輯輸出端的數目不同而已。因此這些特性通常為選用一個 PAL 元件的基本準則。

表11.2-1　標準 PAL 特性表

PAL元件	包裝接腳數目	AND閘輸入端數目	外部輸入端數目	雙向 I/O 數目	輸出暫存器數目	組合邏輯輸出數目
PAL16L8	20	16	10	6	0	2
PAL16R4	20	16	8	4	4	0
PAL16R6	20	16	8	2	6	0
PAL16R8	20	16	8	0	8	0
PAL20L8	24	20	14	6	0	2
PAL20R4	24	20	12	4	4	0
PAL20R6	24	20	12	2	6	0
PAL20R8	24	20	12	0	8	0

在 PAL 元件編號中，16 代表匯入每一個 AND 閘的輸入端數目，其次的英文字母 L 代表組合邏輯輸出而 R 則表示輸出端為暫存器，最後的數字則表示輸出端的數目。例如 PAL16L8 為一個組合邏輯輸出的 PAL 元件，其每一個 AND 閘的具有 16 個輸入端，而且具有 8 個輸出端；PAL16R8 為一個具有暫存器輸出的 PAL 元件，其每一個 AND 閘的具有 16 個輸入端，而且具有 8 個暫存器輸出端。

典型的 PAL 元件的電路結構如圖 11.2-8 到圖 11.2-10 所示。圖 11.2-8 為兩層 AND-OR 電路型式；圖 11.2-9 為兩層 AND-OR-INVERT(即 AND-NOR) 電路型式。這兩種電路均為組合邏輯電路，但是圖 11.2-9 的 PAL 電路除了第一個與最後一個之外的每一個輸出端均經由一個可規劃路徑回授至輸入端。由於輸出端的接腳同時當作信號輸入端與輸出端，因此輸出端的反相器必須是三態輸出閘。(為何？)

圖 11.2-10 所示的 PAL 元件其每一個 PAL 巨集的輸出端均配有一個 D 型正反器，因此可以執行循序邏輯電路，這種 PAL 元件也稱為循序邏輯電路類型的 PAL 元件。

執行交換函數

PAL 電路為 PLA 電路的一種特例，其特性為只有 AND 閘陣列可以規劃而 OR 閘陣列則固定不變，因此 PAL 電路較容易使用但是較沒有彈性。在設計多輸出交換函數的邏輯電路時，若使用 PLA 電路則可以有多個交換函數共用一個乘積項，但是若使用 PAL 電路則因其 OR 閘陣列固定不能規劃的關係，因而無法共用乘積項。因此，使用 PAL 電路執行多輸出交換函數時，只需要使用單一輸出交換函數化簡程序對每一個交換函數各別化簡後一一執行即可，並不需要使用複雜的多輸出交換函數的化簡程序(參考資料 8)來化簡。當然，多輸出交換函數的最簡式仍然可以使用 PAL 電路執行，不過對於數個交換函數的共用項而言，仍然必須每一個交換函數使用一個 AND 閘。

PAL 規劃表與 PLA 電路類似，但是只有 AND 閘陣列的輸入端必須規劃。現在舉一實例說明如何使用 PAL 電路執行交換函數。

例題 11.2-5　(利用 PAL 執行交換函數)

利用 PAL 執行下列多輸出交換函數：

$$f_1(w, x, y, z) = \Sigma(2, 12, 13)$$

圖11.2-8　PAL14H4 的邏輯電路

圖11.2-9　PAL16L8 的邏輯電路

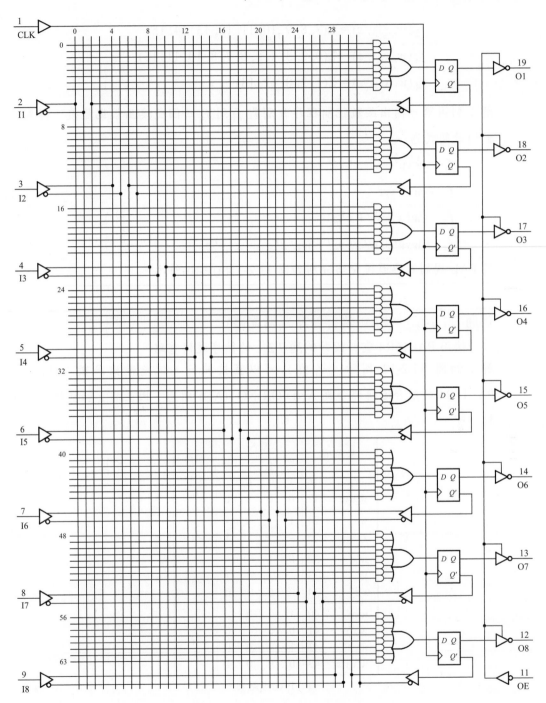

圖11.2-10　PAL16R8 的邏輯電路

$$f_2(w, x, y, z) = \Sigma(7, 8, 9, 10, 11, 12, 13, 14, 15)$$

$$f_3(w, x, y, z) = \Sigma(0, 2, 3, 4, 5, 6, 7, 8, 10, 11, 15)$$

$$f_4(w, x, y, z) = \Sigma(1, 2, 8, 12, 13)$$

解：利用單一輸出函數化簡程序分別對 f_1 到 f_4 四個交換函數化簡後，得到它們的最簡式為：

$$f_1 = wxy' + w'x'yz'$$

$$f_2 = w + xyz$$

$$f_3 = w'x + yz + x'z'$$

$$f_4 = wxy' + w'x'yz' + wy'z' + w'x'y'z$$

其 PAL 規劃表與邏輯電路分別如圖 11.2-11(a)與(b)所示。

例題 11.2-6　(PAL 執行循序邏輯電路)

使用 PAL16R4 重新設計例題 7.2-1 的循序邏輯電路。

解：如圖 11.2-12 所示。Y_1 與 Y_2 可以直接執行，但是輸出函數 z 則因為 PAL16R4 的組合邏輯部分為 AND-OR-NOT(AOI)組態，因此將 z 取補數後再執行，即：

乘積項		輸入				輸出
		w	x	y	z	
wxy'	16	1	1	0	-	f_1
$w'x'yz'$	17	0	0	1	0	
w	24	1	-	-	-	f_2
xyz	25	-	1	1	1	
$w'x$	32	0	1	-	-	
yz	33	-	-	1	1	f_3
$x'z'$	34	-	0	-	0	
wxy'	40	1	1	0	-	
$w'x'yz'$	41	0	0	1	0	
$wy'z'$	42	1	-	0	0	f_4
$w'x'y'z$	43	0	0	0	1	

(a) PAL規劃表

圖11.2-11 例題 11.2-5 的 PAL 執行(PAL14H4)

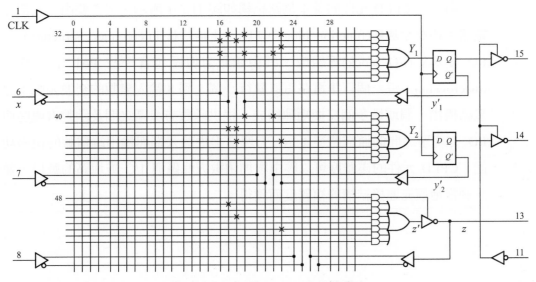

(b) 邏輯電路

圖11.2-11 (續) 例題 11.2-5 的 PAL 執行(PAL14H4)

圖11.2-12 例題 11.2-6 的邏輯電路

$$z' = (x\,y_1 y'_2)' = x' + y'_1 + y_2$$

結果的邏輯電路如圖 11.2-12 所示。

📖 複習問題

11.14. 試簡述 PAL 電路的主要結構。

11.15. 比較 PAL 電路與 ROM 電路的主要異同。

11.3 CPLD 與 FPGA 元件

如前所述，CPLD 與 FPGA 均由三種類型的元件組成：函數方塊區 (function block，FB)、連接結構(interconnect structure)、I/O 方塊區(I/O block) 等。函數方塊區執行需要的邏輯函數；連接結構提供函數方塊區之間及函數方塊區與 I/O 方塊區之間的可規劃通信路徑；I/O 方塊區由 I/O 接腳與相關邏輯電路組成，它可以規劃一個 I/O 接腳為輸入、輸出，或是雙向模式。此外，I/O 方塊區亦提供其他功能，例如低功率或是高速率連接。

11.3.1 CPLD 元件

典型的 CPLD 元件的基本電路結構如圖 11.3-1 所示，它主要由三大部分電路：函數方塊區(function block，FB)、連接結構(interconnect structure) 、I/O 方塊區(I/O block)等組成。其中函數方塊區包含一些 PAL 巨集電路 (macrocells)，每一個巨集電路可以執行一個 5 到 8 輸入變數的交換函數；連接結構由一個或是多個交換矩陣組成，提供函數方塊區之間及函數方塊區與 I/O 方塊區之間的通信路徑；I/O 方塊區提供輸入端與輸出端信號的緩衝功能。CPLD 元件的複雜度可以經由增加函數方塊區與 I/O 方塊區的數目，並且適當地擴充連接結構的複雜度而獲得。

圖11.3-1　觀念性 CPLD 電路基本結構

函數方塊區(FB)

　　每一個函數方塊區包含一些獨立的巨集電路組成。如圖 11.3-1 所示，每一個函數方塊區(FB)由連接結構接受 m 個輸入信號與 n 個輸出信號，經由連接結構，這一些信號亦可以連接到其它巨集電路。簡化的巨集電路結構如圖 11.3-2 所示。每一個巨集電路包含 5 到 8 個乘積項與一個可規劃的 D/T 正反器，可以執行一個組合邏輯函數或是循序邏輯函數。這一些乘積項當作一個 AND 閘陣列，可以直接當作 OR 閘與 XOR 閘的一個輸入來源以執行需要的邏輯函數，該巨集電路的 D/T 正反器的時脈、時脈致能(CE)，或是設定/清除控制信號，或是輸出致能(OE)信號以控制該巨集電路所附屬的 I/O 方塊區之輸出緩衝器。巨集電路的輸出可以同時當作連接結構與 I/O 方塊區的輸入。

　　由於每一個巨集電路均為一個兩層 AND-OR 邏輯結構，它可以實現 SOP 型式的交換函數。乘積項分配器(product-term allocator)決定實際的乘積項使用情形。它能接收來自其它巨集電路的乘積項、僅使用基本乘積項，或是分配未使用的乘積項予其它巨集電路。因此，縱然每一個巨集電路僅有少數(5 到 8 個)乘積項，它可以由相同函數方塊區中的其它巨集電路借得或是出借乘積項，而獲得需要數目的乘積項。

圖11.3-2　典型 CPLD 的簡化巨集電路結構

在每一個巨集電路中的 D/T 暫存器可以規劃為 D 型正反器或是 T 型正反器以符合實際之需要，當然暫存器也可以不使用，以執行組合邏輯函數。每一個 D/T 暫存器均具有非同步的設定與重置等控制輸入端，以非同步的設定或是清除該暫存器的輸出值。非同步的設定與重置等控制輸入端的信號可以取自通用設定/重置信號(未標示於圖中)或是由乘積項產生的設定與重置信號。在剛加入電源時，所有 D/T 暫存器的輸出值均設定為使用者預先設定的值，若未設定則清除為 0。D/T 暫存器的時脈輸入可以設定為正緣或是負緣觸發方式，時脈信號可以來自通用時脈信號(未標示於圖中)或來自乘積項分配器。使用通用時脈信號可以達到較快的時脈對輸出性能，而使用乘積項分配器的時脈信號則允許 D/T 暫存器的時脈信號由巨集電路或是 I/O 接腳控制。

圖11.3-3　典型 CPLD 的連接結構

連接結構

　　典型 CPLD 的連接結構通常為一個可規劃交換矩陣(programmable switch matrix)或是多個此種可規劃交換矩陣的組合。使用單一交換矩陣連接巨集電路與 I/O 方塊區的觀念性的說明如圖 11.3-3 所示。交換矩陣當作一個連接網路，提供 I/O 方塊區與函數方塊區以及函數方塊區之間的通信路徑。

I/O 方塊區

　　I/O 方塊區透過連接結構將信號由巨集電路連接到 I/O 接腳或是由 I/O 接腳連接到巨集電路。典型的 I/O 方塊區結構如圖 11.3-4 所示。每一個 I/O 方塊區包括一個輸入緩衝器、輸出推動器、輸出致能選擇多工器、轉移率(slew-rate)控制電路、提升電阻器、可規劃接地的控制電路等。

　　為使 CPLD 更具通用性，CPLD 的輸入緩衝器通常提供 5V CMOS、5V TTL、3.3V CMOS、2.5V CMOS 等信號位準的相容能力。為此，輸入緩衝器使用一個內部的+3.3 V 電源(V_{CCINT})，以提供一個固定電壓值的輸入臨限值與避免該輸入臨限值隨著 I/O 電源電壓(V_{CCIO})改變。

圖11.3-4 典型 CPLD 的簡化 I/O 方塊區結構

同樣地，所有 CPLD 輸出推動器都可以輸出與 3.3V CMOS(與 5V TTL 相容)(即當 V_{CCIO} = 3.3 V 時)或是 2.5V CMOS(即當 V_{CCIO} = 2.5 V 時)的邏輯位準相容的輸出信號。此外，每一個輸出推動器也具有轉移率控制的功能，以控制輸出信號的上升與下降時間。輸出推動器的致能控制有三種選擇：總是"1"、總是"0"、由巨集電路產生的信號。再者，每一個 I/O 方塊區也提供可規劃接地的功能，以將未使用的 I/O 接腳接地。

📖 **複習問題**

11.16. 試簡述 CPLD 元件的基本電路結構。

11.17. 試簡述函數方塊區的基本電路結構。

11.18. 試簡述巨集電路的基本結構。

11.19. 試簡述 CPLD 交換矩陣的基本結構。

11.20. 試簡述 I/O 方塊區的基本電路結構。

11.21. CPLD 可否執行一個超過 5 個輸入變數的交換函數？

11.3.2 FPGA 元件

與 CPLD 相似，FPGA 亦是由三種類型的元件組成：函數方塊區 (function block，PLB)、連接結構(interconnect structure)、I/O 方塊區(I/O block，IOB)等，如圖 11.1-5 所示。PLB 提供函數元件以執行需要的邏輯函數；連接結構連接函數方塊區(PLB)與 I/O 方塊區(IOB)；I/O 方塊區(IOB)提供 I/O 接腳與內部信號的界面。

函數方塊區(PLB)

每一個函數方塊區(PLB)由一個或是多個 k-輸入變數的函數產生器(function generator，或稱 universal logic module) 與一個可規劃輸出及電路組成，其中 k 的值為 3 到 8。具有執行最多為 k 個輸入變數的任意交換函數的邏輯電路稱為 k-輸入變數函數產生器。觀念上，k-輸入變數函數產生器為一個查表(look-up table，LUT)，可以由 SRAM 元件、Flash 記憶器元件、多工器，或是其它組合邏輯電路實現。可規劃輸出級電路由一些多工器與一個正反器組成。因此，一個PLB可以執行一個或是多個組合邏輯或是循序邏輯函數。

圖11.3-5　簡化的 PLB 說明典型 PLB 中的重要元件

一個簡化的 PLB 如圖 11.3-5 所示。每一個 PLB 分成兩個群組，每一個群組由一個 4-輸入端函數產生器(即一個 4-輸入端 LUT)與一個 D 型正反器組成。4-輸入端函數產生器可以執行任何一個最多為 4 個輸入變數的交換函數,與 D 型正反器結合後,它也可以執行循序邏輯函數。D 型正反器為一個通用型正反器,它具有時脈致能控制與非同步清除與設定輸入端。PLB 輸出端的 2×1 多工器在該 PLB 用來執行組合邏輯電路時旁路 D 型正反器。多工器由 M 位元設定。

k-輸入變數函數產生器可以由一個 $2^k \times 1$ RAM 或是 Flash 記憶體,或是一個 $2^k \times 1$ 多工器實現。無論何種實現方式,其重點為將欲執行的交換函數表示為真值表型式,然後儲存該真值表於 RAM/Flash 記憶體內,或是規劃多工器(或是多工器樹),備妥其次之查表動作。

例題 11.3-1 (執行交換函數)

假設希望執行三個變數的多數邏輯函數:

$f(x, y, z) = xy + yz + xz$

則上述交換函數必須表示為真值表型式。由於有三個變數,一共有八個不同的組合,相當於這八個組合的函數值依序為:相當 0、0、0、1、0、1、1、1。因此,使用 3-輸入端的 LUT 實現此交換函數時,我們只要將函數值儲存於該 LUT 中即可,如圖 11.3-6(a)所示。類似地,使用 8×1 多工器執行此交換函數時,僅需要設定多工器的每一個輸入為對應的函數值即可,如圖 11.3-6(a)所示。使用多工器執行交換函數的較詳細討論,請參閱第 6.3.3 節。

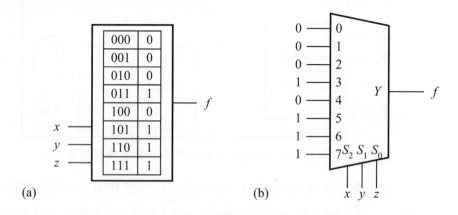

圖11.3-6 執行 3 輸入變數的交換函數:(a) 3 輸入 LUT;(b) 8 對 1 多工器

圖11.3-7　典型 FPGA 的可規劃連接結構：(a) 通用連接結構；(b) 開關矩陣

連接結構

典型 FPGA 的連接結構如圖 11.3-7(a)所示，主要由一些開關矩陣(switch matrix，SM)與一些金屬連接線組成。垂直與水平連接線用來連接兩個開關矩陣。開關矩陣(SM)的結構如圖 11.3-7(b)所示，其中每一個連接點(cross point)為一個包含六個 nMOS 電晶體的開關電路，可以形成在各個方向的完全連接。因此，與 SM 相交的水平與垂直連接線可以相互連接。例如，進入 SM 左邊的信號可以引導至頂端、右邊、底端，或是它們的任意組合，若多重分支有需求時。

I/O 方塊區(IOB)

I/O 方塊區提供外部 I/O 接腳與內部邏輯的界面。每一個 I/O 方塊區控制一個 I/O 接腳，而且可以設定該 I/O 接腳為輸入、輸出，或是雙向信號接腳。為使 FPGA 更具彈性，輸入端通常可以與 TTL 及 3.3-V CMOS 相容，輸出端則提升為 3.3-V 電源電壓。典型 FPGA 的簡化 I/O 方塊區結構如圖 11.3-8 所示，主要由一些多工器、緩衝器、D 型門閂/正反器、D 型正反器組成。

輸出端的 D 型正反器只能當作正反器使用，但是輸入端的 D 型正反器可以規劃成正反器或是門閂電路。兩個 D 型正反器均有其各自的時脈信號（CLK_{in} 與 CLK_{out}）但是使用相同的時脈致能控制(CE)輸入。每一個正反器可以經由時脈輸入端的 2 對 1 多工器規劃為正緣或是負緣觸發。

圖11.3-8　典型 FPGA 的簡化 I/O 方塊區結構

輸入信號連接至輸入端 D 型正反器,該正反器可以規劃為緣觸發的正反器或是位準觸發的門閂電路。進入輸入端 D 型正反器的信號也可以先延遲數個 ns ($\Delta\tau$),以補償因為輸入時脈信號的延遲所導致的外部 I/O 接腳所需要的資料持住時間需求。I_{pin} 信號來自 I/O 接腳而與 I_Q 信號來自輸入端 D 型正反器/門閂的輸出信號。

輸出信號可以由 OUT 端取得或是經由輸出端 D 型正反器取得。除了輸出致能信號(T)外,轉移率控制電路控制輸出緩衝器的轉移率,即輸出信號的上昇(rise)與下降(fall)時間。轉移率控制電路的功能為設定輸出緩衝器的電流推動與吸收能力。對於較不重要的信號輸出,一般都設定為較小的電流以降低功率消耗及電源線的轉態突波,對於需要較快速度的輸出信號則設定為較大的電流以提昇工作速度。在使用 FPGA 元件時,一般均將未使用的 I/O 接腳使用提昇/拉下電阻器將其接往電源(V_{CC})或是接地端以降低功率消耗。

晶片上(分散式)記憶器

在圖 11.3-5 所示的 PLB 電路中的兩個 4-輸入端邏輯函數電路,若是使用兩個 16 × 1 位元的 RAM 電路執行時，它實際上執行邏輯函數的方法是將邏輯函數的整個真值表存入該 RAM 中，然後使用輸入變數(X_i 與 Y_i)當作該 RAM 的位址信號，讀出其內容。因此，當 X 與 Y 兩個邏輯函數電路為 RAM 時，只要適當地加入一些控制電路，該 PLB 即可以轉換為一個 RAM 模組使用。

　　一個使用 RAM 組成的 m 個 k 輸入 LUT 的 PLB，通常可以設定為 $2^k \times 1$、$m \times 2^k \times 1$、$2^k \times m$ 位元的記憶器陣列。例如，當 $m = 2$ 而 $k = 4$ 時，則可能的記憶器陣列為 16×1、32×1、16×2 位元。由於 PLB 隱含的分散式特性，這種記憶器稱為分散式記憶器(distributed memory)。分散式記憶器可以設定為緣觸發(edge-triggered，synchronous)或是雙埠(dual-port)RAM。緣觸發 RAM 簡化系統時序而雙埠 RAM 倍增 FIFO 應用的有效輸出量(throughput)。值的注意的是當 PLB 使用為分散式記憶器時，它將不再能同時使用為邏輯元件。

設計方法

　　與邏輯閘陣列元件一樣，在使用 FPGA 元件設計需要的數位系統時，必須使用廠商或是其它軟體公司提供的 CAD 軟體工具，才能順利的規劃各個 I/O 方塊區與 PLB 的功能並且設定相關的連接結構中的連接線。

　　一般為方便使用者使用 FPGA 元件，所有 CAD 軟體通常均包括有一個巨集電路元件庫(macro library)，提供一些抽象的邏輯元件予使用者使用。這裡稱為"抽象"的理由為由使用者的觀點而言，他們只看到邏輯元件而未看到這些元件與PLB之間的實際對應關係。因此，使用者仍然只感覺到在做一般邏輯電路的設計而不是針對一個特定的 FPGA 元件。至於邏輯電路與 FPGA 之間的轉換與對應關係，則由 CAD 軟體自動完成。

　　典型的FPGA CAD軟體所提供的巨集電路元件庫之巨集電路的功能大致上與標準元件庫中的巨集電路相同，即本書前面各章節所討論的基本邏輯閘、組合邏輯電路模組、循序邏輯電路模組。這些巨集電路模組包括：軟式巨集電路(soft macro)與硬式巨集電路(hard macro)等兩類。前者並未包括任何切割(partition)與繞線(routing)的資料；而後者則包括完整的切割、佈局、及繞線的資料。這裡所謂的切割是指將一個大的邏輯電路分割成每一個 PLB 所能容納的小電路；佈局則是指定這些小電路專屬的 PLB；繞線則是完成 PLB 之間的連接線。典型的巨集電路元件庫如表 11.3-1 所示。

總之，在使用 FPGA 元件設計需要的數位系統時，必須使用廠商提供的 CAD 軟體與工具，才能順利的規劃各個 I/O 方塊區與 PLB 的功能，並且產生各個 PLB 之間或是與 I/O 接腳之間的連接組合，並將這些規劃與連接組合的資料儲存於一個規劃檔(programming file)中。欲規劃 FPGA 元件時，可以使用一個特殊的 CAD 軟體，將規劃檔燒錄於該 FPGA 元件中。

表11.3-1　FPGA CAD 軟體的巨集電路元件庫

軟式巨集電路		硬式巨集電路	
邏輯閘/緩衝器	同位檢查器	加法器	計數器
正反器/門閂	資料/移位暫存器	累積器	RAM
加法器/減法器	RAM/ROM	多工器	資料/移位暫存器
大小比較器	計數器	解碼器	
編碼器/解碼器	I/O電路	編碼器	
多工器		同位檢查器	

📖 複習問題

11.22. 試簡述 PLB 的基本結構。

11.23. 何謂 k-輸入通用邏輯模組？

11.24. 試簡述 FPGA 的連接結構。

11.25. 試簡述 FPGA 的開關矩陣(SM) 結構。

11.26. 試簡述 FPGA 元件的 I/O 方塊區的基本結構。

11.3.3 FPGA 其它特性

時至今日，許多當代的 FPGA 裝置均嵌入下列特殊應用領域中需要的一些特性：通信(communication)、數位信號處理(digital-signal processing)、多媒體(multimedia)、消費性電子(consumer electronics)等。下列扼要地敘述這些特性。

進位鏈與串接鏈

為了支援高速算數運算，目前的 FPGA 裝置提供專用的資料路徑，稱為進位鏈(carry chain)與串接鏈(cascade chain)，以允許相鄰的 PLB 之間直接連接，無須經由局部連接結構，如圖 11.3-9 所示。進位鏈支援算數功能，例如加法器與計數器，而串接鏈執行寬輸入函數，例如相等比較器。

圖11.3-9　某些 FPGA 裝置中 PLB 的進位鏈與串接鏈

藉著進位鏈，低序位元的進位輸出直接驅動較高序位元，並且直接饋入 LUT 與其次部分的進位鏈，因而允許實現任意寬度(位元數目)的計數器、加法器、比較器。經由串接鏈，相鄰的 LUT 可以並行地計算一個函數的一部份。串接鏈可以使用邏輯 AND 與 OR 連接相鄰 PLB 的輸出。

記憶器區塊

現代 FPGA 裝置的一個重要特性為其嵌入記憶器區塊(即硬線的 IP)。記憶器區塊可以實現濾波器延遲線、小量 FIFO (first-in first-out)緩衝器、移位暫存器、處理器核心儲存模組、封包緩衝器(packet buffer)、映像格(video frame)緩衝器、雙埠記憶器(dual-port memory)、一般用途記憶器等。每一個記憶器區塊的語句寬度通常是可變的。例如一個 16k 位元的記憶器區塊，可以組合為 $16k \times 1$、$8k \times 2$、$4k \times 4$、$2k \times 8$ 等。為了允許更有彈性的應用，嵌入 FPGA 裝置中的記憶器區塊通常有許多不同的容量。

為了保證需要的記憶器陣列係由嵌入的記憶器區塊實現，通常需要使用 FPGA 製造商提供的巨集電路產生器(macro generator)，以手動方式產生需要的記憶器模組，而非完全依賴合成程式的能力，自動地合成該記憶器陣列。

DSP 區塊

為配合消費性產品的應用，現代 FPGA 裝置內嵌許多 DSP 區塊(硬線的 IP)，其中每一個區塊可以實現下列功能：乘法(multiplication)、乘加(multiply-add)、乘累積(multiply-accumulate，MAC)、動態移位(dynamic shift)。乘法器的語句寬度通常由 9 位元到 36 位元不等，而且可以操作在完整的暫存器管線方式。

結合邏輯元件與記憶器區塊，DSP 區塊亦可以組合來實現在 DSP 領域中較複雜的定點數與浮點數算數函數，包括 FIR (finite impulse response)濾波器、複變數 FIR (complex FIR)濾波器、IIR (infinite impulse response) 濾波器、FFT (fast Fourier transform)函數與 DCT (discrete cosine transform)函數。

時脈網路與 PLL

階層式時脈電路結構(hierarchical clock structure)與多重鎖相迴路(phase-locked loop，PLL)通常裝設於高性能的 FPGA 裝置中。階層式時脈電路結構意指在一個裝置中，同時提供許多時脈網路，而這些時脈網路可以以不同方式組合使用。例如，在一個具有三個時脈網路的時脈結構中：專用通用時脈網路、區域性時脈網路、周邊時脈網路。這些時脈網路可以組合，以提供多至數百個唯一的時脈領域(clock domain)。現代 FPGA 裝置的另一個特性為提供相當大數量的 PLL。每一個 PLL 甚至可以同時支援多個輸出，其中每一個輸出允許獨立規劃以產生唯一的客製化時脈頻率。

高速傳送接收器

當代高性能 FPGA 通常裝設有各式各樣的傳送接收器(transceiver)，以提供各種應用，由低成本消費性產品到高性能網際網路系統。藉著引入適應性等化技術(adaptive equalization technique)，這類傳送接收器可以達到 30 Gb/s 甚至 100-Gb/s 的性能，因而可以支援各種 I/O 匯流排的需求，例如 PCI (peripheral component interconnect)、PCIe (PCI express)、SATA (serial advanced technology attachment)、USB (universal serial bus)等。

平台/SoC FPGA

在許多高邏輯閘容量的 FPGA 中，通常亦嵌入硬線的(hardwired) CPU 核心，例如 PowerPC 與 ARM Cortex 的處理器，與及各種周邊裝置(包含 ADC 與 DAC)。這一些 FPGA 裝置稱為平台(platform) (或 SoC) FPGA，詳細情形請參閱第 11.1.1 節。每一個 CPU 核心允許加入輔助處理單元(auxiliary processor unit，APU)以支援硬體加速與及整合式縱橫交換開關(crossbar switch)以提供高資料吞吐量。目前，所有具有足夠邏輯閘容量的 FPGA 裝置均允許嵌入軟性 CPU 核心，例如 MicroBlaze、PicoBlaze、NIOS，與及周邊裝置，以適應特定之應用。在這種情形下，即使使用軟性 IP 核心，它們依然稱為平台 FPGA。簡言之，平台 FPGA (SoC FPGA) 意為一個嵌入一個或多個任何形式 (硬線的、硬 IP、軟 IP) CPU 核心與周邊裝置的 FPGA 裝置。

📖 複習問題

11.27. 說明進位與串接鏈的基本結構。.

11.28. 分散式記憶器與記憶器區塊的區別為何？

11.29. 何謂平台 FPGA？

11.30. 何謂 SoC FPGA？

11.3.4 CPLD/FPGA 應用實例

本節中，將使用 Xilinx 公司的 Spartan-3 系列 FPGA 元件(XA3S50)為例，

簡要說明使用 CPLD/FPGA 元件設計與實現一個數位系統的過程，即圖 11.1-6 的流程。較詳細的過程請參閱相關的參考資料(參考資料 3 與 7)。下列將以 Xilinx 公司的 Integrated System Environment (ISE 或 Vivado)軟體為例，說明使用 FPGA 元件實現一個數位系統時，由設計到執行的整個流程。

　　CPLD/FPGA 設計流程如圖 11.3-10 所示。在完成一個數位系統的設計之後，可以使用 Verilog HDL 的 CAD 模擬軟體，例如 ISE 的 ISIM (或 ModelSim)模擬程式，進行語法分析、輸入驗證、及功能模擬，此時需要使用的檔案如圖 11.3-10 所示。欲進行功能驗證時，選取 Simulation->Behavioral 選項，此時需要的程式為測試標竿程式(ones_count_dp_and_cu_TB.v)與原始程式檔 (prog1052.v)，其模擬後的結果時序圖如圖 11.3-11 所示。

圖11.3-10　使用 CPLD/FPGA 實現數位系統的設計與實現流程

圖11.3-11　功能模擬時序圖

圖11.3-12　合成後的邏輯電路

　　在功能驗證無誤之後，其次的工作為進行邏輯合成。使用 ISE 的 XST 邏輯合成程式對 prog1052.v 合成之後，使用 View RTL Schematic 選項，可以觀察到如圖 11.3-12 所示的邏輯電路圖。在此為了節省篇幅，我們只展開其中的控制器單元部分，資料處理單元部分則未展開。欲進行合成之後的模擬工作，在 ISE 中選擇 Simulation->Post-Translate 選項，此時需要的檔案為合成後的 netlist 結果(輸出檔案為 ones_count_dp_and_cu_translate.v 檔)，測試標竿程式(ones_count_dp_and_cu_TB.v)與 glib.v 檔。進行模擬之後，若無錯誤發生，可以得到如圖 11.3-13 所示的時序圖。由於邏輯合成只是使用一些抽象的邏輯元件取代原始程式中的指述，因此每一個邏輯元件均未包括傳播延遲的參數。

　　在邏輯合成與合成後模擬(post-translate simulation)驗證無誤之後，其次的工作為進行執行(實現)的工作，即將邏輯合成後的netlist嵌入選定的FPGA元件之中。相關的步驟為對映(map)、及佈局與繞線(place and route)。在完成佈局與繞線之後，若無錯誤，可以使用 Xilinx ISE 中的 View/Edit Routed Design (FPGA Editor)選項，觀察到如圖 11.3-14 所示的 FPGA 佈置圖。

圖11.3-13　合成後模擬時序圖

圖11.3-14　執行後的 FPGA 佈局與繞線圖

欲做合成後時序模擬時，在 ISE 中選擇 Simulation->Post-route 選項，此時需要的檔案為合成後的 netlist 結果(ones_count_dp_and_cu_timesim.v)檔，glib.v 檔，延遲時間定義檔 ones_count_dp_and_cu_timesim.sdf，與測試標竿程式 (ones_count_dp_and_cu_TB.v)。進行模擬後，若無錯誤發生，可以得到如圖 11.3-15 所示的時序圖。由於執行的動作是實際上將合成後的結果對應到真正的 FPGA 元件，因此在此步驟中的模擬將包括實際上的傳播延遲參數。比較圖 11.3-13 與圖 11.3-15 後，可以得知：在圖 11.3-15 中確實已經將傳播延遲參數列入考慮之中。

圖11.3-15 執行後模擬時序圖

11.4 參考資料

1. Lattice Semiconductor Corporation, *Lattice Data Book*, 1994.

2. Lattice Semiconductor Corporation, *ABEL-HDL Reference Manual*, version 7, 1998.

3. M. B. Lin, *Digital System Designs and Practices: Using Verilog HDL and FPGAs*, John Wiley & Sons, 2008.

4. Model Technology, *ModelSim SE User's Manuals*, Version 5.5e, 2001.

5. J. F. Wakerly, *Digital Design: Principles and Practices*, 3rd ed., Upper Saddle River, New Jersey: Prentice-Hall, 2000.

6. Xilinx Inc., *The Programmable Logic Data Book*, 2001.
   (http:// www.xilinx.com)

7. Xilinx Inc., *Software Manual Online*, 2001. (http:// www.xilinx.com)

11.5 習題

11.1 下列為有關 ROM 擴充的問題：

(1) 使用兩個 32 × 8 的 ROM，設計一個 64 × 8 的 ROM。

(2) 使用四個 16 × 4 的 ROM，設計一個 32 × 8 的 ROM。

11.2 使用 ROM 的執行方式，設計下列各個數碼轉換電路：

(1) 4 位元 BCD 碼對 4 位元格雷碼的轉換。

(2) 4 位元 BCD 碼對加三碼的轉換。

(3) 4 位元二進制數字對 ASCII 碼的轉換。

11.3 使用 ROM 執行下列多輸出交換函數：

$$f_1(w, x, y, z) = \Sigma(0, 4, 10, 12, 14)$$

$$f_2(w, x, y, z) = \Sigma(0, 1, 2, 4, 8, 12)$$

$$f_3(w, x, y, z) = \Sigma(4, 6, 9, 11, 12)$$

11.4 使用 ROM 執行下列多輸出交換函數：

$$f_1(w, x, y, z) = w'y + w'z' + x'y$$

$$f_2(w, x, y, z) = y'z' + wx' + wy'$$

11.5 使用 ROM 執行方式，設計一個 2×2 位元的乘法器電路。

11.6 使用下列指定的方式，設計一個 BCD 碼對加 3 碼的轉換器電路：

    (1) PLA   (2) PAL

11.7 使用 PLA 與 PAL 等元件，執行下列多輸出交換函數：

$$f_1(x, y, z) = \Sigma(0, 1, 3, 5, 6)$$

$$f_2(x, y, z) = \Sigma(1, 2, 4, 7)$$

$$f_3(x, y, z) = \Sigma(2, 3, 4, 5, 6)$$

11.8 計算下列各 PLA 元件內部的熔絲數目：

    (1) $8 \times 48 \times 8$ PLA   (2) $8 \times 32 \times 4$ PLA

    (3) $12 \times 96 \times 8$ PLA   (4) $16 \times 48 \times 8$ PLA

11.9 繪出例題 11.2-4 的 PLA 邏輯電路之符號表示圖。

11.10 圖 P11.1 為一個 PLA 電路的內部連接圖：

    (1) 寫出該 PLA 電路所執行的多輸出交換函數。

    (2) 使用 ROM 重新執行該 PLA 電路的功能。

11.11 使用 PLA 元件執行下列多輸出交換函數：

$$f_1(w, x, y, z) = \Sigma(3, 4, 9, 10, 11)$$

$$f_2(w, x, y, z) = \Sigma(0, 4, 12, 13, 14)$$

$$f_3(w, x, y, z) = \Sigma(0, 1, 3, 4, 8, 11)$$

圖 P11.1

11.12　使用圖 11.2-9 的 PAL16L8 元件，執行下列多輸出交換函數：

$f_1(u, v, w, x, y, z) = \Sigma(0, 2, 4, 6, 7, 8, 10, 12, 14, 15, 22, 23, 30, 31)$

$f_2(u, v, w, x, y, z) =$

　　　$\Sigma(0, 1, 4, 5, 13, 15, 20, 21, 22, 23, 24, 26, 28, 30, 31)$

$f_3(u, v, w, x, y, z) =$

　　　$\Sigma(0, 1, 4, 5, 16, 17, 20, 21, 37, 42, 43, 46, 47, 53, 58, 59, 62, 63)$

11.13　使用圖 11.2-8 的 PAL14H4 元件，執行下列多輸出交換函數：

　　　$f_1(w, x, y, z) = \Sigma(0, 1, 5, 7, 10, 11, 13, 15)$

　　　$f_2(w, x, y, z) = \Sigma(0, 2, 4, 5, 10, 11, 13, 15)$

　　　$f_3(w, x, y, z) = \Sigma(0, 2, 3, 7, 10, 11, 12, 13, 14)$

11.14　使用圖 11.2-8 的 PAL14H4 元件，設計一個 4 位元 3 對 1 多工器。每一個多工器均具有 3 條資料輸入端；兩條來源選擇線則為四個多工器共用。當選擇線 $S_1S_0 = 00$ 時，選取資料輸入端 0；$S_1S_0 = 01$ 時，選取資料輸入端 1；$S_1S_0 = 10$ 時，選取資料輸入端 2；$S_1S_0 = 11$ 時，所有資料輸出端均為 0。

11.15　若使用圖 11.3-5 的 PLB 執行例題 8.1-3 的計數器電路時，一共需要使用多少個 PLB？

11.16　若使用圖 11.3-5 的 PLB 電路設計下列各種加法器電路時，各需要多少個 PLB：

(1) 16 位元漣波進位加法器   (2) 16 位元進位前瞻加法器。

11.17 考慮例題 10.5-1 的 Verilog HDL 程式：

(1) 使用 Verilog HDL 模擬程式，執行功能模擬。

(2) 使用邏輯合成程式，執行邏輯合成與合成後模擬。

(3) 使用 CPLD/FPGA 軟體程式，實現並做時序分析。

11.18 考慮例題 10.5-3 的 Verilog HDL 程式：

(1) 使用 Verilog HDL 模擬程式，執行功能模擬。

(2) 使用邏輯合成程式，執行邏輯合成與合成後模擬。

(3) 使用 CPLD/FPGA 軟體程式，實現並做時序分析。

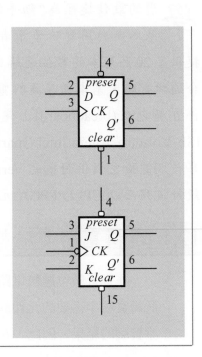

12

數位邏輯電路
實驗

本章目標

學完本章之後，你將能夠了解：

- 基本74系列元件的邏輯特性與應用
- 數位邏輯電路實驗所需要的脈波產生器電路與輸出指示電路
- 基本組合邏輯電路：數目系統、數位邏輯閘、交換代數與邏輯
  電路、多層邏輯閘電路、解碼器與優先權編碼器、…
- 基本循序邏輯電路：序列偵測電路、非同步計數器電路、…
- 基本應用電路：ECC產生器與檢查器、算術運算單元、…
- Verilog HDL：上述各項實驗的Verilog HDL版本

$\overset{\textstyle 學}{}$ 習的最佳捷徑為"動手做"，因此在本章中將提供一些數位邏輯電路的
基本與應用實驗予讀者練習及驗證理論與實務的一致性。本章中總共
提供了 20 個基本的數位邏輯電路相關的實驗，這一些實驗分成三類：基本組
合邏輯電路、基本循序邏輯電路、基本應用電路。它們可以使用 74x 系列元
件在麵包板(breadboard)上完成，或是使用電子系統模擬軟體(例如 Xilinx
ISE/Vivado、Altera/Intel Quartus、OrCAD)在電腦上模擬與執行。此外，幾乎
每一個實驗也提供對應的 Verilog HDL 版本，因此也可以使用 Verilog HDL 的
設計流程而以 CPLD/FPGA 元件完成。

12.1 邏輯電路實驗概論

在進行數位邏輯電路實驗之前，必須先完成一些準備工作。這些包括：
認識實驗中需要的元件的功能、接腳圖，產生邏輯信號的方法，與指示與觀
察實驗的結果。因此，在本節中我們將先討論這一些基本知識。

12.1.1 基本元件

在本章的實驗中所用的數位 IC 元件分成 SSI 與 MSI 兩類，其中 SSI 元
件為各別的基本邏輯閘(NAND、NOR、NOT、AND、OR、XOR)、D 型正反
器、JK 正反器；MSI 元件則為特定功能的數位邏輯電路，例如大小比較器
與 8 對 3 優先權編碼器。

(a) 74x00   (b) 74x02

圖12.1-1　基本邏輯閘 IC 元件的包裝與接腳圖(LS/HC/HCT/F 系列)

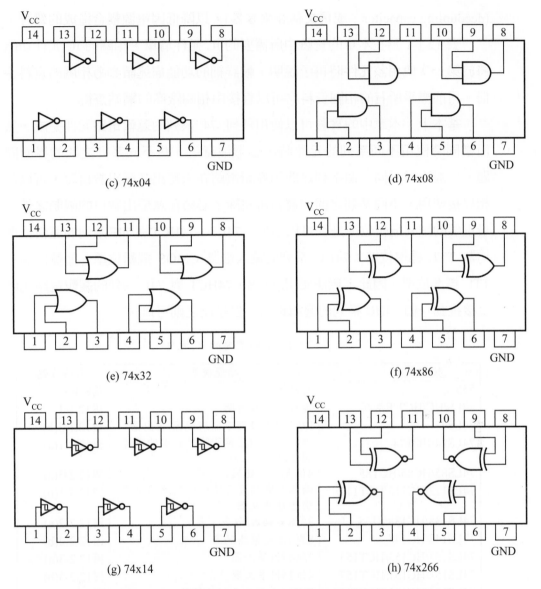

圖 12.1-1(續)　基本邏輯閘 IC 元件的包裝與接腳圖(LS/HC/HCT/F 系列)

　　在本章的實驗中使用的基本邏輯閘接腳分佈圖如圖 12.1-1 所示，這一些 IC 元件均為 14 腳包裝，其中第 7 腳為接地，第 14 腳為電源。若希望該 IC 元件中的邏輯閘能夠正常的工作，則電源與接地兩個接腳必須適當的接妥，並且在每一個 IC 的電源與接地之間均接上一個 0.01 μF 的反交連電容器

(decoupling capacitor，或稱反耦合電容器)，以降低因電源耦合造成的雜音。

表 12.1-1 為在本章的實驗中所需要的 IC 元件清單。相關的 IC 元件功能將於第一次使用該元件時再予說明，較詳細的功能描述請參考相關的資料手冊。目前幾乎所有的相關資料均可以直接由相關廠商的網站查得。

基本上，本章中的實驗可以使用任何 74 系列的邏輯電路元件完成。然而當同時使用不同系列的元件時，必須注意這一些不同系列之間的界面問題。一般而言，同一個系列之間的邏輯電路在未超出其扇出數目時，可以互相界接使用，不同系列之間的邏輯電路除了必須注意扇出數目的限制之外，最重要的是其邏輯位準是否可以匹配。74LS、74HCT 與 74F 系列的邏輯位準均為 TTL 標準位準；74HC 系列的輸入端為 CMOS 邏輯位準，而輸出端為 TTL 標準位準。因此，無法使用 74LS、74HCT 與 74F 系列的邏輯電路元件直接推動一個 74HC 系列的邏輯電路，但是反之則可以。

表12.1-1　實驗需要的 IC 元件

IC編號	功能說明	電路符號
555	定時器	圖8.4-3
74LS/HC/HCT/F系列	各種基本邏輯閘	圖12.1-1
74LS47	BCD對七段顯示器解碼器/推動器	圖12.1-3(b)
74LS74/HCT74	兩個具有預置與清除控制端的正緣觸發D型正反器	圖12.3-1(a)
74LS85/HC85/HCT85	4位元大小比較器	圖12.2-5(a)
74LS112/HC112/HCT112	兩個具有預置與清除控制端的負緣觸發JK正反器	圖12.3-1(b)
74LS138/HC138/F138	3對8解碼器/解多工器	圖12.2-2(a)
74LS148/HC148	8對3優先權編碼器	圖12.2-2(b)
74LS153/HC153/HCT153	2組4對1多工器	圖12.2-3(a)
74LS157/HC157/HCT157	4組2對1多工器	圖12.2-3(b)
74LS163/HC163/HCT163	同步4位元二進制計數器	圖8.1-10(a)
74LS194/HC194/HCT194	4位元通用移位暫存器	圖12.3-2
74LS283	4位元二進制並行加法器	圖12.2-5(b)
74LS293	非同步4位元二進制計數器	圖12.2-1

12.1.2 脈波產生器電路

在數位邏輯電路實驗中，通常需要手動產生邏輯信號，以方便觀察邏輯電路的動作與結果。兩種常用的邏輯信號產生方法如圖 12.1-2 所示。

圖 12.1-2(a)為使用指撥開關(thumb switch)與限流電阻器(current-limiting 組成的邏 resistor)輯信號產生器電路。當指撥開關閉合時，對應的電路輸出端即產生位準為"0"的邏輯信號；當指撥開關開路時，對應的電路輸出端即產生位準為"1"的邏輯信號。

圖 12.1-2(b)為使用舒密特(Schmitt)電路組成的脈波信號產生器電路。每當按鈕開關(push-button，PB)閉合時，輸出端即產生一個位準為"1"的脈波信號。注意：圖 12.1-2(b)的舒密特電路與電阻器及電容器組成一個可以移除開關跳彈(switch debouncing)效應的電路。

圖12.1-2　邏輯信號產生器電路

12.1.3 輸出指示電路

觀察一個邏輯電路輸出值的方式除了可以使用邏輯分析儀(logic analyzer)與示波器(oscilloscope)之外，最簡單的方式為如圖 12.1-3 所示的方式，使用 LED 與簡單的邏輯電路組成輸出指示電路(output indicator)。

在圖12.1-3(a)中，一共有四個單獨的 LED 顯示器電路，其中每一個 LED

顯示器電路均可以觀測一個位元的邏輯輸出信號。在每一個 LED 顯示器電路中，當輸入端的信號為邏輯"1"時，其NOT閘的輸出端為低電位，LED元件經由限流電阻器的限流而在安全的電流值範圍內導通；當輸入端的信號為邏輯"0"時，其NOT閘的輸出端為高電位，LED元件無法導通。因此，可以依據LED的導通與否，得知輸入端的信號為邏輯1或是0。此電路可以依據實際上的需要，擴充至任何數目的 LED 顯示器電路，以指示出需要的結果。

(a) LED指示電路   (b) 七段LED顯示器電路

圖12.1-3　輸出指示電路

在圖 12.1-3(b)中，使用一個由七個 LED 顯示器構成的七段顯示器 (seven-segment display)，及其相關的 BCD 對七段顯示器的解碼器電路 (74LS47)組成。輸入 $DCBA$ 為欲顯示的 BCD 碼。

◆ $\overline{LT}$ (lamp test)為七段顯示器的測試輸入端，當其值為 0 時，七段顯示器上的所有 LED 元件均導通，因而顯示出數字"8"。

◆ $\overline{RBI}$ (ripple blanking input)用以遮沒數字"0"的顯示，當其值為 0 時，若此時輸入端的BCD碼為0時，所有七段顯示器的輸出端均不啟動，因此遮沒數字"0"的顯示。

◆ $\overline{BI\,/\,RBO}$(blanking input/ripple blanking output)為一個線接-AND 邏輯功
能，它可以當作輸入端或是輸出端使用。當它當作輸入端使用時，功能
與 $\overline{RBI}$ 相同；當它當作輸出端使用時，當輸入端的 $\overline{RBI}$ 與 BCD 碼均為 0
時，其值即為 0。

因此，若欲遮沒所有領前的數字 "0"(leading zeros)之顯示時，必須將
$\overline{BI\,/\,RBO}$ 串接於下一個較低有效 BCD 數字顯示級的 $\overline{RBI}$ 輸入端(為什麼？)。

12.2 基本組合邏輯電路

在本節中，我們介紹一些基本的組合邏輯電路的實驗，這一些組合邏輯
電路主要為第 1 章到第 6 章中的原理與實務的驗證。本節中一共包括：數目
系統、邏輯閘、交換函數與邏輯閘電路、多層 NAND/NOR 邏輯閘電路、解
碼器與優先權編碼器、多工器與解多工器、4 位元加法/減法器電路、4 位元
對 4 位元乘法器電路等八個實驗。

實驗 1　數目系統

本實驗的目的有二：其一為說明麵包板(bread board)、電源供應器
(power supply)、示波器或是邏輯分析儀的基本操作；其二為讓讀者了解二
進制與 BCD 兩種數目系統的表示方式。相關的說明請參考第 1.2.3 節與第
1.5.2 節；74LS293 的內部功能請參考習題 8.15 與圖 P8.3。

項目 1：二進制數目

在數位邏輯電路中，二進制數目系統為一個使用相當頻繁的數目系統。
當希望依序產生 n 位元的二進制數目時，可以使用 n 位元的二進制計數器電
路。圖 12.2-1(a)所示為一個 4 位元的二進制計數器，它可以產生 0000 到 1111
等 16 個二進制數目。二進制數目也是測試組合邏輯電路時最常用的輸入信
號之一，在其後的實驗中將重複使用此電路，產生需要的輸入信號。

計數脈波可以使用圖 12.1-2(b)所示的手動脈波產生器電路產生。每加入

一個脈波，二進制計數器即依序往上計數一次，直到計數到 1111 為止，然後回到 0000，繼續依序往上計數。因此可以依序產生 4 位元的二進制數目：0000 到 1111。

項目 2：BCD 數目

若希望產生 BCD 數目，而不是二進制數目時，可以使用圖 12.2-1(b)所示的方式，使用 BCD 計數器取代二進制計數器。在此電路中，每當輸入一個脈波時，BCD 計數器即依序往上計數一次，直到 1001 為止，然後回到 0000，繼續依序往上計數。因此，可以依序產生 BCD 數目：0000 到 1001。

(a) 二進制計數器　　　　　　　　(b) BCD 計數器

圖12.2-1　二進制與 BCD 計數器

實驗 2　基本邏輯閘電路

當希望使用一個邏輯閘電路時，通常必須先了解該邏輯閘電路的基本特性。因此，本實驗將探討一些基本邏輯閘的基本邏輯特性。本實驗中將使用圖 12.1-1 所示的六個基本邏輯閘：

2 個輸入端的 AND 閘：74x08

2 個輸入端的 OR 閘：74x32

NOT 閘：74x04

2 個輸入端的 NAND 閘：74x00

2 個輸入端的 NOR 閘：74x02

2 個輸入端的 XOR 閘：74x86

相關的說明請參考第 2.4.1 節。

項目 1：真值表

本實驗項目的目的為驗證基本邏輯閘的功能。，選取一個基本邏輯閘，然後進行下列步驟：

1. 自上述 IC 元件中，任意選取一個元件的邏輯閘，將其一個(NOT 閘)或兩個輸入端各自接到圖 12.1-2(a)中的一個輸出端(*a*, *b*, *c*, *d*)，並將其輸出端接往如圖 12.1-3(a)所示的 LED 指示電路的一個輸入端(*a*, *b*, *c*, *d*)。
2. 依序設定指撥開關的位置，將兩個輸入端的值由 00 變化到 11，觀察其輸出值。比較觀察的結果與表 2.4-1 中對應的邏輯閘之真值表是否相同。

其它類型的邏輯閘可以依據相同的方式，驗證其功能。

項目 2：傳播延遲

每一個邏輯閘當其輸入端的信號發生變化時，必須等待一段時間之後，輸出端才會反應新的值，這段時間稱為該邏輯閘的傳播延遲(propagation delay)。欲量測一個基本邏輯閘的傳播延遲時，可以執行下列步驟：

1. 將多個邏輯閘串接之後，輸入一個邏輯位準的方波信號於輸入端。
2. 使用示波器或是邏輯分析儀，觀察輸出端與輸入端信號的時間差，將其值除以串接的邏輯閘級數後，即為一個邏輯閘的傳播延遲。

注意：當使用 2 個輸入端的邏輯閘時，未使用的一個輸入端必須適當的接於電源電壓(AND 與 NAND 閘)或是接地(OR 與 NOR 閘)。當然未使用的輸入端也可以直接與使用的輸入端連接，然而如此一來將使其推動級(如果有)

的扇出數目增加一個(請參考第 3.1.3 節)。

項目 3：通用 NAND 閘

依據表 2.4-2 所示方式，將 NAND 閘分別接成等效的 AND 閘、OR 閘、NOT 閘。然後使用項目 1 的方式，觀察其結果是否分別與 AND 閘、OR 閘、NOT 閘的真值表相同。

項目 4：通用 NOR 閘

依據表 2.4-2 所示方式，將 NOR 閘分別接成等效的 AND 閘、OR 閘、NOT 閘。然後使用項目 1 的方式，觀察其結果是否分別與 AND 閘、OR 閘、NOT 閘的真值表相同。

Verilog HDL

考慮例題 5.4-1 的 Verilog HDL 程式：

1. 使用 Verilog HDL 編譯程式編譯該程式、檢查語法有無錯誤。
2. 參考例題 5.4-4，撰寫例題 5.4-1 的測試標竿程式，然後模擬與測試例題 5.4-1 的 Verilog HDL 程式。
3. 由模擬結果的波形中，觀察邏輯閘延遲所造成的影響，並與圖 5.3-2(b)的時序圖比較。

實驗 3　交換函數與邏輯閘電路

本實驗的目的為探討交換函數與邏輯閘電路的對應關係。在本實驗中，將使用下列元件各一個：74x00、74x02、74x04、74x08。相關的說明請參考例題 2.4-2(a)、例題 2.4-2(b)、例題 4.2-6。

項目 1：執行例題 2.4-2(a)

考慮下列交換函數：

$$f(x, y, z) = [(x + y)' + x'z]'$$

1. 求出交換函數 $f(x, y, z)$ 的真值表。

2. 使用 74x02、74x04、74x08 邏輯閘元件，執行交換函數 $f(x, y, z)$ (請參考圖 2.4-4(a))。

3. 使用圖 12.2-1(a)的二進制計數器的輸出，當作輸入信號，驗證邏輯電路的輸出是否與真值表相同。

項目 2：執行例題 2.4-2(b)

考慮下列交換函數：

$$f(w, x, y, z) = [(wx + y'z)' xy]'$$

1. 求出交換函數 $f(w, x, y, z)$ 的真值表。

2. 使用 74x00、74x02、74x04、74x08 邏輯閘元件，執行交換函數 $f(w, x, y, z)$ (請參考圖 2.4-4(b))。

3. 使用圖 12.2-1(a)的二進制計數器的輸出，當作輸入信號，驗證邏輯電路的輸出是否與真值表相同。

項目 3：執行例題 4.2-6

考慮下列交換函數：

$$f(w, x, y, z) = \Sigma(5, 6, 7, 9, 10, 11, 13, 14, 15)$$

1. 使用 74x08 與 74x32 邏輯閘元件，執行圖 4.2-10(a)所示的最簡 SOP 表式。

2. 使用圖 12.2-1(a)的二進制計數器的輸出，當作輸入信號，驗證邏輯電路的輸出是否與真值表相同。

3. 使用 74x08 與 74x32 邏輯閘元件執行圖 4.2-10(b)所示的最簡 POS 表式。

4. 使用圖 12.2-1(a)的二進制計數器的輸出，當作輸入信號，驗證邏輯電路的輸出是否與真值表相同。

🖳Verilog HDL

考慮下列交換函數：

$$f(w, x, y, z) = \Sigma(5, 6, 7, 9, 10, 11, 13, 14, 15)$$

1. 使用邏輯閘層次的結構描述方式，撰寫一個 Verilog HDL 程式，描述圖 4.2-10(a)所示的最簡 SOP 表式。

2. 撰寫步驟 1 的測試標竿程式，模擬與測試圖 4.2-10(a)所示的最簡 SOP 表式的邏輯電路。

3. 使用邏輯閘層次的結構描述方式，撰寫一個 Verilog HDL 程式，描述圖 4.2-10(b)所示的最簡 POS 表式。

4. 使用步驟 2 的測試標竿程式，模擬與測試圖 4.2-10(b)所示的最簡 POS 表式的邏輯電路。比較得到的結果是否與步驟 2 相同。

實驗 4 多層 NAND/NOR 邏輯閘電路

本實驗的目的為探討交換函數與多層 NAND/NOR 邏輯閘電路的對應關係。在本實驗中，將使用下列元件：74x08 與 74x32 各一個，74x00 兩個，與 74x02 三個。相關的說明請參考第 5.2.2 節。

項目 1：NAND 閘電路(例題 5.2-5)

考慮下列交換函數：

$$f(w, x, y, z) = \Sigma(3, 5, 7, 11, 13, 14, 15)$$

1. 使用 74x08 與 74x32 邏輯閘元件執行圖 5.2-8(a)所示的多層邏輯閘電路。

2. 使用圖 12.2-1(a)的二進制計數器的輸出，當作輸入信號，驗證邏輯電路的輸出是否與真值表相同。

3. 使用 74x00 邏輯閘元件執行圖 5.2-8(c)所示的多層邏輯閘電路。

4. 使用圖 12.2-1(a)的二進制計數器的輸出，當作輸入信號，驗證邏輯電路的輸出是否與真值表相同。

項目 2：NOR 閘電路(例題 5.2-6)

考慮下列交換函數：

$$f(w, x, y, z) = \Pi(0, 1, 2, 4, 6, 8, 9, 10, 12)$$

1. 使用 74x08 與 74x32 邏輯閘元件執行圖 5.2-10(a)所示的多層邏輯閘電路。

2. 使用圖 12.2-1(a)的二進制計數器的輸出，當作輸入信號，驗證邏輯電路的輸出是否與真值表相同。

3. 使用 74x02 邏輯閘元件執行圖 5.2-10(c)所示的多層邏輯閘電路。

4. 使用圖 12.2-1(a)的二進制計數器的輸出，當作輸入信號，驗證邏輯電路的輸出是否與真值表相同。

🖳Verilog HDL

考慮下列交換函數：

$$f(w, x, y, z) = \Sigma(3, 5, 7, 11, 13, 14, 15)$$

1. 使用邏輯閘層次的結構描述方式，撰寫一個 Verilog HDL 程式，描述圖 5.2-8(a)所示的多層邏輯閘電路。

2. 撰寫步驟 1 的測試標竿程式，模擬與測試圖 5.2-8(a)所示的多層邏輯閘電路。

3. 使用邏輯閘層次的結構描述方式，撰寫一個 Verilog HDL 程式，描述圖 5.2-8(c)所示的多層邏輯閘電路。

4. 使用步驟 2 的測試標竿程式，模擬與測試圖 5.2-8(c)所示的多層邏輯閘電路。比較得到的結果是否與步驟 2 相同。

實驗 5　解碼器與優先權編碼器

本實驗的目的為探討解碼器與優先權編碼器的電路動作與基本應用。在本實驗中，將使用下列 MSI 元件：74x138、74x148、74LS47 等各一個，一個共陽極七段顯示器，與 74x08、74x00 各一個。74x138 與 74x148 兩個元件均為 16 腳包裝，其中第 8 腳為接地，第 16 腳為電源，其餘接腳分別如圖

12.2-2(a)與(b)所示。相關的原理說明請參考第 6.1 節與第 6.2 節。

74x138 元件為一個反相輸出的 3 對 8 解碼器電路。當其致能控制輸入端啟動($\overline{E_1} \cdot \overline{E_2} \cdot E_3 = 1$)時,該元件啟動而為一個 3 對 8 解碼器;否則,當其致能控制輸入端不啟動($\overline{E_1} \cdot \overline{E_2} \cdot E_3 = 0$)時,該元件的所有輸出端均為高電位。74x148 元件為一個反相輸入的 8 對 3 優先權編碼器電路,其電路功能如例題 6.2-3 所示。

(a) 74x138   (b) 74x148

圖12.2-2   74x138 與 74x148 的接腳圖

項目 1:3 對 8 解碼器電路

1. 將 74x138 元件的電源與接地適當的接妥之後,並將 $\overline{E_1}$ 與 $\overline{E_2}$ 接地而 E_3 接於電源電壓。

2. 使用圖 12.2-1(a)的二進制計數器的輸出,當作輸入信號,驗證 74x138 電路的輸出是否正確。

3. 將 $\overline{E_1}$、$\overline{E_2}$、E_3 均接地,觀察所有輸出端是否皆為高電位。

項目 2:8 對 3 優先權編碼器電路(例題 6.2-3)

1. 將 74x148 元件的電源與接地適當的接妥之後,並將 $\overline{EI}$ 接地。

2. 使用指撥開關，依序將 74x148 的輸入端信號設定為圖 6.2-4(b)所示的輸入值，驗證其輸出端信號是否與圖 6.2-4(b)的功能表相同。

3. 將 $\overline{EI}$ 接於電源電壓，觀察所有輸出端是否皆為高電位。

項目 3：交換函數的執行(例題 6.1-5)

　　使用解碼器元件，執行例題 6.1-5 所示的全加器電路：

1. 使用 74x138、74x08、74x00 等邏輯閘元件執行圖 6.1-6(b)所示的邏輯電路。

2. 使用圖 12.2-1(a)的二進制計數器的輸出，當作輸入信號，驗證邏輯電路的輸出是否與例題 6.1-5 所示的真值表相同。

項目 4：優先權匯流排仲裁器

　　在使用獨立要求線(independent request)方式的匯流排系統(bus system)中，當其中一個匯流排控制器需要使用匯流排時，必須先透過匯流排系統中的優先權匯流排仲裁器(priority bus arbiter)，裁決是否可以使用匯流排，以避免多個匯流排控制器，同時傳送資料於匯流排上，而造成衝突現象。在獨立要求線方式的匯流排系統中，每一個匯流排控制器使用兩條匯流排控制信號線：BRQ (bus request)與 BGT (bus grant)。其中 BRQ 為優先權匯流排仲裁器的輸入信號；BGT 信號為優先權匯流排仲裁器的輸出信號。當一個匯流排控制器需要使用匯流排時，它即啟動 BRQ 信號，若其優先權最高，則優先權匯流排仲裁器將啟動對應的 BGT 信號，告知該匯流排控制器可以使用匯流排。

　　優先權匯流排仲裁器電路實際上是由一個優先權編碼器與一個解碼器組成。因此，若將 74x148 優先權編碼器當作輸入端，而 74x138 解碼器當作輸出端，並將 74x148 的編碼輸出直接當作 74x138 的解碼輸入信號，則成為一個 8 個輸入端與輸出端優先權匯流排仲裁器電路。

1. 依據上述原理，組合 74x148 與 74x138 兩個元件為一個優先權匯流排仲裁

器。(參考圖 12.2-2)

2. 使用圖 12.1-2(a)所示方式，依序將輸入端信號設定為各種不同的輸入值，驗證 74x138 的輸出端信號是否為最高優先權的信號。

項目 5：BCD 對七段顯示器解碼器

參考圖 12.1-3(b)所示的電路，進行下列步驟：

1. 將圖 12.1-3(b)中的 74LS47 元件的 $\overline{LT}$ 與 $\overline{RBI}$ 均接於電源電壓。

2. 使用圖 12.2-1(b)的 BCD 計數器的輸出，當作輸入信號，觀察七段顯示器的顯示結果是否為正確的 BCD 碼。

3. 將圖 12.1-3(b)中的 74LS47 元件的 $\overline{LT}$ 接地而 $\overline{RBI}$ 接於電源電壓，然後重複步驟 2。結果與上述步驟得到的結果有何不同？

🖥Verilog HDL

在本實驗項目中，首先設計一個 3 對 8 解碼器與一個 8 對 3 優先權編碼器，然後將之結合成為一個獨立要求線方式的優先權匯流排仲裁器。

1. 使用資料流程描述方式，撰寫一個 Verilog HDL 程式，描述一個 3 對 8 解碼器電路。

2. 撰寫步驟 1 的測試標竿程式，模擬、測試，與修改該 3 對 8 解碼器的 Verilog HDL 程式，直到該 Verilog HDL 程式可以正確地描述需要的 3 對 8 解碼器電路為止。

3. 使用資料流程描述方式，撰寫一個 Verilog HDL 程式，描述一個 8 對 3 優先權編碼器電路。

4. 撰寫步驟 3 的測試標竿程式，模擬、測試，與修改該 8 對 3 優先權編碼器的 Verilog HDL 程式，直到該 Verilog HDL 程式可以正確地描述需要的 8 對 3 優先權編碼器電路為止。

5. 依據項目 4 所述方式，使用結構描述的方式，撰寫一個 Verilog HDL 程式，描述一個 8 個輸入端的優先權匯流排仲裁器電路。

6. 撰寫步驟 5 的測試標竿程式，模擬、測試，與修改該 8 個輸入端的優先權
仲裁器的 Verilog HDL 程式，直到步驟 5 的 Verilog HDL 程式可以正確地
描述需要的優先權匯流排仲裁器電路為止。

實驗 6　多工器與解多工器

　　本實驗的目的為探討多工器與解多工器的電路動作與基本應用。在本實
驗中，將使用 74x153、74x157、74x138 等 MSI 元件各一個。74x153 與
74x157 兩個元件均為 16 腳包裝，其中第 8 腳為接地，第 16 腳為電源，其餘
接腳分別如圖 12.2-3(a)與(b)所示。相關的原理說明請參考第 6.3 節與第 6.4
節。

圖12.2-3　74x153 與 74x157 的接腳圖

　　74x153 元件內部含有兩個 4 對 1 多工器電路，其電路功能如例題 6.3-2
所示。每一個多工器均有其各自的致能控制輸入端($\overline{E_a}$ 或 $\overline{E_b}$)，致能控制輸
入端啟動時，對應的多工器正常操作為一個 4 對 1 多工器；當致能控制輸入
端不啟動時，對應的多工器輸出端(Y_a 或 Y_b)為低電位。74x157 元件內部含

有四個 2 對 1 多工器電路,其電路功能如例題 6.3-3 所示。當致能控制輸入端($\overline{E}$)啟動時,該元件啟動而為一個 4 位元的 2 對 1 多工器;當致能控制輸入端不啟動時,該元件的輸出端(Y_a 到 Y_d)均為低電位。

項目 1:4 對 1 多工器電路

使用 74x153 的 4 對 1 多工器元件,進行下列步驟:

1. 將圖 12.2-3(a)中的 74x153 元件的 $\overline{E_a}$ 接地,即選取多工器 a。

2. 使用圖 12.2-1(a)的二進計數器的輸出,當作多工器的來源選擇信號 S_1 與 S_0 的信號源,並且適當的改變輸入端 I_{ia} 信號的值,觀察多工器 a 的輸出端 Y_a 的結果是否與圖 6.3-4(b)的功能表相同。

3. 將圖 12.2-3(a)中的 74x153 元件的 $\overline{E_a}$ 接於電源電壓,然後重複步驟 2。

項目 2:執行交換函數 (例題 6.3-8)

使用 74x153 的多工器 a 執行例題 6.3-8 的交換函數:

1. 接妥圖 6.3-10(b)所示的邏輯電路。

2. 使用圖 12.2-1(a)的二進計數器的輸出,當作多工器的來源選擇信號 S_1 與 S_0 的信號源與多工器輸入端的值 x,然後觀察多工器 a 的輸出端 Y_a 的結果是否正確。

項目 3:解碼器與解多工器電路

如第 6.4.1 節所述,具有致能控制輸入端的解碼器,若將其致能控制輸入端當作資料輸入端,則可以當作解多工器使用。參考圖 12.2-2(a)的 74x138 元件接腳圖,進行下列步驟。

1. 將圖 12.2-2(a)中的 74x138 元件的 A_2、$\overline{E_1}$、$\overline{E_2}$ 等接地,即當作一個 1 對 4 解多工器使用。

2. 使用圖 12.2-1(a)的二進計數器的輸出,當作解多工器的標的選擇信號 A_1 與 A_0 的信號源,並且適當的改變輸入端 E_3 信號的值,觀察 74x138 元件

的輸出端 O_i 的結果是否為一個 1 對 4 解多工器的輸出(請參考圖 6.4-3(b))。

3. 將圖 12.2-2(a)中的 74x138 元件的 $\overline{E_1}$ 或是 $\overline{E_2}$ 接於電源電壓，然後重複步驟 2。

項目 4：4 位元 2 對 1 多工器電路的應用

多工器的基本應用為自多個資料來源中，選取其中一個送往標的電路中。圖 12.2-4 所示為一個最常用的電路之一，其目的為將兩個 BCD 計數器的結果，輪流顯示於同一個七段顯示器上。

1. 依照圖 12.2-4 所示方式，將所有相關的電路適當的接妥。

2. 分別使用一個圖 12.1-2(b)的脈波產生器電路，產生輸入脈波於計數器 0 與 1，然後分別設定計數器 0 與 1 選擇信號為 0 與 1，觀察七段顯示器上的結果是否為所選取的計數器的輸出值。

圖12.2-4　4 位元 2 對 1 多工器電路的應用

⌨ Verilog HDL

本實驗為研究 4 對 1 多工器電路的 Verilog HDL 程式撰寫方法。

1. 使用行為描述方式，撰寫一個 Verilog HDL 程式，描述一個 4 對 1 多工器電路，請參考例題 6.7-3。

2. 撰寫步驟 1 的測試標竿程式，模擬與測試該 4 對 1 多工器電路的功能是否正確，請參考例題 6.7-3。若未正確，請修改 Verilog HDL 程式，重新執行模擬與測試，直到正確為止。

圖12.2-5　74LS283 與 74x85 的接腳圖

3. 使用資料流程描述方式，重新撰寫上述 4 對 1 多工器電路的 Verilog HDL 程式。

4. 使用步驟 2 的測試標竿程式，模擬與測試步驟 3 的 4 對 1 多工器電路的功能是否正確。若未正確，請修改 Verilog HDL 程式，重新執行模擬與測試，直到正確為止。

實驗 7　4 位元加法/減法器電路

本實驗的目的為探討基本的算術運算電路。在本實驗中，將使用兩個 74LS283 與一個 74x85，及 74x08、74x32、74x86 各一個。74LS283 與 74x85 兩個 MSI 元件均為 16 腳包裝，其中第 8 腳為接地，第 16 腳為電源，其餘接腳分別如圖 12.2-5(a)與(b)所示。相關的原理說明請參考第 6.5 節與第 6.6 節。

項目 1：4 位元加法器電路(例題 6.6-1 與例題 6.6-2)

使用 74LS283 元件，執行 4 位元的加法器電路。

1. 接妥圖 12.2-5(b)的 74LS283 元件之電源與接地，並將進位輸入端 C_0 接地。

2. 使用兩組圖 12.2-1(a)的二進計數器的輸出，分別當作 74LS283 的資料輸入端 A 與 B 的信號來源，然後觀察其輸出端 S 的結果是否為資料輸入端 A 與 B 的二進制值之和。

3. 接妥圖 6.6-4 的 BCD 碼對加三碼轉換電路。使用圖 12.2-1(b)的 BCD 計數器的輸出，當作 74LS283 的資料輸入端 A 的信號來源，然後觀察其輸出端 S 的結果是否為正確的加三碼。

項目 2：4 位元加/減法器電路

使用 74LS283 與 74x86 元件，執行 4 位元的加/減法器電路。

1. 接妥圖 6.6-8 所示的 4 位元的加/減法運算電路。

2. 使用兩組圖 12.2-1(a)的二進計數器的輸出，分別當作上述加/減法運算電路的資料輸入端 A 與 B 的信號來源。

3. 將開關 S 接地(即設定為 0)，觀察其輸出端 S 的值是否為資料輸入端 A 與 B 的二進制值之和。

4. 將開關 S 打開(即設定為 1)，觀察其輸出端 S 的值是否為資料輸入端 A 減 B 的結果。

項目 3：BCD 加法器電路

使用兩個 74LS283 與一個 74x08、一個 74x32 元件，執行 4 位元的 BCD 加法器。

1. 接妥圖 6.6-9 所示的 4 位元的 BCD 加法器電路。

2. 使用兩組圖 12.2-1(b)的 BCD 計數器的輸出，分別當作上述 BCD 加法器電路的資料輸入端 A 與 B 的信號來源，觀察其輸出端 S 的值是否為資料輸入端 A 與 B 的 BCD 值之和。

項目 4：大小比較器(例題 6.5-3)

使用一個 74x85 元件，決定兩個 4 位元輸入數目的大小。

1. 接妥圖 12.2-5(a)的 74x85 元件之電源與接地，並將串級輸入端：$I_{A>B}$、$I_{A=B}$、$I_{A<B}$，分別接地、接於電源電壓、接地。

2. 使用兩組圖 12.2-1(a)的二進計數器的輸出，分別當作 74x85 的資料輸入端 A 與 B 的信號來源，然後觀察其串級輸出端：$O_{A>B}$、$O_{A=B}$、$O_{A<B}$ 的結果是否正確的指示出資料輸入端 A 與 B 的相對大小。

🖳Verilog HDL

在本實驗中，首先設計一個加法器電路，然後擴充為加法/減法器電路。

1. 使用行為描述方式，撰寫一個 Verilog HDL 程式，描述 74LS283 的 4 位元並行加法器電路。

2. 撰寫步驟 1 的測試標竿程式，模擬與測試該 4 位元並行加法器電路的功能是否正確。若未正確，請修改 Verilog HDL 程式，重新執行模擬與測試，直到正確為止。

3. 使用步驟 2 的測試標竿程式，模擬與測試例題 6.7-6 的並行加法器電路的功能是否正確。

4. 使用行為描述方式，撰寫一個 Verilog HDL 程式，描述例題 6.6-4 的 4 位元並行加法/減法器電路。

5. 撰寫步驟 4 的測試標竿程式，模擬與測試該 4 位元並行加法/減法器電路的功能是否正確。若未正確，請修改 Verilog HDL 程式，重新執行模擬與測試，直到正確為止。

實驗 8　4 位元對 4 位元乘法器電路

本實驗的目的為探討一個最簡單的乘法運算電路。在本實驗中將使用三個 74LS283 元件與四個 74x08 元件。相關的原理說明請參考第 6.6.3 節。

項目 1：4 位元對 4 位元乘法器電路

使用 74LS283 與 74x08 元件，執行 4×4 位元的乘法運算：

1. 接妥圖 6.6-10 所示的 4×4 位元的乘法運算電路。

2. 使用兩組圖 12.2-1(a)的二進計數器的輸出，分別當作上述乘法運算電路的資料輸入端 X 與 Y 的信號來源，觀察其輸出端 P 的值是否為資料輸入端 X 與 Y 的乘積。

▣ Verilog HDL

在本實驗中，首先設計一個加法器電路，然後執行圖 6.6-10 所示的 4×4 位元的乘法運算電路。

1. 使用行為描述方式，撰寫一個 Verilog HDL 程式，描述一個 4 位元並行加法器電路。

2. 撰寫步驟 1 的測試標竿程式，模擬與測試該 4 位元並行加法器電路的功能是否正確。若未正確，請修改 Verilog HDL 程式，重新執行模擬與測試，直到正確為止。

3. 以步驟 1 的 4 位元並行加法器電路為基礎，撰寫一個 Verilog HDL 程式，描述圖 6.6-10 所示的 4×4 位元的乘法運算電路。

4. 撰寫步驟 3 的測試標竿程式，模擬與測試該 4×4 位元的乘法運算電路的功能是否正確。若未正確，請修改 Verilog HDL 程式，重新執行模擬與測試，直到正確為止。

12.3 基本循序邏輯電路

本節中將介紹一些基本的循序邏輯電路的實驗，它們為第 7 章與第 8 章中的原理與實務的驗證。本節中一共包括：0101 序列偵測器電路、非同步計數器電路、同步計數器電路、商用計數器 74x163 的應用、移位暫存器、移位暫存器計數器電路、時序產生器電路等七個實驗。

實驗 9　0101 序列偵測器電路

　　本實驗的目的為探討基本的循序邏輯電路。在本實驗中將使用兩個基本的循序邏輯電路元件：74x74 與 74x112，一個 74x04、三個 74x08、一個 74x32 元件。74x74 與 74x112 兩個元件的接腳分別如圖 12.3-1(a)與(b)所示。相關的原理說明請參考第 7.1.3 節。

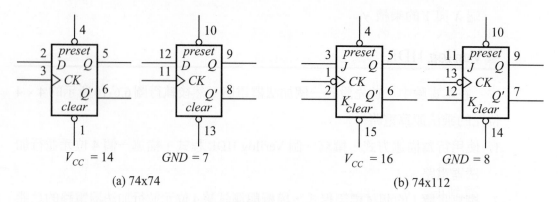

圖12.3-1　74x74 與 74x112 的接腳圖

項目 1：使用 D 型正反器(例題 7.2-1)

　　使用一個 74x74、一個 74x04、三個 74x08、一個 74x32 元件，執行 0101 序列偵測器電路。

1. 接妥圖 7.2-2(b)所示的 0101 序列偵測器電路。

2. 使用圖 12.1-2(b)的脈波產生器電路，產生需要的時脈信號，並且將輸入信號 x 依據圖 7.1-4(a)所示的時序圖，適當的設定其值為 0 或是 1，觀察其輸出端 z 的值是否正確的指示出已經偵測到 0101 的輸入序列。

項目 2：使用 JK 正反器(例題 7.2-3)

　　使用一個 74x112、一個 74x04、一個 74x08、一個 74x32 元件，執行 0101 序列偵測器電路：

1. 接妥圖 7.2-4(c)所示的 0101 序列偵測器電路。

2. 使用圖 12.1-2(b)的脈波產生器電路,產生需要的時脈信號,並且將輸入
   信號 x 依據圖 7.1-4(a)所示的時序圖,適當的設定其值為 0 或是 1,觀察其
   輸出端 z 的值是否正確的指示出已經偵測到 0101 的輸入序列。

💻Verilog HDL

在本實驗中,首先使用結構描述與資料流程混合方式,撰寫 Verilog
HDL 程式,描述例題 7.2-1 的 0101 序列偵測器電路,然後使用行為描述的方
式,重新撰寫該電路的 Verilog HDL 程式。

1. 使用結構描述與資料流程混合方式,撰寫一個 Verilog HDL 程式(例題
   7.4-4),描述圖 7.2-2(b)的邏輯電路。

2. 撰寫步驟 1 的測試標竿程式,模擬與測試該 0101 序列偵測器電路的功能
   是否正確。若未正確,請修改 Verilog HDL 程式,重新執行模擬與測試,
   直到正確為止。

3. 使用行為描述與資料流程混合方式,撰寫一個 Verilog HDL 程式(例題
   7.4-5),描述圖 7.2-2(b)的邏輯電路。

4. 使用步驟 2 的測試標竿程式,模擬與測試該 0101 序列偵測器電路的功能
   是否正確。若未正確,請修改 Verilog HDL 程式,重新執行模擬與測試,
   直到正確為止。

5. 使用三個**always**指述的行為描述方式,撰寫一個 Verilog HDL 程式,描述
   0101 序列偵測器電路(例題 7.2-1 與例題 7.4-6)。

6. 使用步驟 2 的測試標竿程式,模擬與測試該 0101 序列偵測器電路的功能
   是否正確。若未正確,請修改 Verilog HDL 程式,重新執行模擬與測試,
   直到正確為止。

實驗 10　非同步計數器電路

本實驗的目的為探討各種基本的非同步計數器電路。在本實驗中,將使
用兩個 74x112 與一個 74x00 元件。相關的原理說明請參考第 8.1.1 節。

項目 1：模 8 非同步計數器(例題 8.1-1)

使用兩個 74x112 元件，執行模 8 非同步計數器電路。

1. 接妥圖 8.1-1(a)所示的模 8 非同步計數器電路。

2. 使用圖 12.1-2(b)的脈波產生器電路，產生需要的時脈信號，觀察其輸出端($y_3\, y_2\, y_1$)的值是否依序由 000 計數到 111，然後回到 000 繼續計數。

項目 2：非同步 BCD 計數器(例題 8.1-2)

使用兩個 74x112 與一個 74x00 元件，執行非同步 BCD 計數器電路。

1. 接妥圖 8.1-2(a)所示的非同步 BCD 計數器電路。

2. 使用圖 12.1-2(b)的脈波產生器電路，產生需要的時脈信號，觀察其輸出端($y_4\, y_3\, y_2\, y_1$)的值是否依序由 0000 計數到 1001，然後回到 0000 繼續計數。

🖳Verilog HDL

在本實驗中，使用結構描述方式，撰寫 Verilog HDL 程式，描述例題 8.1-1 的非同步計數器電路，並測試該電路的功能。

1. 使用結構描述方式，撰寫一個 Verilog HDL 程式，描述例題 8.1-1 的漣波計數器(例題 8.5-1)。

2. 撰寫步驟 1 的測試標竿程式，模擬與測試該漣波計數器電路的功能是否正確。若未正確，請修改 Verilog HDL 程式，重新執行模擬與測試，直到正確為止。

實驗 11　同步計數器電路

本實驗的目的為探討各種基本的同步計數器電路。在本實驗中，將使用兩個 74x112 與一個 74x08 元件。相關的原理說明請參考第 8.1.2 節。

項目 1：控制型模 8 同步計數器(例題 8.1-3)

　　使用兩個 74x112 與一個 74x08 元件，執行控制型模 8 同步計數器電路。

1. 接妥圖 8.1-3(e)所示的控制型模 8 同步計數器電路。JK 正反器與 T 型正反器的轉換請參考圖 7.1-20(a)。

2. 設定控制輸入端 x 的值為 1，使用圖 12.1-2(b)的脈波產生器電路，產生需要的時脈信號，觀察其輸出端($y_3\ y_2\ y_1$)的值是否依序由 000 計數到 111，然後回到 000 繼續計數。

3. 設定控制輸入端 x 的值為 0，使用圖 12.1-2(b)的脈波產生器電路，產生需要的時脈信號，觀察其輸出端($y_3\ y_2\ y_1$)的值是否維持不變。

項目 2：自發型模 8 同步計數器(例題 8.1-5)

　　使用兩個 74x112 與一個 74x08 元件，執行自發型模 8 同步計數器電路。

1. 接妥圖 8.1-5(d)所示的自發型模 8 同步計數器電路，JK 正反器與 T 型正反器的轉換請參考圖 7.1-20(a)。

2. 使用圖 12.1-2(b)的脈波產生器電路，產生需要的時脈信號，觀察其輸出端($y_3\ y_2\ y_1$)的值是否依序由 000 計數到 111，然後回到 000 繼續計數。

項目 3：自發型模 5 同步計數器(例題 8.1-6)

　　使用兩個 74x112 與一個 74x08 元件，執行自發型模 5 同步計數器電路。

1. 接妥圖 8.1-6(c)所示的自發型模 5 同步計數器電路。

2. 使用圖 12.1-2(b)的脈波產生器電路，產生需要的時脈信號，觀察其輸出端($y_3\ y_2\ y_1$)的值是否依序由 000 計數到 100，然後回到 000 繼續計數。

⌨Verilog HDL

　　在本實驗中，使用行為描述方式，撰寫 Verilog HDL 程式，分別描述例題 8.1-4 的同步正數/倒數計數器與例題 8.1-6 的自發型模 5 同步計數器電路，並測試該電路的功能。

1. 使用行為描述方式，撰寫一個 Verilog HDL 程式，描述例題 8.1-4 的模 8 同步正數/倒數計數器(例題 8.5-2)。

2. 撰寫步驟 1 的測試標竿程式，模擬與測試該同步計數器電路的功能是否正確。若未正確，請修改 Verilog HDL 程式，重新執行模擬與測試，直到正確為止。

3. 使用行為描述方式，撰寫一個 Verilog HDL 程式，描述例題 8.1-6 (圖 8.1-6(c))所示的自發型模 5 同步計數器電路。

4. 撰寫步驟 3 的測試標竿程式，模擬與測試該自發型模 5 同步計數器電路的功能是否正確。若未正確，請修改 Verilog HDL 程式，重新執行模擬與測試，直到正確為止。

實驗 12　商用計數器 74x163 的應用

　　本實驗的目的為探討商用計數器 74x163 的各種基本的應用電路。74x163 為一個 16 腳的包裝，其中第 8 腳為接地，第 16 腳為電源，其餘接腳分別如圖 8.1-10(a)所示。在本實驗中，將使用下列元件各一個：74x00、74x04、74x08、74x163。相關的原理說明請參考第 8.1.4 節。

項目 1：模 6 計數器(例題 8.1-10)

　　使用一個 74x163 與一個 74x00、74x04 元件，執行一個模 6 同步計數器電路。

1. 接妥圖 8.1-11 所示的模 6 同步計數器電路。

2. 使用圖 12.1-2(b)的脈波產生器電路，產生需要的時脈信號，觀察其輸出端($Q_D\ Q_C\ Q_B\ Q_A$)的值是否依序由 1010 計數到 1111，然後回到 1010 繼續計數。

3. 修改圖 8.1-11 所示的模 6 同步計數器電路，使其計數的順序為由 0000 計數到 0101，然後回到 0000 繼續計數。

4. 使用圖 12.1-2(b)的脈波產生器電路，產生需要的時脈信號，觀察其輸出端($Q_D\,Q_C\,Q_B\,Q_A$)的值是否正確。

項目 2：模 10 計數器(例題 8.1-11)

　　使用一個 74x163 及 74x00、74x04、74x08 元件各一個，執行一個模 10 同步計數器電路。

1. 接妥圖 8.1-12(b)所示的模 10 同步計數器電路。

2. 使用圖 12.1-2(b)的脈波產生器電路，產生需要的時脈信號，觀察其輸出端($Q_D\,Q_C\,Q_B\,Q_A$)的值是否依序由 0000 計數到 1001，然後回到 0000 繼續計數。

⌨Verilog HDL

　　本實驗使用行為描述方式，撰寫 Verilog HDL 程式，描述商用計數器 74x163 的電路，並測試該電路的功能。

1. 使用行為描述方式，撰寫一個 Verilog HDL 程式，描述圖 8.1-10 的可預置 4 位元正數計數器 (例題 8.5-3)。

2. 撰寫步驟 1 的測試標竿程式，模擬與測試該同步計數器電路的功能是否正確。若未正確，請修改 Verilog HDL 程式，重新執行模擬與測試，直到正確為止。

3. 使用步驟 1 的模組與結構描述方式，撰寫一個 Verilog HDL 程式，描述圖 8.1-12(b)所示的模 10 同步計數器電路。

4. 撰寫步驟 3 的測試標竿程式，模擬與測試該同步計數器電路的功能是否正確。若未正確，請修改 Verilog HDL 程式，重新執行模擬與測試，直到正確為止。

實驗 13　移位暫存器

　　本實驗的目的為探討移位暫存器的基本動作。在本實驗中將使用兩個 74x74 與一個 74x194 元件。74x194 為一個 16 腳的包裝，其中第 8 腳為接地，第 16 腳為電源，其餘接腳分別如圖 12.3-2 所示。相關的原理說明請參考第 8.2.2 節。

項目 1：4 位元移位暫存器

使用兩個 74x74 元件，執行一個 4 位元移位暫存器電路。

1. 接妥圖 8.2-3(a)所示的 4 位元移位暫存器電路。

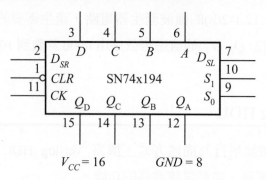

$V_{CC} = 16$ GND = 8

圖12.3-2　74x194 的接腳圖

2. 使用圖 12.1-2(b)的脈波產生器電路，產生需要的時脈信號，並將串列資料輸入端(*SI*)依據圖 8.2-3(b)所示的時序適當的設定其值，觀察其輸出端($Q_A Q_B Q_C Q_D$)的值是否如圖 8.2-3(b)所示的時序輸出。

項目 2：4 位元通用移位暫存器

使用一個 74x194 元件，執行一個 4 位元通用移位暫存器電路。

1. 接妥圖 8.2-4(b)所示的 74x194 元件之電源與接地，並將清除輸入端(*CLR*)接於電源電壓。

2. 使用圖 12.1-2(b)的脈波產生器電路，產生需要的時脈信號，並將模式選擇輸入端 S_1 與 S_0 使用圖 12.1-2(a)所示的電路，依據圖 8.2-4(c)所示的功能表適當的設定其值，觀察其動作是否如該功能表所示。

🖳Verilog HDL

　　本實驗使用行為描述方式，撰寫一個 Verilog HDL 程式，描述圖 8.2-4 的通用移位暫存器電路，並測試該電路的功能。

1. 使用行為描述方式，撰寫一個 Verilog HDL 程式，描述圖 8.2-4 的 4 位元通用移位暫存器電路(例題 8.5-4)。

2. 撰寫步驟 1 的測試標竿程式，模擬與測試該通用移位暫存器電路的功能是否正確。若未正確，請修改 Verilog HDL 程式，重新執行模擬與測試，直到正確為止。

實驗 14　移位暫存器計數器電路

　　本實驗的目的為探討使用移位暫存器為基礎構成的計數器電路。在本實驗中，將使用兩個 74x74 與一個 74x02 元件。相關的原理說明請參考第 8.3.2 節。

項目 1：模 4 標準環型計數器(例題 8.3-3)

　　使用兩個 74x74 元件，執行一個模 4 標準環型計數器電路。

1. 接妥圖 8.3-4(c)所示的模 4 標準環型計數器電路。

2. 將啟動信號設定為 0 之後，然後接於電源電壓。

3. 使用圖 12.1-2(b)的脈波產生器電路，產生需要的時脈信號，觀察其輸出端(w, x, y, z)的值是否如圖 8.3-4(a)所示。

項目 2：模 8 扭環計數器(例題 8.3-4)

　　使用兩個 74x74 元件，執行一個模 8 扭環計數器電路。

1. 接妥圖 8.3-6(c)所示的模 8 扭環計數器電路。

2. 將啟動信號設定為 0 之後，然後接於電源電壓。

3. 使用圖 12.1-2(b)的脈波產生器電路，產生需要的時脈信號，觀察其輸出端(w, x, y, z)的值是否如圖 8.3-6(a)所示。

項目 3：模 7 扭環計數器(例題 8.3-5)

使用兩個 74x74 與一個 74x02 元件，執行一個模 7 扭環計數器電路。

1. 接妥圖 8.3-7(c)所示的模 7 扭環計數器電路。

2. 將啟動信號設定為 0 之後，然後接於電源電壓。

3. 使用圖 12.1-2(b)的脈波產生器電路，產生需要的時脈信號，觀察其輸出端(w, x, y, z)的值是否如圖 8.3-7(a)所示。

▣Verilog HDL

本實驗使用行為描述方式，撰寫 Verilog HDL 程式，描述圖 8.3-4(c)所示的模 4 標準環型計數器電路與圖 8.3-7(c)所示的模 7 扭環計數器電路，並測試它們的功能。

1. 使用行為描述方式，撰寫一個 Verilog HDL 程式，描述圖 8.3-4(c)所示的模 4 標準環型計數器電路。

2. 撰寫步驟 1 的測試標竿程式，模擬與測試該模 4 標準環型計數器電路的功能是否正確。若未正確，請修改 Verilog HDL 程式，重新執行模擬與測試，直到正確為止。

3. 使用行為描述方式，撰寫一個 Verilog HDL 程式，描述圖 8.3-7(c)所示的模 7 扭環計數器電路。

4. 撰寫步驟 3 的測試標竿程式，模擬與測試該模 7 扭環計數器電路的功能是否正確。若未正確，請修改 Verilog HDL 程式，重新執行模擬與測試，直到正確為止。

實驗 15 時序產生器電路

本實驗的目的為探討數位系統中常常使用的時序產生器電路。在本實驗中，將使用下列元件各一個：555、74x04、74x08、74x112、74x163 與兩個 74x194 元件。相關的原理說明請參考第 8.4.1 節與第 8.4.2 節。

項目 1：555 時脈產生器電路

使用一個 555 元件，執行一個時脈產生器電路。

1. 接妥圖 8.4-3 所示的 555 時脈產生器電路，假設電容器 C 的電容值為 0.01 μF，電阻器 R_A 與 R_B 的電阻值均為 75 kΩ。

2. 使用示波器觀察輸出端的信號，並測量其週期。

項目 2：時序產生器電路(例題 8.4-1)

使用兩個 74x194 元件，執行一個八相的時序產生器電路。

1. 參考圖 8.3-4(c)所示的方式，使用兩個 74x194 元件，接妥圖 8.4-5 所示的時序產生器電路。

2. 將初值(10000000)信號載入兩個串接的移位暫存器中。

3. 使用圖 12.1-2(b)的脈波產生器電路，產生需要的時脈信號，觀察其輸出端：T_0 到 T_7 的值是否如圖 8.4-4 所示。

項目 3：可規劃數位單擊電路(例題 8.4-5)

使用一個 74x04、74x08、74x112、74x163 元件，執行一個可規劃數位單擊電路。

1. 使用一個 74x163 元件當作圖 8.4-10(a)中的二進制計數器；使用 74x04 將 74x112 的負緣觸發方式改為正緣觸發；接妥圖 8.4-10(a)所示的數位單擊電路。

2. 選定一個初值載入 74x163 元件中。

3. 使用圖 12.1-2(b)的脈波產生器電路，產生需要的時脈信號，觀察其輸出端是否產生一個如圖 8.4-10(b)所示的脈波輸出，而其脈波的寬度(即時脈數目)恰為二進制計數器的模數。

⌨Verilog HDL

以行為描述方式，撰寫一個 Verilog HDL 程式，描述一個可規劃數位單擊電路,並驗證其功能。

1. 以行為描述方式,撰寫一個 Verilog HDL 程式,描述圖 8.4-10 所示的可規劃數位單擊電路。

2. 撰寫步驟 1 的測試標竿程式,模擬與測試該可規劃數位單擊電路的功能是否正確。若未正確,請修改 Verilog HDL 程式,重新執行模擬與測試,直到正確為止。

12.4 基本應用電路

本節中介紹一些較複雜的實驗,這一些實驗基本上為前述基本實驗的綜合應用。本節中一共包括:ECC 產生器與檢查器、算術單元、數位時鐘、串列加法/減法器、1 位元數目計數電路等五個實驗。

實驗 16 ECC 產生器與檢查器

本實驗的目的為探討數位系統中常常使用的 ECC 產生器/檢查器電路。在本實驗中,將使用下列元件:七個 74x86,一個 74x138,與兩個 74x04。相關的原理說明請參考第 1.6.2 節、習題 5.23、習題 5.24。

項目 1:ECC 產生器與檢查器

使用一個上述元件,執行一個 ECC 產生器/檢查器電路。

1. ECC 產生器:使用兩個 74x86 元件,依據第 1.6.2 節中所述的方式,接妥 p_0、p_1、p_2 的電路。

2. ECC 檢查器:使用三個 74x86 元件,依據第 1.6.2 節中所述的方式,接妥 c_0、c_1、c_2 的電路。

3. 錯誤更正電路:將 c_0、c_1、c_2 分別接到 74x138 的資料輸入端:A_0、A_1、A_2。74x138 的致能控制輸入端:$\overline{E1}$ 及 $\overline{E2}$、等分別接地與電源電壓。74x138 的輸出端:O_1 到 O_7 先經由 74x04 的 NOT 閘反相之後,再與 p_0、p_1、p_2、及 m_0、m_1、m_2、m_3 做 XOR 運算。注意:O_i 與 p_i 或是

m_i 的 XOR 運算必須依照表 1.6-2 所述的位置執行。

4. 設計一個實驗步驟，測試上述電路的正確性。

📖Verilog HDL

本實驗的目的為探討數位系統中常常使用的 ECC 產生器/檢查器電路。

1. 使用資料流程的方式，撰寫一個 Verilog HDL 程式，描述 ECC 產生器電路。

2. 使用資料流程的方式，撰寫一個 Verilog HDL 程式，描述 ECC 檢查器電路。

3. 使用資料流程或是結構描述的方式，撰寫一個 Verilog HDL 程式，描述錯誤更正電路。

4. 撰寫ECC產生器/檢查器電路的測試標竿程式，模擬與測試該ECC產生器/檢查器電路的功能是否正確。若未正確，請修改 Verilog HDL 程式，重新執行模擬與測試，直到正確為止。

實驗 17　算術運算單元

本實驗的目的為探討一個使用加法/減法器電路組成的算術單元電路。在本實驗中，將使用下列元件：兩個 74x08 ，一個 74x32，一個 74x04 與一個 74LS283。相關的說明請參考第 6.6.1 節與習題 6.42。

項目 1：算術運算單元

使用一個上述元件，執行一個算術運算單元。

1. 組合圖 P6.3 與 74LS283 成為一個可規劃 4 位元並行加法器。

2. 使用圖 12.1-2(a)所示的方式，設定輸入端的資料，並適當的設定模式選擇信號，驗證其結果是否與習題 6.42(2)所示的功能表相同。

💻 Verilog HDL

本實驗的目的為探討一個使用加法/減法器電路組成的算術運算單元電路。相關的說明請參考第 6.6.1 節與習題 6.42。

1. 使用結構描述的方式，撰寫一個 Verilog HDL 程式，描述圖 P6.3 的 0/1-真值/補數電路。

2. 撰寫步驟 1 的測試標竿程式，模擬與測試該 0/1-真值/補數電路的功能是否正確。若未正確，請修改 Verilog HDL 程式，重新執行模擬與測試，直到正確為止。

3. 使用結構描述的方式，撰寫一個 Verilog HDL 程式，描述結合上述 0/1-真值/補數電路與 4 位元並行加法器成為一個 4 位元算術運算單元電路。

4. 撰寫步驟 3 的測試標竿程式，模擬與測試該 4 位元算術運算單元電路的功能是否與習題 6.42(2)所示的功能表相同。若未正確，請修改 Verilog HDL 程式，重新執行模擬與測試，直到正確為止。

實驗 18　數位時鐘

本實驗的目的為探討計數器電路的組合應用：設計一個 12 小時的數位時鐘電路。本實驗為實驗 12 的實驗項目之組合應用。在本實驗中，將使用下列元件：一個 74x00，一個 74x04，兩個 74x08，一個 74x112，與五個 74x163。此外，必須使用六組圖 12.1-3(b)的顯示器電路。

項目 1：數位時鐘

使用一個上述元件，執行一個數位時鐘。

1. 組合實驗 12 中項目 1 的步驟 3 的模 6 計數器電路與項目 2 的 BCD 計數器電路為一個模 60 的 BCD 計數器電路。

2. 將步驟 1 得到的模 60 的 BCD 計數器電路複製一份，然後串接，其中一個為秒數計數電路，另外一個為分數計數電路。

3. 使用一個 BCD 計數器電路與一個 *JK* 正反器電路，組成時數計數電路，其

中 *JK* 正反器的 *J* 輸入端接於 BCD 計數器的進位輸出(C_O)，因而可以將時數計數電路中的十位數計數值加 1。當 *JK* 正反器的輸出為 1 而 BCD 計數器電路的輸出值為 0010 時，在下一個計數脈波時，BCD 計數器必須重新載入 0001 而 *JK* 正反器的輸出值必須清除為 0，使其計數值為由 1 到 12。上述動作可以使用一個 2 個輸入端的 NAND 閘完成，其 2 個輸入端分別接於 *JK* 正反器的輸出端 *Q* 與 BCD 計數器的輸出端 Q_B。NAND 閘的輸出端則接於 BCD 計數器的載入(低電位啟動)輸入端，並經由一個反相器(NOT 閘或是 NAND 閘)將信號反相之後，再加於 *JK* 正反器的 *K* 輸入端。

4. 秒數計數電路的輸入信號(每秒一個脈波)可以使用 555 定時器電路產生、石英晶體振盪器與適當的除頻電路產生，或是直接由 AC 電源(60 Hz)除以 60 後得到。

🖥 Verilog HDL

本實驗的目的為探討一個使用計數器電路組成的 12 小時數位時鐘電路。

1. 使用行為描述的方式，撰寫一個 Verilog HDL 程式，描述一個模 6 二進制正數計數器電路。

2. 撰寫步驟 1 的測試標竿程式，模擬與測試該模 6 二進制正數計數器電路的功能是否正確。若未正確，請修改 Verilog HDL 程式，重新執行模擬與測試，直到正確為止。

3. 使用行為描述的方式，撰寫一個 Verilog HDL 程式，描述一個 BCD 計數器電路。

4. 撰寫步驟 3 的測試標竿程式，模擬與測試該 BCD 計數器電路的功能是否正確。若未正確，請修改 Verilog HDL 程式，重新執行模擬與測試，直到正確為止。

5. 將步驟 1 與 3 得到的計數器電路，串接成為一個模 60 的計數器電路，然後將兩個模 60 的計數器電路串接，以分別形成秒數計數電路與分數計數電路。

6. 參考上述方式，串接一個模 2 計數器與一個 BCD 計數器，使成為一個模 12 計數器，此電路為時數計數電路。

7. 綜合上述說明，撰寫一個完整的 Verilog HDL 程式，描述需要的數位時鐘電路。

8. 撰寫上述完整的數位時鐘電路的測試標竿程式，模擬與測試該數位時鐘電路的功能是否正確。若未正確，請修改 Verilog HDL 程式，重新執行模擬與測試，直到正確為止。

實驗 19 串列加/減法器電路

本實驗的目的為探討數位系統中常常使用的串列加/減法器電路。在本實驗中將使用兩個 4 位元移位暫存器(74x194)、一個 D 型正反器(74x74)、一個 74x86、一個 74x00 元件。相關的原理說明請參考第 6.6.1 節與第 8.3.1 節。

項目 1：串列加法器電路

使用兩個 4 位元移位暫存器(74x194)、一個 D 型正反器(74x74)、一個 74x86、一個 74x00 元件，執行一個 4 位元串列加法器電路。

1. 接妥圖 8.3-2(a)所示的 4 位元串列加法器電路，其中全加器電路請參考圖 6.6-2(d)，使用一個 74x86 與一個 74x00 元件完成。

2. 將加數與被加數分別載入兩個移位暫存器內。

3. 使用圖 12.1-2(b)的脈波產生器電路，產生需要的 4 個時脈信號後，觀察移位暫存器 A 的輸出端的值是否為正確的和。

項目 2：串列加/減法器電路

使用兩個 4 位元移位暫存器(74x194)、一個 D 型正反器(74x74)、一個 74x86、一個 74x00 元件，執行一個 4 位元串列加法/減法器電路：

1. 參考習題 6.37，使用 74x86 的另外一個 XOR 閘，轉換串列加法器電路為串列加/減法器電路。當模式選擇信號 M 為 0 時，為加法運算；當模式選擇信號 M 為 1 時，為減法運算。

2. 將加數與被加數分別載入兩個移位暫存器內，設定模式選擇信號 M 為 0。

3. 使用圖 12.1-2(b)的脈波產生器電路，產生需要的 4 個時脈信號後，觀察移位暫存器 A 的輸出端的值是否為正確的和。

4. 將減數與被減數分別載入兩個移位暫存器內，設定模式選擇信號 M 為 1。

5. 使用圖 12.1-2(b)的脈波產生器電路，產生需要的 4 個時脈信號後，觀察移位暫存器 A 的輸出端的值是否為正確的差。

🖥Verilog HDL

本實驗的目的為探討一個 4 位元串列加法/減法器電路：

1. 使用行為描述方式，撰寫一個 Verilog HDL 程式，描述圖 8.3-2(a)所示的 4 位元串列加法器電路。

2. 撰寫步驟 1 的測試標竿程式，模擬與測試該 4 位元串列加法器電路的功能是否正確。若未正確，請修改 Verilog HDL 程式，重新執行模擬與測試，直到正確為止。

3. 參考習題 6.37，轉換串列加法器電路為串列加/減法器電路。當模式選擇信號 M 為 0 時，為加法運算；當模式選擇信號 M 為 1 時，為減法運算。撰寫一個 Verilog HDL 程式，描述此串列加/減法器電路。

4. 撰寫步驟 3 的測試標竿程式，模擬與測試該串列加/減法器電路的功能是否正確。若未正確，請修改 Verilog HDL 程式，重新執行模擬與測試，直到正確為止。

實驗 20　1 位元數目計數電路

本實驗的目的為探討使用 ASM 圖的數位系統設計技術：1 位元數目計數電路。假設輸入的待測資料寬度為 8 位元。在本實驗中將使用兩個 4 位元移位暫存器(74x194)、兩個 D 型正反器(74x74)、一個 74x163、一個 74x02、一個 74x04、兩個 74x08、三個 74x32 元件。相關的原理說明請參考第 10.5.1 節。

項目 1：1 位元數目計數電路

使用一個上述元件，執行一個 1 位元數目計數電路。

1. 接妥圖 10.5-2 所示的資料處理單元電路，其中 8 個輸入端的 NOR 閘使用六個 2 個輸入端的 OR 閘與一個 2 個輸入端的 NOR 閘完成，請參考第 2.4.1 節的說明。

2. 接妥圖 10.5-3 所示的控制單元電路，並將控制信號接到上述的資料處理單元中。

3. 備妥欲計數的待測資料於資料處理單元電路中的移位暫存器的並列資料輸入端。

4. 設定重置信號(reset)為 1，清除控制單元中的所有 D 型正反器的輸出值為 0，然後設定啟動信號 *start* 為 1。

5. 使用圖 12.1-2(b)的脈波產生器電路產生需要的時脈信號，直到完成信號 *done* 為 1 時為止，觀察計數器的輸出值是否為正確的 1 位元數目。

⌨Verilog HDL

本實驗的目的為探討使用 ASM 圖的數位系統設計技術：1 位元數目計數電路。假設輸入的待測資料寬度為 8 位元。

1. 使用行為描述的方式，撰寫一個 Verilog HDL 程式，描述圖 10.5-1(a)所示的 1 位元數目計數電路(例題 10.5-1)。

2. 撰寫步驟 1 的測試標竿程式，模擬與測試該 1 位元數目計數電路的功能是否正確。若未正確，請修改 Verilog HDL 程式，重新執行模擬與測試，直到正確為止。

國家圖書館出版品預行編目資料

數位邏輯設計 / 林銘波編著. -- 六版. -- 新北
市：全華圖書, 2017.07
面；　公分
ISBN 978-986-463-594-8(精裝)

1.CST: 積體電路　2.CST: 設計

448.62　　　　　　　　　　106011308

數位邏輯設計－使用 Verilog HDL

作者 / 林銘波

發行人 / 陳本源

執行編輯 / 李孟霞

出版者 / 全華圖書股份有限公司

郵政帳號 / 0100836-1 號

印刷者 / 宏懋打字印刷股份有限公司

圖書編號 / 0528875

六版四刷 / 2022 年 10 月

定價 / 新台幣 720 元

ISBN / 978-986-463-594-8(精裝)

全華圖書 / www.chwa.com.tw

全華網路書店 Open Tech / www.opentech.com.tw

若您對書籍內容、排版印刷有任何問題，歡迎來信指導 book@chwa.com.tw

臺北總公司(北區營業處)
地址：23671 新北市土城區忠義路 21 號
電話：(02) 2262-5666
傳真：(02) 6637-3695、6637-3696

南區營業處
地址：80769 高雄市三民區應安街 12 號
電話：(07) 381-1377
傳真：(07) 862-5562

中區營業處
地址：40256 臺中市南區樹義一巷 26 號
電話：(04) 2261-8485
傳真：(04) 3600-9806(高中職)
　　　(04) 3601-8600(大專)

